U0161478

国家哲学社会科学成果文库

NATIONAL ACHIEVEMENTS LIBRARY
OF PHILOSOPHY AND SOCIAL SCIENCES

中国食品安全监管指数研究：理论、模型及实践

王冀宁　等著

科学出版社

内 容 简 介

本书是国家社会科学基金重大项目及国家自然科学基金面上项目等系列课题而形成的主要研究成果，入选 2019 年“国家哲学社会科学成果文库”。本书充分结合食品安全监管的理论与实际，以食品安全监管信息透明度指数和食品安全监管绩效指数为研究对象，应用管理学、信息经济学、系统科学、复杂性科学、统计学及计算机科学与技术等理论与方法，围绕食品安全风险的形成、演化、监管等核心问题展开了深入研究，通过理论分析、建模、优化、仿真、实证和评价等系统研究，构建了“中国食品安全监管信息透明度指数”（CFSSITI）和“中国食品安全监管绩效指数”（CFSSPI），并应用于我国食品安全管理实践中，形成了比较完整的食品安全监管的理论和方法体系。

本书主要成果被省部级领导批示及监管部门采纳十余次，可供从事食品安全管理领域研究的科研机构研究人员、高校教师和研究生、食品安全监管人员及各类食品企业的决策者参考。

图书在版编目（CIP）数据

中国食品安全监管指数研究：理论、模型及实践 / 王冀宁，陈庭强著. —北京：科学出版社，2021.6

（国家哲学社会科学成果文库）

ISBN 978-7-03-068253-6

Ⅰ. ①中… Ⅱ. ①王… Ⅲ. ①食品安全-监管机制-研究-中国 Ⅳ. ①TS201.6

中国版本图书馆 CIP 数据核字（2021）第 039513 号

责任编辑：李　嘉 / 责任校对：贾娜娜
责任印制：霍　兵 / 封面设计：黄华斌

科学出版社 出版
北京东黄城根北街 16 号
邮政编码：100717
http://www.sciencep.com

北京盛通印刷股份有限公司 印刷

科学出版社发行　各地新华书店经销

*

2021 年 6 月第　一　版　开本：720 × 1000　1/16
2021 年 6 月第一次印刷　印张：38　插页：4
字数：620 000

定价：218.00 元

（如有印装质量问题，我社负责调换）

作者简介

王冀宁 男，1965年11月生，教授、博士生导师，江苏省第十二届政协委员，民革江苏省委“经济与三农委员会”副主任，南京工业大学经济与管理学院院长，国家社会科学基金重大项目首席专家，“江苏高校哲学社会科学优秀创新团队”首席专家，管理学博士，中国社会科学院经济研究所博士后，南京大学工商管理博士后等。先后荣获江苏省高校哲学社会科学优秀成果奖一等奖（一次）、江苏省哲学社会科学优秀成果奖二等奖（两次）、江苏省哲学社会科学优秀成果奖三等奖（三次）、江苏省社科应用研究精品工程优秀成果奖一等奖（三次）等10余项省部级奖励。对策建议得到党和国家领导人、全国政协、中国科协、民革中央、江苏省人民政府等领导及部门批示采纳40余次。主持完成了国家社会科学基金重大项目、国家自然科学基金面上项目、国家社会科学基金一般项目等国家级项目5项，还主持完成了江苏高校哲学社会科学优秀创新团队项目、教育部人文社会科学研究一般项目等省部级项目 50 余项。在《管理世界》、《经济研究》及 *Journal of Food Quality* 等国内外学术期刊发表相关论文 200 多篇，主编或参编学术著作 8 部。

《国家哲学社会科学成果文库》

出版说明

为充分发挥哲学社会科学研究优秀成果和优秀人才的示范带动作用，促进我国哲学社会科学繁荣发展，全国哲学社会科学工作领导小组决定自 2010 年始，设立《国家哲学社会科学成果文库》，每年评审一次。入选成果经过了同行专家严格评审，代表当前相关领域学术研究的前沿水平，体现我国哲学社会科学界的学术创造力，按照“统一标识、统一封面、统一版式、统一标准”的总体要求组织出版。

全国哲学社会科学工作办公室

2021 年 3 月

序　言

"民以食为天，食以安为先"，食品安全问题始终是举国上下关注的热点和难点问题。为解决食品安全这一关系到国计民生的重大问题，全球的专家学者、政府监管部门及社会各界有识之士进行了大量卓有成效的理论研究和实践探索，取得了一系列丰硕的成果。该书就是一部解决食品安全监管信息透明度和监管绩效评价等问题的颇具特色的力作，并成功入选了2019年"国家哲学社会科学成果文库"。

该书的研究团队依托2012年国家社会科学基金重大项目和10余项国家自然科学基金一般项目和青年基金项目、国家社会科学基金一般及青年项目、江苏高校哲学社会科学优秀创新团队项目和教育部人文社会科学研究项目等的支持，历经近十年呕心沥血的不懈坚持，终于完成了这部60余万字的作品。概括起来，这部书稿具有以下四方面的鲜明特色。

一是坚持理论与实践相结合，做到"顶天"与"立地"有机统一。该书致力于解决中国食品安全监管的重大现实问题，将理论研究植根于中国丰富的实践沃土中，大胆地开展了交叉学科的理论创新与方法创新，综合应用了管理学、信息经济学、系统科学、复杂性科学、统计学及计算机科学等的理论、方法与技术。围绕食品安全风险的形成、演化和监管等核心问题深入探究，通过理论分析、建模、优化、仿真、实证、评价等研究手段，创新性地构建了"中国食品安全监管信息透明度指数"（China's food safety supervision information transparency index，CFSSITI）和"中国食品安全监管绩效指数"（China food safety supervision performance index，CFSSPI），并应用于我国食品安全监管的实践中，形成了完整的食品安全监管理论体系和方法工具。

二是坚持定性分析与定量研究相结合。研究团队检索了2 000余篇国内外关于食品安全监管方面的文献、法律法规、技术资料、行业标准及行业研究报告等，对国内外食品安全监管的路径演化、食品安全监管信息透明度指数和食品安全监管绩效指数的历史演进等进行了系统回顾和理论分析。运用网络博弈分析法，探究“食品产业链”中经济主体的演化博弈行为和诉求特征，食品安全监管制度演化及对我国食品安全风险的影响机制和演化规律。运用网络层次分析法、德尔菲法及模糊评价法等，构建了“中国食品安全监管信息透明度指数”和“中国食品安全监管绩效指数”，并结合实证研究方法检验了评价指标体系及评价模型的有效性和科学性。

三是坚持主观性与客观性研究的有机统一，注重借助于大数据和“互联网+”等新技术手段开展研究。例如，通过问卷调查的形式，采集了江苏、浙江、山东、安徽、上海、北京、四川、山西和新疆等地2 409位消费者的30多万条数据，进行了实证研究。还通过大数据挖掘和互联网平台，采集了包括全国各级食品安全政府监管部门、各类媒体及各级消费者协会等在内的700余家食品安全相关单位的120多万个样本数据，进行了食品安全监管信息透明度指数和食品安全监管绩效指数的设计和实证研究，保证了研究成果的可靠性、合理性和科学性。此外，为“江苏省级食品安全示范城市创建”提供了省内26个参评城市的系列评价报告。

四是注重社会科学研究“产学研用”的协同攻关，为解决重大社会问题提供了中国之治和中国经验，产生了显著的社会影响。该书的成果先后获得江苏省政协、江苏省科学技术协会、江苏省市场监督管理局、原上海市食品药品监督管理局和原江苏省食品药品监督管理局等领导和部门的批示或采纳十余次。团队承担的国家社会科学基金重大项目结题报告的主要观点得到全国哲学社会科学工作办公室的采纳。此外，本书部分研究成果荣获2018年江苏省教育教学与研究成果奖一等奖、江苏省第十六届哲学社会科学优秀成果奖三等奖、2017年江苏省社科应用研究精品工程奖一等奖等荣誉。

“功不唐捐，玉汝于成。”食品安全监管是一项庞杂浩繁的艰巨任务，涉及的利益关系千丝万缕，牵扯的机构层层叠叠，引发的社会关注千千万万，是一项“功在当代，利在千秋”的民生大事，要一年接着一年干，一代接着一代干。希望该书的研究团队能够继续坚持“石以砥焉，化钝为利”的精神，精雕细琢，精益求精，推出更多的精品和力作以飨读者，讲好食品安全监管的“中国故事”，奏响食品安全监管的“中国乐章”！

发展中国家科学院院士

国际系统与控制科学院院士

2021年1月于北京

前　言

2016 年是“十三五”开局之年，中共中央总书记、国家主席、中央军委主席习近平对食品安全工作作出重要指示强调，确保食品安全是民生工程、民心工程，是各级党委、政府义不容辞之责。2016 年 1 月 28 日，中共中央政治局常委、国务院副总理、国务院食品安全委员会主任张高丽主持召开国务院食品安全委员会第三次全体会议，强调，“加快完善统一权威的监管体制和制度，落实‘四个最严’的要求，切实保障人民群众‘舌尖上的安全’”[①]。2017 年 2 月 3 日，由李克强总理主持召开的国务院常务会议通过了《“十三五”国家食品安全规划》和《“十三五”国家药品安全规划》，该规划将更有效地保障人民群众的健康福祉。该规划明确：一是强化全过程监管；二是强化抽查检验和风险预警；三是强化技术支撑。运用“互联网+”、大数据等实施在线智慧监管，严格落实食品药品生产、经营、使用、检测、监管等各环节安全责任。然而，自 20 世纪 80 年代以来，食品安全问题日益严重，从最初曝光的二噁英、红汞、面粉添加剂（过氧化苯甲酰）、面粉漂白剂、假酒（甲醇）、陈化粮毒米、苏丹红、瘦肉精、铁酱油、地沟油、毒胶囊、病死猪肉、毒生姜等，到牛奶滥用三聚氰胺、养殖业滥用抗生素、食品工业违规滥用食品添加剂、农药残留严重超标等。这些危害食品安全的事件轮番来袭，对人民生命健康和民族生存构成了严重威胁。

① http://politics.people.com.cn/n1/2016/0129/c1024-28094029.html。

食品安全管理已经进入攻坚克难的阶段，面临着解决人民群众“舌尖上的安全”的“最后一公里”问题，面临着实现细致入微的精细化管理的难题，面临着如何推动食品安全标准与国际标准对接，如何用最严谨的标准为食品安全提供基础性制度保障，如何加快推行“互联网+政务服务”，加强食品安全部门间信息互联互通，打破“信息孤岛”等一系列焦点难点问题。因此，必须以综合监管提高行政效能，克服“多龙治水、无人负责”的不正常现象，以创新监管提升食品安全管理水平，用大数据、云计算等现代技术为食品安全管理装上“火眼金睛”。其中，有三大关键问题直接关系到食品安全社会信任和监管效能，关系到食品安全与和谐社会的建设。其一，如何探明食品安全风险的产生及传染机制，让监管方及食品生产销售链条上的每一个参与者都有效识别、防范和控制食品安全风险，从而为食品安全政府监管部门提供高效监管的理论支撑，帮助食品生产经营企业树立良好的社会声誉和口碑，促进食品市场的良性发展。其二，如何提高食品安全监管信息透明度，让人民群众明明白白地知晓食品安全信息状况，有利于构建较高的食品安全社会信任度，有利于和谐社会的建设，也可以更好地促进和刺激消费，让消费者放心地买、安心地用，把中国这个世界上最大消费市场的潜力挖掘出来。其三，如何提升食品安全监管绩效，让社会各界能对食品安全管理水平和能力做出客观公正的评价，更有利于推进食品安全的社会共治和“放管服”改革，要严格落实“谁审批谁监管、谁主管谁监管”要求，不能想管就管，不想管就不管。管好是尽责，不管是失责，管不好要追责，最终要让食品安全监管质量得到广大人民群众的认可。

因此，全书充分结合食品安全监管的理论与实际，以食品安全监管信息透明度指数和食品安全监管绩效指数为研究对象，应用管理学、信息经济学、系统科学、复杂性科学、统计学的理论与方法及计算机科学与技术，围绕食品安全风险的形成、演化、监管等核心问题展开了深入研究，通过理论分析、建模、优化、仿真、实证、评价等系统研究，构建了“中国食品安全监管信息透明度指数”和“中国食品安全监管绩效指数”，并结合我国食品安全管理实际，形成了完整的食品安全监管的理论和方法体系。当然，由于食品安全管理本身就是一项复杂的巨系统工程，现有的研究和探索仍然存在一些疏漏和不足，在后续研究中会继续拓展和完善。

本书的主要内容来源于国家社会科学基金重大项目“我国食品安全指数和食品安全透明指数研究：基于‘政产学研用’协同创新视角”（项目编号：12&ZD204）、国家自然科学基金面上项目“互联网与大数据环境下非常规突发食药品安全事件的涌现、演化及控制研究”（项目编号：71971111）、国家自然科学基金面上项目“基于利益演化和社会信任视角的食品安全监管绩效评估及风险预警研究”（项目编号：71173103）、国家自然科学基金青年项目“食品标签欺诈的消费者感知、福利损失及治理政策——以有机食品为例”（项目编号：71903088）、教育部人文社会科学研究一般项目“药品安全的信息透明、智慧监管与公众健康保障机制研究”（项目编号：19YJAZH086）、教育部人文社会科学研究青年项目“基于大数据挖掘的我国食品安全风险测度与预警研究”（项目编号：19YJC630113）等项目成果。本书主要内容所形成的百余篇主要研究成果发表在 *Food Policy*（SSCI）、*Journal of Food Safety*（SSCI）、*Journal of Food Quality*（SSCI）、*Journal of Healthcare Engineering*（SSCI）、《系统工程理论与实践》、《中国管理科学》等国内外一流学术期刊上。对上述多个项目基金的联合资助和支持，在此表示衷心感谢。本书由王冀宁教授和陈庭强教授组织撰稿和负责执笔，合作者陈庭强教授做了大量重要工作。陈庭强是南京工业大学教授、博士生导师、江苏省“紫金文化人才培养工程”社科优青、江苏高校“青蓝工程”中青年学术带头人，曾主持国家自然科学基金项目（71871115，71501094）等国家及省部级课题10 余项，曾以第一作者或通信作者在 *International Journal of Finance & Economics*、《系统工程理论与实践》和《中国管理科学》等 SSCI/SCI/EI/CSSCI 等重要期刊发表学术论文 60 余篇，出版专著 1 部。研究成果获省部级荣誉奖励 20 余项，获省厅级领导亲笔批示以及民革中央等采纳 10 余次，被《学习强国》《经济日报》《人民网》《光明网》等媒体广泛报道与转载。此外，杨琦、王磊、马百超、王杰朋、王帅斌、罗珺、蒋海玲、陈红喜、周治、王雯熠、曹冬生、张俊、张宇昊、王雨桐、王二朋、庄雷等老师和学生参与了部分章节的修编和校对工作，在此表示感谢。

在本书的研究和写作过程中，我们得到了许多国内外专家及朋友的帮助与支持，他们在本书撰写和前期准备过程中提供了大量的指导和咨询。此外，在本书撰写过程中，参考了国内外诸多专家学者的文献资料，在此一并表示衷心的感谢。本书是作者多年来对食品安全管理理论与实践的一些思考和探索，虽得到了国内外许多专家学者的指导和帮助，但由于作者水平有限，书中难免存在一些不足之处，恳请读者批评指正。

谨以本书献给关心、支持和帮助我们的家人和朋友们，献给支持我们的全国哲学社会科学工作办公室、国家自然科学基金委员会管理科学部、教育部、江苏省教育厅。

王冀宁　陈庭强

2020 年 12 月于南京

目　录

Contents

第 1 章

绪 论

1.1 研究背景与意义

食品安全是影响国民生命健康、产业安全和社会稳定的重要因素，是中国全面建成小康社会的重要标志，也是推进供给侧结构性改革的重要举措。2015年5月29日，中共中央政治局就健全公共安全体系进行第二十三次集体学习。习近平总书记在主持学习时指出："要切实加强食品药品安全监管，用最严谨的标准、最严格的监管、最严厉的处罚、最严肃的问责，加快建立科学完善的食品药品安全治理体系，坚持产管并重，严把从农田到餐桌、从实验室到医院的每一道防线。"[①]2019年《中共中央 国务院关于深化改革加强食品安全工作的意见》提出，完善统一领导、分工负责、分级管理的食品安全监管体制；深化监管体制机制改革，创新监管理念、监管方式，堵塞漏洞、补齐短板，推进食品安全领域国家治理体系和治理能力现代化。

近年来，在各级政府部门和社会各界的通力合作、攻坚克难、群策群力、协同创新之下，中国食品安全管理形势日趋向好，呈现出以下三大可喜局面。

① 李逢静. 政治局就健全公共安全体系进行第二十三次集体学习[N]. 新闻和报纸摘要，2015-05-31.

第一，食品安全监管的“四梁八柱”[1]搭建成功，覆盖全国乡村社区的六级监管网络体系已编织到位。

遍及全国的食品安全管理的法律规制体系已然成型，食品安全管理的队伍建设日趋合理，食品安全管理的部门协同运作良好，食品安全管理的信息共享也初步实现。已成功建设“原国家食品药品监督管理总局（以下简称原国家食药监局）和国家食品安全委员会—原省级食品药品监督管理局（以下简称原省级食药监局）和省级食品安全委员会—原市级食品药品监督管理局（以下简称原市级食药监局）—原区县市场监管局—街道乡村社区—田间地头、超市菜场、餐厅食堂等食品安全终端”的六级食品安全网络体系。食品安全网络化管理基本覆盖到全社会的各个角落，保障着人民群众“舌尖上的安全”，见图 1-1。

第二，食品安全监管的“社会共治”蔚然成风，大数据、云计算、“互联网+”、物联网等先进技术助力监管效率大幅提升。

食品安全监管是一项复杂的系统工程，只有全社会形成浓郁的“社会共治”氛围，方能有效提升监管效率。因此，各级政府强化了对食品产业链“源头到终端”各个环节从业者主体责任的监管力度；将食品安全监管纳入各级地方政府的政绩考核中，其所占权重和经费指标不断提高。这不仅促进了政府相关部门的联动监管更加有效，而且吸引了大量社会公众和广大媒体加入食品安全监管的大军中。除了电视、报纸、网络等各类媒体及自媒体等对食品安全的报道宣传外，深入乡村社区基层第一线的食品安全协管员和信息员也成为监管的“千里眼”和“顺风耳”。同时，还创新了食品安全的监管手段，从较为传统的 12315、12331、12345 电话投诉等延伸到大数据、云计算、“互联网+”、物联网等新监管方式；对餐饮单位开展远程实时监控的“明厨亮灶”工程让公共就餐全透明；对各种自媒体的网络谣言及时澄清辟谣，让社会更加安宁和谐……各种先进技术的综合运用助力监管效率大幅提升。

① “四梁八柱”，来源于中国古代传统的一种建筑结构，靠四根梁和八根柱子支撑着整个建筑，四梁、八柱代表了建筑的主要结构。

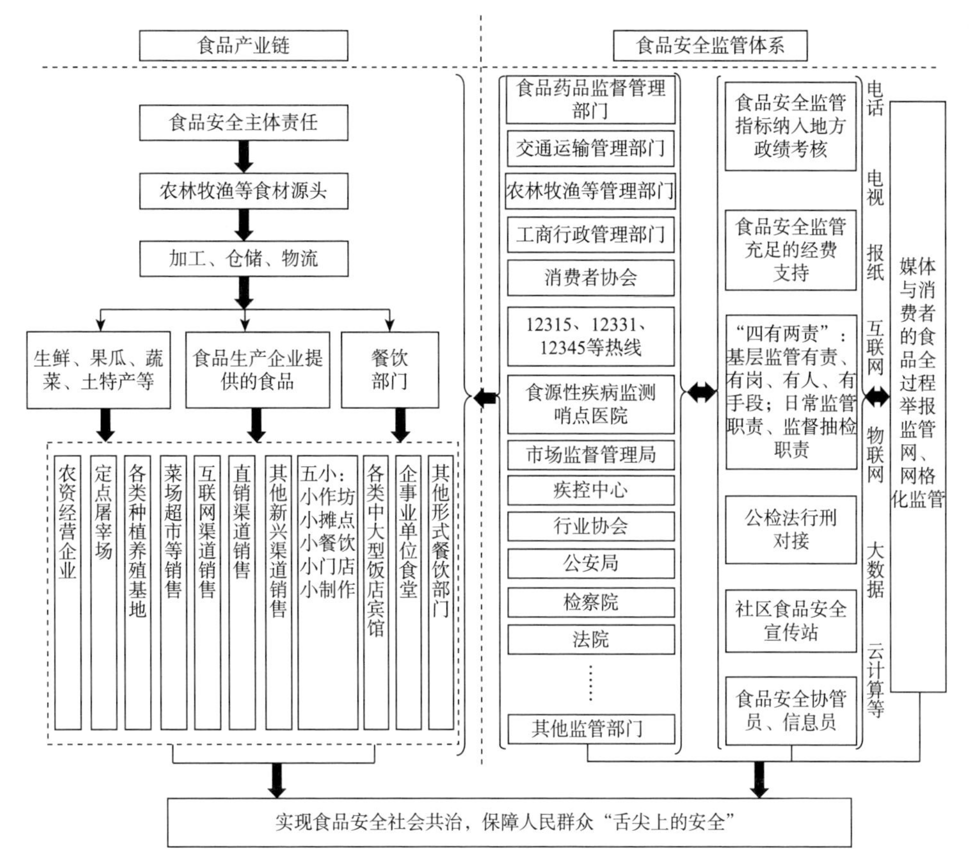

图 1-1 食品安全监管网络图

毋庸置疑，食品安全监管基本上达到李克强总理对于政府“放管服”①的要求：“‘放管服’改革是一个系统的整体，既要进一步做好简政放权的‘减法’，打造权力瘦身的‘紧身衣’，又要善于做加强监管的‘加法’和优化服务的‘乘法’，啃政府职能转变的‘硬骨头’，真正做到审

① 源自李克强总理的讲话。放管服，就是简政放权、放管结合、优化服务的简称。“放”即中央政府下放行政权，减少没有法律法规依据和授权的行政权；理清多个部门重复管理的行政权。“管”即政府部门要创新和加强监管职能，利用新技术、新体制加强监管体制创新。“服”即转变政府职能，减少政府对市场的干预，将市场的事推向市场来决定，减少对市场主体过多的行政审批等行为，降低市场主体市场运行的行政成本，提高市场主体的活力和创新能力。简政放权是民之所望、施政所向。

批更简、监管更强、服务更优。”①

第三，食品安全监管行稳致远、成果斐然，各级监管部门遵循“四个最严”，强化“四有两责”，食品安全形势总体稳定，保障了百姓“舌尖上的安全”。

近年来，在各级食药监部门和社会各界的共同努力下，中国食品安全监管坚持源头严防、过程严管、风险严控的发展路径，遵循习近平总书记“四个最严”的指示，强化“四有两责”（基层监管有责、有岗、有人、有手段；日常监管职责、监督抽检职责），监管工作打基础、强基层、谋长远、促改革，加强“从农田到餐桌”“从实验室到医院”的全过程监管，统筹协调好检查、检验、办案和信息公开四个监管手段，食品安全事故（事件）发生率大幅降低，食品安全的信息披露、辟谣澄清及科普宣传快速有效，人民群众对食品安全的信任度大幅上升，中国食品安全形势总体稳定，确保了广大人民群众“舌尖上的安全”。

但是，我们也要清醒看到，食品安全形势依然严峻复杂，影响食品安全的深层次问题还没有根本解决。必须坚持严字当头，把食品安全工作作为一项重大政治任务和保障民生的工程来抓，尤其是在推进政府简政放权、加快行政管理“放管服”的大背景下，将行政管理的关注点和着力点转向加强宏观调控、严格市场监管，更加注重社会管理和公共服务，实现规范有序、公开透明、便民高效的政府管理，食品安全管理更应如此。

随着经济社会发展，人们的食物消费日益多样化、精深加工化、便利化、周年化，食品供应体系日趋复杂多样，食品安全系统性风险不断增大。食品安全“治标”的工作有待巩固，“治本”的任务任重道远。在食品安全问题上要坚持问题导向，始终把“四个最严”的要求落实到各个环节，在“最后一公里”压紧压实政府的领导责任、相关部门的监管责任、企业的主体责任，聚焦群众关切食品安全放心工程建设，结合智慧监管、抽检监测、科技创新等方面支撑保障，不断完善各有关方面共同参与食品安全治理的有效机制，切实保障公众身体健康和生命安全所需。

① 李克强在全国深化简政放权放管结合优化服务改革电视电话会议上发表重要讲话. http://www.gov.cn/xinwen/2017-06/13/content_5202214.htm，2017-06-13.

食品安全风险的产生与传染机制是什么？需要从全链条角度对食品安全风险的产生与传染机制进行进一步梳理，深入探明食品安全中存在的问题从而全面加强食品安全主体责任的落实，强化食品安全生产风险管理，提升食品安全风险防范水平，推动食品安全高质量发展。

如何加快提升食品安全监管的信息透明度？实现信息的飞速爆炸时代食品安全监管部门之间的信息互通互联，满足公众和社会对信息公众化的需求，提高食品安全社会信任度，共同营造“食品安全社会共建共治共享”的良好氛围。需要我们从全覆盖角度探索如何加快提升食品安全监管的信息透明度。

如何提升我国食品安全监管绩效？食品安全离不开监管，我国食品安全监管制度体系已经初步形成，然而监管部门分工与协调、监管部门激励机制和监管手段运作机制尚处于探索阶段，食品安全监管部门（特别是县及县以下机构）受人力物力、业务水平、经费等限制，监管力度明显不够。部门之间存在机会主义、重复检测、相互指望、交叉模糊地带无人负责，未有效地生产出社会需要的信号来，未从全方位角度思考如何提升我国食品安全监管绩效，这些问题是影响我国食品安全监管绩效提高的症结所在。

食品安全风险的产生及传染机制、食品安全监管信息透明度、食品安全监管绩效这三大问题关系到食品安全社会信任、食品安全监管效能和和谐社会的建设。为此，本书从食品供应链网络的产生机制出发，指出目前我国食品安全监管工作在事前预防、事中处置、事后处理过程中存在的问题并提出各环节的治理方法；借助产量与质量决策模型研究市场供需情况对食品企业产品质量的影响，并引入消费者食品安全风险辨识能力系数和政府罚款额度，分析食品企业决策中消费者食品安全风险辨识能力和政府的监管与惩罚等因素对食品企业提高产品质量预防费用的激励效果；运用委托代理模型，剖析政府监管部门与食品企业之间的委托代理关系，分析“四个最严”中“最严格的监管”与“最严厉的处罚”两条指示的经济学机理和作用效果；利用模型分析和仿真模拟研究食品安全监管主体行为及其风险演化过程，在分析食品安全风险的形成、扩散机制基础上构建食品供应网络传染扩散模型，进一步建立食品安全监管信息透明度下的食品安全恐慌行为的网络扩散模型并刻画网络拓扑特征。

在此基础上，本书还运用德尔菲专家调查法、网络层次分析法、模糊综合评价法等相关技术手段，构建食品安全监管的信息透明评价模型与食品安全监管的绩效评价模型，从而为我国食品安全透明有效监管提供理论和实践指导，促进食品安全问题社会共治局面的形成。

1.2 相关研究现状

食品安全关系国计民生，已经连续四年登上中国“最受关注的十大焦点问题”榜首，这不仅反映出目前中国食品安全问题的严峻性，也凸显了中国食品安全信息透明度不足。2016年4月27日，国务院印发《2016年食品安全重点工作安排》的通知，其中特别强调健全信息公开机制、推进重大信息化项目建设和推动食品安全社会共治。食品安全事件的发生，不仅严重制约了我国食品产业的发展，影响到国家的国际形象，还引发了人们对我国食品安全监管成效的怀疑（Fulponi，2006），考验着政府的执政能力及公信力。

信息不对称导致的市场失灵是食品安全问题的重要成因，厂商会利用这种不对称而做出机会主义行为[①]（Darby and Karni，1973）。在生产环节，有些食品安全第一责任人控制食品安全的积极性不高，甚至为了追求经济利益而人为增加食品风险（孙宝国等，2013a）。此外，中国食品安全法律体系缺乏系统性和协调性，造成监管空白及交叉执法的现象（张洁梅，2013）。因此，仅靠单纯的市场机制并不能有效地规避食品安全问题。

政府在食品安全监管工作中一直扮演着主导角色，然而政府监管信息若不透明，将对其声誉产生不利影响（龚强等，2013）。这些不利影响主要表现在以下方面：一是政府监管部门由于自身条件限制，与食品企业之间信息不透明，自身难以全面获取食品企业信息和难以开展深入的监管（Henson

① 机会主义行为是指在信息不对称的情况下隐瞒部分信息及通过其他手段牟取私利的行为。

and Caswell，1999；Crespi and Marette，2001；Lapan and Moschini，2007；Marette，2007），导致食品企业可能利用食品安全监管漏洞进行非法经营，损害消费者利益（Ferrier and Lamb，2007）。在此情况下，被监督者俘获监督者，导致政府监管部门监管失效（Laffont and Tirole，1988），进而损害政府监管部门的声誉。二是政府监管信息相对于公众而言不透明，根据集体声誉理论，一旦出现食品安全事件，由于公众对食品安全事件和监管信息了解甚少，极易诱发公众对政府监管部门的群体性信任危机（Matthew et al.，2006；李想和石磊，2014）。

虽然对食品安全监管信息的披露主要由政府监管部门和食品企业负责，然而令人欣喜的是，其他公众参与监管主体也逐步肩负起部分食品安全监管信息披露的使命（Arthur，2014），参与式监管模式[①]正逐步形成（Rosenau and Czempiel，1993）。另外，随着对食品安全监管研究的不断深入，众多学者发现仅靠政府监管和食品企业自律，很难有效缓解食品安全监管信息的不对称问题，而解决该问题的有效路径之一便是构建参与式监管模式。这样可以使得所有监管主体均可有效、理性地参与其中，实现社会共治局面（王辉霞，2012；陈彦丽，2014）。那么食品安全监管信息将越来越透明、公众的社会信任度将越来越高、食品安全问题发生概率将越来越小。

在上述介绍的基础上，本节从全局的角度出发，以整体、系统的视角对国内外食品安全监管的相关研究前沿进行归纳汇总。在为读者展示国内外研究历程和前沿成果的同时，也为后文食品安全风险研究提供一定的理论借鉴。

1.2.1 食品安全影响因素和风险形成研究

食品安全是一个不断发展的概念，早期的食品安全主要是指食品能够满足人类生存和健康所需量的安全。随着生产力不断提高，食品的供应量大大增加。1996 年世界卫生组织（World Health Organization，

① 参与式监管模式是指监管由政府、企业和社会公众共同参与完成，具有开放性、赋权性、包容性和知识共享性特点的监管模式。

WHO）提出食品安全的概念是“对食品按其原定用途进行制作和食用时不会使消费者受害的一种担保”，这一概念也是当今时代对于食品安全的集中概括。

国外学者对于食品安全影响因素的研究始于 20 世纪末，大体主要从政府监管职责变化（Hobbs et al.，2002；Martinez et al.，2007；Arthur，2014）、食品贸易带来的生物入侵（Morris，2002；Levine and D'Antonio，2003）、食品安全的多环节立法问题（Bánáti，2003；Smigic et al.，2015）、食品安全政策制定问题（Swarte and Donker，2005；Mceowen and Harl，2015）、科技进步促使新的原料和工艺在食品生产中应用（Kinsey，2005；Cheng and Sun，2015）、食品生物恐怖主义（Pizzuti and Mirabelli，2015）、食品安全评估方法问题（Doménech et al.，2008；König and Smith，2010）等方面对食品安全影响因素和形成机制进行研究。

国内学者对于食品安全影响因素和形成机制的研究主要从食品的源头污染和环境污染（车忠强等，2014；魏益民等，2014）、食品添加剂的使用（韩占江和王伟华，2008）、市场调节和政府管制失灵（王耀忠，2006；龚强等，2013，2015；李想和石磊，2014）、整个食物供应链中影响食品安全的因素（刘小峰等，2010；Wang et al.，2015）、先进技术的使用（周德翼和杨海娟，2002；周应恒等，2004；车忠强等，2014）等方面展开，同时在对食品安全影响因素和形成机制进行研究的基础上提出了防范和破解食品安全难题的对策及建议。

食品安全监管困局的形成受多方面因素的影响，包括食品自身的信任品和经验品属性（Darby and Karni，1973；王永钦等，2014；谢康等，2015）、食品市场的信息不对称问题（周应恒等，2004；Wang et al.，2015；Wang and Chen，2016）、信息不对称导致的规制俘获问题（龚强等，2013；浦徐进等，2013；全世文和曾寅初，2016）以及政策性负担问题（吴元元，2012；龚强等，2015）。这些问题的客观存在以及上述各因素之间的相互耦合，在一定程度上加剧了当前食品市场的质量安全问题。

1.2.2 食品安全风险传染及演化研究

1. 食品安全风险传染中的信息不对称问题

食品供应网络中，信息不对称问题普遍存在，为食品安全风险传染提供了有利条件。首先，食品供应链中上下游企业对于食品品质信息的掌握程度明显不同，上游企业往往更具信息优势，而下游企业则处于相对劣势。在上下游食品企业之间所存在的这种信息不对称现象，会导致“道德风险”和“逆向选择”的发生（Wang et al.，2015）。在这一过程中，上游食品企业的违规生产经营行为所引致的食品安全风险会传递给下游食品企业，而下游食品企业“逆向选择”行为的发生则会形成反馈效应，进而强化上游食品企业采取违规生产经营行为的动机，从而导致新一轮食品安全风险的传递。

其次，信息不对称现象还表现在食品企业同政府监管部门之间，食品企业相较于政府监管部门掌握着更为完备的食品品质信息。政府监管部门所掌握的信息相对匮乏，导致监管缺失现象时有发生，监管效率较差。食品企业所具备的信息优势为其违规生产经营行为提供了便利，进而导致食品安全风险的发生和传染。

此外，食品消费者同食品企业之间的信息不对称现象最为严重（Wang and Chen，2016），加之食品的“信任品”属性，使得本就处于信息劣势的食品消费者更难对食品品质做出理性的判定，加剧了食品安全风险的传染速度及规模。

现有研究表明，食品安全问题频发的主要原因在于食品供应网络中各利益相关方之间存在严重的信息不对称问题（龚强等，2013；Wang et al.，2015；Wang and Chen，2016）。毛薇等（2017）通过实证研究表明有82%的消费者需要食品安全信息服务，在一定程度上体现了消费者和食品企业之间严重的信息不对称问题，严重阻碍了消费者参与食品安全社会共治的进程。为有效解决食品市场中存在的信息不对称问题，从而推动食品市场良性发展，国内外学者对这一问题进行了大量的探索。汪全胜和卫学芝（2017）从法理的角度分析和探讨了食品安全信息公开的责任主体及其应尽的义务。在食品安全信息公开的诸多主体当中，政府监管部门掌握着其监管过程中全部的食品安全信息，而这类信息的公开能够帮助消费者较为准确地判别食品质量，为消费者“用脚投票”奠定基础（吴元元，2012；谢康等，2015）。同时，从社会发展角度来看，社会公众的“知情权”诉求越来越高（张晓文，2009；罗勇，2017），政府信息公开也已然成为社会各界所关注的热点（王敬波，2014；王少辉和高业庭，2014；冯韬等，2017）。

现实中，政策性负担导致的规制俘获、现行监管体制中“结果考核制”以及“检测权与处罚权合一”两种制度存在严重的激励扭曲，导致监管者与食品企业合谋瞒报食品安全信息等现象的发生（谢康等，2017；全世文和曾寅初，2016；龚强等，2015）。同时，由于食品市场是典型的信任品市场，食品安全事故的发生可能会引发两种效应，分别为传染效应和竞争效应（王永钦等，2014），这两种效应的微观表现在于消费者根据食品安全信息对消费行为的调整程度。这两种不同的效应将直接影响食品企业的收益及政府监管部门的工作效率，从而也会对食品企业及政府监管部门的策略选择产生影响。随着我国食品安全监管机制的调整以及相关法律法规的完善，竞争效应将在我国食品市场占主导地位。事实上，在竞争效应的市场上，消费者的参与对政府监管部门的食品安全监管信息公开策略及食品企业的生产策略都有着重要的影响。然而，目前尚没有相关研究分析和探讨消费者对食品安全监管信息的反应程度对政府监管信息公开策略以及食品企业生产经营策略的影响机制。

2. 食品安全风险传染中的规制不足问题

高效率的食品安全规制是食品市场有效运转所不可缺少的先决条件（Martinez et al.，2007）。规制充分时，食品企业难以利用自己的信息优势及食品的“信任品”属性在生产经营过程中采取违规行为获利，反之，则为食品企业发生“道德风险”提供了现实条件。因此，提升食品市场监管质量，打击和惩处违规经营的食品企业，形成一定的震慑效应，才能够有效遏制食品企业违规生产经营行为的蔓延，才能够有效控制食品安全风险的传染规模及传染速度（谢康等，2015）。规模庞大且复杂是当前食品供应网络的重要特征，受自身规制资源的约束，规制者难以对整个食品供应网络进行全面的监测，对于食品供应网络的规制力度及效率也明显不足（Lapan and Moschini，2007；Marette，2007）。受此影响，食品企业的违规生产经营行为被识别并遭受处罚的概率明显降低，加剧了食品安全风险的传染及扩散。

同时，受到政策性负担以及规制俘获等因素的影响，包括规制缺席等在内的规制力度不足问题始终存在于食品市场，使得部分存在违规生产经营行为的食品企业继续存续于食品市场，并持续不断地向食品市场输送劣质食品甚至是问题食品，从而导致食品安全风险的积聚及扩散（龚强等，2015）。此外，在欠发达地区，由于经济体制尚不成熟、完善，食品供应网络上的各类食品企业利用制度不完善等客观条件展开不正当竞争，使得问题食品充斥市场，从而引致食品安全风险（熊先兰和姚良凤，2015）。

3. 复杂网络理论的发展及其应用研究

建立传染病传播模型是理解传染病流行机理，进而采取有效防控策略的基础（张发等，2011）。经典的Kermack-McKendrick仓室模型（Kermack and McKendrick，1937）开启了传染病数学建模的先河，在此基础上衍生出了 SIS（susceptible-infected-susceptible，易感态–感染态–易感态）模型、SEIR（susceptible-exposed-infected-recovered，易感态–潜伏态–感染态–移除态）模型以及其他诸多状态更多、情况更为复杂的传染病模型，为分析传染病的传播机理奠定了一定的基础（汪小帆等，2006；夏承遗等，2009）。然而，传统的传染病模型所提出的同质混合假设以及大的人群的假定使其在描述现实世界中传染病的传播机理时具有较大局限性。有学者指出，在探究传染病的传播动力学时，应当充分关注网络拓扑结构对于传播机理的影响（Moreno et al.，2003；Pastor-Satorras and Vespignani，2001；Newman and Watts，2000；Fu et al.，1975）。相较于传统的传染病模型，网络传染病模型能够较好地描述在特定网络拓扑结构上不同类型节点随时间演化的传播动力学行为（靳祯等，2014）。

由于在研究过程中考虑了网络结构、节点及其他因素的复杂性，复杂网络理论使得我们能够更为客观地描述和刻画真实复杂系统的诸多特征。随着复杂网络理论的不断发展和完善，其不仅在生物学及生态学等领域有着较为广泛的应用（Carter and Prince，1981；Tong et al.，2015；Brito et al.，2016），在社会科学领域的应用范围也日益延伸。该理论在技术及创新扩散领域（Rode and Weber，2016；罗荣桂和江涛，2006；胡瑞发和王青连，1996）、金融风险传染领域（马源源等，2013；Derbali and Hallara，2016；Feng and Hu，2013；陈庭强和何建敏，2014；Chen et al.，2015，2017b）、谣言传播领域（万贻平等，2015；王亚奇等，2014；汪小帆等，2012；陈波等，2011；Hosseini and Azgomi，2016；Giorno and Spina，2016）都有所应用，为解决现实社会问题提供了必要的技术手段。

1.2.3 食品安全风险预警及治理研究

1. 食品安全风险预警机制研究

对于食品安全的风险预警机制研究，国内外学者多从食品安全的影响因素剖析中构建食品安全风险的预警体系与模型，其主要包括：①宏观层面的食品安全预警体系构建（唐晓纯，2008；季任天等，2008；詹承豫和刘星宇，2011）；②食品安全风险预警指标体系和系统设计，此类研究大多数从食品数量安全警情指标、食品质量安全警情指标、食品可持续安全警情指标体系、预警系统功能、结构和处理机制等方面进行（赵亚华等，2008；白茹，2014；王明杰，2016；Chen et al.，2017b）；③各种食品安全风险预警模型与技术手段的研究，如采用神经网络、控制图分析和其他预警评估新技术等（杨天和和褚保金，2005；裘炯良等，2008；Seuberlich et al.，2009；徐娟和章德宾，2012；Tomperi et al.，2013）；④国内外食品安全预警系统及数据库建设的经验介绍等（陈锡文，2004；焦阳和郑欣，2006；许建军和周若兰，2008；Taylor，2013；付文丽等，2015）。

2. 食品安全监管治理体系研究

鉴于食品的“信任品”属性，消费者不管是消费前还是消费后都难以及时鉴别食品的品质，作为提供公共服务的政府监管部门应当是食品安全问题治理的主导力量。因此，食品安全的治理机制仍然是研究的重点所在。目前对于食品安全治理机制的研究主要从国内外食品安全法律法规的国际比较（曾文革和林婧，2015；涂永前，2013；赵学刚，2009；舒洪水和李亚梅，2014）、我国食品安全法制改革探索（戚建刚，2014；张志勋，2015）、食品安全监管效率探析（龚强等，2015；李中东和张在升，2015；倪国华和郑风田，2014）、食品安全管理现状研究（王可山，2012a；周小梅，2010；刘鹏，2010）、食品安全监管体制的演变分析（颜海娜和聂勇浩，2009；郑风田和胡文静，2005；张永建等，2005）等维度展开，通过实证分析、数学建模及理论探讨等方法提出了一系列改善我国食品安全治理机制的对策建议，包括需要加强食品安全产业链上微观主体的质量认知，加大行政司法的惩戒力度（Ni and Zeng，2009）；协调好监管利益和监管成本的关系（巩顺龙等，2010）；在食品加工生产销售环节建立国际通行的各类食品安全认证体系，如危害分析和关键控制点分析、良好生产规范、良好卫生规范体系、全面质量管理、ISO9000 系列质量标准体系等，促进食品产业链的合规经营（Bai et al.，2007；Fan et al.，2009；王殿华和王蕊，2015）。

同时，现有研究表明，我国食品安全监管经历了“集中监管—分散监管—协调监管—统一监管”四个阶段。在监管能力和水平较低的发展初期，由政策性负担导致的规制俘获往往造成政府食品安全监管的缺位，随着监管质量的提升，企业治理模式从“反应型监管”演变为“自主型监管”（钟真和孔祥智，2012；王彩霞，2012；龚强等，2015），司法独立、垂直监管和社会共治等新模式的引入推动了食品安全监管向依法治理转型（王辉霞，2012；王可山，2012b；张建成，2013；周应恒和王二朋，2013；丁煌和孙文，2014；陈彦丽，2014；胡颖廉，2016；全世文和曾寅初，2016），政府在食品安全监管中始终起着主导作用（李梅和董士昙，2013；Arthur，2014；龚强等，2015；谢康等，2016）。同时，已初步建成“原国家食药监局和国家食品安全委员会—原省级食药监局和省级食品安全委员会—原市级食药监局—原区县市场监管局—街道乡村社区—田间地头、超市菜场、餐厅食堂等食品安全终端”的六级食品安全监管体系。“总体稳定，正在向好”是我国食品安全的基本现状，但由于食品工业产业链长、触点多，加上诚信和道德的缺失，且经济处罚与法律制裁不到位，在“破窗效应”影响下，容易诱发各种食品安全事件（孙宝国等，2013a；王常伟和顾海英，2013a；尹世久等，2017）。

对于如何提升食品安全监管治理水平，专家学者提出了诸多良策，如推进并完善食品安全法制化及信用档案建设，构建包括信誉制度、监督制度和激励制度在内的三重监管，建立国家诚信体系（文晓巍和温思美，2012；郑风田，2013；施晟和周洁红，2012）；在开展食品安全监管的行为研究和比较研究，分析消费者风险感知、消费意愿和行为习惯等，对比各国的法律体系、组织机构和安全标准等基础上提供了治理对策（王华书和韩纪琴，2012；卢凌霄和徐昕，2012；巩顺龙等，2012；周立和方平，2015；应瑞瑶等，2016）；构建更有效的食品有奖举报制度（应飞虎，2013）；改进监管机构之间的关系，横向应从分段走向综合管制，纵向应从分级走向省级以下垂直管制（袁文艺和胡凯，2014）；以规制经济学的视角探索建立市场与政府合理分工、良性合作的规制路径，化解监管中的信息失灵、规制失灵、市场失灵，提高治理效率（廖卫东和何笑，2011；倪国华和郑风田，2014；费威，2015；陈素云，2017）；构建了利益主体的制度体系模型，分析了监管治理的影响因素，勾画出食品安全应急管理体系的基本框架（宋英华，2009；王殿华和苏毅清，2013；倪国华和郑风田，2014；李中东和张在升，2015）。上述研究指明了食品安全监管与治理的方向。

1.2.4 食品安全监管信息透明度研究

1. 政府食品安全监管信息透明度研究综述

食品安全危机已经成为非常突出的一类危机形态，它不仅涉及公共卫生领域的危机问题，而且涉及国家经济安全、社会安全和政治稳定等领域的危机问题。其本身及其衍生的各种危机会给社会带来严重的负面影响，甚至上升为一种社会安全危机，特别是极有可能演变为政府信任危机，危及社会秩序，影响社会稳定。

现阶段我国食品安全治理仍以政府治理为主。食品安全具有特殊的性质，从属性上看，根据达比（Darby）和卡尼（Karmi）提出的概念，食品安全应属于“信任品”。受制于食品的信任品特性和政府监管的现实条件，政府监管部门是食品安全信息的最大集散中心，其透明程度直接决定普通公众是否知情，能否放心地吃、吃得放心。但我国食品安全政府治理存在诸多局限，因此要求政府在食品安全管理过程中占主导，发挥重要作用，以确保公众生命健康。

提高食品安全监管透明度，可以抑制食品企业不法行为，保障公众权益，实现食品安全监管的共治局面。

1）食品安全信息平台建设研究

公开性是透明性的基础（魏益民等，2014）。《中华人民共和国政府信息公开条例》第十九条规定，对涉及公众利益调整、需要公众广泛知晓或者需要公众参与决策的政府信息，行政机关应当主动公开。政府监管部门的信息公开，主要通过食品安全信息平台来实现。从美国联邦政府食品安全监管的成功经验可知，应高度重视监管过程的透明化和公开化，从联邦到地方需构建有效的食品安全信息平台，对食品安全监管信息进行全方位的信息公开披露（古桂琴，2015）。因此，政府监管部门需要搭建一个行之有效的食品安全信息平台，展现监管过程的透明性，保证公众的知情权（Florini，2007；Lori and Sheila，2008）。另外，这个平台类似于一个信息揭示平台，可以提高公众获取和处理信息的效率（龚强等，2013），还可以起到宣传食品安全知识、引导公众消费的作用（李翠霞和姜冰，2015）。

政府监管部门借助食品安全信息平台公开其监管信息，首先应发布食品安全总体情况，因为食品安全总体情况是对食品安全日常监管工作的特点及应当公开的食品安全日常监管信息的概括（孙晶晶和郑琳琳，2012；潘丽霞和徐信贵，2013），便于食品企业和公众理解政府的监管工作。其次是发布监管信息公开指南，其可以为食品安全监管各环节的信息公开做导向，便于公众方便及时获取所需的食品安全监管信息。与监管信息公开指南相配套的是监管信息公开目录（赵学刚，2011），这也是食品安全信息平台必须透明化的一项信息。并且，政府监管部门是公众利益代理人，监管重点信息同样是食品安全信息平台不可缺少的透明信息（巩顺龙等，2010）。另外，为了实现监管高效性，需要建立一个权责明确的机构并合理配置人员（黄秀香，2014；储雪玲等，2015），并将这些信息通过食品安全信息平台实现透明化，便于公众监督。此外，食品安全问题监管的首要原则是预防，因此，通过食品安全信息平台发布食品安全风险警示信息显得极为重要（潘丽霞和徐信贵，2013）。

食品安全信息平台也应是国家食品安全标准的发布窗口、教育平台和震慑途径。食品安全信息平台不但应界定食品安全标准（徐子涵等，2016），而且应及时发布年度食品安全国家标准的制定和修订情况。为使政府监管部门的行为更加规范，也应根据《中华人民共和国食品安全法》（以下简称《食品安全法》）的认证制度、行政许可制度和复检制度的规定，借助食品安全信息平台及时发布食品检验机构资质认定信息（高新龙等，2012）、企业质量体系认证制度信息（曾文革和林婧，2015）、生产和经营许可证名录信息（徐景和，2013）以及食品安全复检机构名录信息（任端平等，2015）。鉴于对食品安全违法行为进行处罚在一定程度上可以减少行业信任危机的发生概率（李想和石磊，2014），政府监管部门应定期开展食品安全问题检查，发现违法行为，依法给予行政处罚，并将其处罚信息及时在食品安全信息平台进行发布（潘丽霞和徐信贵，2013），起到对不法行为的震慑作用。另外，根据政府处罚信息并结合企业自律情况、公众监督评价情况，构建食品安全信用档案，并在食品安全信息平台进行公布（文晓巍和温思美，2012），可以规范食品企业的行为，指导公众消费。

2）食品安全事故应急机制建设研究

《食品安全法》第一百五十条将食品安全事故界定为“食源性疾病、食品污染等源于食品，对人体健康有危害或者可能有危害的事故”。应急信息则包括事前的组织准备和制度安排、事中处置、事后善后及信息发布（熊先兰和姚良凤，2015）。根据行政效能理论[①]，政府监管部门对食品安全事故的应急能力，最能体现其行政效率（李辉，2012），而且食品安全事故一旦出现严重的信息不透明性，将会诱发恶性谣言“羊群效应”（杨志花，2008）。因此，借助多种形式向公众发布食品安全监管预警体系（周应恒和王二朋，2013；古桂琴，2015）、危机应对措施（李翠霞和姜

---

① 行政效能理论是指国家或各级职能部门从维护人民群众根本利益、实现社会公平正义、提高工作效率效果的角度出发，整合组织力量，优化资源配置，规范运行机制，从而以最短的时间和最少的人力、物力、财力等投入，获得最大效益。

冰，2015）以及其他食品安全事故应急信息，有助于遏制谣言、提高政府监管部门行政效率和维护政府监管部门声誉。

根据《食品安全法》和《国家食品安全事故应急预案》的规定，食品安全事故应急预案应对食品安全事故分级、事故处置组织指挥体系与职责、预防预警机制、处置程序、应急保障措施等做出规定，并且需要及时发布事故调查处置信息。在整个食品安全事故应急过程中，明确并提高事故处置组织指挥系统和职责的透明度（李辉，2011），有利于明确监管的责任主体及权责。对应急处置程序和应急保障措施信息的发布（宋英华，2009；高岩，2010），有助于公众对食品安全事故应急处置的理解。此外，食品安全预防预警机制是食品安全的重要保障，也是食品安全风险控制的关键内容（孙春伟，2014；张亮和陈少杰，2014），提高其透明度，可以减少谣言"羊群效应"。另外，提高食品安全事故应急信息透明度的关键环节是对事故调查处置信息进行公示，有利于公众知晓食品安全事故的原因、事故责任主体及善后处置情况，遏制谣言产生，增强社会信任度。

3）食品安全抽检制度落实研究

政府监管部门进行食品安全检查的主要手段是抽检。《食品安全法》第八十七条规定，"县级以上人民政府食品安全监督管理部门应当对食品进行定期或者不定期的抽样检验，并依据有关规定公布检验结果，不得免检……"。而且中国食品安全监管手段中的检验检测体系与风险分析，明确规定需要对检测结果进行披露（周应恒和王二朋，2013）。由于抽检所发现的问题直接反映食品安全状况，故对抽检信息进行及时发布，将提高公众对食品安全问题的理解。另外，政府监管部门的抽检信息也是一项动态质量检测内容，是政府监管部门信息披露机制中最重要的组成部分（王辉霞，2012）。

食品安全抽检信息应该明确抽检对象和抽检合格与否情况。抽检对象是明确政府监管部门抽检工作的重要一步，但目前政府监管部门对抽检对象采取无差别抽检方式，在监管资源有限的条件下，很难实现高效的抽检效果。因此，为了提高政府监管部门监管实效，需要突出重点对象和关键环节（白晨等，2014）。抽检合格与否情况是食品安全日常监管信息的组成部分，也是食品抽验最终结论及专项检查整治工作情况的主要内容（潘丽霞和徐信贵，2013），同样需要对这些信息进行及时发布，保证监管信息透明。

4）政府监管机制健全研究

政府监管部门实施监管需要健全的机制进行保障，可以促进政府监管部门明确责任、制订工作计划和提高公众对监管部门的认知。由于政府食品安全监管信息公开机制依旧存在发布主体混乱、发布内容不全、避重就轻及公众需要的信息被掩盖的不足（封俊丽，2015），为了提高政府食品安全监管信息透明度，健全政府监管机制成为不可或缺的一步。

健全政府监管机制应涉及监管信息的管理制度、年度报告、举报处理情况、责任制及考核制度。其中监管信息公开管理机制是为了保证日常监管信息公开的统一性、科学性和合规性，而监管信息公开年度报告是食品安全日常监管信息的基本内容（潘丽霞和徐信贵，2013）。此外，建立规范统一的举报受理制度，同时对举报信息及时发布，可以有效推进监管工作的开展、考量政府监管部门的工作效率和提高公众监管的积极性（李梅和董士昙，2013）。另外，落实食品安全监管责任主体及完善监管考核问责机制，可以明确政府监管权责、调动监管部门积极性（隋洪明，2009；于喜繁，2012），而且对食品安全进行绩效考核，有助于执法者的监管行为更加规范，更加关注公众利益（龚强等，2015），进而使政府监管信息更加透明，增进公众认知。

2. 公众参与式食品安全监管信息透明度研究综述

食品安全问题具有社会性（丁煌和孙文，2014），对其监管同样具备社会性。然而传统的“一元式食品安全监管”模式，受政府垄断，排斥公众监督，因此其监管效率低下、监管信息透明度水平较低（何立胜和杨志强，2014）。根据美国食品安全管制实证研究结果，政府管制并没有明显减少食源性疾病暴发（Yasuda，2010）。因此，随着社会共治理念不断深入人心（Martinez et al.，2013），社会公众正积极投入食品安全的监管过程中，逐步形成一种“公众参与式食品安全监管”模式，致力于减少食品安全问题发生概率，提高整体监管信息透明度和达到社会共治的目的（Rosenau and Czempiel，1993；周应恒和王二朋，2013；姜捷，2015）。

另外，社会力量广泛参与的多元治理模式，也有助于提高食品安全的监管效率（Li，2010；李想和石磊，2014）。食品安全监管主体主要包括政府监管部门、食品企业、消费者、消费者协会（以下简称消协）及媒体（林艳，2014），而公众参与式监管更加强调消费者、消协及媒体的监管作用。因此，对公众参与食品安全监管信息透明度的研究梳理，主要关注消协和媒体两个主体，而这两个主体监管的目的也是更好地实现消费者监管，维护其合法权益，促成社会共治。

1）消协食品安全监管信息透明度现状研究

消协一直以维护消费者权益为使命，因此，消费者对消协的食品安全监管信息较为信赖。消协作为公众参与监管的主体之一，不仅可以制衡食品企业，而且可以对政府监管工作做出合理补充，并不断促使政府向善。充分挖掘消协的监管优势，可以减少信息非对称性，提高公众参与食品安全监管的效率（王辉霞，2012）。此外，消协借助社会惩罚效应，如发布问题企业信息，使消费者拒绝购买该企业的产品和股票，可以很好地震慑食品企业的不法行为（龚强等，2013）。另外，根据联合国粮食及农业组织（Food and Agriculture Organization of the United Nations，FAO）和世界卫生组织让公众广泛参与解决食品质量和安全入境问题（Burlingame and Pineiro，2007）以及美国食品安全管理过程中公众广泛参与的成功经验（周德翼和杨海娟，2002），借助消协弥补传统监管不足，是提高监管信息透明度的有效途径。

消协是一个具有半官方性质的群众性社会团体，主要任务是对商品和服务进行社会监督和保护消费者权益，其中社会监督便包括食品安全监督。消协这种性质可以使其有效发挥社会监督的相对独立性和信息优势（龚强等，2015），然而消协依旧具有半官方性，因此其在实施食品安全监督过程中，为提高监管信息透明度，相关做法类似于政府监管部门。因此，消协首先需要发布其监督制度，便于规范自身对商品和服务的监督（郭伟奇和孙绍荣，2013）。其次是消协监管组织结构以及人员构成信息（黄秀香，2014；储雪玲等，2015）和消协监督考核信息（李梅和董士昙，2013），这些信息有助于提高消协对自身工作的理解程度，激发自身监管积极性。另外，消协的一项重要工作是通过黑名单制度、诚信等级评价手段进行诚信建设，向社会发布诚信或非诚信企业或品牌名录信息，进而起到规范食品企业行为的作用（尹向东和刘敏，2012）。

为了提高消协监管的工作效率，同样需要健全的保障机制，其中消协社会监督职能最能体现消协的监管作用，通过发布举报处理信息，切实维护消费者权益（李梅和董士昙，2013）。消协还通过发布监管信息公开年度报告和监管信息公开管理机制（潘丽霞和徐信贵，2013）来提高消协监管的透明度。消协食品安全信息平台的完善和运行是提高消协监管透明度的最重要的一项工作，这是实现消协与公众沟通的窗口，既能震慑不法食品企业，又可匡正政府监管部门工作（王辉霞，2012；龚强等，2013）。

2）媒体食品安全监管信息透明度现状研究

媒体对食品安全问题的曝光具有独特作用。不论是三鹿奶粉事件还是双汇瘦肉精事件，媒体都起到了前期报道扩大影响、后期跟踪报道以及对政府监管施加压力的作用（李想和石磊，2014）。媒体借助自身迅速传播能力和广泛影响力，能够提高信息的传播效率（王可山，2012b），通过社会惩罚效应可以对不法食品企业产生威慑，并借助集体声誉匡正政府监管部门的行为（龚强等，2013）。但是目前食品安全信息披露内容狭窄且以通报为主（赵学刚，2011），因此，媒体不仅应充当好食品安全监管的独立第三方角色，还应积极发挥政府发布监管信息的桥梁作用（王辉霞，2012）。另外，媒体作为信息公开的一种高效渠道，可以有效保证公众的知情权，突破传统“一元式食品安全监管”，实现社会共治局面（陈彦丽，2014）。

为了更好地体现媒体对食品安全监管的作用，应充分发挥媒体与非政府组织等的宣传、引导作用，对严重危害消费者权益的食品安全事件要予以曝光、跟踪报道、及时反馈事件处理结果（尹向东和刘敏，2012）。媒体应与政府形成良性互动，不仅要第一时间准确客观地报道食品安全事件，还要公正地报道政府对食品安全事件的处理进展，从而缓解公众的不安，减小谣言产生的可能性（李辉，2012），降低逆向选择[①]（Akerlof,

① 逆向选择是指当信息不对称和商品价格下降时，出现劣质品占领市场而优质品被迫退出的情况，从而使整个市场的商品质量下降。

2013）和道德风险[1]（Starbird，2005）。媒体社会监督职能中的信息发布职能，如发布相关举报处理信息，非常有助于增强公众参与监管的信心（李梅和董士昙，2013）。另外，对食品安全法律法规、食品安全标准及知识的宣传同样离不开媒体（詹承豫和刘星宇，2011），但目前媒体在这方面的工作相对薄弱，为了使公众更好地学习食品安全相关内容，媒体需要不断加强这方面的工作（郑风田，2013）。

1.2.5　食品安全监管绩效研究

1. 食品安全事前预防监管制度存在的问题与改进措施

预防性是体系设计的关键原则之一（谭德凡，2011），食品安全的监管不能简单停留在对突发事故的处置阶段，更应该未雨绸缪，将危害消除在萌芽状态。当前，食品安全监管体系包括风险评估、风险管理和风险沟通三个环节（World Health Organization，2006）。风险评估作为对未来值与目标值之间的偏差进行测量的一种手段，侧重事前评估，具体操作过程包括危害识别、危害描述、危害评估等（卓越和于湃，2013）；风险管理则是以对偏差的测量为依据，决定如何采取行动；风险沟通则不可或缺，连接风险评估和风险管理，防止民众恐慌。

HACCP（Hazard Analysis and Critical Control Point，危害分析和关键控制点）体系是识别、评估潜在的危害，通过建立预防控制措施，控制食品安全危害的有效方法（Ropkins and Beck，2000）。HACCP 体系得到了国际社会的认可（Dzwolak，2014），中国也在 20 世纪末引入 HACCP 管理系统。但是在具体的实践中，由于政府的宣传力度不够，该系统被企业认知、接受的程度比较低（刘婕，2014）；政府不在财政上予以支持，企业自身无法承担构建 HACCP 体系的高额成本；政府的低效管制，使食品企业在市场上享受不到应用 HACCP 所带来的“优质优价”的激励（周洁红和叶俊焘，2007），最终使得 HACCP 体系的应用效果大打折扣，流于形式。

食品安全监管中的食品安全相关信息包括食品质量安全法律常识、食

---

① 道德风险是指经济人为了自己获得更大收益而不惜以损害他人利益为代价。

品安全国家标准等（李瑾等，2010）。食品安全相关信息的公开有利于保障公众知情权，减少交易中的信息不对称现象（潘丽霞和徐信贵，2013）。政府监管是保证食品安全的第二道防线，然而现实的情况是，中国信息披露制度建设滞后，缺乏独立的信息披露平台（刘家松，2015）。另外，食品生产和供应商出于私心，不愿意公开食品相关信息，但是今天互联网发展一日千里，食品安全信息的互联共享注定是未来趋势。

中国出台了多部保障食品安全、加强食品安全监管的法律法规，如《食品安全法》、《中华人民共和国产品质量法》（以下简称《产品质量法》）、《中华人民共和国标准化法》（以下简称《标准化法》）等。这些法律法规构筑起了中国食品安全体系的基本框架，在防范食品安全事故中有着至关重要的作用。但是随着食品市场竞争激烈程度的增加，食品生产工艺的提高，急需新的法律法规去规范食品生产、销售厂商的行为，防止法律漏洞的存在；在监管执行方面，立法主体不一且多是部门分散立法，系统性、协调性差（朱京安和王鸣华，2011），为食品行业“潜规则”的形成提供了土壤，引起民众厌恶，而且一旦发生食品安全问题，各部门相互推诿，导致追责困难。

2. 食品安全事中监管应急机制存在的问题与改进措施

事前预防监管有着其他监管方式不可比拟的优势，但是在实践中，小企业、小作坊在中国食品企业总数中占了很大的比重，基础弱、技术落后、信息化水平低（洪群联，2011）。因此，监管部门对很多食品安全事故无法做到预防监管，很多事故只有经过媒体报道或消费者举报，监管部门才能开展具体的事中监管工作。此时监管部门的工作包括进行科学的事故控制、加强食品召回的监管等。

首先，在调查处置食品安全事故的过程中要努力构建“管理科学、快速反应、运转高效”的事故应急机制，完善制度建设（李辉，2011）。当食品安全事故发生以后，政府应及时成立专业指挥小组开展科学的救援工作、及时公布准确的事件信息以消除群众的恐慌情绪，采取一系列措施去控制现场事故的恶化。

其次，为了加强食品安全监管工作以应对突发事件，政府部门要经常对工作人员进行培训，使其牢记相关法律法规，并能依法对食品生产、销售场所卫生状况、食品安全事件责任进行调查和处置，提高其执法能力和效率。同时，建立奖惩激励约束机制，定期对工作人员的理论和实践能力进行考核（刘毛毛，2013）。改变监管方式，推动监管力量下沉，逐步提高各级食品药品监管部门的检查、执法能力。食品安全事故发生后，相关监管部门要及时采取措施布控现场，使卫生行政部门第一时间采集到可疑食品并进行检测。作为突发事件控制监管的重要内容，对于事故现场的卫生处理情况，监管部门必须予以重视（范正轩等，2009），避免次生、衍生事故的发生。

对于存在缺陷的食品，政府部门要及时采取补救措施，强制召回缺陷食品（韩国莉，2014）。监管部门的工作主要包括对食品召回制度建设情况的监管、对食品召回及时性的监管以及对召回的不安全食品补救或销毁情况的监管。

最后，食品召回制度是指由政府采取强制措施或者企业自主将危及消费者健康或者存在潜在危害的有缺陷食品召回并予以赔偿的一种制度（韩利琳，2008）。欧美等不少国家和地区都由专门的机构负责食品召回（唐晓纯等，2011），而中国的食品召回制度施行的时间短暂，存在着法规不健全、监管职责不清以及违法成本过低的弊端。

产品召回分为企业主动召回和政府责令召回两种形式，食品召回级别不同，召回的规模、范围也不一样（李友根，2011；何悦，2008）。但是不管什么级别、采取哪种形式，都必须在有限的期限内召回。对于不安全食品的正确处理方式应该是生产者对其进行更换、退货等。此外，要加强对被召回的不安全食品的监管，防止食品生产者为节约成本对其进行简单包装处理后再次进入市场流通（霍有光和于慧丽，2013）。一旦这些有缺陷的食品再次进入市场，真正质优的食品会因为缺乏价格竞争力而逐渐被残次品取代，扰乱市场秩序，造成“劣币驱逐良币”的恶果（狄琳娜，2012）。

3. 食品安全事后处理监管机制存在的问题与改进措施

事后处理监管是政府全过程监管体系的最后一环，也是关键的一环。与前面两个监管环节相比，政府对事后处理的监管强调的是政府对食品安全事故的反思，通过构建食品安全信用档案、完善奖惩机制达到监管的效果。在这一环节，政府的工作重点是及时采取措施控制食品安全事故的事态发展，及时建立顺畅的沟通渠道，保持与社会民众沟通，安抚消费者的情绪，最终保证社会秩序的安定（王杕和陈松，2016）。

在食品安全事故应急救援工作开展、现场卫生处理、事故隐患消除等事中监管工作结束后，政府必须立即开展对事故调查监管的工作。政府对食品安全事故调查的监管工作主要集中在事故调查处理信息的公布（李磊和周昇昇，2011）、企业食品安全信用档案记录等方面。事故调查原因、处理信息的公布，是政府信息公开的要义（赵学刚，2011）。它不仅尊重了民众的知情权和监督权，还彰显了政府公信力，更好地取信于民。此外，这些信息的公开还有两个层面的现实价值：一是厘清责任，便于问责；二是警醒世人，以此为戒。因此，以信息化建设为平台，建立消费者同行政机关畅通的沟通渠道，实现信息的双向交流至关重要（陈少杰等，2014）。作为对食品安全事故调查、总结监管的重点，政府必须重视对企业食品安全信用档案的记录，完善市场诚信价值体系，加强诚信约束监管（田合生和何晓，2015）。要及时披露生产经营者的食品安全信用信息，健全奖惩机制，实施黑名单制度：对黑名单内的食品企业要增加监督查验频率，在融资信贷、行政审批等方面予以限制；对有良好信用记录的生产经营者，在技术革新、品牌塑造等方面予以大力支持（邓刚宏，2015）。充分发挥行业协会的作用，培育社会诚信文化，营造一个食品安全大环境。

此外，加大对监管部门的奖惩力度，建立科学有效的监管考核机制，调动政府部门监管积极性（王冀宁和周雪，2014），同样是事后处置的重要组成部分。政府作为食品安全监管体系的关键一方，为了防止懒政、不作为等政府行为的发生，要把对食品安全的处理纳入 GDP（gross domestic product，国内生产总值）考核，提高政府的主动性（王常伟和顾海英，2014）。另外，政府不是万能的，食品安全的治理需要社会、民众的共同参与（王辉霞，2012）。为了激发社会民众参与事故处理的热情，可以建立奖赏制度，对于做出突出贡献的集体或者个人予以表彰和奖励。政府要加大对失职、渎职人员处罚情况的监管，完善行政问责[①]制度。编制权力清单，明确政府职责，对玩忽职守、失职渎职构成犯罪的，一定要绳之以法（孔令兵，2013；李朝晖，2014）。中国食品安全事故时有发生，一方面是由于食品生产者自身不规范生产；另一方面是因为部分食品企业缺乏社会责任，政府监管失位。如果不及时吸取教训，规范制度建设，一旦市场经济运行出现问题，后果将不堪设想。通过完善食品安全政府监管的法律责任追究制度，督促政府及其工作人员加强监管工作，进而使食品安全事故发生的概率降到最低。

食品安全是“管”出来的，政府既要继续坚持其在食品安全监管中的主导地位，同时又要提高监管效率。所以，必须认清我国加强食品安全监管工作的严峻形势，从事前预防、事中控制、事后处置的多环节、全方位对我国的食品安全加强监管；政府需要在科学、客观评价食品安全状况的基础上，对真正影响食品安全的因素进行有针对性的监管。因此，未来需要构建合理的食品安全监管绩效指数，量化政府监管成效，为政府监管提供指引，从而促使监管更加准确、有效，最终达到“帕累托最优”[②]。

1.3 现有研究的不足与未来发展趋势

综上所述，目前国内外相关研究主要存在以下几个方面的不足或待改进之处。

（1）从食品安全监管研究逻辑的角度来看，当前关于食品安全监管的研究大多数以食品安全事件爆发为研究起点，分析事件爆发后的影响范

① 行政问责是对领导责任进行事后追究的一种监督手段，包括各种形式的行政和司法追究，其根本目的在于防范行政不作为、乱作为。

② 帕累托最优或帕累托最适，也称为帕累托效率，是经济学中的重要概念，并且在博弈论、工程学和社会科学中有着广泛的应用。它指的是资源分配的一种理想状态，假定固有的一群人和可分配的资源从一种分配状态到另一种状态的变化中，在没有使任何人的境况变坏的前提下，使得至少一个人的情况变得更好。帕累托最优状态就是不可能再有更多的帕累托改进的余地；换句话说，帕累托改进是达到帕累托最优的路径和方法。帕累托最优是公平与效率的“理想王国”。

围、情绪扩散及社会影响，而忽视了食品安全风险的复杂性和系统性特征，忽略了食品安全事件爆发前的风险堆积过程，往往难以从系统性及复杂性视角对食品安全问题进行分析和刻画。同时，也鲜有学者从复杂网络的视角，充分考虑食品企业间的商业关系及食品供应网络的结构特征并对食品安全风险的传染及扩散过程进行详细描述。因此，这些方面有待进一步深化和扩展。

（2）从食品安全监管信息透明度的角度来看，现有关于食品安全监管信息透明度的研究主要局限于政府食品安全监管制度的完善与监管技术的更新，以及参与式监管模式的初步构想，并试图从制度的完善以及第三方参与的双重方向对当前的食品安全监管信息透明度予以改善。然而，新制度的颁布需要较长的时间研讨和试验，而第三方介入的参与式监管仍在初步建设，因而在提升食品安全监管的信息透明效率方面略有欠缺。急需一种从考评的角度出发，借助科学的评价模型和分析流程，直接对已有风险治理工作透明度情况进行评定的方法和手段，以缓解食品安全信息不对称问题，降低食品安全问题发生的概率，实现食品安全监管社会共治局面。

（3）从食品安全监管的绩效评价角度来看，目前结合信息不对称理论，对食品安全各环节的治理进行绩效评价及问题分析是国内外研究的主流。然而，这类研究在环节上往往割裂了食品安全监管的全流程特点，过于细微的切入点往往无法体现特定地区食品安全监管的综合成效。在绩效评价方法上，这类研究大多采用简单的加权平均的计分方法或单一的层次分析法，因而指标层级较为单一，评价结果较为含糊，无法对地区的治理绩效进行有效评定。

1.4 本书的研究内容、方法、框架体系与研究创新

1.4.1 主要研究内容

针对 1.3 节中所指出的现有研究中存在的问题，本书拟采用复杂网络理

论、德尔菲专家调查法、网络层次分析法、模糊综合评价法等方法进行进一步研究。采用文献分析与逻辑推演的分析方法，从事前预防、事中处置、事后处理三个监管环节深入剖析我国食品安全监管过程中监管机制的现状及存在的问题，进而对各个环节出现的问题提出治理措施，并提出共建社会共治体系的观点；借助产量与质量决策模型，研究市场供需情况对食品企业产品质量的影响，并引入消费者食品安全风险辨识能力系数和政府罚款额度，分析食品企业决策中消费者食品安全风险辨识能力和政府的监管与惩罚等因素对食品企业提高产品质量预防费用的激励效果；运用委托代理模型，剖析政府监管部门与食品企业之间的委托代理关系，分析"四个最严"中"最严格的监管"与"最严厉的处罚"两条指示的经济学机理和作用效果；依据复杂网络理论，充分考虑到食品企业的竞争力投入等相关因素的影响，对食品供应网络的演化特征进行描述和刻画；运用SIRS（susceptible-infected-recovered-susceptible，易感态–感染态–移除态–易感态）模型，结合食品市场的实际状况，构建食品安全风险传染的 SIRS 模型，对食品企业风险状态转化、食品安全风险传染阈值及食品安全风险传染规模进行模型构建及仿真，从食品企业的进入率、自然退出率、非自然退出率、再违规倾向率、恢复率等角度深入探究食品安全风险传染的影响机制，形成我国食品安全风险传染的非线性动态演化路径；运用Gilpin-Ayala 信息扩散模型及仿真建模方法，在食品安全监管信息透明度影响下，刻画食品安全恐慌行为扩散的网络拓扑特征和演化特征，揭示食品安全恐慌行为的扩散概率与信息透明度的显性关系；运用网络层次分析法、模糊综合评价法及德尔菲专家调查法，充分考虑食品安全监管主体之间的层次结构和关联程度以及我国食品安全的监管层级和监管类型，对我国食品安全监管的信息透明度及绩效评价进行综合建模并进行实证分析。总体研究内容主要包括以下十个方面。

（1）采用文献分析与逻辑推演的分析方法，从事前预防、事中处置、事后处理三个监管环节深入剖析我国在食品安全监管过程中监管机制的现状以及存在的问题，进而对各个环节出现的问题提出治理措施，并提出共建社会共治体系的观点。

（2）考虑到市场供需情况变化对食品企业实现自身利润最大化的差异

性影响，构建食品企业产品的产量与质量决策模型，研究不同市场供需情况对企业食品质量的影响。在此基础上，引入消费者食品安全风险辨识能力系数和政府罚款额度，分析食品企业决策中消费者食品安全风险辨识能力和政府的监管与惩罚对食品企业提高产品质量预防费用的激励机制，并对此进行数值模拟仿真，分析不同供求情况下、不同消费者风险辨识能力下及不同的政府罚款额度下食品质量的变化情况。

（3）“最严格的监管”和“最严厉的处罚”指示的食品安全治理研究。运用委托代理模型，通过分析政府监管部门与食品企业之间的委托代理关系，从经济学理论的角度对“最严格的监管”和“最严厉的处罚”这两条指示提升食品安全水平的作用机理进行研究，分析监管强度、处罚力度以及一些市场因素的变化对食品企业生产行为的影响。并对此进行数值模拟仿真，考察食品企业的最优努力水平与政府监管部门的最优监管强度等要素之间的关联情况，进而探寻食品安全治理的高效作用机制。

（4）食品供应网络构建及演化机制分析。考虑单层食品供应网络中食品企业为提升食品购买者的消费者支付意愿的投入、为提升食品购买者公民支付意愿的投入、节点进入速度、每个新进节点的连边数量和随机连接概率，以及多层食品供应网络中不同层级网络的进入速度、新进节点的连边数量、机制选择概率和老节点的竞争，构建单层/多层食品供应网络的结构演化模型并进行模型理论分析。同时借助计算机仿真技术，结合食品市场的实际情况，对两类食品供应网络结构的演化进程进行仿真分析，探究食品企业竞争力投入、进入速度及同类型企业分布等要素对食品供应网络的深层影响及作用机制。

（5）食品安全风险的扩散及其演化模型研究。以多层次食品供应网络为研究媒介，剖析食品企业在多层次的食品供应网络中食品安全风险的传染内生动力、外部推力及客观条件。在此基础上，借助 SIRS 模型，从食品企业的进入率、自然退出率、非自然退出率、再违规倾向率、恢复率等角度深入探究食品安全风险传染的影响机制。通过数值仿真分析，考察食品安全风险的传染阈值及食品安全风险传染规模，进一步考察食品安全风险的传播和抑制原理。

（6）食品安全监管的信息透明机制研究。鉴于不同食品安全监管信息透明度下的食品安全社会风险扩散与传染病传播存在相似的传染机制，借助复杂网络理论中的传染病模型，充分考虑食品安全恐慌过程中的扩散源、扩散介质、扩散过程、个体免疫等相关因素，对食品安全事故爆发后食品安全监管信息透明度对消费者恐慌行为影响进行模型构建。借助数学仿真分析其内在的网络拓扑特征及相应演化特征，从而阐明消费者对食品安全事故的关注度、信息传播率、媒体食品安全监管信息透明度、政府食品安全等因素对食品安全恐慌行为扩散的影响。

（7）食品安全监管的信息透明评价模型研究。根据我国食品安全监管法律法规和经典文献分析，考虑我国食品安全监管现实情况，从政府食品安全监管信息透明度、消协食品安全监管信息透明度和媒体食品安全监管信息透明度三个维度出发，运用网络层次分析-模糊综合评价方法，构建我国食品安全监管信息透明的三级评价模型。通过德尔菲专家调查法确定食品安全监管信息透明度的各项指标权重，实现对我国食品安全监管信息透明的综合评价。

（8）食品安全监管的绩效评价模型研究。根据我国食品安全监管法律法规和经典文献分析，考虑我国食品安全监管现实情况，从事前预防、事中处置及事后处理三个维度出发，运用网络层次分析-模糊综合评价方法，构建我国食品安全监管绩效的三级评价模型。通过德尔菲专家调查法确定食品安全监管绩效评价的各项指标权重，实现对我国食品安全监管绩效的综合评价。

（9）我国食品安全监管信息透明度指数实证研究。充分考虑各级原食药监局、消协和媒体在食品安全监管信息透明度中的突出地位，依据食品安全监管信息透明度指标体系设计原食药监局、消协和媒体食品安全监管信息透明度调查采样表，采用五档打分形式，对原食药监局、消协和媒体开展调查采样。基于对 1 651 个食品安全监管主体调查采样所获取的数据，借助网络层次分析-模糊综合评价模型，评价出原食药监局、消协、媒体和整体食品安全监管信息的透明度水平，进而初步研发出食品安全监管信息透明度指数。基于食品安全监管信息透明度指数，进一步开展生产环节、物流环节和销售环节的食品安全监管信息透明度的全面研究。

（10）我国食品安全监管绩效指数实证研究。以各级原食药监局作为食品安全监管绩效的采样对象，采用五档打分形式，通过查询原国家食药监局以及原地方食药监局的官方网站和部分电话访谈，对国家、31 个省区市（未含港澳台地区）及其地县的原食药监局进行采样。在对样本进行统计描述性分析的基础上，借助前文形成的绩效评价模型，实现对生产环节、物流环节和销售环节的食品安全监管绩效的客观评价。

应用之一："江苏省食品安全示范城市创建"参评城市食品安全监管信息透明度评价。根据国务院食品安全委员会办公室《国家食品安全示范城市评价与管理办法（暂行）》《国家食品安全示范城市和标准（2017 版）》和江苏省食品安全委员会《江苏省食品安全城市创建活动工作方案》的要求，在前文设计的信息透明度评价模型基础上，利用大数据挖掘技术和网页搜索技术，对 26 个参评城市原食药监局及其相关政府网站、消协及其相关网站、主流新闻媒体（包括网络媒体、纸质媒体和电视媒体）进行数据采集，实现江苏省参评城市食品安全监管信息透明度状况的科学评价。

应用之二："江苏省食品安全示范城市创建"参评城市食品安全监管绩效评价。根据国务院食品安全委员会办公室《国家食品安全示范城市评价与管理办法（暂行）》《国家食品安全示范城市标准（2017 版）》和江苏省食品安全委员会《江苏省食品安全城市创建活动工作方案》的要求，在前文设计的绩效评价模型基础上，利用大数据挖掘技术和网页搜索技术，对 26 个参评城市原食药监局及其他相关政府网站进行了数据采集，实现对江苏省参评城市食品安全监管绩效的科学评价。

1.4.2 主要研究方法

针对上述总体研究内容的阐述，本书采取的主要研究方法如下。

（1）采用文献借鉴、比较研究等研究方法，搜集图书、期刊论文等资料，对比分析国内外食品安全监管的现状及研究思路、成果，为促进中国食品安全监管信息透明和绩效评价的设计及应用，寻找突破点和经验借鉴。

（2）采用德尔菲专家调查法，邀请高校食品安全管理专业教授、原食药监局专家、食品企业专家等 15 名成员组成专家组，开展多轮专家研讨，对构建的指标体系进行论证、完善，最终确定我国食品安全监管的信息透明度及监管绩效指标体系，也使得指标体系更加全面、科学，为后面顺利开展实证研究提供了好的开端。

（3）采用网络层次分析法和模糊综合评价法，融合网络层次分析法和模糊综合评价法二者的优势，构建出食品安全监管的相应评价模型，对调研采样数据进行整理和分析，实现食品安全监管绩效定性指标的定量评价。

（4）采用复杂网络理论建模方法，考虑食品供应网络所涉经济行为主体的心理与行为因素、所涉经济行为主体之间的关联性等相应特征，构建食品供应网络模型。这是进一步分析食品安全风险传染机制、探讨食品安全风险防控措施的前提和基础。

（5）采用传染病模型，结合食品市场的实际状况，构建食品安全风险传染的 SIRS 模型，进而探索食品企业风险状态转化、食品安全风险传染阈值以及食品安全风险传染规模的演化机制，并据以提出具有针对性的食品安全风险防控策略，保障广大消费者“舌尖上的安全”。

（6）采用仿真分析法，对食品供应网络结构的演化、食品安全风险传染阈值的演化以及食品安全风险传染规模的演化进行动态模拟，在对理论分析结果进行验证的基础上，进一步深入探究食品安全风险传染机制。

1.4.3 本书的框架体系

基于上述的研究思路，本书的篇章结构安排如下。

第 1 章，绪论。主要介绍本书的研究背景、研究意义、研究现状、研究目标、主要研究内容、拟采用的研究方法、本书的结构安排和本书可能存在的创新之处等。

第 2 章，食品安全监管的现状及其治理。主要采用文献分析与逻辑推演的分析方法，从事前预防、事中处置、事后处理三个监管环节深入剖析我国食品安全监管过程中监管机制的现状以及存在的问题，进而对各个环节出现的问题提出治理措施，并提出共建社会共治体系。建立多环节、全方位的监管体系以及科学的食品安全监管绩效评价体系，有利于量化政府食品安全监管绩效。

第 3 章，食品安全监管主体行为及其风险演化研究。考虑市场供需情况变化对食品企业利益获得的差异性影响，构建食品企业产品的产量与质量决策模型，研究企业食品价格对食品质量、食品供给量和食品需求量的影响机制以及食品企业生产成本的影响机制。在上述研究的基础上构建无政府参与情况下的企业利润模型以及有政府参与情况下的企业利润模型，实现对企业利润的数学表达。借助数值仿真对食品企业在消费者及政府不同策略组合和参数变化下的演化趋势进行分析，探究不同情境下的食品质量关于食品产量的变化趋势。考虑政府监管部门与食品企业之间的委托代理关系以及“四个最严”中“最严格的监管”与“最严厉的处罚”两条指示的经济学机理和作用效果，构建政府监管部门和食品企业的委托代理模型，研究双方期望收益的影响机制。在上述研究的基础上，借助数值仿真对不同监管强度下食品企业收益与努力水平的关系、不同处罚力度下食品企业期望收益与其努力水平的关系、不同市场规模下食品企业期望收益与其努力水平的关系以及不同需求价格弹性条件下食品企业努力水平与食品市场价格的关系进行仿真分析，探究提高政府监管效率与企业努力水平的内涵条件。

第 4 章，食品安全风险扩散及其网络演化研究。考虑食品安全风险传染的内生动力、外生动力和客观条件，构建涵盖上下游企业、食品监管部门的食品安全风险具体的生成及传染机制。通过分析单层食品供应网络中食品生产企业间的初始化情况、随机增长条件、择优连接概率、机制选择概率，建立单层食品供应网络模型，研究为提升食品购买者的消费者支付意愿的投入、为提升食品购买者公民支付意愿的投入、节点进入速度、每个新进节点的连边数量以及随机连接概率对单层食品供应网络的节点度分布影响。考虑上下游食品企业之间关系的演化，构建更具一般性的多层食品供应网络模型，研究节点的进入速度、新进节点的连边数量、机制选择概率以及节点的竞争力投入对多层食品供应网络的演化特征的影响和作用机制。在上述研究的基础上，考虑食品安全风险在食品供应网络上的三种传染及扩散机制，研究食品安全风险传染的 SIRS 模型的传染阈值、传染规模同各种群的自然退出率、风险携带企业种群的非自然退出率、风险携带企业种群的恢复率等因素的动态影响机制。以 WS 小世界网络和 BA 无标度网络的结构特征刻画食品供应网络的两种结构特征，利用仿真实验的技术方法，对食品安全风险传染阈值以及食品安全风险传染规模进行仿真分析研究，观察不同网络结构下食品安全风险传染阈值及规模情况，分析其背后的抑制因素及抑制策略。

第 5 章，食品安全监管的信息透明机制研究。考虑食品安全恐慌行为扩散与病毒传播的相似性，运用SIRS模型对食品安全监管信息透明度影响下恐慌行为的扩散源、扩散介质、扩散率、免疫率进行规则刻画，深入研究上述因素协同作用下食品安全恐慌行为扩散的非线性动力学行为及其演化动态。在上述研究的基础上，对食品安全恐慌行为扩散的网络拓扑特征进行分析，考察食品安全监管信息透明度影响下食品安全恐慌行为扩散的度分布函数。探究信息传播率、消费者对食品安全事故的关注度、政府食品安全监管信息透明度、媒体食品安全监管信息透明度对基本再生数的影响。借助数值仿真模拟分析食品安全监管信息透明度影响下食品安全恐慌行为扩散的网络拓扑特征和食品安全恐慌行为扩散的演化特征，探究信息透明度对食品安全恐慌行为扩散网络度分布的“分散效应”及“聚类效应”，以及政府食品安全监管信息透明度和媒体食品安全监管信息透明度对食品安全恐慌行为扩散的演化存在的“抑制效应”。

第 6 章，食品安全监管的信息透明评价指数研究。考虑我国食品安全社会共治现状，从政府食品安全监管信息透明度、消协食品安全监管信息透明度和媒体食品安全监管信息透明度三个维度，构建我国食品安全监管信息透明度的一级评价指标。在上述研究的基础上，深入分析不同监管主体的信息传递特点、信息传递类别、信息传递渠道，构建我国食品安全监管信息透明度的二级评价指标。运用文献检索技术，搜集相关学术书籍、期刊论文等文献资料，对每个二级指标进行细化处理，实现食品安全监管信息透明度的三级指标构建。运用网络层次分析-模糊综合评价模型，考察食品安全监管信息透明度评价指标间典型的层次性和相依关联关系，借助网络层次分析法和德尔菲专家打分，确定食品安全监管信息透明度的各项指标权重。

第 7 章，食品安全监管的绩效评价指数研究。考虑我国食品安全社会共治现状，从事前预防监管、事中处置监管及事后处理监管三个维度，构建我国食品安全监管绩效评价模型一级评价指标。在上述研究的基础上，深入分析不同监管环节的监管要点，构建我国食品安全监管绩效评价模型的二级评价指标。运用文献检索技术，搜集相关学术书籍、期刊论文等文献资料，对每个二级指标进行细化处理，实现食品安全监管绩效评价模型三级指标构建。运用网络层次分析-模糊综合评价模型，考察食品安全监管绩效评价指标间典型的层次性和相依关联关系，借助网络层次分析法和德尔菲专家打分，确定食品安全监管绩效评价的各项指标权重。

第 8 章，食品安全监管信息透明度指数（FSSITI）的实践应用。考虑不同监管主体及不同行政级别的监管特性，通过官方网站信息查询辅以电话调查的形式，实现对原食药监局、消协和媒体的样本数据采集与统计性分析。在先前建立的网络层次分析-模糊综合评价模型的基础上，根据 1 651 份调查采样表所获取的数据，对原食药监局、消协、媒体和整体进行模型计算与结果分析，实现对生产环节、物流环节和销售环节的中国整体及各省区市食品安全监管信息透明度指数的细致刻画。

第 9 章，食品安全监管绩效指数（FSSPI）的实践应用。考虑监管主体、监管环节及行政级别对监管绩效的现实影响，以各级原食药监局作为采样对象，通过查询原国家食药监局以及各级原地方食药监局的官方网站和部分电话访谈的形式，实现对原食药监局样本的数据采集与统计性分析。在先前建立的网络层次分析-模糊综合评价模型的基础上，根据 20 010 份调查数据，对事前、事中、事后监管绩效进行模型计算与结果分析，实现对生产环节、物流环节和销售环节的整体及各省区市食品安全监管绩效的细致刻画。

第 10 章，总结与展望。总结研究路线、基本结论、创新与不足，对存在的问题制订进一步解决的方案。

1.4.4 本书的创新点

基于上述关于本书研究方法、研究内容及结构体系的基本描述，本书创新点主要体现在以下几个方面。

（1）与现有研究不同，本书基于复杂网络视角对食品市场中风险传染相关问题进行研究。较现有研究来说，这一全新的研究视角及研究问题，能够从更为系统、复杂的角度对食品安全风险问题进行分析，探究食品安全风险的传染机制及传染路径，探讨食品安全风险的防控策略。总的来说，基于这一全新的研究视角，对食品安全风险传染问题进行研究，是对现有研究的重要补充，也是对食品安全治理理论的进一步发展和完善，同时，对于指导食品安全社会治理实践来说也具有重要的现实意义。

（2）本书课题组通过大量研读国内外文献、法律法规、食品安全案例，从中筛选出用于评价食品安全监管信息透明度的指标，并通过德尔菲专家调查法对获取的指标进行论证，最终确定了用于评价中国食品安全监管信息透明度状况的食品安全监管信息透明度指标体系。在本指数设计成功之前，学术界对食品安全监管信息透明度指数的研究尚未深入展开。因此，本书在设计我国食品安全监管信息透明度指数方面属于国内首创。

（3）运用系统集成方法和德尔菲专家调查法，整理国内外食品安全监管绩效评价经典文献、最新颁布的法律法规，构建了用于评价我国食品安全监管绩效水平的食品安全监管绩效指标体系。在本指数设计成功之前，国内外学者对食品安全监管的研究主要聚焦于法律法规的实施、监管体制的完善以及监管效果的评价方面，鲜有采用定量与定性分析相结合的方法评价政府食品安全监管绩效水平的研究。因此，本书在设计我国食品安全监管绩效指数方面属于国内首创。

第 2 章

食品安全监管的现状及其治理

食品安全是事关人民群众切身利益的大事，是一项重大的民生工程，也是党和国家一直高度关注的社会民生问题。其中，食品安全监管是确保民生安全的核心环节。政府是我国食品安全监管体制的核心，一系列解决食品安全问题的举措都离不开政府的执法监管。然而，食品安全事故屡禁不绝，监管体系的不完善、监管理念的落后以及食品安全治理意识的缺乏造成食品安全监管缺位甚至缺失。因此，本章采用文献分析与逻辑推演的分析方法，从事前预防、事中处置、事后处理三个监管环节深入剖析我国食品安全监管过程中监管机制的现状以及存在的问题，进而对各个环节出现的问题提出治理措施，并提出共建社会共治体系的观点，从而建立多环节、全方位的监管体系以及科学的食品安全监管绩效评价体系，有利于量化政府食品安全监管绩效。

2.1 食品安全监管现状分析

2.1.1 事前预防监管环节中存在的问题

在食品安全的事前预防监管环节中存在食品安全风险交流机制滞后和食品行业潜规则时有发生的问题。

1. 食品安全风险交流机制滞后

食品安全监管体系主要包括风险评估、风险管理和风险沟通三个环节（World Health Organization，2006）。其中，风险沟通以信息为载体，连接着风险评估和风险管理。在我国，基础弱、技术落后、信息化水平低的小企业、小作坊在食品行业中占据很大的比重。在信息不对称背景下，这部分企业受制于规模、资金和技术条件，容易产生逆向选择和道德风险。再加上从农田到餐桌的时空距离增大，无形中又增加了食品生产经营等中间环节出现食品安全风险的可能性（章剑锋，2010）。此外，由于缺乏独立的信息披露平台，食品安全监管信息透明度较低，风险交流、反馈渠道不畅（刘家松，2015），从而造成政府和消费者作为主要的监管者，无法有效地行使监督的权利。

2. 食品行业潜规则时有发生

为治理食品安全，我国相继出台了《食品安全法》《产品质量法》《标准化法》等多部法律法规，共同构筑起了食品安全监管体系的基本框架。但是随着食品市场竞争激烈程度的增加以及食品生产工艺的提高，急需新的法律法规去规范食品生产、销售厂商的行为，防止法律漏洞的存在（张志勋，2015）。此外，尽管 2013 年国家食品药品监督管理局改名为正部级别的国家食品药品监督管理总局，结束了以往分段治理的“九龙治水”格局，但是在地方政府的监管实践中，仍然存在着食药监局和市场监督管理局共存的局面，导致监管执行系统性、协调性差（朱京安和王鸣华，2011），为食品行业潜规则的形成提供了土壤，引起民众厌恶。直到 2018 年 3 月 13 日，十三届全国人大一次会议审议国务院机构改革方案，组建国家市场监督管理总局，不再保留国家食品药品监督管理总局，情况才有所好转。

2.1.2　事中处置监管环节中存在的问题

在食品安全的事中处置监管环节主要存在基层监管力量薄弱和食品召回制度难于发力的问题。

1. 基层监管力量薄弱

监管技术改善、监管能力提升是有效实施食品安全监管的前提（龚强等，2015）。然而，监管力量不足、监管保障薄弱、监管队伍素质偏低等问题成为我国基层监管部门的真实写照（文晓巍和温思美，2012；王萌萌，2015）。具体表现如下：首先，经费投入严重不足，基层监管力量较为薄弱，对一些问题食品的监管与整治有心无力；其次，基层食品检验检测能力不足，无法对一些潜在的食品安全隐患做出准确的检测，难以形成社会威慑；最后，基层监管队伍中低学历、低素质现象较为普遍，加之培训力度不足，制约了基层食品安全的日常监管工作。最终，造成由基层监管力量薄弱引发食品安全的事中处置监管环节出现问题的局面。

2. 食品召回制度难于发力

食品召回制度是指由政府采取强制措施或者企业自主将危及消费者健康或者存在潜在危害的有缺陷食品召回并予以赔偿的一种制度（Onyango et al.，2007）。食品召回对于维护食品安全、提高食品质量有着积极作用，欧美等不少国家和地区都由专门的机构负责食品召回（Michaud et al.，2001）。然而在我国，食品召回制度施行时间较为短暂，食品召回法规体系不完善、食品召回部门监管职责不清等问题依然存在，同时也造成了对问题食品管理的效率低下。此外，目前我国的食品召回仅仅停留在监管部门和食品经营者之间关于中止生产经营某种食品的浅层表面，导致食品召回成效并未达到监管部门的预期。

2.1.3 事后处理监管环节中存在的问题

食品安全的事后处理监管环节主要存在食品企业诚信体系建设落后和政府监管执行力度不够的问题。

1. 食品企业诚信体系建设落后

诚信是食品行业的首要准则，对于保证食品安全，保障食品行业持续、健康发展至关重要。对于当前中国的食品行业，食品企业诚信体系建设相对滞后，食品安全诚信保障能力不足，诚信信息征集和披露、诚信成效评估、诚信奖惩等一系列必要的诚信制度尚不完善（谭中明等，2015；吴元元，2013）。外部约束制度的不完善，造成诚信体系本身缺少应有的刚性。此外，食品企业管理者对诚信体系建设必要性和迫切性的理解不足，缺乏参与外部性诚信体系建设的主动性，进而忽视内部诚信管理体系建设。总之，目前我国的食品企业诚信体系建设落后，诚信体系的不完善为食品企业的失信行为提供了生存的空间和土壤。

2. 政府监管执行力度不够

食品安全事件时有发生的原因既与不法商家的违规行为有关，也与法律、制度漏洞造成的监管缺失有关（周应恒和王二朋，2013）。2015 年修订实施“史上最严”《食品安全法》（2018 年修正），从法律制度上为食品生产、加工、销售等环节保驾护航。然而，我国的食品监管制度还处于调整期，卫生、质检、农业、商务、食药等部门监管职能范围不断调整，食品安全委员会职能定位还不清晰，且监管部门过多导致的监管职责之间相互交叉及技术能力缺乏的现象导致对于食品安全的统筹规划、组织推进和监督检查力度明显不足，这些问题使食品安全监管低效，难以保持强势推进的工作态势，为消费者食品安全带来极大隐患。

2.2　食品安全风险的治理

2.2.1　事前预防监管环节的治理

1. 建立信息披露平台，加强食品安全风险监测、评估和交流

建立信息披露平台，有利于提高食品质量安全信息和监管信息的透明度。由于食品安全风险的识别、评估和应对需要处理和提炼大量的信息，故有必要建立权威的信息披露平台，在对信息进行整合、分类以后进行统一发布。同时，建立信息反馈机制，提高社会公众的参与度，发挥社会公众的监督和促进作用，实现包括政府在内的各利益主体的良性互动。

这一平台涉及政府、食品企业及消费者三方食品安全监管主体。政府作为平台的建设者和维护者，主动公布其获得的食品质量安全信息及监管信息，通过平台向社会大众定期发布食品安全风险警示信息，避免大范围食品质量安全事故的爆发，为社会大众健康负责。食品企业作为食品提供者，占据着信息的制高点，从解决信息不对称的角度看，政府应加强监管，要求其销售的食品详细标出生产厂家、生产日期、所含成分等信息，并在信息披露平台上予以公布，提高透明度（Shleifer，1985；Holmstrom，1981）。此外，消费者在三方主体中居于核心地位，要通过信息反馈机制参与其中，让食品安全风险无处遁形。

2. 完善法律法规体系，避免食品行业潜规则出现

一方面，政府在食品安全监管过程中，需要执行良好生产规范，建立HACCP 以及食品可追溯体系（吴林海和吴治海，2015）。在此基础上，可以对食品生产过程进行连续有效的管理和全程监控，确保食物链上的生产、加工、物流等环节的所有作业得到全方位监管，杜绝潜在的食品安全风险，保障流通市场中食品的安全卫生。

另一方面，深化监管体制改革。我国食药改革必须不忘初心，避免多头领导的存在。国家市场监督管理总局作为主要的监管主体，要切实担负起综合协调、监督评价、实施风险监测与评估、参与制定食品安全相关规范、及时与公众沟通食品安全相关信息等方面的职责。同时还要加强食品安全监管体系建设，保障食品安全法规的贯彻实施，做到无缝衔接农业农村部和国家卫生健康委员会，切实提高我国的食品安全监管水平。以法律法规严厉惩治食品企业违规行为，整治食品行业不良风气，规范食品行业在生产、加工、物流等环节的行为，整体上提高食品安全程度。

2.2.2 事中处置监管环节的治理

1. 加大基层监管队伍建设投入，推动监管力量下沉

一方面，政府部门需要建立食品安全监管保障体系。加大基层监管队伍建设投入，为食品安全监管执法保驾护航。第一，将食品安全监管、技术检测以及专项整治经费等列入地方财政预算，为基层食品安全监管提供基本资金保障；第二，建立基层食品安全协管员、信息员工作报酬补偿机制，提高基层监管人员的工作积极性；第三，为基层监管队伍提供技术支持，改善基层监管执法队伍装备。

另一方面，建立奖惩激励约束机制。为了加强基层力量对食品安全突发事件的应急处置能力，定期对基层食品安全监管工作人员的理论和实践能力进行考核（全世文和曾寅初，2016），使其牢记相关法律法规，从而提高其依法对食品生产、销售场所卫生状况、食品安全事件责任进行调查和处置的能力，避免次生、衍生事故的发生（马颖等，2015）。对于考核不达标者，实施“末位淘汰”机制，通过定期考核提高其执法能力和效率，从整体上提升基层监管人员素质。同时，实施奖励机制，鼓励基层监管人员愿意、大胆、创造性地开展工作，探索出符合辖区实际的食品安全监管方式，提高食品安全监管效率，实现监管力量的下沉。

2. 落实食品召回制度，避免“劣币驱逐良币”

“劣币驱逐良币”又称作“格雷欣法则”，是指当流通市场上出现两种内在价值不同而名义价值相等的货币时，内在价值较高的货币，即“良币”，会被人们收藏、熔铸或输出国外，逐步退出市场，而“劣币”则会成为主要货币。

食品召回制度的落实有赖于公众和食品企业召回意识的增强。从屡次爆发的食品安全事故中发现，公众维权意识的缺乏是造成食品企业有恃无恐的主要原因。为此，政府部门应该加强对消费者的食品召回意识的宣传，转变消费者以往面对问题食品忍气吞声或者自认倒霉的意识，而积极主动地向政府主管部门反馈，以便缺陷商品尽快被召回。同时，消费者可以根据受伤害情况申请赔偿，维护自身的合法权益。此外，加强对食品生产或销售企业食品召回方面的教育，如果企业面对问题食品心存侥幸而失去了主动召回机会，一旦食品质量安全问题率先被政府、网络媒体或消费者揭露，最终将会影响到企业声誉，使企业利润受损。

落实食品召回制度必须明确政府与食品企业的分工（张蓓，2015；高秦伟，2010）。食品企业作为召回政策的落实者，有责任主动、快速召回问题食品，并解决好消费者赔偿问题。政府作为食品召回制度的制定者、督促者，有权利和义务保证召回过程的顺利实现。通过企业自我监督与政府监管，防止食品生产者为节约成本而对其进行简单包装处理后再次进入市场流通（张利国和徐翔，2006）。一旦这些有缺陷的食品再次进入市场，真正质优的食品则会因为缺乏价格竞争力而逐渐被残次品取代，扰乱市场秩序，造成“劣币驱逐良币”的恶果（狄琳娜，2012）。

2.2.3 事后处理监管环节的治理

1. 构建食品安全信用档案，提高企业社会责任

建立健全食品安全诚信体系（Bishop and Hilhorst，2010），关键在于培养食品企业的食品安全诚信行为，依赖外在监督制度的强制性和内部运行机制的合理性。作为食品行业中最重要的参与方，食品生产经营者诚信与否关系着食品安全诚信体系建设的成败。通过建立食品安全信用档案，可以对食品企业违规行为起到震慑作用，促使其规范食品生产、加工、物流等环节的行为，增强其社会责任感。

内因决定外因，建立健全食品安全诚信体系，首先要提高食品企业的诚信意识，确保食品企业管理决策者对内部诚信管理制度的重视，将诚信贯穿于食品领域之中。外因必不可少，建立健全食品安全诚信体系，必须由政府推动建立系统、具体、实践性强的食品企业诚信档案：对黑名单内的食品企业要加大监督查验力度，在信贷融资、行政审批等方面予以约束；对有良好信用记录的生产经营者，在技术革新、品牌塑造等方面予以大力支持（邓刚宏，2015）。这样，通过食品安全诚信体系建设的内外兼修，最终提高食品企业的社会责任，使诚信成为食品企业时刻谨记的行为准则。

2. 编制权力清单，严格食品安全责任追究

十八届三中全会通过的《中共中央关于全面深化改革若干重大问题的决定》强调推行权力清单制度，理清政府权责边界。在食品安全监管领域，根据监管部门的职责编制权力清单（罗亚苍，2015），明确政府在食品安全监管中的权力和责任，形成权责一致、分工合理、运转高效的政府职能体系。通过监管部门清晰的责任权力划分避免监管部门的多重任务，并建立起相应的问责机制，实现食品安全治理（Laffont and Martimort，1999；Maskin and Tirole，2004）。

行政问责是对领导责任进行事后追究的一种监督手段，包括各种形式的行政和司法追究，其根本目的在于防范行政不作为、乱作为。对于超出权力清单的失职、渎职行为进行食品安全责任追究（李兰英和龙敏，2013），并且将食品安全事故的发生情况纳入领导（地方主政领导和监管部门领导）干部任用、晋升的考核体系中（隋洪明，2009），作为评定其政绩的重要指标。同时，对于在监管工作中因失职、渎职行为产生不良影响或者食品安全事故的相关责任人，依法给予其相应的处罚。此外，为加大威慑力，要实现问责的常态化。

2.3　本章小结

本章对国内外食品安全监管相关文献进行梳理，并运用逻辑推演方法，深入剖析我国在食品安全事前预防、事中处置和事后处理三个监管环节中出现的问题，并根据三个环节中的问题提出相应的解决措施。根据食品安全事前预防监管环节中出现的食品安全风险交流机制滞后和食品行业潜规则时有发生这两大问题，提出需要建立信息披露平台，加强食品安全风险监测、评估和交流，完善法律法规体系，避免食品行业潜规则出现的建议。根据食品安全事中处置监管环节出现的基层监管力量薄弱和食品召回制度难于发力的现象，提出加大基层监管队伍建设投入，推动监管力量下沉，以及落实食品召回制度，避免“劣币驱逐良币”的措施。根据事后处理监管环节出现的食品企业诚信体系建设落后和政府监管执行力度不够的问题，提出构建食品安全信用档案，提高企业社会责任，以及编制权力清单，严格食品安全责任追究的方法。在上述分析基础上，提出改善我国食品安全治理情况的三大启示：第一，构建政府主导、各方协同治理的社会共治格局；第二，建立多环节、全方位的监管体系；第三，构建科学的政府监管环节的评价体系。

第 3 章

食品安全监管主体行为及其风险演化研究

本书第2章运用文献分析与逻辑推演等分析方法，系统深入剖析了事前预防、事中处置及事后处理三个不同监管环节的监管机制现状以及存在的问题，并提出共建社会共治体系，建立多环节、全方位的监管体系以及科学的食品安全监管绩效评价体系，量化政府食品安全监管成效的构想。在第2章问题分析的基础上，本章首先从食品企业的视角出发，构建了食品企业产品的产量与质量决策模型，研究了市场供需情况对食品企业产品质量的影响，并引入消费者食品安全风险辨识能力系数和政府罚款额度，分析食品企业决策中消费者食品安全风险辨识能力和政府的监管与惩罚等因素对食品企业提高产品质量预防费用的激励效果。其次，运用委托代理模型分析了政府监管部门与食品企业之间的委托代理博弈关系，从经济学理论的角度剖析了监管强度、处罚力度以及一些市场因素的变化对食品企业生产行为的影响，以期为我国食品安全监管工作提供实践指引。

3.1 不同市场供需情况下食品质量风险形成及监管机制

本节从食品企业的视角出发，将企业视为自身效用最大化的个体，考虑到市场供需情况变化对食品企业实现自身利润最大化的差异性影响，构建食品企业产品的产量与质量决策模型，研究不同市场供需情况对企业食品质量的影响。并在此基础之上，引入消费者食品安全风险辨识能力系数和政府罚款额度，分析食品企业决策中消费者食品安全风险辨识能力和政府的监管与惩罚对食品企业提高产品质量预防费用的激励机制，并对此进行数值模拟仿真。

3.1.1　无政府参与情况下食品质量风险监管决策模型

在本节的博弈模型中，食品企业是理性的食品市场参与主体，它们以自身利润最大化为决策目标。市场上食品企业的收入为食品生产量 S 和食品需求量 m 的最小值与价格 p 的乘积，成本为 C，其利润函数为

$$f = \min\{S,m\}p - C \tag{3-1}$$

在食品市场中，各食品企业生产的产品是同种的，仅在产品质量上存在差异。食品企业所制定的价格 p 与企业产品质量和食品市场的供需情况相关。其中食品企业的产品质量以 R 来表示，$0 \leqslant R \leqslant 1$，$R$ 越大代表产品质量越高。食品企业生产的价格 p 表示为

$$p = f(S,m,R) \tag{3-2}$$

假设消费者的食品安全辨识能力为 a，a 越大表示市场上消费者的食品安全辨识能力越强，企业的食品质量 R 对食品价格 p 的影响程度与消费者的食品安全辨识能力 a 有关，由于食品质量对食品价格影响能力有限，此处假设 $0 \leqslant a < 2$。在其他条件为固定值的情况下，食品企业的产品质量 R 越高，该食品企业的产品的价格 p 越高；消费者的食品安全辨识能力越高时，食品质量 R 对食品价格 p 的影响程度就越大。在其他条件为固定值的情况下，食品生产量 S 与食品价格 p 负相关；食品需求量 m 与食品价格 p 正相关。基于上述分析，假设食品价格 p 关于食品质量 R、食品供给量 S 和食品需求量 m 的函数关系为

$$p = R^a\left[b - k_1(S-m)\right] \tag{3-3}$$

其中，b 为食品的基础价格，表示在市场总供需平衡且食品质量为 1 的情况下的价格；k_1 为供求对价格的影响系数，k_1 度量了食品质量为 1 的情况下，食品价格关于市场供给和市场需求之间差值的变化速度，在市场供给和市场需求之间差值变化数值相同的情况下，k_1 越大表示食品价格的变化幅度越大，k_1 为大于 0 的常数。当 $b-k_1(S-m)\leqslant 0$ 时，食品企业必然退出市场，故 $b>k_1(S-m)$。

企业的成本 C 可以用于提高产品质量而支付的预防费用 C_1 和用于生产产品而支付的生产成本 C_2，这两项成本相互独立，因此企业的总成本为

$$C=C_1+C_2 \tag{3-4}$$

C_1 为企业提高产品质量而支付的预防费用，预防费用 C_1 随着产品质量提高而增加。预防费用的函数为

$$C_1=k_2R^2 \tag{3-5}$$

其中，k_2 为大于 0 的常数，k_2 为质量成本系数，度量了预防费用关于食品质量的变化速度，k_2 越大表示提升同一单位质量所需的预防费用越多。

C_2 为食品企业的生产成本，生产成本 C_2 与企业的生产量 S 成正比，生产成本函数为

$$C_2=k_3S \tag{3-6}$$

其中，k_3 为大于 0 的常数，k_3 为单位生产成本，k_3 越大表示生产同一单位食品的成本越高。

将式（3-5）和式（3-6）代入式（3-4），可得到成本函数为

$$C=k_2R^2+k_3S \tag{3-7}$$

根据上述假设，将式（3-3）和式（3-7）代入式（3-1）可以得出食品企业在无政府参与的情况下的利润函数为

$$f(R,S)=\min\{S,m\}R^a\left[b-k_1(S-m)\right]-k_2R^2-k_3S \tag{3-8}$$

其中，$k_i>0$，$i=1,2,3$，a 满足 $0\leqslant a<2$，并且 $0\leqslant R\leqslant 1$。

对利润函数关于 R 求偏导，得出食品企业提升食品质量的边际利润函数为

$$\frac{\partial f}{\partial R}=aR^{a-1}\min\{S,m\}(b+k_1m-k_1S)-2k_2R \tag{3-9}$$

为了求解函数的最大值，令 $\frac{\partial f}{\partial R}=0$，可以得到极值的一阶条件为

$$R_0=\left[\frac{a\min\{S,m\}(b+k_1m-k_1S)}{2k_2}\right]^{\frac{1}{2-a}} \tag{3-10}$$

为了验算该点是否为极大值点，对 R 求二次偏导：

$$\frac{\partial^2 f}{\partial R^2}=a(a-1)R^{a-2}\min\{S,m\}(b+k_1m-k_1S)-2k_2 \tag{3-11}$$

可以得到 $\left.\frac{\partial^2 f}{\partial R^2}\right|_{R=R_0}<0$，又 $\left.\frac{\partial f}{\partial R}\right|_{R=R_0}=0$，所以 $R=R_0$ 为函数在 R 上的极大值点，所以当食品质量为 R_0 时，企业取得最大利润。基于企业以利润最大化为决策目标，企业将选择生产质量 R_0 的食品。

基于上述分析，可以得出在其他条件不变的情况下，对于对应的食品供给量 S 和市场需求量 m，企业生产的食品质量 $R=\left[\frac{a\min\{S,m\}(b+k_1m-k_1S)}{2k_2}\right]^{\frac{1}{2-a}}$。

3.1.2　政府参与情况下食品质量风险监管决策模型

政府对食品企业进行监管，并对食品企业进行抽查，对发现不合格品的食品企业进行一定的处罚。潜在的惩罚金为 Z，食品企业的利润函数为

$$f=\min\{S,m\}p-C-Z \tag{3-12}$$

食品企业被处罚的概率与食品企业生产食品的不合格品率 $1-R$、政府的监管力度、消费者的食品安全辨识能力 a 呈正相关关系。其中，政府的监管力度与食品企业的生产数量有关，政府会对生产数量更多的食品给予更

大的监管力度。食品企业的潜在罚金的期望函数为

$$E(Z)=k_4S(1-R)(1+a) \tag{3-13}$$

其中，k_4 表示罚金，为大于 0 的常数。

根据上述假设，将式（3-3）、式（3-7）和式（3-13）代入式（3-12）可以得到食品企业政府参与的情况下的利润函数为

$$\begin{aligned} f(R,S)=\min\{S,m\}R^a\left[b-k_1(S-m)\right] \\ -k_2R^2-k_3S-k_4S(1-R)(1+a) \end{aligned} \tag{3-14}$$

其中，$k_i>0$，$i=1,2,3,4$，a 满足 $0\leqslant a<2$，且 $0\leqslant R\leqslant 1$。

假设函数存在极大值点 R_0，则对于对应的产量 S，食品企业在食品质量为 R_0 时取得最大利润。基于企业以利润最大化为决策目标，企业将选择生产质量 R_0 的食品。

3.1.3 模拟仿真分析

综合上述模型，运用 MATLAB 对食品企业在消费者及政府不同策略组合及参数变化下的演化趋势进行了仿真，从而对不同情境下的食品质量关于食品产量的变化趋势进行分析。

1. 在消费者没有食品安全辨识能力且无政府监督的情况下食品质量关于食品产量的演化分析

当食品的消费者没有一定的食品安全辨识能力且市场上不存在政府的监督和罚款时，食品企业的利润函数为

$$f=\begin{cases} S(b+k_1m-k_1S)-k_2R^2-k_3S & (S\leqslant m) \\ m(b+k_1m-k_1S)-k_2R^2-k_3S & (S>m) \end{cases} \tag{3-15}$$

对式（3-15）关于食品质量 R 求导可得

$$\frac{\partial f}{\partial R}=-2k_2R \tag{3-16}$$

由于$\frac{\partial f}{\partial R}$恒小于0，随着食品质量$R$的提高，企业利润$f$将会逐渐下降，食品质量$R$提升的边际效益为负，食品企业不会主动提升食品质量，食品企业总会以最低质量生产与销售。

基于上述结论，此处设食品的基础价格$b=10$，供求对价格的影响系数$k_1=2$，质量成本系数$k_2=50$，单位生产成本$k_3=1$，市场需求$m=5$，来验证这个结论。

食品企业在不同生产量和食品质量情况下的利润情况如图 3-1 所示。随着食品企业的生产量 S 的变化，企业总是在食品质量 R 为 0 时取得最大利润，基于企业以利润最大化为决策目标，企业总会以最低质量生产食品。

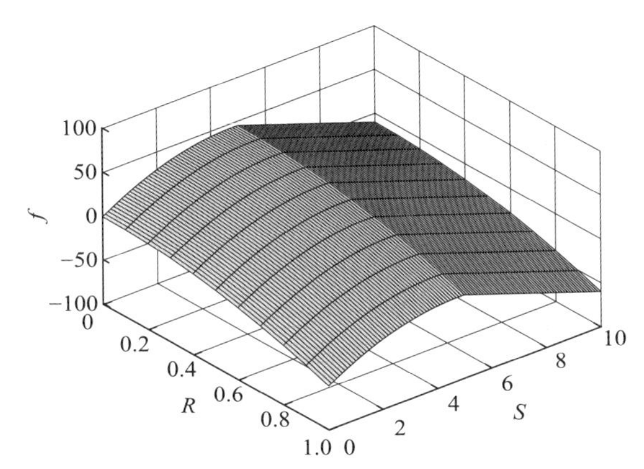

图 3-1　食品企业在不同生产量和食品质量情况下的利润示意图

2. 在消费者存在食品安全辨识能力且无政府监督的情况下食品质量关于食品产量的演化分析

当食品的消费者存在一定的食品安全辨识能力且市场上不存在政府的监督和罚款时，食品企业的利润函数为

$$f=\begin{cases}R^aS\left(b+k_1m-k_1S\right)-k_2R^2-k_3S & (S\leqslant m)\\ R^am\left(b+k_1m-k_1S\right)-k_2R^2-k_3S & (S>m)\end{cases} \tag{3-17}$$

基于食品质量关于产量的变化情况，可以将食品分为三种常见情形，第一种情形下食品为生活必需品且提升食品质量较为容易；第二种情形

下食品为生活必需品但难以提升食品质量；第三种情形下食品为非生活必需品。

为了便于分析，设企业供不应求时的收入函数为

$$Y=R^{a}S\left(b+k_{1}m-k_{1}S\right) \tag{3-18}$$

其中，Y 为企业供不应求时的收入。

关于式（3-18）对 S 求偏导，可得

$$\frac{\partial Y}{\partial S}=R^{a}\left(b+k_{1}m-2k_{1}S\right) \tag{3-19}$$

对 S 求二次偏导，可得

$$\frac{\partial^{2} Y}{\partial S^{2}}=-2k_{1}R^{a} \tag{3-20}$$

基于式（3-19）和式（3-20）可以得出产量 S 关于供不应求时的收入 Y 的极大值为

$$S=\frac{b+k_{1}m}{2k_{1}} \tag{3-21}$$

若 $\frac{b+k_{1}m}{2k_{1}}<m$，企业于产量满足式（3-21）时取得最大收入，此时食品为非生活必需品。

若 $\frac{b+k_{1}m}{2k_{1}}\geqslant m$，企业于供需平衡时取得最大收入，此时食品为生活必需品。

1）情形一：食品为生活必需品且提升食品质量较为容易

此情形下基于食品为生活必需品的需要，设食品的基础价格 $b=10$，供求对价格的影响系数 $k_{1}=2$，市场需求 $m=5$，此时满足 $\frac{b+k_{1}m}{2k_{1}}\geqslant m$。基于提升食品质量较为容易的需求，设质量成本系数 $k_{2}=50$。为了便于计算，此处设单位生产成本 $k_{3}=1$。

当 $S\leqslant 5$ 时，基于式（3-10）可知，对于对应的食品企业的产量 S，企业的利润取得最大值时，食品质量为

$$R=\left[\frac{aS\left(b+k_1m-k_1S\right)}{2k_2}\right]^{\frac{1}{2-a}} \tag{3-22}$$

基于企业以利润最大化为决策目标，企业将选择生产质量满足式（3-22）的食品。

当 $S>5$ 时，基于式（3-10）可知，对于对应的食品企业的产量 S，企业的利润取得最大值时，食品质量为

$$R=\left[\frac{am\left(b+k_1m-k_1S\right)}{2k_2}\right]^{\frac{1}{2-a}} \tag{3-23}$$

基于企业以利润最大化为决策目标，企业将选择生产质量满足式（3-23）的食品。

基于式（3-17）、式（3-22）和式（3-23）可以得到在消费者不同安全辨识能力和企业不同食品质量下利润与产量关系图和在消费者不同安全辨识能力下的食品质量与产量的关系图，如图 3-2、图 3-3 所示。

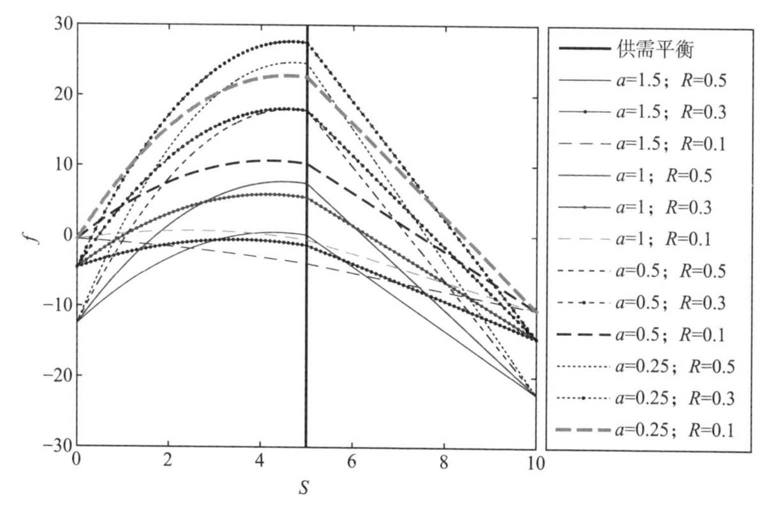

图 3-2　情形一不同情况下食品企业产量与利润的关系图

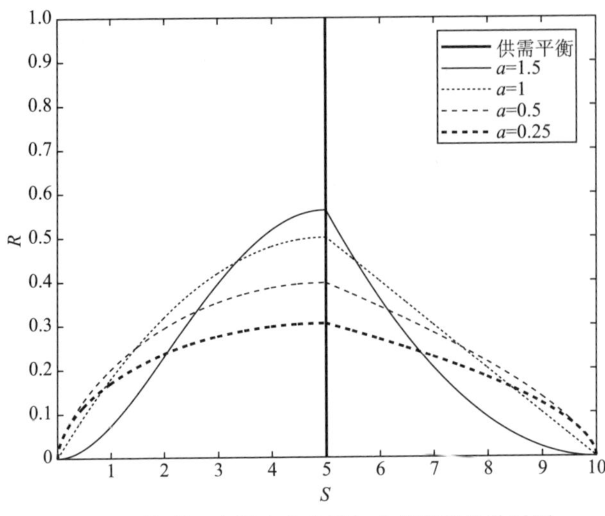

图 3-3 情形一食品企业产量与食品质量的关系图

由图 3-2 可知，在企业的食品质量和消费者食品安全辨识能力不变的情况下，在供过于求时，企业的利润伴随着企业食品产量的增长而下降，在供不应求时，企业的利润总体上随着企业食品产量的增长而上升，在大部分情况下于供求相等时取得最大利润，存在随着产量增长，食品质量不断下降的情况，如图 3-2 中 $a=1.5$ 且 $R=0.1$ 时的情况，可以认为消费者食品安全辨识能力高使得低质量食品难以售出。在食品质量相同时，消费者食品安全辨识能力越强，企业获得的利润就越少；在消费者食品安全辨识能力相同时，企业食品质量的提高并不一定会提高企业利润。

由图 3-3 可知，当市场供不应求时，随着食品企业产量 S 的增加，食品质量水平 R 将逐步提高；当市场供过于求时，随着食品企业产量 S 的增加，食品质量水平 R 将会逐步降低。当食品产量 $0.1592 \leqslant S < 3.34$ 和 $5.5511 < S \leqslant 9.6866$ 时，对于固定的食品产量 S，消费者的食品安全辨识能力 a 与食品质量 R 关系难以界定；当食品企业产量 $3.34 \leqslant S \leqslant 5.5511$ 时，消费者的食品安全辨识能力 a 越高，食品质量水平 R 将会越低。

为了便于分析，此处将供需关系分为食品产量过低、食品产量偏低、供需相近、食品产量偏高四个区间，分别对应图 3-3 中的 $S < 0.1592$ 、$0.1592 \leqslant S < 3.34$ 、$3.34 \leqslant S \leqslant 5.5511$ 、$5.5511 < S$ 四个区间。结合图 3-2 和

图 3-3 可知，当食品产量过低时，随着食品产量的不断提升，消费者的食品安全辨识能力越高，食品质量的增长速率反而越缓慢。可以认为在食品质量水平过低时，食品企业生产食品的质量小幅度地提高依旧未能满足食品安全辨识能力较高的消费者群体的需求，无法为企业吸引更多的消费者，同时由于生产规模的制约，企业无法承担将质量提升至能够满足食品安全辨识能力较高的消费者群体的需求的高额成本，基于企业以追求利润最大化为决策目标，企业会选择生产质量较低的食品，所以这种情况下消费者的食品安全辨识能力越高，食品企业越没有动力提升食品质量，食品质量反而越低。

当食品产量偏低时，随着食品产量的不断提升，总体上消费者的食品安全辨识能力越高，食品质量的增长速率越快，可以认为由于在消费者食品安全辨识能力较低时，食品企业可以凭借食品质量小幅度地提高便可以给企业带来更多的利润，所以食品企业无须更大幅度地提升食品质量，而当食品安全辨识能力较高时，基于食品企业获取更大的利润的需求，食品质量需要更大幅度地提升才能吸引更多的消费者。所以这种情况下总体上消费者的食品安全辨识能力越高，食品企业越有动力提升食品质量，食品质量的增长速率越快，企业生产的食品质量将越快超过处于消费者的食品安全辨识能力较低情况下企业生产的食品质量。

当食品产量供需相近时，消费者食品安全辨识能力越高，企业生产的食品质量就越高。达到供需平衡时，食品企业收入达到最大，为了满足消费者的质量需求并尽可能地吸引消费者，食品质量也达到最大值，此时食品质量总体处于较高水平，并且消费者食品安全辨识能力越强，食品质量越高。

当食品产量偏多时，总体上食品质量相较供需平衡时会下降，可以认为食品产量偏多时，企业生产更多的食品反而会降低自己的利润，基于企业以追求利润最大化为决策目标，此时企业将会选择减少食品质量的投入以减少自己的损失，同时，此时企业会选择缩减生产规模，随着生产数量的减少，食品企业将会重新重视食品质量，使得食品质量回升。

2）情形二：食品为生活必需品但难以提升食品质量

此处基于难以提升食品质量的需求，设质量成本系数$k_2=95$。其余条件与情形一相同。

基于式（3-17）、式（3-22）和式（3-23）可以得到在消费者不同安全辨识能力和企业不同食品质量下利润与产量关系图和在消费者不同安全辨识能力下的食品质量与产量的关系图，如图3-4、图3-5所示。

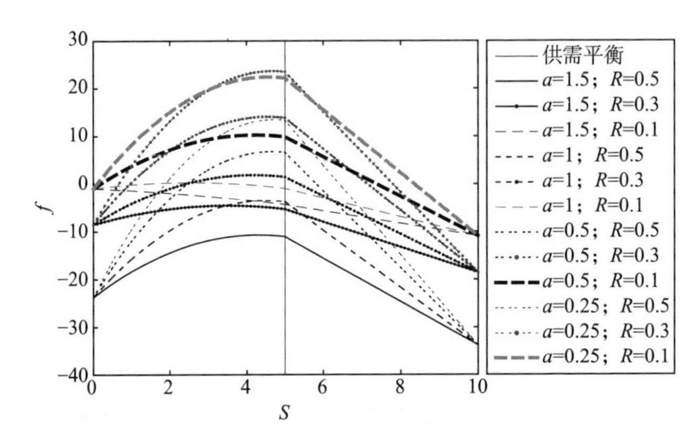

图3-4　情形二不同情况下食品企业产量与利润的关系图

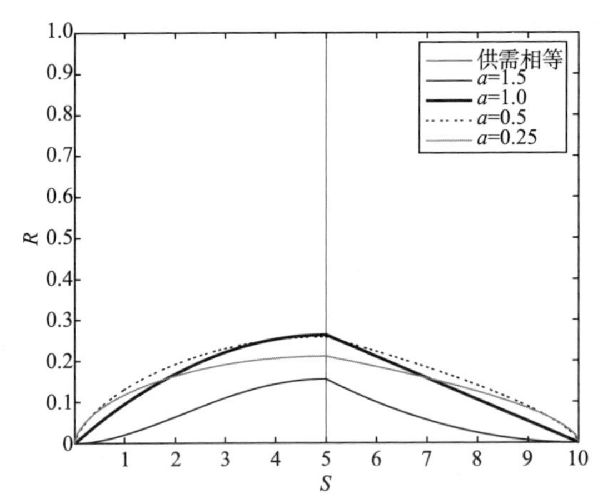

图3-5　情形二食品企业产量与食品质量的关系图

由图 3-4 可知，在企业的食品质量和消费者食品安全辨识能力不变的情况下，在供过于求时，企业的利润伴随着企业食品产量的增长而下降，在供不应求时，企业的利润总体上随着企业食品产量的增长而上升，在大部分情况下于供求相等时取得最大利润，存在随着产量增长，食品质量不断下降的情况，如图 3-4 中 $a=1.5$ 且 $R=0.1$ 时的情况。无论消费者食品安全辨识能力 a 和食品产量 S 为何值，企业总是在食品质量 R 为 0.1 或 0.3 时取得较大利润，而无法在食品质量 R 为 0.5 时取得较大收益。

结合图 3-4 和图 3-5 可知，供不应求时随着食品产量的提升，食品质量缓慢提升，供过于求时随着食品产量提升，食品质量缓慢下降，食品质量于供需平衡时取得最大值，但无论供需情况如何变化，食品质量总是处于偏低的状况下。可以认为是提升质量所需要的预防成本过高使得食品企业生产较高质量的食品无法取得更大利润，基于食品企业以利润最大化为决策目标，食品企业将会选择生产质量较低的食品，从而导致食品市场普遍处于低质量的情况。

此时，食品质量与消费者食品安全辨识能力的关系难以界定。可以认为当消费者食品安全辨识能力较低时，食品企业只需要较低质量就可以获得收益，基于企业以利润最大化为决策目标，企业不会更大幅度地提升食品质量；当消费者食品安全辨识能力较高时，企业由于无法承担高昂的提升质量所需要的预防成本而无法满足消费者的需求，基于企业以利润最大化为决策目标，企业会放弃对食品质量的进一步提升。在这两种原因的综合作用下，食品质量与消费者食品安全辨识能力的关系难以界定。

3）情形三：食品为非生活必需品

此处设食品的基础价格 $b=10$，供求对价格的影响系数 $k_1=2$，市场需求 $m=10$，此时满足 $\frac{b+k_1m}{2k_1}<m$，其余条件与情形二相同。

基于式（3-17）、式（3-22）和式（3-23）可以得到在消费者不同安全辨识能力和企业不同食品质量下利润与产量关系图和在消费者不同安全辨识能力下的食品质量与产量的关系图，如图 3-6、图 3-7 所示。

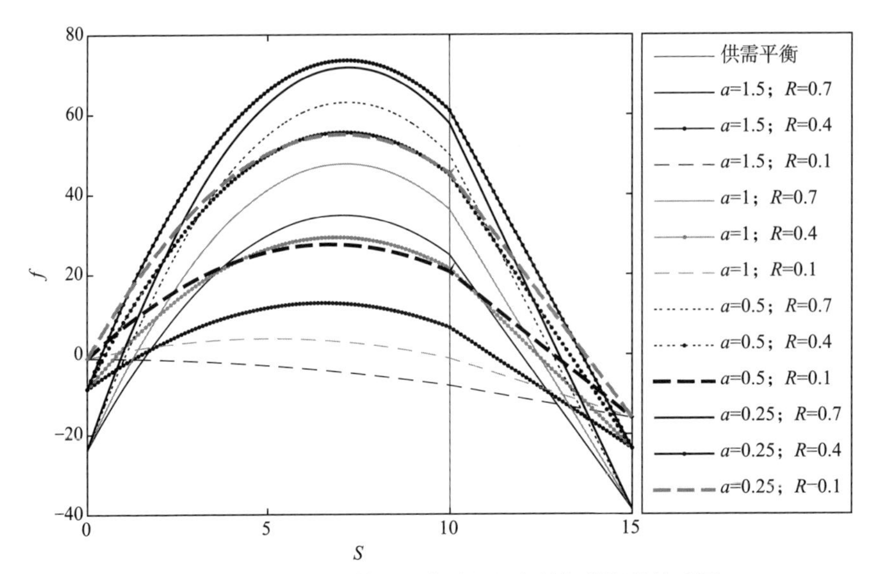

图 3-6　情形三不同情况下食品企业产量与利润的关系图

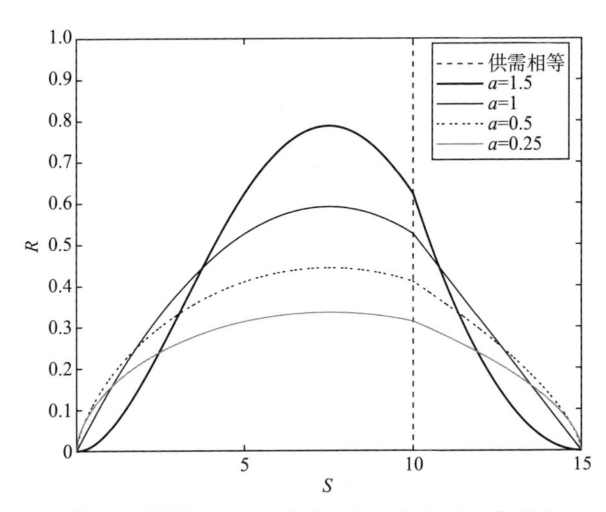

图 3-7　情形三食品企业产量与食品质量的关系图

由图 3-6 可知，在企业的食品质量和消费者食品安全辨识能力不变的情况下，食品企业于供不应求而非供求相等时取得最大利润，除消费者食品安全辨识能力 $a=1.5$ 且企业食品产量 $R=0.1$ 和 $R=0.4$ 的两种情况外，食品企业于食品产量 $S=7.5$ 时取得最大利润。当 $S\geqslant 7.5$ 时，企业的利润伴随着企业食品产量的增长而下降；当 $S<7.5$ 时，企业的利润总体上随着企业食品产量的增长而上升，在大部分情况下于供求相等时取得最大利润，存在随着产量增长，食品质量不断下降的情况，如图 3-6 中 $a=1.5$ 且 $R=0.1$ 时的情况。在食品质量相同时，消费者食品安全辨识能力越强，企业获得的利润就越少；在消费者食品安全辨识能力相同时，企业食品质量的提高并不一定会提高企业利润。

如图 3-7 所示，当 $S<7.5$ 时，随着食品企业产量 S 的增加，食品质量水平 R 将逐步提高；当 $S\geqslant 7.5$ 时，随着食品企业产量 S 的增加，食品质量水平 R 将会逐步降低。当食品产量 $0.2012\leqslant S<3.758$ 和 $11.242<S\leqslant 14.7988$ 时，对于固定的食品产量 S，消费者的食品安全辨识能力 a 与食品质量 R 没有明显关系；当食品企业产量 $3.758\leqslant S\leqslant 11.242$ 时，对于固定的食品产量 S，消费者的食品安全辨识能力 a 越高，食品质量水平将会越高。

结合图 3-6 和图 3-7 可知，当食品产量达到供不应求的某一值时，食品企业收入达到最大，同时食品质量也达到最大值并且消费者食品安全辨识能力越强，食品质量越高，可以认为食品企业为了满足消费者的质量需求从而尽可能地吸引消费者，基于企业以利润最大化为决策目标，企业会主动地提升食品质量。

3. 政府监督的情况下食品质量关于食品产量的演化分析

当市场上存在监督时，食品企业的利润函数为

$$f=\begin{cases}R^a S\left(b+k_1 m-k_1 S\right)-k_2 R^2-k_3 S-k_4 S\left(1-R\right)\left(1+a\right) & \left(S\leqslant m\right)\\ R^a m\left(b+k_1 m-k_1 S\right)-k_2 R^2-k_3 S-k_4 S\left(1-R\right)\left(1+a\right) & \left(S>m\right)\end{cases} \tag{3-24}$$

为了便于计算，此处以消费者食品安全辨识能力 $a=0$ 、$a=1$ 、$a=1.5$ 三种情况进行分析。

当 $a=0$ 时，消费者不存在食品安全辨识能力，对于对应的食品企业的产量 S，企业的利润取得最大值时，食品质量为

$$R=\frac{S}{2k_2} \tag{3-25}$$

所以对于对应的食品企业的产量 S，满足式（3-25）时，企业的期望利

润最大。基于企业以利润最大化为决策目标，企业将选择生产质量满足式（3-25）的食品。

当$a=1$且$S\leqslant 5$时，对于对应的食品企业的产量 S，企业的利润取得最大值时，食品质量为

$$R=\frac{bS+k_1mS+2k_4S-k_1S^2}{2k_2} \tag{3-26}$$

所以对于对应的食品企业的产量 S，满足式（3-26）时，企业的期望利润最大。基于企业以利润最大化为决策目标，企业将选择生产质量满足式（3-26）的食品。

当$a=1$且$S>5$时，对于对应的食品企业的产量 S，企业的利润取得最大值时，食品质量为

$$R=\frac{bm+k_1m^2+2k_4S-k_1mS}{2k_2} \tag{3-27}$$

所以对于对应的食品企业的产量 S，满足式（3-27）时，企业的期望利润最大。基于企业以利润最大化为决策目标，企业将选择生产质量满足式（3-27）的食品。

当$a=1.5$且$S\leqslant 5$时，对于对应的食品企业的产量 S，企业的利润取得最大值时，食品质量为

$$R=\frac{4.5S^2\left(b+k_1m-k_1S\right)^2+20k_4k_2S+4.5S^2\left(b+k_1m-k_1S\right)^2\sqrt{2.25S^2\left(b+k_1m-k_1S\right)^2+20k_4k_2S}}{16{k_2}^2} \tag{3-28}$$

所以对于对应的食品企业的产量 S，满足式（3-28）时，企业的期望利润最大。基于企业以利润最大化为决策目标，企业将选择生产质量满足式（3-28）的食品。

当$a=1.5$且$S>5$时，对于对应的食品企业的产量 S，企业的利润取得最大值时，食品质量为

$$R=\frac{4.5m^2\left(b+k_1m-k_1S\right)^2+20k_4k_2S+4.5m^2\left(b+k_1m-k_1S\right)^2\sqrt{2.25m^2\left(b+k_1m-k_1S\right)^2+20k_4k_2S}}{16k_2^{\ 2}}$$

（3-29）

所以对于对应的食品企业的产量 S，满足式（3-29）时，企业的期望利润最大。基于企业以利润最大化为决策目标，企业将选择生产质量满足式（3-29）的食品。

1）情形一：食品为生活必需品且提升食品质量较为容易

此情形下基于食品为生活必需品的需要，设食品的基础价格 $b=10$，供求对价格的影响系数 $k_1=2$，市场需求 $m=5$，此时满足 $\frac{b+k_1m}{2k_1}\geqslant m$。基于提升食品质量较为容易的需求，设质量成本系数 $k_2=50$。为了便于计算，此处设单位生产成本 $k_3=1$，罚金 $a=1$。

基于式（3-24）~式（3-29）可以得到在消费者不同安全辨识能力和企业不同食品质量下利润与产量关系图和在消费者不同安全辨识能力下的食品质量与产量的关系图，如图 3-8、图 3-9 所示。

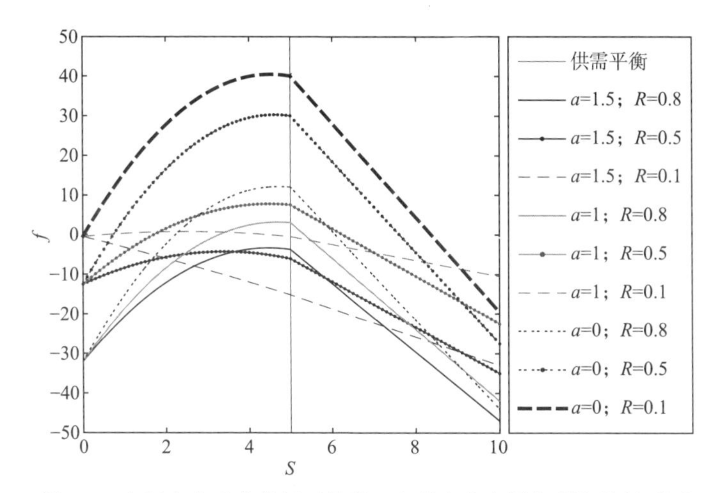

图 3-8　市场存在政府监督时情形一食品企业产量与利润的关系图

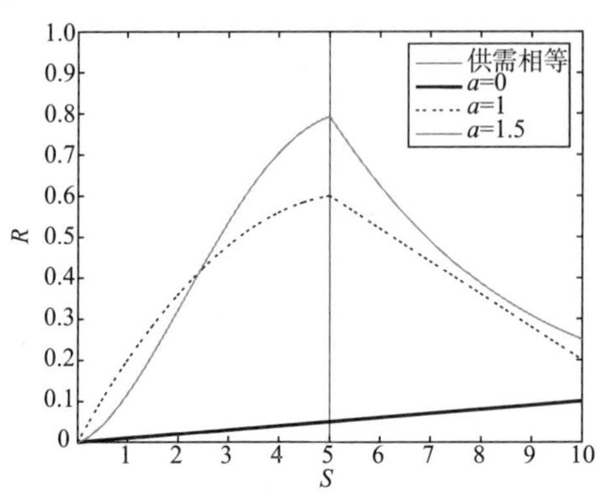

图 3-9　市场存在政府监管时情形一食品企业产量与食品质量的关系图

结合图 3-8 和图 3-2 可知，在企业的食品质量和食品产量、消费者食品安全辨识能力相同的前提下，相较于没有政府监督的情况，政府监督的情况下企业获得的利润更低。在企业的食品质量和消费者食品安全辨识能力不变的前提下，在供过于求时，企业的利润伴随着企业食品产量的增长而下降，但相较于没有政府监督的情况，政府监督的情况下企业的利润下降速率更快；在供不应求时，企业的利润总体上随着企业食品产量的增长而上升，但相较于没有政府监督的情况，政府监督的情况下企业的利润上升速率更缓慢，存在产量未达到市场需求时到达某一值后企业利润便开始随着企业食品产量的继续增长而下降的情况，如图 3-8 中 $a=1.5$ 且 $R=0.5$ 时的情况，可以认为由于随着企业生产规模的扩大，政府对企业的食品质量的重视程度提高，而企业食品质量没有变化，使得企业被处罚的概率提高，企业的期望利润下降；同时存在随着产量增长，食品质量不断下降的情况，如图 3-8 中 $a=1.5$ 且 $R=0.1$ 时的情况，可以认为消费者食品安全辨识能力高使得低质量食品难以售出。

由图 3-9 可知，消费者没有食品安全辨识能力时，食品质量总是处于较低水平，随食品产量的增长而缓慢提高；消费者存在食品安全辨识能力时，随着食品企业产量 S 的增加，食品质量水平 R 将逐步提高，当食品企业产量 S 增长至供大于求时，随着食品企业产量 S 的增加，食品质量水平 R 将会逐步降低。当 $0\leqslant S<2.423$ 时，消费者食品安全辨识能力较强（ $a=1.5$ ）的情况下的食品质量水平低于消费者食品安全辨识能力较差（ $a=1$ ）的情

况下的食品质量水平；当 $2.423 \leqslant S \leqslant 10$ 时，消费者食品安全辨识能力较强（ $a=1.5$ ）的情况下的食品质量水平高于消费者食品安全辨识能力较差（ $a=1$ ）的情况下的食品质量水平。

结合图 3-3 和图 3-9 可知，消费者没有食品安全辨识能力时，食品质量总是处于较低水平，随着食品产量的增长，政府对食品企业的监管力度逐步加大，食品企业生产的食品质量缓慢提高。可以认为这种情况下政府的监管是推动食品企业提升食品质量的唯一动力，由于缺乏民众的配合，食品质量处于较低水平。

在消费者食品安全辨识能力相同的前提下，相较于没有政府监督的情况，政府监督的情况下企业生产食品的质量更高，可以认为政府的监督对食品质量的提升起到了激励作用。

但在产量较低的情况下，消费者食品安全辨识能力较强的情况下的食品质量水平低于消费者食品安全辨识能力较差的情况下的食品质量水平，可以认为由于食品企业生产规模过小，政府对食品质量的影响较小，而消费者方面，对于食品企业而言，消费者的食品安全辨识能力越强，企业越难以达到消费者的要求，导致企业放弃对质量的投入，使得在消费者食品安全辨识能力较强的情况下食品质量水平会更低。

2）情形二：食品为生活必需品但难以提升食品质量

此处基于难以提升食品质量的要求，设质量成本系数 $k_2=95$ 。其余条件与情形一相同。

基于式（3-24）~式（3-29）可以得到在消费者不同安全辨识能力和企业不同食品质量下利润与产量的关系图和在消费者不同安全辨识能力下的食品质量与产量的关系图，如图 3-10、图 3-11 所示。

结合图 3-4 和图 3-10 可知，在企业的食品质量和食品产量、消费者食品安全辨识能力相同的前提下，相较于没有政府监督的情况，政府监督的情况下企业获得的利润更低，除消费者食品安全辨识能力 $a=0$ 时的部分情况外，其余情况下食品企业都处于亏损状态。在供过于求时，企业的利润伴随着企业食品产量的增长而下降，但相较于没有政府监督的情况，政府监督的情况下企业的利润下降速率更快；在供不应求时，企业的利润总体上

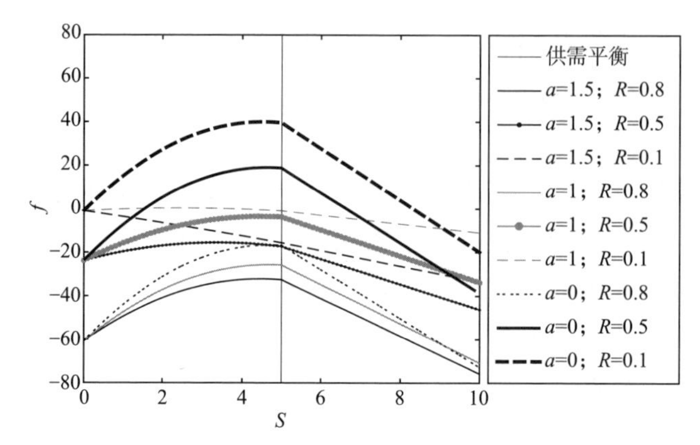

图 3-10 市场存在政府监督时情形二食品企业产量与利润的关系图

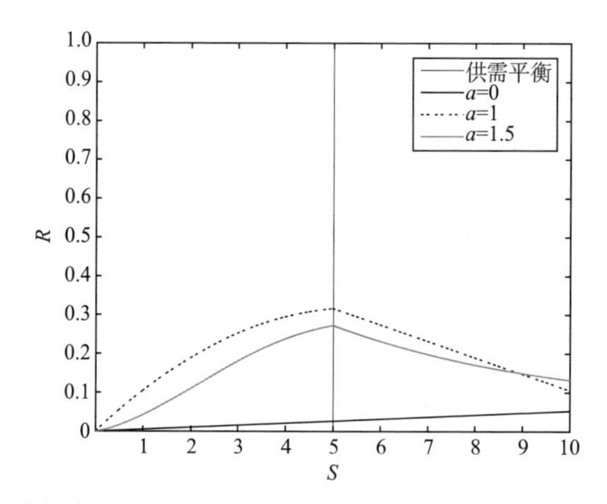

图 3-11 市场存在政府监管时情形二食品企业产量与食品质量的关系图

随着企业食品产量的增长而上升，但相较于没有政府监督的情况，政府监督的情况下企业的利润上升速率更缓慢，存在产量未达到市场需求时到达某一值后企业利润便开始随着企业食品产量的继续增长而下降的情况，如图 3-10 中 $a=1.5$ 且 $R=0.5$ 时的情况；同时存在随着产量增长，食品质量不断下降的情况，如图 3-10 中 $a=1.5$ 且 $R=0.1$ 时的情况。

由图 3-11 可知，消费者没有食品安全辨识能力时，食品质量总是处于较低水平，随食品产量的增长而缓慢提高；消费者存在食品安全辨识能力时，随着食品企业产量 S 的增加，食品质量水平 R 将逐步提高，当食品企业

产量 S 增长至供大于求时，随着食品企业产量 S 的增加，食品质量水平 R 将会逐步降低。当 $0\leqslant S<8.95$ 时，消费者食品安全辨识能力较强（$a=1.5$）的情况下的食品质量水平低于消费者食品安全辨识能力较差（$a=1$）的情况下的食品质量水平；当 $8.95\leqslant S\leqslant 10$ 时，消费者食品安全辨识能力较强（$a=1.5$）的情况下的食品质量水平高于消费者食品安全辨识能力较差（$a=1$）的情况下的食品质量水平。

结合图 3-5 和图 3-11 可知，消费者没有食品安全辨识能力时，食品质量总是处于较低水平，随着食品产量的增长，政府对食品企业的监管力度逐步加大，食品企业生产的食品质量缓慢提高。可以认为这种情况下政府的监管是推动食品企业提升食品质量的唯一动力，由于缺乏民众的配合，食品质量处于较低水平。

在消费者食品安全辨识能力相同的前提下，相较于没有政府监督的情况，政府监督的情况下企业生产食品的质量更高，可以认为政府监督对难以提升质量的食品依然具有激励作用，但是会使得大部分情况下企业处于亏损状态而退出市场。可以认为这种情形下除了消费者食品安全辨识能力极低的情况外其余环境不宜进行罚款式监管。

大部分情况下，消费者食品安全辨识能力较强的情况下的食品质量水平低于消费者食品安全辨识能力较差的情况下的食品质量水平，可以认为对于食品企业而言，消费者的食品安全辨识能力越强，企业越难以达到消费者的要求，导致企业放弃对质量的投入，而政府对企业的罚款在除了生产量极大的情况之外不足以抵消这一趋势，使得在消费者食品安全辨识能力较强的情况下食品质量水平会更低。

3）情形三：食品为非生活必需品

此处设食品的基础价格 $b=10$，供求对于价格的影响系数 $k_1=2$，市场需求 $m=10$，此时满足 $\dfrac{b+k_1m}{2k_1}<m$。其余条件与情形二相同。

基于式（3-24）~式（3-29）可以得到在消费者不同安全辨识能力和企业不同食品质量下利润与产量的关系图和在消费者不同安全辨识能力下的食品质量与产量的关系图，如图 3-12、图 3-13 所示。

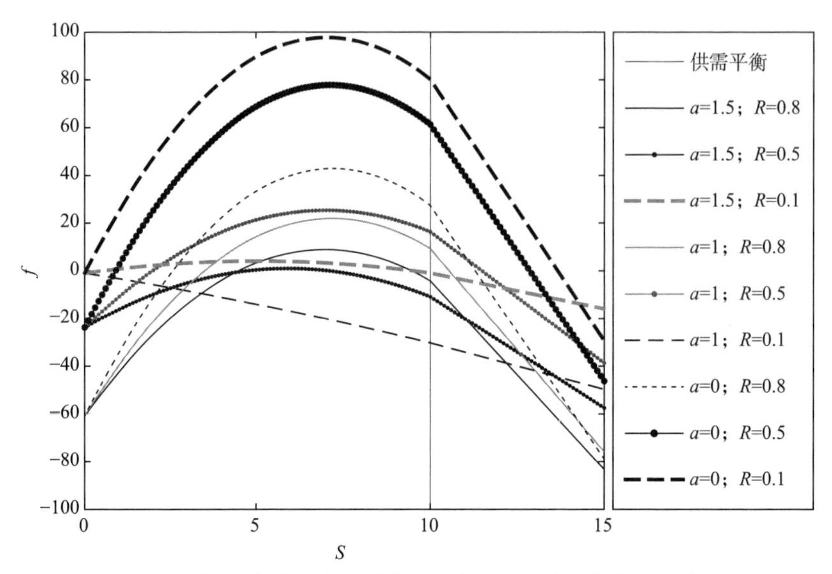

图 3-12　市场存在政府监督时情形三食品企业产量与利润的关系图

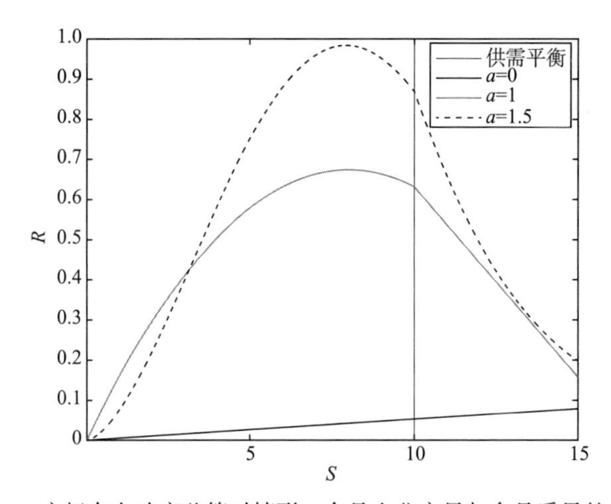

图 3-13　市场存在政府监管时情形三食品企业产量与食品质量的关系图

结合图 3-6 和图 3-12 可知，在企业的食品质量和食品产量、消费者食品安全辨识能力相同的前提下，相较于没有政府监督的情况，政府监督的情况下企业获得的利润更低。在企业的食品质量和消费者食品安全辨识能力不变的前提下，当 $S\geqslant 7.5$ 时，企业的利润伴随着企业食品产量的增长而下降，但相较于没有政府监督的情况，政府监督的情况下企业的利润下降速率更快；当$S<7.5$时，企业的利润总体上随着企业食品产量的增长而上升，但相较于没有政府监督的情况，政府监督的情况下企业的利润上升速率更缓慢，存在产量未达到 7.5 时到达某一值后企业利润便开始随着企业食品产量的继续增长而下降的情况，如图 3-12 中$a=1.5$且$R=0.5$时的情况，同时存在随着产量增长，食品质量不断下降的情况，如图 3-12 中$a=1.5$且$R=0.1$时的情况。

由图 3-13 可知，消费者没有食品安全辨识能力时，食品质量总是处于较低水平，随食品产量的增长而缓慢提高；消费者存在食品安全辨识能力时，随着食品企业产量S的增加，食品质量水平R将逐步提高，当食品企业产量$S\geqslant 7.5$时，随着食品企业产量S的增加，食品质量水平R将会逐步降低。当$0\leqslant S<3.315$时，消费者食品安全辨识能力较强（$a=1.5$）的情况下的食品质量水平低于消费者食品安全辨识能力较差（$a=1$）的情况下的食品质量水平；当$3.315\leqslant S\leqslant 15$时，消费者食品安全辨识能力较强（$a=1.5$）的情况下的食品质量水平高于消费者食品安全辨识能力较差（$a=1$）的情况下的食品质量水平。

结合图 3-7 和图 3-13 可知，消费者没有食品安全辨识能力时，食品质量总是处于较低水平，随着食品产量的增长，政府对食品企业的监管力度逐步加大，食品企业生产的食品质量缓慢提高。可以认为这种情况下政府的监管是推动食品企业提升食品质量的唯一动力，由于缺乏民众的配合，食品质量处于较低水平。

在消费者食品安全辨识能力相同的前提下，相较于没有政府监督的情况，政府监督的情况下企业生产食品的质量更高，可以认为政府的监督对食品质量的提升起到了激励作用。

但在产量较低的情况下，消费者食品安全辨识能力较强的情况下的食品质量水平低于消费者食品安全辨识能力较差的情况下的食品质量水平，可以认为由于食品企业生产规模过小，政府对食品质量的影响较小，而消费者方面，对于食品企业而言，消费者的食品安全辨识能力越强，企业越难以达到消费者的要求，导致企业放弃对质量的投入，使得在消费者食品安全辨识能力较强的情况下食品质量水平会更低。

3.2 食品安全监管行为的博弈

本节首先分析食品安全风险的形成及监管路径，随后运用委托代理模型分析政府监管部门与食品企业之间的委托代理博弈关系，从经济学理论的角度剖析监管强度、处罚力度以及一些市场因素的变化对食品企业生产行为的影响。

3.2.1 食品安全风险的形成及监管路径分析

随着我国社会经济的不断发展和国民生活水平的不断提高，公众对食品安全的需求逐渐由追求食品数量安全向追求食品质量安全转变，公众对食品质量的关注程度也与日俱增（张红凤和吕杰，2018）。在这样的背景之下，食品安全事件却接连不断地发生，导致公众对国内食品质量的信心下滑，引发了公众对国内食品企业和食品安全监管体系的不信任（赵静，2018）。因此，如何保障食品安全，如何结合市场环境对食品企业的生产进行监督成为重要性日渐凸显的研究课题。

食品行业利益主体纷繁复杂，各利益主体为各自利益而违背道德与准则，侵害消费者利益，诱发食品安全风险。食品安全事件发生后，各利益主体（消费者、食品生产企业、政府部门、新闻媒体等）都聚焦在食品安全事件或食品安全事件的某个问题上，在社会中形成聚焦效应，为食品安全风险在多元利益主体间扩散埋下伏笔。食品市场是典型的信任品市场，消费者无法鉴别食品的品质，监管部门与新闻媒体弱化监管，食品安全事件发生后，消费者对我国食品市场监管制度更加不信任，这是食品安全风险扩散的表现形式之一。与此同时，食品安全事件发生后，消费者的恐慌情绪会相互传染，非理性情绪的存在致使现存的食品安全风险扩大。在食品安全风险的催化下，上游食品生产企业为自身收益降低生产成本，恶化已有的食品安全风险并传导至下游食品生产企业，下游食品生产企业“逆向选择”行为则加剧食品安全风险，形成恶性循环。由此可见，多元利益主体参与食品市场的动机与行为选择决定了食品安全风险的危害程度及范围。

国内外学者已从不同角度对食品安全风险进行了深入的研究。首先，关于食品安全风险成因的研究，可以归结为信息不对称、监管缺位及道德风险和逆向选择。龚强等（2013）研究发现，监管资源的局限，致使监管缺位，加剧了食品生产企业机会主义生产行为，恶化了食品市场上的信息不对称。吴林海等（2013）以可追溯猪肉为例，指出消费者对可追溯信息的重视，由此也反映出食品市场存在严重的信息不对称。毛薇等（2017）对消费者信息搜寻行为进行研究发现，消费者对食品安全信息服务有强烈的需求，体现了食品市场存在严重的信息不对称问题。其次，关于食品安全监管问题的研究较多，探究如何提高食品安全监管效率、食品安全监管收益和监管成本、食品安全监管模式的演变等方面。龚强等（2015）研究发现，食品生产企业在地方经济增长上具有举足轻重的地位，造成食品安全监管效率低下。全世文和曾寅初（2016）基于对 230 件食品安全事件的统计分析，指出我国现存食品安全监管体制扭曲，来自监管部门检查执法发现的食品安全事件数量不足所统计食品安全事件总数的一半。

中国的食品监管机制严重依赖于政府的监管和执法，使得关于消费者监督对食品质量影响的研究较为匮乏（桑秀丽等，2012；Mol，2014），而食品安全风险辨识能力不同的消费者对食品安全的认知存在着差异，食品安全风险辨识能力较强的消费者能对食品质量的提升起推动作用（Röhr et al.，2005；Jevšnik et al.，2008）。食品质量的问题不仅是由食品安全的监管机制的落后导致的，还受到如企业资金投入能力的制约（Y. H. Chen et al.，2018）和食品企业供应链上下游关系的不可靠等因素的影响，而企业的规模也与企业实施食品质量管理的状况存在着联系（Dora et al.，2013）。随着对食品质量问题研究的深入，市场供需变化情况对食品质量的影响逐渐受到国内外学者的关注，学者通过研究发现，不同的市场供需情况下，食品安全质量的演化路径有所不同（刘小峰等，2010）。然而，当市场供需情况变化时，食品质量的变化研究较少，不利于监督不同供需情况下的食品企业和保障食品安全。

3.2.2 政府监管部门与食品企业之间风险行为的博弈模型

为了后文研究方便，变量及参数设置如表 3-1 所示。

表 3-1 变量及参数设置

变量参数	变量参数含义
φ	监管强度，$0<\varphi<1$
η	监管强度与抽检概率之间的关系
e	食品企业努力水平，$0<e<1$
β	对食品企业进行处罚所带来的社会效益的货币表示
f	对违法企业的处罚，$f>0$
x	食品企业受处罚的概率，$x=\varphi\eta(1-e)$
G	期望社会效益，$G=x\beta=\beta\varphi\eta(1-e)$
F	期望罚金，$F=xf=\varphi\eta(1-e)f$
α	监管成本系数，$\alpha>0$
E	监管成本，$E=\alpha\varphi^2/2$
R_G	政府监管部门的收益
h	食品企业努力水平与食品质量的关系，$h>0$
δ	随机变量，且 $\delta\sim N(0,\sigma^2)$
d	食品企业努力的成本系数，$d>0$
D	市场需求
a	对市场规模的度量
p	食品的零售价格
b	需求对价格的弹性指数，$b>0$
CT	食品企业的风险成本
ρ	风险规避度量，$\rho>0$
R_F	食品企业期望收益

1. 政府监管部门的收益函数

（1）我国对食品质量施行以抽检为主的监管制度，本小节用 φ 来表示政府监管的强度，η 表示政府监管强度与对食品进行抽检的频率之间的影响关系，假设不存在检测失误。同时，政府监管部门对食品进行抽检也会付出一定的人力物力成本，用 E 表示，$E=\frac{\alpha}{2}\varphi^2$。

（2）由于存在着许多不可控因素，食品企业不可能保证做到百分之百的食品安全，只能说可以通过其努力将食品的不合格率控制在一个很低的水平，假设生产出食品的不合格率与企业努力水平 e 有关，本小节用 $1-e$ 来表示这一概率。

（3）假设政府监管部门会对违法企业进行处罚，受到处罚的企业会提升自己的努力水平，因此可以带来一定的社会效益，用 β 表示，对违法企业处以的罚金用 f 来表示。

（4）政府监管部门的期望收益=期望社会效益+期望罚金−监管成本，即

$$R_G = G + F - E \tag{3-30}$$

综合以上假设与分析，政府监管部门的期望收益为

$$R_G = (\beta + f)(1-e)\eta\varphi - \frac{\alpha}{2}\varphi^2 \tag{3-31}$$

2. 食品企业的收益函数

（1）假设食品企业生产的食品质量与食品企业努力水平相关，根据 Dukes 等（2014）对质量函数的定义，设定食品质量函数为 $Q(e)=he+\delta$，同时，食品企业投入努力会产生一定的成本，成本函数为 $c(e)=\frac{1}{2}de^2$。

（2）假设市场需求与食品质量 Q 有关，设定需求函数为 $D(Q)=ap^{-b}Q(e)$，即

$$D(Q) = ap^{-b}(he+\delta) \tag{3-32}$$

（3）假设食品企业是风险规避的，本小节用 Arrow-Prat 绝对风险规避

度量ρ定义食品企业的风险规避水平，则其风险成本为$\mathrm{CT}=\frac{\rho}{2}a^2p^{2-2b}\sigma^2$。

（4）食品企业收益=食品企业的收入−努力成本−罚金−风险成本，即

$$R_F=pD(Q)-c(e)-F-\mathrm{CT} \tag{3-33}$$

综合以上假设及分析，食品企业的期望收益为

$$E(R_F)=ahep^{1-b}-\frac{1}{2}de^2-\varphi\eta f(1-e)-\frac{\rho}{2}a^2p^{2-2b}\sigma^2 \tag{3-34}$$

3.2.3 模型分析与仿真模拟

定理 3-1：食品企业的最优努力水平$e^*=\frac{ahp^{1-b}+\varphi\eta f}{d}$，政府监管部门的最优监管强度$\varphi^*=\frac{\beta\eta\left(d-ahp^{1-b}\right)}{\alpha d+\beta\eta^2 f}$。

证明：政府监管部门与食品企业的委托代理模型如下：

$$\max R_G=(\beta+f)(1-e)\eta\varphi-\frac{\alpha}{2}\varphi^2 \tag{3-35}$$

$$\text{s.t.}\begin{cases} ahep^{1-b}-\frac{1}{2}de^2-\varphi\eta f(1-e)-\frac{\rho}{2}a^2p^{2-2b}\sigma^2\geqslant 0 \\ e\in\arg\max ahep^{1-b}-\frac{1}{2}de^2-\varphi\eta f(1-e)-\frac{\rho}{2}a^2p^{2-2b}\sigma^2 \end{cases} \tag{3-36}$$

其中，$E(R_F)\geqslant 0$为参与约束(IR)；$e\in\arg\max E(R_F)$为激励相容约束(IC)；$R_G=(\beta+f)(1-e)\eta\varphi-\frac{\alpha}{2}\varphi^2$为委托人即政府监管部门的目标函数。

由于政府监管部门与食品企业之间存在着信息不对称，政府监管部门对食品企业的努力水平不能完全观测，但企业可根据政府监管部门以往的监管强度来判断出当期的监管强度，此时激励相容约束具有约束意义，食品企业总是会选择相应的努力水平来使其利益达到最大化，即

$$\frac{\partial E(R_F)}{\partial e}=0 \tag{3-37}$$

$$\Rightarrow e^* = \frac{ahp^{1-b} + \varphi\eta f}{d} \tag{3-38}$$

则委托代理模型可以转换成

$$\max R_G = (\beta + f)(1-e)\eta\varphi - \frac{\alpha}{2}\varphi^2 \tag{3-39}$$

$$\text{s.t. } ahep^{1-b} - \frac{1}{2}de^2 - \varphi\eta f(1-e) - \frac{\rho}{2}a^2 p^{2-2b}\sigma^2 \geqslant 0 \tag{3-40}$$

用拉格朗日乘数法求解这个最优化问题，构造拉格朗日函数：

$$L = (\beta + f)(1-e)\eta\varphi - \frac{\alpha}{2}\varphi^2 + \lambda\left[ahep^{1-b} - \frac{1}{2}de^2 - \varphi\eta f(1-e) - \frac{\rho}{2}a^2 p^{2-2b}\sigma^2\right] \tag{3-41}$$

其一阶最优化条件为

$$\begin{cases} \dfrac{\partial L}{\partial \varphi} = (f + \beta)(1-e)\eta - \alpha\varphi - \lambda\eta f(1-e) = 0 \\ \dfrac{\partial L}{\partial f} = (1-e)\eta\varphi - \lambda(1-e)\eta\varphi = 0 \\ \dfrac{\partial L}{\partial \lambda} = ahep^{1-b} - \dfrac{1}{2}de^2 - \varphi\eta f(1-e) - \dfrac{\rho}{2}a^2 p^{2-2b}\sigma^2 = 0 \end{cases} \tag{3-42}$$

根据一阶最优化条件解得 $\varphi^* = \dfrac{\beta\eta\left(d - ahp^{1-b}\right)}{\alpha d + \beta\eta^2 f}$，即证。

推论 3-1：政府监管部门监管强度越大，食品企业的努力水平越高。

证明：$\dfrac{\partial e^*}{\partial \varphi} = \dfrac{\eta f}{d}$，由于 $f > 0$，$d > 0$，$\eta > 0$，故 $\dfrac{\partial e^*}{\partial \varphi} > 0$，得证。

我们设定参数 $a = 1$，$h = 1$，$p = 4$，$b = 0.5$，$d = 4$，$\eta = 0.01$，$f = 100$，$\rho = 1$，$\sigma = 0.01$，再设定不同的监管强度进行仿真模拟，得出不同监管强度下食品企业期望收益与努力水平的关系，如图 3-14 所示。

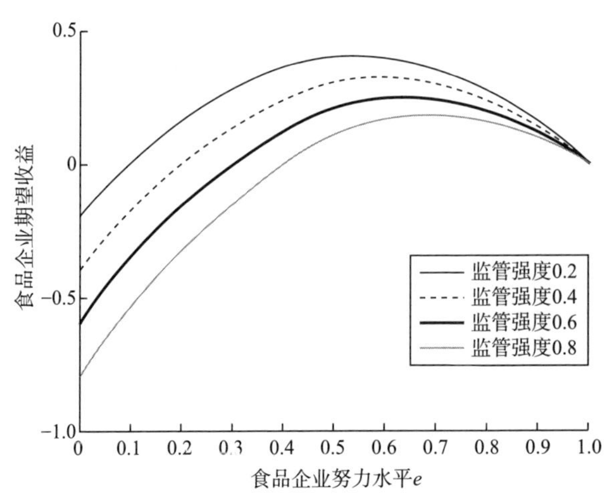

图 3-14 不同监管强度下食品企业收益与努力水平的关系

图 3-14 中每条线最高点对应的努力水平即食品企业会选择的最优努力水平。从图 3-14 中可以看出，政府监管部门的监管强度越大，食品企业为获得相应收益所付出的努力水平就越高，因此可以通过加大监管强度的方法，来促使食品企业提升努力水平，从而降低食品的不合格率。同时，随着监管强度增大，食品企业的期望收益却在降低，这就要求政府在监管时要找到一个平衡点，将企业努力水平维持在一个高水平的同时，给予企业足够的利润空间，从而维持市场的稳定。

推论 3-2：政府监管部门对违法食品企业的处罚力度越大，食品企业努力水平越高，但处罚力度过大会导致食品企业的期望利润小于 0，从而导致其倾向退出市场。

证明：$\frac{\partial e^*}{\partial f}=\frac{\varphi\eta}{d}$，由于$d>0$，$\varphi>0$，$\eta>0$，故$\frac{\partial e^*}{\partial f}>0$。根据参与约束 $ahep^{1-b}-\frac{1}{2}de^2-\varphi\eta f(1-e)-\frac{\rho}{2}a^2p^{2-2b}\sigma^2\geqslant 0$ 得 $f\leqslant \frac{ahep^{1-b}-\frac{1}{2}de^2-\frac{\rho}{2}a^2p^{2-2b}\sigma^2}{\varphi\eta(1-e)}$，即当罚金 f 大于这个限制时，食品企业不会获利。

我们设定参数$a=1$，$h=1$，$p=4$，$b=0.5$，$d=4$，$\eta=0.01$，

$\varphi=0.6$，$\rho=1$，$\sigma=0.01$，在不同的处罚力度下进行仿真模拟，得出不同处罚力度下食品企业期望收益与食品企业努力水平的关系曲线，如图 3-15 所示。

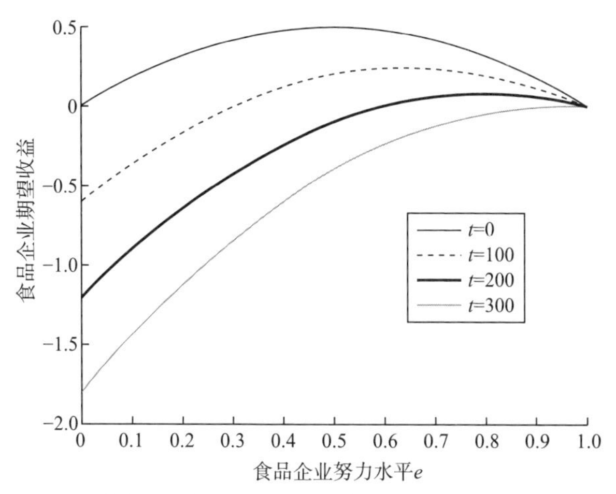

图 3-15　不同处罚力度下食品企业期望收益与努力水平的关系

从图 3-15 中可以看出，随着处罚力度的逐渐加大，食品企业为获得相应收益付出的努力水平逐渐提高。与此同时，食品企业的期望收益在不断降低，当处罚力度大到某一极限值时，食品企业的期望收益会降至 0 以下，导致其不会获利，从而倾向退出市场。这就要求政府监管部门在监管时，要具体问题具体分析，对于那些恶意违反《食品安全法》，危害人民人身安全的无良企业，要坚决处以“最严厉的处罚”，使其退出市场以维护人民群众“舌尖上的安全”；但如果某些信用较好的企业，因为一些不可抗力或者某个员工的疏忽，其小批量食品不合格，未造成严重后果的，政府监管部门应该酌情减轻其处罚，以保障企业整改后能够继续运营。

推论 3-3： 相应食品市场的规模越大，对应的食品企业努力水平越高。

证明： $\dfrac{\partial e^*}{\partial a}=\dfrac{hp^{1-b}}{d}$，由于 $h>0$，$d>0$，$p>0$，故 $\dfrac{\partial e^*}{\partial a}>0$，得证。

我们设定参数 $h=1$， $p=4$， $b=0.5$， $d=4$， $\eta=0.01$， $\varphi=0.6$， $f=100$， $\rho=1$， $\sigma=0.01$，再设定不同的市场规模度量值进行仿真模拟，得出不同市场规模下食品企业期望收益与努力水平的关系，如图 3-16 所示。

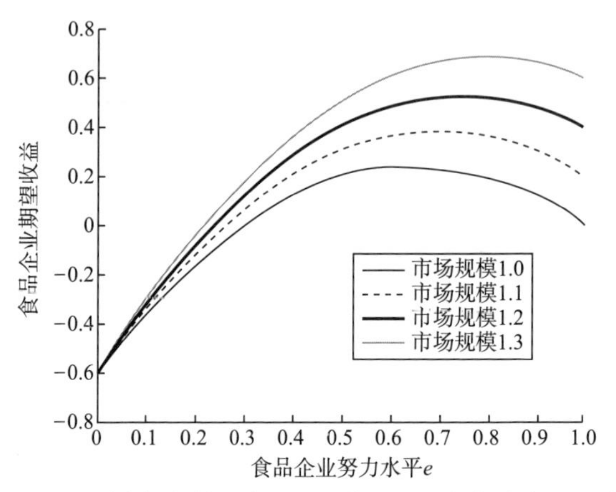

图 3-16　不同市场规模下食品企业期望收益与努力水平的关系

从图 3-16 中可以看出，食品的市场规模越大，食品企业为获得相应收益所付出的努力水平就会越高。与此同时，企业越努力提升市场份额，企业利润也会增大，这就形成了一种市场激励。食品企业会通过提升质量等方法来提升自己的市场份额，从而达到利润最大化的目的，同时企业的努力水平也会提高，这正是社会公众希望看到的。

推论 3-4： 当需求对价格的弹性指数 $0<b<1$ 时，食品市场价格越高，食品企业的努力水平越高；当需求对价格的弹性指数 $b>1$ 时，食品市场价格越高，食品企业努力水平反而越低。

证明： $\frac{\partial e^*}{\partial p}=\frac{ah}{d}(1-b)p^{-b}$，由于 $a>0$， $h>0$， $d>0$， $p>0$， $b>0$，故当 $0<b<1$ 时， $\frac{\partial e^*}{\partial p}>0$，当 $b>1$ 时， $\frac{\partial e^*}{\partial p}<0$，得证。

我们设定参数 $h=1$， $b=0.5$， $d=5.5$， $\eta=0.01$， $\varphi=0.9$， $f=100$，在不同的需求价格弹性条件下进行仿真模拟，得出食品企业努力水平与食品市场价格的关系，如图 3-17 所示。

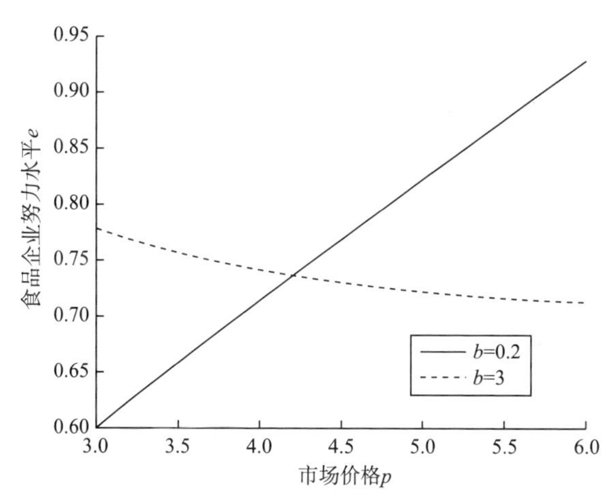

图 3-17　不同需求价格弹性条件下食品企业努力水平与食品市场价格的关系

从图 3-17 中可以看出，当食品需求对价格的弹性$0<b<1$时，即对于那类维持人的生命活动所必需的食品（如大米）来说，它的市场价格越高，食品企业的努力水平越高；当食品需求对价格的弹性$b>1$时，即一些价格对需求影响较大的食品（如各类营养品），它的市场价格越高，食品企业的努力水平越低。这就要求政府监管部门密切关注食品市场价格走向，根据具体情况，选取最优监管策略。

推论 3-5：相应食品市场规模越小，政府监管部门所需施加的监管强度就越大；监管成本越低，其主动施加的监管强度就越大。

证明：$\frac{\partial\varphi^*}{\varphi a}=-\frac{\beta\eta hp^{1-b}}{\alpha d+\beta\eta^2 f}$，由于$\alpha>0$，$\beta>0$，$\eta>0$，$f>0$，$d>0$，$h>0$，$p>0$，故$\frac{\partial\varphi^*}{\varphi a}<0$；$\frac{\partial\varphi^*}{\partial\alpha}=-\frac{d\beta\eta\left(d-ahp^{1-b}\right)}{\left(\alpha d+\beta\eta^2 f\right)^2}$，由于$\alpha>0$，$a>0$，$\beta>0$，$\eta>0$，$f>0$，$d>0$，$h>0$，$p>0$，故$\frac{\partial\varphi^*}{\partial\alpha}<0$，即证。

由此推论可以看出，政府监管部门应该针对不同市场占有率的食品企业，制定不同的监管策略。对一些信用较好的大型企业，可以适当降低抽检概率，避免资源浪费；而对一些市场份额较小的商家及小作坊，则要加大监管力度，采取专项突击检查等措施来保证食品的安全。此外，政府监管部门还应从自身出发，革新技术手段，降低监管成本，提高监管效率，以此来保证监管人力、物力资源的合理分配。

3.3 本章小结

本章首先立足食品企业的视角，基于企业自身利润最大化的决策机制，研究了食品质量在不同市场供需情况下的变化趋势，以及消费者食品安全辨识能力和政府监管的改变对食品质量变化趋势的影响。其次运用委托代理模型，分析了监管强度、处罚力度以及一些市场因素的变化对食品企业生产行为的影响，同时，分析了食品市场规模及监管成本等因素对政府监管部门监管策略的影响。通过研究结果发现：第一，在大部分情况下食品质量于市场供需均衡时取得最大值，此外存在市场供不应求时食品质量达到最高的情况。在市场需求确定的情况下，市场供给越接近食品质量取得最大值时的市场供给数量，食品质量就越高。第二，政府罚款额度的增加普遍有利于推动食品企业提高食品质量，但会使得企业利润下降，导致部分企业退出市场；消费者食品安全辨识能力的提升在大多数情况下有利于推动食品企业提高食品质量，但当食品产量极少、食品产量超过市场需求过多以及企业提升食品质量的成本过高时，消费者食品安全辨识能力的提升对推动食品企业提高食品质量不再存在激励效果，甚至可能导致食品质量下降。第三，政府监督对食品企业提升食品质量的激励效果受消费者食品安全辨识能力的影响，消费者食品安全辨识能力越高时，政府罚款对食品企业提升食品质量的激励效果越明显。因此，在政府监督的情况下提升消费者食品安全辨识能力对推动食品质量的提升具有较大的激励作用。第四，对于难以提升质量的食品，除了消费者食品安全辨识能力较低的情况外不宜进行高额罚款，否则会导致食品企业全部退出市场或者食品企业冒险生产低质量产品。政府监管时宜实行奖励式的激励机制，以推动食品企业提升食品质量。第五，提升监管强度可以激励食品企业提升努力水平；食品的市场规模越大，企业努力水平越高；食品的需求价格弹性不同，企业努力水平随价格的变化趋势也会不同；降低监管成本会导致政府监管部门收益提升，从而提升社会效益。上述结论可以为我国食品安全监管工作提供实践指引。

第 4 章

食品安全风险扩散及其网络演化研究

第3章研究了食品质量在不同市场供需情况下的变化趋势，以及消费者食品安全辨识能力和政府监管的改变对食品质量变化趋势的影响。分析了监管强度、处罚力度等因素对食品企业生产行为的影响，以及食品市场规模、监管成本等因素对政府监管部门监管策略的影响。本章在第 3 章的基础上，首先探讨多元利益诉求下食品安全风险的形成及扩散机制。随后基于复杂网络理论，结合食品市场的现实状况，描述和刻画单层食品供应网络的产生机制，构建适用性较强的单层食品供应网络模型，对单层食品供应网络结构演化的演化状态进行动态分析。考虑到食品企业网络中节点度的演化不仅存在于同层级企业之间，上下游企业之间的关系也随着时间的变动而时刻演化的特点，构建更具一般性的多层食品供应网络模型，以反映现实中的食品企业生产交互。最后从多层次的食品供应网络角度，构建食品安全风险传染网络的 SIRS 模型，刻画食品企业在多层次的食品供应网络中食品安全风险传染的演化动态。通过理论分析及仿真实验，探讨食品企业的进入率、自然退出率、非自然退出率、再违规倾向率、恢复率及食品企业的度等相关因素对食品安全风险传染的影响机制。

4.1　食品安全风险的形成机制分析

4.1.1　政府监管部门参与下食品安全风险的形成机制

一方面，随着食品生产技术的快速发展，现代食品行业已突变为具有高度不确定性的风险行业（龚强等，2015）。食品种类及成分纷繁复杂，各种防腐剂、添加剂、色素的使用远远超出监管部门的认知能力范围，加大食品安全监管的难度，致使政府监管部门无法对食品生产企业进行全面深入高效的监管，识别潜在的食品安全风险，为食品安全风险的形成埋下隐患。政府监管部门对食品安全监管的失灵，加剧了食品安全风险的产生。与此同时，由于政府监管部门监管资源有限及监管技术落后，不能采用严格的食品安全监管标准来规范食品生产企业，助长了低质量食品生产企业生产问题食品，加速了食品安全风险的形成，从而恶化食品行业的未来发展。

另一方面，政策性负担导致的规制俘获是造成我国食品安全监管缺位的重要原因（龚强等，2015）。由于作为食品安全主要监管者的地方政府肩负着推动区域发展、保障地方就业、促进经济增长等多重职责（李静，2011），有些地方政府以经济发展为重心，在实现经济增长的压力下，食品安全往往为招商引资和经济发展让路。有些地方政府对食品安全监管投入不足，甚至放任本地食品企业违法行为，导致各种危害消费者健康的食品生产潜规则长期存在，食品安全监管失范。同时食品安全监管绩效考核体系存在激励扭曲，问责行为的存在，让一些监管部门只考虑部门利益，不从社会公共利益最大化出发，难以高效监管食品安全，加剧市场环境的恶化。政府监管部门利益诉求下食品安全风险形成如图 4-1 所示。

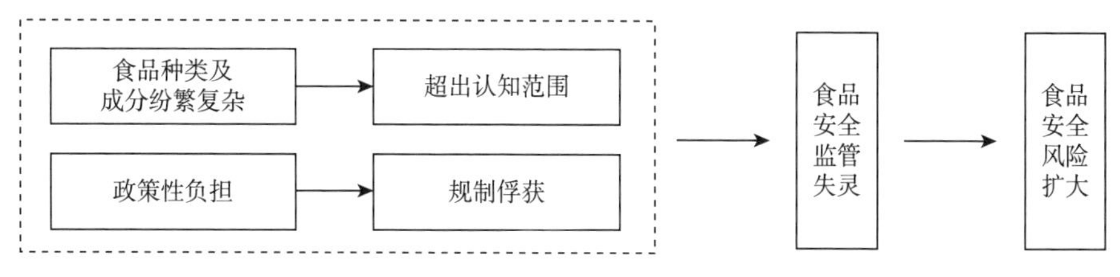

图 4-1　政府监管部门利益诉求下食品安全风险形成

4.1.2　食品生产企业参与下食品安全风险的形成机制

食品生产企业造成的食品安全风险主要受到两类不确定因素的影响。一方面，食品生产企业的机会主义行为造成了食品安全风险。由于食品安全的检测和监管存在难度，违规超额收益带来的诱惑太大及食品安全问题被监管部门查处的概率小和惩罚力度低，食品生产企业会违背道德逆向选择，生产低劣食品，致使食品安全风险形成。另一方面，食品行业的供应链较长，食品生产企业面临着外在客观环境的不确定。食品生产企业在面对外在客观环境突变时，由于缺乏专业核心技术的支持，不能有效控制客观环境变化带来的食品安全问题。最后，当食品生产企业面临不确定性决策时，由于决策权重扭曲和损失厌恶效应的存在，食品安全风险进一步扩大。

在食品市场上，小型食品生产企业相较于大型食品生产企业，在遭受食品安全事件冲击时，消费者的恐慌情绪对小型食品生产企业的影响更大。由于食品市场上信息不对称严重，消费者一般更信赖大型知名食品生产企业。食品安全事件发生后，小型食品生产企业缺乏资金和渠道的支持，在应对食品安全危机时，其实际面临的食品安全风险比市场整体反映的更大，甚至可能导致其破产，进一步扩大该类食品安全事件的影响范围，加剧消费者恐慌情绪的扩散，扩大食品安全风险。在信息不对称机制下，单个食品生产企业没有动机去提升自身的生产质量，食品行业内高质量的食品生产企业由于低质量食品生产企业的道德风险，从而产生食品生产行为的逆向选择。与此同时，食品生产企业之间由于侥幸心理和降低成本的考虑，借助消费者信息劣势进行串谋，致使食品安全风险扩大。食品生产企业利益诉求下食品安全风险的形成如图 4-2 所示。

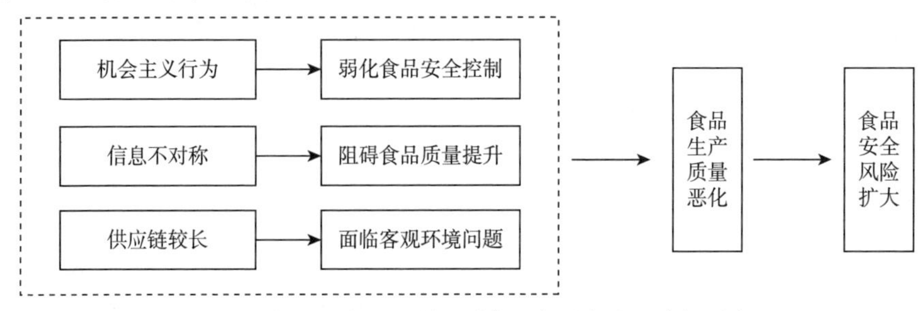

图 4-2　食品生产企业利益诉求下食品安全风险的形成

4.1.3 消费者参与下食品安全风险的形成机制

食品安全事件经媒体曝光，消费者获知自身权益遭受侵害，向相关食品生产企业要求赔偿及向政府监管部门投诉，不能得到及时的回应。小范围内的食品安全事件在消费者诉求不满的催化下，形成食品安全风险，甚至演变为社会风险，加剧消费者心理恐慌，使得先前形成的食品安全风险扩大。政府监管部门面对由食品安全事件引发的食品安全风险，会加大对所发现食品安全事件的处罚力度，恶化消费者对食品市场的信任，致使消费者形成恐慌的焦虑情绪，导致消费者群体在理性限制下对食品安全风险认知的不客观，误认为政府监管部门加大监管力度是食品市场更不安全的信号，造成消费者群体对食品安全负向舆论的滋生和扩大，扩散食品安全风险。

消费者存在理性限制，一方面，将食品生产企业的广告宣传作为食品安全的一个间接信号；另一方面，将食品生产企业行业中的地位视为食品质量的保证。发生食品安全事件，会冲击消费者对食品市场的心理预期，使其感知到缺乏对食品市场安全的控制，导致消费者采用近似或相似的抵制决策，从而造成食品安全风险增强。不同消费者基于自身需求和经济状况，选购食品所关注的安全信息存在差异，致使消费者对食品安全风险的感知是有偏差的主观判断，真实的食品安全风险可能与消费者感知的食品安全风险有偏差。消费者基于感知到的食品安全风险而非实际食品安全风险做出的决策，也会造成食品安全风险的扩大。与此同时，受食品安全事件的影响，消费者对该类型的食品呈现出较弱的支付意愿，影响食品生产企业的收益，进一步恶化食品安全风险。消费者利益诉求下食品安全风险的形成如图4-3所示。

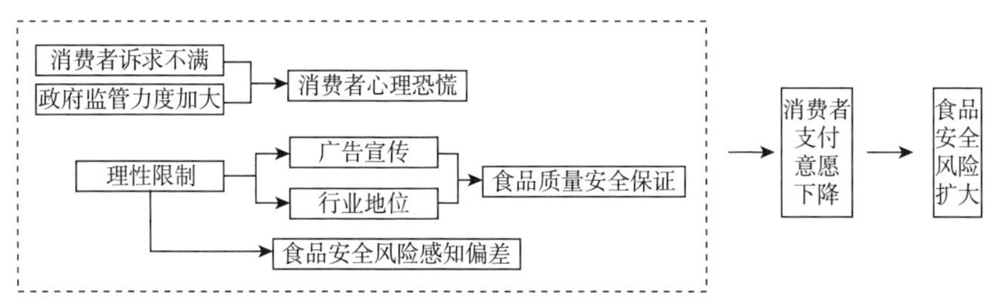

图4-3 消费者利益诉求下食品安全风险的形成

4.1.4 新闻媒体参与下食品安全风险的形成机制

新闻媒体追求信息的爆炸性、新鲜性和时效性，而食品安全问题涉及多学科的交叉融合和专业判断。新闻媒体可能由于时间和技术等方面的压力，未经过细致的调查研究，也为了第一时间吸引消费者的注意力，发布有误的食品安全问题报道。更有甚者，自编自导子虚乌有的食品安全问题。失误和失实的食品安全问题报道，导致食品生产企业承受了额外的市场波动损失，引发消费者群体性恐慌情绪，扩大食品安全风险。

食品市场存在严重的信息不对称，除了政府在其中起到主导作用外，新闻媒体作为消费者信息搜集的渠道，是食品安全监督的新兴力量（周开国等，2016），在食品安全问题上是公众认知的构建者，在消费者获取食品市场上隐匿的食品安全信息及捍卫自身合法权益上起到了关键的作用。我国发生的众多食品安全事件，许多是在媒体报道之后才介入调查，新闻媒体在其中充分发挥其事实公开、传播迅速、影响广泛等优势，扮演好信息传播者和舆论监督者的角色。

然而，新闻媒体是一个利益体，有利益诉求会产生利益之争，在激烈的竞争中为争取利益最大化会迎合受众“抢”新闻和“炒”新闻，这种由新闻媒体专业主义缺失导致的食品安全新闻报道出现失范、失实、失衡的情况，影响其发挥食品安全监管应有的作用，形成了新闻媒体在促进公众食品安全风险认知和社会食品安全风险沟通的同时，也可能成为风险发生的源头及传播悖论，从而侵害了消费者权益。新闻媒体利益诉求下食品安全风险的形成如图 4-4 所示。

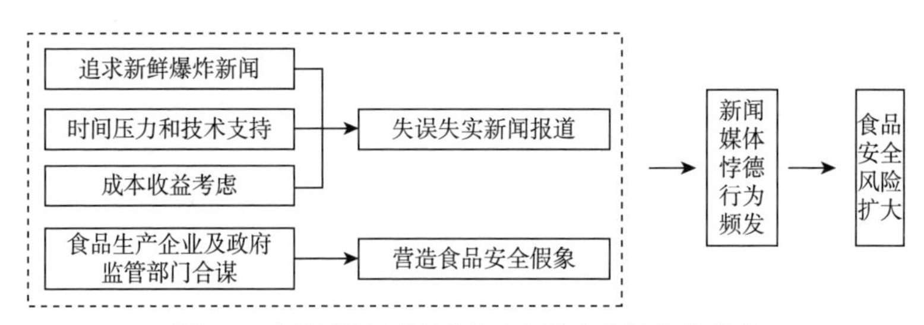

图 4-4 新闻媒体利益诉求下食品安全风险的形成

4.2　食品安全风险扩散的机制分析

4.2.1　利益驱动是食品安全风险传染的内生动力

食品企业的违规生产经营行为是食品安全风险生成的直接因素，食品企业生产经营行为的选择则受到利益的驱动。当食品企业选择合规生产经营行为所能获取的利润不低于违规生产经营时所能获取的利润时，合规生产经营行为是其最佳选择。反之，违规生产经营行为则会受到部分食品企业的青睐。一方面，由于食品的“经验品”以及“信任品”属性，不管是监管部门还是消费者对食品的真实品质都难以及时、准确地做出判断。食品企业违规生产经营行为被识别的概率较小，食品市场存在着严重的“逆向选择”。另一方面，由于难以辨别食品品质，食品消费者的支付意愿往往较低，食品企业为生产高质量食品所支付的成本难以得到弥补，甚至会被问题食品所“驱逐”。因此，食品企业选择违规生产经营在短期内能够大幅缩减其生产成本，进而在食品市场以次充好，获取超额利润，使得部分食品企业在利益驱动下选择违规生产经营行为，从而导致较为严重的食品安全风险。

4.2.2　信息不对称是食品安全风险传染的外部推力

食品供应网络中，信息不对称问题普遍存在，为食品安全风险传染提供了有利条件。首先，食品供应链中上下游企业对于食品品质信息的掌握程度明显不同，上游企业往往更具信息优势，而下游企业则处于相对劣势。在上下游食品企业之间所存在的这种信息不对称现象，会引致“道德风险”和“逆向选择”的发生。在这一过程中，上游食品企业的违规生产经营行为所引致的食品安全风险会传递给下游食品企业，而下游食品企业“逆向选择”行为的发生则会形成反馈效应，进而强化上游食品企业采取违规生产经营行为的动机，从而导致新一轮食品安全风险的传递。

其次，信息不对称现象还表现在食品企业同政府监管部门之间，食品企业相较于政府监管部门掌握着更为完备的食品品质信息。政府监管部门由于所掌握信息的相对匮乏，监管缺失现象时有发生，监管效率较差。食品企业所具备的信息优势为其违规生产经营行为提供了便利，导致食品安全风险的发生和传染。此外，食品消费者同食品企业之间的信息不对称现象最为严重，加之食品的“信任品”属性，使得本就处于信息劣势的食品消费者更难对食品品质做出理性的判定，加剧了食品安全风险的传染速度及规模。

4.2.3 规制不足为食品安全风险传染提供了客观条件

高效率的食品安全规制是食品市场有效运转不可缺少的先决条件（Martinez et al.，2007）。规制充分时，食品企业难以利用自己的信息优势以及食品的“信任品”属性在生产经营过程中采取违规行为而获利；反之，为食品企业发生“道德风险”提供了现实条件。因此，提升食品市场监管质量，打击和惩处违规经营的食品企业，形成一定的震慑效应，才能够有效遏制食品企业违规生产经营行为的蔓延，才能够有效控制食品安全风险的传染规模及传染速度（谢康等，2015）。

规模庞大且复杂是当前食品供应网络的重要特征，受自身规制资源的约束，规制者难以对整个食品供应网络进行全面的监测，对食品供应网络的规制力度及效率也明显不足（Lapan and Moschini，2007；Marette，2007）。受此影响，食品企业的违规生产经营行为被识别并遭受处罚的概率明显降低，加剧了食品安全风险的传染及扩散。同时，受到政策性负担以及规制俘获等因素的影响，包括规制缺席等在内的规制力度不足问题始终存在于食品市场，使得部分存在违规生产经营行为的食品企业继续存续于食品市场，并持续不断地向食品市场输送劣质食品甚至是问题食品，从而导致食品安全风险的积聚及扩散（龚强等，2015）。此外，在欠发达地区，由于经济体制尚不成熟、不完善，食品供应网络上的各类食品企业利用制度不完善等客观条件展开不正当竞争，使得问题食品充斥市场，从而引致食品安全风险（熊先兰和姚良凤，2015）。

综上所述，从整个食品供应网络来看，食品安全风险的生成及传染过程可以描述为，食品安全风险在食品生产经营企业受到利益驱动下生成，同时在信息不对称以及规制力度不足等外力作用的推动下在食品供应网络上不断传染和扩散，最终在多因素的共同作用下导致系统性、区域性的食品安全事故。此外，食品企业网络的拓扑结构特征在风险的传染及扩散过程中也发挥着一定的作用。在整个食品安全风险传染过程中，基于利益考量的同层次食品企业种群的内部博弈、异层食品企业种群之间的博弈以及食品企业种群同社会规制力量之间的博弈始终存在，且上述多种博弈的相互耦合使食品安全风险的传染更具动态性和复杂性，风险的涌现效应得到进一步凸显。食品安全风险具体的生成及传染机制如图 4-5 所示。

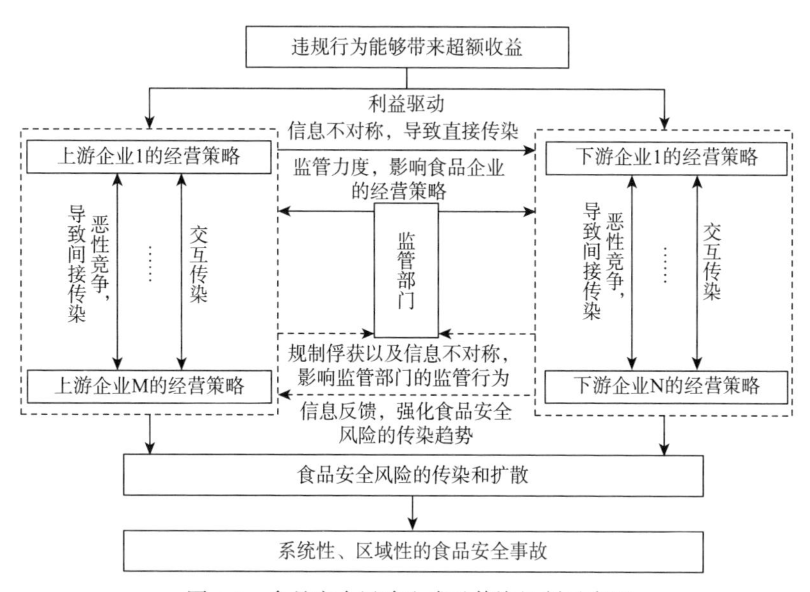

图 4-5　食品安全风险生成及传染机制示意图

4.3　单层食品供应网络构建及演化分析

4.3.1　假设及模型构建

在食品企业网络结构演化过程中，单个食品企业的竞争力是其获取连边的重要影响因素。事实上，在自由竞争的市场环境中，食品企业竞争力的最终表现形式在于市场对其所生产经营食品的接受程度，更为直观的表现形式则是食品购买者支付意愿的高低。根据 Alphonce 等（2014）的研究，在食品市场中，食品购买者实际同时扮演着消费者及公民两种角色，而这两种角色对于食品所显示出的偏好有着较为明显的区别。从消费者角度考量，价格、口味及营养成分更为一般食品消费者所关注，而从公民角度来考量，其对品质安全的食品的支付意愿则相对更高。因此，考量食品企业在食品市场中的竞争力，即衡量食品购买者对于食品的支付意愿，既要考虑到其作为消费者的支付意愿，同时也要考量其作为公民对食品的支付意愿。从投入产出视角来看，食品企业竞争力的获得可以看作食品企业为提升购买者支付意愿所进行的投入。

从投入产出角度来看，食品企业为获取竞争力所进行的投入可以分为两部分：一是为提升消费者的支付意愿，即在食品的价格、口味及营养成分方面所进行的投入；二是为提升公民的支付意愿，即在食品品质、公众福利、环境友好及公平贸易等方面所进行的投入。随着食品企业在上述两方面投入的增加，食品购买者的支付意愿也随之增长，该食品企业所生产、经营的食品在食品市场上的竞争力更强。因此，可以借用经典的投入产出模型来衡量食品企业在食品市场中的竞争力。对于投入产出函数的选取，经典的 Cobb-Douglas 生产函数给出了一般意义上的表述，即

$$Y = L^{\alpha} K^{\beta} \tag{4-1}$$

其中，Y 表示企业的工业总产量；L 及 K 分别表示企业的劳动力投入及资本投入。此外，式（4-1）中 α 和 β 为经验系数，且 $0 \leqslant \alpha, \beta \leqslant 1$。在此基础上，王建华和王方华（2003）给出了测度一般企业竞争力的函数模型，即

$$L = \left(\theta \varPi\right)^{1/2} \tag{4-2}$$

其中，$\varPi$ 为对企业优势的度量；θ 为对企业环境和风险因素的度量，在公式中表达为对企业优势的调整系数。该函数给出了企业竞争力关于企业优势及其风险的数学形式，较为直接地反映出了企业竞争力是对企业所具备的优势及面临风险的综合考量。然而，用式（4-2）描述食品企业在获取连边时的竞争力难免会有一定的缺陷。首先，难以较好地反映消费者支付意愿及公民支付意愿对于食品企业在食品供应网络中获取竞争力的重要作用。其次，经验

系数以固定值 1/2 给出，其适用性也存在一定的局限。因此，结合食品市场的特殊性质，利用式（4-1）所示的经典 Cobb-Douglas 生产函数以及式（4-2）所给出的测度一般企业竞争力函数模型的基本思想，充分考虑食品企业为获取食品购买者的消费者支付意愿及公民支付意愿所进行的投入，将其考虑到食品企业竞争力模型中，提出了如下的食品企业竞争力模型：

$$\varphi(s_i,q_i)=L_i(t)s_i^{\alpha}q_i^{\beta} \tag{4-3}$$

其中，s_i 表示食品企业为提升食品购买者的消费者支付意愿所进行的投入；q_i 则表示食品企业为提升食品购买者的公民支付意愿所进行的投入；α 和 β 则表示上述两参数相应的经验系数，其中 $0\leqslant\alpha,\beta\leqslant1$；$L_i(t)$ 表示衡量食品企业综合竞争力的调节系数，用以描述其他相关负面影响因素对食品企业竞争力的影响作用，其取值范围为 $[0,1]$。具体见表 4-1。

表 4-1　竞争力度量模型中相关参数一览表

参数	参数释义
$L_i(t)$	食品供应网络中企业综合竞争力度量的调节系数
s_i	食品供应网络中企业为提升食品购买者的消费者支付意愿所进行的投入
q_i	食品供应网络中企业为提升食品购买者的公民支付意愿所进行的投入
α	s_i 对应的经验系数
β	q_i 对应的经验系数

针对食品的特殊性质，本节提出一种食品企业关系网络演化模型。在该模型中选取食品企业作为网络节点，网络连边则为食品企业间形成的商业关系。在食品企业关系网络形成与演化的进程中，食品企业会结合自身需要，有目标地选择其他食品企业建立商业关系。此外，也存在由于鉴别能力匮乏或是缺乏竞争优势只能进行随机选择的情形。所以，在模型中既要考虑随机连接机制，还需要考虑优先连接机制。具体的演化机制如下。

（1）初始化：初始网络是由 m_0 个节点和 n_0 条边组成的小型网络。

（2）随机增长：在每一个时间步，有 m 个新的节点加入，每个节点有 b 条边。

（3）择优连接：当新节点加入后，与老节点 i 相连接的概率 Π_i 取决于两方面，一是节点 i 的度 k_i，二是其竞争力 φ_i，Π_i 的表达式为

$$\Pi_i = \frac{k_i\varphi(s_i, q_i)}{\sum_j k_j\varphi(s_j, q_j)} \tag{4-4}$$

（4）机制选择概率：新的食品企业加入网络后，由于社会声誉、综合实力等诸多方面的限制，其在选择合作企业时，无法完全以择优机制进行连接，故令其以概率 p 选择随机连接，以概率 $1-p$ 选择择优连接。相关参数释义见表 4-2。

表 4-2　单层食品供应网络模型中相关参数一览表

参数	参数释义
m_0	初始网络中节点的个数
n_0	初始网络中连边的数量
m	每个时间步，新加入食品供应网络中节点的数量
b	新加入食品供应网络中节点的连边数量
Π_i	新节点加入食品供应网络后，与现有节点的连接概率
p	新节点加入后，随机连接的概率
$1-p$	新节点加入后，择优连接的概率

在食品企业关系网络中，规模越大、合作企业数量越多的企业往往越容易同其他食品企业建立商业合作关系，在本模型中也就是节点度较大的企业。因此，在择优连接机制中，连接概率 Π_i 同食品企业的节点度呈正相关关系。同时，某些新加入网络的食品企业由于具有较强的竞争力，也可能在短时间内同其他食品企业建立商业合作关系，由此会导致其节点度迅速增长的情况。

4.3.2　理论分析

在复杂网络的诸多统计特征中，度分布是描述复杂网络结构的重要统计量。基于上述假设，并借助平均场理论及连续性理论，假设节点 i 的度 k_i

随时间 t 的变化而连续演化，则节点度 k_i 的变化率可以表示为

$$\begin{aligned}\frac{\partial k_i}{\partial t}&=mb(1-p)\Pi_i+\frac{mbp}{m_0+mt}\\&=mb(1-p)\frac{k_i\left(r_i^{\alpha}s_i^{\beta}q_i^{\lambda}\right)}{\sum_j k_j\left(r_j^{\alpha}s_j^{\beta}q_j^{\lambda}\right)}+\frac{mbp}{m_0+mt}\end{aligned} \tag{4-5}$$

根据研究，我们可以定义 $\sum_j k_j\varphi_j=\bar{\varphi}\sum_j k_j$。因此，式（4-5）能够被表示为如下形式：

$$\frac{\partial k_i}{\partial t}=mb(1-p)\frac{k_i\varphi_i}{\bar{\varphi}\sum_j k_j}+\frac{mbp}{m_0+mt} \tag{4-6}$$

同时，根据模型假设以及食品市场的实际状况，能够得到 $\sum_j k_j=2(mbt+m_0)$。因此，结合式（4-6）及前述假设，可以将式（4-6）表述为如下形式：

$$\frac{\partial k_i}{\partial t}=\frac{mb(1-p)\varphi_i}{2(mbt+m_0)\bar{\varphi}}k_i+\frac{mbp}{m_0+mt} \tag{4-7}$$

当 t 足够大时，$2(mbt+m_0)\approx 2mbt$，同理，$m_0+mt\approx mt$，故对式（4-6）解微分方程可得

$$k_i(t)=C\bullet t^{\frac{1-p}{2}\bullet f(\varphi)}-\frac{2bp}{(1-p)f(\varphi)} \tag{4-8}$$

式（4-8）中的 $f(\varphi)=\frac{\varphi_i}{\bar{\varphi}}$。结合初始条件 $k_j(t_j)=mb$，式（4-8）的特解为

$$k_i(t)=\left[mb+\frac{2bp}{(1-p)f(\varphi)}\right]\left(\frac{t}{t_i}\right)^{\frac{1-p}{2}f(\varphi)}-\frac{2bp}{(1-p)f(\varphi)} \tag{4-9}$$

该网络中，节点 i 的度 $k_i(t)$ 小于 k 的概率为

$$P\left(k_i(t)<k\right)=P\left(t_i>t\bullet\left[\frac{k(1-p)f(\varphi)+2bp}{mb(1-p)f(\varphi)+2bp}\right]^{-\frac{2}{(1-p)f(\varphi)}}\right) \tag{4-10}$$

进一步，可将式（4-10）改写为如下形式：

$$P\left(k_i(t)<k\right)=1-P\left(t_i\leqslant t\bullet\left[\frac{k(1-p)f(\varphi)+2bp}{mb(1-p)f(\varphi)+2bp}\right]^{-\frac{2}{(1-p)f(\varphi)}}\right) \tag{4-11}$$

由于在同层食品企业网络中，每个时间步都有m个新进节点加入原网络中，因此节点i的到达时间t_i的概率密度可以表示为

$$f(t_i)=\frac{1}{m_0+mt} \tag{4-12}$$

将式（4-12）代入式（4-11）可得

$$P\left(k_i(t)<k\right)=1-\frac{t}{m_0+mt}\bullet\left[\frac{k(1-p)f(\varphi)+2bp}{mb(1-p)f(\varphi)+2bp}\right]^{-\frac{2}{(1-p)f(\varphi)}} \tag{4-13}$$

基于上述分析，能够求出食品企业关系网络中节点的度分布为

$$\begin{aligned}F(k)&=\frac{\partial P\left(k_i(t)<k\right)}{\partial k}\\&=\frac{2t}{(m_0+mt)\left[mb(1-p)f(\varphi)+2bp\right]}\bullet\left[\frac{k(1-p)f(\varphi)+2bp}{mb(1-p)f(\varphi)+2bp}\right]^{-\frac{2}{(1-p)f(\varphi)}-1}\end{aligned} \tag{4-14}$$

当$t\rightarrow\infty$时，可将式（4-14）化简为

$$F(k)=\frac{2}{m\left[mb(1-p)f(\varphi)+2bp\right]}\bullet\left[\frac{k(1-p)f(\varphi)+2bp}{mb(1-p)f(\varphi)+2bp}\right]^{-\frac{2}{(1-p)f(\varphi)}-1} \tag{4-15}$$

定理 4-1：在单层食品供应网络中，食品企业的节点度分布概率受到诸

多因素的影响，包括为提升食品购买者的消费者支付意愿的投入（s_i）、为提升食品购买者的公民支付意愿的投入（q_i）、节点进入速度（m）、每个新进节点的连边数量（b）以及随机连接概率（p）。上述因素对食品企业节点度分布概率存在非线性影响。

定理 4-2： 当 $p=0$ 且 $f(\varphi)=1$ 时，$F(k)=2mb^2k^{-3}$，此时，食品供应网络服从 BA 无标度网络结构特征。

证明： 在式（4-15）中，$p=0$，意味着食品企业选择随机连接的概率为 0，也就是说当所有新进入网络的节点始终选择择优连接，这一点符合食品市场的实际状况。而 $f(\varphi)=1$ 则表示在单层食品供应网络中食品企业的竞争力无差异，此时 $F(k)=2mb^2k^{-3}$，根据 BA 无标度网络的定义可知，此时食品企业关系网络服从 BA 无标度网络演化。同时，由于条件限制较为严苛，也能够说明服从 BA 无标度网络演化只是食品企业关系网络演化模型的一个特例。

4.3.3　演化仿真分析

为进一步分析单层食品供应网络结构的演化特征，本小节将利用计算机仿真技术，并结合食品市场的实际情况，对单层食品供应网络结构进行仿真分析。

根据定理 4-1，可以得出单层食品供应网络的节点度分布概率受到诸多关键因素的影响，其中包括为提升食品购买者的消费者支付意愿的投入（s_i）、为提升食品购买者的公民支付意愿的投入（q_i）、节点进入速度（m）、每个新进节点的连边数量（b）以及随机连接概率（p）。为分析上述因素，将对单层食品供应网络结构的影响机制进行仿真。

图 4-6 刻画了在不同参数设置情况下，节点度分布概率同节点度之间的相关关系。其中，图 4-6（a）反映的是当节点进入速度（m）分别取 1,2,5,10 的情况下，即 $m=1,2,5,10$ 时，节点度的分布概率 $[F(k)]$ 同节点度（k）之间的相关关系。由图 4-6（a）能够看出，节点进入速度越快，随着节点度的提高，相应节点度的分布概率的下降速度亦越来越快。也就是说，节点的进入速度越快，高节点度的节点数量越少，意味着在食品供应网络中，食品企业的进入速度越快，大型食品企业的数量越少。反之，如

果节点的进入速度越慢，高节点度的节点数量越多，意味着在食品供应网络中，食品企业的进入速度越慢，食品供应网络中食品企业越有可能发展为大型食品企业。这样的仿真结果是符合实际情况的，更快的进入速度意味着食品供应市场的竞争压力更大，更多的企业往往难以发展成为大型企业，具有高节点度的食品企业的数量就会更少。

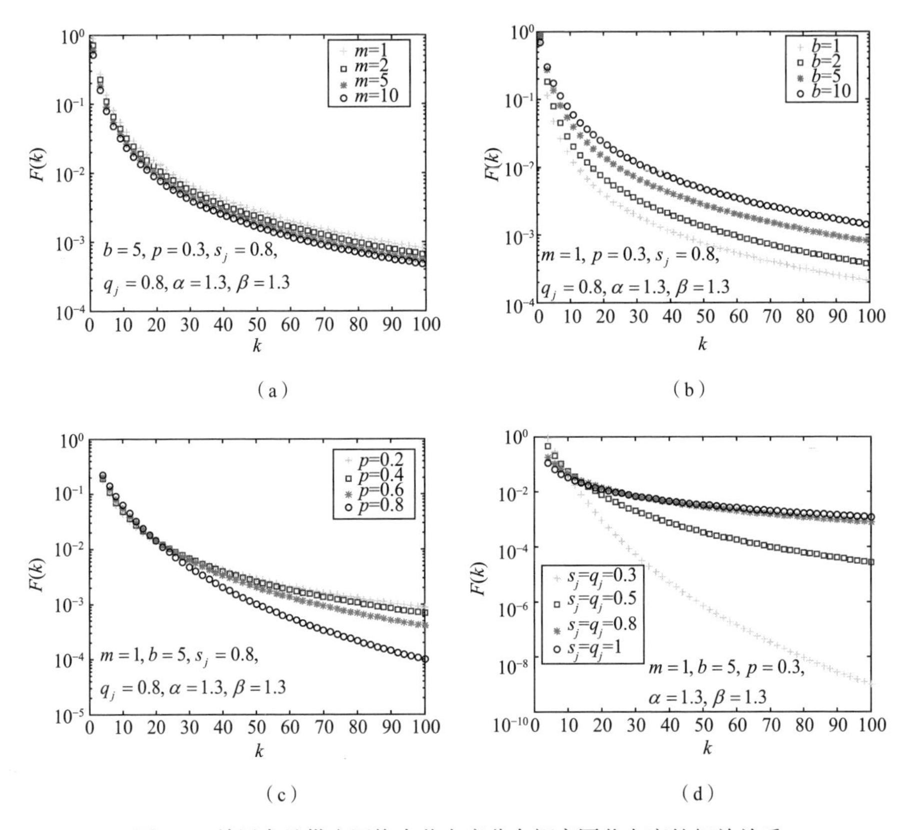

图 4-6　单层食品供应网络中节点度分布概率同节点度的相关关系

图 4-6（b）反映的是当新进节点的连边数量分别为 1,2,5,10 的情况下，即 $b=1,2,5,10$ 时，节点度的分布概率 $\left[F\left(k\right)\right]$ 同节点度（k）之间的相关关系。在图 4-6（b）中，能够反映出在新进节点的连边数量越多的情况下，随着节点度的提高，相应节点度的分布概率的下降速度越缓慢。也就是说，新进节点的连边数量越少，那么高节点度的节点数量越少。反之，如果新

进节点的连边数量越多，那么具有高节点度的节点数量越多。这样的仿真结果，依然能够找到现实依据，一般来说，新进节点的连边数量越多，意味着新进入食品供应网络的食品企业规模越大，在食品供应网络中，与其具有合作关系的食品企业的数量越多。因此，新进节点的连边数量越多，规模较大的食品企业的数量越多。

图 4-6（c）反映的是随机连接概率分别为 0.2,0.4,0.6,0.8 的情况下，即 $p=0.2,0.4,0.6,0.8$ 时，节点度的分布概率 $\left[F(k)\right]$ 同节点度（k）之间的相关关系。在图 4-6（c）中，节点度（k）存在阈值 k_σ，当 $k<k_\sigma$ 时，随着节点度的增大，随机连接概率不同的情况下，节点度的分布概率的下降值之间的差异不明显；当 $k>k_\sigma$ 时，随机连接概率的值越大的情况下，随着节点度的增加，相应节点度的分布概率下降速度越快，呈现出的厚尾特征也越明显。也就是说，当节点度 k 大于阈值 k_σ，即 $k>k_\sigma$ 时，随机连接概率越高，随着节点度的增加，高节点度的节点的数量越少。也就意味着，在食品供应网络中，对于超过一定规模的食品企业，更高的随机连接概率，将导致规模较大食品企业数量的减少。出现这样的仿真结果，与食品市场的实际状况高度吻合。事实上，更高的随机连接概率，意味着食品企业往往在选择合作伙伴时甄别力度不足，从而制约食品企业的发展。因此，更高的随机连接概率，导致了规模较大食品企业数量的减少。

图 4-6（d）反映的是食品企业对食品购买者的消费者支付意愿以及公民支付意愿的提升所进行的投入分别为 0.3,0.5,0.8,1 的情况下，即 $s_j=q_j=0.3$，$s_j=q_j=0.5$，$s_j=q_j=0.8$，$s_j=q_j=1$ 时，食品供应网络中节点度的分布概率 $\left[F(k)\right]$ 同节点度（k）之间的相关关系。与图 4-6（c）相似，在图 4-6（d）中，节点度（k）同样存在着一个阈值，令该阈值为 k_ε。当 $k<k_\varepsilon$ 时，随着竞争力投入的增加，与更高的竞争力投入相对应的是更低的节点度分布概率。反之，当 $k>k_\varepsilon$ 时，随着竞争力投入的增加，与更高的竞争力投入相对应的是更高的节点度分布概率。出现这样的仿真结果的原因在于，更高的竞争力投入往往会使得食品企业的规模日益壮大，而较低的竞争力投入则会限制食品企业的发展。

为进一步分析单层食品供应网络结构的演化特征，本部分将继续使用计算机仿真手段来揭示其他演化特征。图 4-7 反映了在节点度不同的情况下，即当 $k=6,7,8,9,10,15$ 时，食品企业的竞争力投入对节点度分布概率的影响机制。在图 4-7 中，其他相关参数值的设置如下：$m=1$，$b=5$，$p=0.3$，$\bar{s}=0.7$，$\bar{q}=0.7$，$\alpha=0.6$，$\beta=0.4$。

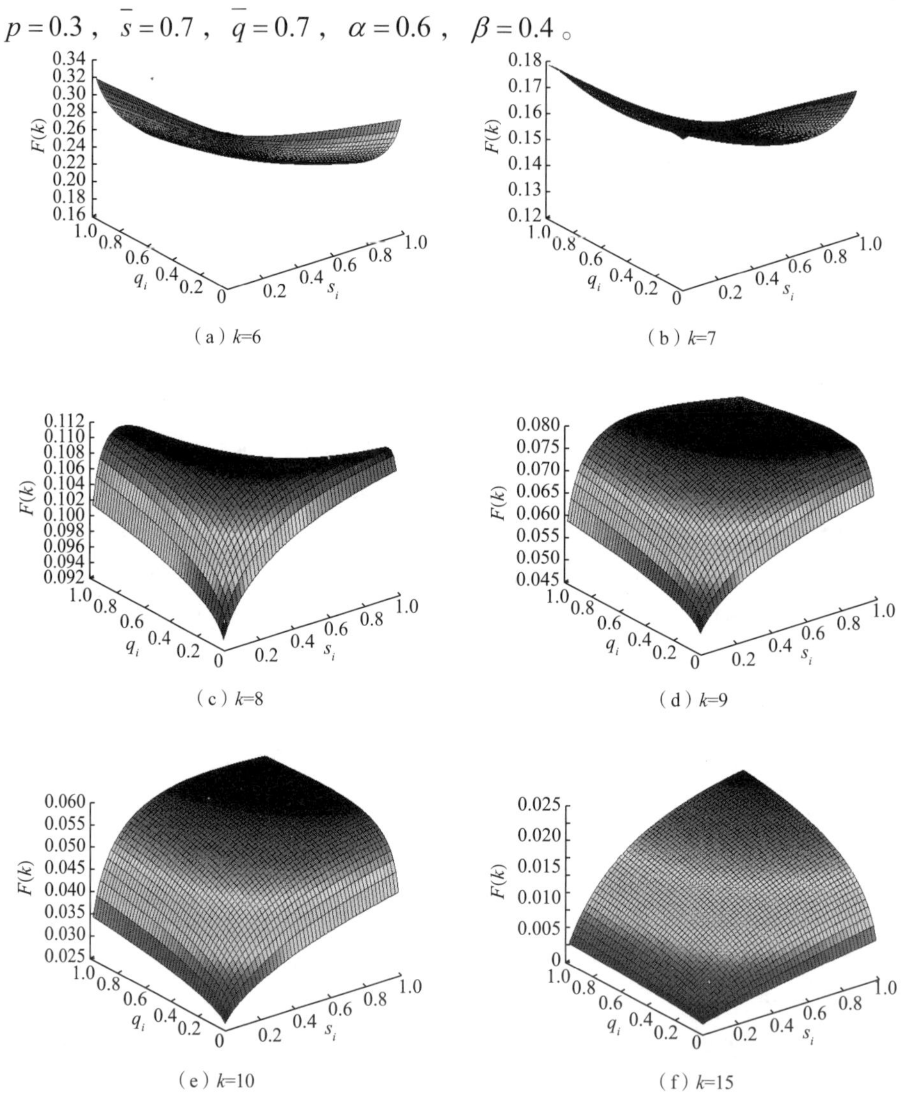

图 4-7　节点度不同的情况下竞争力投入对节点度分布概率的影响

图4-7分别反映的是当$k=6,7,8,9,10,15$时，食品企业对食品购买者的消费者支付意愿以及公民支付意愿所进行的投入的变动对节点度分布概率的影响。从图 4-7 中能够看出，当$k<10$时，竞争力投入对节点度分布概率的影响是非单调的，即竞争力投入的增加不一定会导致节点度分布概率的增长，而是呈现出分布概率先增长后下降的趋势。出现这种情况的原因在于，更高的竞争力投入使得食品企业在食品供应网络中更具竞争优势，从而迅速发展壮大，因此降低了特定节点度的分布概率，更多企业向高节点度的大型企业转化。同时，从图4-7（e）和4-7（f）中能够看出，当$k\geqslant10$时，由于竞争力投入的增长，低节点度的食品企业向高节点度企业转变，因此，随着竞争力投入的增加，特定节点度企业的分布概率增长。

通过图 4-6 及图 4-7，能够发现单层食品供应网络中一个更为明显的特征，那就是不管参数的取值如何，单层食品供应网络结构的演化特征始终会出现$F(k)$=0.05 的情况。这一演化现象表明，在单层食品供应网络结构的演化过程中，除了具有 BA 无标度网络的特性，更一般的形式是 WS 小世界网络结构的特征。

4.4　多层食品供应网络构建及演化分析

4.4.1　假设及模型构建

在本小节中，为刻画多层食品供应网络的生成及演化机制，考虑食品供应网络由上下两个层级构成，也就是说，总的食品供应网络由子网络A和子网络B共同构成。其中，子网络A是上层网络，子网络B是下层网络（具体见图 4-8）。在该分层网络中，上层子网络中节点度的演化既受到同层级节点的影响，同时又与下层子网络中的节点密切相关。此外，节点企业在其同层网络和异层网络中的竞争力有所差异，其演化特征也有所不同。因此，对于企业节点度的演化规律进行研究时应当充分考虑不同网络层次间的差异性。

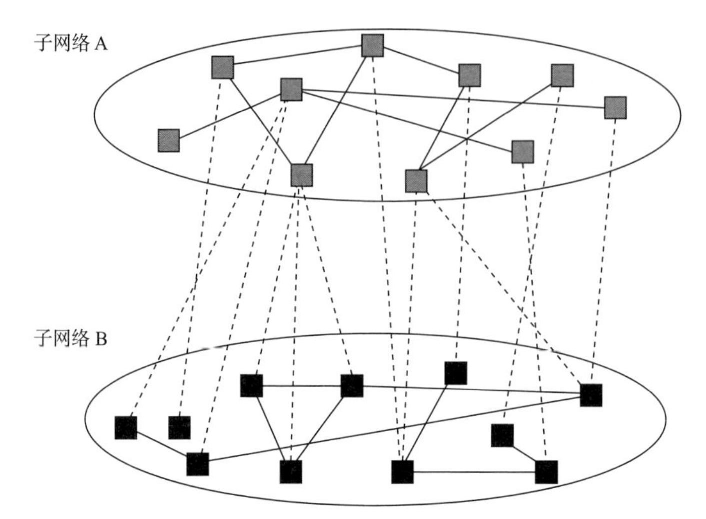

图 4-8　分层食品企业关系网络示意图

基于食品市场的实际状况及上述分析，假设多层食品供应网络的具体演化机制如下。

初始化：初始网络中，子网络 A 是由 m_0^{A} 个节点和 n_0^{A} 条边组成的小型网络，子网络 B 是由 m_0^{B} 个节点和 n_0^{B} 条边组成的小型网络。

随机连接：在每一个时间步，子网络 A（或子网络 B）有 m_{A}（或 m_{B}）个新的节点加入，每个节点有 c_{A}（或 c_{B}）条边。

择优连接：当新节点加入后，与老节点 i 相连接的概率取决于两方面，一是节点 i 的度 k_i，另一个则是其在子网络 A 及子网络 B 中的竞争力 φ_i^{A} 和 φ_i^{B}。为简化分析过程，姑且令子网络 A 及子网络 B 中新进节点在选择老节点进行连接时的选择标准相同，也就是说子网络 A 中老节点在子网络 A 和子网络 B 中的竞争力相同。因此，新节点的加入同子网络 A 中节点 i 相连接的概率 Π_i^{A} 的表达式为

$$\Pi_i^{\mathrm{A}} = \frac{k_i^{\mathrm{A}} \varphi_i^{\mathrm{A}}}{\sum_j k_j^{\mathrm{A}} \varphi_j^{\mathrm{A}} + \sum_l k_l^{\mathrm{B}} \varphi_l^{\mathrm{B}}} \tag{4-16}$$

机制选择概率：子网络 A 和子网络 B 中新增的节点分别以概率 p_{A} 和 p_{B} 同老节点进行随机连接，同时分别以概率 $1-p_{\mathrm{A}}$ 和概率 $1-p_{\mathrm{B}}$ 同老节点进行择优连接。多层食品供应网络模型中相关参数如表 4-3 所示。

表 4-3　多层食品供应网络模型中相关参数一览表

参数	参数释义
m_0^{A}	初始网络中，子网络 A 中的节点数量
n_0^{A}	初始网络中，子网络 A 中的连边数量
m_0^{B}	初始网络中，子网络 B 中的节点数量
n_0^{B}	初始网络中，子网络 B 中的连边数量
m_{A}	每个时间步内，新进入子网络 A 的节点数量
m_{B}	每个时间步内，新进入子网络 B 的节点数量
c_{A}	子网络 A 中，每个新进节点的连边数量
c_{B}	子网络 B 中，每个新进节点的连边数量
φ_i^{A}	子网络 A 中节点 i 的竞争力
φ_i^{B}	子网络 B 中节点 i 的竞争力
Π_i^{A}	新节点的加入同子网络 A 中节点 i 相连接的概率
p_{A}	新节点加入子网络 A 后，与现有节点随机连接的概率
p_{B}	新节点加入子网络 B 后，与现有节点随机连接的概率
$1-p_{\mathrm{A}}$	新节点加入子网络 A 后，与现有节点择优连接的概率
$1-p_{\mathrm{B}}$	新节点加入子网络 B 后，与现有节点择优连接的概率

4.4.2　理论分析

在复杂网络的诸多统计特征中，度分布是描述复杂网络结构的重要统计量。基于上述假设，并借助平均场理论及连续性理论，假设节点 i 的度 k_i 随演化时间 t 连续变化，则节点度 k_i 的变化率可以表示为

$$\frac{\partial k_i}{\partial t}=\left[m_{\mathrm{A}}c_{\mathrm{A}}\left(1-p_{\mathrm{A}}\right)+m_{\mathrm{B}}c_{\mathrm{B}}\left(1-p_{\mathrm{B}}\right)\right]\Pi_i^{\mathrm{A}}+\frac{m_{\mathrm{A}}c_{\mathrm{A}}p_{\mathrm{A}}+m_{\mathrm{B}}c_{\mathrm{B}}p_{\mathrm{B}}}{m_0^{\mathrm{A}}+m_0^{\mathrm{B}}+\left(m_{\mathrm{A}}+m_{\mathrm{B}}\right)t}$$
$$=\frac{\left[(m_{\mathrm{A}}c_{\mathrm{A}}\left(1-p_{\mathrm{A}}\right)+m_{\mathrm{B}}c_{\mathrm{B}}\left(1-p_{\mathrm{B}}\right)\right]k_i^{\mathrm{A}}\varphi_i^{\mathrm{A}}}{\sum_j k_j^{\mathrm{A}}\varphi_j^{\mathrm{A}}+\sum_l k_l^{\mathrm{B}}\varphi_l^{\mathrm{B}}}+\frac{m_{\mathrm{A}}c_{\mathrm{A}}p_{\mathrm{A}}+m_{\mathrm{B}}c_{\mathrm{B}}p_{\mathrm{B}}}{m_0^{\mathrm{A}}+m_0^{\mathrm{B}}+\left(m_{\mathrm{A}}+m_{\mathrm{B}}\right)t} \tag{4-17}$$

假设$\overline{\varphi}$表示食品企业关系网络中节点的平均竞争力，当 j 足够大时，$\sum_j k_j^{\mathrm{A}}\varphi_j^{\mathrm{A}}\approx\overline{\varphi_j^{\mathrm{A}}}\sum_j k_j^{\mathrm{A}}$，因此，可令

$$\sum_j k_j^{\mathrm{A}}\varphi_j^{\mathrm{A}}=\overline{\varphi_j^{\mathrm{A}}}\sum_j k_j^{\mathrm{A}} \tag{4-18}$$

同理，当 l 足够大时，可令

$$\sum_l k_l^{\mathrm{B}}\varphi_l^{\mathrm{B}}=\overline{\varphi_l^{\mathrm{B}}}\sum_l k_l^{\mathrm{B}} \tag{4-19}$$

此外，当 t 足够大时，$m_0^{\mathrm{A}}+m_0^{\mathrm{B}}+\left(m_{\mathrm{A}}+m_{\mathrm{B}}\right)t\approx\left(m_{\mathrm{A}}+m_{\mathrm{B}}\right)t$，因此，在实际运算过程中可令

$$m_0^{\mathrm{A}}+m_0^{\mathrm{B}}+\left(m_{\mathrm{A}}+m_{\mathrm{B}}\right)t=\left(m_{\mathrm{A}}+m_{\mathrm{B}}\right)t \tag{4-20}$$

将式（4-18）、式（4-19）及式（4-20）代入式（4-17）可得

$$\frac{\partial k_i}{\partial t}=\frac{\left[m_{\mathrm{A}}c_{\mathrm{A}}\left(1-p_{\mathrm{A}}\right)+m_{\mathrm{B}}c_{\mathrm{B}}\left(1-p_{\mathrm{B}}\right)\right]k_i^{\mathrm{A}}\varphi_i^{\mathrm{A}}}{\overline{\varphi_j^{\mathrm{A}}}\sum_j k_j^{\mathrm{A}}+\overline{\varphi_l^{\mathrm{B}}}\sum_l k_l^{\mathrm{B}}}+\frac{m_{\mathrm{A}}c_{\mathrm{A}}p_{\mathrm{A}}+m_{\mathrm{B}}c_{\mathrm{B}}p_{\mathrm{B}}}{\left(m_{\mathrm{A}}+m_{\mathrm{B}}\right)t} \tag{4-21}$$

在 t 时刻，子网络 A 中节点度之和$\sum_j k_j^{\mathrm{A}}$应为

$$\sum_j k_j^{\mathrm{A}}=2\left(m_{\mathrm{A}}c_{\mathrm{A}}t+m_0^{\mathrm{A}}\right) \tag{4-22}$$

同时，子网络 B 中节点度之和$\sum_l k_l^{\mathrm{B}}$应为

$$\sum_l k_l^{\mathrm{B}}=2\left(m_{\mathrm{B}}c_{\mathrm{B}}t+m_0^{\mathrm{B}}\right) \tag{4-23}$$

在式（4-22）及式（4-23）中，随着 t 的不断增大，m_0^{A} 和 m_0^{B} 可忽略不计。同时，为便于分析，令子网络A及子网络B中，食品企业的平均竞争力无差异，即 $\overline{\varphi_j^{\mathrm{A}}}=\overline{\varphi_l^{\mathrm{B}}}=\overline{\varphi}$。在此基础上，式（4-21）可以表示为

$$\begin{aligned}\frac{\partial k_i}{\partial t}&=\frac{\left[m_{\mathrm{A}}c_{\mathrm{A}}\left(1-p_{\mathrm{A}}\right)+m_{\mathrm{B}}c_{\mathrm{B}}\left(1-p_{\mathrm{B}}\right)\right]k_i^{\mathrm{A}}\varphi_i^{\mathrm{A}}}{2\left[\left(m_{\mathrm{A}}c_{\mathrm{A}}t+m_0^{\mathrm{A}}\right)+\left(m_{\mathrm{B}}c_{\mathrm{B}}t+m_0^{\mathrm{B}}\right)\right]\overline{\varphi}}+\frac{m_{\mathrm{A}}c_{\mathrm{A}}p_{\mathrm{A}}+m_{\mathrm{B}}c_{\mathrm{B}}p_{\mathrm{B}}}{\left(m_{\mathrm{A}}+m_{\mathrm{B}}\right)t}\\&=\frac{\left[m_{\mathrm{A}}c_{\mathrm{A}}\left(1-p_{\mathrm{A}}\right)+m_{\mathrm{B}}c_{\mathrm{B}}\left(1-p_{\mathrm{B}}\right)\right]k_i^{\mathrm{A}}\varphi_i^{\mathrm{A}}}{2t\left(m_{\mathrm{A}}c_{\mathrm{A}}+m_{\mathrm{B}}c_{\mathrm{B}}\right)\overline{\varphi}}+\frac{m_{\mathrm{A}}c_{\mathrm{A}}p_{\mathrm{A}}+m_{\mathrm{B}}c_{\mathrm{B}}p_{\mathrm{B}}}{\left(m_{\mathrm{A}}+m_{\mathrm{B}}\right)t}\end{aligned}$$

（4-24）

解微分方程可得

$$k_i^{\mathrm{A}}\left(t\right)=C\bullet t^{\tau}-\frac{m_{\mathrm{A}}c_{\mathrm{A}}p_{\mathrm{A}}+m_{\mathrm{B}}c_{\mathrm{B}}p_{\mathrm{B}}}{\tau\left(m_{\mathrm{A}}+m_{\mathrm{B}}\right)} \tag{4-25}$$

其中，τ 可以表示为如下形式：

$$\tau=\frac{\left[m_{\mathrm{A}}c_{\mathrm{A}}\left(1-p_{\mathrm{A}}\right)+m_{\mathrm{B}}c_{\mathrm{B}}\left(1-p_{\mathrm{B}}\right)\right]}{2\left(m_{\mathrm{A}}c_{\mathrm{A}}+m_{\mathrm{B}}c_{\mathrm{B}}\right)}f_{\mathrm{A}}\left(\varphi\right) \tag{4-26}$$

其中，$f_{\mathrm{A}}\left(\varphi\right)=\dfrac{\varphi_i^{\mathrm{A}}}{\overline{\varphi}}$。结合初始条件 $k_i^{\mathrm{A}}\left(t\right)=m_{\mathrm{A}}c_{\mathrm{A}}+m_{\mathrm{B}}c_{\mathrm{B}}$，式（4-25）的特解为

$$k_i^{\mathrm{A}}\left(t\right)=\left[m_{\mathrm{A}}c_{\mathrm{A}}+m_{\mathrm{B}}c_{\mathrm{B}}+\frac{m_{\mathrm{A}}c_{\mathrm{A}}p_{\mathrm{A}}+m_{\mathrm{B}}c_{\mathrm{B}}p_{\mathrm{B}}}{\tau\left(m_{\mathrm{A}}c_{\mathrm{A}}+m_{\mathrm{B}}c_{\mathrm{B}}\right)}\right]\left(\frac{t}{t_i}\right)^{\tau}-\frac{m_{\mathrm{A}}c_{\mathrm{A}}p_{\mathrm{A}}+m_{\mathrm{B}}c_{\mathrm{B}}p_{\mathrm{B}}}{\tau\left(m_{\mathrm{A}}+m_{\mathrm{B}}\right)}$$

（4-27）

该网络中，节点 i 的度 $k_i^{\mathrm{A}}\left(t\right)$ 小于 k 的概率为

$$P\left(k_i^{\mathrm{A}}\left(t\right)<k\right)=1-P\left(t_i\leqslant t\left[\frac{\tau k\gamma+\mu}{\gamma}\times\frac{\theta}{\theta^2+\mu}\right]^{-\frac{1}{\tau}}\right) \tag{4-28}$$

其中，相关参数的含义如下：

$$\begin{cases}\mu = m_A c_A p_A + m_B c_B p_B \\ \theta = m_A c_A + m_B c_B \\ \gamma = m_A + m_B\end{cases}$$

在本节所构建的食品企业分层网络中，在子网络A和子网络B中，每个时间步 t 分别有 m_A 个、m_B 个新的节点加入原网络中，因此，节点 i 的到达时间 t_i 的概率密度可以表示为

$$f(t_i) = \frac{1}{m_0^A + m_0^B + (m_A + m_B)t} \tag{4-29}$$

将式（4-29）代入式（4-28）可得

$$P\left(k_i^A(t) < k\right) = 1 - \frac{t}{m_0^A + m_0^B + \gamma t}\left[\frac{\tau k\gamma + \mu}{\gamma} \times \frac{\theta}{\theta^2 + \mu}\right]^{-\frac{1}{\tau}} \tag{4-30}$$

由此，能够求出子网络 A 中节点 i 在时刻 t 在整个食品网络中节点的度分布为

$$F(k) = \frac{\partial P\left(k_i(t) < k\right)}{\partial k} = \frac{t}{m_0^A + m_0^B + \gamma t}\left[\left(\tau k + \frac{\mu}{\gamma}\right) \times \frac{\theta}{\theta^2 + \mu}\right]^{-\frac{1}{\tau}-1} \tag{4-31}$$

当 $t \to \infty$ 时，式（4-31）能够化简为如下形式：

$$F(k) = \frac{1}{\gamma}\left[\left(\tau k + \frac{\mu}{\gamma}\right) \times \frac{\theta}{\theta^2 + \mu}\right]^{-\frac{1}{\tau}-1} \tag{4-32}$$

命题 4-1：在多层食品供应网络中，上层网络中节点度的分布概率受到多重因素的影响，包括节点的进入速度、新进节点的连边数量、机制选择概率以及老节点的竞争力投入等。

证明：在式（4-32）中，$-\frac{1}{\tau}-1$ 为节点度的分布指数，结合式（4-26），可得其度分布指数 $-\frac{1}{\tau}-1 = -\frac{\left[m_A c_A (1-p_A) + m_B c_B (1-p_B)\right]}{2(m_A c_A + m_B c_B)} f_A(\varphi) - 1$，因此，能够得出节点进入速度（$m_A$，$m_B$）、新进节点的连边数量（$c_A$，

c_B ）、机制选择概率（ p_A ， p_B ）以及食品企业竞争力的相对值 $f_A(\varphi)$ 同时会对节点度的分布指数产生影响，进而影响到分层食品企业网络的演化特征。

命题 4-2： 当 $p_A = p_B = 0$ 且 $f_A(\varphi)=1$ 时，即不管是在同层网络还是在异层网络中食品供应网络择优连接是网络中的任意节点，分层网络中子网络 A 中的节点 i 的度服从 BA 无标度网络演化。

证明： 如式（4-26）所示， $\tau = \frac{\left[m_A c_A(1-p_A)+m_B c_B(1-p_B)\right]}{2(m_A c_A + m_B c_B)} f_A(\varphi)$ ，若 $p_A = p_B = 0$ 且网络中所有节点的竞争力无差异， $\tau = \frac{1}{2}$ ，此时， $-\frac{1}{\tau} - 1 = -3$ ，式（4-32）可以表示为 $F(k) = \frac{1}{\gamma}\left(\frac{\theta}{\theta^2+\mu}\right)^{-3}\left(\frac{k}{2}+\frac{\mu}{\gamma}\right)^{-3}$ ，根据 BA 无标度网络的定义，可知此时在多层食品供应网络中，节点 i 的度服从 BA 无标度网络演化特征。也就是说，BA 无标度网络结构是多层食品供应网络演化过程中的特征之一。

4.4.3　演化仿真分析

为进一步分析多层食品供应网络结构的具体演化特征及演化机制，本小节将利用计算机仿真技术，结合食品市场的实际情况，对多层食品供应网络结构演化进程进行仿真分析。

相较于单层食品供应网络，多层食品供应网络的演化特征受到更多因素的影响，演化机制也相对更复杂。根据定理 4-1，这些影响因素包括节点的进入速度（ m_A ， m_B ）、新进节点的连边数量（ c_A ， c_B ）、机制选择概率（ p_A ， p_B ）以及节点的竞争力投入（ s_i ， q_i ）。为了揭示上述因素对食品供应网络中节点度分布概率的具体影响机制，使用计算机仿真技术对相应的影响机制进行呈现和分析。

图 4-9（a）表示的是在食品企业竞争力投入有差异的条件下，即竞争力投入值分别为 s_i=q_i=0.4 ， s_i=q_i=0.6 ， s_i=q_i=0.8 时，节点度的分布概率同节点度之间的相关关系。同时，从图 4-9（a）中能够看出，在多层食品供应网络中，节点度的分布概率同竞争力投入呈正相关关系。也就是说，竞争力

投入越高，具有高节点度的食品企业的数量越多。反之，食品企业对于竞争力提升的投入越低，则具有高节点度的食品企业的数量越少。食品供应网络结构演化中的这种现象与实际情况具有高度相似性，也反映出了自然和社会领域中复杂系统的“富者越富”现象。

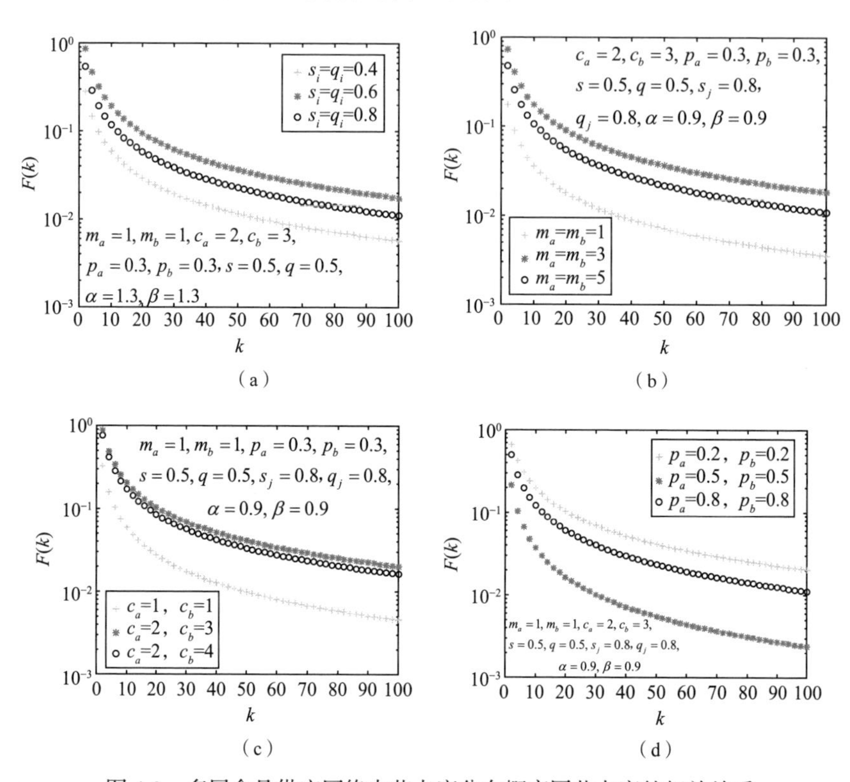

图 4-9　多层食品供应网络中节点度分布概率同节点度的相关关系

图4-9（b）表示的是在节点进入速度不同的情况下，即子网络A和子网络 B 中在每个时间步新进节点的数量分别为$m_{\mathrm{A}}=m_{\mathrm{B}}=1$，$m_{\mathrm{A}}=m_{\mathrm{B}}=3$，$m_{\mathrm{A}}=m_{\mathrm{B}}=5$时，节点度的分布概率同节点度之间的相关关系。由图 4-9（b）可知，在食品供应网络中，节点度的分布概率同每个时间步新进节点的数量呈正相关关系。也就是说，在每个时间步，新进节点的数量越多，高节点度的食品企业的数量越多。反之，在食品供应网络中，每个时间步新进节点的数量越少，高节点度的食品企业的数量越少。

图 4-9（c）表示的是在新进节点的连边数量不同的情况下，即在每个时间步新进节点的连边数量分别为 $c_{\mathrm{A}}=1$ 和 $c_{\mathrm{B}}=1$，$c_{\mathrm{A}}=2$ 和 $c_{\mathrm{B}}=3$，$c_{\mathrm{A}}=2$ 和 $c_{\mathrm{B}}=4$ 时，节点度的分布概率同节点度之间的相关关系。由图 4-9（c）可知，在食品供应网络中，节点度的分布概率同每个时间步新进节点的连边数量呈正相关关系。也就是说，在每个时间步，新进节点的连边数量越多，高节点度的食品企业的数量越多。反之，在食品供应网络中，每个时间步新进节点的连边数量越少，高节点度的食品企业的数量越少。

图4-9（d）表示的是在随机连接概率不同的情况下，即在随机连接概率分别为 $p_{\mathrm{A}}=p_{\mathrm{B}}=0.2$，$p_{\mathrm{A}}=p_{\mathrm{B}}=0.5$，$p_{\mathrm{A}}=p_{\mathrm{B}}=0.8$ 时，节点度的分布概率同节点度之间的相关关系。由图4-9（d）可知，在食品供应网络中，节点度的分布概率同随机连接概率之间呈负相关关系。也就意味着，新节点加入食品供应网络后与现有节点之间随机连接的概率越高，高节点度的食品企业的数量越少，同时，新节点加入食品供应网络后与现有节点之间随机连接的概率越低，高节点度的食品企业的数量越多。出现这种演化特征的原因在于，随机连接的概率越高，意味着食品企业在选择合作伙伴时的要求越低，而放松了对合作伙伴的甄选力度，而这样的发展模式会严重制约食品企业向大型企业的转变进程。

为进一步分析单层食品供应网络结构的演化特征，本部分将继续使用计算机仿真手段来揭示其他演化特征。在仿真过程中，结合食品市场的实际状况，各参数值设置如下：$m_{\mathrm{A}}=m_{\mathrm{B}}=1$，$c_{\mathrm{A}}=2$，$c_{\mathrm{B}}=3$，$p_{\mathrm{A}}=p_{\mathrm{B}}=0.3$，$\bar{s}=0.5$，$\bar{q}=0.5$，$\alpha=0.6$，$\beta=0.4$。

图 4-10 反映的是在节点度不同的情况下，食品供应网络中节点度的分布概率同食品企业竞争力投入之间的相关关系。其中，图 4-10（a）反映的是当节点度为 5，即 $k=5$ 时，食品供应网络中节点度的分布概率同食品企业为提升竞争力而进行的投入之间的相关关系。图 4-10（b）反映的是当节点度为 10，即 $k=10$ 时，食品供应网络中节点度的分布概率同食品企业为提升竞争力而进行的投入之间的相关关系。图 4-10（c）反映的是当节点度为 20，即 $k=20$ 时，食品供应网络中节点度的分布概率同食品企业为提升竞争力而进行的投入之间的相关关系。图 4-10（d）反映的是当节点度为 40，即

$k=40$时，食品供应网络中节点度的分布概率同食品企业为提升竞争力而进行的投入之间的相关关系。

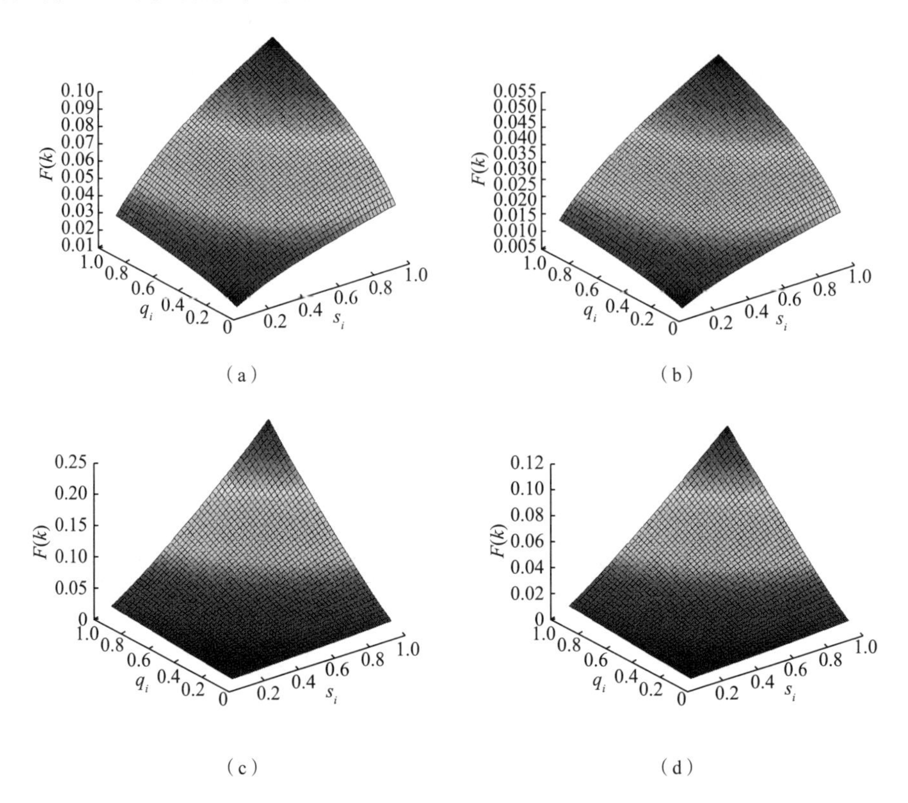

图 4-10　节点度不同的情况下节点度的分布概率同竞争力投入之间的相关关系

由图 4-10 能够得到，在食品供应网络中，节点度的分布概率同食品企业为提升竞争力而进行的投入之间呈现明显的正相关关系。也就是说，在食品供应网络中，不论节点度取值如何，竞争力投入的增加，必然导致相应的节点度的分布概率的增加。

此外，从图 4-9 及图 4-10 中能够发现在多层食品供应网络演化过程中另外一个显著的特征，那就是不管其他参数值的设置如何，节点度的分布概率始终存在$F(k)$=0.05 这一特征。结合关于 WS 小世界网络特征的定义，可以认为多层食品供应网络的演化过程中，WS 小世界网络结构特征是存在的。同时，相较于命题 4-2 中得出的多层食品供应网络会呈现出 BA 无标度网络特征的结论，多层食品供应网络服从 WS 小世界网络演化特征的约束条件更为宽松。也就是说，在多层食品供应网络中，WS 小世界网络更具有一般意义。

4.5　食品安全风险的网络扩散模型研究

4.5.1　食品安全风险传染的 SIRS 模型

从食品供应链的角度来看，任意一家食品企业都不是孤立存在的，既同上下游企业之间存在一定的商业合作联系，同时也与同类食品企业之间存在着商业竞争关系，共同构成了食品供应的分层结构网络。在极大提高食品供应效率的同时，也为食品安全风险的传染及扩散提供了必备的条件。因此，假定食品安全风险在食品供应网络中易染个体分为三个种群，包括上游企业种群、同类企业种群及下游企业种群，并分别以 $S_{1,k}(t)$ 、$S_{2,k}(t)$ 及 $S_{3,k}(t)$ 表示度为 k 的三类食品安全风险易染种群的个体数量。此外，分别用 $I_k(t)$ 和 $R_k(t)$ 表示在 t 时刻食品供应网络中食品安全风险携带种群和食品安全风险规避种群中节点度的个体数量。在建立具体模型之前，先做如下假设。

假设 4-1：由于在食品供应网络中，处在供应链不同层级之间的企业群体的风险传染的动力学性态有所不同，因此，假设食品安全风险在食品供应网络上的传染及扩散机制包括三种：一是对上游企业的反馈传染；二是同类食品企业之间由于竞争关系存在而出现的间接传染；三是对其下游食品企业的直接传染。三种传染方式各自的平均传染系数用 α_i $(i=1,2,3)$ 表示。

假设 4-2：允许有新的食品企业迁入食品供应网络中，且假定新进入食品供应网络的食品企业均为风险易染企业，同时假设三类食品安全风险易染企业种群的进入率（即食品安全风险易染企业的输入率）均为大于 0 的常

数 b，食品安全风险易染企业的进入率主要受到市场准入门槛（s）的影响，且 $\frac{\partial b}{\partial s}<0$。

假设 4-3：用 $d\in[0,1]$ 表示食品供应网络中各种群的自然退出率。种群的自然退出率，表示由于竞争、经营策略不善等因素，食品企业难以持续经营而破产、倒闭的概率。其中，市场自由竞争的激烈程度（c）对食品企业的自然退出率会产生直接影响，且市场自由竞争越激烈，食品供应网络中企业的自然退出率也越高，即 $\frac{\partial d}{\partial c}>0$。

假设 4-4：食品安全风险携带种群的非自然退出率用 d_u 表示（$d_u\in[0,1]$），即食品安全风险携带种群由于受到以政府监管为代表的社会各方的共同治理而被勒令关停的概率，而且，$\frac{\partial d_u}{\partial T}>0$，$\frac{\partial d_u}{\partial G}>0$，其中 T 和 G 分别代表食品供应网络中关于食品品质信息的透明度以及社会各方对食品供应网络中食品企业的规制力度。

假设 4-5：在社会共治模式下，各方的协同监管会对食品市场产生一定的震慑效应，风险携带种群的策略选择会受到一定的影响（谢康等，2015）。其中部分个体会在此影响下恢复为食品安全风险规避状态，整个种群的恢复率为 $\beta\ (0\leqslant\beta\leqslant1)$，且 $\frac{\partial\beta}{\partial T}>0$，$\frac{\partial\beta}{\partial G}>0$。当惩罚力度不足，难以形成持续性的威慑效应，同时违规经营所带来的超额收益又远超合规经营收益，食品安全风险规避企业种群往往会以一定的概率再次转变为易染状态。假定整个食品安全风险规避企业种群的再违规倾向率为 $\theta\ (0\leqslant\theta\leqslant1)$，具体到三类风险易染企业种群分别用 $\gamma_i\ (i=1,2,3)$ 表示，此时 γ_i 的取值范围为 $[0,1]$，且 $\sum_{i=1}^{3}\gamma_i=\theta$，其中 $\frac{\partial\gamma_i}{\partial T}<0$，$\frac{\partial\gamma_i}{\partial G}<0$。

根据现实食品供应网络的特征以及上述对食品企业状态转换的相关假设，食品供应网络中食品企业状态的转换过程如图 4-11 所示。

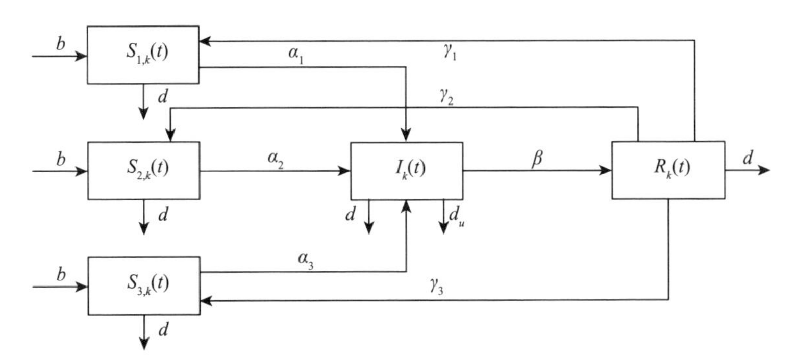

图4-11　食品供应网络中食品企业风险状态转换示意图

根据不同类型节点状态转换机理以及平均场理论，可构建如下既考虑新生节点加入，又兼顾现存节点消亡的用以描绘食品安全风险传染及扩散机理的非封闭性网络SIRS模型：

$$\begin{cases}\dfrac{\partial S_{i,k}(t)}{\partial t}=b+\gamma_i R_k(t)-\alpha_i S_{i,k}(t)k\Theta(t)-dS_{i,k}(t)\\ \dfrac{\partial I_k(t)}{\partial t}=\sum_{i=1}^{n}\alpha_i S_{i,k}(t)k\Theta(t)-(d+d_u+\beta)I_k(t)\\ \dfrac{\partial R_k(t)}{\partial t}=\beta I_k(t)-\sum_{i=1}^{n}\gamma_i R_k(t)-dR_k(t)\end{cases}\tag{4-33}$$

在模型（4-33）中，$\Theta=\dfrac{\sum_k kp(k)I_k(t)}{\langle k\rangle}$，用以表示一个节点度为 k 的食品安全风险易染企业同食品安全风险携带企业建立商业联系或是形成有效接触的概率。其中，$p(k)$是指食品供应网络中度为k的个体的度分布。此外，$\langle k\rangle=\sum_k kp(k)$，描述的是整个食品供应网络的平均度。此外，根据模型（4-33）及图4-11所示的食品供应网络中节点状态转换，令$\lambda=\dfrac{\sum_{i=1}^{3}\alpha_i}{d+d_u+\beta}$表示食品安全风险传染的有效速率。食品安全风险传染模型中的相关参数如表4-4所示。

表 4-4　食品安全风险传染模型中的相关参数一览表

参数	参数释义
α_i	不同传染方式下的平均传染系数
b	食品安全风险易染企业种群的进入率
s	食品市场准入门槛
d	食品企业的自然退出率
c	食品市场自由竞争的激烈程度
d_u	食品企业的非自然退出率
T	食品品质信息的透明程度
G	监管力度
β	食品安全风险携带企业的恢复率
γ_i	风险规避企业的再违规倾向率
$S_{i,k}(t)$	食品供应网络中食品安全风险易染企业
$I_k(t)$	食品供应网络中食品安全风险携带企业
$R_k(t)$	食品供应网络中食品安全风险规避企业

4.5.2　理论分析

定理 4-3：对于既考虑新生节点加入，又兼顾现存节点消亡的开放性食品供应网络，食品安全风险传染的 SIRS 模型的传染阈值为$\lambda_\infty = \dfrac{\langle k\rangle}{\dfrac{b}{d}\langle k^2\rangle}$。当$\lambda < \lambda_\infty$时，食品安全风险传染趋于消亡状态；当$\lambda > \lambda_\infty$时，食品安全风险实现扩散，并最终稳定于非零平衡点。

证明：在稳态条件下，模型（4-33）中三式的右边均为 0，此时能够得到食品安全风险传染模型在均衡状态下度为k的个体被食品安全风险传染的规模为

$$I_k\left(t\right)^* = \frac{b\left(d+\sum_{i=1}^{3}\gamma_i\right)k\Theta\sum_{i=1}^{3}\frac{\alpha_i}{\alpha_i k\Theta + d}}{\left(d+d_u+\beta\right)\left(d+\sum_{i=1}^{3}\gamma_i\right)-\beta k\Theta\sum_{i=1}^{3}\frac{\alpha_i\gamma_i}{\alpha_i k\Theta + d}} \tag{4-34}$$

根据各参数值的设定，能够得出在食品供应网络中，$0 < I_k\left(t\right)^* < 1$。也就是说一旦食品供应网络中出现食品安全风险携带企业，那么食品安全风险必将在食品供应网络中蔓延开来，同时食品安全风险也始终难以传染至食品供应网络中的每一家食品企业。关于$I_k\left(t\right)^*$的取值范围的证明过程如下。

在式（4-34）中，分子的取值范围一定是大于 0 的，因此，要判断$I_k\left(t\right) > 0$，只需保证分母大于 0。

首先，$\left(d+d_u+\beta\right)\left(d+\sum_{i=1}^{3}\gamma_i\right)-\beta k\Theta\sum_{i=1}^{3}\frac{\alpha_i\gamma_i}{\alpha_i k\Theta + d} > \beta\sum_{i=1}^{3}\gamma_i - \beta k\Theta\sum_{i=1}^{3}\frac{\alpha_i\gamma_i}{\alpha_i k\Theta + d}$，其次，$\beta k\Theta\sum_{i=1}^{3}\frac{\alpha_i\gamma_i}{\alpha_i k\Theta + d} < \beta k\Theta\sum_{i=1}^{3}\frac{\alpha_i\gamma_i}{\alpha_i k\Theta} = \beta\sum_{i=1}^{3}\gamma_i$，因此，$\left(d+d_u+\beta\right)\left(d+\sum_{i=1}^{3}\gamma_i\right)-\beta k\Theta\sum_{i=1}^{3}\frac{\alpha_i\gamma_i}{\alpha_i k\Theta + d} > 0$，$I_k\left(t\right) > 0$得证。

同理，可证得$I_k\left(t\right)^* < 1$。

根据式（4-34）以及Θ的表达式，能够得到一个自相容方程：

$$\Theta = \frac{d+\sum_{i=1}^{3}\gamma_i}{\left\langle k\right\rangle} \times \sum_k \frac{k^2 p\left(k\right)\Theta\sum_{i=1}^{3}\frac{\alpha_i b}{\alpha_i k\Theta + d}}{\left(d+d_u+\beta\right)\left(d+\sum_{i=1}^{3}\gamma_i\right)-\beta k\Theta\sum_{i=1}^{3}\frac{\alpha_i\gamma_i}{\alpha_i k\Theta + d}} \tag{4-35}$$

在式（4-35）中，$\Theta = 0$一定能够使得方程（4-35）成立，但在实际研究中，平凡解远不如非平凡解值得关注。因此，根据式（4-35），可构造方程：

$$F(\Theta)=\Theta-\sum_{k}\frac{bk^{2}p(k)\left(d+\sum_{i=1}^{3}\gamma_{i}\right)\Theta\sum_{i=1}^{3}\frac{\alpha_{i}}{\alpha_{i}k\Theta+d}}{\langle k\rangle\left[(d+d_{u}+\beta)\left(d+\sum_{i=1}^{3}\gamma_{i}\right)-\beta k\Theta\sum_{i=1}^{3}\frac{\alpha_{i}\gamma_{i}}{\alpha_{i}k\Theta+d}\right]} \tag{4-36}$$

由式（4-36），可得食品安全风险传染的非零阈值为

$$\lambda_{\infty}=\frac{\langle k\rangle}{\frac{b}{d}\langle k^{2}\rangle} \tag{4-37}$$

依据本节所设定的各参数的取值范围，能够得出 $\lambda_{\infty}>0$ ，且根据复杂网络理论可知，$\langle k\rangle$ 的取值远小于 $\langle k^{2}\rangle$ ，所以 $\lambda_{\infty}\to 0$ 。由此可以说明，一旦在食品供应网络中出现食品安全风险携带企业，其通过食品供应网络将风险传染给其他食品企业的概率大于 0。这也在一定程度上解释了当前情况下，一旦有食品安全事故爆发，总能发现其背后隐藏着整条问题食品产业链。

定理 4-4： 食品安全风险传染阈值同食品供应网络中食品企业的进入率（b）呈负相关关系，同食品企业的自然退出率（d）呈正相关关系。

从式（4-37）中能够看出，λ_{∞} 的取值（即阈值的大小）同食品供应网络中食品企业的进入率、自然退出率以及食品供应网络的网络结构息息相关。此外，根据式（4-37），能够求出 $\frac{\partial\lambda_{\infty}}{\partial b}<0$ ，$\frac{\partial^{2}\lambda_{\infty}}{\partial b^{2}}>0$ ，说明食品安全风险传染阈值同食品供应网络中食品企业的进入率存在负相关关系，且为食品企业进入率的凸函数，即提高食品市场的准入门槛，降低食品企业的进入率是提高食品安全风险传染阈值，防范系统性食品安全事故的有效手段。

$\frac{\partial\lambda_{\infty}}{\partial d}>0$ 则反映了食品安全风险传染阈值同食品供应网络中企业的自然退出率存在着正相关关系，也就是说食品供应网络中，食品企业之间良性竞争越激烈，食品安全风险的传染阈值越高，发生系统性食品安全事故的可能性也就越小。

定理 4-5： 在食品供应网络中，食品安全风险的传染规模同各种群的自然退出率（d）、风险携带企业种群的非自然退出率（d_{u}）、风险携带企业

种群的恢复率（β）呈负相关关系；同食品安全风险规避企业种群的再违规倾向率（γ_i）以及食品安全风险易染企业种群的进入率（b）呈正相关关系。

证明：根据式（4-34）可知，当食品安全风险传染系统达到均衡状态时，能够得到如下各表达式：

$$\frac{\partial I_k(t)^*}{\partial d}=-\frac{(1+d+d_u+\beta)\left(d+\sum_{i=1}^{3}\gamma_i\right)^2 k\Theta\sum_{i=1}^{3}\frac{b\alpha_i}{(\alpha_i k\Theta+d)^2}}{\left[(d+d_u+\beta)\left(d+\sum_{i=1}^{3}\gamma_i\right)-\beta k\Theta\sum_{i=1}^{3}\frac{\alpha_i\gamma_i}{\alpha_i k\Theta+d}\right]^2}<0 \tag{4-38}$$

$$\frac{\partial I_k(t)^*}{\partial d_u}=-\frac{\left(d+\sum_{i=1}^{3}\gamma_i\right)^2 bk\Theta\sum_{i=1}^{3}\frac{\alpha_i}{\alpha_i k\Theta+d}}{\left[(d+d_u+\beta)\left(d+\sum_{i=1}^{3}\gamma_i\right)-\beta k\Theta\sum_{i=1}^{3}\frac{\alpha_i\gamma_i}{\alpha_i k\Theta+d}\right]^2}<0 \tag{4-39}$$

$$\frac{\partial I_k(t)^*}{\partial \beta}=-\frac{\left(d+\sum_{i=1}^{3}\gamma_i\right)\left(d+\sum_{i=1}^{3}\gamma_i-k\Theta\sum_{i=1}^{3}\frac{\alpha_i\gamma_i}{\alpha_i k\Theta+d}\right)bk\Theta\sum_{i=1}^{3}\frac{\alpha_i}{\alpha_i k\Theta+d}}{\left[(d+d_u+\beta)\left(d+\sum_{i=1}^{3}\gamma_i\right)-\beta k\Theta\sum_{i=1}^{3}\frac{\alpha_i\gamma_i}{\alpha_i k\Theta+d}\right]^2}<0 \tag{4-40}$$

$$\begin{aligned}\frac{\partial I_k(t)^*}{\partial \gamma_i}=&\frac{(d+d_u+\beta)\left(d+\sum_{i=1}^{3}\gamma_i\right)(1-b)+b\left(d+\sum_{i=1}^{3}\gamma_i\right)\frac{\beta k\Theta}{\alpha_i k\Theta+d}-\beta k\Theta\sum_{i=1}^{3}\frac{\alpha_i\gamma_i}{\alpha_i k\Theta+d}}{(d+d_u+\beta)\left(d+\sum_{i=1}^{3}\gamma_i\right)-\beta k\Theta\sum_{i=1}^{3}\frac{\alpha_i\gamma_i}{\alpha_i k\Theta+d}}\\&\times\frac{k\Theta\sum_{i=1}^{3}\frac{\alpha_i}{\alpha_i k\Theta+d}}{(d+d_u+\beta)\left(d+\sum_{i=1}^{3}\gamma_i\right)-\beta k\Theta\sum_{i=1}^{3}\frac{\alpha_i\gamma_i}{\alpha_i k\Theta+d}}>0\end{aligned} \tag{4-41}$$

$$\frac{\partial I_k(t)^*}{\partial b}=\frac{\left(d+\sum_{i=1}^{3}\gamma_i\right)^2 k\Theta\sum_{i=1}^{3}\frac{\alpha_i}{\alpha_i k\Theta+d}}{(d+d_u+\beta)\left(d+\sum_{i=1}^{3}\gamma_i\right)-\beta k\Theta\sum_{i=1}^{3}\frac{\alpha_i\gamma_i}{\alpha_i k\Theta+d}}>0$$

（4-42）

也就是说在均衡状态下，食品安全风险的传染规模是各种群的自然退出率、食品安全风险携带企业种群非自然退出率、食品安全风险携带种群恢复率的单调递减函数；同时，均衡状态下的食品安全风险传染规模是食品安全风险规避企业种群再违规倾向率以及食品安全风险易染企业种群进入率的单调递增函数，具有明显的正相关关系。

4.5.3 仿真分析

为了更直观地反映食品安全风险传染的规律及其演化特征，本小节将结合第 3 章及本章的研究结论，利用仿真实验的技术方法，对食品安全风险传染阈值以及食品安全风险传染规模进行研究。根据第 3 章及本章的研究结论，在食品供应网络中，存在 WS 小世界网络和 BA 无标度网络的结构特征，因此，在对食品安全风险传染机制进行分析时，以 WS 小世界网络和 BA 无标度网络的结构特征刻画食品供应网络的两种结构特征。事实上，在 BA 无标度网络中，只有少部分节点会同其他节点具有连边关系，但是在 WS 小世界网络中，有大量的节点会与很多节点具有直接连边关系。

1. 食品安全风险传染阈值仿真分析

为验证理论分析中食品安全风险传染阈值相关结论的正确性，通过仿真实验，研究在食品企业的进入率以及自然退出率的影响下，食品安全风险传染阈值的变化情况，具体如图 4-12 所示。其中，图 4-12（a）所反映的是食品安全风险传染阈值同食品供应网络中食品企业的进入率之间的相关关系，图 4-12（b）刻画了食品安全风险传染阈值同食品供应网络中食品企业的自然退出率之间的相关关系。

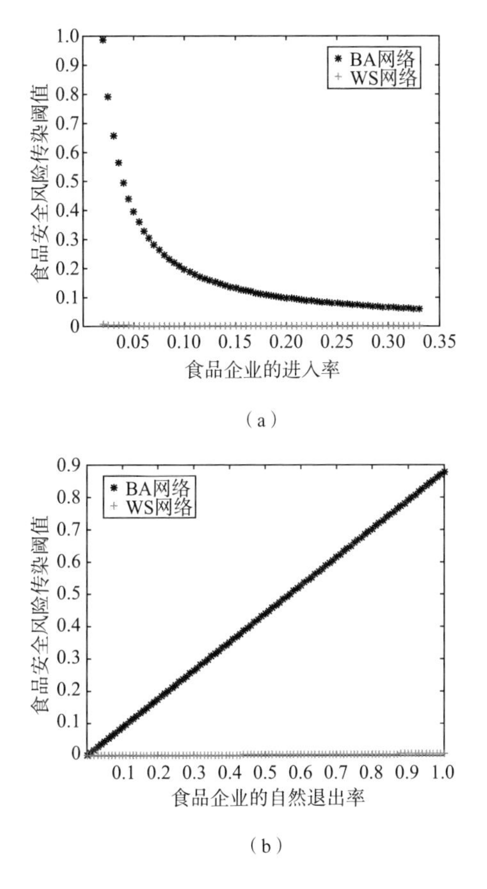

图 4-12　食品安全风险传染阈值仿真分析

由图 4-12，能够得出如下研究结论。

（1）不管是在 WS 网络还是 BA 网络中，食品安全风险传染阈值同食品企业由市场竞争所导致的自然退出率呈正相关关系，同新企业的进入率呈负相关关系。

（2）食品企业的自然退出率及进入率对食品安全风险传染阈值的影响在 BA 网络中更显著，在 WS 网络中的影响作用则相对较弱。

（3）WS 网络结构下的食品安全风险传染阈值要小于 BA 网络结构下的风险传染阈值。主要是由于在 WS 网络结构下，个体之间直接关联的连接边更多，而且同质性较高，使得食品安全风险较容易实现传染和扩散。BA 网络是高度非均匀网络，个体之间的异质性较高，对于抑制食品安全风险传染的作用较为显著。

2. 食品安全风险传染规模仿真分析

为进一步验证食品企业的进入率、自然退出率及非自然退出率等相关因素对食品安全风险传染规模的影响，通过对两种网络结构下食品安全风险传染规模进行仿真实验，得到了如图 4-13 所示的仿真图像。

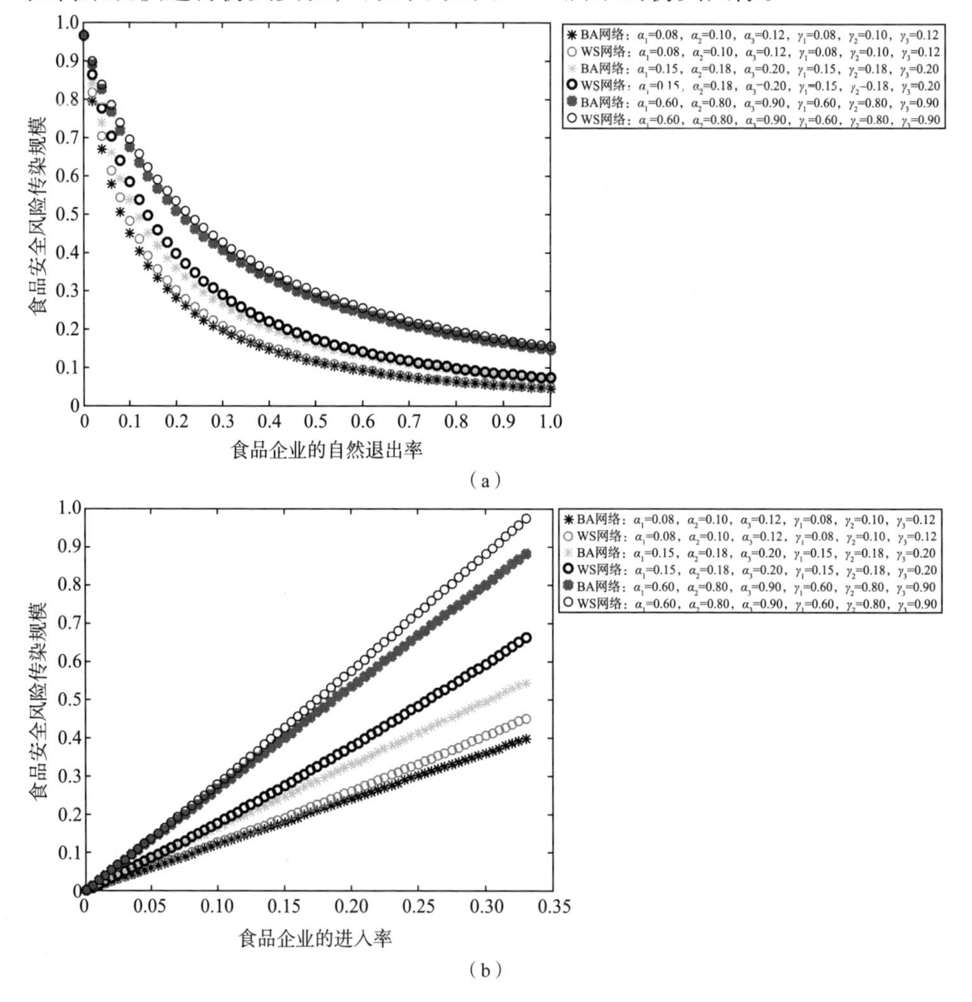

（a）

（b）

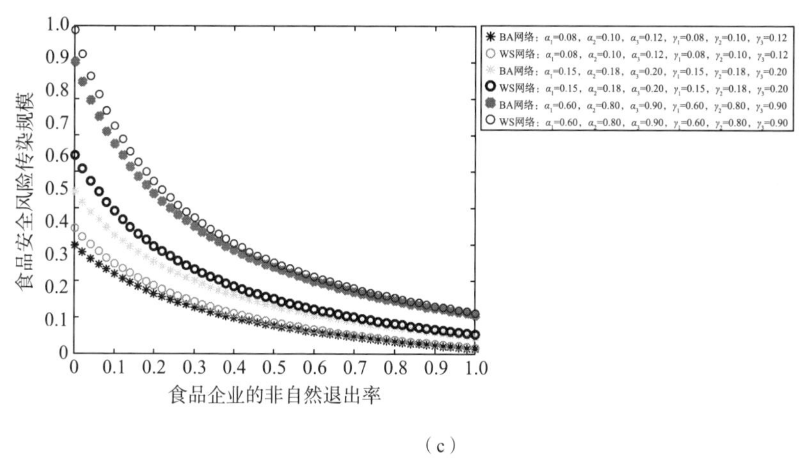

食品安全风险传染规模
食品企业的非自然退出率
BA网络：α_1=0.08，α_2=0.10，α_3=0.12，γ_1=0.08，γ_2=0.10，γ_3=0.12
WS网络：α_1=0.08，α_2=0.10，α_3=0.12，γ_1=0.08，γ_2=0.10，γ_3=0.12
BA网络：α_1=0.15，α_2=0.18，α_3=0.20，γ_1=0.15，γ_2=0.18，γ_3=0.20
WS网络：α_1=0.15，α_2=0.18，α_3=0.20，γ_1=0.15，γ_2=0.18，γ_3=0.20
BA网络：α_1=0.60，α_2=0.80，α_3=0.90，γ_1=0.60，γ_2=0.80，γ_3=0.90
WS网络：α_1=0.60，α_2=0.80，α_3=0.90，γ_1=0.60，γ_2=0.80，γ_3=0.90

（c）

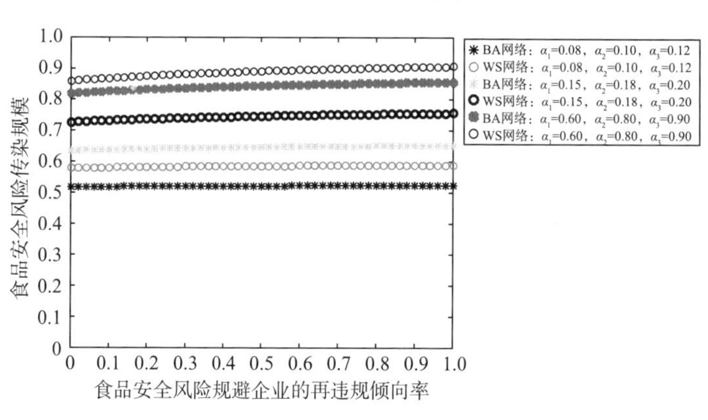

食品安全风险传染规模
食品安全风险规避企业的再违规倾向率
BA网络：α_1=0.08，α_2=0.10，α_3=0.12
WS网络：α_1=0.08，α_2=0.10，α_3=0.12
BA网络：α_1=0.15，α_2=0.18，α_3=0.20
WS网络：α_1=0.15，α_2=0.18，α_3=0.20
BA网络：α_1=0.60，α_2=0.80，α_3=0.90
WS网络：α_1=0.60，α_2=0.80，α_1=0.90

（d）

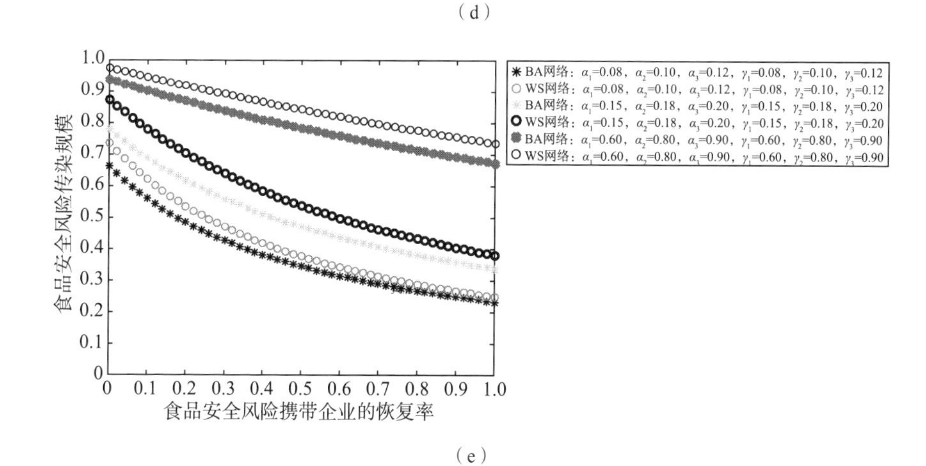

食品安全风险传染规模
食品安全风险携带企业的恢复率
BA网络：α_1=0.08，α_2=0.10，α_3=0.12，γ_1=0.08，γ_2=0.10，γ_3=0.12
WS网络：α_1=0.08，α_2=0.10，α_3=0.12，γ_1=0.08，γ_2=0.10，γ_3=0.12
BA网络：α_1=0.15，α_2=0.18，α_3=0.20，γ_1=0.15，γ_2=0.18，γ_3=0.20
WS网络：α_1=0.15，α_2=0.18，α_3=0.20，γ_1=0.15，γ_2=0.18，γ_3=0.20
BA网络：α_1=0.60，α_2=0.80，α_3=0.90，γ_1=0.60，γ_2=0.80，γ_3=0.90
WS网络：α_1=0.60，α_2=0.80，α_1=0.90，γ_1=0.60，γ_3=0.80，γ_1=0.90

（e）

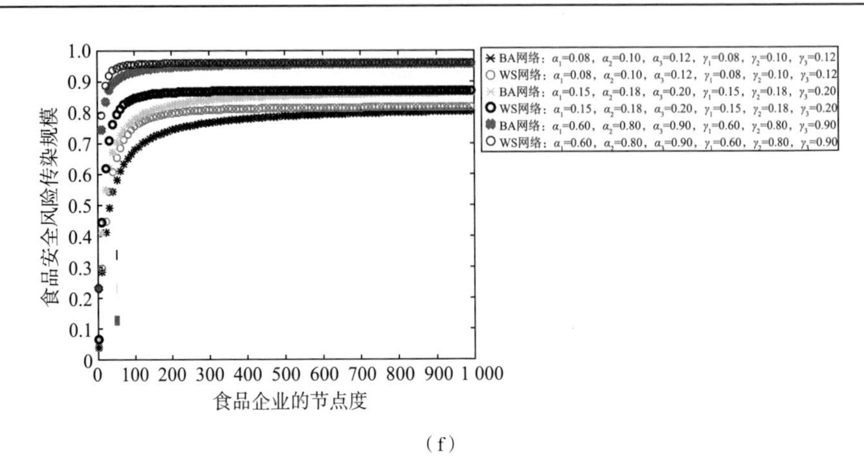

（f）

图 4-13　食品安全风险传染规模的仿真分析

图 4-13（a）刻画了食品安全风险传染规模同食品供应网络中食品企业的自然退出率之间的相关关系；图 4-13（b）刻画了食品安全风险传染规模同食品供应网络中食品企业的进入率之间的相关关系；图 4-13（c）刻画了食品安全风险传染规模同食品供应网络中食品企业的非自然退出率之间的相关关系；图 4-13（d）刻画了食品安全风险传染规模同食品供应网络中食品安全风险规避企业的再违规倾向率之间的相关关系；图 4-13（e）刻画了食品安全风险传染规模同食品供应网络中食品安全风险携带企业的恢复率之间的相关关系；图 4-13（f）刻画了食品安全风险传染规模同食品供应网络中食品企业的节点度之间的相关关系。

由图 4-13 能够得出如下研究结论。

（1）食品企业的自然退出率、非自然退出率及食品安全风险携带企业的恢复率对食品安全风险的传染规模具有抑制作用，而食品企业的进入率及食品安全风险规避企业的再违规倾向率则对食品安全风险的传染规模加剧作用明显。

（2）自然退出率相较于非自然退出率和恢复率对食品安全风险传染的抑制作用更为明显。这是由于食品的“信任品”及“经验品”属性使得监管部门对食品品质的监管总会存在滞后性，同时政策负担、规制俘获等因素的存在，降低了监管效率和监管力度。在自由竞争的食品市场中，通过各利益相关方的“用脚投票”，能够淘汰食品市场中的劣质企业，有效管控食品安全风险的传染规模及传染速度。社会震慑效应倒逼食品安全风险携带企业恢复为食品安全风险规避企业属于事后效用，具有一定的滞后性，虽然会对食品安全风险传染起到抑制作用，但抑制效用相较于自然退出率及非自然退出率也更为薄弱。

（3）从与食品安全风险传染规模呈正相关关系的食品企业的进入率以及食品安全风险规避企业的再违规倾向率两因素来看，食品企业的进入率对食品安全风险传染的影响更为敏感。究其原因，控制食品企业的进入率属于事前管控，而控制再违规倾向率则是“亡羊补牢”的表现。

（4）个体的度越高，风险传染速度越快，最终导致的传染规模也越高。这是由于个体的度越高，意味着食品企业的商业伙伴越多，其所携带的食品安全风险的扩散路径越多，抑或是其被其他携带食品安全风险的商业伙伴所传染的概率越大，对于整个食品供应网络来说，食品安全风险的传染规模也就相应越大。

同时，图 4-13 也表明，对于由食品生产企业、食品物流企业及食品销售企业等组成的食品供应网络，单个食品企业之间连接边的异质性越高，对食品安全风险传染的抑制作用越明显。反之，则越有利于食品安全风险的传染。这是由于，BA 网络是高度非均匀网络，不同个体之间的连接边的异质性相对较高，风险的扩散通道则会变得相对狭窄，对风险传染的抑制作用较强。反之，在 WS 网络中，不同个体之间连接边的异质性则相对较低，风险扩散通道相对通畅，对于食品安全风险传染的抑制作用也相应较弱。

4.6 本章小结

本章首先探讨了多元利益诉求下食品安全风险的形成及扩散机制。随后基于复杂网络理论，构建了适用性较强的单层食品供应网络模型以及更具一般性的多层食品供应网络模型，以反映现实中的食品企业生产交互。最后从多层次的食品供应网络角度，构建了食品安全风险传染网络的 SIRS

模型，刻画了食品企业在多层次的食品供应网络中食品安全风险传染的演化动态。通过理论分析及仿真实验，主要得出如下研究结论。

（1）在单层食品供应网络中，节点度的分布概率同节点的进入速度呈负相关关系，同新进节点的连边数量呈正相关关系。随机连接概率对节点度分布概率的影响机制中，节点度存在某一阈值，当节点度小于这一阈值时，节点度的分布概率同随机连接概率呈正相关关系，反之，则呈负相关关系。单层食品供应网络中，食品企业的竞争力投入对节点度分布概率的影响机制中，节点度存在某一阈值，当节点度小于这一阈值时，节点度的分布概率同竞争力投入呈负相关关系，当节点度大于这一阈值时，节点度的分布概率则同竞争力投入呈正相关关系。

（2）在单层食品供应网络的演化过程中，单层食品供应网络结构呈现出 BA 无标度网络结构特征和 WS 小世界网络结构特征。其中，BA 无标度网络结构特征需在特定条件下才会凸显，在单层食品供应网络中，WS 小世界网络结构特征更为明显。

（3）在多层食品供应网络中，节点度的分布概率同竞争力投入呈正相关关系；节点度的分布概率同每个时间步新进节点的数量呈正相关关系；节点度的分布概率同每个时间步新进节点的连边数量呈正相关关系；节点度的分布概率同随机连接概率之间呈负相关关系。

（4）在多层食品供应网络结构的演化过程中，呈现出 BA 无标度网络结构特征和 WS 小世界网络结构特征。其中，BA 无标度网络结构特征需在特定条件下才会凸显，而 WS 小世界网络结构特征的约束条件更为宽松，因此更具一般意义。

（5）在食品供应网络中，食品企业的自然退出率对食品安全风险传染的抑制作用最为明显；食品企业的非自然退出率及食品安全风险携带企业的恢复率对食品安全风险传染也具有一定的抑制作用，而食品安全风险规避企业的再违规倾向率则会加剧食品安全风险的传染；食品企业的进入率同食品安全风险传染阈值具有负相关关系，同食品安全风险传染规模呈正相关关系；节点度越大的食品企业，食品安全风险传染速度越快，风险规模也越大。上述结论对于遏制食品安全风险传染，治理日益复杂的食品安全问题具有重要的理论意义和实践价值。

第 5 章

食品安全监管的信息透明机制研究

第 4 章在对食品安全风险的形成机制进行分析的基础上，从食品安全风险扩散的内生动力、外部推力及客观条件的方面对食品安全风险扩散的机制进行了系统分析。结合单层和多层的食品供应网络，在细致刻画现实中的食品企业交互行为的基础上，借助 SIRS 模型，探讨了食品企业的进入率、自然退出率、非自然退出率、再违规倾向率、恢复率及食品企业的度等相关因素对食品安全风险传染的影响机制。本章在第 4 章分析的基础上，首先对食品安全监管信息透明度影响下食品安全社会风险的形成机理进行分析，细致刻画食品安全监管信息透明度与食品安全问题之间的双向影响关系。同时借助传染病模型，将传染病模型中的关键概念迁移到食品安全恐慌行为扩散中，对食品安全恐慌行为的扩散机理进行深入探讨。在此基础上，本章对食品安全监管信息透明度下食品安全恐慌行为的网络扩散模型进行构建，并对模型的网络拓扑特征进行分析，得到食品安全监管信息透明度影响下食品安全恐慌行为扩散的度分布函数。最后，借助 MATLAB R2012b 软件，对食品安全监管信息透明度影响下食品安全恐慌行为扩散的网络拓扑特征和食品安全恐慌行为扩散的演化特征进行数值模拟分析，发现政府食品安全监管信息透明度和媒体食品安全监管信息透明度对食品安全恐慌行为扩散的演化存在“抑制效应”，以及信息传播率和消费者对食品安全事故的关注度对食品安全恐慌行为扩散的演化存在“强化效应”。

5.1 食品安全社会风险形成的监管信息透明机制机理

食品安全问题一直是世界性难题（Grunert，2005）。众多食品安全事故本身的危害并不大，但其引发的恐慌造成的损失却往往远高于事故本身的直接损失（Smith and Riethmuller，1999；Pennings et al.，2002），不利于社会稳定与食品产业的健康发展（Roehm and Tybout，2013）。目前，将食品安全与社会行为相结合的研究主要集中于消费者对食品安全的关注度（Jonge et al.，2004；Kealesitse and Kabama，2012；Long et al.，2013）、对安全食品的购买意愿（Fousekis and Revell，2000；Ana et al.，2005；Tonsor，2011；Alphonce and Alfnes，2012；Li et al.，2017）、对食品安全风险感知（Cowan and Mahon，2004；Hornibrook et al.，2005；Polimeni et al.，2013；Wang and Chen，2016）等方面。随着食品安全治理的深入，食品安全监管信息透明度对缓解食品安全问题的作用逐渐得到国内外学者的关注。从食品安全管理制度角度分析，合适的信息披露制度能够有效地控制食品安全（Caswell and Mojduszka，1996）。然而，由于食品的公共品属性以及食品风险的信息不对称性，仅依靠市场经济机制不可能将安全控制在合理范围（Ritson and Mei，1998），需要政府食品安全监管部门联合媒体等社会监管方，实现食品安全监管信息的透明化管理（Chen et al.，2017c），方可实现社会的长治久安。

本章将食品安全监管信息透明度影响下食品安全社会风险的形成机理表述如下（图 5-1）。

食品安全监管信息透明度与食品安全问题之间属于双向影响关系，食品安全监管信息透明度是食品安全问题形成的一个重要因素，同时，食品安全问题又反过来作用于食品安全监管信息透明度并反映其水平高低。食品监管方作为食品安全监管信息的发布方，对食品安全问题高度重视，同时，公众迫切渴望获知食品安全监管信息，对于食品安全问题高度关注。

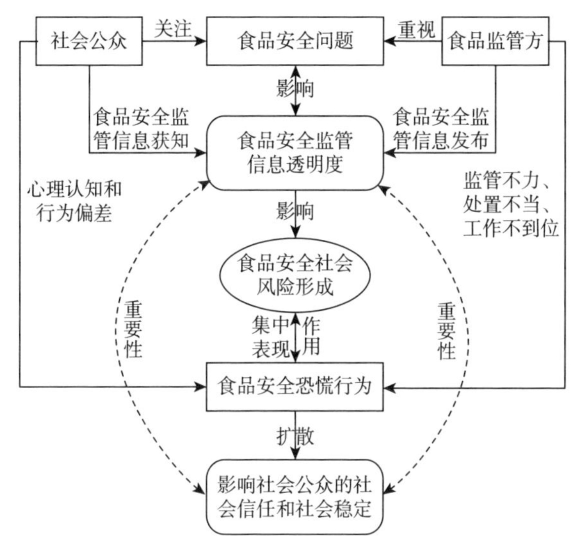

图 5-1　食品安全监管信息透明度影响下食品安全社会风险的形成机理

在此情况下，食品安全监管信息透明度高低直接决定着食品安全社会风险的形成，食品安全监管信息透明度高，食品安全社会风险难以形成，而当食品安全监管信息透明度低时，食品安全社会风险形成并爆发。其中，食品安全的社会风险集中表现为食品安全恐慌行为。在社会公众的心理认知与行为偏差以及食品监管方监管不力、处置不当、工作不到位的共同作用下，食品安全恐慌行为出现扩散，进而影响社会公众的社会信任以及社会的稳定。

以上的分析均凸显了食品安全监管信息透明度在食品安全问题中的重要性，为本章后续几节展开食品安全监管信息透明度影响下食品安全恐慌行为相关研究奠定基础。

5.2　食品安全恐慌行为形成与扩散的监管信息透明度机理

近年来，传染病模型作为复杂网络理论中一种重要研究方法，已广泛应用于各个领域。借助传染病模型不仅可以分析疾病传染问题（Noël et al.，2008），而且可以分析计算机病毒（Griffin and Brooks，2006）、交通拥堵（Wu et al.，2011）等扩散问题。鉴于不同食品安全监管信息透明度下食品安全社会风险扩散与传染病传播存在相似的传染机制，借助复杂网络理论中传染病模型可以较好地分析食品安全监管信息透明度的影响机制，为管控食品安全社会风险扩散、降低食品安全社会风险的不良社会影响提供借鉴。然而，目前借助传染病模型分析食品安全监管信息透明度影响机制的研究较为稀少。在此背景下，本节借助复杂网络中传染病模型，分析食品安全监管信息透明度影响下食品安全恐慌行为的扩散机理。

5.2.1 传染病模型的适应性

传染病模型作为一种经典的病毒传播模型，已广泛应用于社会行为扩散的研究（Colizza and Vespignani，2007；Zhang et al.，2011；Li and Jin，2015；Skaza and Blais，2016）。传染病的本质是病毒携带者，通过一定传染介质与其他个体接触，将自身所携带的病毒传染给与之接触的个体（Pastor-Satorras and Vespignani，2001）。食品安全恐慌行为扩散是指具有食品安全恐慌行为的消费者通过各类扩散介质将食品安全恐慌行为扩散给与之接触的消费者。食品安全恐慌行为如同病毒一样影响着涉众群体，在扩散过程中与病毒传播存在着较多相似的机制，主要表现为以下几方面。

（1）病毒携带者–扩散源。食品安全恐慌行为扩散主要源于公众对食品安全问题的关注与担忧（Lofstedt，2006）。在食品安全监管信息透明度影响下，产生食品安全恐慌行为的消费者是具有潜在传播能力的“病毒携带者”，即扩散源。扩散源是食品安全恐慌行为扩散的前提条件，依托扩散介质将食品安全恐慌行为扩散到消费者之间，呈现出显著的羊群效用。

（2）传染介质–扩散介质。扩散介质是扩散源借以扩散的载体，如互联网、手机、电视等大众媒体以及消费者之间的面对面交流等。扩散介质传播的食品安全信息关乎消费者生命健康，食品安全信息透明度高低影响着消费者对食品安全的信心（Chen et al.，2017b）。

（3）传染性。在食品安全监管信息透明度影响下，处于食品安全恐慌中的消费者通过扩散介质将消费者的心理认知和行为偏差等信息传递给处于健康态消费者，使其在对食品安全事故关注程度、心理认知等方面出现偏差，进而产生恐慌行为。这说明食品安全恐慌行为具有一定传染性。换而言之，在食品安全监管信息透明度影响下，处于食品安全恐慌中的消费者通过亲缘关系、工作关系等将自身的心理状态、行为偏差等信息向外界环境中传递，影响处于健康态的消费者，并使之产生食品安全恐慌行为，如图 5-2 所示。

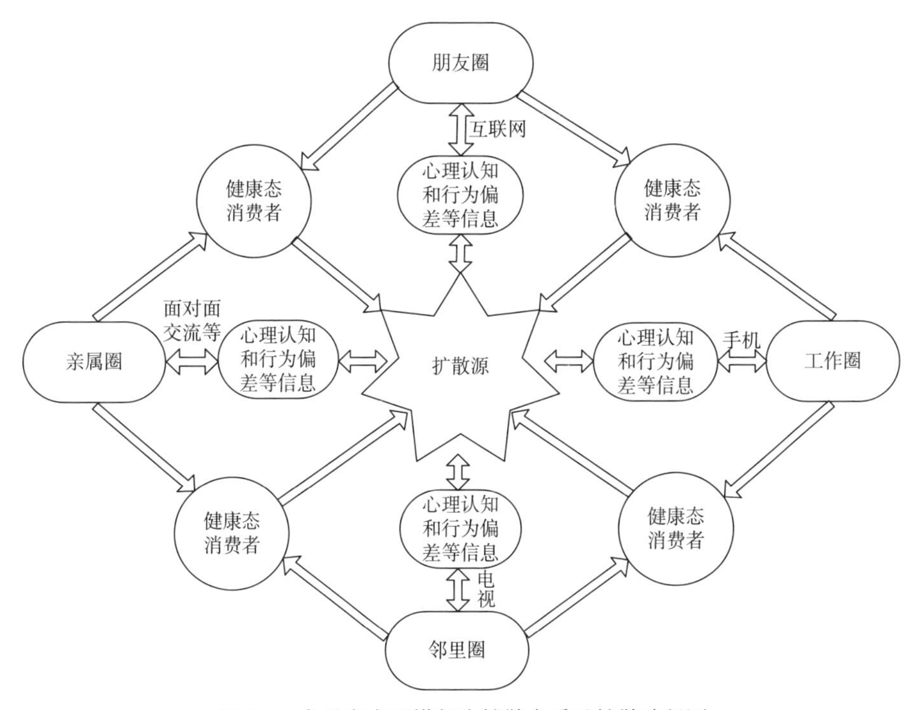

图 5-2 食品安全恐慌行为扩散介质及扩散路径图

（4）免疫性。在传染病模型中，免受病毒携带者影响的个体具有免疫性。由于消费者具有不同程度的心理素质和食品安全知识（Jonge et al., 2004；Williamson，2010），在食品安全监管信息透明度影响下，消费者对食品安全恐慌行为表现出不同的免疫力。心理素质差、食品安全知识匮乏的消费者，免疫力低下，极易产生食品安全恐慌行为；心理素质强、食品安全知识丰富的消费者，产生食品安全恐慌行为的概率较小甚至不产生，具有应对食品安全恐慌行为的较强免疫性。

因信息透明度的复杂性，食品安全恐慌行为在扩散过程中也较病毒扩散更为复杂。在食品安全监管信息透明度影响下，食品安全恐慌行为扩散具有传染病传播相似的传染机制。借助传染病模型不仅可以分析和模拟食品安全监管信息透明度影响下食品安全恐慌行为扩散的机理和演化特征，而且可以为管控食品安全恐慌行为扩散提供参考。将传染病模型中的关键概念迁移到食品安全恐慌行为扩散中，如表 5-1 所示。

表 5-1　食品安全恐慌行为扩散的相应概念

概念	含义
扩散源	消费者的食品安全恐慌行为
健康态消费者	未处于食品安全恐慌行为中的消费者
感染态消费者	受扩散源影响而处于食品安全恐慌行为中的消费者
免疫态消费者	不受食品安全恐慌行为影响或受影响后通过调整摆脱食品安全恐慌行为的消费者
扩散率	处于食品安全恐慌行为中的消费者占健康态消费者的比例
免疫率	不受食品安全恐慌行为影响或受影响后通过调整摆脱食品安全恐慌行为的消费者占健康态消费者的比例

5.2.2　食品安全恐慌行为的扩散机理

食品安全事故爆发后，在食品安全监管信息透明度影响下（Mazzocchi et al.，2008；Cope，2010；Chen et al.，2017c），一部分消费者产生食品安全恐慌行为，另一部分消费者由于具备较强的心理素质和丰富的食品安全知识而未产生食品安全恐慌行为。具有食品安全恐慌行为的消费者，存在一定概率将食品安全恐慌行为扩散给心理素质差和食品安全知识匮乏的消费者（Lucinda et al.，2012）。同时，具有食品安全恐慌行为的消费者也会以一定概率摆脱食品安全恐慌行为。因此，食品安全事故爆发后，在不同信息透明度下的消费者分为三种状态：S 表示不具有食品安全恐慌行为的消费者个数，即健康态；I 表示具有食品安全恐慌行为的消费者个数，即感染态；R 表示不受食品安全恐慌行为影响或受影响之后通过调整摆脱食品安全恐慌行为的消费者个数，即免疫态。

消费者在健康态、感染态、免疫态之间状态转换，遵循以下扩散规则（图 5-3）。

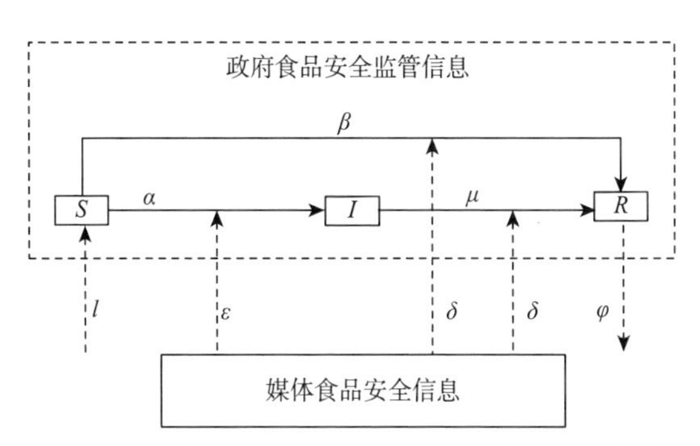

图 5-3　不同信息透明度下食品安全恐慌行为扩散模型

（1）食品安全事故爆发后，假设政府监管部门发布监管信息透明度不足，引发具有食品安全恐慌行为的消费者以 $\alpha\ (0 \leqslant \alpha \leqslant 1)$ 概率将恐慌行为扩散给健康态消费者。同时，假设媒体对食品安全事故报道透明度不足，导致食品安全恐慌行为以 $\varepsilon\ (0 \leqslant \varepsilon \leqslant 1)$ 概率进一步扩散给健康态消费者。

（2）假设部分消费者由于具备较强的心理素质和丰富的食品安全知识而免受食品安全恐慌行为影响，以 $\beta\ (0 \leqslant \beta \leqslant 1)$ 概率直接转变为免疫态 R。同时，假设媒体对食品安全事故报道透明度高，促使部分健康态消费者以 $\delta (0 \leqslant \delta \leqslant 1)$ 概率直接转变为免疫态 R。

（3）假设政府监管部门对食品安全监管信息进行持续且较为透明的发布，促使具有食品安全恐慌行为的消费者以 $\mu (0 \leqslant \mu \leqslant 1)$ 概率摆脱食品安全恐慌行为并向免疫态转变。同时，假设媒体对食品安全事故报道透明度高，也可以促使具有食品安全恐慌行为的消费者以 δ 概率摆脱食品安全恐慌行为并向免疫态转变。

（4）在每个时间段，消费者的进入率为 $l (0 \leqslant l \leqslant 1)$，退出率为 $\varphi\ (0 \leqslant \varphi \leqslant 1)$。

5.3 食品安全监管信息透明度下食品安全恐慌行为的网络扩散模型

5.2 节分析了食品安全监管信息透明度影响下食品安全恐慌行为的扩散机理，本节在此基础上进一步研究食品安全监管信息透明度影响下食品安全恐慌行为的网络扩散模型。

为了构建食品安全监管信息透明度影响下食品安全恐慌行为的网络扩散模型，我们假定 N 为食品安全事故中消费者总数。s,i,r 分别为健康态、感染态、免疫态消费者所占的比例，即 $s=\frac{S}{N}$，$i=\frac{I}{N}$，$r=\frac{R}{N}$，且 $s+i+r=1\left(0\leqslant s,i,r\leqslant 1\right)$。我们假定在 t 时刻，度为 k 的感染态消费者的密度为 $i_k\left(t\right)$，任意给定的边指向感染态消费者的概率为 $\Theta\left(t\right)$。

由于市场信息能够对个体的行为产生一定程度的影响，Gilpin 和 Ayala（1973）定义了一种信息扩散模式：

$$f\left(Q(t)\right)=\lambda Q\left[1-\left(\frac{Q}{M}\right)^{\gamma}\right] \tag{5-1}$$

其中，Q 表示信息扩散过程中拥有信息个体的数量；λ 为信息传播率，即每一个拥有信息的个体能够传播信息的能力$\left(0<\lambda\leqslant 1\right)$；$M$ 表示群体内个体的总数，为常数；γ 表示公众对事件的敏感程度$\left(0<\gamma\leqslant 1\right)$。

根据 Gilpin-Ayala 信息扩散模型，结合影响食品安全恐慌行为扩散的信息透明度因素，包括政府食品安全监管信息透明度、消费者对食品安全事故关注度，将 α 定义为

$$\alpha=\lambda\left(1-\mathrm{e}^{\frac{-\theta}{w}}\right) \tag{5-2}$$

其中，λ 表示信息传播率$\left(0<\lambda\leqslant 1\right)$；$w$ 表示政府食品安全监管信息透明度$\left(0<w\leqslant 1\right)$；$\theta$ 表示消费者对食品安全事故的关注度$\left(0<\theta\leqslant 1\right)$。

同理，借鉴 Gilpin-Ayala 信息扩散模型，结合影响食品安全恐慌行为扩

散的信息透明度因素，包括政府食品安全监管信息透明度、消费者对食品安全事故关注度，将ε定义为

$$\varepsilon=\lambda\left(1-\mathrm{e}^{\frac{-\theta}{h}}\right) \tag{5-3}$$

其中，λ和θ与扩散率α中定义相同；h 表示媒体食品安全监管信息透明度$(0<h\leqslant 1)$。

根据平均场理论及上述假设，食品安全监管信息透明度影响下食品安全恐慌行为的网络扩散模型的微分方程组为

$$\begin{cases}\dfrac{\mathrm{d}s_k(t)}{\mathrm{d}t}=l-k(\alpha+\varepsilon)s_k(t)\Theta(t)-(\beta+\delta)s_k(t)\\ \dfrac{\mathrm{d}i_k(t)}{\mathrm{d}t}=k(\alpha+\varepsilon)s_k(t)\Theta(t)-(\mu+\delta)i_k(t)\\ \dfrac{\mathrm{d}r_k(t)}{\mathrm{d}t}=(\mu+\delta)i_k(t)+(\beta+\delta)s_k(t)-\varphi r_k(t)\end{cases} \tag{5-4}$$

根据微分方程组（5-4），令稳态条件$\dfrac{\mathrm{d}i_k(t)}{\mathrm{d}t}=0$，可得到$i_k(t)$的稳态值为

$$i_k=\frac{k(\alpha+\varepsilon)s_k(t)\Theta(t)}{\mu+\delta}=\frac{kl(\alpha+\varepsilon)\Theta(t)}{(\beta+\delta)(\mu+\delta)+k(\alpha+\varepsilon)(\mu+\delta)\Theta(t)} \tag{5-5}$$

将平均感染消费者密度表达为$i=\sum_k P(k)i_k$，根据等式（5-5）得$\Theta(t)$：

$$\Theta(t)=\sum_k\frac{kP(k)i_k}{\sum_s sP(s)}=\frac{1}{\langle k\rangle}\sum_k kP(k)i_k \tag{5-6}$$

其中，$\langle k\rangle$表示度k的平均度。

由于$\langle k\rangle=\sum_k kP(k)$和$\langle k^2\rangle=\sum_k k^2P(k)$，可由式（5-5）和式（5-6）得

$$\Theta=\frac{1}{\langle k\rangle}\sum_k kP(k)\frac{kl(\alpha+\varepsilon)\Theta(t)}{(\beta+\delta)(\mu+\delta)+k(\alpha+\varepsilon)(\mu+\delta)\Theta(t)} \tag{5-7}$$

式（5-7）有平凡解即$\varTheta=0$。如果式（5-7）存在非平凡解即$\varTheta\neq0$，则必要条件为

$$\frac{\mathrm{d}}{\mathrm{d}\varTheta}\left(\frac{1}{\langle k\rangle}\sum_k kP(k)\frac{kl(\alpha+\varepsilon)\varTheta(t)}{(\beta+\delta)(\mu+\delta)+k(\alpha+\varepsilon)(\mu+\delta)\varTheta(t)}\right)\Bigg|_{\varTheta=0}\geqslant 1 \quad (5\text{-}8)$$

即

$$\frac{1}{\langle k\rangle}\sum_k kP(k)\frac{kl(\alpha+\varepsilon)}{(\beta+\delta)(\mu+\delta)}\geqslant 1 \quad (5\text{-}9)$$

因此，得到食品安全监管信息透明度影响下食品安全恐慌行为扩散的基本再生数R_0[①]：

$$R_0=\frac{l\sum_k k^2P(k)(\alpha+\varepsilon)}{(\beta+\delta)(\mu+\delta)\sum_k kP(k)}=\frac{\lambda l\left(2-\mathrm{e}^{\frac{-\theta}{w}}-\mathrm{e}^{\frac{-\theta}{h}}\right)\langle k^2\rangle}{(\beta+\delta)(\mu+\delta)\langle k\rangle} \quad (5\text{-}10)$$

由式（5-10）可知，为获得基本再生数，需进一步得到食品安全监管信息透明度影响下食品安全恐慌行为扩散的度分布函数$P(k)$。

5.4 食品安全监管信息透明度下食品安全恐慌行为扩散的网络拓扑特征

为了得到食品安全监管信息透明度影响下食品安全恐慌行为扩散的度分布函数$P(k)$，本节进行食品安全恐慌行为扩散的网络拓扑特征分析。

在食品安全监管信息透明度影响下食品安全恐慌行为扩散的网络中，节点代表食品安全恐慌行为扩散中的消费者，两个消费者通过边进行连

① 基本再生数表示感染个体在恢复之前，平均能够感染其他易感个体的数目（Anderson and May，1991）。$R_0=1$时，对应着扩散是否消亡的阈值；$R_0<1$时，扩散将逐步灭绝；$R_0>1$时，扩散以非零概率发生，R_0越大扩散概率越大。

接。算法描述如下。

（1）在 t_0 时刻，本网络模型中已存在 m_0 个具有食品安全恐慌行为的消费者和 n_0 条边（$m_0>0$，$n_0>0$）。

（2）在每个时间步 $t_i(i=1,2,3,\cdots)$，增加 m 个不具有食品安全恐慌行为的消费者到网络中，每个新加入的消费者含有 η 个边（$m>0$，$\eta>0$）。

（3）在不考虑信息透明度因素时，新加入的消费者以概率 p 与已存在的具有食品安全恐慌行为的消费者进行随机连接，或以概率 $(1-p)$ 与已存在的具有食品安全恐慌行为的消费者进行择优连接 $(0\leqslant p\leqslant 1)$。当引入信息透明度因素时，概率 p 转变为

$$p^*=p^{\frac{wh}{(\lambda\theta)^{\frac{1}{2}}}}\tag{5-11}$$

（4）在随机连接过程中，任意一个已存在的消费者 i 被选中的概率为 $\dfrac{1}{m_0+mt}$；在择优连接过程中，任意一个已存在的消费者 i 被选中的概率为 $\varPi_i(0\leqslant\varPi_i\leqslant 1)$：

$$\varPi_i=\frac{k_i}{\sum_j k_j}\tag{5-12}$$

其中，k_i 表示已存在消费者 i 的度。

根据上述算法，可将消费者 i 的度 k_i 的变化率表示为

$$\frac{\partial k_i}{\partial t}=\frac{m\eta p^*}{m_0+mt}+\left(1-p^*\right)m\eta\varPi_i=\frac{m\eta p^*}{m_0+mt}+\left(1-p^*\right)m\eta\frac{k_i}{\sum_j k_j}\tag{5-13}$$

由于 $\sum_j k_j=2\left(m\eta t+n_0\right)$，因此式（5-13）可转化为

$$\frac{\partial k_i}{\partial t}=\frac{m\eta p^*}{m_0+mt}+\left(1-p^*\right)m\eta\frac{k_i}{2\left(m\eta t+n_0\right)}\tag{5-14}$$

当 $t\to\infty$ 时，$mt+m_0\approx mt$，$m\eta t+n_0\approx m\eta t$。另外，由原始条件知 $k_j\left(t_j\right)=m\eta$，因此，可得式（5-14）的解：

$$k_i=\left(m\eta+\frac{2\eta p^*}{1-p^*}\right)\left(\frac{t}{t_i}\right)^{\frac{1-p^*}{2}}-\frac{2\eta p^*}{1-p^*} \tag{5-15}$$

假设在每个相同的时间段，有消费者进入网络中，则t_i时刻节点被选中的概率密度为

$$P_i=\frac{1}{mt+m_0} \tag{5-16}$$

则在$k_i<k$时，可以得到$P\left(k_i(t)<k\right)$为

$$\begin{aligned}P\left(k_i(t)<k\right)&=P\left(t_i>t\left[\frac{k\left(1-p^*\right)+2\eta p^*}{m\eta\left(1-p^*\right)+2\eta p^*}\right]^{-\frac{2}{1-p^*}}\right)\\&=1-P\left(t_i\leqslant t\left[\frac{k\left(1-p^*\right)+2\eta p^*}{m\eta\left(1-p^*\right)+2\eta p^*}\right]^{-\frac{2}{1-p^*}}\right)\end{aligned} \tag{5-17}$$

结合式（5-16）和式（5-17），可以得到

$$P\left(k_i(t)<k\right)=1-\frac{t}{m_0+mt}\left[\frac{k\left(1-p^*\right)+2\eta p^*}{m\eta\left(1-p^*\right)+2\eta p^*}\right]^{-\frac{2}{1-p^*}} \tag{5-18}$$

和

$$\lim_{t\to\infty}P\left(k_i(t)<k\right)\approx1-\frac{1}{m}\left[\frac{k\left(1-p^*\right)+2\eta p^*}{m\eta\left(1-p^*\right)+2\eta p^*}\right]^{-\frac{2}{1-p^*}} \tag{5-19}$$

由式（5-19），可得度分布函数：

$$P(k)=\frac{\partial P\left(k_i(t)<k\right)}{\partial k}=\frac{2}{m\left[m\eta\left(1-p^*\right)+2\eta p^*\right]}\left[\frac{k\left(1-p^*\right)+2\eta p^*}{m\eta\left(1-p^*\right)+2\eta p^*}\right]^{\frac{p^*-3}{1-p^*}} \tag{5-20}$$

将式（5-20）代入式（5-10），可得

$$R_0=\frac{\lambda l\left(2-e^{\frac{-\theta}{w}}-e^{\frac{-\theta}{h}}\right)\sum_k k^2P(k)}{(\beta+\delta)(\mu+\delta)\sum_k kP(k)}\approx\frac{\lambda l\left(2-e^{\frac{-\theta}{w}}-e^{\frac{-\theta}{h}}\right)\int_{m\eta}^{\infty}k^2\left[k\left(1-p^*\right)+2\eta p^*\right]^{\frac{p^*-3}{1-p^*}}dk}{(\beta+\delta)(\mu+\delta)\int_{m\eta}^{\infty}k\left[k\left(1-p^*\right)+2\eta p^*\right]^{\frac{p^*-3}{1-p^*}}dk}$$

$$\approx\frac{\lambda l\eta\left(2-e^{\frac{-\theta}{w}}-e^{\frac{-\theta}{h}}\right)\left[m^2-\left(m^2-4m\right)p^{\frac{wh}{(\lambda\theta)^{\frac{1}{2}}}}-\left(m^2+8m-4\right)p^{\frac{2wh}{(\lambda\theta)^{\frac{1}{2}}}}+\left(m^2+4m-8\right)p^{\frac{3wh}{(\lambda\theta)^{\frac{1}{2}}}}+4p^{\frac{4wh}{(\lambda\theta)^{\frac{1}{2}}}}\right]}{2(\beta+\delta)(\mu+\delta)\left[mp^{\frac{wh}{(\lambda\theta)^{\frac{1}{2}}}}+(1-2m)p^{\frac{2wh}{(\lambda\theta)^{\frac{1}{2}}}}+(m-2)p^{\frac{3wh}{(\lambda\theta)^{\frac{1}{2}}}}+p^{\frac{4wh}{(\lambda\theta)^{\frac{1}{2}}}}\right]}$$

（5-21）

根据式（5-21），可得信息传播率 λ 、消费者对食品安全事故的关注度 θ 、政府食品安全监管信息透明度 w 、媒体食品安全监管信息透明度 h 对基本再生数 R_0 的影响。

5.5 仿 真 分 析

在缺乏大量可实证验证的实时动态数据的情况下，数值仿真模拟分析相对来说就成为最有效的检验方式。因此，本节在考虑不同参数值下，借助 MATLAB R2012b 软件数值模拟分析食品安全监管信息透明度影响下食品安全恐慌行为扩散的网络拓扑特征和食品安全恐慌行为扩散的演化特征。

5.5.1 食品安全监管信息透明度影响下食品安全恐慌行为扩散的网络拓扑特征分析

为描述食品安全监管信息透明度影响下食品安全恐慌行为扩散的网络拓扑的演化特征，通过取 λ 、θ 、w、h 的不同值对网络拓扑进行仿真模拟（图 5-4）。初始值为：$m=\eta=5$ ；$\theta=0.2$ ；$p=\lambda=h=0.3$ ；$w=0.4$ ；$k=1\,000$ 。

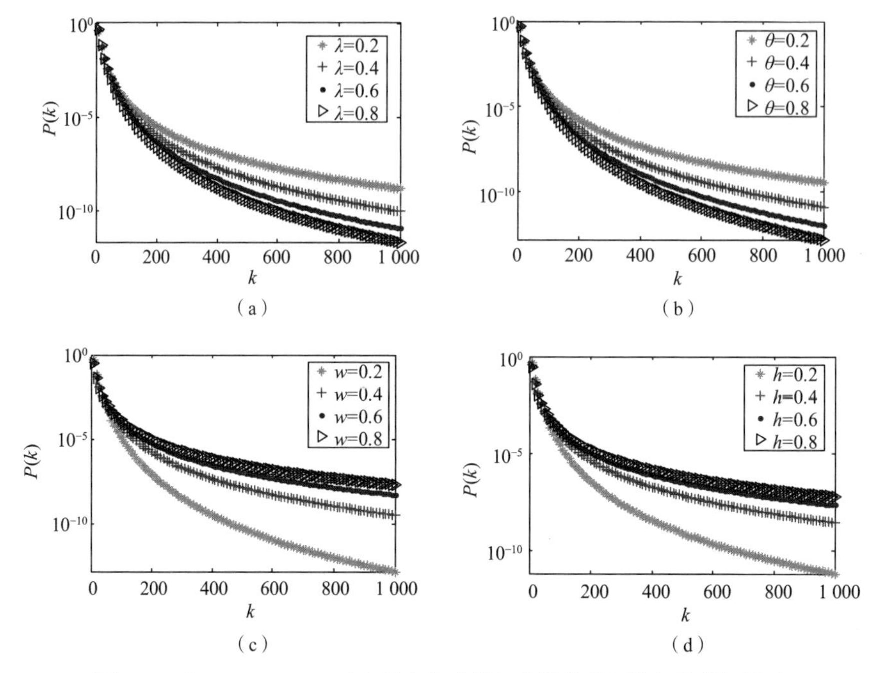

图 5-4　λ 、θ 、w 、h 对食品安全恐慌行为扩散的网络拓扑特征影响

由图5-4知，食品安全监管信息透明度影响下食品安全恐慌行为扩散的网络拓扑特征呈现边际递减的下降特征。通过比较分析图5-4发现，信息传播率 λ 、消费者对食品安全事故的关注度 θ 、政府食品安全监管信息透明度 w、媒体食品安全监管信息透明度 h 对食品安全恐慌行为扩散的网络拓扑特征影响的显著性呈现出不同效果。影响的显著性强弱表现为：政府食品安全监管信息透明度 w>消费者对食品安全事故的关注度 θ>信息传播率 λ>媒体食品安全监管信息透明度 h。另外，随着信息传播率 λ 或消费者对食品安全事故的关注度 θ 增大，其对食品安全恐慌行为扩散的网络拓扑特征影响的敏感性增强；随着政府食品安全监管信息透明度 w 或媒体食品安全监管信息透明度 h 的增大，其对食品安全恐慌行为扩散的网络拓扑特征影响的敏感性减弱。

为了更好地描述信息传播率、消费者对食品安全事故的关注度、政府食品安全监管信息透明度、媒体食品安全监管信息透明度对食品安全恐慌行为扩散的网络拓扑特征影响，下面在选取 $m=\eta=5$ 、$k=600$ 、$p=0.3$ 情况下，对 θ 、λ 、w、h 进行敏感性分析，如表 5-2 和表 5-3 所示。

表 5-2　θ、λ、h对食品安全恐慌行为扩散的网络拓扑特征影响的敏感性分析

h	λ									期望	方差
	0.1	0.2	0.3	0.4	0.5	0.6	0.7	0.8	0.9		
θ=0.2，w=0.3											
0.1	2.079×10^{-12}	1.751×10^{-14}	7.010×10^{-16}	5.769×10^{-17}	7.423×10^{-15}	1.294×10^{-15}	2.516×10^{-19}	7.255×10^{-20}	2.135×10^{-20}	2.331×10^{-13}	4.793×10^{-25}
0.2	1.592×10^{-9}	9.567×10^{-11}	1.136×10^{-11}	2.079×10^{-12}	4.955×10^{-13}	1.444×10^{-13}	4.504×10^{-14}	1.751×10^{-14}	7.204×10^{-15}	2.224×10^{-10}	3.929×10^{-19}
0.3	2.467×10^{-5}	2.911×10^{-9}	6.033×10^{-10}	1.651×10^{-10}	5.659×10^{-11}	2.176×10^{-11}	9.244×10^{-12}	4.245×10^{-12}	2.079×10^{-12}	3.161×10^{-9}	6.594×10^{-17}
0.4	9.155×10^{-5}	1.795×10^{-5}	5.225×10^{-9}	1.592×10^{-9}	7.556×10^{-10}	3.636×10^{-10}	1.510×10^{-10}	9.567×10^{-11}	5.312×10^{-11}	1.316×10^{-5}	9.046×10^{-16}
0.5	1.995×10^{-7}	5.474×10^{-5}	2.005×10^{-5}	5.699×10^{-9}	4.206×10^{-9}	2.202×10^{-9}	1.225×10^{-9}	7.152×10^{-10}	4.345×10^{-10}	3.246×10^{-5}	4.244×10^{-15}
0.6	3.291×10^{-7}	1.150×10^{-7}	4.992×10^{-5}	2.467×10^{-5}	1.331×10^{-5}	7.656×10^{-9}	4.625×10^{-9}	2.911×10^{-9}	1.592×10^{-9}	6.101×10^{-5}	1.143×10^{-14}
0.7	4.613×10^{-7}	1.937×10^{-7}	9.565×10^{-5}	5.231×10^{-5}	3.071×10^{-5}	1.900×10^{-5}	1.225×10^{-5}	5.169×10^{-9}	5.597×10^{-9}	9.764×10^{-5}	2.225×10^{-14}
0.8	5.547×10^{-7}	2.536×10^{-7}	1.550×10^{-7}	9.155×10^{-5}	5.770×10^{-5}	3.755×10^{-5}	2.571×10^{-5}	1.795×10^{-5}	1.253×10^{-5}	1.405×10^{-7}	3.525×10^{-14}
0.9	6.933×10^{-7}	3.777×10^{-7}	2.242×10^{-7}	1.419×10^{-7}	9.414×10^{-5}	6.479×10^{-5}	4.591×10^{-5}	3.332×10^{-5}	2.467×10^{-5}	1.559×10^{-7}	4.569×10^{-14}
θ=0.3，w=0.3											
0.1	1.444×10^{-13}	7.010×10^{-16}	1.975×10^{-17}	1.294×10^{-15}	1.403×10^{-19}	2.135×10^{-20}	4.172×10^{-21}	9.525×10^{-22}	2.654×10^{-22}	1.612×10^{-14}	2.056×10^{-27}
0.2	3.636×10^{-10}	1.136×10^{-11}	9.907×10^{-13}	1.444×10^{-13}	2.590×10^{-14}	7.204×10^{-15}	2.111×10^{-15}	7.010×10^{-16}	2.573×10^{-16}	4.179×10^{-11}	1.296×10^{-20}
0.3	7.656×10^{-9}	6.033×10^{-10}	9.567×10^{-11}	2.176×10^{-11}	6.212×10^{-12}	2.079×10^{-12}	7.537×10^{-13}	3.241×10^{-13}	1.444×10^{-13}	9.315×10^{-10}	5.656×10^{-15}
0.4	3.755×10^{-5}	5.225×10^{-9}	1.204×10^{-9}	3.636×10^{-10}	1.307×10^{-10}	5.312×10^{-11}	2.369×10^{-11}	1.136×10^{-11}	5.777×10^{-12}	4.956×10^{-9}	1.376×10^{-16}
0.5	9.946×10^{-5}	2.005×10^{-5}	5.950×10^{-9}	2.202×10^{-9}	9.310×10^{-10}	4.345×10^{-10}	2.155×10^{-10}	1.166×10^{-10}	6.532×10^{-11}	1.439×10^{-5}	9.416×10^{-16}
0.6	1.576×10^{-7}	4.992×10^{-5}	1.795×10^{-5}	7.656×10^{-9}	3.654×10^{-9}	1.592×10^{-9}	1.042×10^{-9}	6.033×10^{-10}	3.636×10^{-10}	3.005×10^{-5}	3.325×10^{-15}

续表

h	λ									期望	方差
	0.1	0.2	0.3	0.4	0.5	0.6	0.7	0.8	0.9		
θ=0.3，w=0.3											
0.7	2.914×10^{-7}	9.565×10^{-5}	3.975×10^{-5}	1.900×10^{-5}	9.965×10^{-9}	5.597×10^{-9}	3.311×10^{-9}	2.043×10^{-9}	1.305×10^{-9}	5.200×10^{-5}	7.977×10^{-15}
0.8	4.000×10^{-7}	1.550×10^{-7}	7.236×10^{-5}	3.755×10^{-5}	2.141×10^{-5}	1.253×10^{-5}	5.045×10^{-9}	5.225×10^{-9}	3.499×10^{-9}	7.955×10^{-5}	1.494×10^{-14}
0.9	5.057×10^{-7}	2.242×10^{-7}	1.150×10^{-7}	6.479×10^{-5}	3.900×10^{-5}	2.467×10^{-5}	1.622×10^{-5}	1.100×10^{-5}	7.656×10^{-9}	1.120×10^{-7}	2.367×10^{-14}
θ=0.5，w=0.3											
0.1	3.130×10^{-15}	7.423×10^{-15}	1.403×10^{-19}	7.027×10^{-21}	6.251×10^{-22}	5.265×10^{-23}	1.435×10^{-23}	3.059×10^{-24}	7.526×10^{-25}	3.456×10^{-16}	9.665×10^{-31}
0.2	3.073×10^{-11}	4.955×10^{-13}	2.590×10^{-14}	3.130×10^{-15}	4.965×10^{-16}	1.025×10^{-16}	2.562×10^{-17}	7.423×10^{-15}	2.419×10^{-15}	3.473×10^{-12}	9.259×10^{-23}
0.3	1.264×10^{-9}	5.659×10^{-11}	6.212×10^{-12}	1.073×10^{-12}	2.456×10^{-13}	6.541×10^{-14}	2.203×10^{-14}	7.937×10^{-15}	3.130×10^{-15}	1.476×10^{-10}	1.561×10^{-19}
0.4	9.359×10^{-9}	7.556×10^{-10}	1.307×10^{-10}	3.073×10^{-11}	9.012×10^{-12}	3.056×10^{-12}	1.156×10^{-12}	4.955×10^{-13}	2.256×10^{-13}	1.147×10^{-9}	5.455×10^{-15}
0.5	3.230×10^{-5}	4.206×10^{-9}	9.310×10^{-10}	2.725×10^{-10}	9.567×10^{-11}	3.505×10^{-11}	1.667×10^{-11}	7.565×10^{-12}	3.944×10^{-12}	4.205×10^{-9}	1.003×10^{-16}
0.6	7.425×10^{-5}	1.331×10^{-5}	3.654×10^{-9}	1.264×10^{-9}	5.075×10^{-10}	2.267×10^{-10}	1.097×10^{-10}	5.659×10^{-11}	3.073×10^{-11}	1.035×10^{-5}	5.263×10^{-16}
0.7	1.340×10^{-7}	3.071×10^{-5}	9.965×10^{-9}	3.924×10^{-9}	1.753×10^{-9}	5.575×10^{-10}	4.497×10^{-10}	2.490×10^{-10}	1.442×10^{-10}	2.023×10^{-5}	1.705×10^{-15}
0.8	2.072×10^{-7}	5.770×10^{-5}	2.141×10^{-5}	9.359×10^{-9}	4.559×10^{-9}	2.402×10^{-9}	1.344×10^{-9}	7.556×10^{-10}	4.512×10^{-10}	3.391×10^{-5}	4.052×10^{-15}
0.9	2.553×10^{-7}	9.414×10^{-5}	3.900×10^{-5}	1.555×10^{-5}	9.722×10^{-9}	5.447×10^{-9}	3.217×10^{-9}	1.952×10^{-9}	1.264×10^{-9}	5.129×10^{-5}	7.510×10^{-15}
θ=0.8，w=0.3											
0.1	5.769×10^{-17}	7.255×10^{-20}	9.525×10^{-22}	3.990×10^{-23}	3.059×10^{-24}	3.667×10^{-25}	5.909×10^{-26}	1.195×10^{-26}	2.905×10^{-27}	6.415×10^{-15}	3.255×10^{-34}
0.2	2.079×10^{-12}	1.751×10^{-14}	7.010×10^{-16}	5.769×10^{-17}	7.423×10^{-15}	1.294×10^{-15}	2.516×10^{-19}	7.255×10^{-20}	2.135×10^{-20}	2.331×10^{-13}	4.261×10^{-25}
0.3	1.651×10^{-10}	4.245×10^{-12}	3.241×10^{-13}	4.252×10^{-14}	7.937×10^{-15}	1.557×10^{-15}	5.159×10^{-16}	1.636×10^{-16}	5.769×10^{-17}	1.919×10^{-11}	2.774×10^{-21}

续表

h	λ									期望	方差
	0.1	0.2	0.3	0.4	0.5	0.6	0.7	0.8	0.9		
θ=0.8，w=0.3											
0.4	1.592×10^{-9}	9.567×10^{-11}	1.136×10^{-11}	2.079×10^{-12}	4.955×10^{-13}	1.444×10^{-13}	4.504×10^{-14}	1.751×10^{-14}	7.204×10^{-15}	2.224×10^{-10}	3.493×10^{-19}
0.5	5.699×10^{-9}	7.152×10^{-10}	1.166×10^{-10}	2.709×10^{-11}	7.565×10^{-12}	2.671×10^{-12}	1.019×10^{-12}	4.261×10^{-13}	1.917×10^{-13}	1.063×10^{-9}	7.336×10^{-15}
0.6	2.467×10^{-5}	2.911×10^{-9}	6.033×10^{-10}	1.651×10^{-10}	5.659×10^{-11}	2.176×10^{-11}	9.244×10^{-12}	4.245×10^{-12}	2.079×10^{-12}	3.161×10^{-9}	5.561×10^{-17}
0.7	5.231×10^{-5}	5.169×10^{-9}	2.043×10^{-9}	6.577×10^{-10}	2.490×10^{-10}	1.055×10^{-10}	4.901×10^{-11}	2.431×10^{-11}	1.275×10^{-11}	7.069×10^{-9}	2.620×10^{-16}
0.8	9.155×10^{-5}	1.795×10^{-5}	5.225×10^{-9}	1.592×10^{-9}	7.556×10^{-10}	3.636×10^{-10}	1.510×10^{-10}	9.567×10^{-11}	5.312×10^{-11}	1.316×10^{-5}	5.041×10^{-16}
0.9	1.419×10^{-7}	3.332×10^{-5}	1.100×10^{-5}	4.355×10^{-9}	1.952×10^{-9}	9.757×10^{-10}	5.172×10^{-10}	2.555×10^{-10}	1.651×10^{-10}	2.161×10^{-5}	1.909×10^{-15}

表5-3　θ、λ、w对食品安全恐慌行为扩散的网络拓扑特征影响的敏感性分析

w	λ									期望	方差
	0.1	0.2	0.3	0.4	0.5	0.6	0.7	0.8	0.9		
θ=0.2，h=0.3											
0.1	2.079×10^{-12}	1.751×10^{-14}	7.010×10^{-16}	5.769×10^{-17}	7.423×10^{-15}	1.294×10^{-15}	2.516×10^{-19}	7.255×10^{-20}	2.135×10^{-20}	2.331×10^{-13}	4.793×10^{-25}
0.2	1.592×10^{-9}	9.567×10^{-11}	1.136×10^{-11}	2.079×10^{-12}	4.955×10^{-13}	1.444×10^{-13}	4.504×10^{-14}	1.751×10^{-14}	7.204×10^{-15}	2.224×10^{-10}	3.929×10^{-19}
0.3	2.467×10^{-5}	2.911×10^{-9}	6.033×10^{-10}	1.651×10^{-10}	5.659×10^{-11}	2.176×10^{-11}	9.244×10^{-12}	4.245×10^{-12}	2.079×10^{-12}	3.161×10^{-9}	6.594×10^{-17}
0.4	9.155×10^{-5}	1.795×10^{-5}	5.225×10^{-9}	1.592×10^{-9}	7.556×10^{-10}	3.636×10^{-10}	1.510×10^{-10}	9.567×10^{-11}	5.312×10^{-11}	1.316×10^{-5}	9.046×10^{-16}
0.5	1.995×10^{-7}	5.474×10^{-5}	2.005×10^{-5}	5.699×10^{-9}	4.206×10^{-9}	2.202×10^{-9}	1.225×10^{-9}	7.152×10^{-10}	4.345×10^{-10}	3.246×10^{-5}	4.244×10^{-15}
0.6	3.291×10^{-7}	1.150×10^{-7}	4.992×10^{-5}	2.467×10^{-5}	1.331×10^{-5}	7.656×10^{-9}	4.625×10^{-9}	2.911×10^{-9}	1.592×10^{-9}	6.101×10^{-5}	1.143×10^{-14}
0.7	4.613×10^{-7}	1.937×10^{-7}	9.565×10^{-5}	5.231×10^{-5}	3.071×10^{-5}	1.900×10^{-5}	1.225×10^{-5}	5.169×10^{-9}	5.597×10^{-9}	9.764×10^{-5}	2.225×10^{-14}
0.8	5.547×10^{-7}	2.536×10^{-7}	1.550×10^{-7}	9.155×10^{-5}	5.770×10^{-5}	3.755×10^{-5}	2.571×10^{-5}	1.795×10^{-5}	1.253×10^{-5}	1.405×10^{-7}	3.525×10^{-14}
0.9	6.933×10^{-7}	3.777×10^{-7}	2.242×10^{-7}	1.419×10^{-7}	9.414×10^{-5}	6.479×10^{-5}	4.591×10^{-5}	3.332×10^{-5}	2.467×10^{-5}	1.559×10^{-7}	4.569×10^{-14}
θ=0.3，h=0.3											
0.1	1.444×10^{-13}	7.010×10^{-16}	1.975×10^{-17}	1.294×10^{-15}	1.403×10^{-19}	2.135×10^{-20}	4.172×10^{-21}	9.525×10^{-22}	2.654×10^{-22}	1.612×10^{-14}	2.056×10^{-27}
0.2	3.636×10^{-10}	1.136×10^{-11}	9.907×10^{-13}	1.444×10^{-13}	2.590×10^{-14}	7.204×10^{-15}	2.111×10^{-15}	7.010×10^{-16}	2.573×10^{-16}	4.179×10^{-11}	1.296×10^{-20}
0.3	7.656×10^{-9}	6.033×10^{-10}	9.567×10^{-11}	2.176×10^{-11}	6.212×10^{-12}	2.079×10^{-12}	7.537×10^{-13}	3.241×10^{-13}	1.444×10^{-13}	9.315×10^{-10}	5.656×10^{-15}
0.4	3.755×10^{-5}	5.225×10^{-9}	1.204×10^{-9}	3.636×10^{-10}	1.307×10^{-10}	5.312×10^{-11}	2.369×10^{-11}	1.136×10^{-11}	5.777×10^{-12}	4.956×10^{-9}	1.376×10^{-16}
0.5	9.946×10^{-5}	2.005×10^{-5}	5.950×10^{-9}	2.202×10^{-9}	9.310×10^{-10}	4.345×10^{-10}	2.155×10^{-10}	1.166×10^{-10}	6.532×10^{-11}	1.439×10^{-5}	9.416×10^{-16}

续表

w	λ									期望	方差
	0.1	0.2	0.3	0.4	0.5	0.6	0.7	0.8	0.9		
θ=0.3，h=0.3											
0.6	1.576×10^{-7}	4.992×10^{-5}	1.795×10^{-5}	7.656×10^{-9}	3.654×10^{-9}	1.592×10^{-9}	1.042×10^{-9}	6.033×10^{-10}	3.636×10^{-10}	3.005×10^{-5}	3.325×10^{-15}
0.7	2.914×10^{-7}	9.565×10^{-5}	3.975×10^{-5}	1.900×10^{-5}	9.965×10^{-9}	5.597×10^{-9}	3.311×10^{-9}	2.043×10^{-9}	1.305×10^{-9}	5.200×10^{-5}	7.977×10^{-15}
0.8	4.000×10^{-7}	1.550×10^{-7}	7.236×10^{-5}	3.755×10^{-5}	2.141×10^{-5}	1.253×10^{-5}	5.045×10^{-9}	5.225×10^{-9}	3.499×10^{-9}	7.955×10^{-5}	1.494×10^{-14}
0.9	5.057×10^{-7}	2.242×10^{-7}	1.150×10^{-7}	6.479×10^{-5}	3.900×10^{-5}	2.467×10^{-5}	1.622×10^{-5}	1.100×10^{-5}	7.656×10^{-9}	1.120×10^{-7}	2.367×10^{-14}
θ=0.5，h=0.3											
0.1	3.130×10^{-15}	7.423×10^{-15}	1.403×10^{-19}	7.027×10^{-21}	6.251×10^{-22}	5.265×10^{-23}	1.435×10^{-23}	3.059×10^{-24}	7.526×10^{-25}	3.456×10^{-16}	9.665×10^{-31}
0.2	3.073×10^{-11}	4.955×10^{-13}	2.590×10^{-14}	3.130×10^{-15}	4.965×10^{-16}	1.025×10^{-16}	2.562×10^{-17}	7.423×10^{-15}	2.419×10^{-15}	3.473×10^{-12}	9.259×10^{-23}
0.3	1.264×10^{-9}	5.659×10^{-11}	6.212×10^{-12}	1.073×10^{-12}	2.456×10^{-13}	6.541×10^{-14}	2.203×10^{-14}	7.937×10^{-15}	3.130×10^{-15}	1.476×10^{-10}	1.561×10^{-19}
0.4	9.359×10^{-9}	7.556×10^{-10}	1.307×10^{-10}	3.073×10^{-11}	9.012×10^{-12}	3.056×10^{-12}	1.156×10^{-12}	4.955×10^{-13}	2.256×10^{-13}	1.147×10^{-9}	5.455×10^{-15}
0.5	3.230×10^{-5}	4.206×10^{-9}	9.310×10^{-10}	2.725×10^{-10}	9.567×10^{-11}	3.505×10^{-11}	1.667×10^{-11}	7.565×10^{-12}	3.944×10^{-12}	4.205×10^{-9}	1.003×10^{-16}
0.6	7.425×10^{-5}	1.331×10^{-5}	3.654×10^{-9}	1.264×10^{-9}	5.075×10^{-10}	2.267×10^{-10}	1.097×10^{-10}	5.659×10^{-11}	3.073×10^{-11}	1.035×10^{-5}	5.263×10^{-16}
0.7	1.340×10^{-7}	3.071×10^{-5}	9.965×10^{-9}	3.924×10^{-9}	1.753×10^{-9}	5.575×10^{-10}	4.497×10^{-10}	2.490×10^{-10}	1.442×10^{-10}	2.023×10^{-5}	1.705×10^{-15}
0.8	2.072×10^{-7}	5.770×10^{-5}	2.141×10^{-5}	9.359×10^{-9}	4.559×10^{-9}	2.402×10^{-9}	1.344×10^{-9}	7.556×10^{-10}	4.512×10^{-10}	3.391×10^{-5}	4.052×10^{-15}
0.9	2.553×10^{-7}	9.414×10^{-5}	3.900×10^{-5}	1.555×10^{-5}	9.722×10^{-9}	5.447×10^{-9}	3.217×10^{-9}	1.952×10^{-9}	1.264×10^{-9}	5.129×10^{-5}	7.510×10^{-15}
θ=0.8，h=0.3											
0.1	5.769×10^{-17}	7.255×10^{-20}	9.525×10^{-22}	3.990×10^{-23}	3.059×10^{-24}	3.667×10^{-25}	5.909×10^{-26}	1.195×10^{-26}	2.905×10^{-27}	6.415×10^{-15}	3.255×10^{-34}
0.2	2.079×10^{-12}	1.751×10^{-14}	7.010×10^{-16}	5.769×10^{-17}	7.423×10^{-15}	1.294×10^{-15}	2.516×10^{-19}	7.255×10^{-20}	2.135×10^{-20}	2.331×10^{-13}	4.261×10^{-25}

续表

w	λ									期望	方差
	0.1	0.2	0.3	0.4	0.5	0.6	0.7	0.8	0.9		
θ=0.8，h=0.3											
0.3	1.651×10^{-10}	4.245×10^{-12}	3.241×10^{-13}	4.252×10^{-14}	7.937×10^{-15}	1.557×10^{-15}	5.159×10^{-16}	1.636×10^{-16}	5.769×10^{-17}	1.919×10^{-11}	2.774×10^{-21}
0.4	1.592×10^{-9}	9.567×10^{-11}	1.136×10^{-11}	2.079×10^{-12}	4.955×10^{-13}	1.444×10^{-13}	4.504×10^{-14}	1.751×10^{-14}	7.204×10^{-15}	2.224×10^{-10}	3.493×10^{-19}
0.5	5.699×10^{-9}	7.152×10^{-10}	1.166×10^{-10}	2.709×10^{-11}	7.565×10^{-12}	2.671×10^{-12}	1.019×10^{-12}	4.261×10^{-13}	1.917×10^{-13}	1.063×10^{-9}	7.336×10^{-15}
0.6	2.467×10^{-5}	2.911×10^{-9}	6.033×10^{-10}	1.651×10^{-10}	5.659×10^{-11}	2.176×10^{-11}	9.244×10^{-12}	4.245×10^{-12}	2.079×10^{-12}	3.161×10^{-9}	5.561×10^{-17}
0.7	5.231×10^{-5}	5.169×10^{-9}	2.043×10^{-9}	6.577×10^{-10}	2.490×10^{-10}	1.055×10^{-10}	4.901×10^{-11}	2.431×10^{-11}	1.275×10^{-11}	7.069×10^{-9}	2.620×10^{-16}
0.8	9.155×10^{-5}	1.795×10^{-5}	5.225×10^{-9}	1.592×10^{-9}	7.556×10^{-10}	3.636×10^{-10}	1.510×10^{-10}	9.567×10^{-11}	5.312×10^{-11}	1.316×10^{-5}	5.041×10^{-16}
0.9	1.419×10^{-7}	3.332×10^{-5}	1.100×10^{-5}	4.355×10^{-9}	1.952×10^{-9}	9.757×10^{-10}	5.172×10^{-10}	2.555×10^{-10}	1.651×10^{-10}	2.161×10^{-5}	1.909×10^{-15}

通过表 5-2 和表 5-3 的敏感性分析，进一步验证了图 5-4 得到的结论。而且发现：政府食品安全监管信息透明度和媒体食品安全监管信息透明度对食品安全恐慌行为扩散的网络度分布存在“分散效应”，即政府食品安全监管信息透明度和媒体食品安全监管信息透明度越大，形成食品安全恐慌行为群体的概率越小。信息传播率和消费者对食品安全事故的关注度对食品安全恐慌行为扩散的网络度分布存在“聚类效应”，即信息传播率和消费者对食品安全事故的关注度越大，形成食品安全恐慌行为群体的概率越大。并且，“聚类效应”相对于“分散效应”更显著。

5.5.2　食品安全监管信息透明度影响下食品安全恐慌行为扩散的演化特征分析

为描述食品安全监管信息透明度影响下食品安全恐慌行为扩散的演化特征，通过取λ、θ、w、h的不同值对食品安全恐慌行为扩散的演化特征进行仿真模拟（图 5-5、图 5-6）。初始值为：$m=\eta=5$；$\theta=l=\beta=\mu=\delta=0.2$；$p=\lambda=h=0.3$；$w=0.4$；$k=1000$。

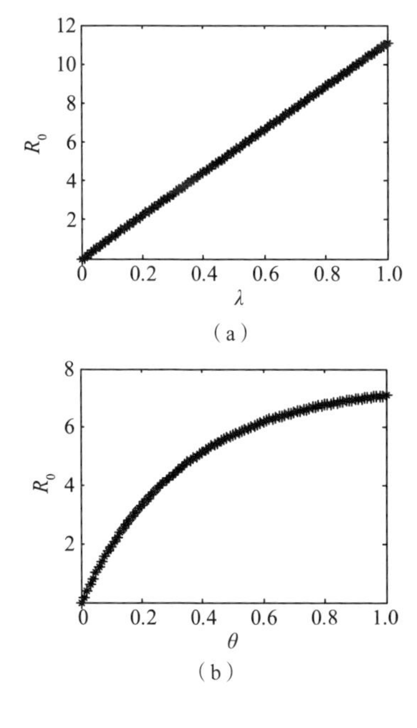

（a）

（b）

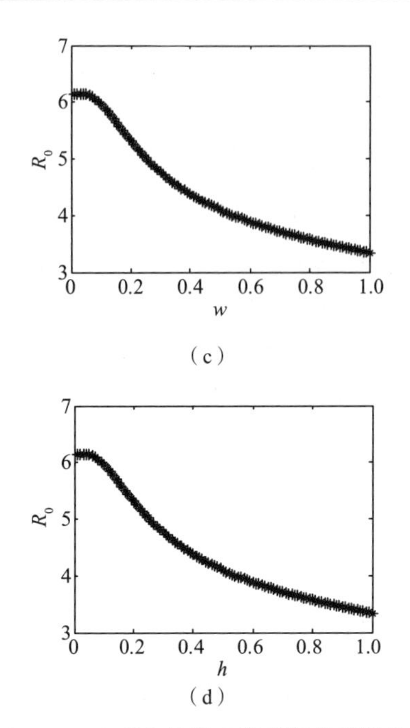

图 5-5　λ、θ、w、h 对食品安全恐慌行为扩散的演化特征影响

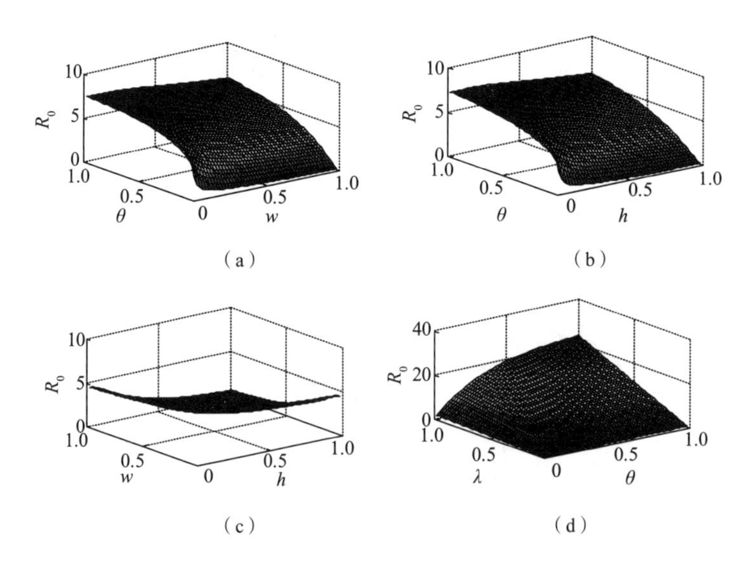

（a）　（b）

（c）　（d）

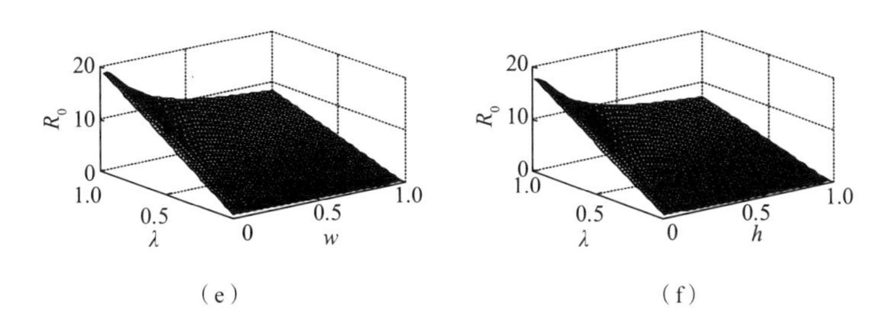

图 5-6　λ、θ、w、h 交互作用对食品安全恐慌行为扩散的演化特征影响

由图 5-5（a）和图 5-5（b）知，食品安全恐慌行为的扩散概率随着信息传播率 λ 增大而呈现单调递增的特征；食品安全恐慌行为的扩散概率随着消费者对食品安全事故的关注度 θ 增大而呈现边际递减的上升特征。分析图 5-5（a）和图 5-5（b）发现，当信息传播率 λ 和消费者对食品安全事故的关注度 θ 小于 0.1 时，基本再生数 R_0 小于 1，则食品安全恐慌行为扩散将逐步消亡；当信息传播率 λ 和消费者对食品安全事故的关注度 θ 大于 0.1 时，基本再生数 R_0 大于 1，则食品安全恐慌行为扩散将以非零概率发生。随着信息传播率 λ 和消费者对食品安全事故的关注度 θ 逐步增大，食品安全恐慌行为的扩散概率提高。

由图 5-5（c）和图 5-5（d）知，食品安全恐慌行为的扩散概率随着政府食品安全监管信息透明度 w 和媒体食品安全监管信息透明度 h 增大而呈现边际递减的下降特征。分析图 5-5（c）和图 5-5（d）发现，政府食品安全监管信息透明度 w 或媒体食品安全监管信息透明度 h 增加，可以降低基本再生数 R_0 的值，即降低食品安全恐慌行为的扩散概率，发挥抑制食品安全恐慌行为扩散的作用。但单一调节政府食品安全监管信息透明度 w 和媒体食品安全监管信息透明度 h，基本再生数 R_0 仍大于 1，无法实现食品安全恐慌行为扩散逐步消亡的目的。

由图 5-6（a）知，食品安全恐慌行为的扩散概率随着消费者对食品安全事故的关注度 θ 与政府食品安全监管信息透明度 w 的增大而呈现边际递减的上升特征。因此，为了抑制食品安全恐慌行为的扩散，即让基本再生数 R_0 小于 1，可以通过提高政府食品安全监管信息透明度 w 并降低消费者对食品安全事故的关注度 θ 实现。

由图 5-6（b）知，食品安全恐慌行为的扩散概率随着消费者对食品安全事故的关注度θ与媒体食品安全监管信息透明度 h 的增大而呈现边际递减的上升特征。因此，为了抑制食品安全恐慌行为扩散，即让基本再生数 R_0 小于 1，可以通过提高媒体食品安全监管信息透明度 h 和降低消费者对食品安全事故的关注度θ实现。

由图 5-6（c）知，食品安全恐慌行为的扩散概率随着政府食品安全监管信息透明度 w 与媒体食品安全监管信息透明度 h 增大而呈现边际递减的下降特征。因此，为了抑制食品安全恐慌行为扩散，即让基本再生数 R_0 小于 1，可以通过同时提高媒体食品安全监管信息透明度 h 和政府食品安全监管信息透明度 w 实现。

由图 5-6（d）知，食品安全恐慌行为的扩散概率随着信息传播率λ和消费者对食品安全事故的关注度θ增大而呈现边际递减的上升特征。因此，为了抑制食品安全恐慌行为扩散，即让基本再生数 R_0 小于 1，可以通过同时降低信息传播率λ和消费者对食品安全事故的关注度θ实现。

由图 5-6（e）知，食品安全恐慌行为的扩散概率随着信息传播率λ与政府食品安全监管信息透明度 w 增大而呈现边际递减的上升特征。因此，为了抑制食品安全恐慌行为扩散，即让基本再生数 R_0 小于 1，可以通过降低信息传播率λ并提高政府食品安全监管信息透明度 w 实现。

由图 5-6（f）知，食品安全恐慌行为的扩散概率随着信息传播率λ与媒体食品安全监管信息透明度 h 增大而呈现边际递减的上升特征。因此，为了抑制食品安全恐慌行为扩散，即让基本再生数 R_0 小于 1，可以通过降低信息传播率λ并提高媒体食品安全监管信息透明度 h 实现。

为了更好地描述信息传播率、消费者对食品安全事故的关注度、政府食品安全监管信息透明度、媒体食品安全监管信息透明度对食品安全恐慌行为扩散演化特征的影响，下面在选取 $l=\beta=\mu=\delta=0.2$ 、 $m=\eta=5$ 、 $k=600$ 、 $p=0.3$ 的情况下，对θ 、λ 、w、h 进行敏感性分析，如表 5-4 和表 5-5 所示。

表5-4　θ、λ、h对食品安全恐慌行为扩散演化特征影响的敏感性分析

h	λ									期望	方差
	0.1	0.2	0.3	0.4	0.5	0.6	0.7	0.8	0.9		
θ=0.2，w=0.3											
0.1	1.697	3.393	5.055	6.754	5.479	10.170	11.570	13.560	15.260	5.479	21.550
0.2	1.405	2.513	4.217	5.621	7.025	5.429	9.532	11.240	12.640	7.025	14.750
0.3	1.226	2.451	3.673	4.595	6.117	7.335	5.559	9.751	11.000	6.116	11.200
0.4	1.100	2.215	3.326	4.432	5.537	6.642	7.747	5.552	9.956	5.535	9.179
0.5	0.996	2.052	3.056	4.115	5.141	6.167	7.192	5.217	9.242	5.134	7.942
0.6	0.901	1.917	2.905	3.551	4.553	5.522	6.791	7.755	5.726	4.539	7.139
0.7	0.511	1.797	2.755	3.696	4.630	5.559	6.456	7.411	5.336	4.609	6.596
0.8	0.728	1.654	2.621	3.539	4.446	5.346	6.243	7.136	5.029	4.419	6.215
0.9	0.653	1.573	2.494	3.396	4.255	5.165	6.039	6.910	7.775	4.255	5.935
θ=0.3，w=0.3											
0.1	1.957	3.972	5.957	7.943	9.927	11.910	13.900	15.550	17.570	9.927	29.550
0.2	1.772	3.541	5.309	7.077	5.545	10.610	12.350	14.150	15.920	5.545	23.440
0.3	1.593	3.151	4.765	6.355	7.942	9.525	11.110	12.700	14.290	7.941	15.550
0.4	1.460	2.922	4.379	5.535	7.291	5.747	10.200	11.660	13.110	7.290	15.910
0.5	1.352	2.731	4.095	5.456	6.517	5.177	9.537	10.900	12.260	6.513	13.910
0.6	1.256	2.579	3.575	5.170	6.459	7.747	9.035	10.320	11.610	6.451	12.530
0.7	1.163	2.450	3.703	4.944	6.150	7.414	5.646	9.575	11.110	6.165	11.540
0.8	1.073	2.332	3.554	4.755	5.954	7.145	5.335	9.523	10.710	5.932	10.520
0.9	0.957	2.219	3.419	4.597	5.763	6.922	5.075	9.232	10.350	5.733	10.290

续表

h	λ									期望	方差
	0.1	0.2	0.3	0.4	0.5	0.6	0.7	0.8	0.9		
θ=0.5，w=0.3											
0.1	2.265	4.529	6.792	9.056	11.320	13.550	15.550	15.110	20.370	11.320	35.420
0.2	2.173	4.343	6.513	5.652	10.550	13.020	15.190	17.360	19.530	10.550	35.290
0.3	2.042	4.075	6.115	5.150	10.190	12.220	14.260	16.290	15.330	10.190	31.050
0.4	1.921	3.537	5.751	7.665	9.575	11.490	13.400	15.320	17.230	9.575	27.460
0.5	1.515	3.636	5.449	7.261	9.073	10.550	12.700	14.510	16.320	9.071	24.630
0.6	1.725	3.470	5.202	6.931	5.659	10.390	12.120	13.540	15.570	5.656	22.440
0.7	1.639	3.329	4.997	6.659	5.319	9.979	11.640	13.300	14.960	5.313	20.740
0.8	1.554	3.206	4.524	6.432	5.036	9.640	11.240	12.540	14.450	5.025	19.410
0.9	1.469	3.092	4.673	6.235	7.797	9.354	10.910	12.460	14.020	7.779	15.370
θ=0.8，w=0.3											
0.1	2.422	4.544	7.265	9.656	12.110	14.530	16.950	19.370	21.790	12.110	43.960
0.2	2.402	4.501	7.201	9.600	12.000	14.400	16.500	19.190	21.590	12.000	43.160
0.3	2.340	4.676	7.011	9.347	11.650	14.020	16.350	15.690	21.020	11.650	40.590
0.4	2.260	4.514	6.767	9.020	11.270	13.530	15.750	15.030	20.250	11.270	35.060
0.5	2.175	4.350	6.520	5.690	10.560	13.030	15.200	17.370	19.540	10.560	35.300
0.6	2.100	4.199	6.292	5.355	10.450	12.570	14.660	16.750	15.550	10.450	32.550
0.7	2.026	4.062	6.055	5.111	10.130	12.160	14.150	16.200	15.230	10.130	30.730
0.8	1.953	3.939	5.906	7.570	9.532	11.790	13.760	15.720	17.650	9.527	25.940
0.9	1.551	3.527	5.745	7.656	9.565	11.470	13.350	15.290	17.200	9.557	27.420

表5-5　θ、λ、w对食品安全恐慌行为扩散演化特征影响的敏感性分析

w	λ									期望	方差
	0.1	0.2	0.3	0.4	0.5	0.6	0.7	0.8	0.9		
θ=0.2，h=0.3											
0.1	1.697	3.393	5.055	6.754	5.479	10.170	11.570	13.560	15.260	5.479	21.550
0.2	1.405	2.513	4.217	5.621	7.025	5.429	9.532	11.240	12.640	7.025	14.750
0.3	1.226	2.451	3.673	4.595	6.117	7.335	5.559	9.751	11.000	6.116	11.200
0.4	1.100	2.215	3.326	4.432	5.537	6.642	7.747	5.552	9.956	5.535	9.179
0.5	0.996	2.052	3.056	4.115	5.141	6.167	7.192	5.217	9.242	5.134	7.942
0.6	0.901	1.917	2.905	3.551	4.553	5.522	6.791	7.755	5.726	4.539	7.139
0.7	0.511	1.797	2.755	3.696	4.630	5.559	6.456	7.411	5.336	4.609	6.596
0.8	0.728	1.654	2.621	3.539	4.446	5.346	6.243	7.136	5.029	4.419	6.215
0.9	0.653	1.573	2.494	3.396	4.255	5.165	6.039	6.910	7.775	4.255	5.935
θ=0.3，h=0.3											
0.1	1.957	3.972	5.957	7.943	9.927	11.910	13.900	15.550	17.570	9.927	29.550
0.2	1.772	3.541	5.309	7.077	5.545	10.610	12.350	14.150	15.920	5.545	23.440
0.3	1.593	3.151	4.765	6.355	7.942	9.525	11.110	12.700	14.290	7.941	15.550
0.4	1.460	2.922	4.379	5.535	7.291	5.747	10.200	11.660	13.110	7.290	15.910
0.5	1.352	2.731	4.095	5.456	6.517	5.177	9.537	10.900	12.260	6.513	13.910
0.6	1.256	2.579	3.575	5.170	6.459	7.747	9.035	10.320	11.610	6.451	12.530
0.7	1.163	2.450	3.703	4.944	6.150	7.414	5.646	9.575	11.110	6.165	11.540
0.8	1.073	2.332	3.554	4.755	5.954	7.145	5.335	9.523	10.710	5.932	10.520
0.9	0. 957	2.219	3.419	4.597	5.763	6.922	5.075	9.232	10.350	5.733	10.290

续表

w	λ									期望	方差
	0.1	0.2	0.3	0.4	0.5	0.6	0.7	0.8	0.9		
θ=0.5，h=0.3											
0.1	2.265	4.529	6.792	9.056	11.320	13.550	15.550	15.110	20.370	11.320	35.420
0.2	2.173	4.343	6.513	5.652	10.550	13.020	15.190	17.360	19.530	10.550	35.290
0.3	2.042	4.075	6.115	5.150	10.190	12.220	14.260	16.290	15.330	10.190	31.050
0.4	1.921	3.537	5.751	7.665	9.575	11.490	13.400	15.320	17.230	9.575	27.460
0.5	1.515	3.636	5.449	7.261	9.073	10.550	12.700	14.510	16.320	9.071	24.630
0.6	1.725	3.470	5.202	6.931	5.659	10.390	12.120	13.540	15.570	5.656	22.440
0.7	1.639	3.329	4.997	6.659	5.319	9.979	11.640	13.300	14.960	5.313	20.740
0.8	1.554	3.206	4.524	6.432	5.036	9.640	11.240	12.540	14.450	5.025	19.410
0.9	1.469	3.092	4.673	6.235	7.797	9.354	10.910	12.460	14.020	7.779	15.370
θ=0.8，h=0.3											
0.1	2.422	4.544	7.265	9.656	12.110	14.530	16.950	19.370	21.790	12.110	43.960
0.2	2.402	4.501	7.201	9.600	12.000	14.400	16.500	19.190	21.590	12.000	43.160
0.3	2.340	4.676	7.011	9.347	11.650	14.020	16.350	15.690	21.020	11.650	40.590
0.4	2.260	4.514	6.767	9.020	11.270	13.530	15.750	15.030	20.250	11.270	35.060
0.5	2.175	4.350	6.520	5.690	10.560	13.030	15.200	17.370	19.540	10.560	35.300
0.6	2.100	4.199	6.292	5.355	10.450	12.570	14.660	16.750	15.550	10.450	32.550
0.7	2.026	4.062	6.055	5.111	10.130	12.160	14.150	16.200	15.230	10.130	30.730
0.8	1.953	3.939	5.906	7.570	9.532	11.790	13.760	15.720	17.650	9.527	25.940
0.9	1.551	3.527	5.745	7.656	9.565	11.470	13.350	15.290	17.200	9.557	27.420

通过表 5-4 和表 5-5 的敏感性分析进一步验证了上面得到的结论。而且发现：政府食品安全监管信息透明度和媒体食品安全监管信息透明度对食品安全恐慌行为扩散的演化存在“抑制效应”，即政府食品安全监管信息透明度和媒体食品安全监管信息透明度越大，食品安全恐慌行为扩散概率越低。信息传播率和消费者对食品安全事故的关注度对食品安全恐慌行为扩散的演化存在“强化效应”，即信息传播率和消费者对食品安全事故的关注度越大，食品安全恐慌行为扩散概率越高。并且“强化效应”相对于“抑制效应”更显著。因此，在制定管控食品安全恐慌行为扩散策略时，应重点控制不良信息的传播率和降低消费者对食品安全事故的关注度，同时提高政府食品安全监管信息透明度和媒体食品安全监管信息透明度。

5.6　本 章 小 结

随着食品安全治理的深入，食品安全监管信息透明度对缓解食品安全问题的作用逐渐得到国内外学者的关注。本章在现有研究的基础上，通过对食品安全社会风险形成的监管信息透明机制机理以及食品安全恐慌行为形成与扩散的监管信息透明度机理的细致刻画，借助传染病模型和数值仿真的方法，对食品安全监管信息透明度影响下食品安全恐慌行为扩散的演化过程进行深入分析。

首先，本章将食品安全监管信息透明度影响下食品安全社会风险的形成机理阐述为一种双向作用的关系。食品安全监管信息透明度是食品安全问题形成的一个重要因素，同时，食品安全问题又反过来作用于食品安全监管信息透明度并反映其高低水平。对于作为发布方的食品安全监管方而言，其食品安全监管信息透明度高低直接决定着食品安全社会风险的形成，食品安全监管信息透明度高，食品安全社会风险难以形成，而当食品安全监管信息透明度低时，食品安全社会风险形成并爆发。对于表现为食品安全恐慌行为的食品安全的社会风险而言，食品安全的社会风险高，意味着当前的食品安全工作存在缺陷，也就意味着食品安全信息透明度较低。当食品安全的社会风险较低时，意味着当前食品安全监管工作进行得较好，社会各方都有渠道能够对社会上的食品安全情况进行捕获，故而反映出食品安全监管信息透明度较高。

其次，本章结合传染病模型，将传染病模型中的关键概念迁移到食品安全恐慌行为扩散中。对食品安全恐慌行为中的扩散源、健康态消费者、感染态消费者、免疫态消费者、扩散率和免疫率进行了细致刻画，并对消费者在健康态、感染态、免疫态之间的状态转换进行了规则制定。

再次，在上述研究的基础上，本章结合平均场理论，构建了食品安全监管信息透明度影响下食品安全恐慌行为的网络扩散模型，得到了食品安全监管信息透明度影响下食品安全恐慌行为的网络扩散模型的微分方程组，并得到了相应的稳态值和平均感染消费者密度。同时为了研究食品安全监管信息透明度影响下食品安全恐慌行为扩散的度分布函数 $P(k)$，本章进行了食品安全恐慌行为扩散的网络拓扑特征分析，得到了信息传播率 λ、消费者对食品安全事故的关注度 θ、政府食品安全监管信息透明度 w、媒体食品安全监管信息透明度 h 对基本再生数 R_0 的影响。

最后，本章借助 MATLAB R2012b 软件数值模拟对食品安全监管信息透明度影响下食品安全恐慌行为扩散的网络拓扑特征和食品安全恐慌行为扩散的演化特征进行分析。得到了如下具有理论价值的命题和结论：①受消费者对食品安全事故的关注度、信息传播率、媒体食品安全监管信息透明度、政府食品安全监管信息透明度影响，食品安全恐慌行为扩散的网络拓扑呈现边际递减的下降特征。②食品安全恐慌行为的扩散概率随着信息传播率和消费者对食品安全事故的关注度增大而呈现单调递增的特征；食品安全恐慌行为的扩散概率随着政府食品安全监管信息透明度和媒体食品安全监管信息透明度的增大而呈现边际递减的下降特征。③政府食品安全监管信息透明度和媒体食品安全监管信息透明度对食品安全恐慌行为扩散的网络度分布存在“分散效应”，信息传播率和消费者对食品安全事故的关注度对食品安全恐慌行为扩散的网络度分布存在“聚类效应”。

这些结论对于解释食品安全恐慌行为扩散的非线性机制，制定有效、合理、科学的食品安全恐慌行为的管控扩散策略具有重要的理论价值和现实意义。同时，本章中对食品安全监管的信息透明度的细致阐述，也为第 6 章的深入研究提供了思路借鉴。

第　6　章

食品安全监管的信息透明评价指数研究

第 5 章在对食品安全社会风险形成的监管信息透明机制机理进行分析的基础上，对食品安全监管信息透明度下食品安全恐慌行为的网络扩散模型进行构建，并对模型的网络拓扑特征进行分析，得到了食品安全监管信息透明度影响下食品安全恐慌行为扩散的度分布函数。同时，借用数值仿真分析方法，对食品安全监管信息透明度影响下食品安全恐慌行为扩散的网络拓扑特征和食品安全恐慌行为扩散的演化特征进行数值模拟分析，发现了政府食品安全监管信息透明度和媒体食品安全监管信息透明度对食品安全恐慌行为扩散的演化存在“抑制效应”，信息传播率和消费者对食品安全事故的关注度对食品安全恐慌行为扩散的演化存在“强化效应”。本章在第 5 章的基础上，首先对食品安全监管信息透明度评价指标体系进行解析，设计了政府食品安全监管信息透明度、消协食品安全监管信息透明度和媒体食品安全监管信息透明度三个维度的食品安全监管信息透明度评价指标。同时，借助网络层次分析–模糊综合评价模型，确定了食品安全监管信息透明度各层级的比重得分。其次，通过官方网站信息查询以及电话调查等形式，对原国家食药监局、31 个省区市及其地县的原食药监局、消协和媒体展开调查采样，获取了进行评价所需的各项数据。根据 1 651 份调查采样表所获取的数据，得到了原食药监局、消协、媒体食品安全监管信息透明度得分、不同行政级别的原食药监局和消协食品安全监管信息透明度得分以及各省区市的原食药监局、消协和媒体食品安全监管信息透明度得分，进而实现了对我国食品安全监管信息透明度的有效评价。

6.1 食品安全监管信息透明度评价指标体系构建

政府食品安全监管部门、消协和媒体具有覆盖面广、公众认可度高的特点，它们不仅是目前我国食品安全监管信息的主要发布方，而且代表了我国食品安全监管主体。由于其他食品安全监管主体尚存在监管工作不独立、监管体系不合理等缺陷（颜海娜和聂勇浩，2009），因此公众对其信息的获取主要依赖于政府食品安全监管部门、消协和媒体（林艳，2014）。在此背景下，本节从政府食品安全监管信息透明度、消协食品安全监管信息透明度和媒体食品安全监管信息透明度三个维度，评价我国食品安全监管信息透明度状况。

6.1.1 政府食品安全监管信息透明度

政府在食品安全监管工作中一直扮演着主导角色，若其监管信息不透明，将对其声誉产生不利影响（龚强等，2013）。这些不利影响主要表现为，一是政府食品安全监管部门由于自身条件限制，难以全面获取食品企业信息，无法深入开展监管工作（Henson and Caswell，1999；Crespi and Marette，2001；Lapan and Moschini，2007；Marette，2007），导致食品企业可能利用食品安全监管漏洞，危害到消费者利益（Ferrier and Lamb，2007）。在此情况下，被监督者俘获监督者，政府监管失效（Laffont and Tirole，1988），政府食品安全监管部门的声誉受损。二是对公众来说，政府监管信息不透明，一旦出现食品安全事件，易诱发公众对政府食品安全监管部门的群体性信任危机（汪鸿昌等，2013；李想和石磊，2014）。因此，如何提高政府食品安全监管信息透明度，主要从以下四个方面考虑。

1. 政府食品安全信息平台

公开性是透明性的基础（魏益民等，2014）。政府搭建一个行之有效的食品安全信息平台，可以展现监管过程的透明性，保证公众的食品安全信息知情权（Florini，2007；Lori and Sheila，2008），提高公众获取信息的效率（龚强等，2013），宣传食品安全知识（李翠霞和姜冰，2015）。根据现有研究成果和《食品安全法》，应将政府食品安全信息平台细分为 13 个指标，展开政府食品安全监管信息透明度的评价，包含食品安全总体情况信息、监管信息公开指南信息、监管信息公开目录、监管重点信息、食品安全标准信息、食品安全风险警示信息、食品安全问题行政处罚信息、食品检验机构资质认定信息、食品安全复检机构名录信息、生产和经营许可名录信息、企业质量体系认证制度信息、监管组织结构及人员构成信息和食品安全信用档案信息（巩顺龙等，2010；赵学刚，2011；王辉霞，2012；文晓巍和温思美，2012；潘丽霞和徐信贵，2013；周应恒和王二朋，2013；徐景和，2013；黄秀香，2014；孙春伟，2014；李想和石磊，2014；熊先兰和姚良凤，2015；曾文革和林婧，2015；徐子涵等，2016）。

2. 政府食品安全事故应急信息

政府食品安全监管部门对食品安全事故的应急处置能力，直接体现其行政效率（李辉，2011）。一旦食品安全事故出现严重的信息不透明，将会诱发恶性谣言“羊群效益”（杨志花，2008）。因此，政府食品安全监管部门有必要保持食品安全事故应急信息的足够透明，降低谣言“羊群效益”。根据现有研究成果和《食品安全法》，政府食品安全事故应急信息应从食品安全事故分级信息、事故处置组织指挥体系与职责信息、预防预警机制信息、处置程序信息、应急保障措施信息和事故调查处置信息 6 个指标展开政府食品安全监管信息透明度的评价（宋英华，2009；李辉，2011；王辉霞，2012；潘丽霞和徐信贵，2013；周应恒和王二朋，2013；孙春伟，2014；熊先兰和姚良凤，2015）。

3. 政府食品安全抽检信息

我国食品安全监管的检验检测体系明确规定，政府食品安全监管部门必须对检验检测结果予以披露（周应恒和王二朋，2013）。而且，政府食品安全监管部门的抽检信息是一项动态质量检测内容，是政府食品安全监管部门所要披露的最重要信息（王辉霞，2012）。根据现有研究成果和《食品安全法》，应将政府食品安全抽检信息细分为3个指标展开政府食品安全监管信息透明度的评价，分别为抽检对象信息、抽检合格情况信息和抽检不合格情况信息（王辉霞，2012；潘丽霞和徐信贵，2013；周应恒和王二朋，2013）。

4. 保障政府监管机制信息

政府食品安全监管部门展开食品安全监管，需要清晰、透明的机制进行保障。这样可以促进政府食品安全监管部门权责明确，增强公众对政府食品安全监管部门的认知，同时也是提高政府食品安全监管信息透明度的重要一步。根据现有研究成果和《食品安全法》，应将保障政府监管机制信息细分为5个指标，即监管信息公开管理机制信息、监管信息公开年度报告、举报处理信息、监管责任制信息和监管考核制度信息展开政府食品安全监管信息透明度的评价（王辉霞，2012；于喜繁，2012；潘丽霞和徐信贵，2013；周应恒和王二朋，2013；李梅和董士昙，2013；黄秀香，2014；龚强等，2015）。

6.1.2 消协食品安全监管信息透明度

食品安全问题具有社会性（丁煌和孙文，2014），对其监管同样应从社会的角度出发。然而，传统的“一元式食品安全监管”模式，受政府垄断的影响，导致监管效率低下、监管信息透明度较差（何立胜和杨志强，2014）。而且，根据美国食品安全管制的实证研究发现，政府管制并没有明显减少食源性疾病暴发（Yasuda，2010）。因此，构建食品安全社会共治模式（Martinez et al.，2013），是降低食品安全问题发生概率、提高整体食品安全监管信息透明度的有效途径（周应恒和王二朋，2013；姜捷，2015）。消协便是食品安全社会共治的重要力量。因此，提高消协食品安全监管信息透明度，主要从以下三个方面考虑。

1. 消协监管信息

消协参与食品安全监管，可以降低食品安全信息不对称性，提高公众参与食品安全监管的效率（王辉霞，2012）。而且，消协能够借助社会惩罚效应对食品企业的不法行为产生震慑（龚强等，2013）。根据现有研究成果和《食品安全法》，应将消协监管信息细分为 3 个指标展开消协食品安全监管信息透明度的评价，分别为消协监管制度信息、消协监管组织结构及人员构成信息和消协监管考核信息（郑小伟和王艳林，2011；王辉霞，2012；胡求光等，2012；周应恒和王二朋，2013；郭伟奇和孙绍荣，2013；黄秀香，2014；李想和石磊，2014；龚强等，2015）。

2. 消协诚信建设信息

消协的一项重要工作是通过黑名单制度和诚信等级评价等手段，进行诚信建设（尹向东和刘敏，2012），规范食品企业行为和警示消费者。根据现有研究成果和《食品安全法》，应将消协诚信建设信息细分为诚信建设标准信息、诚信企业或品牌名录信息和非诚信企业或品牌名录信息 3 个指标展开消协食品安全监管信息透明度的评价（郑小伟和王艳林，2011；王辉霞，2012；尹向东和刘敏，2012；周应恒和王二朋，2013；郭伟奇和孙绍荣，2013；黄秀香，2014；李想和石磊，2014；龚强等，2015）。

3. 保障消协监管机制信息

为提高消协监管工作效率，需要健全的监管机制进行保障。其中，消协社会监督职能最能体现消协监管作用（李梅和董士昙，2013）。根据现有研究成果和《食品安全法》，应将保障消协监管机制信息细分为 5 个指标展开消协食品安全监管信息透明度的评价，分别为消协社会监督职能信息、消协监管信息公开年度报告、消协监管信息公开管理机制信息、消协监管责任制信息和消协食品安全信息平台完善度及运行情况（郑小伟和王艳林，2011；詹承豫和刘星宇，2011；王辉霞，2012；周应恒和王二朋，2013；郭伟奇和孙绍荣，2013；黄秀香，2014；李想和石磊，2014；龚强等，2015）。

6.1.3 媒体食品安全监管信息透明度

媒体同样是食品安全社会共治的重要力量。媒体作为食品安全信息的主要发布方之一，在食品安全的社会监管中发挥着不可替代的作用。同时，媒体参与食品安全社会共治，有助于提高食品安全的监管效率（Li，2010；李想和石磊，2014）、保障公众的食品安全信息知情权。因此，提高媒体食品安全监管信息透明度，主要从以下两个方面考虑。

1. 媒体监管信息

媒体对食品安全问题的曝光发挥着独特作用。不论是三鹿奶粉事件还是双汇瘦肉精事件，媒体在监管中起到了前期报道扩大影响、后期跟踪报道对政府监管工作持续施压的作用（李想和石磊，2014）。根据现有研究成果和《食品安全法》，应将媒体监管信息细分为食品安全事故报道、食品安全事故跟踪报道、食品安全报道的真实性和公正性、媒体社会监督职能信息 4 个指标展开媒体食品安全监管信息透明度的评价（郑小伟和王艳林，2011；詹承豫和刘星宇，2011；尹向东和刘敏，2012；古红梅和刘婧娟，2012；王辉霞，2012；周应恒和王二朋，2013；黄秀香，2014；李想和石磊，2014；张曼等，2014；龚强等，2015）。

2. 媒体食品安全宣传

对食品安全法律法规、食品安全标准和知识的宣传同样依靠媒体（詹承豫和刘星宇，2011），但目前媒体在这方面相对薄弱，有待进一步加强（郑风田，2013）。根据现有研究成果和《食品安全法》，应将媒体食品安全宣传细分为食品安全法律法规宣传、食品安全标准和知识宣传 2 个指标展开媒体食品安全监管信息透明度的评价（郑小伟和王艳林，2011；尹向东和刘敏，2012；王辉霞，2012；周应恒和王二朋，2013；黄秀香，2014；李想和石磊，2014；龚强等，2015）。

综上所述，并结合德尔菲专家[①]的论证意见，构建出如表 6-1 所示的食品安全监管信息透明度指标体系。

① 德尔菲专家组共有 15 位专家，其中，高校食品安全管理专业教授 6 位、原食药监局专家 3 位、食品安全媒体专家 2 位、消协专家 2 位、食品企业专家 2 位。

表 6-1　食品安全监管信息透明度指标体系

目标	一级指标	二级指标	三级指标
食品安全监管信息透明度（A）	政府食品安全监管信息透明度（B_1）	政府食品安全信息平台（C_1）	食品安全总体情况信息（C_{11}）
			监管信息公开指南信息（C_{12}）
			监管信息公开目录（C_{13}）
			监管重点信息（C_{14}）
			食品安全标准信息（C_{15}）
			食品安全风险警示信息（C_{16}）
			食品安全问题行政处罚信息（C_{17}）
			食品检验机构资质认定信息（C_{18}）
			食品安全复检机构名录信息（C_{19}）
			生产和经营许可名录信息（C_{110}）
			企业质量体系认证制度信息（C_{111}）
			监管组织结构及人员构成信息（C_{112}）
			食品安全信用档案信息（C_{113}）
		政府食品安全事故应急信息（C_2）	食品安全事故分级信息（C_{21}）
			事故处置组织指挥体系与职责信息（C_{22}）
			预防预警机制信息（C_{23}）
			处置程序信息（C_{24}）
			应急保障措施信息（C_{25}）
			事故调查处置信息（C_{26}）
		政府食品安全抽检信息（C_3）	抽检对象信息（C_{31}）
			抽检合格情况信息（C_{32}）
			抽检不合格情况信息（C_{33}）
		保障政府监管机制信息（C_4）	监管信息公开管理机制信息（C_{41}）
			监管信息公开年度报告（C_{42}）
			举报处理信息（C_{43}）
			监管责任制信息（C_{44}）
			监管考核制度信息（C_{45}）

续表

目标	一级指标	二级指标	三级指标
食品安全监管信息透明度（A）	消协食品安全监管信息透明度（B_2）	消协监管信息（C_5）	消协监管制度信息（C_{51}）
			消协监管组织结构及人员构成信息（C_{52}）
			消协监管考核信息（C_{53}）
		消协诚信建设信息（C_6）	诚信建设标准信息（C_{61}）
			诚信企业或品牌名录信息（C_{62}）
			非诚信企业或品牌名录信息（C_{63}）
		保障消协监管机制信息（C_7）	消协社会监督职能信息（C_{71}）
			消协监管信息公开年度报告（C_{72}）
			消协监管信息公开管理机制信息（C_{73}）
			消协监管责任制信息（C_{74}）
			消协食品安全信息平台完善度及运行情况（C_{75}）
	媒体食品安全监管信息透明度（B_3）	媒体监管信息（C_8）	食品安全事故报道（C_{81}）
			食品安全事故跟踪报道（C_{82}）
			食品安全报道的真实性和公正性（C_{83}）
			媒体社会监督职能信息（C_{84}）
		媒体食品安全宣传（C_9）	食品安全法律法规宣传（C_{91}）
			食品安全标准和知识宣传（C_{92}）

6.2　食品安全监管信息透明度评价模型

6.2.1　网络层次分析-模糊综合评价模型简述

网络层次分析-模糊综合评价模型由网络层次分析法和模糊综合评价法综合构成。网络层次分析法弥补了层次分析法的诸多缺陷（Saaty，1996），而模糊综合评价法依据模糊数学的隶属度理论，有效实现定性指标的定量评价（Sala et al.，2005）。因此，网络层次分析-模糊综合评价模型在评价分析方面具备诸多优势。在食品安全监管过程中，同类食品安全监管主体之间具有明显的层次结构，不同类食品安全监管主体之间具有显著的相依关联关系。在此情况下，食品安全监管信息透明度的影响因素之间具有典型的层次性和相依关联关系。这使得食品安全监管信息透明度指标体系形成了一个具有层次网状结构的有机整体。此外，个别食品安全监管信息透明度指标难以直接量化，呈现取值区间性和模糊性特征。因此，这些决定了采用网络层次分析–模糊综合评价模型对食品安全监管信息透明度展开评价更具科学性和适用性。

6.2.2　网络层次分析–模糊综合评价模型构建步骤

1. 构建网络层次分析结构

在食品安全监管信息透明度的网络结构中，控制层包含目标和准则，其中，目标为食品安全监管信息透明度 A，准则对应指标体系的一级指标，包含政府食品安全监管信息透明度 B_1、消协食品安全监管信息透明度 B_2 和媒体食品安全监管信息透明度 B_3。网络层包括 9 个元素集，对应指标体系的二级指标，分别为政府食品安全信息平台 C_1、政府食品安全事故应急信息 C_2、政府食品安全抽检信息 C_3、保障政府监管机制信息 C_4、消协监管信息 C_5、消协诚信建设信息 C_6、保障消协监管机制信息 C_7、媒体监管信息 C_8 和媒体食品安全宣传 C_9。根据评价指标元素集内部、元素集之间和各指标之间存在的相互影响关系，构建如图 6-1 所示的网络层次分析结构。

2. 确定指标权重

借助网络层次分析法和德尔菲专家打分，确定食品安全监管信息透明度的各项指标权重。具体过程如下。

步骤 1：构建超矩阵。设网络层次分析中控制层准则有 $B_s\left(s=1,2,\cdots,m\right)$，网络层有元素集为 $C_N\left(N=1,2,\cdots,n\right)$，其中，$C_i$ 有元素 $C_{i1},C_{i2},\cdots,C_{in}$，$i=1,2,\cdots,N$。以控制层元素 B_s 为准则，以 C_j 中元素 C_{j1} 为次准则，

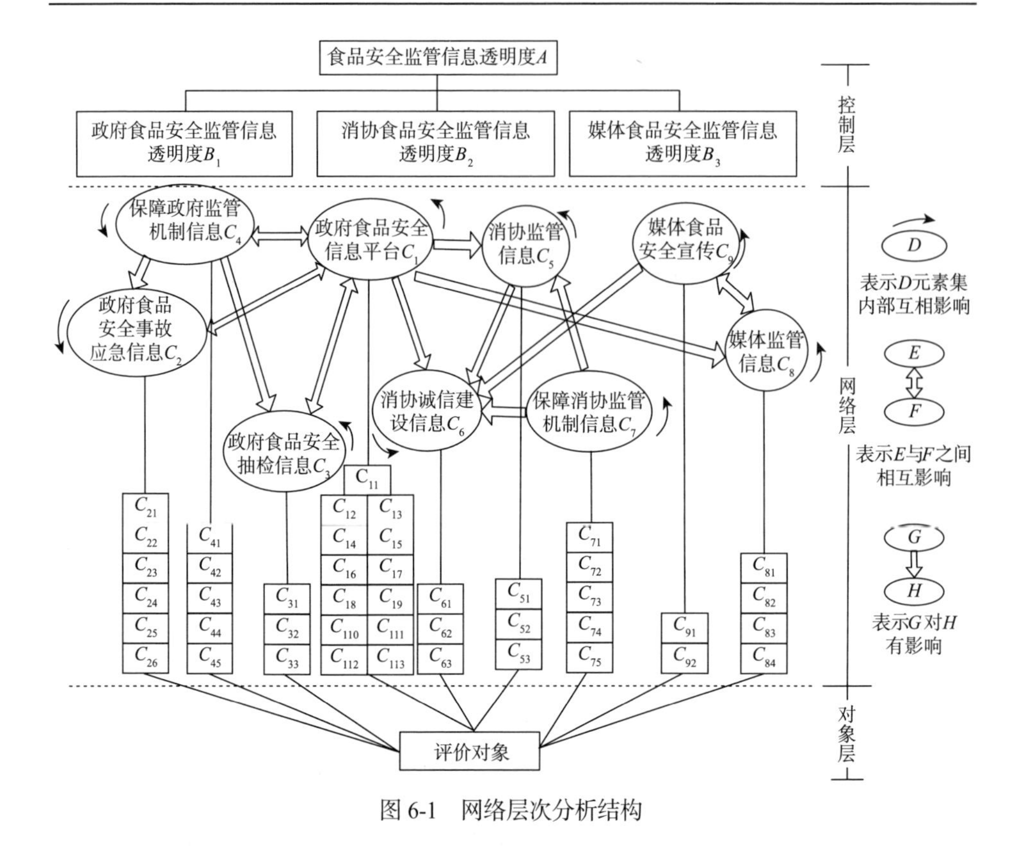

图 6-1　网络层次分析结构

根据表 6-2 所示的 1~9 标度法构造判断矩阵，得到归一特征向量 $(w_{i1},w_{i2},\cdots,w_{in})^{\mathrm{T}}$。对得到的向量进行一致性检验，当 CR 小于 0.1 时，通过检验，否则需要调整判断矩阵元素的取值。同理，得到其他元素的归一特征向量，进而得到一个超矩阵，记为 $\boldsymbol{W}_{ij}$：

$$\boldsymbol{W}_{ij}=\begin{bmatrix} w_{i1}^{(j1)} & w_{i2}^{(j2)} & \cdots & w_{i1}^{(jn_j)} \\ w_{i2}^{(j1)} & w_{i2}^{(j2)} & \cdots & w_{i2}^{(jn_j)} \\ \vdots & \vdots & & \vdots \\ w_{in_i}^{(j1)} & w_{in_i}^{(j2)} & \cdots & w_{in_i}^{(jn_j)} \end{bmatrix}$$

这里 $\boldsymbol{W}_{ij}$ 的列向量就是 C_i 中元素 $C_{i1},C_{i2},\cdots,C_{in}$。如果 C_j 中元素不受 C_i 中元素影响，则 $\boldsymbol{W}_{ij}$=0。同理，获得其他控制元素的超矩阵。因此，最终可以在 B_s 准则下，获得超矩阵 $\boldsymbol{W}$：

$$\boldsymbol{W}=\begin{bmatrix} w_{11} & w_{12} & \cdots & w_{1N} \\ w_{21} & w_{22} & \cdots & w_{2N} \\ \vdots & \vdots & & \vdots \\ w_{N1} & w_{N2} & \cdots & w_{NN} \end{bmatrix}$$

表 6-2　相对重要性标度

标度	定义
1	i 元素与 j 元素同等重要
3	i 元素比 j 元素略重要
5	i 元素比 j 元素较重要
7	i 元素比 j 元素非常重要
9	i 元素比 j 元素绝对重要
2，4，6，8	上述相邻判断的中间值
倒数	j 元素对 i 元素的重要性标度

步骤 2：构建加权矩阵和加权超矩阵。在 B_s 准则下，对 C_j（j=1,2,⋯, N）个元素相对准则的重要性进行比较，得到一个归一化的排序列向量为 $\left(a_{1j},a_{2j},\cdots,a_{Nj}\right)$，从而得到一个加权矩阵为

$$\boldsymbol{A}=\begin{bmatrix} a_{11} & a_{12} & \cdots & a_{1N} \\ a_{21} & a_{22} & \cdots & a_{2N} \\ \vdots & \vdots & & \vdots \\ a_{N1} & a_{N2} & \cdots & a_{NN} \end{bmatrix}\quad\left(a_{ij}\in[0,1]\text{ 且 }\sum^{N}a_{ij}=1\right)$$

如果两元素之间没有影响，则 $a_{ij}=0$。因此，构造出加权超矩阵为

$$\overline{\boldsymbol{W}}=\overline{\boldsymbol{W}_{ij}}=\boldsymbol{A}\times\boldsymbol{W}=\left(a_{ij}\times\boldsymbol{W}_{ij}\right)\quad(i=1,2,\cdots,N;\ j=1,2,\cdots,N)$$

因此，从超矩阵的结果获得食品安全监管信息透明度各项指标的局部权重，从加权超矩阵的结果获得食品安全监管信息透明度各项指标的全局权重。本章使用的权重为局部权重。

3. 确定评价等级和规则

评价等级假设为 $v=\left(v_1,v_2,\cdots,v_N\right)$（$N$=1,2,⋯,行列数）。食品安全监管信息透明度评价等级为五级：好、较好、一般、较差、差，对应的分值为100、75、50、25、0。

4. 确定模糊关系矩阵

模糊关系矩阵确定为

$$\boldsymbol{R}=\left(r_{ij}\right)_{N\times M}=\begin{bmatrix} r_{11} & r_{12} & \cdots & r_{1M} \\ r_{21} & r_{22} & \cdots & r_{2M} \\ \vdots & \vdots & & \vdots \\ r_{N1} & r_{N2} & \cdots & r_{NM} \end{bmatrix}$$

其中，$\boldsymbol{R}$ 表示属于第 j 个等级的第 i 个指标的成员，$r_{ij}=\dfrac{\text{第}i\text{个指标选择}v_i\text{等级的个数}}{\text{参与评价个数}}$。

5. 确定综合评价等级

通过对权重集和模糊关系矩阵的模糊综合运算，建立了一个综合评价向量：

$$\boldsymbol{S}_i=\boldsymbol{W}_i\times\boldsymbol{R}=\left(w_{i1},w_{i2},\cdots,w_{iN}\right)\begin{bmatrix} r_{11} & r_{12} & \cdots & r_{1M} \\ r_{21} & r_{22} & \cdots & r_{2M} \\ \vdots & \vdots & & \vdots \\ r_{N1} & r_{N2} & \cdots & r_{NM} \end{bmatrix}=\left(s_1,s_2,\cdots,s_M\right)$$

在食品安全监管信息透明度的综合评价向量中，M 为 5。因此，最终的食品安全监管信息透明度得分通过加权平均的方法确定：$T=100\times s_1+75\times s_2+50\times s_3+25\times s_4+0\times s_5$。

6.3　样本数据采集与统计分析

6.3.1　样本选择与调查采样表设计

基于以下考虑，将原食药监局、消协和媒体作为食品安全监管信息透明度的调查采样对象。

第一，原食药监局、消协和媒体不仅是我国食品安全监管信息的主要发布方，而且覆盖面广、公众认可度高，基本可以代表目前的我国食品安全监管主体。消费者虽数量众多但其信息获取主要依赖于原食药监局、消协和媒体，并且其他监管主体当前还存在监管工作不独立、监管体系不合理等缺陷，则消费者和其他监管主体对食品安全监管信息透明度的影响十分有限。

第二，《中华人民共和国政府信息公开条例》第十九条规定，对涉及公众利益调整、需要公众广泛知晓或者需要公众参与决策的政府信息，行政机关应当主动公开。消协可以对政府监管工作做出合理补充、减少信息非对称性，而媒体能够利用自身迅速传播能力提高信息的传播效率、通过社会惩罚效应对不法食品企业产生威慑、借助集体声誉匡正政府监管部门的行为。

依据食品安全监管信息透明度指标体系设计原食药监局、消协和媒体食品安全监管信息透明度调查采样表，采用五档打分形式，每个条目均有与之对应的打分准则，其中，“好”表示 100 分、“较好”表示 75 分、“一般”表示 50 分、“较差”表示 25 分、“差”表示 0 分[①]。为更客观地对原食药监局、消协和媒体开展调查采样，课题组对每个调查员进行了专业培训，并开展了预调查采样，通过修正调查采样表和打分准则，确定最终的原食药监局、消协和媒体食品安全监管信息透明度的调查采样表（见附录 1.5）和打分准则（见附录 1.6）。

① 需要说明的是，最终食品安全监管信息透明度的得分，评价结果判定标准：满分为 100 分，60 分为合格，得分处于[0，30）为差，[30，60）为较差，[60，75）为一般，[75，90）为较好，[90，100]为好。

6.3.2 数据来源

调查采样于 2016 年 6 月至 10 月之间进行，主要通过官方网站信息查询的形式，以保证调研结果的客观性，辅助使用电话调查的形式①，对原国家食药监局、31 个省区市及其地县的原食药监局、消协和媒体展开调查采样。调查采样所采集的数据截至 2016 年 9 月底。本调查采样，一份调查采样表代表一个监管主体。原食药监局共填写 697 份调查采样表，其中，无效调查采样表 3 份，有效调查采样表 694 份，有效率为 99.570%；消协共填写 697 份调查采样表，其中，无效调查采样表 12 份，有效调查采样表 685 份，有效率为 98.278%；媒体共填写 300 份调查采样表，其中，无效调查采样表 28 份，有效调查采样表 272 份，有效率为 90.667%。因此，本调查采样整体共填写 1 694 份调查采样表，其中，无效调查采样表 43 份，有效调查采样表 1 651 份，有效率为 97.462%。因此，本书最终共获取 139 525 个数据量。

6.3.3 样本的统计描述性分析

1. 样本特征

在本书中，受到调查采样的省级行政区分布情况和特征②如表 6-3 所示。

表 6-3 受到调查采样的省级行政区特征

受调查的主体	原食药监局		消协		媒体		整体	
	次数	占比	次数	占比	次数	占比	次数	占比
国家	1	0.001	1	0.001	24	0.088	26	0.016
安徽	23	0.033	23	0.034	8	0.029	54	0.033

① 调查员由大学教授和研究生组成。调查采样表的填写由调查员直接负责，评分严格依据打分准则执行。

② 需要特别说明的是，为便于统计和计算，将原国家食药监局作为比较项放入统计表中，故原国家食药监局与省级行政区的原食药监局并列出现。另外，仅调查了原国家食药监局、消协和具有全国性质的媒体，如人民日报、新华社、搜狐新闻、新浪新闻、澎湃新闻等。

续表

受调查的主体	原食药监局		消协		媒体		整体	
	次数	占比	次数	占比	次数	占比	次数	占比
北京	1	0.001	1	0.001	10	0.037	12	0.007
福建	23	0.033	23	0.034	10	0.037	56	0.034
甘肃	17	0.024	17	0.025	8	0.029	42	0.025
广东	41	0.059	41	0.060	18	0.066	100	0.061
上海	1	0.001	1	0.001	6	0.022	8	0.005
贵州	13	0.019	13	0.019	2	0.007	28	0.017
海南	10	0.014	10	0.015	2	0.007	22	0.013
河北	32	0.046	31	0.045	7	0.026	70	0.042
河南	40	0.058	39	0.057	10	0.037	89	0.054
黑龙江	32	0.046	32	0.047	10	0.037	74	0.045
湖北	34	0.049	35	0.051	6	0.022	75	0.045
湖南	31	0.045	31	0.045	9	0.033	71	0.043
吉林	24	0.035	24	0.035	5	0.018	53	0.032
江苏	35	0.050	35	0.051	12	0.044	82	0.050
江西	22	0.032	18	0.026	4	0.015	44	0.027
辽宁	31	0.045	31	0.045	11	0.040	73	0.044
四川	35	0.050	35	0.051	10	0.037	80	0.048
天津	1	0.001	1	0.001	7	0.026	9	0.005
青海	12	0.017	12	0.018	3	0.011	27	0.016
山东	46	0.066	46	0.067	17	0.063	109	0.066
山西	23	0.033	22	0.032	6	0.022	51	0.031
陕西	14	0.020	14	0.020	8	0.029	36	0.022
广西	23	0.033	23	0.034	8	0.029	54	0.033
内蒙古	20	0.029	20	0.029	6	0.022	46	0.028
宁夏	8	0.012	8	0.012	8	0.029	24	0.015
西藏	8	0.012	8	0.012	3	0.011	19	0.012
新疆	40	0.058	40	0.058	7	0.026	87	0.053

续表

受调查的主体	原食药监局		消协		媒体		整体	
	次数	占比	次数	占比	次数	占比	次数	占比
云南	20	0.029	17	0.025	7	0.026	44	0.027
浙江	32	0.046	32	0.047	15	0.055	79	0.048
重庆	1	0.001	1	0.001	5	0.018	7	0.004
总和	694		685		272		1 651	

原食药监局、消协和媒体的调查采样实现对我国全覆盖，共调查采样了原国家食药监局、31个省区市及其地县的原食药监局，其中，原食药监局和消协的调查范围涉及原国家食药监局、省级行政区的原食药监局、地级行政区的原食药监局和县级行政区的原食药监局，而媒体的调查范围为原国家食药监局和市级行政区。

2. 信度与效度检验

为检验调查采样结果的可信性和有效性，进行了信度和效度检验，见表6-4。

表6-4　调查采样表的信度和效度检验

调查采样主体	Cronbach's α	KMO	Bartlett	df	Sig.
原食药监局	0.986	0.974	31 487.675	351	0.000
消协	0.983	0.943	13 869.744	55	0.000
媒体	0.971	0.899	2 311.163	15	0.000

由表6-4可知，原食药监局、消协和媒体的信度指标Cronbach's α值均在0.9以上，说明原食药监局、消协和媒体的测度具有很好的内部一致性和稳定性，信度相当好。另外，原食药监局、消协的建构效度指标KMO均在0.9以上，说明因素分析适切性相当好，效度相当高，而媒体的建构效度指标KMO在0.8以上，说明因素分析适切性好，效度高。

6.4 模型计算与结果分析

本书选取的评语集为 V={好，较好，一般，较差，差}，量化评价结果的数值集为 $N=\{100,75,50,25,0\}$。根据 1 651 份调查采样表所获取的数据，对原食药监局、消协、媒体和整体进行汇总统计，见表 6-5。

表 6-5 食品安全监管信息透明度指标评价的次数统计

评价主体次数统计		指标	评语集					评价结果	次数总和	
			好	较好	一般	较差	差			
整体	原食药监局	C_{11}	173	156	79	286	0	较差	694	1 651
		C_{12}	281	88	80	245	0	一般		
		C_{13}	268	92	85	249	0	一般		
		C_{14}	189	127	89	289	0	较差		
		C_{15}	172	147	88	287	0	较差		
		C_{16}	297	108	61	228	0	一般		
		C_{17}	295	99	63	237	0	一般		
		C_{18}	113	182	146	253	0	较差		
		C_{19}	15	163	214	302	0	较差		
		C_{110}	188	158	91	257	0	较差		
		C_{111}	121	181	104	288	0	较差		
		C_{112}	324	87	61	222	0	一般		
		C_{113}	36	203	155	300	0	较差		
		C_{21}	50	191	162	291	0	较差		
		C_{22}	203	152	89	250	0	一般		
		C_{23}	121	147	138	288	0	较差		
		C_{24}	55	196	150	293	0	较差		
		C_{25}	87	176	137	294	0	较差		
		C_{26}	90	206	105	293	0	较差		

续表

评价主体次数统计		指标	评语集					评价结果	次数总和	
			好	较好	一般	较差	差			
整体	原食药监局	C_{31}	251	116	87	240	0	一般	694	1 651
		C_{32}	235	124	89	246	0	一般		
		C_{33}	199	144	92	259	0	一般		
		C_{41}	140	178	99	277	0	较差		
		C_{42}	201	110	129	254	0	较差		
		C_{43}	199	96	111	288	0	较差		
		C_{44}	102	232	103	257	0	较差		
		C_{45}	39	150	209	296	0	较差		
	消协	C_{51}	89	78	117	401	0	较差	685	
		C_{52}	93	38	117	437	0	较差		
		C_{53}	45	56	140	444	0	较差		
		C_{61}	68	54	128	435	0	较差		
		C_{62}	78	28	125	454	0	较差		
		C_{63}	79	19	132	455	0	较差		
		C_{71}	96	42	119	428	0	较差		
		C_{72}	27	44	174	440	0	较差		
		C_{73}	37	67	142	439	0	较差		
		C_{74}	24	86	131	444	0	较差		
		C_{75}	57	39	152	437	0	较差		
	媒体	C_{81}	118	49	40	65	0	一般	272	
		C_{82}	85	30	89	68	0	一般		
		C_{83}	140	41	27	64	0	一般		
		C_{84}	93	34	84	61	0	一般		
		C_{91}	93	59	54	66	0	一般		
		C_{92}	97	45	64	66	0	一般		

食品安全监管信息透明度的模糊综合评价过程如下。

由表 6-3 和表 6-5 知，一级指标权重为 $\boldsymbol{W}_A$ =[0.327　0.260　0.413]；二级指标权重分别为 $\boldsymbol{W}_{B_1}$ =[0.250　0.250　0.250　0.250]、$\boldsymbol{W}_{B_2}$ =[0.333　0.333　0.333]、$\boldsymbol{W}_{B_3}$ =[0.500　0.500]；三级指标权重分别为 $\boldsymbol{W}_1$ = [0.097　0.081　0.078　0.097　0.091　0.078　0.065　0.075　0.037　0.081　0.075　0.065　0.081]、$\boldsymbol{W}_2$ =[0.220　0.110　0.127　0.127　0.212　0.203]、$\boldsymbol{W}_3$ =[0.250　0.250　0.500]、$\boldsymbol{W}_4$ =[0.147　0.197　0.255　0.255　0.147]、$\boldsymbol{W}_5$ = [0.500　0.250　0.250]、$\boldsymbol{W}_6$ =[0.260　0.327　0.413]、$\boldsymbol{W}_7$ =[0.286　0.286　0.143　0.143　0.143]、$\boldsymbol{W}_8$ =[0.143　0.286　0.286　0.286]、$\boldsymbol{W}_9$ =[0.333　0.667]。

由于政府食品安全信息平台的三级指标评价矩阵为 $\boldsymbol{R}_1 = \begin{bmatrix} 0.249 & 0.225 & 0.114 & 0.412 & 0 \\ \vdots & \vdots & \vdots & \vdots & \vdots \\ 0.052 & 0.293 & 0.223 & 0.432 & 0 \end{bmatrix}$，由此得政府食品安全信息平台的评价向量为 $\boldsymbol{C}_1 = \boldsymbol{W}_1 \bullet \boldsymbol{R}_1 = \begin{bmatrix} 0.279 & 0.199 & 0.139 & 0.382 & 0 \end{bmatrix}$。同理，政府食品安全事故应急信息、政府食品安全抽检信息、保障政府监管机制信息、消协监管信息、消协诚信建设信息、保障消协监管机制信息、媒体监管信息、媒体食品安全宣传的评价向量分别为

$$\boldsymbol{C}_2 = \begin{bmatrix} 0.133 & 0.262 & 0.191 & 0.414 & 0 \end{bmatrix}$$

$$\boldsymbol{C}_3 = \begin{bmatrix} 0.318 & 0.190 & 0.130 & 0.362 & 0 \end{bmatrix}$$

$$\boldsymbol{C}_4 = \begin{bmatrix} 0.205 & 0.221 & 0.180 & 0.393 & 0 \end{bmatrix}$$

$$\boldsymbol{C}_5 = \begin{bmatrix} 0.115 & 0.091 & 0.179 & 0.614 & 0 \end{bmatrix}$$

$$\boldsymbol{C}_6 = \begin{bmatrix} 0.111 & 0.045 & 0.188 & 0.656 & 0 \end{bmatrix}$$

$$\boldsymbol{C}_7 = \begin{bmatrix} 0.076 & 0.076 & 0.211 & 0.637 & 0 \end{bmatrix}$$

$$\boldsymbol{C}_8 = \begin{bmatrix} 0.396 & 0.136 & 0.231 & 0.237 & 0 \end{bmatrix}$$

$$\boldsymbol{C}_9 = \begin{bmatrix} 0.352 & 0.183 & 0.223 & 0.243 & 0 \end{bmatrix}$$

根据政府食品安全信息平台、政府食品安全事故应急信息、政府食品

安全抽检信息、保障政府监管机制信息的评价向量得政府监管信息透明度的评价矩阵为

$$B_1=\begin{bmatrix}C_1\\C_2\\C_3\\C_4\end{bmatrix}=\begin{bmatrix}0.279&0.199&0.139&0.382&0\\0.133&0.262&0.191&0.414&0\\0.318&0.190&0.130&0.362&0\\0.205&0.221&0.180&0.393&0\end{bmatrix}$$

，由此得政府监管信息透明度的评价向量为 $U_1=W_{B_1}\bullet B_1=\begin{bmatrix}0.234&0.218&0.160&0.388&0\end{bmatrix}$。同理，消协监管信息透明度和媒体监管信息透明度的评价向量分别为

$$U_2=W_{B_2}\bullet B_2=\begin{bmatrix}0.101&0.071&0.193&0.636&0\end{bmatrix}$$

$$U_3=W_{B_3}\bullet B_3=\begin{bmatrix}0.374&0.159&0.227&0.240&0\end{bmatrix}$$

根据政府监管信息透明度、消协监管信息透明度和媒体监管信息透明度的评价向量得食品安全监管信息透明度的评价矩阵为

$$U=\begin{bmatrix}0.234&0.218&0.160&0.388&0\\0.101&0.071&0.193&0.636&0\\0.374&0.159&0.227&0.240&0\end{bmatrix}$$

，由此得我国整体食品安全监管信息透明度的评价向量为 $S_1=W_A\bullet U=\begin{bmatrix}0.257&0.156&0.196&0.391&0\end{bmatrix}$。因此，我国整体食品安全监管信息透明度得分为 F=0.257×100+0.156×75+0.196×50+0.391×25+0×0=56.975 分。

同理，可以得到原食药监局、消协、媒体和整体食品安全监管信息透明度得分（表 6-6）；不同级别行政区的原食药监局和消协食品安全监管信息透明度得分（表 6-7）；各省区市的原食药监局、消协和媒体食品安全监管信息透明度得分（表 6-8）。

表 6-6 原食药监局、消协、媒体和整体食品安全监管信息透明度得分

评价目标	得分	排名	评价目标	得分	排名
媒体	66.675	1	整体	56.975	3
原食药监局	57.455	2	消协	40.895	4

表 6-7　不同级别行政区的原食药监局和消协食品安全监管信息透明度得分

评价目标	原食药监局得分	排名	消协得分	排名	评价目标	原食药监局得分	排名	消协得分	排名
国家	95.416	1	80.053	1	地级行政区	70.638	3	46.605	3
省级行政区	83.130	2	67.563	2	县级行政区	41.588	4	32.398	4

表 6-8　各省区市的原食药监局、消协和媒体食品安全监管信息透明度得分

评价目标	原食药监局得分	排名	评价目标	消协得分	排名	评价目标	媒体得分	排名
国家	95.416	1	重庆	94.335	1	北京	88.928	1
重庆	95.310	2	天津	88.980	2	江西	81.250	2
北京	94.580	3	北京	88.385	3	江苏	80.555	3
天津	92.970	4	上海	86.300	4	辽宁	80.520	4
上海	92.590	5	原国家食药监局	80.053	5	上海	78.663	5
陕西	83.578	6	广东	73.318	6	福建	78.035	6
广东	79.695	7	安徽	73.263	7	内蒙古	77.480	7
安徽	74.935	8	湖北	56.325	8	重庆	77.135	8
云南	74.548	9	江苏	50.528	9	贵州	76.785	9
江苏	69.640	10	陕西	49.840	10	四川	75.655	10
甘肃	67.088	11	宁夏	49.390	11	原国家食药监局	75.005	11
内蒙古	63.788	12	青海	47.750	12	云南	74.065	12
青海	63.238	13	浙江	43.298	13	陕西	73.438	13
山东	61.918	14	内蒙古	41.708	14	安徽	70.850	14
河南	61.690	15	甘肃	40.230	15	湖北	66.570	15
湖北	59.603	16	辽宁	39.210	16	宁夏	64.213	16
宁夏	59.520	17	黑龙江	38.723	17	青海	63.690	17
广西	59.045	18	广西	37.623	18	广东	62.533	18

续表

评价目标	原食药监局得分	排名	评价目标	消协得分	排名	评价目标	媒体得分	排名
湖南	56.573	19	吉林	37.608	19	海南	62.500	19
辽宁	55.655	20	湖南	35.818	20	山西	59.920	20
吉林	55.375	21	海南	34.480	21	吉林	59.755	21
福建	53.015	22	河北	33.963	22	天津	58.163	22
浙江	50.233	23	福建	33.213	23	甘肃	54.763	23
河北	49.678	24	山东	32.605	24	河南	53.035	24
四川	44.925	25	山西	31.733	25	山东	52.305	25
贵州	44.355	26	云南	31.318	26	湖南	46.555	26
黑龙江	43.485	27	河南	30.453	27	广西	40.855	27
山西	38.590	28	四川	29.903	28	黑龙江	38.508	28
海南	35.975	29	新疆	27.768	29	浙江	36.793	29
江西	34.888	30	贵州	26.328	30	河北	34.353	30
西藏	32.090	31	江西	25.923	31	西藏	27.975	31
新疆	32.090	32	西藏	24.998	32	新疆	26.530	32

注：由于对原国家食药监局和消协的调查采样只选取了原国家食药监局、中国消协，而直辖市的原食药监局和消协也只选取省级机构，因此，原国家食药监局和直辖市的原食药监局和消协食品安全监管信息透明度得分偏高

由表 6-5 可知，原食药监局的食品安全监管信息透明度为较差水平的 57.455 分但基本达到合格水平，消协的食品安全监管信息透明度为较差水平的 40.895 分，媒体的食品安全监管信息透明度为一般水平的 66.675 分，整体的食品安全监管信息透明度为较差水平的 56.975 分但基本达到合格水平。这也反映了目前我国整体的食品安全监管信息透明度整体较差但基本达到合格水平，媒体、消协和原食药监局的食品安全监管信息透明度工作均存在一定程度上的缺位。

由表 6-6 可知，随着行政级别下移，原食药监局和消协的食品安全监管信息透明度呈下降趋势。实际情况为，随着行政级别下移，原食药监局、消协的食品安全监管信息透明度降低，这与北京大学公众参与研究

与支持中心的调研结果相一致（王逸吟，2016）。不同行政级别的原食药监局的食品安全监管信息透明度由好下降到较差，其中原县级食药监局的食品安全监管信息透明度未合格，问题较为突出；不同行政级别消协的食品安全监管信息透明度由较好下降到较差，且地级和县级消协的食品安全监管信息透明度均未合格，其中县级消协问题最为突出。

由表 6-7 可知，消协食品安全监管信息透明度得分均低于原食药监局，此外，新疆、西藏、江西、海南、山西得分最低，其各级原食药监局机构设置不完善，基本无法获取食品安全监管信息。实际情况为，原食药监局的食品安全监管信息透明度高于消协，但其各省份的原食药监局机构设置并不完善，部分省份的地级市和县级市尚未设立食药监局，食品安全监管信息透明度工作存在一定程度上缺位。同样，各级消协的组织设置和监管信息透明度工作存在类似问题。

另外，由表 6-7 可知，只有 18 个省区市的媒体食品安全监管信息透明度合格，合格率为 58.065%，而将媒体与原食药监局、消协比较发现，仅有 20 个省区市媒体的食品安全监管信息透明度得分均高于原食药监局和消协的食品安全监管信息透明度得分，占比为 64.516%。实际情况为，仅有部分省区市媒体的食品安全监管信息透明度得分均高于原食药监局和消协食品安全监管信息透明度得分，反映出部分省份媒体并未充分发挥其食品安全监管功能，其监管信息透明度有待进一步提高。

本部分构建了食品安全监管信息透明度指标体系，基于对 1 651 个食品安全监管主体调查采样所获取的数据，借助网络层次分析–模糊综合评价模型，评价出原食药监局、消协、媒体和整体食品安全监管信息透明度水平，进而初步研发出“我国食品安全监管信息透明度指数”。研究结论如下：我国食品安全监管信息透明度整体较差，其中媒体食品安全监管信息透明度最高，其次依次为原食药监局和消协；随着行政级别下移，原食药监局和消协食品安全监管信息透明度不断降低；部分省份的原食药监局机构设置不完善、信息透明工作存在一定程度上的缺位，其原县级食药监局问题最为突出，而且各级消协存在类似问题；媒体未充分发挥食品安全监管功能，而且在食品安全法律法规宣传、食品安全标准和知识宣传方面工作不足。

6.5 我国食品安全监管信息透明度评价

6.5.1 我国食品安全监管信息透明度整体得分和评价

根据采集的数据，综合食品安全监管信息透明度各项指标的权重，得到原国家食药监局及各省区市原食药监局的食品安全监管信息透明度得分及排名如表 6-9 所示。

表 6-9 原国家食药监局及各省区市原食药监局的食品安全监管信息透明度得分及排名

原国家食药监局及各省区市原食药监局	得分	排名	原国家食药监局及各省区市原食药监局	得分	排名	原国家食药监局及各省区市原食药监局	得分	排名
国家	89.784	1	湖北	61.144	12	河南	47.232	23
重庆	88.036	2	云南	59.013	13	海南	46.007	24
北京	87.208	3	福建	58.155	14	湖南	45.220	25
上海	86.149	4	青海	58.112	15	山西	45.175	26
天津	81.170	5	宁夏	57.912	16	广西	43.429	27
广东	78.137	6	四川	53.389	17	浙江	41.135	28
安徽	69.451	7	贵州	53.218	18	黑龙江	39.799	29
江苏	69.223	8	江西	52.764	19	河北	37.504	30
陕西	66.692	9	甘肃	52.431	20	新疆	31.572	31
内蒙古	63.157	10	吉林	50.432	21	西藏	27.883	32
辽宁	62.000	11	山东	47.475	22			

6.5.2 原国家食药监局食品安全监管信息透明度得分和评价

原国家食药监局食品安全监管信息透明度总得分为 89.784 分，排在第 1 位。原国家食药监局食品安全监管信息透明度的各个指标信息透明情况如下。

（1）在评价原国家食药监局食品安全监管信息透明度的 44 个指标中，

达到“好”水平的指标有 26 个（表 6-10）。

表 6-10　原国家食药监局食品安全监管信息透明度指标中达到“好”水平的指标

“好”水平指标		
监管信息公开指南信息	监管信息公开目录	监管重点信息
食品安全标准信息	食品安全风险警示信息	食品安全问题行政处罚信息
监管组织结构及人员构成信息	消协监管组织结构及人员构成信息	事故处置组织指挥体系与职责信息
预防预警机制信息	食品安全事故分级信息	应急保障措施信息
事故调查处置信息	抽检对象信息	抽检合格情况信息
抽检不合格情况信息	监管信息公开管理机制信息	监管信息公开年度报告
监管责任制信息	消协监管制度信息	处置程序信息
消协社会监督职能信息	消协监管信息公开年度报告	消协食品安全信息平台完善度及运行情况
消协监管信息公开管理机制信息	食品安全报道的真实性和公正性	

（2）在评价原国家食药监局食品安全监管信息透明度的 44 个指标中，达到“较好”水平的指标有 11 个（表 6-11）。

表 6-11　原国家食药监局食品安全监管信息透明度指标中达到“较好”水平的指标

“较好”水平指标		
食品安全总体情况信息	食品检验机构资质认定信息	食品安全复检机构名录信息
生产和经营许可名录信息	企业质量体系认证制度信息	食品安全信用档案信息
举报处理信息	监管考核制度信息	消协监管考核信息
消协监管责任制信息	媒体社会监督职能信息	

（3）在评价原国家食药监局食品安全监管信息透明度的 44 个指标中，达到“一般”水平的指标有 4 个（表 6-12）。

表 6-12　原国家食药监局食品安全监管信息透明度指标中达到“一般”水平的指标

“一般”水平指标	
食品安全事故报道	食品安全事故跟踪报道
食品安全法律法规宣传	食品安全标准和知识宣传

食品安全事故报道、食品安全事故跟踪报道、食品安全法律法规宣传、食品安全标准和知识宣传4个指标属于原国家食药监局媒体应进行公布的信息。然而，在数据采集中发现，原国家食药监局媒体对食品安全监管信息的公开较为及时，但信息相对分散、持续性不足，不便于公众及时获取食品安全监管信息。因此，将上述 4 个指标的得分判定为“一般”。另外，从上述 4 个指标的得分可知，原国家食药监局媒体在执行《食品安全法》第十条方面不够到位。

（4）在评价原国家食药监局食品安全监管信息透明度的44个指标中，达到“较差”水平的指标有3个（表6-13）。

表 6-13 原国家食药监局食品安全监管信息透明度指标中达到“较差”水平的指标

“较差”水平指标		
诚信建设标准信息	诚信企业或品牌名录信息	非诚信企业或品牌名录信息

诚信建设标准信息、诚信企业或品牌名录信息、非诚信企业或品牌名录信息3个指标属于原国家食药监局消协应公布的信息。然而，在数据采集中发现，这些信息在原国家食药监局各级消协网站上，尤其是县级消协网站上相对分散，信息更新滞后，不便于公众查询，而且存在一定信息缺失现象。因此，将上述3个指标的得分判定为“较差”。另外，从上述3个指标的得分可知，原国家食药监局消协在执行《食品安全法》第十条方面不够到位。

6.5.3 原重庆市食药监局食品安全监管信息透明度得分和评价

原重庆市食药监局食品安全监管信息透明度总得分为 88.036 分，排在第2位。原重庆市食药监局食品安全监管信息透明度的各个指标信息透明情况如下。

（1）在评价原重庆市食药监局食品安全监管信息透明度的 44 个指标中，达到“好”水平的指标有30个（表6-14）。

表 6-14　原重庆市食药监局食品安全监管信息透明度指标中达到“好”水平的指标

“好”水平指标		
监管信息公开指南信息	监管信息公开目录	食品安全标准信息
食品安全风险警示信息	食品安全问题行政处罚信息	消协监管制度信息
食品安全复检机构名录信息	监管信息公开管理机制信息	监管组织结构及人员构成信息
食品安全事故分级信息	消协监管责任制信息	预防预警机制信息
处置程序信息	应急保障措施信息	事故调查处置信息
抽检对象信息	抽检合格情况信息	抽检不合格情况信息
生产和经营许可名录信息	监管信息公开年度报告	举报处理信息
食品检验机构资质认定信息	消协监管组织结构及人员构成信息	诚信企业或品牌名录信息
诚信建设标准信息	非诚信企业或品牌名录信息	消协社会监督职能信息
事故处置组织指挥体系与职责信息	消协食品安全信息平台完善度及运行情况	食品安全报道的真实性和公正性

（2）在评价原重庆市食药监局食品安全监管信息透明度的 44 个指标中，达到“较好”水平的指标有 13 个（表 6-15）。

表 6-15　原重庆市食药监局食品安全监管信息透明度指标中达到“较好”水平的指标

“较好”水平指标		
食品安全总体情况信息	监管重点信息	企业质量体系认证制度信息
食品安全信用档案信息	监管责任制信息	监管考核制度信息
消协监管考核信息	消协监管信息公开年度报告	消协监管信息公开管理机制信息
食品安全事故报道	媒体社会监督职能信息	食品安全法律法规宣传
食品安全标准和知识宣传		

（3）在评价原重庆市食药监局食品安全监管信息透明度的 44 个指标中，达到“一般”水平的指标有 1 个（表 6-16）。

表 6-16　原重庆市食药监局食品安全监管信息透明度指标中达到“一般”水平的指标

“一般”水平指标
食品安全事故跟踪报道

以上 1 个指标属于重庆媒体应进行公布的信息。然而，在数据采集中发现，重庆媒体对食品安全监管信息的公开不够及时，而且信息分散、持续性不足，公众获取食品安全监管信息较为困难。

另外，从上述 1 个指标的得分可知，重庆媒体在执行《食品安全法》第十条方面不够到位。

6.5.4　原北京市食药监局食品安全监管信息透明度得分和评价

原北京市食药监局食品安全监管信息透明度总得分为 87.208 分，排在第 3 位。原北京市食药监局食品安全监管信息透明度的各个指标信息透明情况如下。

（1）在评价原北京市食药监局食品安全监管信息透明度的 44 个指标中，达到“好”水平的指标有 28 个（表 6-17）。

表 6-17　原北京市食药监局食品安全监管信息透明度指标中达到“好”水平的指标

“好”水平指标			
食品安全事故报道	食品安全标准信息	食品安全风险警示信息	食品安全问题行政处罚信息
食品检验机构资质认定信息	食品安全复检机构名录信息	生产和经营许可名录信息	企业质量体系认证制度信息
监管组织结构及人员构成信息	食品安全事故分级信息	事故处置组织指挥体系与职责信息	预防预警机制信息
处置程序信息	应急保障措施信息	事故调查处置信息	抽检对象信息
抽检合格情况信息	抽检不合格情况信息	监管信息公开管理机制信息	监管责任制信息
监管考核制度信息	消协监管制度信息	消协监管组织结构及人员构成信息	消协社会监督职能信息
消协监管信息公开年度报告	消协监管信息公开管理机制信息	消协食品安全信息平台完善度及运行情况	食品安全报道的真实性和公正性

（2）在评价原北京市食药监局食品安全监管信息透明度的 44 个指标中，达到“较好”水平的指标有 11 个（表 6-18）。

表 6-18　原北京市食药监局食品安全监管信息透明度指标中达到“较好”水平的指标

“较好”水平指标		
食品安全事故报道	食品安全标准和知识宣传	诚信企业或品牌名录信息
食品安全事故跟踪报道	诚信建设标准信息	非诚信企业或品牌名录信息
媒体社会监督职能信息	消协监管考核信息	消协监管责任制信息
食品安全法律法规宣传	举报处理信息	

（3）在评价原北京市食药监局食品安全监管信息透明度的 44 个指标中，达到“较差”水平的指标有 5 个（表 6-19）。

表 6-19　原北京市食药监局食品安全监管信息透明度指标中达到“较差”水平的指标

“较差”水平指标		
食品安全总体情况信息	监管信息公开目录	食品安全信用档案信息
监管信息公开指南信息	监管重点信息	

食品安全总体情况信息、监管信息公开指南信息、监管信息公开目录、监管重点信息、食品安全信用档案信息 5 个指标属于原北京市食药监局应公布的信息。然而，在数据采集中发现，这些信息在原北京市各级食药监局网站上，尤其是原县级食药监局网站上相对分散，不便于公众查询，而且存在一定信息缺失现象。因此，将上述 5 个指标的得分判定为“较差”。

另外，从上述 5 个指标的得分可知，原北京市食药监局在执行《食品安全法》的第一百条第四款、第一百一十三条、第一百一十四条、第一百一十八条方面不够到位。

6.5.5　原上海市食药监局食品安全监管信息透明度得分和评价

原上海市食药监局食品安全监管信息透明度总得分为 86.149 分，排在第4位。原上海市食药监局食品安全监管信息透明度的各个指标信息透明情况如下。

（1）在评价原上海市食药监局食品安全监管信息透明度的 44 个指标中，达到“好”水平的指标有25个（表6-20）。

表6-20　原上海市食药监局食品安全监管信息透明度指标中达到“好”水平的指标

<table>
<tr><th colspan="3">“好”水平指标</th></tr>
<tr><td>事故处置组织指挥体系与职责信息</td><td>监管组织结构及人员构成信息</td><td>消协监管组织结构及人员构成信息</td></tr>
<tr><td>监管信息公开目录</td><td>应急保障措施信息</td><td>消协监管考核信息</td></tr>
<tr><td>食品安全标准信息</td><td>事故调查处置信息</td><td>消协社会监督职能信息</td></tr>
<tr><td>食品安全风险警示信息</td><td>抽检对象信息</td><td>消协监管信息公开年度报告</td></tr>
<tr><td>食品安全问题行政处罚信息</td><td>抽检合格情况信息</td><td>消协监管责任制信息</td></tr>
<tr><td>处置程序信息</td><td>抽检不合格情况信息</td><td rowspan="2">消协食品安全信息平台完善度及运行情况</td></tr>
<tr><td>食品安全事故分级信息</td><td>监管信息公开管理机制信息</td></tr>
<tr><td>监管信息公开指南信息</td><td>监管责任制信息</td><td rowspan="2">食品安全报道的真实性和公正性</td></tr>
<tr><td>预防预警机制信息</td><td>监管考核制度信息</td></tr>
</table>

（2）在评价原上海市食药监局食品安全监管信息透明度的 44 个指标中，达到“较好”水平的指标有17个（表6-21）。

表6-21　原上海市食药监局食品安全监管信息透明度指标中达到“较好”水平的指标

<table>
<tr><th colspan="3">“较好”水平指标</th></tr>
<tr><td>食品检验机构资质认定信息</td><td>举报处理信息</td><td>消协监管信息公开管理机制信息</td></tr>
<tr><td>食品安全复检机构名录信息</td><td>消协监管制度信息</td><td>食品安全事故报道</td></tr>
<tr><td>生产和经营许可名录信息</td><td>诚信建设标准信息</td><td>食品安全事故跟踪报道</td></tr>
<tr><td>企业质量体系认证制度信息</td><td>诚信企业或品牌名录信息</td><td>媒体社会监督职能信息</td></tr>
<tr><td>食品安全信用档案信息</td><td rowspan="2">非诚信企业或品牌名录信息</td><td>食品安全法律法规宣传</td></tr>
<tr><td>监管信息公开年度报告</td><td>食品安全标准和知识宣传</td></tr>
</table>

（3）在评价原上海市食药监局食品安全监管信息透明度的 44 个指标中，达到“较差”水平的指标有2个（表6-22）。

表 6-22 原上海市食药监局食品安全监管信息透明度指标中达到“较差”水平的指标

“较差”水平指标	
食品安全总体情况信息	监管重点信息

以上 2 个指标均属于原上海市食药监局应进行公布的信息。然而，在数据采集中发现，这些信息在原上海市各级食药监局网站上，尤其是原县级食药监局网站上相对分散，不便于公众查询，而且存在一定信息缺失现象。因此，将上述 2 个指标的得分判定为“较差”。

另外，从上述 2 个指标的得分可知，原上海市食药监局在执行《食品安全法》第七十四条、第一百零九条、第一百一十八条方面不够到位。

6.5.6 原天津市食药监局食品安全监管信息透明度得分和评价

原天津市食药监局食品安全监管信息透明度总得分为 81.170 分，排在第 5 位。原天津市食药监局食品安全监管信息透明度的各个指标信息透明情况如下。

（1）在评价原天津市食药监局食品安全监管信息透明度的 44 个指标中，达到“好”水平的指标有 25 个（表 6-23）。

表 6-23 原天津市食药监局食品安全监管信息透明度指标中达到“好”水平的指标

<table>
<tr><th colspan="3">“好”水平指标</th></tr>
<tr><td>监管信息公开指南信息</td><td>抽检对象信息</td><td>监管考核制度信息</td></tr>
<tr><td>监管信息公开目录</td><td>预防预警机制信息</td><td>消协社会监督职能信息</td></tr>
<tr><td>食品安全标准信息</td><td>处置程序信息</td><td>诚信建设标准信息</td></tr>
<tr><td>食品安全风险警示信息</td><td>应急保障措施信息</td><td>诚信企业或品牌名录信息</td></tr>
<tr><td>食品安全问题行政处罚信息</td><td>事故调查处置信息</td><td>非诚信企业或品牌名录信息</td></tr>
<tr><td>食品检验机构资质认定信息</td><td>事故处置组织指挥体系与职责信息</td><td rowspan="2">消协监管组织结构及人员构成信息</td></tr>
<tr><td>食品安全复检机构名录信息</td><td>监管组织结构及人员构成信息</td></tr>
<tr><td>抽检合格情况信息</td><td>抽检不合格情况信息</td><td rowspan="2">消协食品安全信息平台完善度及运行情况</td></tr>
<tr><td>食品安全事故分级信息</td><td>监管责任制信息</td></tr>
</table>

（2）在评价原天津市食药监局食品安全监管信息透明度的 44 个指标中，达到“较好”水平的指标有 12 个（表 6-24）。

表 6-24 原天津市食药监局食品安全监管信息透明度指标中达到“较好”水平的指标

“较好”水平指标		
监管重点信息	举报处理信息	消协监管考核信息
生产和经营许可名录信息	监管信息公开年度报告	消协监管信息公开年度报告
企业质量体系认证制度信息	监管信息公开管理机制信息	消协监管信息公开管理机制信息
食品安全信用档案信息	消协监管制度信息	消协监管责任制信息

（3）在评价原天津市食药监局食品安全监管信息透明度的 44 个指标中，达到“一般”水平的指标有 1 个（表 6-25）。

表 6-25 原天津市食药监局食品安全监管信息透明度指标中达到“一般”水平的指标

“一般”水平指标
食品安全报道的真实性和公正性

以上 1 个指标属于天津媒体应进行公布的信息。然而，在数据采集中发现，天津媒体对食品安全监管信息的公开较为及时，但信息相对分散、持续性不足，不便于公众及时获取食品安全监管信息。

另外，从上述 1 个指标的得分可知，天津媒体在执行《食品安全法》第十条方面不够到位。

（4）在评价原天津市食药监局食品安全监管信息透明度的 44 个指标中，达到“较差”水平的指标有 6 个（表 6-26）。

表 6-26 原天津市食药监局食品安全监管信息透明度指标中达到“较差”水平的指标

“较差”水平指标	
食品安全总体情况信息	媒体社会监督职能信息
食品安全事故报道	食品安全法律法规宣传
食品安全事故跟踪报道	食品安全标准和知识宣传

食品安全总体情况信息属于原天津市食药监局应公布的信息。然而，在数据采集中发现，这些信息在原天津各级食药监局网站上，尤其是原县级食药监局网站上相对分散，不便于公众查询，而且存在一定信息缺失现象。因此，将上述 1 个指标的得分判定为“较差”。

食品安全事故报道、食品安全事故跟踪报道、媒体社会监督职能信息、食品安全法律法规宣传、食品安全标准和知识宣传 5 个指标属于天津市媒体应公布的信息。然而，在数据采集中发现，天津媒体对食品安全监管信息的公开不够及时，而且信息分散、持续性不足，公众获取食品安全监管信息较为困难。因此，将上述 5 个指标的得分判定为“较差”。

另外，从上述 6 个指标的得分得知，原天津市食药监局和媒体在执行《食品安全法》第十条、第一百一十八条方面不够到位。

6.5.7　原广东省食药监局食品安全监管信息透明度得分和评价

原广东省食药监局食品安全监管信息透明度总得分为 78.137 分，排在第 6 位。原广东省食药监局食品安全监管信息透明度的各个指标信息透明情况如下。

（1）在评价原广东省食药监局食品安全监管信息透明度的 44 个指标中，达到“好”水平的指标有 8 个（表 6-27）。

表 6-27　原广东省食药监局食品安全监管信息透明度指标中达到“好”水平的指标

“好”水平指标		
食品安全总体情况信息	监管重点信息	抽检对象信息
监管信息公开指南信息	食品安全标准信息	监管组织结构及人员构成信息
监管信息公开目录	食品安全风险警示信息	

（2）在评价原广东省食药监局食品安全监管信息透明度的 44 个指标中，达到“较好”水平的指标有 14 个（表 6-28）。

表 6-28 原广东省食药监局食品安全监管信息透明度指标中达到“较好”水平的指标

“较好”水平指标		
食品安全问题行政处罚信息	事故处置组织指挥体系与职责信息	监管信息公开年度报告
食品检验机构资质认定信息	预防预警机制信息	消协监管制度信息
生产和经营许可名录信息	抽检合格情况信息	食品安全事故报道
企业质量体系认证制度信息	抽检不合格情况信息	食品安全报道的真实性和公正性
食品安全事故分级信息	监管信息公开管理机制信息	

（3）在评价原广东省食药监局食品安全监管信息透明度的 44 个指标中，达到“一般”水平的指标有 18 个（表 6-29）。

表 6-29 原广东省食药监局食品安全监管信息透明度指标中达到“一般”水平的指标

“一般”水平指标		
食品安全信用档案信息	消协监管组织结构及人员构成信息	消协监管信息公开年度报告
处置程序信息	消协监管考核信息	消协监管信息公开管理机制信息
应急保障措施信息	诚信建设标准信息	消协监管责任制信息
事故调查处置信息	诚信企业或品牌名录信息	消协食品安全信息平台完善度及运行情况
监管责任制信息	非诚信企业或品牌名录信息	食品安全法律法规宣传
监管考核制度信息	消协社会监督职能信息	食品安全标准和知识宣传

食品安全信用档案信息、处置程序信息、应急保障措施信息、事故调查处置信息、监管责任制信息、监管考核制度信息 6 个指标均属于原广东省食药监局应进行公布的信息。然而，在数据采集中发现，这些信息在原广东省各级食药监局网站上，尤其是原县级食药监局网站上相对分散，信息更新滞后，不便于公众查询。因此，将上述 6 个指标的得分判定为“一般”。

消协监管组织结构及人员构成信息、消协监管考核信息、诚信建设标准信息、诚信企业或品牌名录信息、非诚信企业或品牌名录信息、消协社会监督职能信息、消协监管信息公开年度报告、消协监管信息公开管理机制信息、消协监管责任制信息、消协食品安全信息平台完善度及运行情况 10 个指标均属于广东消协应进行公布的信息。然而，在数据采集中发现，这些信息在广东各级消协网站上，尤其是县级消协网站上相对分散，信息更新滞后，不便于公众查询。因此，将上述 10 个指标的得分判定为“一般”。

食品安全法律法规宣传、食品安全标准和知识宣传 2 个指标属于广东媒体应进行公布的信息。然而，在数据采集中发现，广东媒体对食品安全监管信息的公开不够及时，而且信息分散、持续性不足，公众获取食品安全监管信息较为困难。因此，将上述 2 个指标的得分判定为“一般”。

另外，从上述 18 个指标的得分可知，原广东省食药监局、消协和媒体在执行《食品安全法》第七条、第十条、第六十三条、第八十六条、第一百条第四款、第一百零一条、第一百零二条、第一百零三条、第一百零五条、第一百零六条、第一百零七条、第一百零八条、第一百一十三条、第一百一十四条、第一百一十六条、第一百一十七条方面不够到位。

（4）在评价原广东省食药监局食品安全监管信息透明度的 44 个指标中，达到“较差”水平的指标有 4 个（表 6-30）。

表 6-30　原广东省食药监局食品安全监管信息透明度指标中达到“较差”水平的指标

“较差”水平指标	
食品安全复检机构名录信息	食品安全事故跟踪报道
举报处理信息	媒体社会监督职能信息

食品安全复检机构名录信息、举报处理信息这 2 个指标属于原广东省食药监局应公布的信息。然而，在数据采集中发现，这些信息在原广东省各级食药监局网站上，尤其是原县级食药监局网站上相对分散，不便于公众查询，而且存在一定信息缺失现象。因此，将上述 2 个指标的得分判定为“较差”。

食品安全事故跟踪报道、媒体社会监督职能信息 2 个指标属于广东媒体应进行公布的信息。然而，在数据采集中发现，广东媒体对食品安全监管信息的公开不够及时，而且信息分散、持续性不足，公众获取食品安全监管信息较为困难。因此，将上述 2 个指标的得分判定为“较差”。

另外，从上述 4 个指标的得分可知，原广东省食药监局和媒体在执行《食品安全法》第十条、第八十六条、第一百零九条、第一百一十条、第一百一十五条、第一百一十六条方面不够到位。

6.5.8 原安徽省食药监局食品安全监管信息透明度得分和评价

原安徽省食药监局食品安全监管信息透明度总得分为 69.451 分，排在第 7 位。原安徽省食药监局食品安全监管信息透明度的各个指标信息透明情况如下。

（1）在评价原安徽省食药监局食品安全监管信息透明度的 44 个指标中，达到“好”水平的指标有 4 个（表 6-31）。

表 6-31 原安徽省食药监局食品安全监管信息透明度指标中达到“好”水平的指标

“好”水平指标	
食品安全事故跟踪报道	食品安全法律法规宣传
媒体社会监督职能信息	食品安全标准和知识宣传

（2）在评价原安徽省食药监局食品安全监管信息透明度的 44 个指标中，达到“较好”水平的指标有 20 个（表 6-32）。

表 6-32 原安徽省食药监局食品安全监管信息透明度指标中达到“较好”水平的指标

“较好”水平指标			
食品安全总体情况信息	食品安全问题行政处罚信息	抽检对象信息	消协监管制度信息
监管信息公开指南信息	生产和经营许可名录信息	抽检合格情况信息	消协监管组织结构及人员构成信息
监管信息公开目录	监管组织结构及人员构成信息	抽检不合格情况信息	诚信建设标准信息
监管重点信息	应急保障措施信息	监管信息公开管理机制信息	消协社会监督职能信息
食品安全风险警示信息	抽检对象信息	监管信息公开年度报告	食品安全事故报道

（3）在评价原安徽省食药监局食品安全监管信息透明度的 44 个指标中，达到“一般”水平的指标有 16 个（表 6-33）。

表 6-33　原安徽省食药监局食品安全监管信息透明度指标中达到“一般”水平的指标

“一般”水平指标	
食品安全标准信息	食品安全信用档案信息
食品检验机构资质认定信息	预防预警机制信息
食品安全复检机构名录信息	处置程序信息
企业质量体系认证制度信息	监管责任制信息
食品安全信用档案信息	监管考核制度信息
事故调查处置信息	消协监管考核信息
消协监管责任制信息	诚信企业或品牌名录信息
非诚信企业或品牌名录信息	食品安全报道的真实性和公正性

食品安全标准信息、食品检验机构资质认定信息、食品安全复检机构名录信息、企业质量体系认证制度信息、食品安全信用档案信息、事故调查处置信息、食品安全信用档案信息、预防预警机制信息、处置程序信息、监管责任制信息、监管考核制度信息 11 个指标属于原安徽省食药监局应公布的信息。然而，在数据采集中发现，这些信息在安徽省各级食药监局网站上，尤其是原县级食药监局网站上相对分散，信息更新滞后，不便于公众查询。因此，将上述 11 个指标的得分判定为“一般”。

消协监管责任制信息、诚信企业或品牌名录信息、非诚信企业或品牌名录信息、消协监管考核信息 4 个指标属于安徽消协应公布的信息。然而，在数据采集中发现，这些信息在安徽各级消协网站上，尤其是县级消协网站上相对分散，信息更新滞后，不便于公众查询。因此，将上述 4 个指标的得分判定为“一般”。

食品安全报道的真实性和公正性指标属于安徽媒体应公布的信息。然而，在数据采集中发现，安徽媒体对食品安全监管信息的公开较为及时，但信息相对分散、持续性不足，不便于公众及时获取食品安全监管信息。因此，将上述 1 个指标的得分判定为“一般”。

另外，从上述 16 个指标的得分可知，原安徽省食药监局、消协和媒体在执行《食品安全法》第七条、第九条、第十条、第二十四条、第二十六条、第二十七条、第二十八条、第三十一条、第三十五条、第六十二条、

第六十三条、第八十六条、第一百条第四款、第一百零一条、第一百零二条、第一百零三条、第一百零五条、第一百零六条、第一百零七条、第一百零八条、第一百零九条、第一百一十条、第一百一十三条、第一百一十四条、第一百一十六条、第一百一十七条方面不够到位。

（4）在评价原安徽省食药监局食品安全监管信息透明度的 44 个指标中，达到“较差”水平的指标有 4 个（表 6-34）。

表 6-34　原安徽省食药监局食品安全监管信息透明度指标中达到“较差”水平的指标

“较差”水平指标	
食品安全事故分级信息	消协监管信息公开年度报告
消协食品安全信息平台完善度及运行情况	消协监管信息公开管理机制信息

食品安全事故分级信息属于原安徽省食药监局应公布的信息。然而，在数据采集中发现，这些信息在原安徽省各级食药监局网站上，尤其是原县级食药监局网站上相对分散，不便于公众查询，而且存在一定信息缺失现象。因此，将上述 1 个指标的得分判定为“较差”。

消协监管信息公开年度报告、消协监管信息公开管理机制信息、消协食品安全信息平台完善度及运行情况 3 个指标属于安徽消协应公布的信息。然而，在数据采集中发现，这些信息在安徽各级消协网站上，尤其是县级消协网站上相对分散，信息更新滞后，不便于公众查询，而且存在一定信息缺失现象。因此，将上述 3 个指标的得分判定为“较差”。

另外，从上述 4 个指标的得分可知，原安徽省食药监局和消协在执行《食品安全法》第十条、第一百零一条、第一百零二条方面不够到位。

6.5.9　原江苏省食药监局食品安全监管信息透明度得分和评价

原江苏省食药监局食品安全监管信息透明度总得分为 69.223 分，排在第 8 位。原江苏省食药监局食品安全监管信息透明度的各个指标信息透明情况如下。

（1）在评价原江苏省食药监局食品安全监管信息透明度的 44 个指标中，达到“好”水平的指标有 1 个（表 6-35）。

表 6-35　原江苏省食药监局食品安全监管信息透明度指标中达到“好”水平的指标

“好”水平指标
食品安全事故报道

（2）在评价原江苏省食药监局食品安全监管信息透明度的 44 个指标中，达到“较好”水平的指标有 9 个（表 6-36）。

表 6-36　原江苏省食药监局食品安全监管信息透明度指标中达到“较好”水平的指标

“较好”水平指标		
抽检对象信息	抽检合格情况信息	抽检不合格情况信息
监管信息公开年度报告	食品安全事故跟踪报道	食品安全报道的真实性和公正性
媒体社会监督职能信息	食品安全法律法规宣传	食品安全标准和知识宣传

（3）在评价原江苏省食药监局食品安全监管信息透明度的 44 个指标中，达到“一般”水平的指标有 20 个（表 6-37）。

表 6-37　原江苏省食药监局食品安全监管信息透明度指标中达到“一般”水平的指标

<table>
<tr><th colspan="3">“一般”水平指标</th></tr>
<tr><td>食品安全总体情况信息</td><td>监管信息公开指南信息</td><td>监管信息公开目录</td></tr>
<tr><td>监管重点信息</td><td>食品安全标准信息</td><td>食品安全风险警示信息</td></tr>
<tr><td>食品安全问题行政处罚信息</td><td>生产和经营许可名录信息</td><td>企业质量体系认证制度信息</td></tr>
<tr><td>监管组织结构及人员构成信息</td><td>食品安全信用档案信息</td><td>举报处理信息</td></tr>
<tr><td>预防预警机制信息</td><td>处置程序信息</td><td>应急保障措施信息</td></tr>
<tr><td>事故调查处置信息</td><td>监管信息公开管理机制信息</td><td rowspan="2">事故处置组织指挥体系与职责信息</td></tr>
<tr><td>监管责任制信息</td><td>监管考核制度信息</td></tr>
</table>

以上 20 个指标均属于原江苏省食药监局应进行公布的信息。然而，在数据采集中发现，这些信息在原江苏省各级食药监局网站上，尤其是原县级食药监局网站上相对分散，信息更新滞后，不便于公众查询。因此，将上述 20 个指标的得分判定为“一般”。

另外，从上述 20 个指标的得分可知，原江苏省食药监局在执行《食品安全法》第七条、第十四条、第十七条、第二十二条、第二十四条、第二十六条、第二十七条、第二十八条、第三十一条、第六十三条、第七十四条、第八十四条、第八十六条、第八十八条、第一百条第四款、第一百零一条、第一百零二条、第一百零三条、第一百零五条、第一百零六条、第一百零七条、第一百零八条、第一百零九条、第一百一十三条、第一百一十四条、第一百一十五条、第一百一十六条、第一百一十七条、第一百一十八条方面不够到位。

（4）在评价原江苏省食药监局食品安全监管信息透明度的 44 个指标中，达到“较差”水平的指标有 14 个（表 6-38）。

表 6-38 原江苏省食药监局食品安全监管信息透明度指标中达到“较差”水平的指标

“较差”水平指标		
食品检验机构资质认定信息	食品安全复检机构名录信息	食品安全事故分级信息
消协监管制度信息	消协监管责任制信息	消协监管考核信息
诚信建设标准信息	诚信企业或品牌名录信息	非诚信企业或品牌名录信息
消协社会监督职能信息	消协监管信息公开年度报告	消协食品安全信息平台完善度及运行情况
消协监管组织结构及人员构成信息	消协监管信息公开管理机制信息	

食品检验机构资质认定信息、食品安全复检机构名录信息、食品安全事故分级信息 3 个指标属于原江苏省食药监局应公布的信息。然而，在数据采集中发现，这些信息在原江苏省各级食药监局网站上，尤其是原县级食药监局网站上相对分散，不便于公众查询，而且存在一定信息缺失现象。因此，将上述 3 个指标的得分判定为“较差”。

消协监管制度信息、消协监管组织结构及人员构成信息、诚信建设标准信息、诚信企业或品牌名录信息、消协社会监督职能信息、消协监管信息公开年度报告、消协监管责任制信息、消协监管信息公开管理机制信息、消协监管考核信息、非诚信企业或品牌名录信息、消协食品安全信息平台完善度及运行情况 11 个指标属于江苏消协应进行公布的信息。然而，在数据采集中发现，江苏众多消协尚未建立官方网站，信息分散，并且存在一定信息缺失现象。因此，将上述 11 个指标的得分判定为“较差”。

另外，从上述 14 个指标的得分可知，原江苏省食药监局和消协在执行《食品安全法》第三十五条、第六十二条、第八十六条、第一百零一条、第一百零二条、第一百零九条、第一百一十条方面不够到位。

6.5.10　原陕西省食药监局食品安全监管信息透明度得分和评价

原陕西省食药监局食品安全监管信息透明度总得分为 66.692 分，排在第 9 位。原陕西省食药监局食品安全监管信息透明度的各个指标信息透明情况如下。

（1）在评价原陕西省食药监局食品安全监管信息透明度的 44 个指标中，达到“好”水平的指标有 12 个（表 6-39）。

表 6-39　原陕西省食药监局食品安全监管信息透明度指标中达到“好”水平的指标

“好”水平指标		
食品安全总体情况信息	监管信息公开指南信息	监管信息公开目录
监管重点信息	食品安全标准信息	食品安全风险警示信息
监管组织结构及人员构成信息	事故处置组织指挥体系与职责信息	预防预警机制信息
抽检对象信息	抽检合格情况信息	食品安全事故报道

（2）在评价原陕西省食药监局食品安全监管信息透明度的 44 个指标中，达到“较好”水平的指标有 14 个（表 6-40）。

表 6-40　原陕西省食药监局食品安全监管信息透明度指标中达到“较好”水平的指标

“较好”水平指标		
食品安全事故分级信息	食品检验机构资质认定信息	生产和经营许可名录信息
企业质量体系认证制度信息	食品安全问题行政处罚信息	监管信息公开管理机制信息
事故调查处置信息	抽检不合格情况信息	应急保障措施信息

续表

“较好”水平指标		
监管信息公开年度报告	举报处理信息	食品安全报道的真实性和公正性
食品安全法律法规宣传	食品安全标准和知识宣传	

（3）在评价原陕西省食药监局食品安全监管信息透明度的 44 个指标中，达到“一般”水平的指标有 6 个（表 6-41）。

表 6-41　原陕西省食药监局食品安全监管信息透明度指标中达到“一般”水平的指标

“一般”水平指标		
食品安全信用档案信息	处置程序信息	监管责任制信息
监管考核制度信息	消协监管制度信息	媒体社会监督职能信息

食品安全信用档案信息、处置程序信息、监管责任制信息、监管考核制度信息 4 个指标属于原陕西省食药监局应进行公布的信息。然而，在数据采集中发现，这些信息在原陕西省各级食药监局网站上，尤其是原县级食药监局网站上相对分散，信息更新滞后，不便于公众查询。因此，将上述 4 个指标的得分判定为“一般”。

消协监管制度信息属于陕西消协应进行公布的信息。然而，在数据采集中发现，这些信息在陕西各级消协网站上，尤其是原县级食药监局网站上相对分散，信息更新滞后，不便于公众查询。

媒体社会监督职能信息属于陕西媒体应进行公布的信息。然而，在数据采集中发现，陕西媒体对食品安全监管信息的公开较为及时，但信息相对分散、持续性不足，不便于公众及时获取食品安全监管信息。

另外，从上述 6 个指标的得分可知，原陕西省食药监局、消协和媒体在执行《食品安全法》第七条、第九条、第十条、第八十六条、第一百条第四款、第一百零一条、第一百零二条、第一百零三条、第一百零五条、第一百零六条、第一百一十三条、第一百一十四条、第一百一十六条、第一百一十七条方面不够到位。

（4）在评价原陕西省食药监局食品安全监管信息透明度的 44 个指标中，达到“较差”水平的指标有 12 个（表 6-42）。

表 6-42　原陕西省食药监局食品安全监管信息透明度指标中达到"较差"水平的指标

"较差"水平指标		
食品安全复检机构名录信息	消协监管组织结构及人员构成信息	消协监管考核信息
诚信建设标准信息	诚信企业或品牌名录信息	非诚信企业或品牌名录信息
消协社会监督职能信息	消协监管信息公开年度报告	消协监管责任制信息
消协食品安全信息平台完善度及运行情况	消协监管信息公开管理机制信息	食品安全事故跟踪报道

食品安全复检机构名录信息 1 个指标属于原陕西省食药监局应公布的信息。然而，在数据采集中发现，这些信息在原陕西省各级食药监局网站上，尤其是原县级食药监局网站上相对分散，不便于公众查询，而且存在一定信息缺失现象。因此，将上述 1 个指标的得分判定为"较差"。

消协监管组织结构及人员构成信息、消协监管考核信息、诚信建设标准信息、诚信企业或品牌名录信息、非诚信企业或品牌名录信息、消协社会监督职能信息、消协监管信息公开年度报告、消协监管责任制信息、消协监管信息公开管理机制信息、消协食品安全信息平台完善度及运行情况 10 个指标属于陕西消协应进行公布的信息。然而，在数据采集中发现，陕西众多消协尚未建立官方网站，信息分散，并且存在一定信息缺失现象。因此，将上述 10 个指标的得分判定为"较差"。

食品安全事故跟踪报道属于陕西媒体应进行公布的信息。然而，在数据采集中发现，陕西媒体对食品安全监管信息的公开不够及时，而且信息分散、持续性不足，公众获取食品安全监管信息较为困难。

另外，从上述 12 个指标的得分可知，原陕西省食药监局、消协和媒体在执行《食品安全法》第十条、第八十六条、第一百零九条、第一百一十条方面不够到位。

6.5.11　原内蒙古自治区食药监局食品安全监管信息透明度得分和评价

原内蒙古自治区食药监局食品安全监管信息透明度总得分为 63.157

分，排在第 10 位。原内蒙古自治区食药监局食品安全监管信息透明度的各个指标信息透明情况如下。

（1）在评价原内蒙古自治区食药监局食品安全监管信息透明度的 44 个指标中，达到“好”水平的指标有 1 个（表 6-43）。

表 6-43　原内蒙古自治区食药监局食品安全监管信息透明度指标中达到“好”水平的指标

“好”水平指标
食品安全事故报道

（2）在评价原内蒙古自治区食药监局食品安全监管信息透明度的 44 个指标中，达到“较好”水平的指标有 5 个（表 6-44）。

表 6-44　原内蒙古自治区食药监局食品安全监管信息透明度指标中达到“较好”水平的指标

<table>
<tr><th colspan="3">“较好”水平指标</th></tr>
<tr><td>食品安全事故跟踪报道</td><td>媒体社会监督职能信息</td><td rowspan="2">食品安全标准和知识宣传</td></tr>
<tr><td>食品安全报道的真实性和公正性</td><td>食品安全法律法规宣传</td></tr>
</table>

（3）在评价原内蒙古自治区食药监局食品安全监管信息透明度的 44 个指标中，达到“一般”水平的指标有 16 个（表 6-45）。

表 6-45　原内蒙古自治区食药监局食品安全监管信息透明度指标中达到“一般”水平的指标

“一般”水平指标			
食品安全总体情况信息	生产和经营许可名录信息	预防预警机制信息	抽检不合格情况信息
监管重点信息	企业质量体系认证制度信息	应急保障措施信息	监管信息公开管理机制信息
食品安全风险警示信息	监管组织结构及人员构成信息	抽检对象信息	监管信息公开年度报告
食品安全问题行政处罚信息	事故处置组织指挥体系与职责信息	抽检合格情况信息	举报处理信息

以上 16 个指标均属于原内蒙古自治区食药监局应进行公布的信息。然而，在数据采集中发现，这些信息在原内蒙古自治区各级食药监局网站

上，尤其是原县级食药监局网站上相对分散，信息更新滞后，不便于公众查询。因此，将上述 16 个指标的得分判定为“一般”。

另外，从上述 16 个指标的得分可知，原内蒙古食药监局在执行《食品安全法》第十四条、第十七条、第二十二条、第六十四条、第七十四条、第八十四条、第八十七条、第八十八条、第一百零一条、第一百零二条、第一百零三条、第一百零五条、第一百零六条、第一百零九条、第一百一十五条、第一百一十六条、第一百一十八条方面不够到位。

（4）在评价原内蒙古自治区食药监局食品安全监管信息透明度的 44 个指标中，达到“较差”水平的指标有 22 个（表 6-46）。

表 6-46　原内蒙古自治区食药监局食品安全监管信息透明度指标中达到“较差”水平的指标

“较差”水平指标			
监管信息公开指南信息	食品安全事故分级信息	消协监管组织结构及人员构成信息	消协监管信息公开年度报告
监管信息公开目录	处置程序信息	消协监管考核信息	监管责任制信息
食品安全标准信息	事故调查处置信息	诚信建设标准信息	消协监管责任制信息
食品检验机构资质认定信息	消协监管信息公开管理机制信息	诚信企业或品牌名录信息	
食品安全复检机构名录信息	监管考核制度信息	非诚信企业或品牌名录信息	消协食品安全信息平台完善度及运行情况
食品安全信用档案信息	消协监管制度信息	消协社会监督职能信息	

监管信息公开指南信息、监管信息公开目录、食品安全标准信息、食品检验机构资质认定信息、食品安全复检机构名录信息、食品安全信用档案信息、食品安全事故分级信息、处置程序信息、事故调查处置信息、监管责任制信息、监管考核制度信息 11 个指标属于原内蒙古自治区食药监局应公布的信息。然而，在数据采集中发现，这些信息在原内蒙古自治区各级食药监局网站上，尤其是原县级食药监局网站上相对分散，不便于公众查询，而且存在一定信息缺失现象。因此，将上述 11 个指标的得分判定为“较差”。

消协监管制度信息、消协监管组织结构及人员构成信息、消协监管考核信息、诚信建设标准信息、诚信企业或品牌名录信息、非诚信企业或品牌名录信息、消协社会监督职能信息、消协监管信息公开年度报告、消协监管信息公开管理机制信息、消协监管责任制信息、消协食品安全信息平台完善度及运行情况 11 个指标属于内蒙古自治区消协应公布的信息。然而，在数据采集中发现，这些信息在内蒙古自治区各级消协网站上，尤其是县级消协网站上相对分散，信息更新滞后，不便于公众查询，而且存在一定信息缺失现象。因此，将上述 11 个指标的得分判定为“较差”。

另外，从上述 22 个指标的得分可知，原内蒙古自治区食药监局和消协在执行《食品安全法》第七条、第九条、第十条、第二十四条、第二十六条、第二十七条、第二十八条、第三十一条、第三十五条、第六十二条、第六十三条、第八十六条、第一百条第四款、第一百零一条、第一百零二条、第一百零三条、第一百零五条、第一百零六条、第一百零七条、第一百零八条、第一百零九条、第一百一十条、第一百一十三条、第一百一十四条、第一百一十六条、第一百一十七条方面不够到位。

6.5.12 原辽宁省食药监局食品安全监管信息透明度得分和评价

原辽宁省食药监局食品安全监管信息透明度总得分为 62.000 分，排在第 11 位。原辽宁省食药监局食品安全监管信息透明度的各个指标信息透明情况如下。

（1）在评价原辽宁省食药监局食品安全监管信息透明度的 44 个指标中，达到“好”水平的指标有 1 个（表 6-47）。

表 6-47 原辽宁省食药监局食品安全监管信息透明度指标中达到“好”水平的指标

“好”水平指标
食品安全事故报道

（2）在评价原辽宁省食药监局食品安全监管信息透明度的 44 个指标中，达到“较好”水平的指标有 5 个（表 6-48）。

表 6-48　原辽宁省食药监局食品安全监管信息透明度指标中达到“较好”水平的指标

“较好”水平指标		
食品安全事故跟踪报道	食品安全报道的真实性和公正性	媒体社会监督职能信息
食品安全法律法规宣传	食品安全标准和知识宣传	

（3）在评价原辽宁省食药监局食品安全监管信息透明度的 44 个指标中，达到“一般”水平的指标有 5 个（表 6-49）。

表 6-49　原辽宁省食药监局食品安全监管信息透明度指标中达到“一般”水平的指标

“一般”水平指标		
抽检对象信息	抽检合格情况信息	抽检不合格情况信息
监管信息公开管理机制信息	监管信息公开年度报告	

以上 5 个指标均属于原辽宁省食药监局应进行公布的信息。然而，在数据采集中发现，这些信息在原辽宁省各级食药监局网站上，尤其是原县级食药监局网站上相对分散，信息更新滞后，不便于公众查询。因此，将上述 5 个指标的得分判定为“一般”。

另外，从上述 5 个指标的得分可知，原辽宁省食药监局在执行《食品安全法》第六十四条、第八十七条方面不够到位。

（4）在评价原辽宁省食药监局食品安全监管信息透明度的 44 个指标中，达到“较差”水平的指标有 33 个（表 6-50）。

表 6-50　原辽宁省食药监局食品安全监管信息透明度指标中达到“较差”水平的指标

“较差”水平指标		
食品安全总体情况信息	监管信息公开指南信息	监管信息公开目录
监管重点信息	食品安全标准信息	食品安全风险警示信息
食品安全问题行政处罚信息	食品检验机构资质认定信息	食品安全复检机构名录信息
生产和经营许可名录信息	企业质量体系认证制度信息	监管组织结构及人员构成信息
食品安全信用档案信息	食品安全事故分级信息	消协监管责任制信息
预防预警机制信息	处置程序信息	应急保障措施信息

续表

"较差"水平指标		
事故调查处置信息	举报处理信息	监管责任制信息
监管考核制度信息	消协监管制度信息	消协监管组织结构及人员构成信息
消协监管考核信息	诚信建设标准信息	诚信企业或品牌名录信息
非诚信企业或品牌名录信息	消协社会监督职能信息	消协监管信息公开年度报告
消协监管信息公开管理机制信息	事故处置组织指挥体系与职责信息	消协食品安全信息平台完善度及运行情况

食品安全总体情况信息、监管信息公开指南信息、监管信息公开目录、监管重点信息、食品安全标准信息、食品安全风险警示信息、食品安全问题行政处罚信息、食品检验机构资质认定信息、食品安全复检机构名录信息、生产和经营许可名录信息、企业质量体系认证制度信息、监管组织结构及人员构成信息、食品安全信用档案信息、食品安全事故分级信息、事故处置组织指挥体系与职责信息、预防预警机制信息、处置程序信息、应急保障措施信息、事故调查处置信息、举报处理信息、监管责任制信息、监管考核制度信息 22 个指标属于原辽宁省食药监局应公布的信息。然而，在数据采集中发现，这些信息在辽宁省各级食药监局网站上，尤其是原县级食药监局网站上相对分散，不便于公众查询，而且存在一定信息缺失现象。因此，将上述 22 个指标的得分判定为"较差"。

消协监管制度信息、消协监管组织结构及人员构成信息、消协监管考核信息、诚信建设标准信息、诚信企业或品牌名录信息、非诚信企业或品牌名录信息、消协社会监督职能信息、消协监管信息公开年度报告、消协监管信息公开管理机制信息、消协监管责任制信息、消协食品安全信息平台完善度及运行情况 11 个指标属于辽宁消协应进行公布的信息。然而，在数据采集中发现，辽宁众多消协尚未建立官方网站，信息分散，并且存在一定信息缺失现象。因此，将上述 11 个指标的得分判定为"较差"。

另外，从上述 33 个指标的得分可知，原辽宁省食药监局和消协在执行《食品安全法》第七条、第九条、第十条、第十四条、第十七条、第二十二条、第二十四条、第二十六条、第二十七条、第二十八条、第三十一条、第三十五条、第六十二条、第七十四条、第八十四条、第八十六条、第八十八条、第一百条第四款、第一百零一条、第一百零二条、第一百零三条、第一百零五条、第一百零六条、第一百零九条、第一百一十条、第一百一十三条、第一百一十四条、第一百一十七条、第一百一十八条方面不够到位。

6.5.13　原湖北省食药监局食品安全监管信息透明度得分和评价

原湖北省食药监局食品安全监管信息透明度总得分为 61.144 分，排在第 12 位。原湖北省食药监局食品安全监管信息透明度的各个指标信息透明情况如下。

（1）在评价原湖北省食药监局食品安全监管信息透明度的 44 个指标中，达到“较好”水平的指标有 5 个（表 6-51）。

表 6-51　原湖北省食药监局食品安全监管信息透明度指标中达到“较好”水平的指标

“较好”水平指标		
食品安全标准和知识宣传	食品安全风险警示信息	食品安全问题行政处罚信息
食品安全标准信息	监管组织结构及人员构成信息	

（2）在评价原湖北省食药监局食品安全监管信息透明度的 44 个指标中，达到“一般”水平的指标有 15 个（表 6-52）。

表 6-52　原湖北省食药监局食品安全监管信息透明度指标中达到“一般”水平的指标

“一般”水平指标		
生产和经营许可名录信息	抽检不合格情况信息	监管信息公开指南信息
监管责任制信息	举报处理信息	媒体社会监督职能信息
食品安全报道的真实性和公正性	消协社会监督职能信息	消协食品安全信息平台完善度及运行情况
食品检验机构资质认定信息	抽检对象信息	食品安全总体情况信息
监管重点信息	抽检合格情况信息	监管信息公开目录

食品安全总体情况信息、监管信息公开指南信息、监管信息公开目录、监管重点信息、食品检验机构资质认定信息、生产和经营许可名录信息、抽检对象信息、抽检合格情况信息、抽检不合格情况信息、举报处理信息、监管责任制信息 11 个指标属于原湖北省食药监局应公布的信息。然而，在数据采集中发现，这些信息在原湖北省各级食药监局网站上，尤其是原县级食药监局网站上相对分散，不便于公众查询，而且存在一定信息缺失现象。因此，将上述 11 个指标的得分判定为“一般”。

消协社会监督职能信息、消协食品安全信息平台完善度及运行情况 2 个指标属于湖北消协应进行公布的信息。然而，在数据采集中发现，湖北众多消协尚未建立官方网站，信息分散，并且存在一定信息缺失现象。因此，将上述 2 个指标的得分判定为“一般”。

食品安全报道的真实性和公正性、媒体社会监督职能信息 2 个指标属于湖北媒体应进行公布的信息。然而，在数据采集中发现，湖北媒体对食品安全监管信息的公开较为及时，但信息相对分散、持续性不足，不便于公众及时获取食品安全监管信息。因此，将上述 2 个指标的得分判定为“一般”。

另外，从上述 15 个指标的得分可知，原湖北省食药监局、消协、媒体在执行《食品安全法》第七条、第十条、第十四条、第十七条、第二十二条、第三十五条、第六十二条、第六十四条、第七十四条、第八十六条、第八十七条、第一百零九条、第一百一十五条、第一百一十六条、第一百一十八条方面不够到位。

（3）在评价原湖北省食药监局食品安全监管信息透明度的 44 个指标中，达到“较差”水平的指标有 24 个（表 6-53）。

表 6-53　原湖北省食药监局食品安全监管信息透明度指标中达到“较差”水平的指标

“较差”水平指标			
消协监管制度信息	消协监管信息公开管理机制信息	消协监管考核信息	事故处置组织指挥体系与职责信息
消协监管责任制信息	食品安全复检机构名录信息	诚信企业或品牌名录信息	食品安全事故分级信息
监管信息公开管理机制信息	食品安全法律法规宣传	食品安全事故报道	预防预警机制信息

续表

"较差"水平指标			
消协监管组织结构及人员构成信息	非诚信企业或品牌名录信息	食品安全事故跟踪报道	处置程序信息
诚信建设标准信息	食品安全信用档案信息	企业质量体系认证制度信息	应急保障措施信息
消协监管信息公开年度报告	监管信息公开年度报告	监管考核制度信息	事故调查处置信息

食品安全复检机构名录信息、企业质量体系认证制度信息、食品安全信用档案信息、食品安全事故分级信息、事故处置组织指挥体系与职责信息、预防预警机制信息、处置程序信息、应急保障措施信息、事故调查处置信息、监管信息公开管理机制信息、监管信息公开年度报告、监管考核制度信息 12 个指标属于原湖北省食药监局应公布的信息。然而，在数据采集中发现，这些信息在原湖北省各级食药监局网站上，尤其是原县级食药监局网站上相对分散，不便于公众查询，而且存在一定信息缺失现象。因此，将上述 12 个指标的得分判定为"较差"。

消协监管制度信息、消协监管组织结构及人员构成信息、消协监管考核信息、诚信建设标准信息、诚信企业或品牌名录信息、非诚信企业或品牌名录信息、消协监管信息公开年度报告、消协监管信息公开管理机制信息、消协监管责任制信息 9 个指标属于湖北消协应进行公布的信息。然而，在数据采集中发现，这些信息在湖北各级消协网站上，尤其是县级消协网站上相对分散，信息更新滞后，不便于公众查询，而且存在一定信息缺失现象。因此，将上述 9 个指标的得分判定为"较差"。

食品安全事故报道、食品安全事故跟踪报道、食品安全法律法规宣传 3 个指标属于湖北媒体应进行公布的信息。然而，在数据采集中发现，湖北媒体对食品安全监管信息的公开不够及时，而且信息分散、持续性不足，公众获取食品安全监管信息较为困难。因此，将上述 3 个指标的得分判定为"较差"。

另外，从上述 24 个指标的得分可知，原湖北省食药监局、消协和媒体在执行《食品安全法》第七条、第十条、第六十三条、第六十四条、第八十六条、第八十七条、第一百零九条、第一百一十条、第一百零三条、第一百零五条、第一百零六条、第一百零七条、第一百零八条、第一百一十六条、第一百一十七条方面不够到位。

6.5.14 原云南省食药监局食品安全监管信息透明度得分和评价

原云南省食药监局食品安全监管信息透明度总得分为 59.013 分，排在第 13 位。原云南省食药监局食品安全监管信息透明度的各个指标信息透明情况如下。

（1）在评价原云南省食药监局食品安全监管信息透明度的 44 个指标中，达到“好”水平的指标有 4 个（表 6-54）。

表 6-54 原云南省食药监局食品安全监管信息透明度指标中达到“好”水平的指标

“好”水平指标	
食品安全总体情况信息	监管信息公开目录
监管信息公开指南信息	食品安全报道的真实性和公正性

（2）在评价原云南省食药监局食品安全监管信息透明度的 44 个指标中，达到“较好”水平的指标有 16 个（表 6-55）。

表 6-55 原云南省食药监局食品安全监管信息透明度指标中达到“较好”水平的指标

“较好”水平指标			
监管重点信息	生产和经营许可名录信息	事故处置组织指挥体系与职责信息	举报处理信息
食品安全标准信息	企业质量体系认证制度信息	抽检对象信息	食品安全事故报道
食品安全风险警示信息	监管组织结构及人员构成信息	抽检合格情况信息	食品安全法律法规宣传
食品安全问题行政处罚信息	食品安全事故分级信息	监管信息公开年度报告	食品安全标准和知识宣传

（3）在评价原云南省食药监局食品安全监管信息透明度的 44 个指标中，达到“一般”水平的指标有 11 个（表 6-56）。

表 6-56　原云南省食药监局食品安全监管信息透明度指标中达到“一般”水平的指标

“一般”水平指标		
食品检验机构资质认定信息	应急保障措施信息	监管责任制信息
食品安全信用档案信息	事故调查处置信息	监管考核制度信息
预防预警机制信息	抽检不合格情况信息	媒体社会监督职能信息
处置程序信息	监管信息公开管理机制信息	

食品检验机构资质认定信息、食品安全信用档案信息、预防预警机制信息、处置程序信息、应急保障措施信息、事故调查处置信息、抽检不合格情况信息、监管信息公开管理机制信息、监管责任制信息、监管考核制度信息 10 个指标均属于原云南省食药监局应进行公布的信息。然而，在数据采集中发现，这些信息在原云南省各级食药监局网站上，尤其是原县级食药监局网站上相对分散，信息更新滞后，不便于公众查询。因此，将上述 10 个指标的得分判定为“一般”。

媒体社会监督职能信息属于云南媒体应进行公布的信息。然而，在数据采集中发现，云南媒体对食品安全监管信息的公开较为及时，但信息相对分散、持续性不足，不便于公众及时获取食品安全监管信息。因此，将上述 1 个指标的得分判定为“一般”。

另外，从上述 11 个指标的得分可知，原云南省食药监局和媒体在执行《食品安全法》第七条、第三十五条、第六十二条、第六十三条、第八十六条、第八十七条、第一百条第四款、第一百零一条、第一百零二条、第一百零三条、第一百零五条、第一百零六条、第一百零七条、第一百零八条、第一百一十三条、第一百一十四条、第一百一十六条、第一百一十七条方面不够到位。

（4）在评价原云南省食药监局食品安全监管信息透明度的 44 个指标中，达到“较差”水平的指标有 4 个（表 6-57）。

表 6-57　原云南省食药监局食品安全监管信息透明度指标中达到“较差”水平的指标

“较差”水平指标	
食品安全复检机构名录信息	诚信建设标准信息
消协监管制度信息	食品安全事故跟踪报道

食品安全复检机构名录信息属于原云南省食药监局应公布的信息。然而，在数据采集中发现，这些信息在原云南省各级食药监局网站上，尤其是原县级食药监局网站上相对分散，不便于公众查询，而且存在一定信息缺失现象。因此，将上述 1 个指标的得分判定为“较差”。

消协监管制度信息、诚信建设标准信息 2 个指标属于云南消协应进行公布的信息。然而，在数据采集中发现，这些信息在云南各级消协网站上，尤其是县级消协网站上相对分散，信息更新滞后，不便于公众查询，而且存在一定信息缺失现象。因此，将上述 2 个指标的得分判定为“较差”。

食品安全事故跟踪报道属于云南媒体应进行公布的信息。然而，在数据采集中发现，云南媒体对食品安全监管信息的公开不够及时，而且信息分散、持续性不足，公众获取食品安全监管信息较为困难。因此，将上述 1 个指标的得分判定为“较差”。

另外，从上述 4 个指标的得分可知，原云南省食药监局、消协和媒体在执行《食品安全法》第九条、第十条、第八十六条、第一百零九条、第一百一十条方面不够到位。

（5）在评价原云南省食药监局食品安全监管信息透明度的 44 个指标中，达到“差”水平的指标有 9 个（表 6-58）。

表 6-58　原云南省食药监局食品安全监管信息透明度指标中达到“差”水平的指标

“差”水平指标		
消协监管组织结构及人员构成信息	非诚信企业或品牌名录信息	消协监管信息公开管理机制信息
消协监管考核信息	消协社会监督职能信息	消协监管责任制信息
诚信企业或品牌名录信息	消协监管信息公开年度报告	消协食品安全信息平台完善度及运行情况

以上 9 个指标均属于云南消协应进行公布的信息。然而，在数据采集中发现，这些信息在云南各级消协网站上，尤其是县级消协网站上十分分散，公众获取较为困难，而且信息缺失现象严重。因此，将上述 9 个指标的得分判定为“差”。另外，从上述 9 个指标的得分可知，云南消协在执行《食品安全法》第十条方面不够到位。

6.5.15　原福建省食药监局食品安全监管信息透明度得分和评价

原福建省食药监局食品安全监管信息透明度总得分为 58.155 分，排在第 14 位。原福建省食药监局食品安全监管信息透明度的各个指标信息透明情况如下。

（1）在评价原福建省食药监局食品安全监管信息透明度的 44 个指标中，达到“好”水平的指标有 1 个（表 6-59）。

表 6-59　原福建省食药监局食品安全监管信息透明度指标中达到“好”水平的指标

“好”水平指标
食品安全事故报道

（2）在评价原福建省食药监局食品安全监管信息透明度的 44 个指标中，达到“较好”水平的指标有 5 个（表 6-60）。

表 6-60　原福建省食药监局食品安全监管信息透明度指标中达到“较好”水平的指标

“较好”水平指标		
食品安全法律法规宣传	食品安全事故跟踪报道	媒体社会监督职能信息
食品安全标准和知识宣传	食品安全报道的真实性和公正性	

（3）在评价原福建省食药监局食品安全监管信息透明度的 44 个指标中，达到“较差”水平的指标有 36 个（表 6-61）。

表 6-61　原福建省食药监局食品安全监管信息透明度指标中达到“较差”水平的指标

“较差”水平指标			
事故处置组织指挥体系与职责信息	食品安全问题行政处罚信息	应急保障措施信息	消协监管制度信息
抽检对象信息	预防预警机制信息	处置程序信息	消协监管组织结构及人员构成信息
监管信息公开管理机制信息	食品安全总体情况信息	事故调查处置信息	诚信建设标准信息
监管信息公开年度报告	食品安全标准信息	监管责任制信息	诚信企业或品牌名录信息

续表

“较差”水平指标			
举报处理信息	生产和经营许可名录信息	监管考核制度信息	非诚信企业或品牌名录信息
监管信息公开指南信息	监管组织结构及人员构成信息	食品检验机构资质认定信息	消协社会监督职能信息
监管信息公开目录	抽检合格情况信息	食品安全复检机构名录信息	消协监管考核信息
监管重点信息	抽检不合格情况信息	食品安全信用档案信息	消协监管责任制信息
食品安全风险警示信息	企业质量体系认证制度信息	食品安全事故分级信息	消协监管信息公开管理机制信息

事故处置组织指挥体系与职责信息、抽检对象信息、监管信息公开管理机制信息、监管信息公开年度报告、举报处理信息、监管信息公开指南信息、监管信息公开目录、监管重点信息、食品安全风险警示信息、食品安全问题行政处罚信息、预防预警机制信息、食品安全总体情况信息、食品安全标准信息、生产和经营许可名录信息、监管组织结构及人员构成信息、抽检合格情况信息、抽检不合格情况信息、企业质量体系认证制度信息、应急保障措施信息、处置程序信息、事故调查处置信息、监管责任制信息、监管考核制度信息、食品检验机构资质认定信息、食品安全复检机构名录信息、食品安全信用档案信息、食品安全事故分级信息这 27 个指标属于原福建省食药监局应公布的信息。然而，在数据采集中发现，这些信息在福建省各级食药监局网站上，尤其是原县级食药监局网站上相对分散，不便于公众查询，而且存在一定信息缺失现象。因此，将上述 27 个指标的得分判定为“较差”。

消协监管制度信息、消协监管组织结构及人员构成信息、诚信建设标准信息、诚信企业或品牌名录信息、非诚信企业或品牌名录信息、消协社会监督职能信息、消协监管考核信息、消协监管责任制信息、消协监管信息公开管理机制信息这 9 个指标属于福建消协应进行公布的信息。然而，在数据采集中发现，福建众多消协尚未建立官方网站，信息分散，并且存在一定信息缺失现象。因此，将上述 9 个指标的得分判定为“较差”。

另外，从上述 36 个指标的得分可知，原福建省食药监局和消协在执行

《食品安全法》第七条、第九条、第十条、第十四条、第十七条、第二十二条、第二十四条、第二十六条、第二十七条、第二十八条、第三十一条、第三十五条、第六十二条、第六十四条、第七十四条、第八十四条、第八十六条、第八十七条、第八十八条、第一百条第四款、第一百零一条、第一百零二条、第一百零三条、第一百零五条、第一百零六条、第一百零七条、第一百零八条、第一百零九条、第一百一十条、第一百一十三条、第一百一十四条、第一百一十五条、第一百一十六条、第一百一十八条方面不够到位。

（4）在评价原福建省食药监局食品安全监管信息透明度的 44 个指标中，达到“差”水平的指标有 2 个（表 6-62）。

表 6-62　原福建省食药监局食品安全监管信息透明度指标中达到“差”水平的指标

“差”水平指标	
消协监管信息公开年度报告	消协食品安全信息平台完善度及运行情况

消协监管信息公开年度报告、消协食品安全信息平台完善度及运行情况这 2 个指标属于福建消协应进行公布的信息。然而，在数据采集中发现，福建消协在这两方面存在信息缺失现象，群众只有通过上网检索才能获取零星消息，给群众带来极大不便。因此，将上述 2 个指标的得分判定为“差”。

另外，从上述 2 个指标的得分可知，福建消协在执行《食品安全法》第十条时不够到位。

6.5.16　原青海省食药监局食品安全监管信息透明度得分和评价

原青海省食药监局食品安全监管信息透明度总得分为 58.112 分，排在第 15 位。原青海省食药监局食品安全监管信息透明度的各个指标信息透明情况如下。

（1）在评价原青海省食药监局食品安全监管信息透明度的 44 个指标中，达到“较好”水平的指标有 10 个（表 6-63）。

表 6-63 原青海省食药监局食品安全监管信息透明度指标中达到“较好”水平的指标

“较好”水平指标		
食品安全总体情况信息	监管信息公开指南信息	监管信息公开目录
监管重点信息	食品安全标准信息	食品安全风险警示信息
监管组织结构及人员构成信息	事故处置组织指挥体系与职责信息	食品安全事故报道
食品安全报道的真实性和公正性		

（2）在评价原青海省食药监局食品安全监管信息透明度的 44 个指标中，达到“一般”水平的指标有 13 个（表 6-64）。

表 6-64 原青海省食药监局食品安全监管信息透明度指标中达到“一般”水平的指标

“一般”水平指标		
食品安全问题行政处罚信息	食品检验机构资质认定信息	企业质量体系认证制度信息
食品安全事故分级信息	预防预警机制信息	应急保障措施信息
事故调查处置信息	抽检对象信息	抽检合格情况信息
监管信息公开管理机制信息	食品安全标准和知识宣传	食品安全法律法规宣传
消协监管制度信息		

食品安全问题行政处罚信息、食品检验机构资质认定信息、企业质量体系认证制度信息、食品安全事故分级信息、预防预警机制信息、应急保障措施信息、事故调查处置信息、抽检对象信息、抽检合格情况信息、监管信息公开管理机制信息 10 个指标属于原青海省食药监局应进行公布的信息。然而，在数据采集中发现，这些信息在原青海省各级食药监局网站上，尤其是原县级食药监局网站上相对分散，信息更新滞后，不便于公众查询。因此，将上述 10 个指标的得分判定为“一般”。

消协监管制度信息属于青海消协应进行公布的信息。然而，在数据采集中发现，这些信息在青海各级消协网站上，尤其是原县级食药监局网站上相对分散，信息更新滞后，不便于公众查询。因此，将上述 1 个指标的得分判定为“一般”。

食品安全标准和知识宣传、食品安全法律法规宣传 2 个指标属于青海媒体应进行公布的信息。然而，在数据采集中发现，青海媒体对食品安全监管信息的公开较为及时，但信息相对分散、持续性不足，不便于公众及时获取食品安全监管信息。因此，将上述 2 个指标的得分判定为“一般”。

另外，从上述 13 个指标的得分可知，青海省食药监局、消协和媒体在执行《食品安全法》第九条、第十条、第三十五条、第六十二条、第六十三条、第八十八条、第一百零一条、第一百零二条、第一百零三条、第一百零五条、第一百零六条、第一百零七条、第一百零八条方面不够到位。

（3）在评价原青海省食药监局食品安全监管信息透明度的 44 个指标中，达到“较差”水平的指标有 21 个（表 6-65）。

表 6-65　原青海省食药监局食品安全监管信息透明度指标中达到“较差”水平的指标

“较差”水平指标		
食品安全复检机构名录信息	生产和经营许可名录信息	食品安全信用档案信息
处置程序信息	抽检不合格情况信息	监管信息公开年度报告
举报处理信息	监管责任制信息	监管考核制度信息
食品安全事故跟踪报道	消协监管考核信息	诚信建设标准信息
诚信企业或品牌名录信息	非诚信企业或品牌名录信息	消协社会监督职能信息
消协监管信息公开年度报告	消协监管信息公开管理机制信息	消协监管责任制信息
消协食品安全信息平台完善度及运行情况	消协监管组织结构及人员构成信息	媒体社会监督职能信息

食品安全复检机构名录信息、生产和经营许可名录信息、食品安全信用档案信息、处置程序信息、抽检不合格情况信息、监管信息公开年度报告、举报处理信息、监管责任制信息、监管考核制度信息 9 个指标属于原青海省食药监局应公布的信息。然而，在数据采集中发现，这些信息在青海省各级食药监局网站上，尤其是原县级食药监局网站上相对分散，不便于公众查询，而且存在一定信息缺失现象。因此，将上述 9 个指标的得分判定为“较差”。

消协监管组织结构及人员构成信息、消协监管考核信息、诚信建设标准信息、诚信企业或品牌名录信息、非诚信企业或品牌名录信息、消协社会监督职能信息、消协监管信息公开年度报告、消协监管信息公开管理机制信息、消协监管责任制信息、消协食品安全信息平台完善度及运行情况 10 个指标属于青海消协应进行公布的信息。然而，在数据采集中发现，青海众多消协尚未建立官方网站，信息分散，并且存在一定信息缺失现象。因此，将上述 10 个指标的得分判定为“较差”。

食品安全事故跟踪报道、媒体社会监督职能信息 2 个指标属于青海媒体应进行公布的信息。然而，在数据采集中发现，青海媒体对食品安全监管信息的公开不够及时，而且信息分散、持续性不足，公众获取食品安全监管信息较为困难。因此，将上述 2 个指标的得分判定为“较差”。

另外，从上述 21 个指标的得分可知，原青海省食药监局、消协和媒体在执行《食品安全法》第七条、第十条、第十四条、第十七条、第二十二条、第八十六条、第八十七条、第一百条第四款、第一百零一条、第一百零二条、第一百零三条、第一百零五条、第一百零六条、第一百零九条、第一百一十条、第一百一十三条、第一百一十四条、第一百一十五条、第一百一十六条、第一百一十七条、第一百一十八条方面不够到位。

6.5.17 原宁夏回族自治区食药监局食品安全监管信息透明度得分和评价

原宁夏回族自治区食药监局食品安全监管信息透明度总得分为 57.912 分，排在第 16 位。原宁夏回族自治区食药监局食品安全监管信息透明度的各个指标信息透明情况如下。

（1）在评价原宁夏回族自治区食药监局食品安全监管信息透明度的 44 个指标中，达到“较好”水平的指标有 5 个（表 6-66）。

表 6-66 原宁夏回族自治区食药监局食品安全监管信息透明度指标中达到“较好”水平的指标

“较好”水平指标		
食品安全总体情况信息	监管信息公开指南信息	食品安全报道的真实性和公正性
食品安全事故报道	监管信息公开目录	

（2）在评价原宁夏回族自治区食药监局食品安全监管信息透明度的 44 个指标中，达到“一般”水平的指标有 8 个（表 6-67）。

表 6-67　原宁夏回族自治区食药监局食品安全监管信息透明度指标中达到“一般”水平的指标

“一般”水平指标			
监管重点信息	企业质量体系认证制度信息	事故处置组织指挥体系与职责信息	抽检对象信息
抽检合格情况信息	消协监管制度信息	食品安全法律法规宣传	食品安全标准和知识宣传

监管重点信息、企业质量体系认证制度信息、事故处置组织指挥体系与职责信息、抽检对象信息、抽检合格情况信息 5 个指标属于原宁夏回族自治区食药监局应进行公布的信息。然而，在数据采集中发现，这些信息在宁夏回族自治区各级食药监局网站上，尤其是原县级食药监局网站上相对分散，信息更新滞后，不便于公众查询。因此，将上述 5 个指标的得分判定为“一般”。

消协监管制度信息属于宁夏消协应进行公布的信息。然而，在数据采集中发现，这些信息在宁夏各级消协网站上，尤其是县级消协网站上相对分散，信息更新滞后，不便于公众查询。因此，将上述 1 个指标的得分判定为“一般”。

食品安全法律法规宣传、食品安全标准和知识宣传 2 个指标属于宁夏媒体应进行公布的信息。然而，在数据采集中发现，宁夏媒体对食品安全监管信息的公开较为及时，但信息相对分散、持续性不足，不便于公众及时获取食品安全监管信息。因此，将上述 2 个指标的得分判定为“一般”。

另外，从上述 8 个指标的得分可知，宁夏回族自治区食药监局、消协和媒体在执行《食品安全法》第九条、第十条、第六十四条、第七十四条、第八十七条、第一百零一条、第一百零二条、第一百零九条方面不够到位。

（3）在评价原宁夏回族自治区食药监局食品安全监管信息透明度的 44 个指标中，达到“较差”水平的指标有 31 个（表 6-68）。

表 6-68 原宁夏回族自治区食药监局食品安全监管信息透明度指标中达到“较差”水平的指标

“较差”水平指标			
消协监管组织结构及人员构成信息	食品安全风险警示信息	食品安全问题行政处罚信息	食品检验机构资质认定信息
食品安全复检机构名录信息	生产和经营许可名录信息	监管组织结构及人员构成信息	食品安全信用档案信息
食品安全事故分级信息	预防预警机制信息	处置程序信息	应急保障措施信息
事故调查处置信息	抽检不合格情况信息	监管信息公开管理机制信息	监管信息公开年度报告
举报处理信息	监管责任制信息	监管考核制度信息	食品安全标准信息
消协监管考核信息	诚信建设标准信息	诚信企业或品牌名录信息	非诚信企业或品牌名录信息
消协社会监督职能信息	消协监管信息公开年度报告	消协监管信息公开管理机制信息	消协食品安全信息平台完善度及运行情况
消协监管责任制信息	食品安全事故跟踪报道	媒体社会监督职能信息	

食品安全标准信息、食品安全风险警示信息、食品安全问题行政处罚信息、食品检验机构资质认定信息、食品安全复检机构名录信息、生产和经营许可名录信息、监管组织结构及人员构成信息、食品安全信用档案信息、食品安全事故分级信息、预防预警机制信息、处置程序信息、应急保障措施信息、事故调查处置信息、抽检不合格情况信息、监管信息公开管理机制信息、监管信息公开年度报告、举报处理信息、监管责任制信息、监管考核制度信息 19 个指标属于原宁夏回族自治区食药监局应进行公布的信息。然而，在数据采集中发现，这些信息在宁夏回族自治区各级食药监局网站上，尤其是原县级食药监局网站上相对分散，不便于公众查询，而且存在一定信息缺失现象。因此，将上述 19 个指标的得分判定为“较差”。

消协监管组织结构及人员构成信息、消协监管考核信息、诚信建设标准信息、诚信企业或品牌名录信息、非诚信企业或品牌名录信息、消协社会监督职能信息、消协监管信息公开年度报告、消协监管信息公开管理机制信息、消协监管责任制信息、消协食品安全信息平台完善度及运行情况 10 个指标属于宁夏回族自治区消协应进行公布的信息。然而，在数据采集中发现，这些信息在宁夏回族自治区各级消协网站上，尤其是县级消协网站上相对分散，信息更新滞后，不便于公众查询，而且存在一定信息缺失现象。因此，将上述10个指标的得分判定为“较差”。

食品安全事故跟踪报道、媒体社会监督职能信息2个指标属于宁夏回族自治区媒体应进行公布的信息。然而，在数据采集中发现，宁夏回族自治区媒体对食品安全监管信息的公开不够及时，而且信息分散、持续性不足，公众获取食品安全监管信息较为困难。因此，将上述2个指标的得分判定为“较差”。

另外，从上述31个指标的得分可知，原宁夏回族自治区食药监局、消协和媒体在执行《食品安全法》第七条、第十条、第十四条、第十七条、第二十二条、第二十四条、第二十六条、第二十七条、第二十八条、第三十一条、第三十五条、第六十二条、第六十三条、第八十四条、第八十六条、第八十七条、第八十八条、第一百条第四款、第一百零一条、第一百零二条、第一百零三条、第一百零五条、第一百零六条、第一百零七条、第一百零八条、第一百零九条、第一百一十条、第一百一十三条、第一百一十四条、第一百一十五条、第一百一十六条、第一百一十七条方面不够到位。

6.5.18 原四川省食药监局食品安全监管信息透明度得分和评价

原四川省食药监局食品安全监管信息透明度总得分为53.389分，排在第17位。原四川省食药监局食品安全监管信息透明度的各个指标信息透明情况如下。

（1）在评价原四川省食药监局食品安全监管信息透明度的44个指标中，达到“较好”水平的指标有5个（表6-69）。

表6-69 原四川省食药监局食品安全监管信息透明度指标中达到“较好”水平的指标

“较好”水平指标	
监管组织结构及人员构成信息	食品安全法律法规宣传
食品安全报道的真实性和公正性	食品安全标准和知识宣传
媒体社会监督职能信息	

（2）在评价原四川省食药监局食品安全监管信息透明度的44个指标

中，达到“一般”水平的指标有 5 个（表 6-70）。

表 6-70　原四川省食药监局食品安全监管信息透明度指标中达到“一般”水平的指标

<table>
<tr><th colspan="2">“一般”水平指标</th></tr>
<tr><td>食品安全风险警示信息</td><td>食品安全问题行政处罚信息</td></tr>
<tr><td>监管责任制信息</td><td rowspan="2">食品安全事故跟踪报道</td></tr>
<tr><td>食品安全事故报道</td></tr>
</table>

食品安全风险警示信息、食品安全问题行政处罚信息、监管责任制信息 3 项指标均属于原四川省食药监局应公布的信息。然而，在数据采集中发现，这些信息在四川省各级食药监局网站上，尤其是原县级食药监局网站上相对分散，信息更新滞后，不便于公众查询。因此，将上述 3 个指标的得分判定为“一般”。

食品安全事故跟踪报道、食品安全事故报道 2 项指标均属于四川媒体应公布的信息。然而，在数据采集中发现，四川媒体对食品安全监管信息的公开较为及时，但信息相对分散、持续性不足，不便于公众及时获取食品安全监管信息。因此，将上述 2 个指标的得分判定为“一般”。

另外，从上述 5 个指标的得分可知，原四川省食药监局和媒体在执行《食品安全法》第七条、第十条、第八十六条、第八十八条方面不够到位。

（3）在评价原四川省食药监局食品安全监管信息透明度的 44 个指标中，达到“较差”水平的指标有 17 个（表 6-71）。

表 6-71　原四川省食药监局食品安全监管信息透明度指标中达到“较差”水平的指标

<table>
<tr><th colspan="3">“较差”水平指标</th></tr>
<tr><td>监管信息公开指南信息</td><td>处置程序信息</td><td>监管信息公开年度报告</td></tr>
<tr><td>监管信息公开目录</td><td>事故调查处置信息</td><td>举报处理信息</td></tr>
<tr><td>食品检验机构资质认定信息</td><td>抽检对象信息</td><td>消协社会监督职能信息</td></tr>
<tr><td>生产和经营许可名录信息</td><td>抽检合格情况信息</td><td>消协监管信息公开管理机制信息</td></tr>
<tr><td>事故处置组织指挥体系与职责信息</td><td>抽检不合格情况信息</td><td rowspan="2">消协食品安全信息平台完善度及运行情况</td></tr>
<tr><td>预防预警机制信息</td><td>监管信息公开管理机制信息</td></tr>
</table>

监管信息公开指南信息、监管信息公开目录、食品检验机构资质认定信息、生产和经营许可名录信息、事故处置组织指挥体系与职责信息、预防预警机制信息、处置程序信息、事故调查处置信息、抽检对象信息、抽检合格情况信息、抽检不合格情况信息、监管信息公开管理机制信息、监管信息公开年度报告、举报处理信息 14 个指标均属于原四川省食药监局应公布的信息。然而，在数据采集中发现，这些信息在四川省各级食药监局网站上，尤其是原县级食药监局网站上相对分散，不便于公众查询，而且存在一定信息缺失现象。因此，将上述 14 个指标的得分判定为“较差”。

消协社会监督职能信息、消协监管信息公开管理机制信息、消协食品安全信息平台完善度及运行情况 3 个指标均属于四川消协应公布的信息。然而，在数据采集中发现，这些信息在四川各级消协网站上，尤其是县级消协网站上相对分散，信息更新滞后，不便于公众查询，而且存在一定信息缺失现象。因此，将上述 3 个指标的得分判定为“较差”。

另外，从上述 17 个指标的得分可知，原四川省食药监局和消协在执行《食品安全法》第十条、第十四条、第十七条、第二十二条、第三十五条、第六十二条、第六十三条、第六十四条、第八十七条、第一百零一条、第一百零二条、第一百零三条、第一百零五条、第一百零六条、第一百零七条、第一百零八条、第一百一十五条、第一百一十六条方面不够到位。

（4）在评价原四川省食药监局食品安全监管信息透明度的 44 个指标中，达到“差”水平的指标有 17 个（表 6-72）。

表 6-72　原四川省食药监局食品安全监管信息透明度指标中达到“差”水平的指标

“差”水平指标		
食品安全总体情况信息	食品安全事故分级信息	诚信建设标准信息
监管重点信息	应急保障措施信息	诚信企业或品牌名录信息
食品安全标准信息	监管考核制度信息	非诚信企业或品牌名录信息
食品安全复检机构名录信息	消协监管制度信息	消协监管信息公开年度报告
企业质量体系认证制度信息	消协监管组织结构及人员构成信息	消协监管责任制信息
食品安全信用档案信息	消协监管考核信息	

食品安全总体情况信息、食品安全事故分级信息、诚信建设标准信息、监管重点信息、应急保障措施信息、诚信企业或品牌名录信息、食品安全标准信息、监管考核制度信息、非诚信企业或品牌名录信息、食品安全复检机构名录信息、食品安全信用档案信息 11 个指标均属于原四川省食药监局应公布的信息。然而，在数据采集中发现，这些信息在四川省各级食药监局网站上，尤其是原县级食药监局网站上十分分散，公众获取较为困难，而且信息缺失现象严重。因此，将上述 11 个指标的得分判定为“差”。

消协监管制度信息、消协监管信息公开年度报告、企业质量体系认证制度信息、消协监管组织结构及人员构成信息、消协监管责任制信息、消协监管考核信息 6 个指标均属于四川消协应公布的信息。然而，在数据采集中发现，这些信息在四川各级消协网站上，尤其是县级消协网站上十分分散，公众获取较为困难，而且信息缺失现象严重。因此，将上述 6 个指标的得分判定为“差”。

另外，从上述 17 个指标的得分可知，原四川省食药监局和消协在执行《食品安全法》第七条、第九条、第十条、第二十四条、第二十六条、第二十七条、第二十八条、第三十一条、第七十四条、第八十六条、第一百条第四款、第一百零一条、第一百零二条、第一百零三条、第一百零五条、第一百零六条、第一百零九条、第一百一十条、第一百一十三条、第一百一十四条、第一百一十六条、第一百一十七条、第一百一十八条方面不够到位。

6.5.19 原贵州省食药监局食品安全监管信息透明度得分和评价

原贵州省食药监局食品安全监管信息透明度总得分为 53.218 分，排在第 18 位。原贵州省食药监局食品安全监管信息透明度的各个指标信息透明情况如下。

（1）在评价原贵州省食药监局食品安全监管信息透明度的 44 个指标中，达到“好”水平的指标有 1 个（表 6-73）。

表 6-73　原贵州省食药监局食品安全监管信息透明度指标中达到“好”水平的指标

“好”水平指标
食品安全事故报道

（2）在评价原贵州省食药监局食品安全监管信息透明度的 44 个指标中，达到“较好”水平的指标有 8 个（表 6-74）。

表 6-74　原贵州省食药监局食品安全监管信息透明度指标中达到“较好”水平的指标

<table>
<tr><th colspan="3">“较好”水平指标</th></tr>
<tr><td>食品安全问题行政处罚信息</td><td>抽检对象信息</td><td>抽检合格情况信息</td></tr>
<tr><td>食品安全事故跟踪报道</td><td>媒体社会监督职能信息</td><td rowspan="2">食品安全报道的真实性和公正性</td></tr>
<tr><td>食品安全法律法规宣传</td><td>食品安全标准和知识宣传</td></tr>
</table>

（3）在评价原贵州省食药监局食品安全监管信息透明度的 44 个指标中，达到“一般”水平的指标有 5 个（表 6-75）。

表 6-75　原贵州省食药监局食品安全监管信息透明度指标中达到“一般”水平的指标

<table>
<tr><th colspan="3">“一般”水平指标</th></tr>
<tr><td>食品安全风险警示信息</td><td>食品检验机构资质认定信息</td><td rowspan="2">生产和经营许可名录信息</td></tr>
<tr><td>监管组织结构及人员构成信息</td><td>抽检不合格情况信息</td></tr>
</table>

以上 5 个指标均属于原贵州省食药监局应进行公布的信息。然而，在数据采集中发现，这些信息在贵州省各级食药监局网站上，尤其是原县级食药监局网站上相对分散，信息更新滞后，不便于公众查询。因此，将上述 5 个指标的得分判定为“一般”。

另外，从上述 5 个指标的得分可知，原贵州省食药监局在执行《食品安全法》第十四条、第十七条、第二十二条、第三十五条、第六十二条、第八十四条、第八十七条方面不够到位。

（4）在评价原贵州省食药监局食品安全监管信息透明度的 44 个指标中，达到“较差”水平的指标有 6 个（表 6-76）。

表 6-76 原贵州省食药监局食品安全监管信息透明度指标中达到“较差”水平的指标

“较差”水平指标		
监管信息公开指南信息	监管信息公开目录	食品安全标准信息
事故处置组织指挥体系与职责信息	监管信息公开年度报告	监管责任制信息

以上6个指标均属于原贵州省食药监局应公布的信息。然而，在数据采集中发现，这些信息在贵州省各级食药监局网站上，尤其是原县级食药监局网站上相对分散，不便于公众查询，而且存在一定信息缺失现象。因此，将上述6个指标的得分判定为“较差”。

另外，从上述6个指标的得分可知，原贵州省食药监局在执行《食品安全法》第七条、第二十四条、第二十六条、第二十七条、第二十八条、第三十一条、第八十六条、第一百零一条、第一百零二条方面不够到位。

（5）在评价原贵州省食药监局食品安全监管信息透明度的 44 个指标中，达到“差”水平的指标有24个（表6-77）。

表 6-77 原贵州省食药监局食品安全监管信息透明度指标中达到“差”水平的指标

“差”水平指标		
食品安全总体情况信息	监管重点信息	食品安全复检机构名录信息
消协监管责任制信息	食品安全信用档案信息	食品安全事故分级信息
预防预警机制信息	处置程序信息	应急保障措施信息
事故调查处置信息	监管信息公开管理机制信息	举报处理信息
监管考核制度信息	消协监管制度信息	消协监管组织结构及人员构成信息
消协监管考核信息	诚信建设标准信息	诚信企业或品牌名录信息
非诚信企业或品牌名录信息	消协社会监督职能信息	消协监管信息公开年度报告
消协监管信息公开管理机制信息	企业质量体系认证制度信息	消协食品安全信息平台完善度及运行情况

食品安全总体情况信息、监管重点信息、食品安全复检机构名录信息、企业质量体系认证制度信息、食品安全信用档案信息、食品安全事故分级信息、预防预警机制信息、处置程序信息、应急保障措施信息、事故

调查处置信息、监管信息公开管理机制信息、举报处理信息、监管考核制度信息 13 个指标属于原贵州省食药监局应公布的信息。然而，在数据采集中发现，这些信息在贵州省各级食药监局网站上，尤其是原县级食药监局网站上相对分散，不便于公众查询，而且存在一定信息缺失现象。因此，将上述 13 个指标的得分判定为“较差”。

消协监管制度信息、消协监管组织结构及人员构成信息、消协监管考核信息、诚信建设标准信息、诚信企业或品牌名录信息、非诚信企业或品牌名录信息、消协社会监督职能信息、消协监管信息公开年度报告、消协监管信息公开管理机制信息、消协监管责任制信息、消协食品安全信息平台完善度及运行情况 11 个指标属于贵州消协应进行公布的信息。然而，在数据采集中发现，贵州众多消协尚未建立官方网站，信息分散，并且存在一定信息缺失现象。因此，将上述 11 个指标的得分判定为“较差”。

另外，从上述 24 个指标的得分可知，原贵州省食药监局和消协在执行《食品安全法》第七条、第九条、第十条、第六十三条、第七十四条、第八十六条、第一百条第四款、第一百零一条、第一百零二条、第一百零三条、第一百零五条、第一百零六条、第一百零七条、第一百零八条、第一百零九条、第一百一十条、第一百一十三条、第一百一十四条、第一百一十五条、第一百一十六条、第一百一十七条、第一百一十八条方面不够到位。

6.5.20　原江西省食药监局食品安全监管信息透明度得分和评价

原江西省食药监局食品安全监管信息透明度总得分为 52.764 分，排在第 19 位。原江西省食药监局食品安全监管信息透明度的各个指标信息透明情况如下。

（1）在评价原江西省食药监局食品安全监管信息透明度的 44 个指标中，达到“较好”水平的指标有 6 个（表 6-78）。

表 6-78　原江西省食药监局食品安全监管信息透明度指标中达到“较好”水平的指标

“较好”水平指标		
食品安全事故报道	食品安全报道的真实性和公正性	食品安全法律法规宣传
食品安全事故跟踪报道	媒体社会监督职能信息	食品安全标准和知识宣传

（2）在评价原江西省食药监局食品安全监管信息透明度的 44 个指标中，达到“较差”水平的指标有 16 个（表 6-79）。

表 6-79 原江西省食药监局食品安全监管信息透明度指标中达到“较差”水平的指标

“较差”水平指标		
监管信息公开指南信息	食品安全复检机构名录信息	抽检合格情况信息
监管信息公开目录	生产和经营许可名录信息	抽检不合格情况信息
食品安全风险警示信息	监管组织结构及人员构成信息	监管信息公开管理机制信息
食品安全问题行政处罚信息	事故处置组织指挥体系与职责信息	监管信息公开年度报告
食品检验机构资质认定信息	抽检对象信息	举报处理信息
监管责任制信息		

监管信息公开指南信息、监管信息公开目录、食品安全风险警示信息、食品安全问题行政处罚信息、食品检验机构资质认定信息、食品安全复检机构名录信息、生产和经营许可名录信息、监管组织结构及人员构成信息、事故处置组织指挥体系与职责信息、抽检对象信息、抽检合格情况信息、抽检不合格情况信息、监管信息公开管理机制信息、监管信息公开年度报告、举报处理信息、监管责任制信息 16 个指标属于原江西省食药监局应公布的信息。然而，在数据采集中发现，这些信息在江西省各级食药监局网站上，尤其是原县级食药监局网站上相对分散，不便于公众查询，而且存在一定信息缺失现象。因此，将上述 16 个指标的得分判定为“较差”。

另外，从上述 16 个指标的得分可知，原江西省食药监局在执行《食品安全法》第七条、第十四条、第十七条、第二十二条、第三十五条、第六十二条、第六十四条、第八十四条、第八十六条、第八十七条、第八十八条、第一百零一条、第一百零二条、第一百零九条、第一百一十条、第一百一十五条、第一百一十六条方面不够到位。

（3）在评价原江西省食药监局食品安全监管信息透明度的 44 个指标中，达到“差”水平的指标有 22 个（表 6-80）。

表 6-80　原江西省食药监局食品安全监管信息透明度指标中达到“差”水平的指标

“差”水平指标		
食品安全总体情况信息	处置程序信息	诚信建设标准信息
监管重点信息	应急保障措施信息	诚信企业或品牌名录信息
食品安全标准信息	事故调查处置信息	非诚信企业或品牌名录信息
企业质量体系认证制度信息	监管考核制度信息	消协社会监督职能信息
食品安全信用档案信息	消协监管制度信息	消协监管信息公开年度报告
食品安全事故分级信息	消协监管组织结构及人员构成信息	消协监管信息公开管理机制信息
预防预警机制信息	消协监管考核信息	消协监管责任制信息
消协食品安全信息平台完善度及运行情况		

食品安全总体情况信息、监管重点信息、食品安全标准信息、企业质量体系认证制度信息、食品安全信用档案信息、食品安全事故分级信息、预防预警机制信息、处置程序信息、应急保障措施信息、事故调查处置信息、监管考核制度信息 11 个指标属于原江西省食药监局应进行公布的信息。然而，在数据采集中发现，这些信息在江西省各级食药监局网站上，尤其是原县级食药监局网站上十分分散，公众获取较为困难，而且信息缺失现象严重。因此，将该 11 个指标的得分判定为“差”。

消协监管制度信息、消协监管组织结构及人员构成信息、消协监管考核信息、诚信建设标准信息、诚信企业或品牌名录信息、非诚信企业或品牌名录信息、消协社会监督职能信息、消协监管信息公开年度报告、消协监管信息公开管理机制信息、消协监管责任制信息、消协食品安全信息平台完善度及运行情况这 11 个指标属于江西消协应进行公布的信息。然而，在数据采集中发现，这些信息在江西各级消协网站上，尤其是县级消协网站上十分分散，公众获取较为困难，而且信息缺失现象严重。因此，将该 11 个指标的得分判定为“差”。

另外，从上述 22 个指标的得分可知，原江西省食药监局和消协在执行《食品安全法》第七条、第九条、第十条、第二十四条、第二十六条、第二十七条、第二十八条、第三十一条、第六十三条、第七十四条、第八十六条、第一百条第四款、第一百零一条、第一百零二条、第一百零三条、

第一百零五条、第一百零六条、第一百零七条、第一百零八条、第一百零九条、第一百一十三条、第一百一十四条、第一百一十六条、第一百一十七条、第一百一十八条方面不够到位。

6.5.21 原甘肃省食药监局食品安全监管信息透明度得分和评价

原甘肃省食药监局食品安全监管信息透明度总得分为 52.431 分，排在第 20 位。原甘肃省食药监局食品安全监管信息透明度的各个指标信息透明情况如下。

（1）在评价原甘肃省食药监局食品安全监管信息透明度的 44 个指标中，达到“好”水平的指标有 5 个（表 6-81）。

表 6-81 原甘肃省食药监局食品安全监管信息透明度指标中达到“好”水平的指标

“好”水平指标		
食品安全总体情况信息	监管信息公开目录	监管组织结构及人员构成信息
监管信息公开指南信息	监管重点信息	

（2）在评价原甘肃省食药监局食品安全监管信息透明度的 44 个指标中，达到“较好”水平的指标有 5 个（表 6-82）。

表 6-82 原甘肃省食药监局食品安全监管信息透明度指标中达到“较好”水平的指标

“较好”水平指标		
食品安全标准信息	食品安全问题行政处罚信息	食品安全事故分级信息
食品安全风险警示信息	抽检对象信息	

（3）在评价原甘肃省食药监局食品安全监管信息透明度的 44 个指标中，达到“一般”水平的指标有 10 个（表 6-83）。

表 6-83 原甘肃省食药监局食品安全监管信息透明度指标中达到“一般”水平的指标

“一般”水平指标		
企业质量体系认证制度信息	抽检不合格情况信息	生产和经营许可名录信息
抽检合格情况信息	事故处置组织指挥体系与职责信息	预防预警机制信息

续表

"一般"水平指标		
食品检验机构资质认定信息	食品安全事故报道	监管信息公开管理机制信息
处置程序信息		

以上10个指标均属于原甘肃省食药监局在食品安全监管方面应进行发布的相关信息。然而，在数据采集中发现，这些信息在甘肃省各级食药监局网站上，尤其是原县级食药监局网站上相对分散，信息更新滞后，不便于公众查询。因此，将上述10个指标的得分判定为"一般"。

另外，从上述10个指标的得分可知，原甘肃省食药监局在执行《食品安全法》第十条、第十四条、第十七条、第二十二条、第三十五条、第六十二条、第七十四条、第八十七条、第一百零一条、第一百零二条、第一百零三条、第一百零五条、第一百零六条方面不够到位。

（4）在评价原甘肃省食药监局食品安全监管信息透明度的44个指标中，达到"较差"水平的指标有24个（表6-84）。

表6-84　原甘肃省食药监局食品安全监管信息透明度指标中达到"较差"水平的指标

"较差"水平指标			
食品安全报道的真实性和公正性	事故调查处置信息	食品安全事故跟踪报道	诚信企业或品牌名录信息
食品安全法律法规宣传	食品安全复检机构名录信息	媒体社会监督职能信息	非诚信企业或品牌名录信息
监管信息公开年度报告	食品安全信用档案信息	消协监管组织结构及人员构成信息	消协食品安全信息平台完善度及运行情况
举报处理信息	监管责任制信息	诚信建设标准信息	消协监管信息公开年度报告
食品安全标准和知识宣传	监管考核制度信息	消协社会监督职能信息	消协监管信息公开管理机制信息
应急保障措施信息	消协监管制度信息	消协监管考核信息	消协监管责任制信息

食品安全报道的真实性和公正性、食品安全法律法规宣传、监管信息公开年度报告、举报处理信息、食品安全标准和知识宣传、应急保障措施信息、事故调查处置信息、食品安全复检机构名录信息、食品安全信用档

案信息、监管责任制信息、监管考核制度信息 11 个指标属于原甘肃省食药监局应公布的信息。然而，在数据采集中发现，这些信息在甘肃省各级食药监局网站上，尤其是原县级食药监局网站上相对分散，不便于公众查询，而且存在一定信息缺失现象。因此，将上述 11 个指标的得分判定为“较差”。

食品安全事故跟踪报道、媒体社会监督职能信息 2 个指标属于甘肃媒体应公布的信息。然而，在数据采集中发现甘肃媒体对食品安全监管信息的公开不够及时，而且信息分散、持续性不足，公众获取食品安全监管信息较为困难。因此，将上述 2 个指标的得分判定为“较差”。

消协监管组织结构及人员构成信息、诚信建设标准信息、消协社会监督职能信息、消协监管考核信息、诚信企业或品牌名录信息、非诚信企业或品牌名录信息、消协食品安全信息平台完善度及运行情况、消协监管信息公开年度报告、消协监管信息公开管理机制信息、消协监管责任制信息、消协监管制度信息 11 个指标属于甘肃消协应公布的信息。然而，在数据采集中发现，这些信息在甘肃各级消协网站上，尤其是县级消协网站上相对分散，信息更新滞后，不便于公众查询，而且存在一定信息缺失现象。因此，将上述 11 个指标的得分判定为“较差”。

另外，从上述 24 个指标的得分可知，甘肃省食药监局、消协和媒体在执行《食品安全法》第七条、第九条、第十条、第三十五条、第六十二条、第六十三条、第八十六条、第一百条第四款、第一百零一条、第一百零二条、第一百零三条、第一百零五条、第一百零六条、第一百零七条、第一百零八条、第一百零九条、第一百一十条、第一百一十三条、第一百一十四条、第一百一十五条、第一百一十六条、第一百一十七条方面不够到位。

6.5.22 原吉林省食药监局食品安全监管信息透明度得分和评价

原吉林省食药监局食品安全监管信息透明度总得分为 50.432 分，排在第 21 位。原吉林省食药监局食品安全监管信息透明度的各个指标信息透明情况如下。

（1）在评价原吉林省食药监局食品安全监管信息透明度的 44 个指标中，达到“较好”水平的指标有 3 个（表 6-85）。

表 6-85　原吉林省食药监局食品安全监管信息透明度指标中达到“较好”水平的指标

“较好”水平指标		
食品安全总体情况信息	食品安全事故报道	食品安全报道的真实性和公正性

（2）在评价原吉林省食药监局食品安全监管信息透明度的 44 个指标中，达到“一般”水平的指标有 10 个（表 6-86）。

表 6-86　原吉林省食药监局食品安全监管信息透明度指标中达到“一般”水平的指标

“一般”水平指标		
监管信息公开指南信息	食品安全标准信息	食品检验机构资质认定信息
监管信息公开目录	食品安全风险警示信息	监管组织结构及人员构成信息
监管重点信息	食品安全问题行政处罚信息	抽检对象信息
食品安全法律法规宣传		

监管信息公开指南信息、监管信息公开目录、监管重点信息、食品安全标准信息、食品安全风险警示信息、食品安全问题行政处罚信息、食品检验机构资质认定信息、监管组织结构及人员构成信息、抽检对象信息 9 个指标均属于原吉林省食药监局应进行公布的信息。然而，在数据采集中发现，这些信息在原吉林省食药监局各级网站上，尤其是原县级食药监局网站上相对分散，信息更新滞后，不便于公众查询。因此，将上述 9 个指标的得分判定为“一般”。

食品安全法律法规宣传指标属于吉林媒体应进行公布的信息。然而，在数据采集中发现，吉林媒体对食品安全监管信息的公开较为及时，但信息相对分散、持续性不足，不便于公众及时获取食品安全监管信息。因此，将该指标的得分判定为“一般”。

另外，从上述 10 个指标的得分可知，原吉林省食药监局和媒体在执行《食品安全法》第十条、第二十四条、第二十六条、第二十七条、第二十八条、第三十一条、第三十五条、第六十二条、第六十四条、第七十四条、第八十四条、第八十七条、第八十八条、第一百零九条方面不够到位。

（3）在评价原吉林省食药监局食品安全监管信息透明度的 44 个指标中，达到“较差”水平的指标有 30 个（表 6-87）。

表 6-87 原吉林省食药监局食品安全监管信息透明度指标中达到“较差”水平的指标

“较差”水平指标		
食品安全复检机构名录信息	抽检合格情况信息	诚信建设标准信息
生产和经营许可名录信息	抽检不合格情况信息	诚信企业或品牌名录信息
企业质量体系认证制度信息	监管信息公开管理机制信息	消协社会监督职能信息
食品安全信用档案信息	监管信息公开年度报告	消协监管信息公开年度报告
食品安全事故分级信息	举报处理信息	消协监管信息公开管理机制信息
事故处置组织指挥体系与职责信息	监管责任制信息	消协监管责任制信息
预防预警机制信息	监管考核制度信息	消协食品安全信息平台完善度及运行情况
处置程序信息	消协监管制度信息	食品安全事故跟踪报道
应急保障措施信息	消协监管组织结构及人员构成信息	媒体社会监督职能信息
事故调查处置信息	消协监管考核信息	食品安全标准和知识宣传

食品安全复检机构名录信息、生产和经营许可名录信息、企业质量体系认证制度信息、食品安全信用档案信息、食品安全事故分级信息、事故处置组织指挥体系与职责信息、预防预警机制信息、处置程序信息、应急保障措施信息、事故调查处置信息、抽检合格情况信息、抽检不合格情况信息、监管信息公开管理机制信息、监管信息公开年度报告、举报处理信息、监管责任制信息、监管考核制度信息 17 个指标属于原吉林省食药监局应公布的信息。然而，在数据采集中发现，这些信息在吉林省各级食药监局网站上，尤其是原县级食药监局网站上相对分散，不便于公众查询，而且存在一定信息缺失现象。因此，将上述 17 个指标的得分判定为“较差”。

消协监管制度信息、消协监管组织结构及人员构成信息、消协监管考核信息、诚信建设标准信息、诚信企业或品牌名录信息、消协社会监督职能信息、消协监管信息公开年度报告、消协监管信息公开管理机制信息、消协监管责任制信息、消协食品安全信息平台完善度及运行情况 10 个指标属于吉林消协应进行公布的信息。然而，在数据采集中发现，这些信息在吉林各级消协网站上，尤其是县级消协网站上相对分散，信息更新滞后，不便于公众查询，而且存在一定信息缺失现象。因此，将上述 10 个指标的得分判定为“较差”。

食品安全事故跟踪报道、媒体社会监督职能信息、食品安全标准和知识宣传 3 个指标属于吉林媒体应进行公布的信息。然而，在数据采集中发现，吉林媒体对食品安全监管信息的公开不够及时，而且信息分散、持续性不足，公众获取食品安全监管信息较为困难。因此，将上述 3 个指标的得分判定为“较差”。

另外，从上述 30 个指标的得分可知，原吉林省食药监局、消协和媒体在执行《食品安全法》第七条、第九条、第十条、第十四条、第十七条、第二十二条、第六十三条、第六十四条、第八十六条、第八十七条、第一百条第四款、第一百零一条、第一百零二条、第一百零三条、第一百零五条、第一百零六条、第一百零七条、第一百零八条、第一百零九条、第一百一十条、第一百一十三条、第一百一十四条、第一百一十五条、第一百一十六条、第一百一十七条方面不够到位。

（4）在评价原吉林省食药监局食品安全监管信息透明度的 44 个指标中，达到“差”水平的指标有 1 个（表 6-88）。

表 6-88　原吉林省食药监局食品安全监管信息透明度指标中达到“差”水平的指标

“差”水平指标
非诚信企业或品牌名录信息

非诚信企业或品牌名录信息属于吉林消协应进行公布的信息。然而，在数据采集中发现，这些信息在吉林各级消协网站上，尤其是县级消协网站上十分分散，公众获取较为困难，而且信息缺失现象严重。因此，将该指标的得分判定为“差”。另外，从上述指标的得分可知，吉林消协在执行《食品安全法》第十条方面不够到位。

6.5.23 原山东省食药监局食品安全监管信息透明度得分和评价

原山东省食药监局食品安全监管信息透明度总得分为 47.475 分，排在第 22 位。原山东省食药监局食品安全监管信息透明度的各个指标信息透明情况如下。

（1）在评价原山东省食药监局食品安全监管信息透明度的 44 个指标中，达到“较好”水平的指标有 5 个（表 6-89）。

表 6-89 原山东省食药监局食品安全监管信息透明度指标中达到“较好”水平的指标

<table>
<tr><th colspan="3">“较好”水平指标</th></tr>
<tr><td>食品安全风险警示信息</td><td>食品安全问题行政处罚信息</td><td rowspan="2">监管组织结构及人员构成信息</td></tr>
<tr><td>事故处置组织指挥体系与职责信息</td><td>举报处理信息</td></tr>
</table>

（2）在评价原山东省食药监局食品安全监管信息透明度的 44 个指标中，达到“一般”水平的指标有 11 个（表 6-90）。

表 6-90 原山东省食药监局食品安全监管信息透明度指标中达到“一般”水平的指标

<table>
<tr><th colspan="3">“一般”水平指标</th></tr>
<tr><td>食品安全总体情况信息</td><td>监管信息公开指南信息</td><td>监管信息公开目录</td></tr>
<tr><td>生产和经营许可名录信息</td><td>应急保障措施信息</td><td>事故调查处置信息</td></tr>
<tr><td>抽检对象信息</td><td>抽检合格情况信息</td><td rowspan="2">抽检不合格情况信息</td></tr>
<tr><td>监管信息公开年度报告</td><td>监管责任制信息</td></tr>
</table>

食品安全总体情况信息、监管信息公开指南信息、监管信息公开目录、生产和经营许可名录信息、应急保障措施信息、事故调查处置信息、抽检对象信息、抽检合格情况信息、抽检不合格情况信息、监管信息公开年度报告、监管责任制信息 11 个指标属于原山东省食药监局应进行公布的信息。然而，在数据采集中发现，这些信息在山东省各级食药监局网站上，尤其是原县级食药监局网站上相对分散，信息更新滞后，不便于公众查询。因此，将上述 11 个指标的得分判定为“一般”。

另外，从上述 11 个指标的得分可知，原山东省食药监局在执行《食品安全法》第七条、第十四条、第十七条、第二十二条、第六十三条、第六十四条、第八十六条、第八十七条、第一百零一条、第一百零二条、第一百零三条、第一百零五条、第一百零六条、第一百零七条、第一百零八条、第一百一十八条方面不够到位。

（3）在评价原山东省食药监局食品安全监管信息透明度的 44 个指标中，达到“较差”水平的指标有 28 个（表 6-91）。

表 6-91 原山东省食药监局食品安全监管信息透明度指标中达到“较差”水平的指标

“较差”水平指标			
食品安全事故跟踪报道	消协食品安全信息平台完善度及运行情况	食品检验机构资质认定信息	食品安全复检机构名录信息
企业质量体系认证制度信息	食品安全信用档案信息	食品安全事故分级信息	监管信息公开管理机制信息
处置程序信息	预防预警机制信息	监管考核制度信息	消协监管制度信息
消协监管组织结构及人员构成信息	消协监管考核信息	诚信建设标准信息	诚信企业或品牌名录信息
非诚信企业或品牌名录信息	消协社会监督职能信息	消协监管信息公开年度报告	消协监管信息公开管理机制信息
消协监管责任制信息	食品安全标准信息	食品安全事故报道	监管重点信息
食品安全报道的真实性和公正性	媒体社会监督职能信息	食品安全法律法规宣传	食品安全标准和知识宣传

监管重点信息、食品安全标准信息、食品检验机构资质认定信息、食品安全复检机构名录信息、企业质量体系认证制度信息、食品安全信用档案信息、食品安全事故分级信息、预防预警机制信息、处置程序信息、监管信息公开管理机制信息、监管考核制度信息 11 个指标属于原山东省食药监局应公布的信息。然而，在数据采集中发现，这些信息在山东省各级食药监局网站上，尤其是原县级食药监局网站上相对分散，不便于公众查询，而且存在一定信息缺失现象。因此，将上述 11 个指标的得分判定为“较差”。

消协监管制度信息、消协监管组织结构及人员构成信息、消协监管考核信息、诚信建设标准信息、诚信企业或品牌名录信息、非诚信企业或品牌名录信息、消协社会监督职能信息、消协监管信息公开年度报告、消协监管信息公开管理机制信息、消协监管责任制信息、消协食品安全信息平台完善度及运行情况 11 个指标属于山东消协应进行公布的信息。然而，在数据采集中发现，这些信息在山东各级消协网站上，尤其是县级消协网站上相对分散，信息更新滞后，不便于公众查询，而且存在一定信息缺失现象。因此，将上述 11 个指标的得分判定为“较差”。

食品安全事故报道、食品安全事故跟踪报道、食品安全报道的真实性和公正性、媒体社会监督职能信息、食品安全法律法规宣传、食品安全标准和知识宣传 6 个指标属于山东媒体应进行公布的信息。然而，在数据采集中发现，山东媒体对食品安全监管信息的公开不够及时，而且信息分散、持续性不足，公众获取食品安全监管信息较为困难。因此，将上述 6 个指标的得分判定为“较差”。

另外，从上述 28 个指标的得分可知，原山东省食药监局、消协和媒体在执行《食品安全法》第七条、第九条、第十条、第二十四条、第二十六条、第二十七条、第二十八条、第三十一条、第三十五条、第六十二条、第七十四条、第八十六条、第一百条第四款、第一百零一条、第一百零二条、第一百零三条、第一百零五条、第一百零六条、第一百零九条、第一百一十条、第一百一十三条、第一百一十四条、第一百一十六条、第一百一十七条方面不够到位。

6.5.24　原河南省食药监局食品安全监管信息透明度得分和评价

原河南省食药监局食品安全监管信息透明度总得分为 47.232 分，排在第 23 位。原河南省食药监局食品安全监管信息透明度的各个指标信息透明情况如下。

（1）在评价原河南省食药监局食品安全监管信息透明度的 44 个指标中，达到“较好”水平的指标有 4 个（表 6-92）。

表 6-92　原河南省食药监局食品安全监管信息透明度指标中达到“较好”水平的指标

“较好”水平指标	
食品安全风险警示信息	监管组织结构及人员构成信息

续表

“较好”水平指标	
食品安全问题行政处罚信息	举报处理信息

（2）在评价原河南省食药监局食品安全监管信息透明度的 44 个指标中，达到“一般”水平的指标有11个（表6-93）。

表6-93　原河南省食药监局食品安全监管信息透明度指标中达到“一般”水平的指标

“一般”水平指标		
监管信息公开指南信息	事故处置组织指挥体系与职责信息	抽检不合格情况信息
监管信息公开目录	事故调查处置信息	监管信息公开管理机制信息
监管重点信息	抽检对象信息	监管责任制信息
生产和经营许可名录信息	抽检合格情况信息	

以上 11 个指标均属于原河南省食药监局应进行公布的信息。然而，在数据采集中发现，这些信息在河南省各级食药监局网站上，尤其是原县级食药监局网站上相对分散，信息更新滞后，不便于公众查询。因此，将上述11个指标的得分判定为“一般”。

另外，从上述 11 个指标的得分可知，原河南省食药监局在执行《食品安全法》第七条、第十四条、第十七条、第二十二条、第六十三条、第六十四条、第七十四条、第八十六条、第八十七条、第一百零一条、第一百零二条、第一百零三条、第一百零五条、第一百零六条、第一百零七条、第一百零八条、第一百零九条方面不够到位。

（3）在评价原河南省食药监局食品安全监管信息透明度的 44 个指标中，达到“较差”水平的指标有29个（表6-94）。

表6-94　原河南省食药监局食品安全监管信息透明度指标中达到“较差”水平的指标

“较差”水平指标		
食品安全总体情况信息	监管信息公开年度报告	消协监管信息公开管理机制信息
食品安全标准信息	监管考核制度信息	消协监管责任制信息

续表

“较差”水平指标		
食品检验机构资质认定信息	消协监管制度信息	消协食品安全信息平台完善度及运行情况
食品安全复检机构名录信息	消协监管组织结构及人员构成信息	食品安全事故报道
企业质量体系认证制度信息	消协监管考核信息	食品安全事故跟踪报道
食品安全信用档案信息	诚信建设标准信息	食品安全报道的真实性和公正性
食品安全事故分级信息	诚信企业或品牌名录信息	媒体社会监督职能信息
预防预警机制信息	非诚信企业或品牌名录信息	食品安全法律法规宣传
处置程序信息	消协社会监督职能信息	食品安全标准和知识宣传
应急保障措施信息	消协监管信息公开年度报告	

食品安全总体情况信息、食品安全标准信息、食品检验机构资质认定信息、食品安全复检机构名录信息、企业质量体系认证制度信息、食品安全信用档案信息、食品安全事故分级信息、预防预警机制信息、处置程序信息、应急保障措施信息、监管信息公开年度报告、监管考核制度信息 12 个指标属于原河南省食药监局应公布的信息。然而，在数据采集中发现，这些信息在河南省各级食药监局网站上，尤其是原县级食药监局网站上相对分散，不便于公众查询，而且存在一定信息缺失现象。因此，将上述 12 个指标的得分判定为“较差”。

消协监管制度信息、消协监管组织结构及人员构成信息、消协监管考核信息、诚信建设标准信息、诚信企业或品牌名录信息、非诚信企业或品牌名录信息、消协社会监督职能信息、消协监管信息公开年度报告、消协监管信息公开管理机制信息、消协监管责任制信息、消协食品安全信息平台完善度及运行情况 11 个指标属于河南消协应进行公布的信息。然而，在数据采集中发现，这些信息在河南各级消协网站上，尤其是县级消协网站上相对分散，信息更新滞后，不便于公众查询，而且存在一定信息缺失现象。因此，将上述 11 个指标的得分判定为“较差”。

食品安全事故报道、食品安全事故跟踪报道、食品安全报道的真实性和公正性、媒体社会监督职能信息、食品安全法律法规宣传、食品安全标准和知识宣传 6 个指标属于河南媒体应进行公布的信息。然而，在数据采集中发现，河南媒体对食品安全监管信息的公开不够及时，而且信息分散、持续性不足，公众获取食品安全监管信息较为困难。因此，将上述 6 个指标的得分判定为“较差”。

另外，从上述 29 个指标的得分可知，原河南省食药监局、消协、媒体在执行《食品安全法》第七条、第二十四条、第二十六条、第二十七条、第二十八条、第三十一条、第三十五条、第六十二条、第八十六条、第一百条第四款、第一百零一条、第一百零二条、第一百零三条、第一百零五条、第一百零六条、第一百零九条、第一百一十条、第一百一十三条、第一百一十四条、第一百一十六条、第一百一十七条、第一百一十八条方面不够到位。

6.5.25　原海南省食药监局食品安全监管信息透明度得分和评价

原海南省食药监局食品安全监管信息透明度总得分为 46.007 分，排在第 24 位。原海南省食药监局食品安全监管信息透明度的各个指标信息透明情况如下。

（1）在评价原海南省食药监局食品安全监管信息透明度的 44 个指标中，达到“好”水平的指标有 2 个（表 6-95）。

表 6-95　原海南省食药监局食品安全监管信息透明度指标中达到“好”水平的指标

“好”水平指标	
监管信息公开指南信息	监管信息公开年度报告

（2）在评价原海南省食药监局食品安全监管信息透明度的 44 个指标中，达到“较好”水平的指标有 1 个（表 6-96）。

表 6-96　原海南省食药监局食品安全监管信息透明度指标中达到“较好”水平的指标

“较好”水平指标
监管信息公开目录

（3）在评价原海南省食药监局食品安全监管信息透明度的 44 个指标中，达到“一般”水平的指标有 8 个（表 6-97）。

表 6-97 原海南省食药监局食品安全监管信息透明度指标中达到“一般”水平的指标

“一般”水平指标		
食品安全风险警示信息	食品安全事故跟踪报道	食品安全法律法规宣传
生产和经营许可名录信息	食品安全报道的真实性和公正性	食品安全标准和知识宣传
食品安全事故报道	媒体社会监督职能信息	

食品安全风险警示信息、生产和经营许可名录信息 2 个指标均属于原海南省食药监局应进行公布的信息。然而，在数据采集中发现，这些信息在海南省各级食药监局网站上，尤其是原县级食药监局网站上相对分散，信息更新滞后，不便于公众查询。因此，将上述 2 个指标的得分判定为“一般”。

食品安全事故报道、食品安全事故跟踪报道、食品安全报道的真实性和公正性、媒体社会监督职能信息、食品安全法律法规宣传、食品安全标准和知识宣传 6 个指标属于海南媒体应进行公布的信息。然而，在数据采集中发现，海南媒体对食品安全监管信息的公开不够及时，而且信息分散、持续性不足，公众获取食品安全监管信息较为困难。因此，将上述 6 个指标的得分判定为“一般”。

另外，从上述 8 个指标的得分可知，原海南省食药监局、媒体在执行《食品安全法》第十条、第十四条、第十七条、第二十二条方面不够到位。

（4）在评价原海南省食药监局食品安全监管信息透明度的 44 个指标中，达到“较差”水平的指标有 15 个（表 6-98）。

表 6-98 原海南省食药监局食品安全监管信息透明度指标中达到“较差”水平的指标

“较差”水平指标		
食品安全问题行政处罚信息	抽检合格情况信息	消协社会监督职能信息
监管组织结构及人员构成信息	消协监管制度信息	消协监管信息公开年度报告
事故处置组织指挥体系与职责信息	消协监管组织结构及人员构成信息	消协监管信息公开管理机制信息

续表

"较差"水平指标		
事故调查处置信息	消协监管考核信息	消协监管责任制信息
抽检对象信息	诚信建设标准信息	消协食品安全信息平台完善度及运行情况

食品安全问题行政处罚信息、监管组织结构及人员构成信息、事故处置组织指挥体系与职责信息、事故调查处置信息、抽检对象信息、抽检合格情况信息 6 个指标属于原海南省食药监局应公布的信息。然而，在数据采集中发现，这些信息在海南省各级食药监局网站上，尤其是原县级食药监局网站上相对分散，不便于公众查询，而且存在一定信息缺失现象。因此，将上述 6 个指标的得分判定为"较差"。

消协监管制度信息、消协监管组织结构及人员构成信息、消协监管考核信息、诚信建设标准信息、消协社会监督职能信息、消协监管信息公开年度报告、消协监管信息公开管理机制信息、消协监管责任制信息、消协食品安全信息平台完善度及运行情况 9 个指标属于海南消协应进行公布的信息。然而，在数据采集中发现，这些信息在海南各级消协网站上，尤其是县级消协网站上相对分散，信息更新滞后，不便于公众查询，而且存在一定信息缺失现象。因此，将上述 9 个指标的得分判定为"较差"。

另外，从上述 15 个指标的得分可知，原海南省食药监局和消协在执行《食品安全法》第九条、第十条、第六十三条、第六十四条、第八十四条、第八十七条、第八十八条、第一百零一条、第一百零二条、第一百零三条、第一百零五条、第一百零六条、第一百零七条、第一百零八条方面不够到位。

（5）在评价原海南省食药监局食品安全监管信息透明度的 44 个指标中，达到"差"水平的指标有 18 个（表 6-99）。

表 6-99　原海南省食药监局食品安全监管信息透明度指标中达到"差"水平的指标

"差"水平指标		
食品安全总体情况信息	食品安全信用档案信息	监管信息公开管理机制信息
监管重点信息	食品安全事故分级信息	举报处理信息

续表

“差”水平指标		
食品安全标准信息	预防预警机制信息	监管责任制信息
食品检验机构资质认定信息	处置程序信息	监管考核制度信息
食品安全复检机构名录信息	应急保障措施信息	诚信企业或品牌名录信息
企业质量体系认证制度信息	抽检不合格情况信息	非诚信企业或品牌名录信息

食品安全总体情况信息、监管重点信息、食品安全标准信息、食品检验机构资质认定信息、食品安全复检机构名录信息、企业质量体系认证制度信息、食品安全信用档案信息、食品安全事故分级信息、预防预警机制信息、处置程序信息、应急保障措施信息、抽检不合格情况信息、监管信息公开管理机制信息、举报处理信息、监管责任制信息、监管考核制度信息 16 个指标属于原海南省食药监局应公布的信息。然而，在数据采集中发现，这些信息在海南省各级食药监局网站上，尤其是原县级食药监局网站上十分分散，公众获取较为困难，而且信息缺失现象严重。因此，将上述16个指标的得分判定为“差”。

诚信企业或品牌名录信息、非诚信企业或品牌名录信息 2 个指标属于海南消协应进行公布的信息。然而，在数据采集中发现，这些信息在海南各级消协网站上，尤其是县级消协网站上十分分散，公众获取较为困难，而且信息缺失现象严重。因此，将上述 2 个指标的得分判定为“差”。

另外，从上述 18 个指标的得分可知，原海南省食药监局和消协在执行《食品安全法》第七条、第十条、第二十四条、第二十六条、第二十七条、第二十八条、第三十一条、第三十五条、第六十二条、第七十四条、第八十六条、第八十七条、第一百条第四款、第一百零一条、第一百零二条、第一百零三条、第一百零五条、第一百零六条、第一百零九条、第一百一十条、第一百一十三条、第一百一十四条、第一百一十五条、第一百一十六条、第一百一十七条、第一百一十八条方面不够到位。

6.5.26 原湖南省食药监局食品安全监管信息透明度得分和评价

原湖南省食药监局食品安全监管信息透明度总得分为 45.220 分，排在第 25 位。原湖南省食药监局食品安全监管信息透明度的各个指标信息透明情况如下。

（1）在评价原湖南省食药监局食品安全监管信息透明度的 44 个指标中，达到“一般”水平的指标有 7 个（表 6-100）。

表 6-100　原湖南省食药监局食品安全监管信息透明度指标中达到“一般”水平的指标

“一般”水平指标		
监管信息公开指南信息	企业质量体系认证制度信息	举报处理信息
监管信息公开目录	监管组织结构及人员构成信息	
食品安全标准信息	监管信息公开管理机制信息	

监管信息公开指南信息、监管信息公开目录、食品安全标准信息、企业质量体系认证制度信息、监管组织结构及人员构成信息、监管信息公开管理机制信息、举报处理信息 7 个指标均属于原湖南省食药监局应进行公布的信息。然而，在数据采集中发现，这些信息在湖南省各级食药监局网站上，尤其是原县级食药监局网站上相对分散，信息更新滞后，不便于公众查询。因此，将上述 7 个指标的得分判定为“一般”。

另外，从上述 7 个指标的得分可知，原湖南省食药监局在执行《食品安全法》第二十四条、第二十六条、第二十七条、第二十八条、第三十一条、第八十四条、第一百一十五条、第一百一十六条方面不够到位。

（2）在评价原湖南省食药监局食品安全监管信息透明度的 44 个指标中，达到“较差”水平的指标有 37 个（表 6-101）。

表 6-101　原湖南省食药监局食品安全监管信息透明度指标中达到“较差”水平的指标

“较差”水平指标		
食品安全总体情况信息	事故调查处置信息	消协社会监督职能信息
监管重点信息	抽检对象信息	消协监管信息公开年度报告
食品安全风险警示信息	抽检合格情况信息	消协监管信息公开管理机制信息
食品安全问题行政处罚信息	抽检不合格情况信息	消协监管责任制信息
食品检验机构资质认定信息	监管信息公开年度报告	消协食品安全信息平台完善度及运行情况

续表

“较差”水平指标		
食品安全复检机构名录信息	监管责任制信息	食品安全事故报道
生产和经营许可名录信息	监管考核制度信息	食品安全事故跟踪报道
食品安全信用档案信息	消协监管制度信息	食品安全报道的真实性和公正性
食品安全事故分级信息	消协监管组织结构及人员构成信息	媒体社会监督职能信息
事故处置组织指挥体系与职责信息	消协监管考核信息	食品安全法律法规宣传
预防预警机制信息	诚信建设标准信息	食品安全标准和知识宣传
处置程序信息	诚信企业或品牌名录信息	
应急保障措施信息	非诚信企业或品牌名录信息	

食品安全总体情况信息、监管重点信息、食品安全风险警示信息、食品安全问题行政处罚信息、食品检验机构资质认定信息、食品安全复检机构名录信息、生产和经营许可名录信息、食品安全信用档案信息、食品安全事故分级信息、事故处置组织指挥体系与职责信息、预防预警机制信息、处置程序信息、应急保障措施信息、事故调查处置信息、抽检对象信息、抽检合格情况信息、抽检不合格情况信息、监管信息公开年度报告、监管责任制信息、监管考核制度信息 20 个指标属于原湖南省食药监局应公布的信息。然而，在数据采集中发现，这些信息在湖南省各级食药监局网站上，尤其是原县级食药监局网站上相对分散，不便于公众查询，而且存在一定信息缺失现象。因此，将上述 20 个指标的得分判定为“较差”。

消协监管制度信息、消协监管组织结构及人员构成信息、消协监管考核信息、诚信建设标准信息、诚信企业或品牌名录信息、非诚信企业或品牌名录信息、消协社会监督职能信息、消协监管信息公开年度报告、消协监管信息公开管理机制信息、消协监管责任制信息、消协食品安全信息平台完善度及运行情况 11 个指标属于湖南消协应进行公布的信息。然而，在数据采集中发现，这些信息在湖南各级消协网站上，尤其是县级消协网站上相对分散，信息更新滞后，不便于公众查询，而且存在一定信息缺失现象。因此，将上述 11 个指标的得分判定为“较差”。

食品安全事故报道、食品安全事故跟踪报道、食品安全报道的真实性和公正性、媒体社会监督职能信息、食品安全法律法规宣传、食品安全标准和知识宣传 6 个指标属于湖南消协应进行公布的信息。然而，在数据采集中发现，湖南媒体对食品安全监管信息的公开不够及时，而且信息分散、持续性不足，公众获取食品安全监管信息较为困难。因此，将上述 6 个指标的得分判定为“较差”。

另外，从上述 37 个指标的得分可知，原湖南省食药监局、消协和媒体在执行《食品安全法》第七条、第九条、第十条、第十四条、第十七条、第二十二条、第三十五条、第六十二条、第六十三条、第六十四条、第七十四条、第八十六条、第八十七条、第八十八条、第一百条第四款、第一百零一条、第一百零二条、第一百零三条、第一百零五条、第一百零六条、第一百零七条、第一百零八条、第一百零九条、第一百一十条、第一百一十三条、第一百一十四条、第一百一十六条、第一百一十七条、第一百一十八条方面不够到位。

6.5.27　原山西省食药监局食品安全监管信息透明度得分和评价

原山西省食药监局食品安全监管信息透明度总得分为 45.175 分，排在第 26 位。原山西省食药监局食品安全监管信息透明度的各个指标信息透明情况如下。

（1）在评价原山西省食药监局食品安全监管信息透明度的 44 个指标中，达到“一般”水平的指标有 7 个（表 6-102）。

表 6-102　原山西省食药监局食品安全监管信息透明度指标中达到“一般”水平的指标

“一般”水平指标	
食品安全风险警示信息	食品安全问题行政处罚信息
监管组织结构及人员构成信息	食品安全事故报道
食品安全事故跟踪报道	食品安全报道的真实性和公正性
食品安全法律法规宣传	

食品安全风险警示信息、食品安全问题行政处罚信息、监管组织结构

及人员构成信息3个指标属于原山西省食药监局应公布的信息。然而，在数据采集中发现，这些信息在山西省各级食药监局网站上，尤其是原县级食药监局网站上相对分散，信息更新滞后，不便于公众查询。因此，将上述3个指标的得分判定为“一般”。

食品安全事故报道、食品安全事故跟踪报道、食品安全报道的真实性和公正性、食品安全法律法规宣传4个指标属于山西媒体应公布的信息。然而，在数据采集中发现，山西媒体对食品安全监管信息的公开较为及时，但信息相对分散、持续性不足，不便于公众及时获取食品安全监管信息。因此，将上述4个指标的得分判定为“一般”。

另外，从上述7个指标的得分可知，原山西省食药监局和媒体在执行《食品安全法》第十条、第八十四条、第八十八条方面不够到位。

（2）在评价原山西省食药监局食品安全监管信息透明度的44个指标中，达到“较差”水平的指标有21个（表6-103）。

表6-103 原山西省食药监局食品安全监管信息透明度指标中达到“较差”水平的指标

“较差”水平指标		
监管信息公开指南信息	监管信息公开目录	食品检验机构资质认定信息
生产和经营许可名录信息	事故处置组织指挥体系与职责信息	抽检对象信息
抽检合格情况信息	抽检不合格情况信息	监管信息公开年度报告
举报处理信息	监管责任制信息	消协监管制度信息
消协监管组织结构及人员构成信息	消协食品安全信息平台完善度及运行情况	诚信建设标准信息
消协社会监督职能信息	消协监管信息公开管理机制信息	消协监管责任制信息
消协监管考核信息	媒体社会监督职能信息	食品安全标准和知识宣传

监管信息公开指南信息、监管信息公开目录、食品检验机构资质认定信息、生产和经营许可名录信息、事故处置组织指挥体系与职责信息、抽检对象信息、抽检合格情况信息、抽检不合格情况信息、监管信息公开年度报告、举报处理信息、监管责任制信息11个指标属于原山西省食药监局应公布的信息。然而，在数据采集中发现，这些信息在山西省各级食药监局网站上，尤其是原县级食药监局网站上相对分散，不便于公众查

询，而且存在一定信息缺失现象。因此，将上述 11 个指标的得分判定为“较差”。

消协监管制度信息、消协监管组织结构及人员构成信息、消协监管考核信息、诚信建设标准信息、消协社会监督职能信息、消协监管信息公开管理机制信息、消协监管责任制信息、消协食品安全信息平台完善度及运行情况 8 个指标属于山西消协应进行公布的信息。然而，在数据采集中发现，这些信息在山西各级消协网站上，尤其是县级消协网站上相对分散，信息更新滞后，不便于公众查询，而且存在一定信息缺失现象。因此，将上述 8 个指标的得分判定为“较差”。

媒体社会监督职能信息、食品安全标准和知识宣传 2 个指标属于山西媒体应公布的信息。然而，在数据采集中发现，山西媒体对食品安全监管信息的公开不够及时，而且信息分散、持续性不足，公众获取食品安全监管信息较为困难。

另外，从上述 21 个指标的得分可知，原山西省食药监局、消协和媒体在执行《食品安全法》第七条、第九条、第十条、第十四条、第十七条、第二十二条、第三十五条、第六十二条、第六十四条、第八十六条、第八十七条、第一百零一条、第一百零二条、第一百一十五条、第一百一十六条方面不够到位。

（3）在评价原山西省食药监局食品安全监管信息透明度的 44 个指标中，达到“差”水平的指标有 16 个（表 6-104）。

表 6-104　原山西省食药监局食品安全监管信息透明度指标中达到“差”水平的指标

“差”水平指标			
食品安全总体情况信息	监管重点信息	食品安全标准信息	预防预警机制信息
企业质量体系认证制度信息	食品安全信用档案信息	食品安全事故分级信息	食品安全复检机构名录信息
处置程序信息	应急保障措施信息	事故调查处置信息	监管考核制度信息
监管信息公开管理机制信息	诚信企业或品牌名录信息	非诚信企业或品牌名录信息	消协监管信息公开年度报告

食品安全总体情况信息、监管重点信息、食品安全标准信息、食品安全复检机构名录信息、企业质量体系认证制度信息、食品安全信用档案信息、食品安全事故分级信息、预防预警机制信息、处置程序信息、应急保障措施信息、事故调查处置信息、监管信息公开管理机制信息、监管考核制度信息 13 个指标属于原山西省食药监局应公布的信息。然而，在数据采集中发现，这些信息在山西省各级食药监局网站上，尤其是原县级食药监局网站上十分分散，公众获取较为困难，而且信息缺失现象严重。因此，将上述 13 个指标的得分判定为“较差”。

诚信企业或品牌名录信息、非诚信企业或品牌名录信息、消协监管信息公开年度报告 3 个指标属于山西消协应公布的信息。然而，在数据采集中发现，这些信息在山西各级消协网站上，尤其是县级消协网站上十分分散，公众获取较为困难，而且信息缺失现象严重。因此，将上述 3 个指标的得分判定为“较差”。

另外，从上述 16 个指标的得分可知，原山西省食药监局和消协在执行《食品安全法》第七条、第十条、第二十四条、第二十六条、第二十七条、第二十八条、第三十一条、第六十三条、第七十四条、第八十六条、第一百条第四款、第一百零一条、第一百零二条、第一百零三条、第一百零五条、第一百零六条、第一百零七条、第一百零八条、第一百零九条、第一百一十条、第一百一十三条、第一百一十四条、第一百一十六条、第一百一十七条、第一百一十八条方面不够到位。

6.5.28　原广西壮族自治区食药监局食品安全监管信息透明度得分和评价

原广西壮族自治区食药监局食品安全监管信息透明度总得分为 43.429 分，排在第 27 位。原广西壮族自治区食药监局食品安全监管信息透明度的各个指标信息透明情况如下。

（1）在评价原广西壮族自治区食药监局食品安全监管信息透明度的 44 个指标中，达到“一般”水平的指标有 12 个（表 6-105）。

表 6-105　原广西壮族自治区食药监局食品安全监管信息透明度指标中达到“一般”水平的指标

“一般”水平指标		
食品安全风险警示信息	事故处置组织指挥体系与职责信息	抽检不合格情况信息
食品安全问题行政处罚信息	事故调查处置信息	监管信息公开年度报告
生产和经营许可名录信息	抽检对象信息	举报处理信息
监管组织结构及人员构成信息	抽检合格情况信息	监管责任制信息

以上 12 个指标均属于原广西壮族自治区食药监局应进行公布的信息。然而，在数据采集中发现，这些信息在广西壮族自治区各级食药监局网站上，尤其是原县级食药监局网站上相对分散，信息更新滞后，不便于公众查询。因此，将上述 12 个指标的得分判定为“一般”。

另外，从上述 12 个指标的得分可知，原广西壮族自治区食药监局在执行《食品安全法》第七条、第十四条、第十七条、第二十二条、第六十三条、第六十四条、第八十四条、第八十六条、第八十七条、第八十八条、第一百零一条、第一百零二条、第一百零三条、第一百零五条、第一百零六条、第一百零七条、第一百零八条、第一百一十五条、第一百一十六条方面不够到位。

（2）在评价原广西壮族自治区食药监局食品安全监管信息透明度的 44 个指标中，达到“较差”水平的指标有 32 个（表 6-106）。

表 6-106　原广西壮族自治区食药监局食品安全监管信息透明度指标中达到“较差”水平的指标

“较差”水平指标			
食品安全总体情况信息	食品安全信用档案信息	消协监管组织结构及人员构成信息	消协监管责任制信息
监管信息公开指南信息	食品安全事故分级信息	消协监管考核信息	消协食品安全信息平台完善度及运行情况
监管信息公开目录	预防预警机制信息	诚信建设标准信息	食品安全事故报道
监管重点信息	处置程序信息	诚信企业或品牌名录信息	食品安全事故跟踪报道
食品安全标准信息	应急保障措施信息	非诚信企业或品牌名录信息	食品安全报道的真实性和公正性

续表

“较差”水平指标			
食品检验机构资质认定信息	监管信息公开管理机制信息	消协社会监督职能信息	媒体社会监督职能信息
食品安全复检机构名录信息	监管考核制度信息	消协监管信息公开年度报告	食品安全法律法规宣传
企业质量体系认证制度信息	消协监管制度信息	消协监管信息公开管理机制信息	食品安全标准和知识宣传

食品安全总体情况信息、监管信息公开指南信息、监管信息公开目录、监管重点信息、食品安全标准信息、食品检验机构资质认定信息、食品安全复检机构名录信息、企业质量体系认证制度信息、食品安全信用档案信息、食品安全事故分级信息、预防预警机制信息、处置程序信息、应急保障措施信息、监管信息公开管理机制信息、监管考核制度信息 15 个指标属于原广西壮族自治区食药监局应公布的信息。然而，在数据采集中发现，这些信息在广西壮族自治区各级食药监局网站上，尤其是原县级食药监局网站上相对分散，不便于公众查询，而且存在一定信息缺失现象。因此，将上述 15 个指标的得分判定为“较差”。

消协监管制度信息、消协监管组织结构及人员构成信息、消协监管考核信息、诚信建设标准信息、诚信企业或品牌名录信息、非诚信企业或品牌名录信息、消协社会监督职能信息、消协监管信息公开年度报告、消协监管信息公开管理机制信息、消协监管责任制信息、消协食品安全信息平台完善度及运行情况 11 个指标属于广西壮族自治区消协应公布的信息。然而，在数据采集中发现，这些信息在广西壮族自治区各级消协网站上，尤其是县级消协网站上相对分散，信息更新滞后，不便于公众查询，而且存在一定信息缺失现象。因此，将上述 11 个指标的得分判定为“较差”。

食品安全事故报道、食品安全事故跟踪报道、食品安全报道的真实性和公正性、媒体社会监督职能信息、食品安全法律法规宣传、食品安全标准和知识宣传这 6 个指标属于广西壮族自治区媒体应公布的信息。然而，在数据采集中发现，广西壮族自治区媒体对食品安全监管信息的公开不够及时，而且信息分散、持续性不足，公众获取食品安全监管信息较为困难。

因此，将上述 6 个指标的得分判定为“较差”。

另外，从上述 32 个指标的得分可知，原广西壮族自治区食药监局、消协和媒体在执行《食品安全法》第七条、第九条、第十条、第二十四条、第二十六条、第二十七条、第二十八条、第三十一条、第三十五条、第六十二条、第七十四条、第八十六条、第一百条第四款、第一百零一条、第一百零二条、第一百零三条、第一百零五条、第一百零六条、第一百零九条、第一百一十条、第一百一十三条、第一百一十四条、第一百一十六条、第一百一十七条、第一百一十八条方面不够到位。

6.5.29　原浙江省食药监局食品安全监管信息透明度得分和评价

原浙江省食药监局食品安全监管信息透明度总得分为 41.135 分，排在第 28 位。原浙江省食药监局食品安全监管信息透明度的各个指标信息透明情况如下。

（1）在评价原浙江省食药监局食品安全监管信息透明度的 44 个指标中，达到“一般”水平的指标有 6 个（表 6-107）。

表 6-107　原浙江省食药监局食品安全监管信息透明度指标中达到“一般”水平的指标

“一般”水平指标	
监管信息公开指南信息	食品安全风险警示信息
监管信息公开目录	食品安全问题行政处罚信息
监管组织结构及人员构成信息	举报处理信息

以上 6 个指标均属于原浙江省食药监局应进行公布的信息。然而，在数据采集中发现，这些信息在浙江省各级食药监局网站上，尤其是原县级食药监局网站上相对分散，信息更新滞后，不便于公众查询。因此，将上述 6 个指标的得分判定为“一般”。

另外，从上述 6 个指标的得分可知，原浙江省食药监局在执行《食品安全法》第八十四条、第八十八条、第一百一十五条、第一百一十六条方面不够到位。

（2）在评价原浙江省食药监局食品安全监管信息透明度的 44 个指标

中，达到“较差”水平的指标有38个（表6-108）。

表6-108 原浙江省食药监局食品安全监管信息透明度指标中达到“较差”水平的指标

<table>
<tr><th colspan="4">“较差”水平指标</th></tr>
<tr><td>食品安全总体情况信息</td><td>预防预警机制信息</td><td>监管考核制度信息</td><td>消协监管责任制信息</td></tr>
<tr><td>监管信息公开指南信息</td><td>处置程序信息</td><td>消协监管制度信息</td><td>消协食品安全信息平台完善度及运行情况</td></tr>
<tr><td>监管信息公开目录</td><td>应急保障措施信息</td><td>消协监管组织结构及人员构成信息</td><td>食品安全事故报道</td></tr>
<tr><td>监管重点信息</td><td>事故调查处置信息</td><td>消协监管考核信息</td><td>食品安全事故跟踪报道</td></tr>
<tr><td>食品安全标准信息</td><td>抽检对象信息</td><td>诚信建设标准信息</td><td>食品安全报道的真实性和公正性</td></tr>
<tr><td>食品安全风险警示信息</td><td>抽检合格情况信息</td><td>诚信企业或品牌名录信息</td><td>媒体社会监督职能信息</td></tr>
<tr><td>食品安全问题行政处罚信息</td><td>抽检不合格情况信息</td><td>非诚信企业或品牌名录信息</td><td rowspan="2">食品安全法律法规宣传</td></tr>
<tr><td>食品检验机构资质认定信息</td><td>监管信息公开管理机制信息</td><td>消协社会监督职能信息</td></tr>
<tr><td>食品安全复检机构名录信息</td><td>监管信息公开年度报告</td><td>消协监管信息公开年度报告</td><td rowspan="2">食品安全标准和知识宣传</td></tr>
<tr><td>生产和经营许可名录信息</td><td>监管责任制信息</td><td>消协监管信息公开管理机制信息</td></tr>
</table>

食品安全总体情况信息、监管信息公开指南信息、监管信息公开目录、监管重点信息、食品安全标准信息、食品安全风险警示信息、食品安全问题行政处罚信息、食品检验机构资质认定信息、食品安全复检机构名录信息、生产和经营许可名录信息、预防预警机制信息、处置程序信息、应急保障措施信息、事故调查处置信息、抽检对象信息、抽检合格情况信息、抽检不合格情况信息、监管信息公开管理机制信息、监管信息公开年度报告、监管责任制信息、监管考核制度信息 21 个指标属于原浙江省食药监局应公布的信息。然而，在数据采集中发现，这些信息在浙江省各级食药监局网站上，尤其是原县级食药监局网站上相对分散，不便于公众查询，而且存在一定信息缺失现象。因此，将上述 21 个指标的得分判定为

“较差”。

消协监管制度信息、消协监管组织结构及人员构成信息、消协监管考核信息、诚信建设标准信息、诚信企业或品牌名录信息、非诚信企业或品牌名录信息、消协社会监督职能信息、消协监管信息公开年度报告、消协监管信息公开管理机制信息、消协监管责任制信息、消协食品安全信息平台完善度及运行情况 11 个指标属于浙江消协应进行公布的信息。然而，在数据采集中发现，这些信息在浙江各级消协网站上，尤其是县级消协网站上相对分散，信息更新滞后，不便于公众查询，而且存在一定信息缺失现象。因此，将上述 11 个指标的得分判定为“较差”。

食品安全事故报道、食品安全事故跟踪报道、食品安全报道的真实性和公正性、媒体社会监督职能信息、食品安全法律法规宣传、食品安全标准和知识宣传 6 个指标属于浙江媒体应进行公布的信息。然而，在数据采集中发现，浙江媒体对食品安全监管信息的公开不够及时，而且信息分散、持续性不足，公众获取食品安全监管信息较为困难。因此，将上述 6 个指标的得分判定为“较差”。

另外，从上述 38 个指标的得分可知，原浙江省食药监局、消协和媒体在执行《食品安全法》第七条、第九条、第十条、第六十三条、第六十四条、第八十六条、第八十七条、第一百条第四款、第一百零一条、第一百零二条、第一百零三条、第一百零五条、第一百零六条、第一百零七条、第一百零八条、第一百一十三条、第一百一十四条、第一百一十六条、第一百一十七条方面不够到位。

6.5.30 原黑龙江省食药监局食品安全监管信息透明度得分和评价

原黑龙江省食药监局食品安全监管信息透明度总得分为 39.799 分，排在第 29 位。原黑龙江省食药监局食品安全监管信息透明度的各个指标信息透明情况如下。

在评价原黑龙江省食药监局食品安全监管信息透明度的 44 个指标中，达到“较差”水平的指标有 44 个（表 6-109）。

表 6-109　原黑龙江省食药监局食品安全监管信息透明度指标中达到“较差”水平的指标

“较差”水平指标		
食品安全总体情况信息	监管信息公开指南信息	监管信息公开目录
监管重点信息	食品安全标准信息	食品安全风险警示信息
食品安全问题行政处罚信息	食品检验机构资质认定信息	食品安全复检机构名录信息
生产和经营许可名录信息	企业质量体系认证制度信息	监管组织结构及人员构成信息
食品安全信用档案信息	食品安全事故分级信息	事故处置组织指挥体系与职责信息
预防预警机制信息	处置程序信息	应急保障措施信息
事故调查处置信息	抽检对象信息	抽检合格情况信息
抽检不合格情况信息	监管信息公开管理机制信息	监管信息公开年度报告
举报处理信息	监管责任制信息	监管考核制度信息
消协监管制度信息	消协监管组织结构及人员构成信息	消协监管考核信息
诚信建设标准信息	诚信企业或品牌名录信息	非诚信企业或品牌名录信息
消协社会监督职能信息	消协监管信息公开年度报告	消协监管信息公开管理机制信息
消协监管责任制信息	消协食品安全信息平台完善度及运行情况	食品安全事故报道
食品安全事故跟踪报道	食品安全报道的真实性和公正性	媒体社会监督职能信息
食品安全法律法规宣传	食品安全标准和知识宣传	

以上指标均属于原黑龙江省食药监局、消协和媒体应公布的信息。然而，在数据采集中发现，黑龙江省各级食药监局网站，尤其是原县级食药监局网站相对分散，不便于公众查询，而且存在一定信息缺失现象。黑龙江众多消协尚未建立官方网站，信息分散，且存在一定信息缺失现象。黑龙江媒体对食品安全监管信息的公开不够及时，且信息相对分散、持续性不足，不便于公众及时获取食品安全监管信息。因此，将上述 44 个指标的得分判定为“较差”。

另外，从上述 44 个指标的得分可知，原黑龙江省食药监局、消协和媒体在执行《食品安全法》第七条、第九条、第十条、第十四条、第十七条、第二十二条、第二十四条、第二十六条、第二十七条、第二十八条、第三十一条、第三十五条、第六十二条、第六十三条、第六十四条、第七十四条、第八十四条、第八十六条、第八十七条、第八十八条、第一百条第四款、第一百零一条、第一百零二条、第一百零三条、第一百零五条、第一百零六条、第一百零七条、第一百零八条、第一百零九条、第一百一十条、第一百一十三条、第一百一十四条、第一百一十五条、第一百一十六条、第一百一十七条、第一百一十八条方面不够到位。

6.5.31　原河北省食药监局食品安全监管信息透明度得分和评价

原河北省食药监局食品安全监管信息透明度总得分为 37.504 分，排在第 30 位。原河北省食药监局食品安全监管信息透明度的各个指标信息透明情况如下。

（1）在评价原河北省食药监局食品安全监管信息透明度的 44 个指标中，达到“较差”水平的指标有 43 个（表 6-110）。

表 6-110　原河北省食药监局食品安全监管信息透明度指标中达到“较差”水平的指标

“较差”水平指标			
食品安全总体情况信息	监管组织结构及人员构成信息	监管信息公开管理机制信息	消协社会监督职能信息
监管信息公开指南信息	食品安全信用档案信息	监管信息公开年度报告	消协监管信息公开年度报告
监管信息公开目录	食品安全事故分级信息	举报处理信息	消协监管信息公开管理机制信息
监管重点信息	事故处置组织指挥体系与职责信息	监管责任制信息	消协监管责任制信息
食品安全标准信息	预防预警机制信息	监管考核制度信息	消协食品安全信息平台完善度及运行情况
食品安全风险警示信息	处置程序信息	消协监管制度信息	食品安全事故报道
食品安全问题行政处罚信息	应急保障措施信息	消协监管组织结构及人员构成信息	食品安全报道的真实性和公正性

续表

“较差”水平指标			
食品检验机构资质认定信息	事故调查处置信息	消协监管考核信息	媒体社会监督职能信息
食品安全复检机构名录信息	抽检对象信息	诚信建设标准信息	食品安全法律法规宣传
生产和经营许可名录信息	抽检合格情况信息	诚信企业或品牌名录信息	食品安全标准和知识宣传
企业质量体系认证制度信息	抽检不合格情况信息	非诚信企业或品牌名录信息	

食品安全总体情况信息、监管信息公开指南信息、监管信息公开目录、监管重点信息、食品安全标准信息、食品安全风险警示信息、食品安全问题行政处罚信息、食品检验机构资质认定信息、食品安全复检机构名录信息、生产和经营许可名录信息、企业质量体系认证制度信息、监管组织结构及人员构成信息、食品安全信用档案信息、食品安全事故分级信息、事故处置组织指挥体系与职责信息、预防预警机制信息、处置程序信息、应急保障措施信息、事故调查处置信息、抽检对象信息、抽检合格情况信息、抽检不合格情况信息、监管信息公开管理机制信息、监管信息公开年度报告、举报处理信息、监管责任制信息、监管考核制度信息 27 个指标属于原河北省食药监局应公布的信息。然而，在数据采集中发现，这些信息在河北省各级食药监局网站上，尤其是原县级食药监局网站上相对分散，不便于公众查询，而且存在一定信息缺失现象。因此，将上述 27 个指标的得分判定为“较差”。

消协监管制度信息、消协监管组织结构及人员构成信息、诚信建设标准信息、诚信企业或品牌名录信息、消协社会监督职能信息、消协监管信息公开年度报告、消协监管责任制信息、消协监管信息公开管理机制信息、消协监管考核信息、非诚信企业或品牌名录信息、消协食品安全信息平台完善度及运行情况 11 个指标属于河北消协应进行公布的信息。然而，在数据采集中发现，这些信息在河北各级消协网站上，尤其是县级消协网站上相对分散，信息更新滞后，不便于公众查询，而且存在一定信息缺失现象。因此，将上述 11 个指标的得分判定为“较差”。

食品安全事故报道、食品安全报道的真实性和公正性、媒体社会监督职能信息、食品安全法律法规宣传、食品安全标准和知识宣传 5 个指标属于河北媒体应进行公布的信息。然而，在数据采集中发现，河北媒体对食品安全监管信息的公开不够及时，而且信息分散、持续性不足，公众获取食品安全监管信息较为困难。因此，将上述 5 个指标的得分判定为“较差”。

另外，从上述 43 个指标的得分可知，原河北省食药监局、消协、媒体在执行《食品安全法》第七条、第九条、第十条、第十四条、第十七条、第二十二条、第二十四条、第二十六条、第二十七条、第二十八条、第三十一条、第三十五条、第六十二条、第六十三条、第六十四条、第七十四条、第八十四条、第八十六条、第八十七条、第八十八条、第一百条第四款、第一百零一条、第一百零二条、第一百零三条、第一百零五条、第一百零六条、第一百零七条、第一百零八条、第一百零九条、第一百一十条、第一百一十三条、第一百一十四条、第一百一十五条、第一百一十六条、第一百一十七条、第一百一十八条方面不够到位。

（2）在评价原河北省食药监局食品安全监管信息透明度的 44 个指标中，达到“差”水平的指标有 1 个（表 6-111）。

表 6-111　原河北省食药监局食品安全监管信息透明度指标中达到“差”水平的指标

“差”水平指标
食品安全事故跟踪报道

食品安全事故跟踪报道这 1 个指标属于河北媒体应进行公布的信息。然而，在数据采集中发现，河北媒体对食品安全监管信息的公开不及时，而是信息零散、持续性差，存在信息缺失现象。

另外，从上述 1 个指标的得分可知，河北媒体在执行《食品安全法》第十条方面不够到位。

6.5.32　原新疆维吾尔自治区食药监局食品安全监管信息透明度得分和评价

原新疆维吾尔自治区食药监局食品安全监管信息透明度总得分为 31.572

分，排在第 31 位。原新疆维吾尔自治区食药监局食品安全监管信息透明度的各个指标信息透明情况如下。

（1）在评价原新疆维吾尔自治区食药监局食品安全监管信息透明度的44个指标中，达到“较差”水平的指标有28个（表6-112）。

表 6-112 原新疆维吾尔自治区食药监局食品安全监管信息透明度指标中达到“较差”水平的指标

“较差”水平指标			
食品安全总体情况信息	食品检验机构资质认定信息	事故处置组织指挥体系与职责信息	抽检不合格情况信息
监管信息公开指南信息	食品安全复检机构名录信息	预防预警机制信息	监管信息公开管理机制信息
监管信息公开目录	生产和经营许可名录信息	处置程序信息	监管信息公开年度报告
监管重点信息	企业质量体系认证制度信息	应急保障措施信息	举报处理信息
食品安全标准信息	监管组织结构及人员构成信息	事故调查处置信息	监管责任制信息
食品安全风险警示信息	食品安全信用档案信息	抽检对象信息	监管考核制度信息
食品安全问题行政处罚信息	食品安全事故分级信息	抽检合格情况信息	媒体社会监督职能信息

食品安全总体情况信息、监管信息公开指南信息、监管信息公开目录、监管重点信息、食品安全标准信息、食品安全风险警示信息、食品安全问题行政处罚信息、食品检验机构资质认定信息、食品安全复检机构名录信息、生产和经营许可名录信息、企业质量体系认证制度信息、监管组织结构及人员构成信息、食品安全信用档案信息、食品安全事故分级信息、事故处置组织指挥体系与职责信息、预防预警机制信息、处置程序信息、应急保障措施信息、事故调查处置信息、抽检对象信息、抽检合格情况信息、抽检不合格情况信息、监管信息公开管理机制信息、监管信息公开年度报告、举报处理信息、监管责任制信息、监管考核制度信息 27 个指标属于原新疆维吾尔自治区食药监局应公布的信息。然而，在数据采集中发现，这些信息在新疆维吾尔自治区各级食药监局网站上，尤其是原县级食药监局网站上相对分散，不便于公众查询，而且存在一定信息缺失现象。因此，将上述27个指标的得分判定为“较差”。

媒体社会监督职能信息这 1 个指标属于新疆媒体应公布的信息。然而，在数据采集中发现，新疆维吾尔自治区媒体对食品安全监管信息的公开不及时，使信息零散、持续性差，存在信息缺失现象。因此，将上述 1 个指标的得分判定为“较差”。

另外，从上述 28 个指标的得分可知，原新疆维吾尔自治区食药监局和媒体在执行《食品安全法》第七条、第十条、第十四条、第十七条、第二十二条、第二十四条、第二十六条、第二十七条、第二十八条、第三十一条、第三十五条、第六十二条、第六十三条、第六十四条、第七十四条、第八十四条、第八十六条、第八十七条、第八十八条、第一百条第四款、第一百零一条、第一百零二条、第一百零三条、第一百零五条、第一百零六条、第一百零七条、第一百零八条、第一百零九条、第一百一十条、第一百一十三条、第一百一十四条、第一百一十五条、第一百一十六条、第一百一十七条、第一百一十八条方面不够到位。

（2）在评价原新疆维吾尔自治区食药监局食品安全监管信息透明度的 44 个指标中，达到“差”水平的指标有 16 个（表 6-113）。

表 6-113　原新疆维吾尔自治区食药监局食品安全监管信息透明度指标中达到“差”水平的指标

“差”水平指标			
消协监管制度信息	诚信企业或品牌名录信息	消协监管信息公开管理机制信息	食品安全事故跟踪报道
消协监管组织结构及人员构成信息	非诚信企业或品牌名录信息	消协监管责任制信息	食品安全报道的真实性和公正性
消协监管考核信息	消协社会监督职能信息	消协食品安全信息平台完善度及运行情况	媒体社会监督职能信息
诚信建设标准信息	消协监管信息公开年度报告	食品安全事故报道	食品安全法律法规宣传

消协监管制度信息、消协监管组织结构及人员构成信息、消协监管考核信息、诚信建设标准信息、诚信企业或品牌名录信息、非诚信企业或品牌名录信息、消协社会监督职能信息、消协监管信息公开年度报告、消协监管信息公开管理机制信息、消协监管责任制信息、消协食品安全信息平

台完善度及运行情况 11 个指标属于新疆消协应公布的信息。然而，在数据采集中发现，这些信息在新疆维吾尔自治区各级消协网站上，尤其是县级消协网站上十分分散，公众获取较为困难，而且信息缺失现象严重。因此，将上述 11 个指标的得分判定为“差”。

食品安全事故报道、食品安全事故跟踪报道、食品安全报道的真实性和公正性、食品安全法律法规宣传、媒体社会监督职能信息 5 个指标属于新疆维吾尔自治区媒体应公布的信息。然而，在数据采集中发现，新疆维吾尔自治区媒体对食品安全监管信息的公开不及时，使信息零散、持续性差，存在信息缺失现象。因此，将上述 5 个指标的得分判定为“差”。

另外，从上述 16 个指标的得分可知，新疆维吾尔自治区消协和媒体在执行《食品安全法》第十条方面不够到位。

6.5.33　原西藏自治区食药监局食品安全监管信息透明度得分和评价

原西藏自治区食药监局食品安全监管信息透明度总得分为 27.883 分，排在第 32 位。原西藏自治区食药监局食品安全监管信息透明度的各个指标信息透明情况如下。

（1）在评价原西藏自治区食药监局食品安全监管信息透明度的 44 个指标中，达到“较差”水平的指标有 30 个（表 6-114）。

表 6-114　原西藏自治区食药监局食品安全监管信息透明度指标中达到“较差”水平的指标

“较差”水平指标		
食品安全总体情况信息	监管信息公开指南信息	监管信息公开目录
监管重点信息	食品安全标准信息	食品安全风险警示信息
食品安全问题行政处罚信息	食品检验机构资质认定信息	食品安全复检机构名录信息
生产和经营许可名录信息	企业质量体系认证制度信息	监管组织结构及人员构成信息
食品安全信用档案信息	食品安全事故分级信息	事故处置组织指挥体系与职责信息
预防预警机制信息	处置程序信息	应急保障措施信息
事故调查处置信息	抽检对象信息	抽检合格情况信息

续表

"较差"水平指标		
抽检不合格情况信息	监管信息公开管理机制信息	监管信息公开年度报告
举报处理信息	监管责任制信息	监管考核制度信息
食品安全事故报道	食品安全报道的真实性和公正性	媒体社会监督职能信息

食品安全总体情况信息、监管信息公开指南信息、监管信息公开目录、监管重点信息、食品安全标准信息、食品安全风险警示信息、食品安全问题行政处罚信息、食品检验机构资质认定信息、食品安全复检机构名录信息、生产和经营许可名录信息、企业质量体系认证制度信息、监管组织结构及人员构成信息、食品安全信用档案信息、食品安全事故分级信息、事故处置组织指挥体系与职责信息、预防预警机制信息、处置程序信息、应急保障措施信息、事故调查处置信息、抽检对象信息、抽检合格情况信息、抽检不合格情况信息、监管信息公开管理机制信息、监管信息公开年度报告、举报处理信息、监管责任制信息、监管考核制度信息 27 个指标属于原西藏自治区食药监局应公布的信息。然而，在数据采集中发现，这些信息在西藏自治区各级食药监局网站上，尤其是原县级食药监局网站上相对分散，不便于公众查询，而且存在一定信息缺失现象。因此，将上述 27 个指标的得分判定为"较差"。

食品安全事故报道、食品安全报道的真实性和公正性、媒体社会监督职能信息 3 个指标属于西藏自治区媒体应进行公布的信息。然而，在数据采集中发现，西藏自治区媒体对食品安全监管信息的公开不够及时，而且信息分散、持续性不足，公众获取食品安全监管信息较为困难。因此，将上述 3 个指标的得分判定为"较差"。

另外，从上述 30 个指标的得分可知，原西藏自治区食药监局和媒体在执行《食品安全法》第七条、第十条、第十四条、第十七条、第二十二条、第二十四条、第二十六条、第二十七条、第二十八条、第三十一条、第三十五条、第六十二条、第六十三条、第六十四条、第七十四条、第八十四条、第八十六条、第八十七条、第八十八条、第一百条第四款、第一百零一条、第一百零二条、第一百零三条、第一百零五条、第一百零六条、第一百零七条、第一百零八条、第一百零九条、第一百一十条、第一百一十三条、第一百一十四条、第一百一十五条、第一百一十六条、第一百一十七条、第一百一十八条方面不够到位。

（2）在评价原西藏自治区食药监局食品安全监管信息透明度的44个指标中，达到“差”水平的指标有14个（表6-115）。

表6-115　原西藏自治区食药监局食品安全监管信息透明度指标中达到“差”水平的指标

<table>
<tr><th colspan="3">“差”水平指标</th></tr>
<tr><td>消协监管制度信息</td><td>消协监管组织结构及人员构成信息</td><td>消协监管考核信息</td></tr>
<tr><td>诚信建设标准信息</td><td>诚信企业或品牌名录信息</td><td>非诚信企业或品牌名录信息</td></tr>
<tr><td>消协社会监督职能信息</td><td>消协监管信息公开年度报告</td><td>消协监管信息公开管理机制信息</td></tr>
<tr><td>消协监管责任制信息</td><td>食品安全事故跟踪报道</td><td rowspan="2">消协食品安全信息平台完善度及运行情况</td></tr>
<tr><td>食品安全法律法规宣传</td><td>食品安全标准和知识宣传</td></tr>
</table>

消协监管制度信息、消协监管组织结构及人员构成信息、消协监管考核信息、诚信建设标准信息、诚信企业或品牌名录信息、非诚信企业或品牌名录信息、消协社会监督职能信息、消协监管信息公开年度报告、消协监管信息公开管理机制信息、消协监管责任制信息、消协食品安全信息平台完善度及运行情况11个指标属于西藏自治区消协应进行公布的信息。然而，在数据采集中发现，这些信息在西藏自治区各级消协网站上，尤其是县级消协网站上十分分散，公众获取较为困难，而且信息缺失现象严重。因此，将上述11个指标的得分判定为“差”。

食品安全事故跟踪报道、食品安全法律法规宣传、食品安全标准和知识宣传3个指标属于西藏自治区媒体应进行公布的信息。然而，在数据采集中发现，西藏自治区媒体对食品安全监管信息的公开不及时，使信息零散、持续性差，存在信息缺失现象。因此，将上述3个指标的得分判定为“差”。

另外，从上述14个指标的得分可知，西藏自治区消协和媒体在执行《食品安全法》第九条、第十条方面不够到位。

6.6 本 章 小 结

食品安全监管的信息透明度对缓解食品安全问题作用重大。本章在现有研究的基础上，设计了我国食品安全监管信息透明度评价的指标体系，并借助网络层次分析-模糊综合评价模型，确定了食品安全监管信息透明度各层级的比重得分。在此基础上，本章通过官方网站信息查询以及电话调查的形式，获取了 1 651 份调查采样表所获取的数据，进而获得了原食药监局、消协、媒体食品安全监管信息透明度得分、不同行政级别的食药监局和消协食品安全监管信息透明度得分，以及各省区市的食药监局、消协和媒体食品安全监管信息透明度得分，实现了对我国食品安全监管信息透明度的有效评价。

首先，本章从政府食品安全监管信息透明度、消协食品安全监管信息透明度和媒体食品安全监管信息透明度三个维度，评价我国食品安全监管信息透明度状况。在政府方面，考虑到政府在食品安全监管的工作中一直扮演着主导角色，因此从政府食品安全信息平台、政府食品安全事故应急信息、政府食品安全抽检信息及保障政府监管机制信息四个角度，设计了政府方面的监管信息透明度评价指标。在消协方面，由于消协是食品安全社会共治的重要力量，因此从消协监管信息、消协诚信建设信息及保障消协监管机制信息三个角度出发，对消协的监管信息透明度指标进行归纳设计。另外，考虑到媒体作为食品安全信息的主要发布方之一，在食品安全的社会监管中发挥着不可替代的作用，因此从媒体监管信息和媒体食品安全宣传两个角度，对媒体的指标进行归纳构建。在此基础上，结合相关领域专家的综合意见，最终得到了如表 6-1 所示的食品安全监管信息透明度指标体系。

其次，考虑到在食品安全监管过程中同类食品安全监管主体之间具有明显的层次结构，不同类食品安全监管主体之间具有显著的相依关联关系。因此本章决定采用网络层次分析-模糊综合评价模型对食品安全监管信息透明度展开评价。通过对食品安全监管信息透明度的网络结构的详细规划，厘清了评价指标元素集内部、元素集之间和各指标之间存在的相互影响关系，构建了食品安全监管信息透明度的网络层次分析结构。借助网络层次分析法和德尔菲专家打分，确定食品安全监管信息透明度的各项指标权重，进而确定了各层级的评价等级和规则，为评价我国食品安全监管的信息透明提供了模型支持。

再次，在上述研究的基础上，将食药监局、消协和媒体作为食品安全监管信息透明度的调查采样对象。通过官方网站信息查询及电话调查的形式，于2016年6月至10月之间对原国家食药监局、31个省区市及其地县的食药监局、消协和媒体展开调查采样，共获取139 525个数据量。所获取的数据经过了信度检验和效度检验，并得到了“我国食品安全监管信息透明度整体较差，其中媒体食品安全监管信息透明度最高，其次依次为食药监局和消协”“随着行政级别下移，食药监局和消协食品安全监管信息透明度不断降低”“部分省份的食药监局机构设置不完善、信息透明工作存在一定程度上的缺位，其原县级食药监局问题最为突出，而且各级消协存在类似问题”的初步结论。

最后，为了进一步摸清我国各地区食品安全监管的信息透明情况，本章从整体和局部的角度出发，分别对我国原食药监管总局和各地区的原食药监局的信息透明情况进行评价，得到了如下的相关结论。

（1）十八届三中全会提出的食药改革已开展多年，而食药监局食品安全监管信息透明度的低分，尤其是地级行政区和县级行政区的食药监局食品安全监管信息透明度的低分表明，食药改革不但没能实现构建权威食药监局的“初心”，反而削弱了部分地区的食药监局力量。在2014年底，全国尚有95%的地、80%的县独立设置了食药监局，而到2015年底，独立设置食药监局的地减少到82%、县减少到42%，并还在不断递减①。在如此紧迫的形势下，国家应及时进行统一调整，避免改革偏离初衷，进而提高食药监局食品安全监管信息透明度，保障公众的食品安全信息知情权。

（2）根据调查采样的研究结果，我国地级市和县级市的食药监局的食品安全监管信息透明度工作尚不完善，尤其是县级市的食药监局问题尤为

① 资料来源：毕井泉最新在CFDA全国局长会上关于仿制药一致性评价的发言. http://www.cpia.org.cn/news/dt4381833320773.html.

突出，很难发挥其应有的功能。作为公众获取食品安全监管信息的主要来源，理应重点改进地级市和县级市的食药监局的食品安全监管信息透明度工作。这些方面的不足反映了各级食药监局部门在执行《食品安全法》第四条、第九条、第十条、第二十二条、第二十八条、第三十一条、第三十六条、第四十二条、第六十三条、第八十四条、第一百零二条、第一百零三条、第一百零九条、第一百一十三条、第一百一十六条、第一百一十八条，以及《中华人民共和国政府信息公开条例》第四条第三款，第九条，第十条第一、十、十一款，第十九条，第三十一条，第三十二条，第三十三条，第三十四条，第三十五条等方面存在一定程度上的缺位。

（3）调查发现，目前我国各级消协组织的建设工作存在漏洞，尤其是县级行政区甚至找不到与消协有关的消息，消协很难发挥其应有的作用。这些方面的不足也反映了各级消协在执行《食品安全法》第九条、第一百一十六条等方面存在一定程度上的缺位。然而，消协的性质又决定其必须存在于各级行政区，并充分发挥其监督食品安全、保障消费者权益的作用。

（4）媒体一直在食品安全监管过程中发挥着“先锋”作用，也是公众最先获取食品安全信息的渠道，但媒体重视热点食品安全问题的报道，而轻基本食品安全信息的普及与宣传，造成媒体在食品安全法律法规宣传、食品安全标准和知识宣传方面工作存在不足。因此，媒体应强化对食品安全法律法规、标准和知识的普及与宣传，让公众了解更为全面的食品安全信息，促使公众理性对待食品安全事件。这些方面的不足反映了媒体执行在《食品安全法》第九条等方面存在一定程度上的缺位。对于媒体在食品安全监管中的作用，《中华人民共和国政府信息公开条例》第十五条也做出了明确规范。

第 7 章

食品安全监管的绩效评价指数研究

第 6 章从政府、消协和媒体三大主体构建食品安全监管信息透明度评价指标体系，对食品安全监管的信息透明评价指数展开了研究。本章在第 6 章的基础上，首先归纳现有的食品安全监管的相关研究以及相关法律法规，选取相关指标并构建食品安全监管绩效指数的指标体系框架。在此基础上，利用德尔菲法进行专家论证打分，获得食品安全监管绩效指标体系，其次利用网络层次分析法并借助 Super Decision 软件，测算出各个指标所对应的权重，最终建立我国食品安全监管绩效指标体系。最后，借助网络层次分析-模糊综合评价模型，综合评价我国食品安全监管绩效。

7.1 食品安全监管绩效评价指标体系构建

7.1.1 指标体系来源

食品安全监管绩效指标体系构建过程如下：首先根据食品安全监管时间的不同确定一级指标；其次根据获取的所有三级指标，采用逆向归纳法，得出与一级指标相应的二级指标；最终构建出具备综合性、实践性的食品安全监管绩效指标体系（图 7-1）。其中三级指标主要来源于以下两个部分。

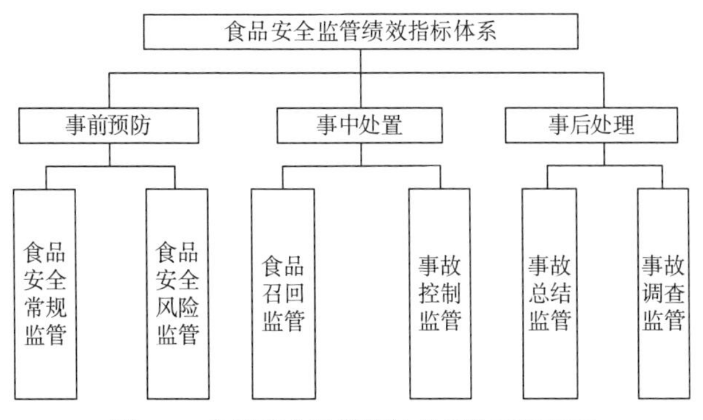

图 7-1　食品安全监管绩效指标体系框架图

第一部分，在研究国内外和食品安全相关的文献、食品安全标准、政策法规以及媒体曝光的食品安全案例的基础上获取了 29 个三级指标，之后采用逆向归纳的方法，分类获取了 6 个与一级指标相对应的二级指标。

第二部分，通过德尔菲法获取。专家组由 15 位成员组成，其中高校教授 6 位，原食药监局专家 3 位，食品企业专家 2 位以及媒体和消协专家 4 位。专家组对已获取的指标进行论证打分，以此对指标体系进行修改和完善，确定了包括 3 个一级指标、6 个二级指标和 29 个三级指标的食品安全监管环节安全指标体系（表 7-1）。

表 7-1　食品安全监管绩效指标体系

一级指标	二级指标	三级指标
事前预防（B_1）	食品安全常规监管（C_1）	食品安全公益宣传情况（C_{11}）
		食品安全责任强制保险投保情况（C_{12}）
		食品安全国家标准公布情况（C_{13}）
	食品安全风险监管（C_2）	食品安全风险监测制度建立情况（C_{21}）
		食品安全风险评估制度建立情况（C_{22}）
		食品安全风险交流制度建立情况（C_{23}）
		每年食品安全品种覆盖情况与抽检次数（C_{24}）
事中处置（B_2）	食品召回监管（C_3）	食品召回制度建立情况（C_{31}）
		食品召回及时性（C_{32}）

续表

一级指标	二级指标	三级指标
事中处置（B_2）	食品召回监管（C_3）	食品召回说明信息可得性（C_{33}）
		食品召回说明信息易理解性（C_{34}）
		召回的不安全食品名称、规格等记录情况（C_{35}）
		对召回的不安全食品补救或销毁情况（C_{36}）
	事故控制监管（C_4）	食品安全事故处置指挥机构成立情况（C_{41}）
		食品安全事故应急处置相关人员专业性（C_{42}）
		食品安全事故处置工作及时性（C_{43}）
		食品安全事故警示信息公布及时性（C_{44}）
		食品安全事故警示信息公布准确性（C_{45}）
事后处理（B_3）	事故总结监管（C_5）	食品安全事故有关因素流行病学调查开展情况（C_{51}）
		食品安全事故及其处理信息公布情况（C_{52}）
		企业食品安全信用档案记录情况（C_{53}）
		对食品生产经营者检查频率调整情况（C_{54}）
		与存在隐患的企业责任人责任约谈情况（C_{55}）
		食品安全事故溯源调查情况（C_{56}）
		事后监管制度优化情况（C_{57}）
	事故调查监管（C_6）	食品安全事故单位责任调查情况（C_{61}）
		相关监管部门、认证机构工作人员失职、渎职调查情况（C_{62}）
		食品安全事故责任调查公正性（C_{63}）
		食品安全事故责任调查全面性（C_{64}）

7.1.2 指标体系说明

食品安全监管是涉及食品安全事前预防监管、事中处置监管以及事后处理监管的系统工程（王二朋和王冀宁，2014），而食品安全事故的频频出现，暴露出政府在食品安全监管工作中存在着不到位或缺失的现象（李先国，2011）。为提高食品安全监管能力，改善监管形势，国家制定了很多相关的法律法规，而食品安全监管绩效评估也正成为原国家食药监局政府落实食品安全监管制度、监督地方政府食品安全监管绩效的重要手段（刘鹏，2013）。因此，如何评价政府食品安全监管绩效水平，主要对事前预防监管、事中处置监管以及事后处理监管 3 个一级指标及其对应的 6 个二级指标进行说明。

1. 食品安全常规监管

与应对突发事件的应急监管不同，常规监管侧重于对常态性问题开展有效的行动（詹承豫和顾林生，2007）。食品安全常规监管主要是指监管主体开展的对食品安全的例行性监管。根据已有成果和《食品安全法》，可以将食品安全常规监管细分为 3 个指标，从而对政府食品安全监管绩效进行评价，包括食品安全公益宣传情况、食品安全责任强制保险投保情况以及食品安全国家标准公布情况（三级指标来源的文献和法律法规，见附录 2.1 和附录 2.2）。

2. 食品安全风险监管

建立和完善食品安全风险防范体系有利于缓解我国食品安全问题，政府通过食品安全风险监管可以缓解食品安全风险的市场失灵，达到社会食品安全风险的社会最优（戚建刚，2013）。根据已有成果和《食品安全法》，可以将食品安全风险监管细分为 4 个指标，从而对政府食品安全监管绩效进行评价，包括食品安全风险监测制度建立情况、食品安全风险评估制度建立情况、食品安全风险交流制度建立情况以及每年食品安全品种覆盖情况与抽检次数（三级指标来源的文献和法律法规，见附录 2.1 和附录 2.2）。

3. 食品召回监管

健全事中的食品召回机制有利于改善我国食品安全监管形势（高秦伟，2010）。政府通过食品召回机制，采取强制措施或者引导企业自主将危及消费者健康或者存在潜在危害的有缺陷食品召回，将食品安全危害降至最低（张蓓，2015）。根据已有成果和《食品安全法》，可以将食品召回监管细分为 6 个指标，从而对政府食品安全监管绩效进行评价，包括食品召回制度建立情况，食品召回及时性，食品召回说明信息可得性，食品召回说明信息易理解性，召回的不安全食品名称、规格等内容记录情况以及对召回的不安全食品补救或销毁情况（三级指标来源的文献和法律法规，见附录 2.1 和附录 2.2）。

4. 事故控制监管

针对爆发的食品安全事故，政府应当立即成立食品安全事故处置指挥机构，启动应急预案（林鸿潮，2009），做好组织协调、警示信息沟通等方面的工作。根据已有成果和《食品安全法》，可以将事故控制监管细分为 5 个指标，从而对政府食品安全监管绩效进行评价，包括食品安全事故处置指挥机构成立情况、食品安全事故应急处置相关人员专业性、食品安全事故处置工作及时性、食品安全事故警示信息公布及时性以及食品安全事故警示信息公布准确性（三级指标来源的文献和法律法规，见附录 2.1 和附录 2.2）。

5. 事故总结监管

开展事故总结监管，针对事故发生后的处理信息报告、事故性质认定以及疾控能力等方面的不足，及时优化食品安全监管制度（林鸿潮，2009），增强预防和应对同类食品安全事故的能力。根据已有成果和《食品安全法》，可以将事故总结监管细分为 7 个指标，从而对政府食品安全监管绩效进行评价，包括食品安全事故有关因素流行病学调查开展情况、食品安全事故及其处理信息公布情况、企业食品安全信用档案记录情况、对食品生产经营者抽检频率调整情况、与存在隐患的企业责任人责任约谈情况、食品安全事故溯源调查情况以及事后监管制度优化情况（三级指标来源的文献和法律法规，见附录 2.1 和附录 2.2）。

6. 事故调查监管

我国食品安全事故的发生很多都与食品安全监管部门的失职、渎职行为有着直接关系（李兰英和龙敏，2013）。完善介入重大责任事故调查机制，有利于公正、全面地进行食品安全事故责任认定，达到预防和惩罚食品安全领域渎职犯罪行为的目标（冯辉，2011）。根据已有成果和《食品安全法》，可以将事故调查监管细分为 4 个指标，从而对政府食品安全监管绩效进行评价，包括食品安全事故单位责任调查情况，相关监管部门、认证机构工作人员失职、渎职调查情况，食品安全事故责任调查公正性以及食品安全事故责任调查全面性（三级指标来源的文献和法律法规，见附录 2.1 和附录 2.2）。

7.2　食品安全监管绩效指标权重确定

7.2.1　网络层次分析法

网络层次分析法是针对具有反馈性和依赖性的复杂决策问题所提出的决策方法（Saaty，1996）。网络层次分析法是对层次分析法的改进和优化，能够更好地反映和描述各元素之间的耦合性（刘惠萍，2006）。同层次分析法相比，网络层次分析法的结构状况更为复杂，其不仅是类似于前者的简单的递阶式层次结构，同时还存在着一定的相互影响和作用机制（孙铭忆，2014；贺纯纯和王应明，2014）。简单来说，网络层次分析法就是将相互耦合且产生交互影响的诸多因素进行综合分析，进而获取各指标的权重（袁旭梅等，2015）。

7.2.2　网络层次分析法原理及实施步骤

1. 构建网络层次结构模型

网络层次分析法结构的控制层和网络层可以构成一个典型的网络层次分析法系统。其中，控制层又由目标层及准则层所组成，要求内部的所有准则均是独立且互不影响的。网络层中各元素或者元素集则并非完全独立，其可能会对网络层中其他任意元素产生一定的影响。根据 1~9 标度法（表 7-2），可以两两比较出彼此之间的相对重要程度，并通过网络层次分析法求出各自的权重。

表 7-2　相对重要性标度

标度	定义
1	i 元素与 j 元素同等重要

续表

标度	定义
3	i 元素比 j 元素略重要
5	i 元素比 j 元素较重要
7	i 元素比 j 元素非常重要
9	i 元素比 j 元素绝对重要
2，4，6，8	上述相邻判断的中间值
倒数	j 元素对 i 元素的重要性标度

2. 构建超矩阵

设网络层次分析法中控制层准则有 $P_1,P_2,\cdots,P_n$，网络层有元素集为 $C_1,C_2,\cdots,C_n$，其中 C_i 有元素 $C_{i1},C_{i2},\cdots,C_{in}$，$i=1,2,\cdots,n$。以控制层元素 P_s 为准则，以 C_j 中元素 C_{j1} 为次准则，根据标度法的相互之间的比较，构建判断矩阵，并得到归一特征向量 $\left(w_{i1},w_{i2},\cdots,w_{in}\right)^{\mathrm{T}}$ 即网络元素排序向量，并进行一致性检验，如果阶数大于2，只有当CR小于0.1时，才能通过检验，否则需要调节判断矩阵元素的取值，直到通过一致性检验的要求。以此类推，能够求得相对于其他元素的排序向量，进而构建超矩阵，记为 $\boldsymbol{W}_{ij}$：

$$\boldsymbol{W}_{ij}=\begin{vmatrix} w_{i1}^{(j1)} & w_{i2}^{(j2)} & \cdots & w_{i1}^{(jn_j)} \\ w_{i2}^{(j1)} & w_{i2}^{(j2)} & \cdots & w_{i2}^{(jn_j)} \\ \vdots & \vdots & & \vdots \\ w_{in_i}^{(j1)} & w_{in_i}^{(j2)} & \cdots & w_{in_i}^{(jn_j)} \end{vmatrix}$$

这里 $\boldsymbol{W}_{ij}$ 的列向量就是 C_i 中元素 $C_{i1},C_{i2},\cdots,C_{in}$。如果 C_j 中元素不受 C_i 中元素影响，则 $\boldsymbol{W}_{ij}=0$。因此，最终可以在 P_s 准则下，获得超矩阵 $\boldsymbol{W}$，同理获得其他控制元素的超矩阵：

$$W_{ij}=\begin{vmatrix} w_{11} & w_{12} & \cdots & w_{1N} \\ w_{21} & w_{22} & \cdots & w_{2N} \\ \vdots & \vdots & & \vdots \\ w_{N1} & w_{N2} & \cdots & w_{NN} \end{vmatrix}$$

3. 构建加权超矩阵

在 P_s 准则下，对 P_s 下 $C_j\left(j=1,2,\cdots,n\right)$ 个元素对准则的重要性进行比较，得到一个归一化的排序列向量为 $\left(a_{1j},a_{2j},\cdots,a_{nj}\right)$，从而得到一个加权矩阵 $A=\begin{vmatrix} a_{11} & \cdots & a_{1n} \\ \vdots & & \vdots \\ a_{n1} & \cdots & a_{nn} \end{vmatrix}$，其中 $a_{ij}\in\left[0,1\right]$ 且 $\sum^{n}a_{ij}=1$。如果两元素之间没有影响，则 $a_{ij}=0$，所以构造加权超矩阵 $\overline{W}=\overline{W}_{ij}=A\times W=\left(a_{ij}\times W_{ij}\right)$ $\left(i=1,2,\cdots,n;j=1,2,\cdots,n\right)$。

4. 计算极限超矩阵，获得局部和全局权重

出于更为合理地诠释元素间的相互依存性的考量，需要通过计算极限 $\lim\limits_{k\to\infty}\left(1/N\right)\sum\limits_{k=1}^{N}W^{k}$ 的相对排序向量，从而检验加权超矩阵的稳定性。若这个极限收敛并且唯一，则 W^{∞} 的第 j 列就是网络层各元素对于元素 j 的极限相对排序，也就是网络层中各元素相对于最高目标的权重值。根据以上计算，可以获得最终结果即超矩阵的结果对应着各元素组的局部权重，加权超矩阵对应着每个元素的全局权重。

7.2.3　基于网络层次分析法的食品安全监管绩效权重确定

在食品安全监管绩效评价模型中，目标层中目标为食品安全监管绩效，准则为事前预防、事中处置、事后处理。网络层中有 6 个元素集分别为食品安全常规监管、食品安全风险监管、食品召回监管、事故控制监管、事故总结监管、事故调查监管，每个元素集下面对应各自的元素，而且，在这些元素集内部以及不同的元素集之间有相互影响的关系存在。通过这个模型，可以对对象层的实际对象进行评价（图 7-2）。

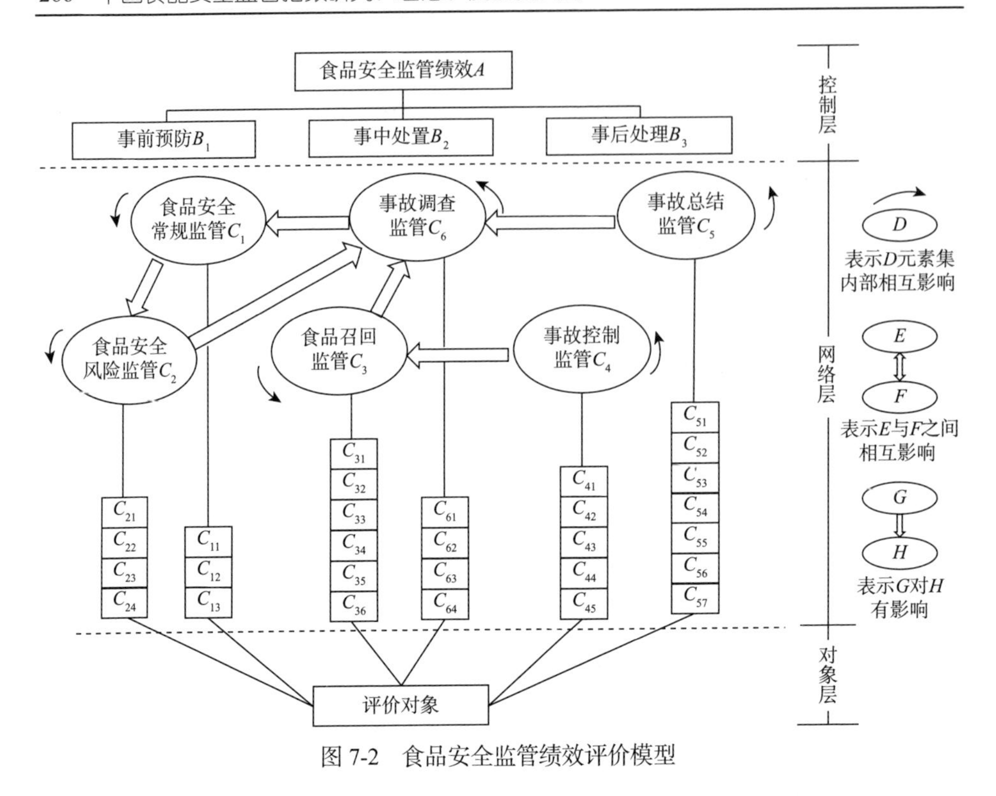

图 7-2　食品安全监管绩效评价模型

根据专家打分，借助Super Decision软件计算出每个指标权重，见表7-3。

表 7-3　食品安全监管绩效指标的局部权重和全局权重

一级指标	权重	二级指标	局部	全局	三级指标	局部	全局
B_1	0.200	C_1	0.500	0.048	C_{11}	0.167	0.005
					C_{12}	0.167	0.005
					C_{13}	0.667	0.022
		C_2	0.500	0.095	C_{21}	0.191	0.012
					C_{22}	0.171	0.011
					C_{23}	0.171	0.011
					C_{24}	0.467	0.030
B_2	0.400	C_3	0.500	0.190	C_{31}	0.190	0.025
					C_{32}	0.165	0.021
					C_{33}	0.149	0.019

续表

一级指标	权重	二级指标	局部	全局	三级指标	局部	全局
B_2	0.400	C_3	0.500	0.190	C_{34}	0.165	0.021
					C_{35}	0.165	0.021
					C_{36}	0.165	0.021
		C_4	0.500	0.095	C_{41}	0.167	0.011
					C_{42}	0.167	0.011
					C_{43}	0.333	0.022
					C_{44}	0.167	0.011
					C_{45}	0.167	0.011
B_3	0.400	C_5	0.500	0.095	C_{51}	0.182	0.012
					C_{52}	0.201	0.013
					C_{53}	0.171	0.011
					C_{54}	0.081	0.005
					C_{55}	0.068	0.004
					C_{56}	0.161	0.010
					C_{57}	0.136	0.009
		C_6	0.500	0.476	C_{61}	0.144	0.093
					C_{62}	0.144	0.093
					C_{63}	0.392	0.253
					C_{64}	0.320	0.207

首先，从表 7-3 中能够看出，在用以评判食品安全监管绩效的三个一级指标中，事中处置和事后处理最为重要，由于食品安全监管环节的事前预防对于食品安全的影响较小，故其权重最小。

其次，从各项二级指标的局部权重来看，$C_1=C_2=C_3=C_4=C_5=C_6$，每个一级指标下对应的二级指标都同等重要。从各项二级指标对应的全局权重来看，事故调查监管以及食品召回监管的权重最高，说明其对食品安全监管绩效的影响最大。

最后，从三级指标的全部权重来看，食品安全事故责任调查的公正性以及责任调查的全面性所占的权重最高，分别为 25.3%和 20.7%，足以反映出食品安全事故责任调查公正性以及责任调查全面性对食品安全监管绩效的影响最为显著。其次，相关监管部门、认证机构工作人员失职、渎职调查情况以及食品安全事故单位责任调查情况等指标对食品安全监管绩效的影响也较为显著。

7.3 网络层次分析-模糊综合评价模型构建

7.3.1 网络层次分析-模糊综合评价模型简述

网络层次分析-模糊综合评价模型由网络层次分析法（Saaty，1996）和模糊综合评价法融合而成。网络层次分析法能够弥补层次分析法在评价指标体系时难以衡量指标之间、层与层之间相互影响的缺陷，而模糊综合评价法依据模糊数学的隶属度理论，可以有效实现定性指标的定量评价。网络层次分析-模糊综合评价法在评价分析方面具备诸多优势，被广泛应用于电力企业绩效考核（余顺坤等，2013）、区域型商业地产业态选择（冯克宇，2015）等众多方面。

7.3.2 网络层次分析-模糊综合评价模型构建步骤

网络层次分析-模糊综合评价模型的构建由以下几个步骤构成。

首先，构建网络层次分析结构。网络层次分析结构由控制层和网络层构成，控制层又由目标层及准则层构成，要求内部的所有准则相互独立且互不影响，而网络层中各元素则并非完全独立。

其次，构建超矩阵和加权超矩阵。设控制层准则有 $P_1,P_2,\cdots,P_n$ ，网络层有元素集为 $C_1,C_2,\cdots,C_n$ ，其中 C_i 有元素 $C_{i1},C_{i2},\cdots,C_{in}$ ， $i=1,2,\cdots,n$ 。以控制层元素 P_s 为准则，以 C_j 中元素 C_{j1} 为次准则，根据标度法的相互之间的比较，构建判断矩阵，并得到归一特征向量 $\left(w_{i1},w_{i2},\cdots,w_{in}\right)^{\mathrm{T}}$ 即网络元素排序向量，并进行一致性检验。同理，得到相对于其他元素的排序向量，并得到一个超矩阵，记为 $\boldsymbol{W}_{ij}$ 。在这里， $\boldsymbol{W}_{ij}$ 的列向量就是 C_i 中元素

$C_{i1},C_{i2},\cdots,C_{in}$。如果$C_j$中元素不受$C_i$中元素影响，则$\boldsymbol{W}_{ij}=0$。

因此，最终可以在P_s准则下，获得超矩阵$\boldsymbol{W}$，并最终获得其他控制元素的超矩阵。在P_s准则下，对P_s下$C_j\left(j=1,2,\cdots,n\right)$个元素对准则的重要性进行比较，得到一个归一化的排序列向量为$\left(a_{1j},a_{2j},\cdots,a_{nj}\right)$，并得到一个加权矩阵$\boldsymbol{A}$，所以构造加权超矩阵$\overline{\boldsymbol{W}}=\overline{\boldsymbol{W}}_{ij}=\boldsymbol{A}\times\boldsymbol{W}=\left(a_{ij}\times\boldsymbol{W}_{ij}\right)$ $\left(i=1,2,\cdots,n;j=1,2,\cdots,n\right)$。

再次，计算极限超矩阵。对加权超矩阵$\overline{\boldsymbol{W}}$进行稳定化处理，如果极限收敛且唯一，则第$j$列就是网络层各元素对于元素$j$的极限相对排序，因此最终得到各级指标的局部权重和全局权重。

最后，构建评价矩阵。设评价指标等级的评语集$V=\left(v_1,v_2,\cdots,v_m\right)$及量化评价结果的数值集$V=\left(N_1,N_2,\cdots,N_m\right)$，并建立隶属矩阵$\boldsymbol{R}=\left(r_{ij}\right)_{n\times m}$，其中，$r_{ij}=\dfrac{\text{第}i\text{个指标选择}v_i\text{等级的个数}}{\text{参与评价个数}}$，利用模糊评价矩阵$\boldsymbol{S}$与数值集$N$导出最终评定指数$F$。

7.4　样本数据采集与统计性分析

7.4.1　样本选择与调查采样表设计

1. 样本选择

原食药监局是原分管食品和药品监督管理的政府官方部门，依据法律法规对下级地方政府就各种制度、标准的落实情况实施监督。原食药监局作为官方的监管部门，对其进行采样保证了本调研原始数据获取的科学性；另外，作为原来主要的监管部门，原食药监局的覆盖范围囊括了原国家级、省级、地级、县级所有的行政单位，把原食药监局作为采样对象也保证了样本获取的科学性。基于以上考虑，把原食药监局作为食品安全监管绩效的采样对象。

2. 调查采样表设计

采样表采用五档打分形式，分为“好”“较好”“一般”“较差”“差”，与之相对应，分别为100分、75分、50分、25分、0分[①]，每个指标都和其打分准则一一对应。此外，为了保证调研的客观性，课题组对每位调查员开展了专业知识和专业技能的培训，使其准确理解采样表中的各个指标以及相应的打分准则，并能独立处理调研中的突发情况。在预调研环节及时发现并更改采样表中出现的问题，最终确定食品安全监管绩效调查采样表（见附录2.5）和打分准则（见附录2.6）。

7.4.2 数据来源

调查采样于2016年6~10月进行，由具有专业知识的教授以及经过培训的研究生组成。调查采样所采集的数据截至2016年9月底，采样方式主要是通过查询原国家食药监局以及原地方食药监局的官方网站和部分电话访谈[②]（见附录2.4），对原国家食药监局、31个省区市及其地县的原食药监局进行采样（见附录2.3）。本采样共涉及697份样表，其中无效样表7份，有效样表690份，有效率为99%，获取数据20 010个。

7.4.3 样本的统计描述性分析

1. 样本特征

本采样涉及的原食药监局所在省级行政区分布情况和省级行政区特征[③]如表7-4所示。

---

① 最终食品安全监管绩效的水平，评价结果判定标准为100分满分，60分为及格，水平处于[0，40）区间为差，[40，60）区间为较差，[60，75）区间为一般，[75，90）区间为较好，[90，100] 区间为好。

② 正式调查采样于2016年6月至9月之间展开，调查采样表的填写由调查员直接负责，评分严格依据打分准则执行。

③ 需要特别说明的是，为便于统计和计算，在本处以及下面的统计中，将原国家食药监局作为调研对象，与省级行政区的原食药监局并列出现。另外，仅调查了原国家食药监局。

表 7-4　数据采样的省级行政区特征

采样主体	原食药监局		采样主体	原食药监局	
	次数	占比		次数	占比
国家	1	0.001	湖南省	31	0.045
上海市	1	0.001	湖北省	34	0.049
北京市	1	0.001	河南省	40	0.058
重庆市	1	0.001	河北省	32	0.046
天津市	1	0.001	海南省	10	0.014
浙江省	32	0.046	贵州省	13	0.019
广东省	41	0.059	青海省	12	0.017
甘肃省	17	0.025	云南省	20	0.029
福建省	23	0.033	辽宁省	31	0.045
安徽省	23	0.033	江西省	18	0.026
四川省	35	0.051	黑龙江省	32	0.046
陕西省	14	0.020	西藏自治区	8	0.012
山西省	23	0.033	内蒙古自治区	20	0.029
山东省	46	0.067	宁夏回族自治区	8	0.012
江苏省	35	0.051	广西壮族自治区	23	0.033
吉林省	24	0.035	新疆维吾尔自治区	40	0.058

对原食药监局的采样实现了对我国的全覆盖，共涉及 684 个行政单位。其中，国家级 1 个，省级行政单位 31 个，地级行政单位 326 个，县级行政单位 326 个。

2. 信度与效度检验

为检验数据采样表的可信性和有效性，进行了信度和效度检验，见表 7-5。

表 7-5 数据采样表的信度和效度

采样主体	Cronbach's α	KMO	Bartlett	df	Sig.
政府	0.992	0.974	43 761.134	406	0

运用 SPSS 软件对政府量表进行可靠性分析，发现测量总量表的 Cronbach's α 信度系数为 0.992，大于一般意义上的 0.550，表明测量量表具有较好的内部一致性，信度相当好。同时，通过验证性因子分析对量表的建构效度指标进行检验，KMO 值达到 0.974，说明因素分析适切性相当好，效度较高。

7.5 模型计算与结果分析

本节选取的评语集为 V={好，较好，一般，较差，差}，对其进行量化后得到数值集 N={100，75，50，25，0}，并据此对 690 份调查表汇总分析，运用模糊综合评价法得到我国食品安全监管绩效的情况，具体过程如下。

由表 7-3 可知，一级指标权重为 $\boldsymbol{W}_A=(0.200\ \ 0.400\ \ 0.400)$；二级指标权重分别为 $\boldsymbol{W}_{B_1}=(0.500\ \ 0.500)$、$\boldsymbol{W}_{B_2}=(0.500\ \ 0.500)$、$\boldsymbol{W}_{B_3}=(0.500\ \ 0.500)$；三级指标权重分别为 $\boldsymbol{W}_1=(0.167\ \ 0.167\ \ 0.667)$、$\boldsymbol{W}_2=(0.191\ \ 0.171\ \ 0.171\ \ 0.467)$、$\boldsymbol{W}_3=(0.190\ \ 0.165\ \ 0.149\ \ 0.165\ \ 0.165\ \ 0.165)$、$\boldsymbol{W}_4=(0.167\ 0.167\ 0.333\ 0.167\ 0.167)$、$\boldsymbol{W}_5=(0.182\ 0.201\ 0.171\ 0.081\ 0.068\ 0.161\ 0.136)$、$\boldsymbol{W}_6=(0.144\ \ 0.144\ \ 0.392\ \ 0.320)$。

由于食品安全常规监管的三级指标评价矩阵为 $\boldsymbol{R}_1=\begin{pmatrix}0.352 & 0.264 & 0.384 & 0.000 & 0.000\\ \vdots & \vdots & \vdots & \vdots & \vdots\\ 0.187 & 0.226 & 0.586 & 0.001 & 0.000\end{pmatrix}$，因此得到食品安全常规监管的评价向量为 $\boldsymbol{C}_1=\boldsymbol{W}_1\cdot\boldsymbol{R}_1=(0.186\ 0.365\ 0.390\ 0.060\ 0.000)$。同理，食品安全风险监管、食品召回监管、事故控制监管、事故总结监管及事故调查监管的评价向量分别为

$\boldsymbol{C}_2$=（0.110 0.318 0.248 0.324 0.000）；$\boldsymbol{C}_3$=（0.126 0.201 0.242 0.430 0.000）；$\boldsymbol{C}_4$=（0.188 0.247 0.140 0.426 0.000）；$\boldsymbol{C}_5$=（0.082 0.477 0.440 0.000 0.000）；$\boldsymbol{C}_6$=（0.166 0.407 0.428 0.000 0.000）。

根据食品安全风险监管的评价向量得食品安全事前监管绩效的评价矩阵为 $\boldsymbol{B}_1=\begin{pmatrix}\boldsymbol{C}_1\\ \boldsymbol{C}_2\end{pmatrix}=\begin{pmatrix}0.186 & 0.365 & 0.390 & 0.060 & 0.000\\ 0.110 & 0.318 & 0.248 & 0.324 & 0.000\end{pmatrix}$，由此得食品安全事前监管绩效的评价向量为 $\boldsymbol{U}_1=\boldsymbol{W}_{B_1}\cdot\boldsymbol{B}_1$=（0.148 0.341 0.319 0.192 0.000）。同上，事中和事后监管绩效的评价向量分别为 $\boldsymbol{U}_2=\boldsymbol{W}_{B_2}\cdot\boldsymbol{B}_2$=（0.157 0.224 0.191 0.428 0.000）；$\boldsymbol{U}_3=\boldsymbol{W}_{B_3}\cdot\boldsymbol{B}_3$=（0.124 0.442 0.434 0.000 0.000）。

根据食品安全事前、事中及事后监管绩效的评价向量得食品安全监管绩效的评价矩阵为 $\boldsymbol{U}=\begin{pmatrix}0.148 & 0.341 & 0.319 & 0.192 & 0.000\\ 0.157 & 0.224 & 0.191 & 0.428 & 0.000\\ 0.124 & 0.442 & 0.434 & 0.000 & 0.000\end{pmatrix}$，由此得到整体食品安全监管绩效的评价向量：$\boldsymbol{S}_1=\boldsymbol{W}_A\cdot\boldsymbol{U}$=（0.142 0.336 0.314 0.210 0.000）。所以，我国整体食品安全监管绩效水平见表 7-6。

表 7-6 我国整体的食品安全监管绩效水平

评价目标	水平
事前监管	61.171
事中监管	52.740
事后监管	67.260
整体	60.350

F=0.142×100+0.336×75+0.314×50+0.210×25+0.000×0=60.35。

同理，可以得到不同行政级别的食品安全监管绩效评价的综合水平（表 7-7）以及各省区市的食品安全监管绩效水平（表 7-8）。

表 7-7 不同行政级别的食品安全监管绩效水平

评价主体	事前监管	事中监管	事后监管	整体	排名
原国家食药监局	92.125	83.388	93.988	89.375	1

续表

评价主体	事前监管	事中监管	事后监管	整体	排名
原省级食药监局	74.665	70.797	80.550	75.472	2
原地级食药监局	69.127	64.296	73.548	68.963	3
原县级食药监局	51.577	39.029	59.396	49.685	4

注：由于采样只选取了原国家食药监局，而直辖市的原食药监局也只选取了省级机构，所以，原国家食药监局和直辖市的原食药监局食品安全监管绩效水平偏高

表 7-8　不同省区市的食品安全监管绩效水平

评价主体	事前监管	事中监管	事后监管	整体	排名
原北京市食药监局	85.463	83.588	96.438	89.103	1
原重庆市食药监局	85.463	85.700	92.363	88.318	2
原天津市食药监局	85.463	81.525	89.888	85.658	3
原上海市食药监局	83.375	79.238	86.413	82.935	4
原广东省食药监局	84.897	78.693	83.260	81.761	5
原陕西省食药监局	78.966	75.573	82.557	79.045	6
原云南省食药监局	78.724	69.179	79.119	75.064	7
原江苏省食药监局	78.493	71.209	76.045	74.600	8
原安徽省食药监局	79.187	69.160	77.434	74.475	9
原内蒙古自治区食药监局	72.869	64.499	71.359	68.917	10
原青海省食药监局	64.539	64.119	75.815	68.881	11
原甘肃省食药监局	65.353	59.017	75.148	66.737	12
原山东省食药监局	72.447	55.162	72.294	65.472	13
原宁夏回族自治区食药监局	61.647	56.225	76.152	65.280	14
原辽宁省食药监局	70.965	58.431	67.014	64.371	15
原湖南省食药监局	61.368	55.624	65.939	60.899	16
原湖北省食药监局	63.237	51.104	67.356	60.031	17
原福建省食药监局	53.610	55.902	66.055	59.505	18
原广西壮族自治区食药监局	49.588	50.617	71.936	58.939	19
原吉林省食药监局	53.901	50.708	68.529	58.475	20

续表

评价主体	事前监管	事中监管	事后监管	整体	排名
原河南省食药监局	54.359	51.053	67.343	58.230	21
原河北省食药监局	55.553	47.609	61.417	54.721	22
原新疆维吾尔自治区食药监局	53.873	47.703	61.250	54.356	23
原浙江省食药监局	46.829	45.368	65.847	53.852	24
原黑龙江省食药监局	51.434	42.085	60.226	51.211	25
原西藏自治区食药监局	40.388	31.250	53.125	41.828	26
原四川省食药监局	47.056	26.221	51.569	40.527	27
原贵州省食药监局	44.753	25.312	52.009	38.951	28
原山西省食药监局	43.398	24.975	51.151	38.680	29
原海南省食药监局	38.566	27.088	50.023	38.548	30
原江西省食药监局	42.370	25.231	50.192	38.474	31

由表 7-6 可知，我国整体食品安全监管绩效的综合水平为 60.350，事前监管、事中监管及事后监管环节绩效水平分别为 61.171、52.740 和 67.260，表明我国食品安全形势总体稳定，处于可控阶段。但是，政府在事前环节的食品安全风险监管、事中环节的食品召回监管以及事后环节的事故调查监管、事故总结监管方面存在不足，影响到我国整体食品安全监管绩效水平。回顾“三聚氰胺”事件，监管部门缺乏必要的食品安全风险监测评估制度，食品召回机制落实不到位，该事件爆发后，当地监管部门甚至遮遮掩掩，致使我国整个食品行业遭受巨大信誉和经济损失。

由表 7-7 可知，原国家食药监局监管绩效水平最高，为 89.375，省级和地级行政区的绩效水平分别为 75.472、68.963，县级行政区的监管绩效水平为 49.685。由此可以看出，随着行政级别下降，政府在整体和各个环节的食品安全监管绩效水平不断降低。由于不同行政级别政府监管队伍素质的参差不齐，监管技术投入力度不同，基层政府监管成为我国食品安全监管的薄弱区域，这与《2016 年食品安全重点工作安排》中补齐基层食品安全监管力量短板的要求相吻合。

由表 7-8 可知，原国家食药监局以及四个直辖市除外，广东省、陕西省、云南省、江苏省食品安全监管绩效属于较高水平，排名靠前；黑龙江省、西藏自治区等七省区食品安全监管绩效属于较差水平，排名靠后。此外，陕西、青海、甘肃等西部地区的食品安全监管绩效水平超过了湖北、湖南、河南等中部地区，尤其是陕西省，排名第六，超过了江苏、浙江、福建等东部地区。综上可知，食品质量安全的管控与地区经济发展水平并无正相关关系。

结合表 7-6~表 7-8 可知，不管从我国整体食品安全监管层面，或者是从不同行政级别、不同省区市的监管层面来看，事中处理监管环节的绩效水平大都低于事前预防监管环节和事后处理监管环节的绩效水平。在食品安全监管实践中，监管部门相对更加关注事前食品安全相关法律法规的完善、事后的食品安全责任追究，对于法律法规和监管制度的落实往往会出现偏差，造成事中监管环节绩效水平偏低。综上，在政府监管缺失的情形下，食品召回监管等事中监管在整个食品安全监管体系中缺失现象尤为严重。

7.6 我国食品安全监管绩效评价

7.6.1 我国食品安全监管绩效整体得分和评价

根据采集的数据，综合食品安全监管绩效各项指标的权重，得到原国家食药监局及各省区市原食药监局的食品安全监管绩效总得分及其排名，如表 7-9 所示。

表 7-9 原国家食药监局及各省区市原食药监局的食品安全监管绩效得分及排名

原国家食药监局及各省区市原食药监局	得分	排名	原国家食药监局及各省区市原食药监局	得分	排名	原国家食药监局及各省区市原食药监局	得分	排名
国家	89.375	1	天津	85.658	4	陕西	79.045	7
北京	89.103	2	上海	82.935	5	云南	75.064	8
重庆	88.318	3	广东	81.761	6	江苏	74.600	9

续表

原国家食药监局及各省区市原食药监局	得分	排名	原国家食药监局及各省区市原食药监局	得分	排名	原国家食药监局及各省区市原食药监局	得分	排名
安徽	74.475	10	湖北	60.031	18	黑龙江	51.211	26
内蒙古	68.917	11	福建	59.505	19	西藏	41.828	27
青海	68.881	12	广西	58.939	20	四川	40.527	28
甘肃	66.737	13	吉林	58.475	21	贵州	38.951	29
山东	65.472	14	河南	58.230	22	山西	38.680	30
宁夏	65.280	15	河北	54.721	23	海南	38.548	31
辽宁	64.371	16	新疆	54.356	24	江西	38.474	32
湖南	60.899	17	浙江	53.852	25			

7.6.2　原国家食药监局食品安全监管绩效得分和评价

原国家食药监局食品安全监管绩效总得分为 89.375 分，排在第 1 位。原国家食药监局食品安全监管绩效的各个指标绩效水平如下。

（1）在评价原国家食药监局食品安全监管绩效的 29 个指标中，达到“好”水平的指标有 16 个（表 7-10）。

表 7-10　原国家食药监局食品安全监管绩效指标中达到“好”水平的指标

“好”水平指标	
食品安全公益宣传情况	食品安全国家标准公布情况
食品安全风险监测制度建立情况	食品安全风险评估制度建立情况
食品安全风险交流制度建立情况	食品召回制度建立情况
食品召回说明信息可得性	召回的不安全食品名称、规格等记录情况
食品安全事故处置指挥机构成立情况	食品安全事故有关因素流行病学调查开展情况
食品安全事故及其处理信息公布情况	事后监管制度优化情况
食品安全事故单位责任调查情况	相关监管部门、认证机构工作人员失职、渎职调查情况
食品安全事故责任调查公正性	食品安全事故责任调查全面性

（2）在评价原国家食药监局食品安全监管绩效的 29 个指标中，达到“较好”水平的指标有 13 个（表 7-11）。

表 7-11 原国家食药监局食品安全监管绩效指标中达到“较好”水平的指标

“较好”水平指标	
食品安全责任强制保险投保情况	每年食品安全品种覆盖情况与抽检次数
食品召回及时性	食品召回说明信息易理解性
对召回的不安全食品补救或销毁情况	食品安全事故应急处置相关人员专业性
食品安全事故处置工作及时性	食品安全事故警示信息公布及时性
食品安全事故警示信息公布准确性	企业食品安全信用档案记录情况
对食品生产经营者检查频率调整情况	与存在隐患的企业责任人责任约谈情况
食品安全事故溯源调查情况	

7.6.3 原北京市食药监局食品安全监管绩效得分和评价

原北京市食药监局食品安全监管绩效总得分为89.103分，排在第2位。原北京市食药监局食品安全监管绩效的各个指标绩效水平如下。

（1）在评价原北京市食药监局食品安全监管绩效的 29 个指标中，达到“好”水平的指标有 14 个（表 7-12）。

表 7-12 原北京市食药监局食品安全监管绩效指标中达到“好”水平的指标

“好”水平指标	
食品安全公益宣传情况	食品安全国家标准公布情况
食品召回制度建立情况	食品召回说明信息易理解性
召回的不安全食品名称、规格等记录情况	食品安全事故处置指挥机构成立情况
食品安全事故有关因素流行病学调查开展情况	食品安全事故及其处理信息公布情况
企业食品安全信用档案记录情况	食品安全事故溯源调查情况
食品安全事故单位责任调查情况	相关监管部门、认证机构工作人员失职、渎职调查情况
食品安全事故责任调查公正性	食品安全事故责任调查全面性

（2）在评价原北京市食药监局食品安全监管绩效的 29 个指标中，达到

"较好"水平的指标有 15 个（表 7-13）。

表 7-13　原北京市食药监局食品安全监管绩效指标中达到"较好"水平的指标

"较好"水平指标	
食品安全责任强制保险投保情况	食品安全风险监测制度建立情况
食品安全风险评估制度建立情况	食品安全风险交流制度建立情况
每年食品安全品种覆盖情况与抽检次数	食品召回及时性
食品召回说明信息可得性	对召回的不安全食品补救或销毁情况
食品安全事故应急处置相关人员专业性	食品安全事故处置工作及时性
食品安全事故警示信息公布及时性	食品安全事故警示信息公布准确性
对食品生产经营者检查频率调整情况	与存在隐患的企业责任人责任约谈情况
事后监管制度优化情况	

7.6.4　原重庆市食药监局食品安全监管绩效得分和评价

原重庆市食药监局食品安全监管绩效总得分为 88.318 分，排在第 3 位。原重庆市食药监局食品安全监管绩效的各个指标绩效水平如下。

（1）在评价原重庆市食药监局食品安全监管绩效的 29 个指标中，达到"好"水平的指标有 13 个（表 7-14）。

表 7-14　原重庆市食药监局食品安全监管绩效指标中达到"好"水平的指标

"好"水平指标	
食品安全公益宣传情况	食品安全国家标准公布情况
食品召回制度建立情况	召回的不安全食品名称、规格等记录情况
食品安全事故处置指挥机构成立情况	食品安全事故应急处置相关人员专业性
食品安全事故警示信息公布准确性	食品安全事故及其处理信息公布情况
企业食品安全信用档案记录情况	食品安全事故溯源调查情况
食品安全事故单位责任调查情况	食品安全事故责任调查公正性
食品安全事故责任调查全面性	

（2）在评价原重庆市食药监局食品安全监管绩效的 29 个指标中，达到

“较好”水平的指标有16个（表7-15）。

表7-15 原重庆市食药监局食品安全监管绩效指标中达到“较好”水平的指标

“较好”水平指标	
食品安全责任强制保险投保情况	食品安全风险监测制度建立情况
食品安全风险评估制度建立情况	食品安全风险交流制度建立情况
每年食品安全品种覆盖情况与抽检次数	食品召回及时性
食品召回说明信息可得性	食品召回说明信息易理解性
对召回的不安全食品补救或销毁情况	食品安全事故处置工作及时性
食品安全事故警示信息公布及时性	食品安全事故有关因素流行病学调查开展情况
对食品生产经营者检查频率调整情况	与存在隐患的企业责任人责任约谈情况
事后监管制度优化情况	相关监管部门、认证机构工作人员失职、渎职调查情况

7.6.5 原天津市食药监局食品安全监管绩效得分和评价

原天津市食药监局食品安全监管绩效总得分为85.658分，排在第4位。原天津市食药监局食品安全监管绩效的各个指标绩效水平如下。

（1）在评价原天津市食药监局食品安全监管绩效的29个指标中，达到“好”水平的指标有10个（表7-16）。

表7-16 原天津市食药监局食品安全监管绩效指标中达到“好”水平的指标

“好”水平指标	
食品安全公益宣传情况	食品安全国家标准公布情况
食品召回制度建立情况	召回的不安全食品名称、规格等记录情况
食品安全事故处置指挥机构成立情况	食品安全事故有关因素流行病学调查开展情况
食品安全事故溯源调查情况	事后监管制度优化情况
食品安全事故责任调查公正性	食品安全事故责任调查全面性

（2）在评价原天津市食药监局食品安全监管绩效的29个指标中，达到“较好”水平的指标有19个（表7-17）。

表7-17　原天津市食药监局食品安全监管绩效指标中达到“较好”水平的指标

“较好”水平指标	
食品安全责任强制保险投保情况	食品安全风险监测制度建立情况
食品安全风险评估制度建立情况	食品安全风险交流制度建立情况
每年食品安全品种覆盖情况与抽检次数	食品召回及时性
食品召回说明信息可得性	食品召回说明信息易理解性
对召回的不安全食品补救或销毁情况	食品安全事故应急处置相关人员专业性
食品安全事故处置工作及时性	食品安全事故警示信息公布及时性
食品安全事故警示信息公布准确性	食品安全事故及其处理信息公布情况
企业食品安全信用档案记录情况	对食品生产经营者检查频率调整情况
与存在隐患的企业责任人责任约谈情况	食品安全事故单位责任调查情况
相关监管部门、认证机构工作人员失职、渎职调查情况	

7.6.6　原上海市食药监局食品安全监管绩效得分和评价

原上海市食药监局食品安全监管绩效总得分为82.935分，排在第5位。原上海市食药监局食品安全监管绩效的各个指标绩效水平如下。

（1）在评价原上海市食药监局食品安全监管绩效的29个指标中，达到“好”水平的指标有7个（表7-18）。

表7-18　原上海市食药监局食品安全监管绩效指标中达到“好”水平的指标

“好”水平指标	
食品安全公益宣传情况	食品安全国家标准公布情况
食品召回制度建立情况	食品召回说明信息可得性
食品安全事故及其处理信息公布情况	食品安全事故责任调查公正性
食品安全事故责任调查全面性	

（2）在评价原上海市食药监局食品安全监管绩效的29个指标中，达到“较好”水平的指标有21个（表7-19）。

表 7-19　原上海市食药监局食品安全监管绩效指标中达到“较好”水平的指标

“较好”水平指标	
食品安全风险监测制度建立情况	食品安全风险评估制度建立情况
食品安全风险交流制度建立情况	每年食品安全品种覆盖情况与抽检次数
食品召回及时性	食品召回说明信息易理解性
召回的不安全食品名称、规格等记录情况	对召回的不安全食品补救或销毁情况
食品安全事故处置指挥机构成立情况	食品安全事故应急处置相关人员专业性
食品安全事故处置工作及时性	食品安全事故警示信息公布及时性
食品安全事故警示信息公布准确性	食品安全事故有关因素流行病学调查开展情况
企业食品安全信用档案记录情况	对食品生产经营者检查频率调整情况
与存在隐患的企业责任人责任约谈情况	食品安全事故溯源调查情况
事后监管制度优化情况	食品安全事故单位责任调查情况
相关监管部门、认证机构工作人员失职、渎职调查情况	

（3）在评价原上海市食药监局食品安全监管绩效的 29 个指标中，达到“较差”水平的指标有 1 个（表 7-20）。

表 7-20　原上海市食药监局食品安全监管绩效指标中达到“较差”水平的指标

“较差”水平指标
食品安全责任强制保险投保情况

在实际数据采集中发现，上述指标的信息在原上海各级食药监局网站上，尤其是原县级食药监局网站上相对分散，不便于公众查询，而且存在一定信息缺失现象。因此上述 1 个指标的得分被评定为“较差”。

另外，从上述原上海市食药监局这 1 个指标的得分可知，原上海市食药监局在执行《食品安全法》第四十三条方面不够到位。

7.6.7　原广东省食药监局食品安全监管绩效得分和评价

原广东省食药监局食品安全监管绩效总得分为 81.761 分，排在第 6 位。原广东省食药监局食品安全监管绩效的各个指标绩效水平如下。

（1）在评价原广东省食药监局食品安全监管绩效的 29 个指标中，达到“好”水平的指标有 9 个（表 7-21）。

表 7-21 原广东省食药监局食品安全监管绩效指标中达到“好”水平的指标

“好”水平指标		
食品安全公益宣传情况	食品安全国家标准公布情况	食品安全风险监测制度建立情况
食品安全风险评估制度建立情况	食品安全风险交流制度建立情况	食品安全事故应急处置相关人员专业性
食品召回及时性	食品安全事故及其处理信息公布情况	食品安全事故责任调查公正性

（2）在评价原广东省食药监局食品安全监管绩效的 29 个指标中，达到“较好”水平的指标有 14 个（表 7-22）。

表 7-22 原广东省食药监局食品安全监管绩效指标中达到“较好”水平的指标

“较好”水平指标	
食品召回制度建立情况	食品召回说明信息可得性
食品召回说明信息易理解性	食品安全事故处置指挥机构成立情况
食品安全事故处置工作及时性	食品安全事故有关因素流行病学调查开展情况
企业食品安全信用档案记录情况	对食品生产经营者检查频率调整情况
与存在隐患的企业责任人责任约谈情况	食品安全事故溯源调查情况
事后监管制度优化情况	食品安全事故单位责任调查情况
相关监管部门、认证机构工作人员失职、渎职调查情况	食品安全事故责任调查全面性

（3）在评价原广东省食药监局食品安全监管绩效的 29 个指标中，达到“一般”水平的指标有 6 个（表 7-23）。

表 7-23 原广东省食药监局食品安全监管绩效指标中达到“一般”水平的指标

“一般”水平指标	
食品安全责任强制保险投保情况	每年食品安全品种覆盖情况与抽检次数
召回的不安全食品名称、规格等记录情况	对召回的不安全食品补救或销毁情况
食品安全事故警示信息公布及时性	食品安全事故警示信息公布准确性

在实际数据采集中发现，上述指标的信息在原广东省各级食药监局网站上，尤其是原县级食药监局网站上相对分散，信息更新滞后，不便于公众查询。因此，上述6个指标的得分判定为“一般”。

另外，从上述原广东省食药监局6个指标的得分可知，原广东省食药监局在执行《食品安全法》第四十三条、第六十三条、第六十四条、第八十七条、第一百零七条方面不够到位。

7.6.8　原陕西省食药监局食品安全监管绩效得分和评价

原陕西省食药监局食品安全监管绩效总得分为79.045分，排在第7位。原陕西省食药监局食品安全监管绩效的各个指标绩效水平如下。

（1）在评价原陕西省食药监局食品安全监管绩效的29个指标中，达到“好”水平的指标有3个（表7-24）。

表7-24　原陕西省食药监局食品安全监管绩效指标中达到“好”水平的指标

“好”水平指标		
食品安全责任强制保险投保情况	食品安全风险评估制度建立情况	食品召回制度建立情况

（2）在评价原陕西省食药监局食品安全监管绩效的29个指标中，达到“较好”水平的指标有19个（表7-25）。

表7-25　原陕西省食药监局食品安全监管绩效指标中达到“较好”水平的指标

“较好”水平指标		
食品安全责任强制保险投保情况	食品安全国家标准公布情况	食品安全风险监测制度建立情况
食品安全风险评估制度建立情况	食品安全风险交流制度建立情况	每年食品安全品种覆盖情况与抽检次数
食品安全事故处置指挥机构成立情况	食品安全事故警示信息公布准确性	食品安全事故有关因素流行病学调查开展情况
食品安全事故及其处理信息公布情况	企业食品安全信用档案记录情况	对食品生产经营者检查频率调整情况
与存在隐患的企业责任人责任约谈情况	食品安全事故溯源调查情况	事后监管制度优化情况

续表

“较好”水平指标		
食品安全事故单位责任调查情况	相关监管部门、认证机构工作人员失职、渎职调查情况	食品安全事故责任调查公正性
食品安全事故责任调查全面性		

（3）在评价原陕西省食药监局食品安全监管绩效的 29 个指标中，达到“一般”水平的指标有 7 个（表 7-26）。

表 7-26　原陕西省食药监局食品安全监管绩效指标中达到“一般”水平的指标

“一般”水平指标	
食品召回制度建立情况	食品召回及时性
食品召回说明信息可得性	食品召回说明信息易理解性
召回的不安全食品名称、规格等记录情况	对召回的不安全食品补救或销毁情况
食品安全事故警示信息公布及时性	

在实际数据采集中发现，上述指标的信息在原陕西各级食药监局网站上，尤其是原县级食药监局网站上相对分散，信息更新滞后，不便于公众查询。因此，上述 7 个指标的得分判定为“一般”。

另外，从上述原陕西省食药监局 7 个指标的得分可知，原陕西省食药监局在执行《食品安全法》第六十三条、第一百零七条方面不够到位。

7.6.9　原云南省食药监局食品安全监管绩效得分和评价

原云南省食药监局食品安全监管绩效总得分为 75.064 分，排在第 8 位。原云南省食药监局食品安全监管绩效的各个指标绩效水平如下。

（1）在评价原云南省食药监局食品安全监管绩效的 29 个指标中，达到“好”水平的指标有 1 个（表 7-27）。

表 7-27　原云南省食药监局食品安全监管绩效指标中达到“好”水平的指标

“好”水平指标
食品安全公益宣传情况

（2）在评价原云南省食药监局食品安全监管绩效的 29 个指标中，达到“较好”水平的指标有 21 个（表 7-28）。

表 7-28　原云南省食药监局食品安全监管绩效指标中达到“较好”水平的指标

“较好”水平指标	
食品安全责任强制保险投保情况	食品安全国家标准公布情况
食品安全风险监测制度建立情况	食品安全风险评估制度建立情况
食品安全风险交流制度建立情况	食品召回制度建立情况
食品召回及时性	食品召回说明信息可得性
食品召回说明信息易理解性	食品安全事故应急处置相关人员专业性
食品安全事故有关因素流行病学调查开展情况	食品安全事故及其处理信息公布情况
企业食品安全信用档案记录情况	对食品生产经营者检查频率调整情况
与存在隐患的企业责任人责任约谈情况	食品安全事故溯源调查情况
事后监管制度优化情况	食品安全事故单位责任调查情况
相关监管部门、认证机构工作人员失职、渎职调查情况	食品安全事故责任调查公正性
食品安全事故责任调查全面性	

（3）在评价原云南省食药监局食品安全监管绩效的 29 个指标中，达到“一般”水平的指标有 4 个（表 7-29）。

表 7-29　原云南省食药监局食品安全监管绩效指标中达到“一般”水平的指标

“一般”水平指标	
每年食品安全品种覆盖情况与抽检次数	召回的不安全食品名称、规格等记录情况
食品安全事故处置指挥机构成立情况	食品安全事故处置工作及时性

在实际数据采集中发现，上述指标的信息在原云南省各级食药监局网站上，尤其是原县级食药监局网站上相对分散，信息更新滞后，不便于公众查询。因此，上述 4 个指标的得分判定为“一般”。

另外，从上述原云南省食药监局 4 个指标的得分可知，原云南省食药监局在执行《食品安全法》第六十四条、第六十三条、第八十七条、第一百零二条、第一百零五条、第一百零六条方面不够到位。

（4）在评价原云南省食药监局食品安全监管绩效的 29 个指标中，达到“较差”水平的指标有 3 个（表 7-30）。

表 7-30　原云南省食药监局食品安全监管绩效指标中达到“较差”水平的指标

“较差”水平指标	
对召回的不安全食品补救或销毁情况	食品安全事故警示信息公布及时性
食品安全事故警示信息公布准确性	

在实际数据采集中发现，上述指标的信息在原云南省各级食药监局网站上，尤其是原县级食药监局网站上相对分散，不便于公众查询，而且存在一定信息缺失现象。因此，上述 3 个指标的得分判定为“较差”。

另外，从上述原云南省食药监局 3 个指标的得分可知，原云南省食药监局在执行《食品安全法》第六十三条、第一百零七条方面不够到位。

7.6.10　原江苏省食药监局食品安全监管绩效得分和评价

原江苏省食药监局食品安全监管绩效总得分为 74.600 分，排在第 9 位。原江苏省食药监局食品安全监管绩效的各个指标绩效水平如下。

（1）在评价原江苏省食药监局食品安全监管绩效的 29 个指标中，达到“好”水平的指标有 1 个（表 7-31）。

表 7-31　原江苏省食药监局食品安全监管绩效指标中达到“好”水平的指标

“好”水平指标
食品安全公益宣传情况

（2）在评价原江苏省食药监局食品安全监管绩效的 29 个指标中，达到“较好”水平的指标有 10 个（表 7-32）。

表 7-32　原江苏省食药监局食品安全监管绩效指标中达到“较好”水平的指标

“较好”水平指标	
食品安全国家标准公布情况	食品安全风险监测制度建立情况
食品安全风险交流制度建立情况	每年食品安全品种覆盖情况与抽检次数

续表

"较好"水平指标	
食品召回及时性	食品安全事故警示信息公布及时性
食品安全事故及其处理信息公布情况	食品安全事故溯源调查情况
食品安全事故责任调查公正性	食品安全事故责任调查全面性

（3）在评价原江苏省食药监局食品安全监管绩效的29个指标中，达到"一般"水平的指标有18个（表7-33）。

表7-33 原江苏省食药监局食品安全监管绩效指标中达到"一般"水平的指标

"一般"水平指标		
食品安全责任强制保险投保情况	食品安全风险评估制度建立情况	食品召回制度建立情况
食品召回说明信息可得性	食品召回说明信息易理解性	召回的不安全食品名称、规格等记录情况
对召回的不安全食品补救或销毁情况	食品安全事故处置指挥机构成立情况	食品安全事故应急处置相关人员专业性
食品安全事故处置工作及时性	食品安全事故警示信息公布准确性	食品安全事故有关因素流行病学调查开展情况
企业食品安全信用档案记录情况	对食品生产经营者检查频率调整情况	与存在隐患的企业责任人责任约谈情况
事后监管制度优化情况	食品安全事故单位责任调查情况	相关监管部门、认证机构工作人员失职、渎职调查情况

在实际数据采集中发现，上述指标的信息在原江苏省各级食药监局网站上，尤其是原县级食药监局网站上相对分散，信息更新滞后，不便于公众查询。因此，上述18个指标的得分判定为"一般"。

另外，从上述原江苏省食药监局18个指标的得分可知，原江苏省食药监局在执行《食品安全法》第十七条、第十八条、第十九条、第四十三条、第六十三条、第一百条、第一百零二条、第一百零五条、第一百零六条、第一百零七条、第一百一十三条、第一百一十四条、第一百一十七条、第一百四十条、第一百四十二条、第一百四十三条、第一百四十四条、第一百四十五条方面不够到位。

7.6.11　原安徽省食药监局食品安全监管绩效得分和评价

原安徽省食药监局食品安全监管绩效总得分为 74.475 分，排在第 10 位。原安徽省食药监局食品安全监管绩效的各个指标绩效水平如下。

（1）在评价原安徽省食药监局食品安全监管绩效的 29 个指标中，达到“好”水平的指标有 1 个（表 7-34）。

表 7-34　原安徽省食药监局食品安全监管绩效指标中达到“好”水平的指标

“好”水平指标
食品安全公益宣传情况

（2）在评价原安徽省食药监局食品安全监管绩效的 29 个指标中，达到“较好”水平的指标有 19 个（表 7-35）。

表 7-35　原安徽省食药监局食品安全监管绩效指标中达到“较好”水平的指标

“较好”水平指标	
食品安全国家标准公布情况	食品安全风险监测制度建立情况
食品安全风险评估制度建立情况	食品安全风险交流制度建立情况
每年食品安全品种覆盖情况与抽检次数	食品召回及时性
食品召回说明信息可得性	食品召回说明信息易理解性
召回的不安全食品名称、规格等记录情况	对召回的不安全食品补救或销毁情况
食品安全事故处置指挥机构成立情况	食品安全事故应急处置相关人员专业性
食品安全事故处置工作及时性	食品安全事故警示信息公布及时性
食品安全事故警示信息公布准确性	食品安全事故及其处理信息公布情况
对食品生产经营者检查频率调整情况	食品安全事故责任调查公正性
食品安全事故责任调查全面性	

（3）在评价原安徽省食药监局食品安全监管绩效的 29 个指标中，达到“一般”水平的指标有 9 个（表 7-36）。

表 7-36　原安徽省食药监局食品安全监管绩效指标中达到“一般”水平的指标

“一般”水平指标		
食品安全责任强制保险投保情况	食品召回制度建立情况	食品安全事故有关因素流行病学调查开展情况
与存在隐患的企业责任人责任约谈情况	食品安全事故溯源调查情况	事后监管制度优化情况
食品安全事故单位责任调查情况	相关监管部门、认证机构工作人员失职、渎职调查情况	企业食品安全信用档案记录情况

在实际数据采集中发现，上述指标的信息在原安徽省各级食药监局网站上，尤其是原县级食药监局网站上相对分散，信息更新滞后，不便于公众查询。因此，上述 9 个指标的得分判定为“一般”。

另外，从上述原安徽省食药监局 9 个指标的得分可知，原安徽省食药监局在执行《食品安全法》第四十三条、第六十三条、第一百条、第一百零五条、第一百一十三条、第一百一十四条、第一百一十七条、第一百四十条、第一百四十二条、第一百四十三条、第一百四十四条、第一百四十五条方面不够到位。

7.6.12　原内蒙古自治区食药监局食品安全监管绩效得分和评价

原内蒙古自治区食药监局食品安全监管绩效总得分为 68.917 分，排在第 11 位。原内蒙古自治区食药监局食品安全监管绩效的各个指标绩效水平如下。

（1）在评价原内蒙古自治区食药监局食品安全监管绩效的 29 个指标中，达到“较好”水平的指标有 5 个（表 7-37）。

表 7-37　原内蒙古自治区食药监局食品安全监管绩效指标中达到“较好”水平的指标

“较好”水平指标	
食品安全公益宣传情况	食品安全国家标准公布情况
食品安全事故及其处理信息公布情况	食品安全事故责任调查公正性
食品安全事故责任调查全面性	

（2）在评价原内蒙古自治区食药监局食品安全监管绩效的 29 个指标中，达到“一般”水平的指标有 23 个（表 7-38）。

表 7-38　原内蒙古自治区食药监局食品安全监管绩效指标中达到“一般”水平的指标

“一般”水平指标	
食品安全责任强制保险投保情况	食品安全风险监测制度建立情况
食品安全风险评估制度建立情况	食品安全风险交流制度建立情况
每年食品安全品种覆盖情况与抽检次数	食品召回制度建立情况
食品召回及时性	食品召回说明信息可得性
食品召回说明信息易理解性	召回的不安全食品名称、规格等记录情况
食品安全事故处置指挥机构成立情况	食品安全事故应急处置相关人员专业性
食品安全事故处置工作及时性	食品安全事故警示信息公布及时性
食品安全事故警示信息公布准确性	食品安全事故有关因素流行病学调查开展情况
企业食品安全信用档案记录情况	对食品生产经营者检查频率调整情况
与存在隐患的企业责任人责任约谈情况	食品安全事故溯源调查情况
事后监管制度优化情况	食品安全事故单位责任调查情况
相关监管部门、认证机构工作人员失职、渎职调查情况	

在实际数据采集中发现，上述指标的信息在原内蒙古自治区各级食药监局网站上，尤其是原县级食药监局网站上相对分散，信息更新滞后，不便于公众查询。因此，上述 23 个指标的得分判定为“一般”。

另外，从上述原内蒙古自治区食药监局 23 个指标的得分可知，原内蒙古自治区食药监局在执行《食品安全法》第十四条、第十五条、第十六条、第十七条、第十八条、第十九条、第二十条、第二十一条、第四十三条、第六十三条、第六十四条、第八十七条、第一百条、第一百零二条、第一百零五条、第一百零六条、第一百零七条、第一百一十三条、第一百一十四条、第一百一十七条、第一百四十条、第一百四十二条、第一百四十三条、第一百四十四条、第一百四十五条方面不够到位。

（3）在评价原内蒙古自治区食药监局食品安全监管绩效的 29 个指标中，达到“较差”水平的指标有 1 个（表 7-39）。

表 7-39　原内蒙古自治区食药监局食品安全监管绩效指标中达到“较差”水平的指标

“较差”水平指标
对召回的不安全食品补救或销毁情况

然而，在数据采集中发现，这些信息在原内蒙古自治区各级食药监局网站上，尤其是原县级食药监局网站上相对分散，不便于公众查询，而且存在一定信息缺失现象。因此，上述 1 个指标的得分判定为“较差”。

另外，从上述原内蒙古自治区食药监局 1 个指标的得分可知，原内蒙古自治区食药监局在执行《食品安全法》第六十三条方面不够到位。

7.6.13　原青海省食药监局食品安全监管绩效得分和评价

原青海省食药监局食品安全监管绩效总得分为 68.881 分，排在第 12 位。原青海省食药监局食品安全监管绩效的各个指标绩效水平如下。

（1）在评价原青海省食药监局食品安全监管绩效的 29 个指标中，达到“较好”水平的指标有 9 个（表 7-40）。

表 7-40　原青海省食药监局食品安全监管绩效指标中达到“较好”水平的指标

“较好”水平指标	
食品安全公益宣传情况	食品安全事故应急处置相关人员专业性
食品安全事故及其处理信息公布情况	企业食品安全信用档案记录情况
对食品生产经营者检查频率调整情况	事后监管制度优化情况
食品安全事故单位责任调查情况	相关监管部门、认证机构工作人员失职、渎职调查情况
食品安全事故责任调查公正性	

（2）在评价原青海省食药监局食品安全监管绩效的 29 个指标中，达到“一般”水平的指标有 14 个（表 7-41）。

表 7-41　原青海省食药监局食品安全监管绩效指标中达到“一般”水平的指标

“一般”水平指标	
食品安全国家标准公布情况	食品安全风险监测制度建立情况

续表

"一般"水平指标	
食品安全风险评估制度建立情况	食品安全风险交流制度建立情况
食品召回制度建立情况	食品召回及时性
食品召回说明信息可得性	食品召回说明信息易理解性
食品安全事故处置指挥机构成立情况	食品安全事故处置工作及时性
食品安全事故有关因素流行病学调查开展情况	与存在隐患的企业责任人责任约谈情况
食品安全事故溯源调查情况	食品安全事故责任调查全面性

在实际数据采集中发现，上述指标的信息在原青海省各级食药监局网站上，尤其是原县级食药监局网站上相对分散，信息更新滞后，不便于公众查询。因此，上述14个指标的得分判定为"一般"。

另外，从上述原青海省食药监局14个指标的得分可知，原青海省食药监局在执行《食品安全法》第十四条、第十五条、第十六条、第十七条、第十八条、第十九条、第二十条、第二十一条、第二十四条、第二十五条、第二十六条、第二十八条、第三十一条、第六十三条、第一百零二条、第一百零五条、第一百零六条、第一百一十四条、第一百一十七条、第一百一十八条方面不够到位。

（3）在评价原青海省食药监局食品安全监管绩效的29个指标中，达到"较差"水平的指标有6个（表7-42）。

表7-42　原青海省食药监局食品安全监管绩效指标中达到"较差"水平的指标

"较差"水平指标	
食品安全责任强制保险投保情况	每年食品安全品种覆盖情况与抽检次数
召回的不安全食品名称、规格等记录情况	对召回的不安全食品补救或销毁情况
食品安全事故警示信息公布及时性	食品安全事故警示信息公布准确性

然而，在数据采集中发现，这些信息在原青海省各级食药监局网站上，尤其是原县级食药监局网站上相对分散，不便于公众查询，而且存在一定信息缺失现象。因此，上述6个指标的得分判定为"较差"。

另外，从上述原青海省食药监局6个指标的得分可知，原青海省食药监局在执行《食品安全法》第四十三条、第六十三条、第六十四条、第八十七条、第一百零七条方面不够到位。

7.6.14 原甘肃省食药监局食品安全监管绩效得分和评价

原甘肃省食药监局食品安全监管绩效总得分为 66.737 分，排在第 13 位。原甘肃省食药监局食品安全监管绩效的各个指标绩效水平如下。

（1）在评价原甘肃省食药监局食品安全监管绩效的 29 个指标中，达到“较好”水平的指标有 12 个（表 7-43）。

表 7-43 原甘肃省食药监局食品安全监管绩效指标中达到“较好”水平的指标

“较好”水平指标	
食品安全公益宣传情况	食品安全事故有关因素流行病学调查开展情况
食品安全事故及其处理信息公布情况	企业食品安全信用档案记录情况
对食品生产经营者检查频率调整情况	与存在隐患的企业责任人责任约谈情况
食品安全事故溯源调查情况	事后监管制度优化情况
食品安全事故单位责任调查情况	相关监管部门、认证机构工作人员失职、渎职调查情况
食品安全事故责任调查公正性	食品安全事故责任调查全面性

（2）在评价原甘肃省食药监局食品安全监管绩效的 29 个指标中，达到“一般”水平的指标有 8 个（表 7-44）。

表 7-44 原甘肃省食药监局食品安全监管绩效指标中达到“一般”水平的指标

“一般”水平指标		
食品安全责任强制保险投保情况	食品安全国家标准公布情况	食品安全风险监测制度建立情况
食品安全风险评估制度建立情况	食品安全风险交流制度建立情况	食品召回制度建立情况
食品安全事故处置指挥机构成立情况	食品安全事故应急处置相关人员专业性	

在实际数据采集中发现，上述指标的信息在原甘肃省各级食药监局网站上，尤其是原县级食药监局网站上相对分散，信息更新滞后，不便于公

众查询。因此，上述 8 个指标的得分判定为“一般”。

另外，从上述原甘肃省食药监局 8 个指标的得分可知，原甘肃省食药监局在执行《食品安全法》第十四条、第十五条、第十六条、第十七条、第十八条、第十九条、第二十条、第二十一条、第二十四条、第二十五条、第二十六条、第二十八条、第三十一条、第四十三条、第六十三条、第一百零二条、第一百零五条、第一百零六条方面不够到位。

（3）在评价原甘肃省食药监局食品安全监管绩效的 29 个指标中，达到“较差”水平的指标有 9 个（表 7-45）。

表 7-45　原甘肃省食药监局食品安全监管绩效指标中达到“较差”水平的指标

“较差”水平指标		
每年食品安全品种覆盖情况与抽检次数	食品召回及时性	食品召回说明信息可得性
食品召回说明信息易理解性	召回的不安全食品名称、规格等记录情况	对召回的不安全食品补救或销毁情况
食品安全事故处置工作及时性	食品安全事故警示信息公布及时性	食品安全事故警示信息公布准确性

在数据采集中发现，这些信息在原甘肃省各级食药监局网站上，尤其是原县级食药监局网站上相对分散，不便于公众查询，而且存在一定信息缺失现象。因此，上述 9 个指标的得分判定为“一般”。

另外，从上述原甘肃省食药监局 9 个指标的得分可知，原甘肃省食药监局在执行《食品安全法》第六十三条、第六十四条、第八十七条、第一百零五条、第一百零七条方面不够到位。

7.6.15　原山东省食药监局食品安全监管绩效得分和评价

原山东省食药监局食品安全监管绩效总得分为 65.472 分，排在第 14 位。原山东省食药监局食品安全监管绩效的各个指标绩效水平如下。

（1）在评价原山东省食药监局食品安全监管绩效的 29 个指标中，达到“较好”水平的指标有 5 个（表 7-46）。

表 7-46 原山东省食药监局食品安全监管绩效指标中达到“较好”水平的指标

“较好”水平指标	
食品安全公益宣传情况	食品安全国家标准公布情况
食品安全事故及其处理信息公布情况	食品安全事故责任调查公正性
食品安全事故责任调查全面性	

（2）在评价原山东省食药监局食品安全监管绩效的 29 个指标中，达到“一般”水平的指标有 17 个（表 7-47）。

表 7-47 原山东省食药监局食品安全监管绩效指标中达到“一般”水平的指标

“一般”水平指标	
食品安全责任强制保险投保情况	食品安全风险监测制度建立情况
食品安全风险评估制度建立情况	食品安全风险交流制度建立情况
每年食品安全品种覆盖情况与抽检次数	食品安全事故处置指挥机构成立情况
食品安全事故处置工作及时性	食品安全事故警示信息公布及时性
食品安全事故警示信息公布准确性	食品安全事故有关因素流行病学调查开展情况
企业食品安全信用档案记录情况	对食品生产经营者检查频率调整情况
与存在隐患的企业责任人责任约谈情况	食品安全事故溯源调查情况
事后监管制度优化情况	食品安全事故单位责任调查情况
相关监管部门、认证机构工作人员失职、渎职调查情况	

在实际数据采集中发现，上述指标的信息在原山东省各级食药监局网站上，尤其是原县级食药监局网站上相对分散，信息更新滞后，不便于公众查询。因此，上述 17 个指标的得分判定为“一般”。

另外，从上述原山东省食药监局 17 个指标的得分可知，原山东省食药监局在执行《食品安全法》第十四条、第十五条、第十六条、第十七条、第十八条、第十九条、第二十条、第二十一条、第四十三条、第六十四条、第八十七条、第一百条、第一百零二条、第一百零五条、第一百零六条、第一百零七条、第一百一十三条、第一百一十四条、第一百一十七条、第一百四十条、第一百四十二条、第一百四十三条、第一百四十四条、第一百四十五条方面不够到位。

（3）在评价原山东省食药监局食品安全监管绩效的 29 个指标中，达到“较差”水平的指标有 7 个（表 7-48）。

表 7-48　原山东省食药监局食品安全监管绩效指标中达到“较差”水平的指标

“较差”水平指标	
食品召回制度建立情况	食品召回及时性
食品召回说明信息可得性	食品召回说明信息易理解性
召回的不安全食品名称、规格等记录情况	对召回的不安全食品补救或销毁情况
食品安全事故应急处置相关人员专业性	

然而，在数据采集中发现，这些信息在原山东省各级食药监局网站上，尤其是原县级食药监局网站上相对分散，不便于公众查询，而且存在一定信息缺失现象。因此，上述 7 个指标的得分判定为“较差”。

另外，从上述原山东省食药监局 7 个指标的得分可知，原山东省食药监局在执行《食品安全法》第六十三条、第一百零五条方面不够到位。

7.6.16　原宁夏回族自治区食药监局食品安全监管绩效得分和评价

原宁夏回族自治区食药监局食品安全监管绩效总得分为 65.280 分，排在第 15 位。原宁夏回族自治区食药监局食品安全监管绩效的各个指标绩效水平如下。

（1）在评价原宁夏回族自治区食药监局食品安全监管绩效的 29 个指标中，达到“较好”水平的指标有 12 个（表 7-49）。

表 7-49　原宁夏回族自治区食药监局食品安全监管绩效指标中达到“较好”水平的指标

“较好”水平指标	
食品安全公益宣传情况	食品安全事故有关因素流行病学调查开展情况
食品安全事故及其处理信息公布情况	企业食品安全信用档案记录情况
对食品生产经营者检查频率调整情况	与存在隐患的企业责任人责任约谈情况
食品安全事故溯源调查情况	事后监管制度优化情况

续表

“较好”水平指标	
食品安全事故单位责任调查情况	相关监管部门、认证机构工作人员失职、渎职调查情况
食品安全事故责任调查公正性	食品安全事故责任调查全面性

（2）在评价原宁夏回族自治区食药监局食品安全监管绩效的 29 个指标中，达到“一般”水平的指标有 4 个（表 7-50）。

表 7-50　原宁夏回族自治区食药监局食品安全监管绩效指标中达到“一般”水平的指标

“一般”水平指标	
食品安全国家标准公布情况	食品安全风险监测制度建立情况
食品安全风险评估制度建立情况	食品安全风险交流制度建立情况

在实际数据采集中发现，上述指标的信息在原宁夏回族自治区各级食药监局网站上，尤其是原县级食药监局网站上相对分散，信息更新滞后，不便于公众查询。因此，上述 4 个指标的得分判定为“一般”。

另外，从上述原宁夏回族自治区食药监局 4 个指标的得分可知，原宁夏回族自治区食药监局在执行《食品安全法》第十四条、第十五条、第十六条、第十七条、第十八条、第十九条、第二十条、第二十一条、第二十四条、第二十五条、第二十六条、第二十八条、第三十一条方面不够到位。

（3）在评价原宁夏回族自治区食药监局食品安全监管绩效的 29 个指标中，达到“较差”水平的指标有 13 个（表 7-51）。

表 7-51　原宁夏回族自治区食药监局食品安全监管绩效指标中达到“较差”水平的指标

“较差”水平指标	
食品安全责任强制保险投保情况	
每年食品安全品种覆盖情况与抽检次数	食品召回制度建立情况
食品召回及时性	食品召回说明信息可得性
食品召回说明信息易理解性	召回的不安全食品名称、规格等记录情况
对召回的不安全食品补救或销毁情况	食品安全事故处置指挥机构成立情况

续表

"较差"水平指标	
食品安全事故应急处置相关人员专业性	食品安全事故处置工作及时性
食品安全事故警示信息公布及时性	食品安全事故警示信息公布准确性

然而，在数据采集中发现，这些信息在原宁夏回族自治区各级食药监局网站上，尤其是原县级食药监局网站上相对分散，不便于公众查询，而且存在一定信息缺失现象。因此，上述 13 个指标的得分判定为"较差"。

另外，从上述原宁夏回族自治区食药监局 13 个指标的得分可知，原宁夏回族自治区食药监局在执行《食品安全法》第四十三条、第六十三条、第六十四条、第八十七条、第一百零二条、第一百零五条、第一百零六条、第一百零七条方面不够到位。

7.6.17　原辽宁省食药监局食品安全监管绩效得分和评价

原辽宁省食药监局食品安全监管绩效总得分为 64.371 分，排在第 16 位。原辽宁省食药监局食品安全监管绩效的各个指标绩效水平如下。

（1）在评价原辽宁省食药监局食品安全监管绩效的 29 个指标中，达到"较好"水平的指标有 2 个（表 7-52）。

表 7-52　原辽宁省食药监局食品安全监管绩效指标中达到"较好"水平的指标

"较好"水平指标	
食品安全公益宣传情况	食品安全国家标准公布情况

（2）在评价原辽宁省食药监局食品安全监管绩效的 29 个指标中，达到"一般"水平的指标有 20 个（表 7-53）。

表 7-53　原辽宁省食药监局食品安全监管绩效指标中达到"一般"水平的指标

"一般"水平指标		
食品安全责任强制保险投保情况	食品安全风险监测制度建立情况	食品安全风险评估制度建立情况
食品安全风险交流制度建立情况	每年食品安全品种覆盖情况与抽检次数	食品召回制度建立情况

续表

"一般"水平指标		
食品安全事故处置指挥机构成立情况	食品安全事故处置工作及时性	食品安全事故警示信息公布及时性
食品安全事故有关因素流行病学调查开展情况	食品安全事故及其处理信息公布情况	企业食品安全信用档案记录情况
对食品生产经营者检查频率调整情况	与存在隐患的企业责任人责任约谈情况	食品安全事故溯源调查情况
事后监管制度优化情况	食品安全事故单位责任调查情况	相关监管部门、认证机构工作人员失职、渎职调查情况
食品安全事故责任调查公正性	食品安全事故责任调查全面性	

在实际数据采集中发现，上述指标的信息在原辽宁省各级食药监局网站上，尤其是原县级食药监局网站上相对分散，信息更新滞后，不便于公众查询。因此，上述20个指标的得分判定为"一般"。

另外，从上述原辽宁省食药监局20个指标的得分可知，原辽宁省食药监局在执行《食品安全法》第十四条、第十五条、第十六条、第十七条、第十八条、第十九条、第二十条、第二十一条、第四十三条、第六十三条、第六十四条、第八十七条、第一百条、第一百零二条、第一百零五条、第一百零六条、第一百零七条、第一百一十三条、第一百一十四条、第一百一十七条、第一百一十八条、第一百四十条、第一百四十二条、第一百四十三条、第一百四十四条、第一百四十五条方面不够到位。

（3）在评价原辽宁省食药监局食品安全监管绩效的29个指标中，达到"较差"水平的指标有7个（表7-54）。

表7-54　原辽宁省食药监局食品安全监管绩效指标中达到"较差"水平的指标

"较差"水平指标	
食品召回及时性	食品召回说明信息可得性
食品召回说明信息易理解性	召回的不安全食品名称、规格等记录情况
对召回的不安全食品补救或销毁情况	食品安全事故应急处置相关人员专业性
食品安全事故警示信息公布准确性	

然而，在数据采集中发现，这些信息在原辽宁省各级食药监局网站

上，尤其是原县级食药监局网站上相对分散，不便于公众查询，而且存在一定信息缺失现象。因此，上述 7 个指标的得分判定为“较差”。

另外，从上述原辽宁省食药监局 7 个指标的得分可知，原辽宁省食药监局在执行《食品安全法》第六十三条、第一百零五条、第一百零七条方面不够到位。

7.6.18 原湖南省食药监局食品安全监管绩效得分和评价

原湖南省食药监局食品安全监管绩效总得分为 60.899 分，排在第 17 位。原湖南省食药监局食品安全监管绩效的各个指标绩效水平如下。

（1）在评价原湖南省食药监局食品安全监管绩效的 29 个指标中，达到“一般”水平的指标有 13 个（表 7-55）。

表 7-55 原湖南省食药监局食品安全监管绩效指标中达到“一般”水平的指标

“一般”水平指标	
食品安全公益宣传情况	食品安全国家标准公布情况
食品安全事故有关因素流行病学调查开展情况	食品安全事故及其处理信息公布情况
企业食品安全信用档案记录情况	对食品生产经营者检查频率调整情况
与存在隐患的企业责任人责任约谈情况	食品安全事故溯源调查情况
事后监管制度优化情况	食品安全事故单位责任调查情况
相关监管部门、认证机构工作人员失职、渎职调查情况	食品安全事故责任调查公正性
食品安全事故责任调查全面性	

在实际数据采集中发现，上述指标的信息在原湖南省各级食药监局网站上，尤其是原县级食药监局网站上相对分散，信息更新滞后，不便于公众查询。因此，上述 13 个指标的得分判定为“一般”。

另外，从上述原湖南省食药监局 13 个指标的得分可知，原湖南省食药监局在执行《食品安全法》第十条、第二十四条、第二十五条、第二十六条、第二十八条、第三十一条、第六十四条、第一百条、第一百零五条、第一百一十三条、第一百一十四条、第一百一十七条、第一百一十八条、

第一百四十条方面不够到位。

（2）在评价原湖南省食药监局食品安全监管绩效的29个指标中，达到“较差”水平的指标有16个（表7-56）。

表7-56 原湖南省食药监局食品安全监管绩效指标中达到“较差”水平的指标

“较差”水平指标		
食品安全责任强制保险投保情况	食品安全风险监测制度建立情况	食品安全风险评估制度建立情况
食品安全风险交流制度建立情况	每年食品安全品种覆盖情况与抽检次数	食品召回制度建立情况
食品召回及时性	食品召回说明信息可得性	食品召回说明信息易理解性
召回的不安全食品名称、规格等记录情况	对召回的不安全食品补救或销毁情况	食品安全事故处置指挥机构成立情况
食品安全事故应急处置相关人员专业性	食品安全事故处置工作及时性	食品安全事故警示信息公布及时性
食品安全事故警示信息公布准确性		

在实际数据采集中发现，上述指标的信息在原湖南省各级食药监局网站上，尤其是原县级食药监局网站上相对分散，不便于公众查询，而且存在一定信息缺失现象。因此，上述16个指标的得分判定为“较差”。

另外，从上述原湖南省食药监局16个指标的得分可知，原湖南省食药监局在执行《食品安全法》第十四条、第十五条、第十六条、第十七条、第十八条、第十九条、第二十条、第二十一条、第四十三条、第六十三条、第六十四条、第八十七条、第一百零二条、第一百零五条、第一百零六条、第一百零七条方面不够到位。

7.6.19 原湖北省食药监局食品安全监管绩效得分和评价

原湖北省食药监局食品安全监管绩效总得分为60.031分，排在第18位。原湖北省食药监局食品安全监管绩效的各个指标绩效水平如下。

（1）在评价原湖北省食药监局食品安全监管绩效的29个指标中，达到“较好”水平的指标有4个（表7-57）。

表 7-57 原湖北省食药监局食品安全监管绩效指标中达到“较好”水平的指标

“较好”水平指标	
食品安全公益宣传情况	食品安全国家标准公布情况
食品安全事故警示信息公布及时性	食品安全事故警示信息公布准确性

（2）在评价原湖北省食药监局食品安全监管绩效的29个指标中，达到“一般”水平的指标有10个（表7-58）。

表 7-58 原湖北省食药监局食品安全监管绩效指标中达到“一般”水平的指标

“一般”水平指标		
食品安全事故及其处理信息公布情况	企业食品安全信用档案记录情况	对食品生产经营者检查频率调整情况
与存在隐患的企业责任人责任约谈情况	食品安全事故溯源调查情况	事后监管制度优化情况
食品安全事故单位责任调查情况	相关监管部门、认证机构工作人员失职、渎职调查情况	食品安全事故责任调查公正性
食品安全事故责任调查全面性		

在实际数据采集中发现，上述指标的信息在原湖北省各级食药监局网站上，尤其是原县级食药监局网站上相对分散，信息更新滞后，不便于公众查询。因此，上述10个指标的得分判定为“一般”。

另外，从上述原湖北省食药监局10个指标的得分可知，原湖北省食药监局在执行《食品安全法》第一百条、第一百一十三条、第一百一十四条、第一百一十七条、第一百一十八条、第一百四十条、第一百四十二条、第一百四十三条、第一百四十四条、第一百四十五条方面不够到位。

（3）在评价原湖北省食药监局食品安全监管绩效的29个指标中，达到“较差”水平的指标有15个（表7-59）。

表 7-59 原湖北省食药监局食品安全监管绩效指标中达到“较差”水平的指标

“较差”水平指标		
食品安全责任强制保险投保情况	食品安全风险监测制度建立情况	食品安全风险评估制度建立情况
食品安全风险交流制度建立情况	每年食品安全品种覆盖情况与抽检次数	食品召回制度建立情况

续表

"较差"水平指标		
食品召回及时性	食品召回说明信息可得性	食品召回说明信息易理解性
召回的不安全食品名称、规格等记录情况	对召回的不安全食品补救或销毁情况	食品安全事故处置指挥机构成立情况
食品安全事故应急处置相关人员专业性	食品安全事故处置工作及时性	食品安全事故有关因素流行病学调查开展情况

然而，在数据采集中发现，这些信息在原湖北省各级食药监局网站上，尤其是原县级食药监局网站上相对分散，不便于公众查询，而且存在一定信息缺失现象。因此，上述15个指标的得分判定为"较差"。

另外，从上述原湖北省食药监局15个指标的得分可知，原湖北省食药监局在执行《食品安全法》第十四条、第十五条、第十六条、第十七条、第十八条、第十九条、第二十条、第二十一条、第四十三条、第六十三条、第六十四条、第八十七条、第一百零二条、第一百零五条、第一百零六条方面不够到位。

7.6.20 原福建省食药监局食品安全监管绩效得分和评价

原福建省食药监局食品安全监管绩效总得分为59.505分，排在第19位。原福建省食药监局食品安全监管绩效的各个指标绩效水平如下。

（1）在评价原福建省食药监局食品安全监管绩效的29个指标中，达到"一般"水平的指标有14个（表7-60）。

表7-60 原福建省食药监局食品安全监管绩效指标中达到"一般"水平的指标

"一般"水平指标		
食品安全公益宣传情况	食品安全国家标准公布情况	食品安全事故处置指挥机构成立情况
食品安全事故有关因素流行病学调查开展情况	食品安全事故及其处理信息公布情况	企业食品安全信用档案记录情况
对食品生产经营者检查频率调整情况	与存在隐患的企业责任人责任约谈情况	食品安全事故溯源调查情况

续表

“一般”水平指标		
事后监管制度优化情况	食品安全事故单位责任调查情况	相关监管部门、认证机构工作人员失职、渎职调查情况
食品安全事故责任调查公正性	食品安全事故责任调查全面性	

在实际数据采集中发现，上述指标的信息在原福建省各级食药监局网站上，尤其是原县级食药监局网站上相对分散，信息更新滞后，不便于公众查询。因此，上述14个指标的得分判定为“一般”。

另外，从上述原福建省食药监局14个指标的得分可知，原福建省食药监局在执行《食品安全法》第十条、第二十四条、第二十五条、第二十六条、第二十八条、第三十一条、第一百条、第一百零二条、第一百零五条、第一百零六条、第一百一十三条、第一百一十四条、第一百一十七条、第一百一十八条、第一百四十条、第一百四十二条、第一百四十三条、第一百四十四条、第一百四十五条方面不够到位。

（2）在评价原福建省食药监局食品安全监管绩效的29个指标中，达到“较差”水平的指标有15个（表7-61）。

表7-61　原福建省食药监局食品安全监管绩效指标中达到“较差”水平的指标

“较差”水平指标		
食品安全责任强制保险投保情况	食品安全风险监测制度建立情况	食品安全风险评估制度建立情况
食品安全风险交流制度建立情况	每年食品安全品种覆盖情况与抽检次数	食品召回制度建立情况
食品召回及时性	食品召回说明信息可得性	食品召回说明信息易理解性
召回的不安全食品名称、规格等记录情况	对召回的不安全食品补救或销毁情况	食品安全事故应急处置相关人员专业性
食品安全事故处置工作及时性	食品安全事故警示信息公布及时性	食品安全事故警示信息公布准确性

在数据采集中发现，这些信息在原福建各级食药监局网站上，尤其是原县级食药监局网站上相对分散，不便于公众查询，而且存在一定信息缺失现象。因此，上述15个指标的得分判定为“较差”。

另外，从上述原福建省食药监局15个指标的得分可知，原福建省食药监局在执行《食品安全法》第十四条、第十五条、第十六条、第十七条、第十八条、第十九条、第二十条、第二十一条、第四十三条、第六十三条、第六十四条、第八十七条、第一百零五条、第一百零七条方面不够到位。

7.6.21 原广西壮族自治区食药监局食品安全监管绩效得分和评价

原广西壮族自治区食药监局食品安全监管绩效总得分为 58.939 分，排在第 20 位。原广西壮族自治区食药监局食品安全监管绩效的各个指标绩效水平如下。

（1）在评价原广西壮族自治区食药监局食品安全监管绩效的 29 个指标中，达到“较好”水平的指标有 4 个（表 7-62）。

表 7-62 原广西壮族自治区食药监局食品安全监管绩效指标中达到“较好”水平的指标

“较好”水平指标	
食品安全事故及其处理信息公布情况	食品安全事故单位责任调查情况
食品安全事故责任调查公正性	食品安全事故责任调查全面性

（2）在评价原广西壮族自治区食药监局食品安全监管绩效的 29 个指标中，达到“一般”水平的指标有 12 个（表 7-63）。

表 7-63 原广西壮族自治区食药监局食品安全监管绩效指标中达到“一般”水平的指标

“一般”水平指标		
食品安全公益宣传情况	食品安全事故处置指挥机构成立情况	食品安全事故处置工作及时性
食品安全事故警示信息公布及时性	食品安全事故警示信息公布准确性	食品安全事故有关因素流行病学调查开展情况
企业食品安全信用档案记录情况	对食品生产经营者检查频率调整情况	与存在隐患的企业责任人责任约谈情况
食品安全事故溯源调查情况	事后监管制度优化情况	相关监管部门、认证机构工作人员失职、渎职调查情况

在实际数据采集中发现，上述指标的信息在原广西壮族自治区各级食药监局网站上，尤其是原县级食药监局网站上相对分散，信息更新滞后，不便于公众查询。因此，上述 12 个指标的得分判定为“一般”。

另外，从上述原广西壮族自治区食药监局 12 个指标的得分可知，原广西壮族自治区食药监局在执行《食品安全法》第十条、第一百条、第一百零二条、第一百零五条、第一百零六条、第一百零七条、第一百一十三条、第一百一十四条、第一百一十七条、第一百四十二条、第一百四十三条、第一百四十四条、第一百四十五条方面不够到位。

（3）在评价原广西壮族自治区食药监局食品安全监管绩效的 29 个指标中，达到“较差”水平的指标有 13 个（表 7-64）。

表 7-64　原广西壮族自治区食药监局食品安全监管绩效指标中达到“较差”水平的指标

“较差”水平指标		
食品安全责任强制保险投保情况	食品安全国家标准公布情况	食品安全风险监测制度建立情况
食品安全风险评估制度建立情况	食品安全风险交流制度建立情况	每年食品安全品种覆盖情况与抽检次数
食品召回制度建立情况	食品召回及时性	食品召回说明信息可得性
食品召回说明信息易理解性	召回的不安全食品名称、规格等记录情况	对召回的不安全食品补救或销毁情况
食品安全事故应急处置相关人员专业性		

在数据采集中发现，这些信息在原广西壮族自治区各级食药监局网站上，尤其是原县级食药监局网站上相对分散，不便于公众查询，而且存在一定信息缺失现象。因此，上述 13 个指标的得分判定为“较差”。

另外，从上述原广西壮族自治区食药监局 13 个指标的得分可知，原广西壮族自治区食药监局在执行《食品安全法》第十四条、第十五条、第十六条、第十七条、第十八条、第十九条、第二十条、第二十一条、第二十四条、第二十五条、第二十六条、第二十八条、第三十一条、第四十三条、第六十三条、第六十四条、第八十七条、第一百零五条方面不够到位。

7.6.22　原吉林省食药监局食品安全监管绩效得分和评价

原吉林省食药监局食品安全监管绩效总得分为 58.475 分，排在第 21 位。原吉林省食药监局食品安全监管绩效的各个指标绩效水平如下。

（1）在评价原吉林省食药监局食品安全监管绩效的29个指标中，达到“一般”水平的指标有16个（表7-65）。

表7-65 原吉林省食药监局食品安全监管绩效指标中达到“一般”水平的指标

“一般”水平指标		
食品安全公益宣传情况	食品安全国家标准公布情况	食品召回制度建立情况
食品安全事故处置指挥机构成立情况	食品安全事故应急处置相关人员专业性	食品安全事故有关因素流行病学调查开展情况
食品安全事故及其处理信息公布情况	企业食品安全信用档案记录情况	对食品生产经营者检查频率调整情况
与存在隐患的企业责任人责任约谈情况	食品安全事故溯源调查情况	事后监管制度优化情况
食品安全事故单位责任调查情况	相关监管部门、认证机构工作人员失职、渎职调查情况	食品安全事故责任调查公正性
食品安全事故责任调查全面性		

在实际数据采集中发现，上述指标的信息在原吉林省各级食药监局网站上，尤其是原县级食药监局网站上相对分散，信息更新滞后，不便于公众查询。因此，上述16个指标的得分判定为“一般”。

另外，从上述原吉林省食药监局16个指标的得分可知，原吉林省食药监局在执行《食品安全法》第十条、第二十四条、第二十五条、第二十六条、第二十八条、第三十一条、第六十三条、第一百条、第一百零二条、第一百零五条、第一百零六条、第一百一十三条、第一百一十四条、第一百一十七条、第一百一十八条、第一百四十条、第一百四十二条、第一百四十三条、第一百四十四条、第一百四十五条方面不够到位。

（2）在评价原吉林省食药监局食品安全监管绩效的29个指标中，达到“较差”水平的指标有13个（表7-66）。

表7-66 原吉林省食药监局食品安全监管绩效指标中达到“较差”水平的指标

“较差”水平指标		
食品安全责任强制保险投保情况	食品安全风险监测制度建立情况	食品安全风险评估制度建立情况
食品安全风险交流制度建立情况	每年食品安全品种覆盖情况与抽检次数	食品召回及时性

续表

“较差”水平指标		
食品召回说明信息可得性	食品召回说明信息易理解性	召回的不安全食品名称、规格等记录情况
对召回的不安全食品补救或销毁情况	食品安全事故处置工作及时性	食品安全事故警示信息公布及时性
食品安全事故警示信息公布准确性		

然而，在数据采集中发现，这些信息在原吉林省各级食药监局网站上，尤其是原县级食药监局网站上相对分散，不便于公众查询，而且存在一定信息缺失现象。因此，上述 13 个指标的得分判定为“较差”。

另外，从上述原吉林省食药监局 13 个指标的得分可知，原吉林省食药监局在执行《食品安全法》第十四条、第十五条、第十六条、第十七条、第十八条、第十九条、第二十条、第二十一条、第四十三条、第六十三条、第六十四条、第八十七条、第一百零五条、第一百零七条方面不够到位。

7.6.23　原河南省食药监局食品安全监管绩效得分和评价

原河南省食药监局食品安全监管绩效总得分为 58.230 分，排在第 22 位。原河南省食药监局食品安全监管绩效的各个指标绩效水平如下。

（1）在评价原河南省食药监局食品安全监管绩效的 29 个指标中，达到“较好”水平的指标有 1 个（表 7-67）。

表 7-67　原河南省食药监局食品安全监管绩效指标中达到“较好”水平的指标

“较好”水平指标
食品安全公益宣传情况

（2）在评价原河南省食药监局食品安全监管绩效的 29 个指标中，达到“一般”水平的指标有 12 个（表 7-68）。

表 7-68　原河南省食药监局食品安全监管绩效指标中达到“一般”水平的指标

“一般”水平指标		
食品安全国家标准公布情况	食品安全事故有关因素流行病学调查开展情况	食品安全事故及其处理信息公布情况
企业食品安全信用档案记录情况	对食品生产经营者检查频率调整情况	与存在隐患的企业责任人责任约谈情况
食品安全事故溯源调查情况	事后监管制度优化情况	食品安全事故单位责任调查情况
相关监管部门、认证机构工作人员失职、渎职调查情况	食品安全事故责任调查公正性	食品安全事故责任调查全面性

在实际数据采集中发现，上述指标的信息在原河南省各级食药监局网站上，尤其是原县级食药监局网站上相对分散，信息更新滞后，不便于公众查询。因此，上述 12 个指标的得分判定为“一般”。

另外，从上述原河南省食药监局 12 个指标的得分可知，原河南省食药监局在执行《食品安全法》第二十四条、第二十五条、第二十六条、第二十八条、第三十一条、第一百条、第一百零五条、第一百一十三条、第一百一十四条、第一百一十七条、第一百一十八条、第一百四十条、第一百四十二条、第一百四十三条、第一百四十四条、第一百四十五条方面不够到位。

（3）在评价原河南省食药监局食品安全监管绩效的 29 个指标中，达到“较差”水平的指标有 16 个（表 7-69）。

表 7-69　原河南省食药监局食品安全监管绩效指标中达到“较差”水平的指标

“较差”水平指标		
食品安全责任强制保险投保情况	食品安全风险监测制度建立情况	食品安全风险评估制度建立情况
食品安全风险交流制度建立情况	每年食品安全品种覆盖情况与抽检次数	食品召回制度建立情况
食品召回及时性	食品召回说明信息可得性	食品召回说明信息易理解性
召回的不安全食品名称、规格等记录情况	对召回的不安全食品补救或销毁情况	食品安全事故处置指挥机构成立情况
食品安全事故应急处置相关人员专业性	食品安全事故处置工作及时性	食品安全事故警示信息公布及时性
食品安全事故警示信息公布准确性		

然而，在数据采集中发现，这些信息在原河南省各级食药监局网站上，尤其是原县级食药监局网站上相对分散，不便于公众查询，而且存在一定信息缺失现象。因此，上述16个指标的得分判定为“较差”。

另外，从上述原河南省食药监局16个指标的得分可知，原河南省食药监局在执行《食品安全法》第十四条、第十五条、第十六条、第十七条、第十八条、第十九条、第二十条、第二十一条、第四十三条、第六十三条、第六十四条、第八十七条、第一百零二条、第一百零五条、第一百零六条、第一百零七条方面不够到位。

7.6.24 原河北省食药监局食品安全监管绩效得分和评价

原河北省食药监局食品安全监管绩效总得分为54.721分，排在第23位。原河北省食药监局食品安全监管绩效的各个指标绩效水平如下。

（1）在评价原河北省食药监局食品安全监管绩效的29个指标中，达到“一般”水平的指标有13个（表7-70）。

表7-70 原河北省食药监局食品安全监管绩效指标中达到“一般”水平的指标

“一般”水平指标		
食品安全公益宣传情况	食品安全国家标准公布情况	食品安全事故有关因素流行病学调查开展情况
食品安全事故及其处理信息公布情况	企业食品安全信用档案记录情况	对食品生产经营者检查频率调整情况
与存在隐患的企业责任人责任约谈情况	食品安全事故溯源调查情况	事后监管制度优化情况
食品安全事故单位责任调查情况	相关监管部门、认证机构工作人员失职、渎职调查情况	食品安全事故责任调查公正性
食品安全事故责任调查全面性		

在实际数据采集中发现，上述指标的信息在原河北省各级食药监局网站上，尤其是原县级食药监局网站上相对分散，信息更新滞后，不便于公众查询。因此，上述13个指标的得分判定为“一般”。

另外，从上述原河北省食药监局13个指标的得分可知，原河北省食药监局在执行《食品安全法》第十条、第二十四条、第二十五条、第二十六条、第二十八条、第三十一条、第一百条、第一百零五条、第一百一十三条、第一百一十四条、第一百一十七条、第一百一十八条、第一百四十条、第一百四十二条、第一百四十三条、第一百四十四条、第一百四十五条方面不够到位。

（2）在评价原河北省食药监局食品安全监管绩效的29个指标中，达到“较差”水平的指标有16个（表7-71）。

表7-71 原河北省食药监局食品安全监管绩效指标中达到“较差”水平的指标

“较差”水平指标		
食品安全责任强制保险投保情况	食品安全风险监测制度建立情况	食品安全风险评估制度建立情况
食品安全风险交流制度建立情况	每年食品安全品种覆盖情况与抽检次数	食品召回制度建立情况
食品召回及时性	食品召回说明信息可得性	食品召回说明信息易理解性
召回的不安全食品名称、规格等记录情况	对召回的不安全食品补救或销毁情况	食品安全事故处置指挥机构成立情况
食品安全事故应急处置相关人员专业性	食品安全事故处置工作及时性	食品安全事故警示信息公布及时性
食品安全事故警示信息公布准确性		

然而，在数据采集中发现，这些信息在原河北省各级食药监局网站上，尤其是原县级食药监局网站上相对分散，不便于公众查询，而且存在一定信息缺失现象。因此，上述16个指标的得分判定为“较差”。

另外，从上述原河北省食药监局16个指标的得分可知，原河北省食药监局在执行《食品安全法》第十四条、第十五条、第十六条、第十七条、第十八条、第十九条、第二十条、第二十一条、第四十三条、第六十三条、第六十四条、第八十七条、第一百零二条、第一百零五条、第一百零六条、第一百零七条方面不够到位。

7.6.25 原新疆维吾尔自治区食药监局食品安全监管绩效得分和评价

原新疆维吾尔自治区食药监局食品安全监管绩效总得分为54.356分，

排在第 24 位。原新疆维吾尔自治区食药监局食品安全监管绩效的各个指标绩效水平如下。

（1）在评价原新疆维吾尔自治区食药监局食品安全监管绩效的 29 个指标中，达到“一般”水平的指标有 13 个（表 7-72）。

表 7-72　原新疆维吾尔自治区食药监局食品安全监管绩效指标中达到“一般”水平的指标

“一般”水平指标	
食品安全公益宣传情况	食品安全国家标准公布情况
食品安全事故有关因素流行病学调查开展情况	食品安全事故及其处理信息公布情况
企业食品安全信用档案记录情况	对食品生产经营者检查频率调整情况
与存在隐患的企业责任人责任约谈情况	食品安全事故溯源调查情况
事后监管制度优化情况	食品安全事故单位责任调查情况
相关监管部门、认证机构工作人员失职、渎职调查情况	食品安全事故责任调查公正性
食品安全事故责任调查全面性	

在实际数据采集中发现，上述指标的信息在原新疆维吾尔自治区各级食药监局网站上，尤其是原县级食药监局网站上相对分散，信息更新滞后，不便于公众查询。因此，上述 13 个指标的得分判定为“一般”。

另外，从上述原新疆维吾尔自治区食药监局 13 个指标的得分可知，原新疆维吾尔自治区食药监局在执行《食品安全法》第十条、第二十四条、第二十五条、第二十六条、第二十八条、第三十一条、第一百条、第一百零五条、第一百一十三条、第一百一十四条、第一百一十七条、第一百一十八条、第一百四十条、第一百四十二条、第一百四十三条、第一百四十四条、第一百四十五条方面不够到位。

（2）在评价原新疆维吾尔自治区食药监局食品安全监管绩效的 29 个指标中，达到“较差”水平的指标有 16 个（表 7-73）。

表 7-73　原新疆维吾尔自治区食药监局食品安全监管绩效指标中达到“较差”水平的指标

“较差”水平指标	
食品安全责任强制保险投保情况	食品安全风险监测制度建立情况

续表

“较差”水平指标	
食品安全风险评估制度建立情况	食品安全风险交流制度建立情况
每年食品安全品种覆盖情况与抽检次数	食品召回制度建立情况
食品召回及时性	食品召回说明信息可得性
食品召回说明信息易理解性	召回的不安全食品名称、规格等记录情况
对召回的不安全食品补救或销毁情况	食品安全事故处置指挥机构成立情况
食品安全事故应急处置相关人员专业性	食品安全事故处置工作及时性
食品安全事故警示信息公布及时性	食品安全事故警示信息公布准确性

在实际数据采集中发现，上述指标的信息在原新疆维吾尔自治区各级食药监局网站上，尤其是原县级食药监局网站上十分分散，公众获取较为困难，而且信息缺失现象严重。因此，上述 16 个指标的得分判定为“较差”。

另外，从上述原新疆维吾尔自治区食药监局 16 个指标的得分可知，原新疆维吾尔自治区食药监局在执行《食品安全法》第十四条、第十五条、第十六条、第十七条、第十八条、第十九条、第二十条、第二十一条、第四十三条、第六十三条、第六十四条、第八十七条、第一百零二条、第一百零五条、第一百零六条、第一百零七条方面不够到位。

7.6.26　原浙江省食药监局食品安全监管绩效得分和评价

原浙江省食药监局食品安全监管绩效总得分为 53.852 分，排在第 25 位。原浙江省食药监局食品安全监管绩效的各个指标绩效水平如下。

（1）在评价原浙江省食药监局食品安全监管绩效的 29 个指标中，达到“一般”水平的指标有 12 个（表 7-74）。

表 7-74　原浙江省食药监局食品安全监管绩效指标中达到“一般”水平的指标

“一般”水平指标	
食品安全公益宣传情况	食品安全事故有关因素流行病学调查开展情况
食品安全事故及其处理信息公布情况	企业食品安全信用档案记录情况

续表

"一般"水平指标	
对食品生产经营者检查频率调整情况	与存在隐患的企业责任人责任约谈情况
食品安全事故溯源调查情况	事后监管制度优化情况
食品安全事故单位责任调查情况	相关监管部门、认证机构工作人员失职、渎职调查情况
食品安全事故责任调查公正性	食品安全事故责任调查全面性

在实际数据采集中发现，上述指标的信息在原浙江省各级食药监局网站上，尤其是原县级食药监局网站上相对分散，信息更新滞后，不便于公众查询。因此，上述 12 个指标的得分判定为"一般"。

另外，从上述原浙江省食药监局 12 个指标的得分可知，原浙江省食药监局在执行《食品安全法》第一百条、第一百零五条、第一百一十三条、第一百一十四条、一百一十七条、第一百一十八条、第一百四十条、第一百四十二条、第一百四十三条、第一百四十四条、第一百四十五条方面不够到位。

（2）在评价原浙江省食药监局食品安全监管绩效的 29 个指标中，达到"较差"水平的指标有 17 个（表 7-75）。

表 7-75　原浙江省食药监局食品安全监管绩效指标中达到"较差"水平的指标

"较差"水平指标	
食品安全责任强制保险投保情况	食品安全国家标准公布情况
食品安全风险监测制度建立情况	食品安全风险评估制度建立情况
食品安全风险交流制度建立情况	每年食品安全品种覆盖情况与抽检次数
食品召回制度建立情况	食品召回及时性
食品召回说明信息可得性	食品召回说明信息易理解性
召回的不安全食品名称、规格等记录情况	对召回的不安全食品补救或销毁情况
食品安全事故处置指挥机构成立情况	食品安全事故应急处置相关人员专业性
食品安全事故处置工作及时性	食品安全事故警示信息公布及时性
食品安全事故警示信息公布准确性	

在实际数据采集中发现，上述指标的信息在原浙江省各级食药监局网

站上，尤其是原县级食药监局网站上十分分散，公众获取较为困难，而且信息缺失现象严重。因此，上述17个指标的得分判定为“较差”。

另外，从上述原浙江省食药监局17个指标的得分可知，原浙江省食药监局在执行《食品安全法》第十四条、第十五条、第十六条、第二十条、第二十一条、第二十四条、第二十五条、第二十六条、第二十八条、第三十一条、第四十三条、第六十三条、第六十四条、第八十七条、第一百零二条、第一百零五条、第一百零六条、第一百零七条方面不够到位。

7.6.27 原黑龙江省食药监局食品安全监管绩效得分和评价

原黑龙江省食药监局食品安全监管绩效总得分为51.211分，排在第26位。原黑龙江省食药监局食品安全监管绩效的各个指标绩效水平如下。

（1）在评价原黑龙江省食药监局食品安全监管绩效的29个指标中，达到“一般”水平的指标有5个（表7-76）。

表7-76 原黑龙江省食药监局食品安全监管绩效指标中达到“一般”水平的指标

“一般”水平指标		
食品安全公益宣传情况	食品安全国家标准公布情况	食品安全事故责任调查全面性
食品安全事故及其处理信息公布情况	食品安全事故责任调查公正性	

在实际数据采集中发现，上述指标的信息在原黑龙江省各级食药监局网站上，尤其是原县级食药监局网站上相对分散，信息更新滞后，不便于公众查询。因此，上述5个指标的得分判定为“一般”。

另外，从上述原黑龙江省食药监局5个指标的得分可知，原黑龙江省食药监局在执行《食品安全法》第十条、第二十四条、第二十五条、第二十六条、第二十八条、第三十一条、第一百一十八条方面不够到位。

（2）在评价原黑龙江省食药监局食品安全监管绩效的29个指标中，达到“较差”水平的指标有24个（表7-77）。

表7-77 原黑龙江省食药监局食品安全监管绩效指标中达到“较差”水平的指标

“较差”水平指标		
食品安全责任强制保险投保情况	食品安全风险监测制度建立情况	食品安全风险评估制度建立情况
食品安全风险交流制度建立情况	每年食品安全品种覆盖情况与抽检次数	食品召回制度建立情况
食品召回及时性	食品召回说明信息可得性	食品召回说明信息易理解性
召回的不安全食品名称、规格等记录情况	对召回的不安全食品补救或销毁情况	食品安全事故处置指挥机构成立情况
食品安全事故应急处置相关人员专业性	食品安全事故处置工作及时性	食品安全事故警示信息公布及时性
食品安全事故警示信息公布准确性	食品安全事故有关因素流行病学调查开展情况	企业食品安全信用档案记录情况
对食品生产经营者检查频率调整情况	与存在隐患的企业责任人责任约谈情况	食品安全事故溯源调查情况
事后监管制度优化情况	食品安全事故单位责任调查情况	相关监管部门、认证机构工作人员失职、渎职调查情况

然而，在数据采集中发现，这些信息在原黑龙江省各级食药监局网站上，尤其是原县级食药监局网站上相对分散，不便于公众查询，而且存在一定信息缺失现象。因此，上述24个指标的得分判定为“较差”。

另外，从上述原黑龙江省食药监局24个指标的得分可知，原黑龙江省食药监局在执行《食品安全法》第十四条、第十五条、第十六条、第十七条、第十八条、第十九条、第二十条、第二十一条、第四十三条、第六十三条、第六十四条、第八十七条、第一百条、第一百零二条、第一百零五条、第一百零六条、第一百零七条、第一百一十三条、第一百一十四条、第一百一十七条、第一百四十条、第一百四十二条、第一百四十三条、第一百四十四条、第一百四十五条方面不够到位。

7.6.28 原西藏自治区食药监局食品安全监管绩效得分和评价

原西藏自治区食药监局食品安全监管绩效总得分为41.828分，排在第27位。原西藏自治区食药监局食品安全监管绩效的各个指标绩效水平如下。

在评价原西藏自治区食药监局食品安全监管绩效的29个指标中，达到

“较差”水平的指标有 29 个（表 7-78）。

表 7-78 原西藏自治区食药监局食品安全监管绩效指标中达到“较差”水平的指标

<table>
<tr><th colspan="2">“较差”水平指标</th></tr>
<tr><td>食品安全公益宣传情况</td><td>食品安全责任强制保险投保情况</td></tr>
<tr><td>食品安全国家标准公布情况</td><td>食品安全风险监测制度建立情况</td></tr>
<tr><td>食品安全风险评估制度建立情况</td><td>食品安全风险交流制度建立情况</td></tr>
<tr><td>每年食品安全品种覆盖情况与抽检次数</td><td>食品召回制度建立情况</td></tr>
<tr><td>食品召回及时性</td><td>食品召回说明信息可得性</td></tr>
<tr><td>食品召回说明信息易理解性</td><td>召回的不安全食品名称、规格等记录情况</td></tr>
<tr><td>对召回的不安全食品补救或销毁情况</td><td>食品安全事故处置指挥机构成立情况</td></tr>
<tr><td>食品安全事故应急处置相关人员专业性</td><td>食品安全事故处置工作及时性</td></tr>
<tr><td>食品安全事故警示信息公布及时性</td><td>食品安全事故警示信息公布准确性</td></tr>
<tr><td>食品安全事故有关因素流行病学调查开展情况</td><td>食品安全事故及其处理信息公布情况</td></tr>
<tr><td>企业食品安全信用档案记录情况</td><td>对食品生产经营者检查频率调整情况</td></tr>
<tr><td>与存在隐患的企业责任人责任约谈情况</td><td>食品安全事故溯源调查情况</td></tr>
<tr><td>事后监管制度优化情况</td><td>食品安全事故单位责任调查情况</td></tr>
<tr><td>相关监管部门、认证机构工作人员失职、渎职调查情况</td><td rowspan="2">食品安全事故责任调查公正性</td></tr>
<tr><td>食品安全事故责任调查全面性</td></tr>
</table>

在实际数据采集中发现，上述指标的信息在原西藏自治区各级食药监局网站上，尤其是原县级食药监局网站上相对分散，信息更新滞后，不便于公众查询。因此，上述 29 个指标的得分判定为“较差”。

另外，从上述原西藏自治区食药监局 29 个指标的得分可知，原西藏自治区食药监局在执行《食品安全法》第十条、第十四条、第十五条、第十六条、第十七条、第十八条、第十九条、第二十条、第二十一条、第二十四条、第二十五条、第二十六条、第二十八条、第三十一条、第四十三条、第六十三条、第六十四条、第八十七条、第一百条、第一百零二条、第一百零五条、第一百零六条、第一百零七条、第一百一十三条、第一百一十四条、第一百一十七条、第一百一十八条、第一百四十条、第一百四十二条、第一百四十三条、第一百四十四条、第一百四十五条方面不够到位。

7.6.29 原四川省食药监局食品安全监管绩效得分和评价

原四川省食药监局食品安全监管绩效总得分为 40.527 分，排在第 28 位。原四川省食药监局食品安全监管绩效的各个指标绩效水平如下。

（1）在评价原四川省食药监局食品安全监管绩效的 29 个指标中，达到"一般"水平的指标有 1 个（表 7-79）。

表 7-79 原四川省食药监局食品安全监管绩效指标中达到"一般"水平的指标

"一般"水平指标
食品安全公益宣传情况

在实际数据采集中发现，上述指标的信息在原四川省各级食药监局网站上，尤其是原县级食药监局网站上相对分散，信息更新滞后，不便于公众查询。因此，上述 1 个指标的得分判定为"一般"。

另外，从上述原四川省食药监局 1 个指标的得分可知，原四川省食药监局在执行《食品安全法》第十条方面不够到位。

（2）在评价原四川省食药监局食品安全监管绩效的 29 个指标中，达到"较差"水平的指标有 15 个（表 7-80）。

表 7-80 原四川省食药监局食品安全监管绩效指标中达到"较差"水平的指标

"较差"水平指标	
食品安全国家标准公布情况	食品安全风险监测制度建立情况
每年食品安全品种覆盖情况与抽检次数	食品安全事故处置指挥机构成立情况
食品安全事故有关因素流行病学调查开展情况	食品安全事故及其处理信息公布情况
企业食品安全信用档案记录情况	对食品生产经营者检查频率调整情况
与存在隐患的企业责任人责任约谈情况	食品安全事故溯源调查情况
事后监管制度优化情况	食品安全事故单位责任调查情况
相关监管部门、认证机构工作人员失职、渎职调查情况	食品安全事故责任调查公正性
食品安全事故责任调查全面性	

在数据采集中发现，这些信息在原四川省各级食药监局网站上，尤其是原县级食药监局网站上相对分散，不便于公众查询，而且存在一定信息缺失现象。因此，上述15个指标的得分判定为“较差”。

另外，从上述原四川省食药监局15个指标的得分可知，原四川省食药监局在执行《食品安全法》第十四条、第十五条、第十六条、第二十四条、第二十五条、第二十六条、第二十八条、第三十一条、第六十四条、第八十七条、第一百条、第一百零二条、第一百零五条、第一百零六条、第一百一十三条、第一百一十四条、第一百一十七条、第一百一十八条、第一百四十条、第一百四十二条、第一百四十三条、第一百四十四条、第一百四十五条方面不够到位。

（3）在评价原四川省食药监局食品安全监管绩效的29个指标中，达到“差”水平的指标有13个（表7-81）。

表7-81　原四川省食药监局食品安全监管绩效指标中达到“差”水平的指标

“差”水平指标	
食品安全责任强制保险投保情况	食品安全风险评估制度建立情况
食品安全风险交流制度建立情况	食品召回制度建立情况
食品召回及时性	食品召回说明信息可得性
食品召回说明信息易理解性	召回的不安全食品名称、规格等记录情况
对召回的不安全食品补救或销毁情况	食品安全事故应急处置相关人员专业性
食品安全事故处置工作及时性	食品安全事故警示信息公布及时性
食品安全事故警示信息公布准确性	

在数据采集中发现，这些信息在原四川省各级食药监局网站上，尤其是原县级食药监局网站上十分分散，公众获取较为困难，而且信息缺失现象严重。因此，上述13个指标的得分判定为“差”。

另外，从上述原四川省食药监局13个指标的得分可知，原四川省食药监局在执行《食品安全法》第十七条、第十八条、第十九条、第二十条、第二十一条、第四十三条、第六十三条、第一百零五条、第一百零七条方面不够到位。

7.6.30 原贵州省食药监局食品安全监管绩效得分和评价

原贵州省食药监局食品安全监管绩效总得分为 38.951 分，排在第 29 位。原贵州省食药监局食品安全监管绩效的各个指标绩效水平如下。

（1）在评价原贵州省食药监局食品安全监管绩效的 29 个指标中，达到“一般”水平的指标有 1 个（表 7-82）。

表 7-82 原贵州省食药监局食品安全监管绩效指标中达到“一般”水平的指标

“一般”水平指标
食品安全公益宣传情况

在实际数据采集中发现，上述指标的信息在原贵州省各级食药监局网站上，尤其是原县级食药监局网站上相对分散，信息更新滞后，不便于公众查询。因此，上述 1 个指标的得分判定为“一般”。

另外，从上述原贵州省食药监局 1 个指标的得分可知，原贵州省食药监局在执行《食品安全法》第十条方面不够到位。

（2）在评价原贵州省食药监局食品安全监管绩效的 29 个指标中，达到“较差”水平的指标有 13 个（表 7-83）。

表 7-83 原贵州省食药监局食品安全监管绩效指标中达到“较差”水平的指标

“较差”水平指标		
食品安全国家标准公布情况	每年食品安全品种覆盖情况与抽检次数	食品安全事故有关因素流行病学调查开展情况
食品安全事故及其处理信息公布情况	企业食品安全信用档案记录情况	对食品生产经营者检查频率调整情况
与存在隐患的企业责任人责任约谈情况	食品安全事故溯源调查情况	事后监管制度优化情况
食品安全事故单位责任调查情况	相关监管部门、认证机构工作人员失职、渎职调查情况	食品安全事故责任调查公正性
食品安全事故责任调查全面性		

在实际数据采集中发现，上述指标的信息在原贵州省各级食药监局网

站上，尤其是原县级食药监局网站上相对分散，信息更新滞后，不便于公众查询，而且存在一定信息缺失现象。因此，上述 13 个指标的得分判定为“较差”。

另外，从上述原贵州省食药监局 13 个指标的得分可知，原贵州省食药监局在执行《食品安全法》第二十四条、第二十五条、第二十六条、第二十八条、第三十一条、第六十四条、第八十七条、第一百条、第一百零五条、第一百一十三条、第一百一十四条、第一百一十七条、第一百一十八条、第一百四十条、第一百四十二条、第一百四十三条、第一百四十四条、第一百四十五条方面不够到位。

（3）在评价原贵州省食药监局食品安全监管绩效的 29 个指标中，达到“差”水平的指标有 15 个（表 7-84）。

表 7-84　原贵州省食药监局食品安全监管绩效指标中达到“差”水平的指标

“差”水平指标		
食品安全责任强制保险投保情况	食品安全风险监测制度建立情况	食品安全风险评估制度建立情况
食品安全风险交流制度建立情况	食品召回制度建立情况	食品召回及时性
食品召回说明信息可得性	食品召回说明信息易理解性	召回的不安全食品名称、规格等记录情况
对召回的不安全食品补救或销毁情况	食品安全事故处置指挥机构成立情况	食品安全事故应急处置相关人员专业性
食品安全事故处置工作及时性	食品安全事故警示信息公布及时性	食品安全事故警示信息公布准确性

然而，在数据采集中发现，这些信息在原贵州省各级食药监局网站上，尤其是原县级食药监局网站上十分分散，公众获取较为困难，而且信息缺失现象严重。因此，上述 15 个指标的得分判定为“差”。

另外，从上述原贵州省食药监局 15 个指标的得分可知，原贵州省食药监局在执行《食品安全法》第十四条、第十五条、第十六条、第十七条、第十八条、第十九条、第二十条、第二十一条、第四十三条、第六十三条、第一百零二条、第一百零五条、第一百零六条、第一百零七条方面不够到位。

7.6.31 原山西省食药监局食品安全监管绩效得分和评价

原山西省食药监局食品安全监管绩效总得分为 38.680 分，排在第 30 位。原山西省食药监局食品安全监管绩效的各个指标绩效水平如下。

（1）在评价原山西省食药监局食品安全监管绩效的 29 个指标中，达到“较好”水平的指标有 1 个（表 7-85）。

表 7-85 原山西省食药监局食品安全监管绩效指标中达到“较好”水平的指标

“较好”水平指标
食品安全公益宣传情况

（2）在评价原山西省食药监局食品安全监管绩效的 29 个指标中，达到“较差”水平的指标有 13 个（表 7-86）。

表 7-86 原山西省食药监局食品安全监管绩效指标中达到“较差”水平的指标

“较差”水平指标	
食品安全国家标准公布情况	每年食品安全品种覆盖情况与抽检次数
食品安全事故有关因素流行病学调查开展情况	食品安全事故及其处理信息公布情况
企业食品安全信用档案记录情况	对食品生产经营者检查频率调整情况
与存在隐患的企业责任人责任约谈情况	食品安全事故溯源调查情况
事后监管制度优化情况	食品安全事故单位责任调查情况
相关监管部门、认证机构工作人员失职、渎职调查情况	食品安全事故责任调查公正性
食品安全事故责任调查全面性	

在实际数据采集中发现，上述指标的信息在原山西省各级食药监局网站上，尤其是原县级食药监局网站上相对分散，不便于公众查询，而且存在一定信息缺失现象。因此，上述 13 个指标的得分判定为“较差”。

另外，从上述原山西省食药监局 13 个指标的得分可知，原山西省食药监局在执行《食品安全法》第二十四条、第二十五条、第二十六条、第二十八条、第三十一条、第六十四条、第一百条、第一百零五条、第一百一十三条、第一百一十四条、第一百一十七条、第一百一十八条、第一百四十条方面不够到位。

（3）在评价原山西省食药监局食品安全监管绩效的29个指标中，达到“差”水平的指标有15个（表7-87）。

表7-87　原山西省食药监局食品安全监管绩效指标中达到“差”水平的指标

“差”水平指标		
食品安全责任强制保险投保情况	食品召回及时性	食品安全风险评估制度建立情况
食品安全风险交流制度建立情况	食品召回制度建立情况	食品安全风险监测制度建立情况
食品召回说明信息可得性	食品召回说明信息易理解性	召回的不安全食品名称、规格等记录情况
对召回的不安全食品补救或销毁情况	食品安全事故处置指挥机构成立情况	食品安全事故应急处置相关人员专业性
食品安全事故处置工作及时性	食品安全事故警示信息公布及时性	食品安全事故警示信息公布准确性

在实际数据采集中发现，上述指标的信息在原山西省各级食药监局网站上，尤其是原县级食药监局网站上十分分散，公众获取较为困难，而且信息缺失现象严重。因此，上述15个指标的得分判定为“差”。

另外，从上述原山西省食药监局15个指标的得分可知，原山西省食药监局在执行《食品安全法》第十四条、第十五条、第十六条、第十七条、第十八条、第十九条、第二十条、第二十一条、第四十三条、第六十三条、第一百零二条、第一百零五条、第一百零六条、第一百零七条方面不够到位。

7.6.32　原海南省食药监局食品安全监管绩效得分和评价

原海南省食药监局食品安全监管绩效总得分为38.548分，排在第31位。原海南省食药监局食品安全监管绩效的各个指标绩效水平如下。

（1）在评价原海南省食药监局食品安全监管绩效的29个指标中，达到“一般”水平的指标有1个（表7-88）。

表7-88　原海南省食药监局食品安全监管绩效指标中达到“一般”水平的指标

“一般”水平指标
食品安全公益宣传情况

在实际数据采集中发现，上述指标的信息在原海南省各级食药监局网站上，尤其是原县级食药监局网站上相对分散，信息更新滞后，不便于公众查询。因此，上述 1 个指标的得分判定为“一般”。

另外，从上述原海南省食药监局 1 个指标的得分可知，原海南省食药监局在执行《食品安全法》第十条方面不够到位。

（2）在评价原海南省食药监局食品安全监管绩效的 29 个指标中，达到“较差”水平的指标有 13 个（表 7-89）。

表 7-89　原海南省食药监局食品安全监管绩效指标中达到“较差”水平的指标

“较差”水平指标	
食品安全国家标准公布情况	每年食品安全品种覆盖情况与抽检次数
食品安全事故有关因素流行病学调查开展情况	食品安全事故及其处理信息公布情况
企业食品安全信用档案记录情况	对食品生产经营者检查频率调整情况
与存在隐患的企业责任人责任约谈情况	食品安全事故溯源调查情况
事后监管制度优化情况	食品安全事故单位责任调查情况
相关监管部门、认证机构工作人员失职、渎职调查情况	食品安全事故责任调查公正性
食品安全事故责任调查全面性	

在实际数据采集中发现，上述指标的信息在原海南省各级食药监局网站上，尤其是原县级食药监局网站上相对分散，不便于公众查询，而且存在一定信息缺失现象。因此，上述 13 个指标的得分判定为“较差”。

另外，从上述原海南省食药监局 13 个指标的得分可知，原海南省食药监局在执行《食品安全法》第二十四条、第二十五条、第二十六条、第二十八条、第三十一条、第六十四条、第一百条、第一百零五条、第一百一十三条、第一百一十四条、第一百一十七条、第一百一十八条、第一百四十条方面不够到位。

（3）在评价原海南省食药监局食品安全监管绩效的 29 个指标中，达到“差”水平的指标有 15 个（表 7-90）。

表 7-90 原海南省食药监局食品安全监管绩效指标中达到“差”水平的指标

“差”水平指标		
食品安全责任强制保险投保情况	食品安全风险监测制度建立情况	食品安全风险评估制度建立情况
食品安全风险交流制度建立情况	食品召回制度建立情况	食品召回及时性
食品召回说明信息可得性	食品召回说明信息易理解性	召回的不安全食品名称、规格等记录情况
对召回的不安全食品补救或销毁情况	食品安全事故处置指挥机构成立情况	食品安全事故应急处置相关人员专业性
食品安全事故处置工作及时性	食品安全事故警示信息公布及时性	食品安全事故警示信息公布准确性

在实际数据采集中发现，上述指标的信息在原海南省各级食药监局网站上，尤其是原县级食药监局网站上十分分散，公众获取较为困难，而且信息缺失现象严重。因此，上述 15 个指标的得分判定为“差”。

另外，从上述原海南省食药监局 15 个指标的得分可知，原海南省食药监局在执行《食品安全法》第十四条、第十五条、第十六条、第十七条、第十八条、第十九条、第二十条、第二十一条、第四十三条、第六十三条、第一百零二条、第一百零五条、第一百零六条、第一百零七条方面不够到位。

7.6.33 原江西省食药监局食品安全监管绩效得分和评价

原江西省食药监局食品安全监管绩效总得分为 38.474 分，排在第 32 位。原江西省食药监局食品安全监管绩效的各个指标绩效水平如下。

（1）在评价原江西省食药监局食品安全监管绩效的 29 个指标中，达到“一般”水平的指标有 1 个（表 7-91）。

表 7-91 原江西省食药监局食品安全监管绩效指标中达到“一般”水平的指标

“一般”水平指标
食品安全公益宣传情况

在实际数据采集中发现，上述指标的信息在原江西省各级食药监局网站上，尤其是原县级食药监局网站上相对分散，信息更新滞后，不便于公众查询。因此，上述 1 个指标的得分判定为“一般”。

另外，从上述原江西省食药监局 1 个指标的得分可知，原江西省食药监局在执行《食品安全法》第十条方面不够到位。

（2）在评价原江西省食药监局食品安全监管绩效的 29 个指标中，达到“较差”水平的指标有 13 个（表 7-92）。

表 7-92　原江西省食药监局食品安全监管绩效指标中达到“较差”水平的指标

“较差”水平指标	
食品安全国家标准公布情况	每年食品安全品种覆盖情况与抽检次数
食品安全事故有关因素流行病学调查开展情况	食品安全事故及其处理信息公布情况
企业食品安全信用档案记录情况	对食品生产经营者检查频率调整情况
与存在隐患的企业责任人责任约谈情况	食品安全事故溯源调查情况
事后监管制度优化情况	食品安全事故单位责任调查情况
相关监管部门、认证机构工作人员失职、渎职调查情况	食品安全事故责任调查公正性
食品安全事故责任调查全面性	

在实际数据采集中发现，上述指标的信息在原江西省各级食药监局网站上，尤其是原县级食药监局网站上相对分散，不便于公众查询，而且存在一定信息缺失现象。因此，上述 13 个指标的得分判定为“较差”。

另外，从上述原江西省食药监局 13 个指标的得分可知，原江西省食药监局在执行《食品安全法》第二十四条、第二十五条、第二十六条、第二十八条、第三十一条、第六十四条、第一百条、第一百零五条、第一百一十三条、第一百一十四条、第一百一十七条、第一百一十八条、第一百四十条方面不够到位。

（3）在评价原江西省食药监局食品安全监管绩效的 29 个指标中，达到“差”水平的指标有 15 个（表 7-93）。

表 7-93 原江西省食药监局食品安全监管绩效指标中达到“差”水平的指标

“差”水平指标		
食品安全责任强制保险投保情况	食品安全风险监测制度建立情况	食品安全风险评估制度建立情况
食品安全风险交流制度建立情况	食品召回制度建立情况	食品召回及时性
食品召回说明信息可得性	食品召回说明信息易理解性	召回的不安全食品名称、规格等记录情况
对召回的不安全食品补救或销毁情况	食品安全事故处置指挥机构成立情况	食品安全事故应急处置相关人员专业性
食品安全事故处置工作及时性	食品安全事故警示信息公布及时性	食品安全事故警示信息公布准确性

在实际数据采集中发现，上述指标的信息在原江西省各级食药监局网站上，尤其是原县级食药监局网站上十分分散，公众获取较为困难，而且信息缺失现象严重。因此，上述 15 个指标的得分判定为“差”。

另外，从上述原江西省食药监局 15 个指标的得分可知，原江西省食药监局在执行《食品安全法》第十四条、第十五条、第十六条、第十七条、第十八条、第十九条、第二十条、第二十一条、第四十三条、第六十三条、第一百零二条、第一百零五条、第一百零六条、第一百零七条方面不够到位。

7.7 本章小结

本章构建了食品安全监管绩效指标体系，基于对原国家食药监局、31 个省区市及其地县的 684 个监管主体进行数据采样，并借助网络层次分析-模糊综合评价模型，研究了食品安全监管绩效水平。研究发现，我国食品质量安全总体可控，但政府在食品质量安全监管中存在缺位行为；监管机制落实不到位，事中监管缺位严重，导致事中监管是整个监管的薄弱环节；基层监管薄弱，随着行政级别下移，食品安全监管绩效水平不断下降；经济发展水平与当地食品质量安全的监管成效并没有直接关系，可能与其主政领导的监管意识和责任意识有关，如果不注重管控食品安全，经济发达的地区反而可能成为食品安全事件爆发的重灾区。综上所述，食品安全监管绩效研究得到如下结论。

（1）我国整体食品安全监管绩效的综合水平为 60.350，事前监管、事中监管及事后监管环节绩效水平分别为 61.171、52.740 和 67.260，这与国务院总理李克强关于我国食品药品安全现状的判断一致，表明我国食品安全形势总体稳定，处于可控阶段。但是，政府在事前环节的食品安全风险监管、事中环节的食品召回监管以及事后环节的事故调查、总结监管方面存在不足，影响到我国整体食品安全监管绩效水平。

（2）从不同层面的环节来看，不管从我国整体食品安全监管层面，还是从不同行政级别、不同省份的监管层面，事中监管环节的绩效水平都低于事前预防环节和事后处理环节的绩效水平。在食品安全监管实践中，由于监管部门相对更加关注事前环节食品安全相关法律法规的完善、事后的食品安全责任追究，对于法律法规和监管制度的落实往往会出现偏差，因此事中监管环节绩效水平偏低。

（3）原国家食药监局以及四个直辖市除外，广东省、陕西省、云南省、江苏省食品安全监管绩效属于较高水平，排名靠前；黑龙江省、西藏自治区等七省区食品安全监管绩效属于较差水平，排名靠后。此外，陕西、青海、甘肃等西部省份的食品安全监管绩效水平超过了湖北、湖南、河南等中部省份，尤其是陕西省，排名第七，超过了江苏、浙江、福建等东部省份。由此可知，食品质量安全的管控与地区经济发展水平并无正相关关系，经济发达地区的食品质量安全管控不一定具有显著优势。

（4）从行政级别的角度来看，原国家食药监局监管绩效水平最高，省级和地级行政区的绩效水平次之，县级行政区的监管绩效水平最低。由此可以看出，随着行政级别下降，政府在整体和各个环节的食品安全监管绩效水平不断降低。由于不同行政级别政府监管队伍素质的参差不齐，监管技术投入力度不同，基层政府监管成为我国食品安全监管的薄弱区域。这些方面的不足反映了各级原食药监局部门在执行《食品安全法》第十四条、第十五条、第六十三条、第八十四条、第八十五条、第一百零二条、第一百零三条、一百一十七条、第一百四十二条以及《中华人民共和国政府信息公开条例》第三条、第四条、第五条、第六条、第七条等方面存在一定的缺位。

第 8 章

食品安全监管信息透明度指数（FSSITI）的实践应用

第 6 章基于对 1 651 个食品安全监管主体调查采样所获取的数据，借助网络层次分析–模糊综合评价模型，评价出原食药监局、消协、媒体和整体食品安全监管信息透明度水平，进而初步研发出食品安全监管信息透明度指数（FSSITI）。然而，近年来食品生产、物流和销售环节出现了一系列的食品安全问题，损害着社会对食品的信任，损害着我国食品企业的形象。因此，本章利用第 6 章研发出的食品安全监管信息透明度指数（FSSITI），开展生产环节、物流环节和销售环节的食品安全信息透明度的实证研究。

8.1 基于 FSSITI 的我国食品安全生产环节信息透明度实证研究

食品生产是食品安全建设的重要环节，提高食品安全生产环节信息透明度，有利于降低食品生产与食品实际安全状况的不对称性，有利于社会的可持续发展。本章通过文献分析和专家访谈，构建食品安全生产环节信息透明度评价指标体系，基于 103 家国内乳制品生产厂商调查所获取的 5 150 个数据，借助网络层次分析–模糊综合评价模型，对我国食品安全生产环节信息透明度水平展开实证研究。

8.1.1　我国食品安全生产环节信息透明度评价指标体系构建

1. 指标体系来源

本章的指标采用逆向归纳法，首先以国内外研究文献、国际食品安全管理体系、我国相关法律法规为来源，获取三级指标，然后对其进行归纳分类，获得二级指标和一级指标，形成食品安全生产环节评价指标体系的框架（图 8-1）。

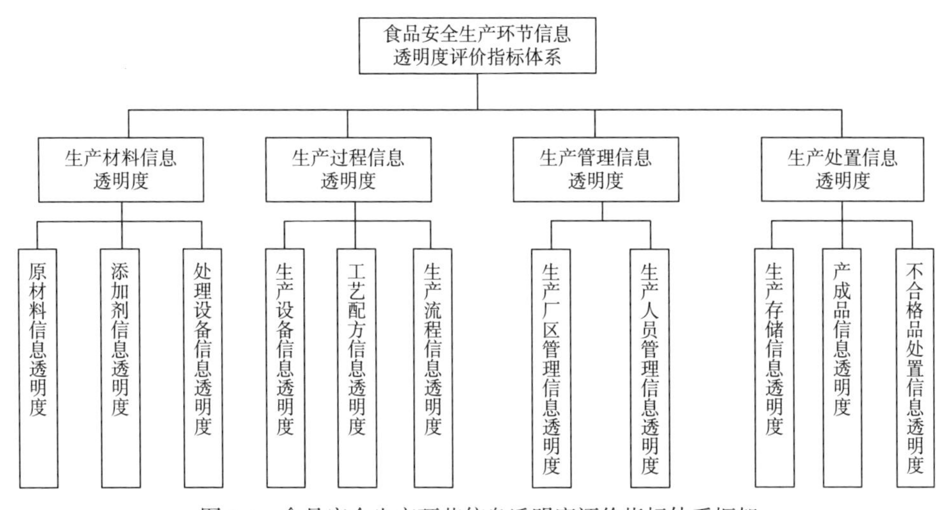

图 8-1　食品安全生产环节信息透明度评价指标体系框架

初始指标主要通过阅读大量国内外研究文献和我国食品安全方面的法律法规，以及分析研究我国的食品安全相关案例得出，总共得到 50 个三级指标，对其进行归纳分析，得到 11 个二级指标和 4 个一级指标。

综上借助德尔菲专家调查法（本章的德尔菲专家组共有 15 位专家，其中高校食品安全管理专业教授 6 位、原食药监局专家 3 位、媒体记者 2 位、消协专家 2 位、食品企业高管 2 位），专家组一方面对初始的 50 个三级指标、11 个二级指标、4 个一级指标进行论证打分，以此决定哪些指标应该保留、哪些指标应该舍弃以及哪些指标应该进行修改，另一方面利用自身的专业知识，提出自己认为应该补充进入指标体系的指标，通过三轮专家论证打分、补充三级指标并对其进行论证打分，最终确定了 50 个三级指标并形成最终的我国食品安全生产环节信息透明度评价指标体系（表 8-1）。

表 8-1 食品安全生产环节信息透明度评价指标体系

一级指标	二级指标	三级指标
生产材料信息透明度（B_1）	原材料信息透明度（C_1）	原材料产地信息（C_{11}）
		原材料日期信息（C_{12}）
		原材料成分信息（C_{13}）
		原材料质量认证信息（C_{14}）
		原材料安全信息（C_{15}）
		原材料保存环境（C_{16}）
		原材料保存时间（C_{17}）
	添加剂信息透明度（C_2）	添加剂合法信息（C_{21}）
		添加剂日期信息（C_{22}）
		添加剂品种信息（C_{23}）
	处理设备信息透明度（C_3）	处理设备质量信息（C_{31}）
		处理设备操作规范信息（C_{32}）
		处理设备清洗维护信息（C_{33}）
		处理设备使用化学成分信息（C_{34}）
生产过程信息透明度（B_2）	生产设备信息透明度（C_4）	生产设备质量信息（C_{41}）
		生产设备操作规范信息（C_{42}）
		生产设备清洗维护信息（C_{43}）
		生产设备使用化学成分信息（C_{44}）
	工艺配方信息透明度（C_5）	生产配方成分信息（C_{51}）
		生产配方设计合理性信息（C_{52}）
		生产配方使用准确度信息（C_{53}）
		生产配方及时性信息（C_{54}）
		生产配方余料处理信息（C_{55}）
	生产流程信息透明度（C_6）	生产线卫生信息（C_{61}）
		生产操作规范信息（C_{62}）
		原料与非原料流程信息（C_{63}）

续表

一级指标	二级指标	三级指标
生产过程信息透明度（B_2）	生产流程信息透明度（C_6）	生产线温度信息（C_{64}）
		生产线清洗维护信息（C_{65}）
生产管理信息透明度（B_3）	生产厂区管理信息透明度（C_7）	厂区选址信息（C_{71}）
		厂区环境卫生信息（C_{72}）
		厂区生产质量认证信息（C_{73}）
		厂区环境清扫频率信息（C_{74}）
	生产人员管理信息透明度（C_8）	生产人员健康信息（C_{81}）
		生产人员操作规范信息（C_{82}）
		生产人员培训信息（C_{83}）
生产处置信息透明度（B_4）	生产存储信息透明度（C_9）	生产存储分类信息（C_{91}）
		生产存储环境卫生信息（C_{92}）
		生产存储环境维护信息（C_{93}）
		生产存储期限信息（C_{94}）
		生产存储条件信息（C_{95}）
		生产原材料存储信息（C_{96}）
		添加剂存储信息（C_{97}）
		产成品存储信息（C_{98}）
		生产设备存储信息（C_{99}）
	产成品信息透明度（C_{10}）	产成品成分信息（C_{101}）
		产成品日期信息（C_{102}）
		产成品包装材料信息（C_{103}）
		产成品质量认证信息（C_{104}）
	不合格品处置信息透明度（C_{11}）	不合格品处理方法信息（C_{111}）
		不合格品处理时效信息（C_{112}）

2. 指标体系说明

我国食品安全事件发生的深层次原因在于为求经济的快速增长而忽视了经济发展的质量，因而食品安全问题危及社会和人的可持续发展（王可山和苏昕，2013）。因此，解决食品安全问题，不能治标不治本，要从源头——生产上解决食品安全问题。循环经济是实现可持续发展的理想模式（简新华和李路，2009），绿色技术创新是实现可持续发展的必然选择（许庆瑞和王毅，1999）。绿色技术创新包括原材料创新、过程与制造技术创新、废弃物处置技术创新、管理创新与组合创新（许庆瑞和王毅，1999）。因此，为客观定量地评价生产环节信息公开程度，食品安全生产环节信息透明度评价指标体系应从生产材料信息透明度、生产过程信息透明度、生产管理信息透明度和生产处置信息透明度这四个方面考虑。

生产材料信息透明度方面，根据《食品安全法》第二条和第二十七条规定，应从原材料信息、添加剂信息与处理设备信息三个方面进行评价。

（1）原材料信息透明度。原材料处于产品生命周期的源头（许庆瑞和王毅，1999），在食品安全的衡量中起到了重要作用。根据已有成果和《食品安全法》相关规定，可以将原材料信息细分为原材料产地信息（许庆瑞和王毅，1999）、原材料日期信息（贾淑珍，1992）、原材料成分信息、原材料质量认证信息、原材料安全信息（徐海滨和严卫星，2004；李海龙等，2006）、原材料保存环境及原材料保存时间。

（2）添加剂信息透明度。食品添加剂的使用范围、剂量和类型会对食品安全状况产生不同的影响，是食品生产信息透明度的重要指标。根据已有成果和《食品安全法》相关规定，从添加剂本身和应用的角度可将添加剂信息细分为添加剂合法信息、添加剂日期信息及添加剂品种信息（贾淑珍，1992）。

（3）处理设备信息透明度。处理与制造是紧接着采集原材料的生命周期阶段（许庆瑞和王毅，1999），任何一种原材料都要经过原材料处理设备处理与制造才能进行加工生产。食品原材料处理设备与食品原材料直接接触，其生产工艺流程及配方信息尤为重要。根据已有成果和《食品安全法》相关规定，原材料处理设备信息对应的具体的三级指标包括处理设备质量信息、处理设备操作规范信息、处理设备清洗维护信息及处理设备使用化学成分信息（张水成等，2006）。

生产过程信息透明度方面，考虑到食品是一种特殊的消费品，生产过程中的任何变化都有可能影响食品的性质，使原本无害的材料可能因为加工过程中的方式改变而产生有毒物质。因此，根据已有成果和《食品安全法》相关规定，应对生产过程信息包括生产设备信息、工艺配方信息及生产流程信息进行公布，以保证食品的最终安全（王秀珍和裴淑芹，1996）。

（1）生产设备信息透明度。食品加工生产设备是食品生产的重要工具，其质量状况与食品的安全程度密切相关，加强对生产设备质量的管理是保证食品安全的重要措施。根据已有成果和《食品安全法》相关规定，生产设备信息可以细分为生产设备质量信息、生产设备操作规范信息、生产设备清洗维护信息、生产设备使用化学成分信息（杨倩等，2013）。

（2）工艺配方信息透明度。食品的生产配方是消费者最为关注的方面，食品生产涉及的材料和成分是影响食品安全程度的直接信息。根据已有成果和《食品安全法》相关规定，工艺配方信息透明度所涉及的三级指标主要包含生产配方成分信息、生产配方设计合理性信息、生产配方使用准确度信息、生产配方及时性信息及生产配方余料处理信息。

（3）生产流程信息透明度。生产流程对食品安全质量有着至关重要的影响，生产流程中存在的污染会直接影响食品生产质量，造成食品生产事故。根据已有成果和《食品安全法》相关规定，生产流程信息透明度包括以下三级指标：生产线卫生信息、生产操作规范信息、原料与非原料流程信息、生产线温度信息、生产线清洗维护信息（王玉珏，2008）。

从生产管理信息透明度方面来讲，加强食品生产厂区准入管理、建立严格自律的行业生产人员协会组织有助于减少食品行业的信息不对称，提高对食品生产信息监管的效率和控制能力。因此，根据已有成果和《食品安全法》相关规定，生产管理信息包括生产厂区管理信息和生产人员管理信息。

（1）生产厂区管理信息透明度。目前对食品加工类项目的环境影响评价集中在项目自身的排污治理措施分析，而往往忽视了外界潜在污染源对食品厂区的环境空气影响（付聪等，2009）。生产厂区代表着食品企业的外部环境，其状况与食品安全质量密切相关。根据已有成果和《食品安全法》相关规定，应从厂区选址信息、厂区环境卫生信息、厂区生产质量认证信息以及厂区环境清扫频率信息四个方面对生产厂区管理信息进行全面评价（高天海，2007）。

（2）生产人员管理信息透明度。《食品安全法》第三十三条规定，“食品生产经营应当符合食品安全标准”，并“有专职或者兼职的食品安全专业技术人员、食品安全管理人员和保证食品安全的规章制度”。《食品安全法》第四十五条规定，“食品生产经营者应当建立并执行从业人员健康管理制度”。因此，加强生产人员的信息管理，弹性灵活地控制食品安全质量，可促进食品更安全、信息更透明。根据已有成果和相关法律规定，生产人员管理信息可以细化为生产人员健康信息、生产人员操作规范信息、生产人员培训信息（刘雪梅等，2013）。

对生产处置信息透明度而言，《食品安全法》第一百零二条规定，“食品生产经营企业应当制定食品安全事故处置方案，定期检查本企业各项食品安全防范措施的落实情况，及时消除事故隐患”。因此，根据已有研究成果和相关法律规定，可以通过生产储存信息、产成品信息及不合格品处置信息对食品生产厂商处置信息透明度进行评估。

（1）生产存储信息透明度。滥用防腐剂、杀虫剂、抗生素和其他违禁化学制品来保存食品或食品原料，或因不恰当保管而产生食品或原料的变质也会引起严重的食品安全问题。根据已有成果和《食品安全法》相关规定，生产存储信息应细分为生产存储分类信息、生产存储环境卫生信息、生产存储环境维护信息、生产存储期限信息、生产存储条件信息、生产原材料存储信息、添加剂存储信息（贾淑珍，1992）、产成品存储信息（黄大川，2007）及生产设备存储信息。

（2）产成品信息透明度。《食品安全法》第四十六条规定，食品生产企业应当就半成品检验、成品出厂检验等制定并实施控制要求，保证所生产的食品符合食品安全标准。食品成品信息的管理是对食品安全质量的直接管理。根据已有成果和《食品安全法》相关规定，可以将产成品信息细分为5个指标，包括产成品成分信息、产成品日期信息、产成品包装材料信息及产成品质量认证信息（黄大川，2007）。

（3）不合格品处置信息透明度。琳琅满目的食品在丰富食品市场、扩大人们选择空间的同时，也不可避免地存在不合格食品夹杂其中的隐患（李瑞法等，2014）。不合格品处理方法信息和处理时效信息等都能够反映出食品企业对于不合格品的态度，从而折射出其食品生产态度，对食品质量安全状况十分重要。根据已有成果和《食品安全法》相关规定，不合格品处置信息可以细化为不合格品处理方法信息和不合格品处理时效信息（刘文，2013）。

8.1.2　网络层次分析-模糊综合评价模型构建

1. 网络层次分析-模糊综合评价模型简述

网络层次分析-模糊综合评价模型由网络层次分析法和模糊综合评价法综合构成。网络层次分析法能够弥补层次分析法在评价指标体系时难以衡量指标之间、层与层之间相互影响的缺陷（Saaty，1996），而模糊综合评价法依据模糊数学的隶属度理论，可以有效实现定性指标的定量评价（Sala et al.，2005）。因此，网络层次分析-模糊综合评价法在评价分析方面有诸多优势，且已被广泛应用于评价物流企业绩效（李霞，2014）、部门竞争水平（Dağdeviren and İhsan，2010）、新校区建设项目风险（Zhou and Yang，2011）、质量机能展开对产品发展的影响等众多领域。另外，Super Decision 软件的应用，极大简化了网络层次分析中超矩阵、加权超矩阵和极限矩阵的计算量，促进了网络层次分析法的广泛应用（Saaty，2003）。网络层次分析-模糊综合评价模型构建步骤如下。

（1）构建网络层次结构模型，确定控制层的准则权重。构建网络层次分析结构模型，需要系统分析出控制层和网络层，并厘清每个元素之间关系。确定控制层的准则权重，通过在元素之间相互独立的时候，给定一个准则，比较哪个指标相对于这个准则更重要。根据 1~9 标度法（表 8-2），可以两两比较出彼此之间的相对重要程度，并通过层次分析法求出各自的权重。

表 8-2　相对重要性标度

标度	定义
1	i 元素与 j 元素同等重要
3	i 元素比 j 元素略重要
5	i 元素比 j 元素较重要

续表

标度	定义
7	i 元素比 j 元素非常重要
9	i 元素比 j 元素绝对重要
2，4，6，8	上述相邻判断的中间值
倒数	j 元素对 i 元素的重要性标度

（2）构建超矩阵。设网络层次分析中控制层准则有 $P_1,P_2,\cdots,P_m$，网络层有元素集为 $C_1,C_2,\cdots,C_N$，其中 C_i 有元素 $C_{i1},C_{i2},\cdots,C_{in}$，$i=1,2,\cdots,N$。以控制层元素 P_s 为准则，以 C_j 中元素 C_{j1} 为次准则，根据标度法构造判断矩阵，得到归一特征向量 $\left(w_{i1},w_{i2},\cdots,w_{in}\right)^{\mathrm{T}}$ 即网络元素排序向量。对得到的向量进行一致性检验。只有当 CR 小于 0.1 时，才能通过检验，否则需要调整判断矩阵元素的取值。同理，得到其他元素的归一特征向量，进而得到一个超矩阵，记为 $\boldsymbol{W}_{ij}$：$\boldsymbol{W}_{ij}=\begin{vmatrix} w_{i1}^{(j1)} & w_{i2}^{(j2)} & \cdots & w_{i1}^{(jn_j)} \\ w_{i2}^{(j1)} & w_{i2}^{(j2)} & \cdots & w_{i2}^{(jn_j)} \\ \vdots & \vdots & & \vdots \\ w_{in_i}^{(j1)} & w_{in_i}^{(j2)} & \cdots & w_{in_i}^{(jn_j)} \end{vmatrix}$，这里 $\boldsymbol{W}_{ij}$ 的列向量就是 C_i 中元素 $C_{i1},C_{i2},\cdots,C_{in}$。如果 C_j 中元素不受 C_i 中元素影响，则 $\boldsymbol{W}_{ij}$=0。因此，最终可以在 P_s 准则下，获得超矩阵 $\boldsymbol{W}$。同理，获得其他控制元素的超矩阵：$\boldsymbol{W}_{ij}=\begin{vmatrix} w_{11} & w_{12} & \cdots & w_{1N} \\ w_{21} & w_{22} & \cdots & w_{2N} \\ \vdots & \vdots & & \vdots \\ w_{N1} & w_{N2} & \cdots & w_{NN} \end{vmatrix}$。

（3）计算极限超矩阵，获得局部权重。对加权超矩阵 $\boldsymbol{W}$ 进行稳定化处理即进行计算极限相对排序向量：$\lim\limits_{k\to\infty}(1/N)\sum\limits_{k=1}^{N}\boldsymbol{W}^k$。根据以上计算得最终的结果即超矩阵的结果对应着各元素组的局部权重。

（4）构建评价矩阵。设评价指标等级的评语集 $V=\left(v_1,v_2,\cdots,v_m\right)$ 及量化评价结果的数值集 $N=\left(N_1,N_2,\cdots,N_m\right)$，并建立隶属矩阵 $\boldsymbol{R}=\left(r_{ij}\right)_{n\times m}$，其中

$r_{ij}=\frac{\text{第}i\text{个指标选择}v_i\text{等级的个数}}{\text{参与评价个数}}$，利用模糊评价矩阵 $\boldsymbol{S}$ 与数值集 N 导出最终评定指数 F。

2. 基于网络层次分析的指标权重计算

1）构建网络层次分析模型

选取网络层次分析法，将专家调查表中的数据作为数据来源，确定食品安全生产环节信息透明度指数指标权重，见图 8-2。

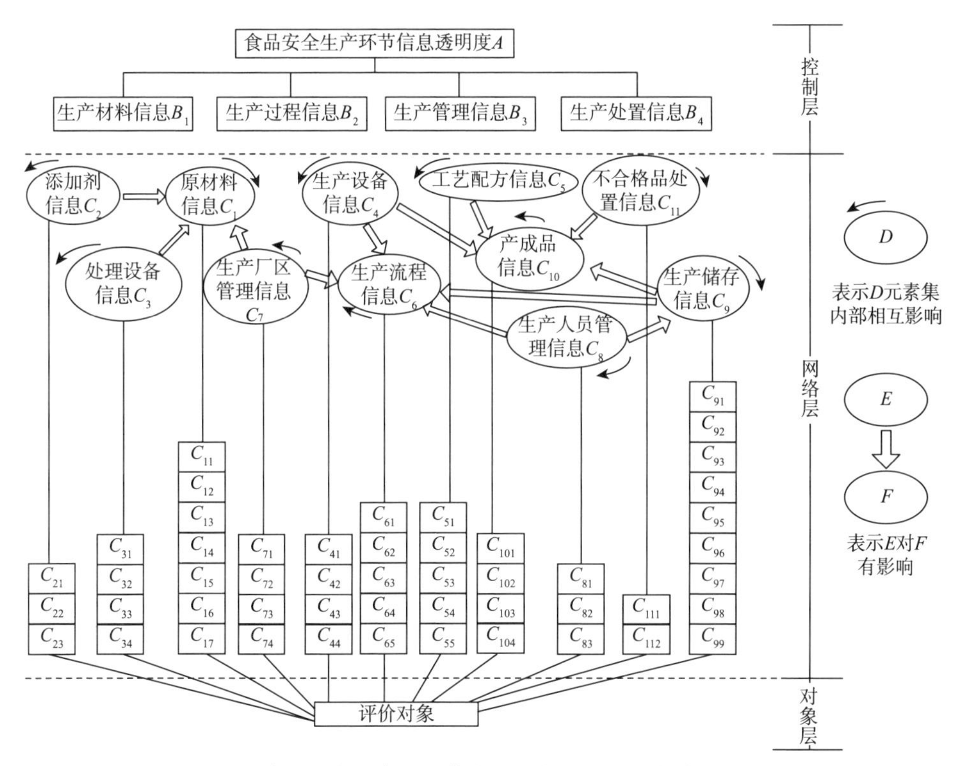

图 8-2　食品安全生产环节信息透明度的网络层次分析结构图

2）构造判断矩阵和一致性检验

比较不同指标对上级指标的重要程度，并且对比不同准则下不同元素的重要程度，构造出判断矩阵，而后通过计算最大特征值 λ 和 $\frac{\mathrm{CI}}{\mathrm{RI}}$ 来判断矩阵能否通过一致性检验，若$\frac{CI}{RI}<0.1$，则通过一致性检验；若$\frac{CI}{RI}\geqslant 0.1$，则矩阵需进一步优化。经计算，所有判断矩阵的一致性检验结果$\frac{CI}{RI}$均小于 0.1，判断矩阵可以被接受。

3）超矩阵

将以上判断矩阵的特征向量进行归一化处理，可以得到未加权超矩阵$\boldsymbol{\omega}$。

$$\boldsymbol{\omega}=\begin{bmatrix} w_{11} & w_{12} & w_{13} & w_{14} & w_{15} \\ w_{21} & w_{22} & w_{23} & w_{24} & w_{25} \\ w_{31} & w_{32} & w_{33} & w_{34} & w_{35} \\ w_{41} & w_{42} & w_{43} & w_{44} & w_{45} \\ w_{51} & w_{52} & w_{53} & w_{54} & w_{55} \end{bmatrix}$$

在以上的未加权超矩阵中，$\boldsymbol{\omega}_{ij}\left(i,j=1,2,3,4\right)$是$B_i$中元素对$B_j$中元素的重要度排序向量，而$\boldsymbol{\omega}_{i5}$是 B 中元素对 A 的重要度排序向量、$\boldsymbol{\omega}_{5j}$是 A 对 B 中元素的重要度排序向量。其中，$\boldsymbol{\omega}_{ij}$中的列向量是经过归一化处理的列向量，但未加权超矩阵$\boldsymbol{\omega}$中的列却未经过归一化处理，因此，建立元素集和目标层之间的关系表，并以此为依据构造判断矩阵，以其归一化特征向量构成元素组之间的权矩阵$\boldsymbol{\alpha}_{ij}$。对未加权超矩阵进行加权操作，得到加权超矩阵$\overline{\boldsymbol{\omega}}=\left(\overline{\boldsymbol{\omega}_{ij}}\right)$，其中，$\overline{\boldsymbol{\omega}_{ij}}=\boldsymbol{\alpha}_{ij}\boldsymbol{\omega}_{ij}$。而$\overline{\boldsymbol{\omega}}$中的$\overline{\boldsymbol{\omega}_{i4}}$即指标对目标层食品安全状况的权重。

4）极限超矩阵

为了进一步反映元素之间的依存关系，需要对$\overline{\boldsymbol{\omega}}$作稳定性处理，即

$$\overline{\boldsymbol{\omega}}^{\infty}=\lim_{k\to\infty}\overline{\boldsymbol{\omega}}^{\mathrm{k}}$$

若以上的极限收敛且唯一，则$\overline{\boldsymbol{\omega}}^{\infty}$即极限超矩阵，与$\overline{\boldsymbol{\omega}}$对应的权重便为指标的稳定权重。

5）食品安全生产环节信息透明度指数权重

基于以上的计算原理和网络层次分析模型，利用 Super Decision 软件计

算出各级指标对目标层的权重，如表 8-3、表 8-4 所示。

表 8-3　食品安全生产环节信息透明度一级指标权重

一级指标	权重
生产材料信息（B_1）	0.385
生产过程信息（B_2）	0.087
生产管理信息（B_3）	0.143
生产处置信息（B_4）	0.385

表 8-4　食品安全生产环节信息透明度指标权重和稳定权重

二级指标	指标权重	局部权重	稳定权重	三级指标	指标权重	局部权重	稳定权重
原材料信息透明度（C_1）	0.063	0.140	0.050	原材料产地信息（C_{11}）	0.002	0.036	0.058
				原材料日期信息（C_{12}）	0.006	0.090	0.015
				原材料成分信息（C_{13}）	0.013	0.202	0.033
				原材料质量认证信息（C_{14}）	0.008	0.134	0.022
				原材料安全信息（C_{15}）	0.022	0.351	0.057
				原材料保存环境（C_{16}）	0.035	0.055	0.009
				原材料保存时间（C_{17}）	0.008	0.134	0.022
添加剂信息透明度（C_2）	0.114	0.361	0.128	添加剂合法信息（C_{21}）	0.062	0.540	0.160
				添加剂日期信息（C_{22}）	0.034	0.297	0.088
				添加剂品种信息（C_{23}）	0.019	0.163	0.049
处理设备信息透明度（C_3）	0.208	0.499	0.178	处理设备质量信息（C_{31}）	0.051	0.244	0.131
				处理设备操作规范信息（C_{32}）	0.051	0.244	0.131
				处理设备清洗维护信息（C_{33}）	0.020	0.098	0.053
				处理设备使用化学成分信息（C_{34}）	0.086	0.415	0.224
生产设备信息透明度（C_4）	0.011	0.260	0.026	生产设备质量信息（C_{41}）	0.001	0.090	0.011
				生产设备操作规范信息（C_{42}）	0.003	0.280	0.035
				生产设备清洗维护信息（C_{43}）	0.002	0.158	0.020
				处理设备使用化学成分信息（C_{44}）	0.005	0.471	0.059

续表

二级指标	指标权重	局部权重	稳定权重	三级指标	指标权重	局部权重	稳定权重
工艺配方信息透明度（C_5）	0.049	0.522	0.053	生产配方成分信息（C_{51}）	0.021	0.456	0.236
				生产配方设计合理性信息（C_{52}）	0.008	0.183	0.095
				生产配方使用准确度信息（C_{53}）	0.008	0.183	0.095
				生产配方及时性信息（C_{54}）	0.005	0.117	0.060
				生产配方余料处理信息（C_{55}）	0.003	0.061	0.032
生产流程信息透明度（C_6）	0.028	0.218	0.022	生产线卫生信息（C_{61}）	0.015	0.490	0.176
				生产操作规范信息（C_{62}）	0.007	0.226	0.081
				原料与非原料流程信息（C_{63}）	0.004	0.141	0.050
				生产线温度信息（C_{64}）	0.002	0.056	0.020
				生产线清洗维护信息（C_{65}）	0.003	0.087	0.031
生产厂区管理信息透明度（C_7）	0.095	0.443	0.076	厂区选址信息（C_{71}）	0.005	0.049	0.033
				厂区环境卫生信息（C_{72}）	0.033	0.346	0.231
				厂区生产质量认证信息（C_{73}）	0.025	0.265	0.177
				厂区环境清扫频率信息（C_{74}）	0.032	0.340	0.227
生产人员管理信息透明度（C_8）	0.048	0.558	0.095	生产人员健康信息（C_{81}）	0.022	0.455	0.152
				生产人员操作规范信息（C_{82}）	0.022	0.455	0.152
				生产人员培训信息（C_{83}）	0.004	0.091	0.030
生产存储信息透明度（C_9）	0.045	0.136	0.051	生产存储分类信息（C_{91}）	0.002	0.049	0.006
				生产存储环境卫生信息（C_{92}）	0.005	0.109	0.013
				生产存储环境维护信息（C_{93}）	0.002	0.037	0.004
				生产存储期限信息（C_{94}）	0.005	0.109	0.013
				生产存储条件信息（C_{95}）	0.005	0.109	0.013
				生产原材料存储信息（C_{96}）	0.011	0.229	0.028
				添加剂存储信息（C_{97}）	0.005	0.109	0.013
				产成品存储信息（C_{98}）	0.011	0.230	0.028
				生产设备存储信息（C_{99}）	0.001	0.018	0.002

续表

二级指标	指标权重	局部权重	稳定权重	三级指标	指标权重	局部权重	稳定权重
产成品信息透明度（C_{10}）	0.103	0.221	0.082	产成品成分信息（C_{101}）	0.047	0.381	0.122
				产成品日期信息（C_{102}）	0.047	0.381	0.122
				产成品包装材料信息（C_{103}）	0.010	0.079	0.025
				产成品质量认证信息（C_{104}）	0.020	0.159	0.051
不合格品处置信息透明度（C_{11}）	0.237	0.642	0.238	不合格品处理方法信息（C_{111}）	0.161	0.750	0.419
				不合格品处理时效信息（C_{112}）	0.054	0.250	0.140

由表 8-3 可以得出，食品安全生产环节信息透明度的一级指标中，权重最大的是生产材料信息透明度和生产处置信息透明度，均为 38.5%；其次是生产管理信息透明度，所占权重为 14.3%；所占权重最小的指标为生产过程信息透明度，只有 8.7%。这说明随着消费者食品安全认知的提升，普通的、常见的食品安全信息已经无法满足消费者对食品安全的关注，对食品安全状况影响较深且难以获取的信息成为消费者食品安全关注的重点，亟待实现信息的透明。

由表 8-4 可以看出，二级指标中，对食品安全信息透明度指标体系影响最大的为不合格品处置信息透明度、处理设备信息透明度及添加剂信息透明度，其权重分别为 23.7%、20.8%、11.4%。其中，添加剂信息是消费者自始至终关注的信息，其信息状况对食品安全质量具有较大影响；而不合格品处置信息和处理设备信息是近来新兴的概念，代表了食品企业的生产态度，是影响食品安全质量的关键指标。

从表 8-4 中还可以看出，三级指标中对食品安全生产环节信息透明度指标体系影响较大的分别是不合格品处理方法信息、处理设备使用化学成分信息、添加剂合法信息，所占权重分别为 16.1%、8.6%、6.2%，而生产设备质量信息和生产设备存储信息等则所占权重较小，只有 0.1%。这说明随着食品安全教育的开展和消费者食品安全重视程度的提高，传统的可获取的指标已经无法满足消费者的需要，而新型的指标和概念则成为消费者关注的重点。同时，这也说明三级指标的结果与二级指标类似，不合格品处置信息透明度、处理设备信息透明度和添加剂信息透明度等已经成为消费者关注的重点。

8.1.3 样本数据采集与统计性分析

1. 样本选择与调查采样表设计

1）样本选择

基于以下考虑，将 103 家国内乳制品企业作为生产环节的食品安全信息透明的调查采样对象①。

第一，乳制品是人们生活中必不可少的营养食品之一。国内乳制品生产基地的信息不够透明，对企业运作及乳制品生产过程的研究尚不成熟，而我国本土的乳制品产出对本国的乳制品安全摄入，以及对国民的健康成长有着至关重要的作用。因此，我们通过调查研究，填补乳制品生产源头的信息空白，预防乳制品安全隐患。

第二，103 家企业透明度程度参差不齐，可能受到企业成立年限、企业类型②和企业所在地的影响。通过对这三种影响类别分别统分排名，以研究乳制品生产环节食品安全信息透明度问题的根源所在。

2）调查采样表设计

根据乳制品生产环节的食品安全信息透明度指标体系设计调查表，采用五档打分形式，每个条目均有与之对应的打分准则，其中，“好”表示 100 分、“较好”表示 75 分、“一般”表示 50 分、“较差”表示 25 分、“差”表示 0 分③。为了更客观准确地对 103 家乳制品企业的生产进行研究，课题组对每个调查员进行培训，通过预调研对打分结果及评判能力进行修正和统一，确定了最终的调查采样表（调查采样表见附录 2.5，打分准

---

① 广义的乳制品包括液体乳、乳粉、其他乳制品。本调查采样的乳制品特指液体乳、乳粉两大类而非广义的乳制品。

② 企业类型按照经济类型来确定企业法定种类，分为国有企业、集体所有制企业、私营企业、股份制企业、联营企业、外商投资企业和股份合作企业。

③ 评价结果判定标准为满分 100 分，60 分为及格，得分处于[0，30）之间为差，[30，60）之间为较差，[60，75）之间为一般，[75，90）之间为较好，[90，100]之间为好。

则见附录 2.6）。

2. 数据来源

正式调研于 2016 年 7 月至 8 月之间展开，调查人员由大学老师和研究生组成。调查员通过官方网站查询和电话查询的方式，对 103 家国内乳制品企业进行调查。调查采样表由调查员填写评分，评判等级严格按照打分准则执行。本调查采样，一份调查采样表代表一家企业。第一轮调研共填写了 103 份调查采样表，其中，无效调查采样表 6 份，有效调查采样表 97 份，有效率 94.175%。第二轮调研对 6 份无效采样的企业进行实地考察，均获取真实可靠的数据。

3. 样本的统计描述性分析

在本书中，103 家国内乳制品企业的企业成立年限、企业类型根据企业所在地经济区域划分①，其数据特征如表 8-5、表 8-6 所示。

表 8-5　企业成立年限的地理分布特征

企业成立年限	东部地区		中部地区		西部地区		东北地区		整体	
	数量	占比	数量	占比	数量	占比	数量	占比	数量	占比
4 年以下	1	0.029	0	0	1	0.037	2	0.061	4	0.039
4~6 年	1	0.029	0	0	1	0.037	6	0.182	8	0.078
7~10 年	6	0.176	2	0.222	5	0.185	5	0.152	18	0.175
10 年以上	26	0.765	7	0.778	20	0.741	20	0.606	73	0.709
总和	34		9		27		33		103	

表 8-6　企业类型的地理分布特征

企业类型	东部地区		中部地区		西部地区		东北地区		整体	
	数量	占比	数量	占比	数量	占比	数量	占比	数量	占比
国有企业	0	0	0	0	1	0.037	0	0	1	0.010
私营企业	15	0.441	5	0.556	20	0.741	27	0.818	67	0.650

① 我国的经济区域划分为东部、中部、西部和东北四大地区。

续表

企业类型	东部地区		中部地区		西部地区		东北地区		整体	
	数量	占比	数量	占比	数量	占比	数量	占比	数量	占比
中外合资企业	4	0.118	2	0.222	3	0.111	6	0.182	15	0.146
外资企业	15	0.441	2	0.222	3	0.111	0	0	20	0.194
总和	34		9		27		33		103	

本章按照经济类型对企业类型进行分类，并将没有外商投资的集体所有制企业、股份制企业和联营企业均划分到私营企业类别中。

8.1.4 模型计算与结果分析

1. 模糊综合评价法确定乳制品生产环节的食品安全信息透明度得分

本章选取的评语集为$V=\{$好，较好，一般，较差，差$\}$，量化评价结果的数值集为$N=\{100,75,50,25,0\}$。根据 103 份调查采样表所获取的数据，整理出乳制品生产环节的食品安全信息透明度指标评价的整体次数统计结果，如表 8-7 所示。

表 8-7 乳制品生产环节的食品安全信息透明度指标评价的整体次数统计

指标	整体评价次数统计					评价结果	指标	整体评价次数统计					评价结果
	好	较好	一般	较差	差			好	较好	一般	较差	差	
C_{11}	74	15	11	2	1	好	C_{31}	66	17	17	2	1	较好
C_{12}	61	25	14	2	1	较好	C_{32}	60	23	17	2	1	较好
C_{13}	64	21	15	2	1	较好	C_{33}	56	27	17	2	1	一般
C_{14}	73	12	15	2	1	好	C_{34}	29	37	34	2	1	较差
C_{15}	68	15	17	2	1	较好	C_{41}	66	18	16	2	1	较好
C_{16}	66	18	16	2	1	较好	C_{42}	62	22	16	2	1	较好
C_{17}	56	27	17	2	1	一般	C_{43}	55	27	17	2	2	一般
C_{21}	62	21	17	2	1	较好	C_{44}	30	36	33	2	2	较差
C_{22}	33	43	24	2	1	较差	C_{51}	72	17	11	3	0	好
C_{23}	45	31	24	2	1	一般	C_{52}	63	21	16	3	0	较好

续表

指标	整体评价次数统计					评价结果	指标	整体评价次数统计					评价结果
	好	较好	一般	较差	差			好	较好	一般	较差	差	
C_{53}	58	24	18	3	0	一般	C_{91}	61	22	17	2	1	较好
C_{54}	31	36	33	3	0	较差	C_{92}	63	20	17	2	1	较好
C_{55}	27	39	34	3	0	较差	C_{93}	59	24	17	2	1	一般
C_{61}	69	16	15	2	1	较好	C_{94}	60	23	17	2	1	较好
C_{62}	68	16	16	2	1	较好	C_{95}	57	27	16	2	1	一般
C_{63}	29	36	35	2	1	较差	C_{96}	61	23	16	2	1	较好
C_{64}	46	31	23	2	1	一般	C_{97}	28	38	34	2	1	较差
C_{65}	50	33	17	2	1	一般	C_{98}	64	19	17	2	1	较好
C_{71}	73	18	10	1	1	好	C_{99}	61	22	17	2	1	较好
C_{72}	70	17	14	1	1	好	C_{101}	61	23	17	1	1	较好
C_{73}	69	15	17	1	1	较好	C_{102}	61	23	17	1	1	较好
C_{74}	39	41	20	2	1	较差	C_{103}	61	23	17	1	1	较好
C_{81}	47	23	27	4	2	一般	C_{104}	65	19	17	1	1	较好
C_{82}	37	32	28	4	2	较差	C_{111}	13	37	43	5	5	差
C_{83}	28	34	36	4	1	较差	C_{112}	9	38	45	6	5	差

由表 8-3 和表 8-4 知，一级指标权重为 $\boldsymbol{W}_A$ =（0.385 0.087 0.143 0.385）；二级指标权重分别为：$\boldsymbol{W}_{B_1}$ =（0.140 0.361 0.499）、$\boldsymbol{W}_{B_2}$ =（0.260 0.522 0.218）、$\boldsymbol{W}_{B_3}$ =（0.443 0.558）、$\boldsymbol{W}_{B_4}$ =（0.136 0.221 0.642）；三级指标权重分别为 $\boldsymbol{W}_1$ =（0.036 0.090 0.202 0.134 0.351 0.055 0.134）、$\boldsymbol{W}_2$ =（0.540 0.297 0.163）、$\boldsymbol{W}_3$ =（0.244 0.244 0.098 0.415）、$\boldsymbol{W}_4$ =（0.090 0.280 0.158 0.471）、$\boldsymbol{W}_5$ =（0.456 0.183 0.183 0.117 0.061）、$\boldsymbol{W}_6$ =（0.490 0.226 0.141 0.056 0.087）、$\boldsymbol{W}_7$ =（0.049 0.346 0.265 0.340）、$\boldsymbol{W}_8$ =（0.455 0.455 0.091）、$\boldsymbol{W}_9$ =（0.049 0.109 0.037 0.109 0.109 0.229 0.109 0.230 0.018）、$\boldsymbol{W}_{10}$ =（0.381 0.381 0.079 0.159）、$\boldsymbol{W}_{11}$ =（0.750 0.250）。

整体乳制品生产环节的食品安全信息透明度的模糊综合评价过程如下。

原材料信息对应的三级指标评价矩阵为 $\boldsymbol{R}_1=\begin{bmatrix}0.718 & 0.146 & 0.107 & 0.019 & 0.010\\ \vdots & \vdots & \vdots & \vdots & \vdots\\ 0.544 & 0.262 & 0.165 & 0.019 & 0.010\end{bmatrix}$，其对应的三级指标权重为 $\boldsymbol{W}_1=$（0.036 0.090 0.202 0.134 0.351 0.055 0.134），由此得原材料信息的评价向量为 $\boldsymbol{C}_1=\boldsymbol{W}_1\bullet\boldsymbol{R}_1=\begin{bmatrix}0.638 & 0.179 & 0.153 & 0.019 & 0.010\end{bmatrix}$。

同理，添加剂信息、处理设备信息、生产设备信息、工艺配方信息、生产流程信息、生产厂区管理信息、生产人员管理信息、生产储存信息、产成品信息和不合格品处置信息的评价向量分别为

$$\boldsymbol{C}_2=\begin{bmatrix}0.491 & 0.283 & 0.196 & 0.019 & 0.010\end{bmatrix}$$
$$\boldsymbol{C}_3=\begin{bmatrix}0.468 & 0.269 & 0.233 & 0.019 & 0.010\end{bmatrix}$$
$$\boldsymbol{C}_4=\begin{bmatrix}0.448 & 0.282 & 0.235 & 0.019 & 0.016\end{bmatrix}$$
$$\boldsymbol{C}_5=\begin{bmatrix}0.585 & 0.219 & 0.167 & 0.029 & 0.000\end{bmatrix}$$
$$\boldsymbol{C}_6=\begin{bmatrix}0.585 & 0.205 & 0.181 & 0.019 & 0.010\end{bmatrix}$$
$$\boldsymbol{C}_7=\begin{bmatrix}0.576 & 0.240 & 0.162 & 0.013 & 0.010\end{bmatrix}$$
$$\boldsymbol{C}_8=\begin{bmatrix}0.395 & 0.273 & 0.274 & 0.039 & 0.019\end{bmatrix}$$
$$\boldsymbol{C}_9=\begin{bmatrix}0.560 & 0.231 & 0.180 & 0.019 & 0.010\end{bmatrix}$$
$$\boldsymbol{C}_{10}=\begin{bmatrix}0.598 & 0.217 & 0.165 & 0.010 & 0.010\end{bmatrix}$$
$$\boldsymbol{C}_{11}=\begin{bmatrix}0.117 & 0.362 & 0.422 & 0.051 & 0.049\end{bmatrix}$$

根据原材料信息、添加剂信息和处理设备信息的评价向量，得到生产材料的评价矩阵为 $\boldsymbol{B}_1=\begin{bmatrix}\boldsymbol{C}_1\\ \boldsymbol{C}_2\\ \boldsymbol{C}_3\end{bmatrix}=\begin{bmatrix}0.638 & 0.179 & 0.153 & 0.019 & 0.010\\ 0.491 & 0.283 & 0.196 & 0.019 & 0.010\\ 0.468 & 0.269 & 0.233 & 0.019 & 0.010\end{bmatrix}$，由此得到生产材料的评价向量为 $\boldsymbol{U}_1=\boldsymbol{W}_{B_1}\bullet\boldsymbol{B}_1=\begin{bmatrix}0.500 & 0.262 & 0.209 & 0.019 & 0.010\end{bmatrix}$。同理，生产过程的评价向量为 $\boldsymbol{U}_2=\boldsymbol{W}_{B_2}\bullet\boldsymbol{B}_2=\begin{bmatrix}0.549 & 0.232 & 0.188 & 0.024 & 0.006\end{bmatrix}$、生产管理的评价向量为 $\boldsymbol{U}_3=\boldsymbol{W}_{B_3}\bullet\boldsymbol{B}_3=\begin{bmatrix}0.475 & 0.258 & 0.224 & 0.027 & 0.015\end{bmatrix}$、生产处置的评价向量为 $\boldsymbol{U}_4=\boldsymbol{W}_{B_4}\bullet\boldsymbol{B}_4=\begin{bmatrix}0.284 & 0.312 & 0.332 & 0.038 & 0.035\end{bmatrix}$。

根据生产材料、生产过程、生产管理和生产处置的评价向量，得到整体乳

制品销售环节的食品安全信息透明度指标的评价矩阵为 $\boldsymbol{U}=\begin{bmatrix}\boldsymbol{U}_1\\ \vdots \\ \boldsymbol{U}_4\end{bmatrix}=\begin{bmatrix}0.500 & 0.262 & 0.209 & 0.019 & 0.010\\ \vdots & \vdots & \vdots & \vdots & \vdots \\ 0.284 & 0.312 & 0.332 & 0.038 & 0.035\end{bmatrix}$。由此，得到整体乳制品生产环节的食品安全信息透明度的评价向量为 $\boldsymbol{S}_1=\boldsymbol{W}_A\boldsymbol{\cdot}\boldsymbol{U}=[0.418\quad 0.278\quad 0.257\quad 0.028\quad 0.020]$。

所以，整体乳制品生产环节的食品安全信息透明度得分为①

$$F_1=0.418\times100+0.278\times75+0.257\times50+0.028\times25+0.020\times0=76.200$$

同理，得103家国内乳制品企业的不同成立年限的食品安全信息透明度得分（表8-8）；不同企业类型的食品安全信息透明度的得分（表8-9）；企业所在地根据经济区域划分的食品安全信息透明度得分②（表8-10）。

表8-8　不同成立年限的企业的乳制品生产环节食品安全信息透明度得分

企业成立年限	好	较好	一般	较差	差	最终得分	评价结果	局部排名
4年以下	0.113	0.033	0.793	0.000	0.062	54.425	较差	3
4~6年	0.227	0.189	0.576	0.008	0.000	65.875	一般	2
7~10年	0.135	0.184	0.475	0.157	0.049	54.075	较差	4
10年以上	0.525	0.324	0.139	0.000	0.012	83.750	好	1

表8-9　不同企业类型的企业的乳制品生产环节食品安全信息透明度得分

企业类型	好	较好	一般	较差	差	最终得分	评价结果	局部排名
国有企业	0.232	0.768	0.000	0.000	0.000	80.800	较好	2
私营企业	0.632	0.275	0.196	0.000	0.008	93.625	好	1
中外合资企业	0.158	0.223	0.462	0.120	0.038	58.625	较差	4

① 满分为100分，60分为及格线，评价结果判定标准为0~20分为差、21~40分为较差、41~60分为一般、61~80分为较好、81~100分为好。

② 受篇幅限制，未将不同成立年限、不同企业类型和不同经济区域的企业的食品安全信息透明度得分的计算过程呈现在正文中，如有需要，作者可以提供相应计算过程。

续表

企业类型	好	较好	一般	较差	差	最终得分	评价结果	局部排名
外资企业	0.203	0.343	0.352	0.054	0.048	64.975	一般	3

表 8-10 不同经济区域的企业的乳制品生产环节食品安全信息透明度得分

企业所在地	好	较好	一般	较差	差	最终得分	评价结果	局部排名
东部地区	0.392	0.310	0.277	0.021	0.000	76.825	较好	3
中部地区	0.528	0.307	0.165	0.000	0.000	84.075	较好	1
西部地区	0.407	0.194	0.309	0.014	0.075	71.050	一般	4
东北地区	0.423	0.305	0.217	0.054	0.000	77.375	较好	2

2. 结果分析

由上述计算所得，我国乳制品企业的食品安全生产环节信息透明度综合水平为 76.200 分，处于较高水平。这说明我国乳制品企业的食品安全生产环节信息透明度总体较好，乳制品安全处于可控阶段。由表 8-7 知，同属一个二级指标不合格品处置信息透明度的两个三级指标，不合格品处理方法信息和不合格品处理时效信息，评价结果均为差，反映出乳制品企业的不合格品处置信息不够透明，对不合格品相关信息公开的监管有所疏漏。

由表 8-5 知，乳制品企业成立 10 年以上的有 73 家，数量最多；由表 8-8 知，成立 10 年以上的乳制品企业食品安全生产环节信息透明度得分最高，为 83.750 分。由此可以得出，成立 10 年以上的乳制品企业生产信息公开工作规范有序，老品牌企业身经百战、阅历丰富，在乳制品市场竞争中生存能力强，管理经验过硬。又由表 8-5 知，成立 10 年以下的企业总共仅有 30 家，不到 10 年以上企业数目的 1/2；根据表 8-8，成立 4~6 年的企业得分为一般水平的 65.875 分，成立 7~10 年与成立 4 年以下的企业得分均为较差等级的 54.075 分与 54.425 分。由此可得，成立 10 年以下的乳制品企业食品安全生产环节信息透明度得分一般或较差，反映出成立年限较短的企业对信息公开工作的操作水平因经验不足而略有欠缺。

根据表 8-9 知，私营企业的食品安全生产透明度得分最高，为排名第一的 93.625 分；国有企业相对较好，为 80.800 分；中外合资企业和外资企业分别为分数较低的 58.625 分和 64.975 分，其中中外合资企业分数未达及格线。分析发现，私营企业数量最多且分数最高，说明受到市场因素的调节，私营企业在包括生产信息透明度管理等企业管理方面优于其他类型的企业；国有企业的生产信息公开水平较高，反映出国有企业受宏观调控因素较大，对《食品安全法》相关条例的遵守有所自觉，生产信息公开工作有所规范；中外合资企业透明度得分最差，说明中外合资企业因监管受合资对方的干涉，责权分散，信息得不到统一管理。

由表 8-6 知，东部地区、西部地区和东北地区企业数目相近，分别为 34 家、27 家和 33 家，中部地区企业最少，只有 9 家；根据表 8-10 知，东北地区、中部地区和东部地区企业的食品安全生产透明度分数相近且相对较好，分别为 77.375 分、84.075 分和 76.825 分，西部地区为局部排名倒数第一的 71.050 分。由此说明，国内乳制品厂家数目分布较均匀，各地区食品安全生产透明度得分较好。西部地区分数最低，反映出西部地区食品企业的生产信息公布情况不太理想，相关部门监管存在一定的疏漏，对生产信息的曝光不够及时。

8.2　基于 FSSITI 的我国食品安全物流环节信息透明度实证研究

近年来，食品安全事故时有发生，“白酒塑化剂”事件直接凸显了食品物流在保障食品安全方面的薄弱性，极大挫伤了广大消费者对食品安全的信任度（王冀宁和潘志颖，2011）。就食品安全问题而言，生产加工过程是我国长久以来的关注重点，对食品物流的关注则相对较少。因此，若想将食品安全的风险降至最低，在增强对食品生产及消费环节的监管力度之余，食品物流环节治理也不容忽视（朱艳新和陈春梅，2013；张玉华等，2010）。本节利用网络层次分析-模糊综合评价法构建食品安全物流环节信息透明度的评价模型，对全国各省区市范围内的 151 家食品物流企业进行数据采集，展开实证研究，量化当前食品安全物流环节信息透明情况。

8.2.1 我国食品安全物流环节信息透明度评价指标体系构建

为保证所构建指标体系具有权威性且能够较为客观全面地评价食品安全物流环节信息透明度，结合现有研究以及食品物流相关法律法规，采用理论推演法获取相关指标，并从可操作性角度对其进行进一步的筛选。在食品的整个产业链中，运输和仓储是必不可少的环节，二者构成了食品物流的重要部分（Scalia et al.，2017；姜波等，2013）。在食品物流环节中，食品的品质受诸多因素的影响，进而导致食品发生腐败变质等问题，容易诱发食品安全风险。

就运输及仓储环境而言，由于通常情况下食品保质期相对较短且易腐败变质，为避免产生食品安全风险，在运输以及仓储过程中需对温度等硬性指标严格控制（Scalia et al.，2017）。同时，在运输配送、仓储过程中，如果食品同其他气味的商品混杂，易造成串味现象，更为严重的是，还会出现和微生物及重金属产生交叉污染等问题（陈小军，2013）。

就食品的运输及仓储技术设备而言，食品种类的不同对运输条件的要求也会有所差异。因此，需引入不同种类的食品物流技术及设备以确保食品质量。同时，由于人们生活水平不断提高，对食品需求的种类也不断增加。随着对以冷鲜肉、冷冻海产品等为代表的冷鲜食品的需求增加，冷链物流的需求量也随之增加（王玉侠，2011）。食品运输过程中，设备数量与其质量标准的协调能为易腐食品提供较为合适的运输环境（吴汶书和陈久梅，2013）。

食品品质受食品的运输环境、技术及设备的影响，在此过程中不容忽视的部分是人为因素。在装卸搬运过程中，若操作人员的操作行为违规，将会使货物产生破损及包装损坏等问题，导致预包装食品直接接触外界复杂环境，诱发食品安全风险（刘惠萍，2006）。此外，目前食品产业链长且复杂，食品物流亟待引进具有较高食品安全认知的专业人才，以实现提高食品物流质量、保障食品安全的目标（袁旭梅等，2015；Chemweno et al.，2015）。

与一般物流企业相比，由于食品安全物流服务对象及其产品的特殊性，此类企业的资质要求往往也更高。随着信息技术的不断进步，越来越多学者认为应积极将人工智能和信息技术引入食品物流中，实现食品物流全过程的可视可控（贺纯纯和王应明，2014）。

基于上述考虑，将食品安全物流环节信息透明度指标划分为运输信息透明度指标、仓储信息透明度指标以及管理信息透明度指标三大类（即三个一级指标），为保证在评价过程中有统一的标准，在上述三个一级指标下又选取代表性较强且较容易获得的 9 项二级指标。运输信息下包括运输环境信息、运输人员信息和运输技术及设备信息 3 项二级指标以及对应的三级指标 15 个，仓储信息包括仓储环境信息、仓储人员信息和仓储技术及设备信息 3 项二级指标以及对应的三级指标 14 个。此外，管理信息中包括物流设备管理信息、物流管理制度信息以及物流企业资质信息 3 项二级指标以及对应的三级指标 14 个（具体指标体系见表 8-11）。

表 8-11　食品安全物流环节信息透明度指标体系

目标	一级指标	二级指标	三级指标
物流环节信息透明度指标体系（A）	运输信息（B_1）	运输环境信息（C_1）	运输环境温度信息（C_{11}）
			运输环境湿度信息（C_{12}）
			运输环境光强信息（C_{13}）
			运输环境卫生信息（C_{14}）
			运输时间信息（C_{15}）
			转运频次信息（C_{16}）
			运输环境混杂交叉信息（C_{17}）
		运输人员信息（C_2）	身体状况信息（C_{21}）
			操作行为规范信息（C_{22}）
			具备的食品安全知识状况信息（C_{23}）
		运输技术及设备信息（C_3）	运输设备信息（C_{31}）
			运输容器信息（C_{32}）
			保险运输技术使用状况信息（C_{33}）

续表

目标	一级指标	二级指标	三级指标
物流环节信息透明度指标体系（A）	运输信息（B_1）	运输技术及设备信息（C_3）	冷链运输技术使用状况信息（C_{34}）
			温控运输技术使用状况信息（C_{35}）
	仓储信息（B_2）	仓储环境信息（C_4）	仓储环境温度信息（C_{41}）
			仓储环境湿度信息（C_{42}）
			仓储环境光强信息（C_{43}）
			仓储环境卫生信息（C_{44}）
			仓储时间信息（C_{45}）
			仓储环境混杂交叉信息（C_{46}）
		仓储人员信息（C_5）	身体状况信息（C_{51}）
			操作行为规范信息（C_{52}）
			具备的食品安全知识状况信息（C_{53}）
		仓储技术及设备信息（C_6）	仓储设备信息（C_{61}）
			仓储容器信息（C_{62}）
			保鲜仓储技术使用状况信息（C_{63}）
			仓储管理系统技术使用状况信息（C_{64}）
			计算机辅助拣选技术使用状况信息（C_{65}）
	管理信息（B_3）	物流设备管理信息（C_7）	设备卫生合格率信息（C_{71}）
			物流设备性能合格率信息（C_{72}）
			设备使用年限信息（C_{73}）
			设备维护频率信息（C_{74}）
		物流管理制度信息（C_8）	食品安全风险评估机制信息（C_{81}）
			食品安全风险预警机制信息（C_{82}）
			物流管理人员专业性信息（C_{83}）
		物流企业资质信息（C_9）	条形码技术使用状况信息（C_{91}）
			无线射频技术使用状况信息（C_{92}）

续表

目标	一级指标	二级指标	三级指标
物流环节信息透明度指标体系（A）	管理信息（B_3）	物流企业资质信息（C_9）	计算机网络技术使用状况信息（C_{93}）
			地理信息技术使用状况信息（C_{94}）
			全球卫星定位技术使用状况信息（C_{95}）
			电子数据交换技术使用状况信息（C_{96}）
			资信状况信息（C_{97}）

8.2.2　网络层次分析-模糊综合评价模型构建

1. 网络层次分析-模糊综合评价模型简述

（1）构建网络层次结构模型，确定控制层的准则权重。构建网络层次分析结构模型，需要系统分析出控制层和网络层，并厘清每个元素之间的关系。确定控制层的准则权重，在元素之间相互独立的时候，给定一个准则，比较哪个指标相对于这个准则更重要。根据 1~9 标度法（表 8-2），可以两两比较出彼此之间的相对重要程度，并通过层次分析法求出各自的权重。

（2）构建超矩阵。设网络层次分析中控制层准则有 $P_1,P_2,\cdots,P_m$，网络层有元素集为 $C_1,C_2,\cdots,C_N$，其中 C_i 有元素 $C_{i1},C_{i2},\cdots,C_{in}$，$i=1,2,\cdots,N$。以控制层元素 P_s 为准则，以 C_j 中元素 C_{j1} 为次准则，根据标度法构造判断矩阵，得到归一特征向量 $\left(w_{i1},w_{i2},\cdots,w_{in}\right)^{\mathrm{T}}$ 即网络元素排序向量。对得到的向量进行一致性检验。只有当 CR 小于 0.1 时，才能通过检验，否则需要调整判断矩阵元素的取值。同理，得到其他元素的归一特征向量，进而得到一个超矩阵，记为 $\boldsymbol{W}_{ij}$：

$$\boldsymbol{W}_{ij}=\begin{vmatrix} w_{i1}^{(j1)} & w_{i2}^{(j2)} & \cdots & w_{i1}^{(jn_j)} \\ w_{i2}^{(j1)} & w_{i2}^{(j2)} & \cdots & w_{i2}^{(jn_j)} \\ \vdots & \vdots & & \vdots \\ w_{in_i}^{(j1)} & w_{in_i}^{(j2)} & \cdots & w_{in_i}^{(jn_j)} \end{vmatrix}$$

，这里 $\boldsymbol{W}_{ij}$ 的列向量就是 C_i 中元素 $C_{i1},C_{i2},\cdots,C_{in}$。如果 C_j 中元素不受 C_i 中元素影响，则 $\boldsymbol{W}_{ij}$=0。因此，最终可以在 P_s 准则下，获得超矩阵 $\boldsymbol{W}$。同理，获得其他控制元素的

超矩阵：$\boldsymbol{W}_{ij}=\begin{vmatrix} w_{11} & w_{12} & \cdots & w_{1N} \\ w_{21} & w_{22} & \cdots & w_{2N} \\ \vdots & \vdots & & \vdots \\ w_{N1} & w_{N2} & \cdots & w_{NN} \end{vmatrix}$。

（3）计算极限超矩阵，获得局部权重。对加权超矩阵 $\boldsymbol{W}$ 进行稳定化处理即进行计算极限相对排序向量：$\lim\limits_{k\to\infty}(1/N)\sum\limits_{k=1}^{N}\boldsymbol{W}^{k}$。根据以上计算得最终的结果即超矩阵的结果对应着各元素组的局部权重。

（4）构建评价矩阵。设评价指标等级的评语集 $V=(v_1,v_2,\cdots,v_m)$ 及量化评价结果的数值集 $N=(N_1,N_2,\cdots,N_m)$，并建立隶属矩阵 $\boldsymbol{R}=(r_{ij})_{n\times m}$，其中 $r_{ij}=\dfrac{\text{第}i\text{个指标选择}v_i\text{等级的个数}}{\text{参与评价个数}}$，利用模糊评价矩阵 $\boldsymbol{S}$ 与数值集 N 导出最终评定指数 F。

2. 基于网络层次分析的指标权重计算

1）建立评价模型

在所构建的食品安全物流环节信息透明度指标体系中，准则层内部的各指标之间并非相互独立的，而是存在着相互作用，如运输环境温度和湿度会同运输环境卫生之间相互影响。

因此，食品安全物流环节信息透明度评价指标的要素之间以及要素内部也必然会相互作用，而非相互独立。也就是说，指标体系中各指标之间的关系应当为网络关系，而不是简单的递阶层次关系。基于前述分析，并结合网络层次分析模型的结构，构造食品安全物流环节信息透明度评价模型的网络结构（图 8-3）。

2）指标权重的确定

通过网络层次分析法确定指标的权重的过程同层次分析法一样，需要依据专家对各个指标的重要性的评判，然后构造判断矩阵，进而求出各指标的权重。为保证指标权重的合理性，选择 11 位食品相关领域的专家组成专家组对各项指标的重要性进行评判，其中高校从事食品安全管理方向研

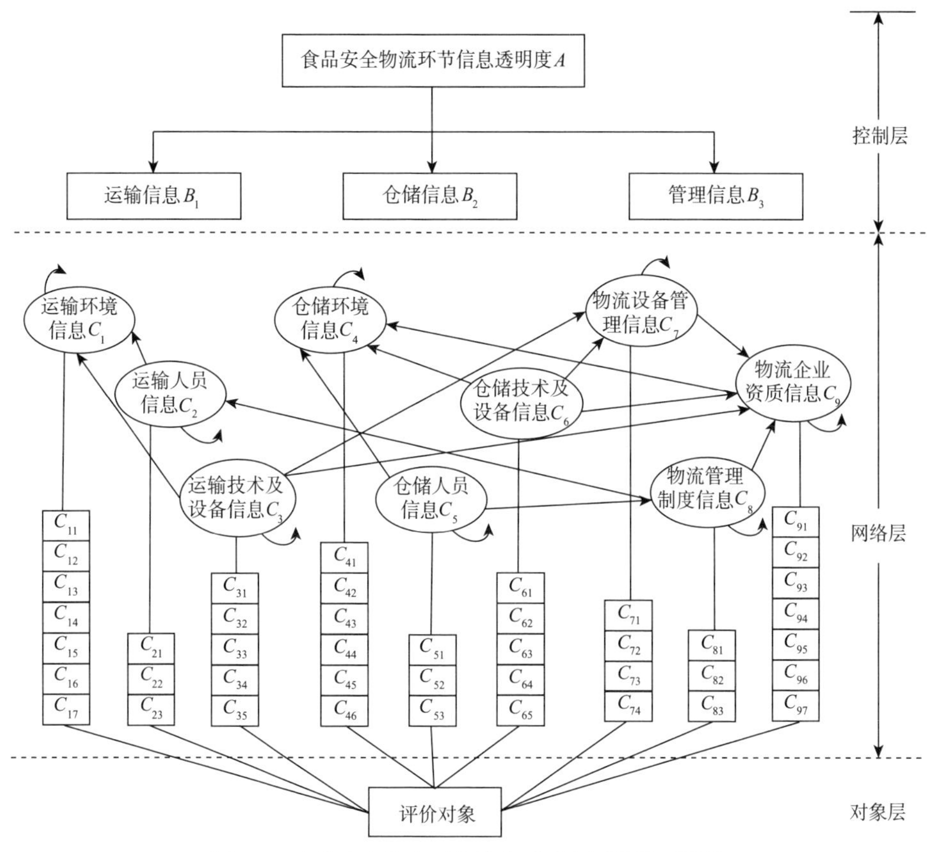

图 8-3　食品安全物流环节信息透明度评价模型结构

究的教授 6 位，食品安全监管部门工程师 3 位，食品企业高管 1 位，从事食品安全问题报道的报社记者 1 位。最后，利用回收的德尔菲专家调查表中的数据，并结合网络层次分析法的原理，通过 Super Decision 软件计算出各指标的局部权重及全局权重。

（1）内部独立指标层的权重：由于三个一级指标之间彼此独立，因此其权重可根据层次分析法获得。在此，利用三轮德尔菲专家调查表中的数据，构造三个一级指标之间的判断矩阵，并得出一级指标的权重，如表 8-12 所示。

表 8-12 食品安全物流环节信息透明度指标控制层的判定矩阵

A	B_1	B_2	B_3	权重
B_1	1	2	3	0.528
B_2	1/2	1	3	0.332
B_3	1/3	1/3	1	0.140

注：CR=0.052<0.1

（2）一致性检验：当 CR ⩽ 0.1 时，可认为判断矩阵具有满意的一致性。为保证指标体系构建的可靠性以及专家打分的合理性，首先对随机一致性比率进行检验（各判断矩阵的一致性检验值如表 8-13 所示）。通过表 8-13 中各判断矩阵的一致性检验得分能够看出，构建的指标体系通过专家打分所构建的判断矩阵都通过了一致性检验，具有较为满意的一致性，也说明了所得权重的科学性及合理性。

表 8-13 判断矩阵的一致性检验得分情况一览表

判断矩阵	CR 值	判断矩阵	CR 值	判断矩阵	CR 值
$A\to B$	0.052	$B_1\to C$	0	$C_1\to D$	0.038
				$C_2\to D$	0.009
				$C_3\to D$	0.016
		$B_2\to C$	0.009	$C_4\to D$	0.020
				$C_5\to D$	0.051
				$C_6\to D$	0.033
		$B_3\to C$	0.051	$C_7\to D$	0.033
				$C_8\to D$	0
				$C_9\to D$	0.037

（3）网络层指标集以及各指标的权重：网络层的各指标元素集以及各指标之间并非完全独立的，相互之间还存在着一定的影响作用。因此，计算其权重时要严格依照网络层级结构通过网络层次分析法获得其局部权重及全局权重（各指标的具体权重如表 8-14 所示）。

表 8-14　食品安全物流环节信息透明度指标权重

二级指标	局部权重	全局权重	三级指标	局部权重	全局权重
运输环境信息（C_1）	0.250	0.206	运输环境温度信息（C_{11}）	0.248	0.073
			运输环境湿度信息（C_{12}）	0.184	0.054
			运输环境光强信息（C_{13}）	0.059	0.017
			运输环境卫生信息（C_{14}）	0.303	0.090
			运输时间信息（C_{15}）	0.093	0.028
			转运频次信息（C_{16}）	0.043	0.013
			运输环境混杂交叉信息（C_{17}）	0.071	0.021
运输人员信息（C_2）	0.500	0.156	身体状况信息（C_{21}）	0.163	0.018
			操作行为规范信息（C_{22}）	0.540	0.060
			具备的食品安全知识状况信息（C_{23}）	0.297	0.033
运输技术及设备信息（C_3）	0.250	0.055	运输设备信息（C_{31}）	0.115	0.005
			运输容器信息（C_{32}）	0.087	0.003
			保险运输技术使用状况信息（C_{33}）	0.311	0.012
			冷链运输技术使用状况信息（C_{34}）	0.311	0.012
			温控运输技术使用状况信息（C_{35}）	0.176	0.007
仓储环境信息（C_4）	0.540	0.188	仓储环境温度信息（C_{41}）	0.227	0.061
			仓储环境湿度信息（C_{42}）	0.121	0.033
			仓储环境光强信息（C_{43}）	0.051	0.014
			仓储环境卫生信息（C_{44}）	0.373	0.100
			仓储时间信息（C_{45}）	0.076	0.020
			仓储环境混杂交叉信息（C_{46}）	0.153	0.041
仓储人员信息（C_5）	0.297	0.090	身体状况信息（C_{51}）	0.157	0.010
			操作行为规范信息（C_{52}）	0.594	0.038
			具备的食品安全知识状况信息（C_{53}）	0.249	0.016
仓储技术及设备信息（C_6）	0.163	0.024	仓储设备信息（C_{61}）	0.112	0.002
			仓储容器信息（C_{62}）	0.084	0.001
			保鲜仓储技术使用状况信息（C_{63}）	0.383	0.007

续表

二级指标	局部权重	全局权重	三级指标	局部权重	全局权重
仓储技术及设备信息（C_6）	0.163	0.024	仓储管理系统技术使用状况信息（C_{64}）	0.264	0.005
			计算机辅助拣选技术使用状况信息（C_{65}）	0.157	0.003
物流设备管理信息（C_7）	0.249	0.033	设备卫生合格率信息（C_{71}）	0.531	0.013
			物流设备性能合格率信息（C_{72}）	0.237	0.006
			设备使用年限信息（C_{73}）	0.141	0.003
			设备维护频率信息（C_{74}）	0.091	0.002
物流管理制度信息（C_8）	0.594	0.138	食品安全风险评估机制信息（C_{81}）	0.444	0.044
			食品安全风险预警机制信息（C_{82}）	0.444	0.044
			物流管理人员专业性信息（C_{83}）	0.111	0.011
物流企业资质信息（C_9）	0.157	0.109	条形码技术使用状况信息（C_{91}）	0.245	0.019
			无线射频技术使用状况信息（C_{92}）	0.125	0.010
			计算机网络技术使用状况信息（C_{93}）	0.113	0.009
			地理信息技术使用状况信息（C_{94}）	0.045	0.003
			全球卫星定位技术使用状况信息（C_{95}）	0.059	0.005
			电子数据交换技术使用状况信息（C_{96}）	0.085	0.007
			资信状况信息（C_{97}）	0.329	0.026

首先，从表 8-14 中能够看出，在用以评判食品安全物流环节信息透明度的三个一级指标中，运输信息最为重要，其次是仓储信息，由于食品物流环节的管理对食品品质产生间接影响，因此在评判食品安全物流环节信息透明度时其权重也最小。

其次，从各项二级指标的局部权重来看，运输信息下的 3 个二级指标的重要性排序为 $C_2>C_1=C_3$；仓储信息下 3 个二级指标的重要性排序为 $C_4>C_5>C_6$；管理信息下三个二级指标的重要性排序为 $C_8>C_7>C_9$。从各项二级指标的全局权重来看，运输环境信息及仓储环境信息的权重最高，说明其对食品安全物流环节信息透明度的影响最大。

最后，从三级指标的权重来看，仓储环境卫生信息及运输环境卫生信息所占的权重最高，分别为 10%和 9%，足以反映出食品物流环节中仓储环境卫生信息及运输环境卫生信息对食品安全物流环节信息透明度的影响最为显著。运输环境温度信息、仓储环境温度信息、操作行为规范信息（C_{22}）等指标对食品安全物流环节信息透明度的影响也较为明显。

8.2.3　样本数据采集与统计性分析

1. 样本选择与调查采样表设计

1）数据采集表设计

数据采集表采用五档打分制，分为好、较好、一般、较差及差五个信息透明等级。在统计分析过程中，为量化食品安全物流环节的信息透明度，构建数值集{100，75，50，25，0}与之对应。需要说明的是，最终食品安全物流环节信息透明度的得分，评价结果判定标准为满分为 100 分，60 分为及格，得分处于[0，30）之间为差，[30，60）之间为较差，[60，75）之间为一般，[75，90）之间为较好，[90，100]之间为好。为统一数据采集过程中的评分口径，降低数据采集过程中由人为因素导致的偏差，针对数据采集表中的每个指标设计了食品安全物流环节信息透明度打分准则以及打分过程中的注意事项。

2）样本

为测度全国范围内食品安全物流环节信息透明度状况，通过对全国各省份的物流企业进行抽样调查的方法，选取中国食品工业协会食品物流专业委员会会员单位中的食品物流企业作为具有一定规模及知名度的食品物流企业的代表，在选取小型食品物流企业时则主要依据各地区门户网站上推广广告中的食品物流企业作为本次调研的样本。在 2016 年 7~9 月对全国各省区市范围内的 151 家食品物流企业进行了数据采集，本次数据采集过程中，本课题组依照所开发的数据采集表，主要通过企业网站、地方门户网站、食品物流专业委员会官网等途径进行数据采集，并获取食品安全物流环节信息透明度的相关数据。

2. 数据来源

由于本次数据采集的目的在于评判当前我国食品安全物流环节信息透明度，因此样本的选择应当囊括全国各省区市范围内的食品物流企业。由于当前统计数据中没有各省物流行业增加值，而根据产业划分标准，物流行业隶属于第三产业，基于此种考虑，样本分布的标准选取 2015 年《中国统计年鉴》中各省区市第三产业增加值。具体的抽样方法为将全国 31 个省区市（未包含港澳台地区）第三产业 2014 年增加值占全国第三产业 2014 年增加值的比重作为样本分配比重。具体的样本分布状况见表 8-15。

表 8-15　食品安全物流环节信息透明度数据采集样本分布一览表

省区市	地区第三产业增加值/亿元	占全国第三产业增加值比重	对应样本分布个数	省区市	地区第三产业增加值/亿元	占全国第三产业增加值比重	对应样本分布个数
北京	16 627.040	0.054	8	湖北	11 349.930	0.037	6
天津	7 795.180	0.026	4	湖南	11 406.510	0.037	6
河北	10 960.840	0.036	5	广东	33 223.280	0.109	16
山西	5 678.690	0.019	3	广西	5 934.490	0.019	3
内蒙古	7 022.550	0.023	3	海南	1 815.230	0.006	1
辽宁	11 956.190	0.039	6	重庆	6 672.510	0.022	3
吉林	4 992.540	0.016	2	四川	11 043.200	0.036	5
黑龙江	6 883.610	0.023	3	贵州	4 128.500	0.014	2
上海	15 275.720	0.050	8	云南	5 542.700	0.018	3
江苏	30 599.490	0.100	15	西藏	492.350	0.002	1
浙江	19 220.790	0.063	9	陕西	6 547.760	0.021	3
安徽	7 378.680	0.024	4	甘肃	3 009.610	0.010	1
福建	9 525.600	0.031	5	青海	853.080	0.003	1
江西	5 782.980	0.019	3	宁夏	1 193.870	0.004	1
山东	25 840.120	0.085	13	新疆	3 785.900	0.012	2
河南	12 961.670	0.042	6	小计	106 998.920	0.350	54

8.2.4　模型计算与结果分析

1. 调研数据处理及统计

食品安全物流环节信息透明等级用话语集{好，较好，一般，较差，差}

进行表征，在统计分析过程中，为量化食品安全物流环节的信息透明度，在统计分析过程中，构建数值集{100，75，50，25，0}与之对应。根据所采集的 151 家食品企业物流环节信息透明度的 17 237 个数据，结合上述各等级对应的数值进行统计分析。为评判当前我国食品安全物流环节信息透明度的整体情况，首先统计了本次搜集所涉及的全部 151 家食品物流企业的数据，对 151 家食品物流企业进行汇总统计，见表 8-16。

表 8-16　食品安全物流环节信息透明度指标评价的次数统计

三级指标	评语集				评价结果
	好	较好	一般	较差	
C_{11}	57	23	49	22	一般
C_{12}	89	11	16	1	好
C_{13}	74	17	58	2	较好
C_{14}	81	20	45	13	较好
C_{15}	80	13	53	9	较好
C_{16}	87	20	7	1	好
C_{17}	81	12	50	8	较好
C_{21}	82	2	65	2	较好
C_{22}	88	10	11	2	好
C_{23}	28	11	63	27	较差
C_{31}	42	13	39	40	较差
C_{32}	62	14	38	37	一般
C_{33}	87	3	11	3	好
C_{34}	33	4	45	43	较差
C_{35}	59	16	34	42	一般
C_{41}	51	26	52	22	一般
C_{42}	72	26	60	4	较好
C_{43}	70	19	59	3	较好
C_{44}	17	3	14	40	较差

续表

三级指标	评语集				评价结果
	好	较好	一般	较差	
C_{45}	80	11	10	3	好
C_{46}	75	11	50	8	较好
C_{51}	86	4	60	1	较好
C_{52}	88	39	17	7	好
C_{53}	72	19	60	0	较好
C_{61}	54	13	49	35	一般
C_{62}	84	14	42	19	较好
C_{63}	63	11	42	35	一般
C_{64}	37	14	43	37	较差
C_{65}	86	49	14	2	好
C_{71}	70	17	63	1	较好
C_{72}	77	9	65	0	较好
C_{73}	85	7	14	2	好
C_{74}	85	8	57	1	较好
C_{81}	80	15	12	1	好
C_{82}	74	15	59	3	较好
C_{83}	84	9	11	3	好
C_{91}	64	17	37	33	一般
C_{92}	64	12	46	29	一般
C_{93}	84	13	40	13	较好
C_{94}	72	24	33	22	一般
C_{95}	73	9	46	23	一般
C_{96}	83	9	46	13	较好
C_{97}	35	14	51	32	较差

由表 8-14，一级指标权重为$\boldsymbol{W}_A=(0.528\ 0.332\ 0.140)$；二级指标权重分别$\boldsymbol{W}_{B_1}=(0.250\ 0.500\ 0.250)$，$\boldsymbol{W}_{B_2}=(0.540\ 0.297\ 0.163)$，$\boldsymbol{W}_{B_3}=(0.249\ 0.594\ 0.157)$；三级指标权重分别为$\boldsymbol{W}_1=(0.248\ 0.184\ 0.059\ 0.303\ 0.093\ 0.043\ 0.071)$，$\boldsymbol{W}_2=(0.163\ 0.540\ 0.297)$，$\boldsymbol{W}_3=(0.115\ 0.087\ 0.311\ 0.311\ 0.176)$，$\boldsymbol{W}_4=(0.227\ 0.121\ 0.051\ 0.373\ 0.076\ 0.153)$，$\boldsymbol{W}_5=(0.157\ 0.594\ 0.249)$，$\boldsymbol{W}_6=(0.112\ 0.084\ 0.383\ 0.264\ 0.157)$，$\boldsymbol{W}_7=(0.531\ 0.237\ 0.141\ 0.091)$，$\boldsymbol{W}_8=(0.444\ \ 0.444\ 0.111)$，$\boldsymbol{W}_9=(0.245\ 0.125\ 0.113\ 0.045\ 0.059\ 0.085\ 0.329)$。

由于食品安全运输环境信息透明度的三级指标评价矩阵为$\boldsymbol{R}_1=\begin{pmatrix}0.375 & 0.151 & 0.322 & 0.148 & 0.007\\ \vdots & \vdots & \vdots & \vdots & \vdots\\ 0.265 & 0.106 & 0.386 & 0.242 & 0.000\end{pmatrix}$。由此，能够求出食品安全运输环境信息的评价向量为$\boldsymbol{C}_1=\boldsymbol{W}_1\bullet\boldsymbol{R}_1=(0.531\quad 0.120\quad 0.269\quad 0.072\quad 0.009)$。同理，运输人员信息、运输技术及设备信息、仓储环境信息、仓储人员信息、仓储技术及设备信息、物流设备管理信息、物流管理制度信息以及物流企业资质信息的评价向量分别为

$$\boldsymbol{C}_2=[0.616\ 0.108\ 0.239\ 0.032\ 0.005]$$

$$\boldsymbol{C}_3=[0.506\ 0.113\ 0.313\ 0.057\ 0.011]$$

$$\boldsymbol{C}_4=[0.543\ 0.130\ 0.248\ 0.070\ 0.009]$$

$$\boldsymbol{C}_5=[0.631\ 0.107\ 0.226\ 0.031\ 0.004]$$

$$\boldsymbol{C}_6=[0.504\ 0.113\ 0.320\ 0.052\ 0.011]$$

$$\boldsymbol{C}_7=[0.493\ 0.130\ 0.282\ 0.088\ 0.006]$$

$$\boldsymbol{C}_8=[0.558\ 0.121\ 0.246\ 0.070\ 0.004]$$

$$\boldsymbol{C}_9=[0.532\ 0.112\ 0.284\ 0.063\ 0.009]$$

根据运输环境信息、运输人员信息、运输技术及设备信息的评价向量得到运输信息透明度的评价矩阵为

$$\boldsymbol{B}_1=\begin{bmatrix}\boldsymbol{C}_1\\ \boldsymbol{C}_2\\ \boldsymbol{C}_3\end{bmatrix}=\begin{bmatrix}0.531 & 0.120 & 0.269 & 0.072 & 0.009\\ 0.616 & 0.108 & 0.239 & 0.032 & 0.005\\ 0.506 & 0.113 & 0.313 & 0.057 & 0.011\end{bmatrix}$$

，由此能够得到食品运输信息透明度的评价向量为 $\boldsymbol{U}_1=\boldsymbol{W}_{B_1}\bullet\boldsymbol{B}_1=\begin{bmatrix}0.562 & 0.111 & 0.262 & 0.048 & 0.007\end{bmatrix}$。同理，可以求得仓储信息透明度以及管理信息透明度的评价向量分别为

$$\boldsymbol{U}_2=\boldsymbol{W}_{B_2}\bullet\boldsymbol{B}_2=\begin{bmatrix}0.563 & 0.121 & 0.253 & 0.056 & 0.008\end{bmatrix}$$

$$\boldsymbol{U}_3=\boldsymbol{W}_{B_3}\bullet\boldsymbol{B}_3=\begin{bmatrix}0.538 & 0.122 & 0.261 & 0.073 & 0.006\end{bmatrix}$$

根据食品物流运输信息透明度、仓储信息透明度以及管理信息透明度的评价向量，能够得到食品安全物流环节信息透明度的评价矩阵为

$$\boldsymbol{U}=\begin{bmatrix}\boldsymbol{U}_1\\ \boldsymbol{U}_2\\ \boldsymbol{U}_3\end{bmatrix}=\begin{bmatrix}0.562 & 0.111 & 0.262 & 0.048 & 0.007\\ 0.563 & 0.121 & 0.253 & 0.056 & 0.008\\ 0.538 & 0.122 & 0.261 & 0.073 & 0.006\end{bmatrix}$$

由此，能够求得整体食品安全物流环节信息透明度的评价向量为 $\boldsymbol{S}=\boldsymbol{W}_A\bullet\boldsymbol{U}=\begin{bmatrix}0.559 & 0.116 & 0.259 & 0.054 & 0.007\end{bmatrix}$。

因此，我国食品安全物流环节信息透明度得分为

$$F=0.559\times100+0.116\times75+0.259\times50+0.054\times25+0.007\times0=78.9$$

2. 结果分析

从整体得分情况来看，食品安全物流环节信息透明度得分为 78.9 分，落在区间[75，90）内。根据所定评判标准，食品安全物流环节信息透明度得分为较好，物流环节信息透明状况比较乐观，表明我国食品安全处于可控阶段。

依据本次数据采集所得到的数据以及所构建的食品安全物流环节信息透明度评价体系，得出食品安全物流环节信息透明度整体较高，信息透明状况较好的结论。由表 8-16 可知，运输环境湿度信息、转运频次信息、操作行为规范信息（C_{22}）、保险运输技术使用状况信息、仓储时间信息、操作行为规范信息（C_{52}）、计算机辅助拣选技术使用状况信息、设备使用年

限信息、食品安全风险评估机制信息以及物流管理人员专业性信息，评价结果均为好。具备的食品安全知识状况信息（C_{23}）、运输设备信息、冷链运输技术使用状况信息、仓储环节卫生状况信息、仓储管理系统技术使用状况信息以及资信状况信息，评价结果均为较差。

结合对当前我国食品安全物流环节的分析，上文部分指标评价结果为较差的原因主要有以下四点：①法律环节缺失。2015 年修订施行的《中华人民共和国食品安全法》虽进一步完善了我国食品安全法律体系，但其中关于食品物流环节的相应条款极为匮乏，《食品安全信息公布管理办法》中关于食品物流的相关条款也寥寥无几，直接反映了现行的法律法规体系并未对食品物流给予足够的重视，使得食品物流环节成为监管漏洞。②政府环节缺失。食品产业链较长，监管体制不顺，因而政府不可避免会在食品安全物流的运输、仓储以及管理环节的监管上均有一定程度的缺失。③监管模式单一。受政策性负担等因素的影响，紧靠政府主导的单一监管模式已然无法对食品安全物流环节信息透明方面存在的问题形成完全有效的治理。④行业协会参与度低。食品物流行业协会相较于其他监管主体而言，专业性更强，而目前行业协会责任感意识较弱，暂未起到较好的领导作用。

8.3　基于 FSSITI 的我国食品安全销售环节信息透明度实证研究

8.3.1　我国食品安全销售环节信息透明度评价指标体系构建

1. 指标体系来源

指标获取采用逆向归纳的方法，先获取三级指标，之后归纳分类出二级指标和一级指标，指标体系框架见图 8-4。指标体系构建遵循综合性、可比性及可复制性原则，并在保证指标体系的科学性及权威性的基础上，凸显指标体系的实际应用价值及可操作性。其中三级指标的来源主要由两部分构成。

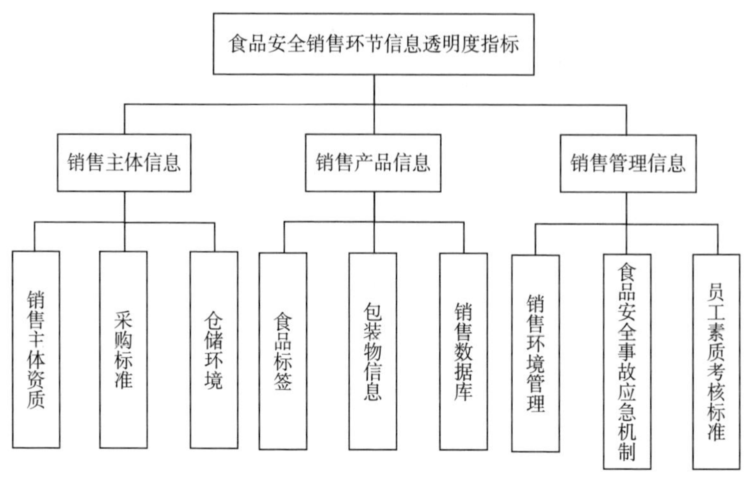

图 8-4 食品安全销售环节信息透明度指标体系框架图

第一部分指标从国内外与食品安全相关的文献、法律法规、食品安全标准以及媒体曝光的食品安全案例中得到。共总结归纳出 45 个三级指标，并由此归纳分类出 9 个二级指标和 3 个一级指标。

第二部分指标利用德尔菲专家调查法获得。专家组一共由 20 位专家组成，其中高校食品安全和管理学教授 6 位、原政府食品安全监管部门管理人员及工程师 5 位、食品安全媒体记者 4 位、食品企业高管 5 位。专家组一方面对已获取的 45 个三级指标、9 二级指标、3 个一级指标进行论证打分，以此决定哪些指标应该保留、哪些指标应该舍弃以及哪些指标应该进行修改，另一方面利用自身的专业知识，提出自己认为应该补充进入指标体系的指标，通过三轮专家论证打分、补充三级指标并对其进行论证打分，最终确定了 53 个三级指标并形成最终的我国食品安全销售环节透明度指标体系（表 8-17）。

表 8-17 食品安全销售环节透明度指标体系

目标	一级指标	二级指标	三级指标
食品安全销售环节透明度（A）	销售主体信息（B_1）	销售主体资质（C_1）	食品经营许可证信息（C_{11}）
			食品流通许可证信息（C_{12}）
			餐饮服务许可证信息（C_{13}）

续表

目标	一级指标	二级指标	三级指标
食品安全销售环节透明度（A）	销售主体信息（B_1）	销售主体资质（C_1）	销售主体信用资质状况（C_{14}）
		采购标准（C_2）	生产厂家的资质状况（C_{21}）
			采购商品检查机制（C_{22}）
			采购商品退还机制（C_{23}）
			商品采购惩罚机制（C_{24}）
			产品质量达标性信息（C_{25}）
			采购专员具备专业的食品安全知识状况（C_{26}）
		仓储环境（C_3）	仓储空间的大小状况（C_{31}）
			仓储空间的光强状况（C_{32}）
			仓储空间的温度状况（C_{33}）
			仓储空间的湿度状况（C_{34}）
			仓储环境卫生信息（C_{35}）
			仓储空间虫害控制信息（C_{36}）
			仓储空间的空气流通状况（C_{37}）
			仓储空间的货品单一性与混杂交叉信息（C_{38}）
	销售产品信息（B_2）	食品标签（C_4）	食品的成分信息（C_{41}）
			食品的营养价值信息（C_{42}）
			食用指导信息（C_{43}）
			生产工艺或方法信息（C_{44}）
			认证标志信息（C_{45}）
			食品的生产日期信息（C_{46}）
			食品的保质期信息（C_{47}）
			原料产地信息（C_{48}）
			食品生产许可证信息（SC 信息）（C_{49}）
			原料规格与等级信息（C_{410}）
			含转基因成分信息（C_{411}）
		包装物信息（C_5）	包装材料信息（C_{51}）
			包装有效期信息（C_{52}）

续表

目标	一级指标	二级指标	三级指标
食品安全销售环节透明度（A）	销售产品信息（B_2）	包装物信息（C_5）	包装盒或纸达标性信息（C_{53}）
			包装物使用指导信息（C_{54}）
			包装技术信息（C_{55}）
			包装品牌信息（C_{56}）
		销售数据库（C_6）	拆包装的责任人信息（C_{61}）
			装卸货责任人信息（C_{62}）
			上下货架责任人信息（C_{63}）
			食品库存数量信息（C_{64}）
			即将超过保质期食品的批号信息（C_{65}）
	销售管理信息（B_3）	销售环境管理（C_7）	分类陈列标准信息（C_{71}）
			温度控制合规信息（C_{72}）
			销售环境卫生信息（C_{73}）
			湿度控制合规信息（C_{74}）
			通风控制合规信息（C_{75}）
		食品安全事故应急机制（C_8）	事故产品的召回机制（C_{81}）
			事故责任方的处罚机制（C_{82}）
			消费者赔偿机制（C_{83}）
			不定期抽检机制（C_{84}）
			紧急下架机制（C_{85}）
		员工素质考核标准（C_9）	食品销售员工的身体素质状况（C_{91}）
			食品销售员工具备食品安全知识状况（C_{92}）
			食品销售员工的操作行为规范状况（C_{93}）

2. 指标体系说明

食品安全销售环节透明度指标体系，从销售主体、销售产品和销售管理三大方面进行透明度评价，这三大方面的具体指标应包含食品供应链销售环节需要评价的所有与透明度有关的信息，从而实现全方位、多角度的评价。为此需要将三个一级指标细分为 9 个二级指标即销售主体资质、采购标准、仓储环境、食品标签、包装物信息、销售数据库、销售环境管理、食品安全事故应急机制和员工素质考核标准进行细致评价。

（1）销售主体资质。由于食品领域关系到消费者的生命健康，所以应对相关的主体资质进行严格把关，并且销售主体资质的透明度将对食品安全透明度水平有很大影响。销售主体资质对应的详细三级指标，主要根据国家的法律法规获得，包括食品经营许可证信息、食品流通许可证信息和餐饮服务许可证信息，另外又从国家倡导诚信经营的角度补充一项销售主体信用资质状况，这也将与国家正在建设的信用体系相融合。

（2）采购标准。销售环节的采购标准信息一般属于企业内部信息，对外公开较少，有很大的不透明性，而且通过什么样的标准采购来的食品，将直接影响食品的安全状况，即采购工作越严格，食品安全状况越乐观。从大量关于食品采购的国内外文献以及相关法律法规中，总结归纳出采购标准对应的详细三级指标：生产厂家的资质状况、采购商品检查机制、采购商品退还机制、商品采购惩罚机制、产品质量达标性信息和采购专员具备专业的食品安全知识状况。这6个三级指标涵盖采购的主体以及相关的处理机制与信息披露，可以很好地评价采购的透明度。

（3）仓储环境。食品采购完成之后，一般很难立即出售出去，需要有一个健全的仓储环节进行合理的储存，然而对于食品进行存储的信息透明度一直不明朗，也为食品安全埋下隐患。根据相关文献及案例，将仓储环境细分为8个三级指标：仓储空间的大小状况、仓储空间的光强状况、仓储空间的温度状况、仓储空间的湿度状况、仓储环境卫生信息、仓储空间虫害控制信息、仓储空间的空气流通状况和仓储空间的货品单一性与混杂交叉信息。这8个指标包含仓储环境可能影响食品安全的所有方面，对其进行考核可以很好地评价仓储环节的食品安全透明度状况。

（4）食品标签。消费者想要获取食品产品的信息，主要通过食品标签，所以食品标签信息是否健全与正确将直接影响食品安全透明度。根据我国关于食品标签的规定以及相关专业性文献的研究，将食品标签的二级指标细分为 11 个三级指标：食品的成分信息、食品的营养价值信息、食用指导信息、生产工艺或方法信息、认证标志信息、食品的生产日期信息、食品的保质期信息、原料产地信息、食品生产许可证信息（SC 信息）、原料规格与等级信息和含转基因成分信息。

（5）包装物信息。标签依托于包装物，包装物不安全会造成对安全食品的污染，对其严格评价可以很好地促进食品安全透明度的提高，消除可能引发的隐患。根据相关包装物的专业性研究，将包装物信息细分为6个三级指标：包装材料信息、包装有效期信息、包装盒或纸达标性信息、包装物使用指导信息、包装技术信息和包装品牌信息。

（6）销售数据库。销售数据库记录着销售环节与食品产品相关联的责任人信息以及库存食品的相关信息。销售数据库可以视为一个对外发布信息的平台，不仅可以及时追溯销售环节中问题发生的源头，还可以为消费者提供一种获取信息的途径，它是实现透明度的一个重要窗口。为此将销售数据库具体划分为5个三级指标：拆包装的责任人信息、装卸货责任人信息、上下货架责任人信息、食品库存数量信息和即将超过保质期食品的批号信息。

（7）销售环境管理。销售环境管理主要评价食品现实呈现给消费者时的环境透明度，作为销售环节重要一环，如果销售环节管理不当，将造成安全的食品受到污染，影响最终的食品安全。根据相关案例以及国内外相关的文献研究，将销售环节管理详细划分为5个三级指标：分类陈列标准信息、温度控制合规信息、销售环境卫生信息、湿度控制合规信息和通风控制合规信息。

（8）食品安全事故应急机制。食品安全事故应急机制体现对食品销售中的监管、售后事故的应急处置，对于这些信息的公开，可以让消费者充分了解食品销售方对待食品安全问题的态度与方法，达到提高消费信心以及保障消费者知情权的目的。根据国家与地方的规章制度以及相关文献研究，将食品安全事故应急机制具体划分为5个三级指标：事故产品的召回机制、事故责任方的处罚机制、消费者赔偿机制、不定期抽检机制和紧急下架机制。

（9）员工素质考核标准。每个环节都需要人的参与才能完成，然而往往对于相关人员的信息公布显得很不透明，这也就为食品安全造成隐患，所以对员工素质的考核显得尤为重要。只有员工自身具备了良好的素养，才能保证在每个环节中按标准办事，减少食品安全问题的发生，并且对其进行充分的考核，可以有效地对以上 8 个二级指标进行补充，构成一个更加全面的销售环节透明度指标体系。因此，将员工素质考核标准细分为 3 个三级指标：食品销售员工的身体素质状况、食品销售员工具备食品安全知识状况和食品销售员工的操作行为规范状况。

8.3.2　网络层次分析-模糊综合评价模型构建

1. 网络层次分析-模糊综合评价模型简述

网络层次分析-模糊综合评价模型由网络层次分析法和模糊综合评价法综合构成。网络层次分析法能够弥补层次分析法在评价指标体系时难以衡量指标之间、层与层之间相互影响的缺陷（Saaty，2003）；模糊综合评价法依据模糊数学的隶属度理论，可以有效实现定性指标的定量评价（Sala et al.，2005），因此，被广泛应用于评价物流企业绩效（李霞，2014）、部门竞争水平（Dağdeviren and İhsan，2010）、质量机能展开对产品发展的影响（Zaim et al.，2014）等众多领域。鉴于食品安全信息透明度涉及面广、指标体系庞大以及指标之间关系错综复杂，网络层次分析-模糊综合评价法在评价食品安全信息透明度方面具有独特优势。

（1）构建网络层次结构模型，确定控制层的准则权重。构建网络层次分析结构模型，需要系统分析出控制层和网络层，并理清每个元素之间的关系。确定控制层的准则权重，在元素之间相互独立的时候，给定一个准则，比较哪个指标相对于这个准则更重要。根据 1~9 标度法（表 8-2），可以两两比较出彼此之间的相对重要程度，并通过层次分析法求出各自的权重。

（2）构建超矩阵。设网络层次分析中控制层准则有 $P_1, P_2, \cdots, P_m$，网络层有元素集为 $C_1, C_2, \cdots, C_N$，其中 C_i 有元素 $C_{i1}, C_{i2}, \cdots, C_{in}$，$i = 1, 2, \cdots, N$。以控制层元素 P_s 为准则，以 C_j 中元素 C_{j1} 为次准则，根据标度法构造判断矩阵，得到归一特征向量 $\left(w_{i1}, w_{i2}, \cdots, w_{in}\right)^{\mathrm{T}}$ 即网络元素排序向量。对得到的向量进行一致性检验。只有当 CR 小于 0.1 时，才能通过检验，否则需要调整判断矩阵元素的取值。同理，得到其他元素的归一特征向量，进而得到一个超矩阵，记为$\boldsymbol{W}_{ij}$：$\boldsymbol{W}_{ij}=\begin{vmatrix} w_{i1}^{(j1)} & w_{i2}^{(j2)} & \cdots & w_{i1}^{(jn_j)} \\ w_{i2}^{(j1)} & w_{i2}^{(j2)} & \cdots & w_{i2}^{(jn_j)} \\ \vdots & \vdots & & \vdots \\ w_{in_i}^{(j1)} & w_{in_i}^{(j2)} & \cdots & w_{in_i}^{(jn_j)} \end{vmatrix}$，这里$\boldsymbol{W}_{ij}$的列向量就是$C_i$中元素$C_{i1},C_{i2},\cdots,C_{in}$。如果$C_j$中元素不受$C_i$中元素影响，则$\boldsymbol{W}_{ij}=0$。因此，最终可以在$P_s$准则下，获得超矩阵$\boldsymbol{W}$。同理，获得其他控制元素的超矩阵：$\boldsymbol{W}_{ij}=\begin{vmatrix} w_{11} & w_{12} & \cdots & w_{1N} \\ w_{21} & w_{22} & \cdots & w_{2N} \\ \vdots & \vdots & & \vdots \\ w_{N1} & w_{N2} & \cdots & w_{NN} \end{vmatrix}$。

（3）计算极限超矩阵，获得局部权重。对加权超矩阵$\boldsymbol{W}$进行稳定化处理即计算极限相对排序向量：$\lim\limits_{k\to\infty}(1/N)\sum\limits_{k=1}^{N}\boldsymbol{W}^{k}$。根据以上计算得最终的结果即超矩阵的结果对应着各元素组的局部权重。

（4）构建评价矩阵。设评价指标等级的评语集$V=(v_1,v_2,\cdots,v_m)$及量化评价结果的数值集$N=(N_1,N_2,\cdots,N_m)$，并建立隶属矩阵$\boldsymbol{R}=(r_{ij})_{n\times m}$，其中$r_{ij}=\dfrac{\text{第}i\text{个指标选择}v_i\text{等级的个数}}{\text{参与评价个数}}$，利用模糊评价矩阵$\boldsymbol{S}$与数值集$N$导出最终评定指数$F$。

2. 基于网络层次分析法的指标权重计算

1）建立评价模型

根据前文提及的计算指标权重步骤，首先需要构建评价模型（图 8-5）。在此评价模型中，目标层中目标为食品安全销售环节透明度，准则为销售主体信息、销售产品信息和销售管理信息。网络层中有九个元素集分别为销售主体资质、采购标准、仓储环境、食品标签、包装物信息、销售数据库、销售环境管理、食品安全事故应急机制和员工素质考核标准，每个元素集下面对应各自的元素。元素集内部、元素集之间和元素之间存在相互影响依存关系。通过这个模型，可以对对象层的实际对象进行透明度评价。

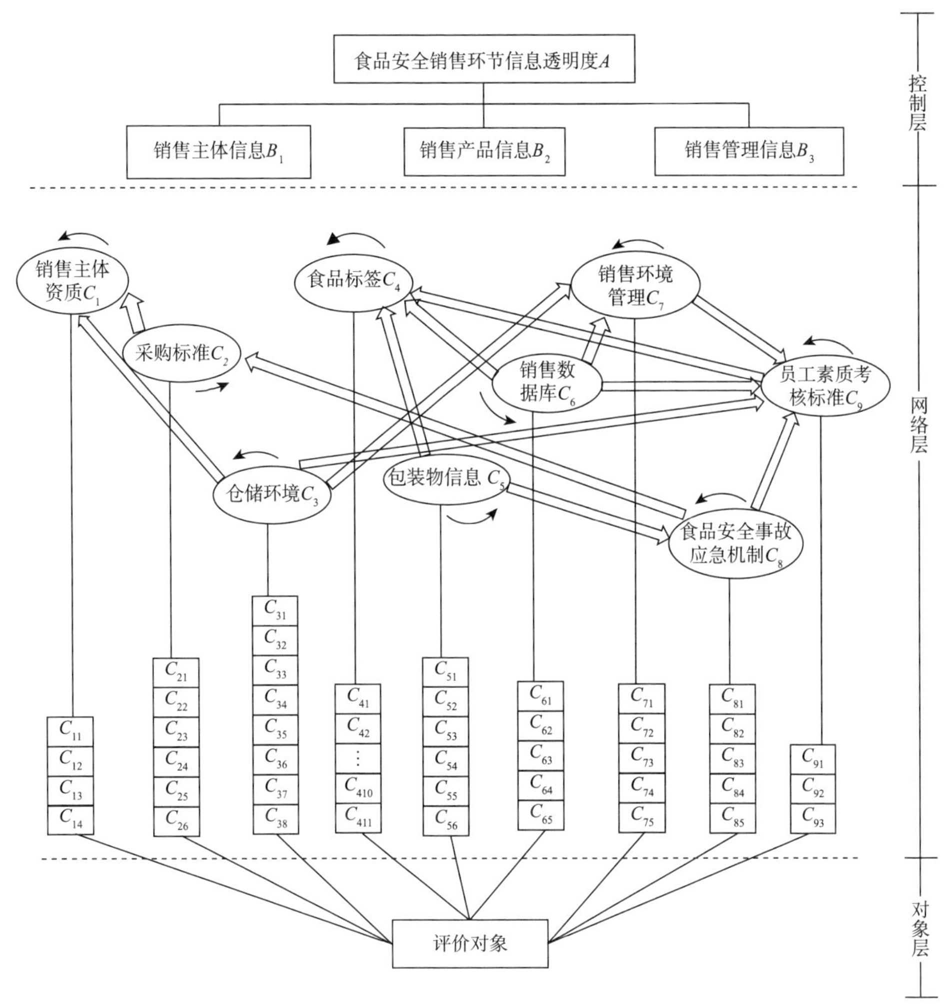

图8-5　食品安全销售环节信息透明度评价模型

2）指标权重的确定

基于以上计算原理及评价模型，利用Super Decision软件获得需要的权重。由于食品安全销售环节透明度一级指标之间是彼此独立的，所以其权重可以使用层次分析法获得（表8-18），而网络层的元素集以及各元素的权重需要严格按照网络层级结构通过Super Decision软件获得（表8-19）。

表 8-18 食品安全销售环节透明度一级指标权重

一级指标	权重
销售主体信息（B_1）	0.443
销售产品信息（B_2）	0.169
销售管理信息（B_3）	0.387

表 8-19 食品安全销售环节透明度指标权重

二级指标	局部权重	全局权重	三级指标	局部权重	全局权重
销售主体资质（C_1）	0.540	0.231	食品经营许可证信息（C_{11}）	0.333	0.048
			食品流通许可证信息（C_{12}）	0.167	0.024
			餐饮服务许可证信息（C_{13}）	0.333	0.048
			销售主体信用资质状况（C_{14}）	0.167	0.024
采购标准（C_2）	0.297	0.193	生产厂家的资质状况（C_{21}）	0.201	0.048
			采购商品检查机制（C_{22}）	0.317	0.077
			采购商品退还机制（C_{23}）	0.060	0.015
			商品采购惩罚机制（C_{24}）	0.133	0.032
			产品质量达标性信息（C_{25}）	0.158	0.038
			采购专员具备专业的食品安全知识状况（C_{26}）	0.131	0.032
仓储环境（C_3）	0.163	0.043	仓储空间的大小状况（C_{31}）	0.027	0.001
			仓储空间的光强状况（C_{32}）	0.037	0.002
			仓储空间的温度状况（C_{33}）	0.112	0.006
			仓储空间的湿度状况（C_{34}）	0.112	0.006
			仓储环境卫生信息（C_{35}）	0.203	0.011
			仓储空间虫害控制信息（C_{36}）	0.231	0.012
			仓储空间的空气流通状况（C_{37}）	0.116	0.006
			仓储空间的货品单一性与混杂交叉信息（C_{38}）	0.163	0.009
食品标签（C_4）	0.540	0.101	食品的成分信息（C_{41}）	0.131	0.017
			食品的营养价值信息（C_{42}）	0.044	0.006
			食用指导信息（C_{43}）	0.051	0.006

续表

二级指标	局部权重	全局权重	三级指标	局部权重	全局权重
食品标签（C_4）	0.540	0.101	生产工艺或方法信息（C_{44}）	0.018	0.002
			认证标志信息（C_{45}）	0.041	0.005
			食品的生产日期信息（C_{46}）	0.220	0.028
			食品的保质期信息（C_{47}）	0.232	0.029
			原料产地信息（C_{48}）	0.017	0.002
			食品生产许可证信息（SC 信息）（C_{49}）	0.141	0.018
			原料规格与等级信息（C_{410}）	0.039	0.005
			含转基因成分信息（C_{411}）	0.066	0.008
包装物信息（C_5）	0.163	0.022	包装材料信息（C_{51}）	0.151	0.002
			包装有效期信息（C_{52}）	0.305	0.004
			包装盒或纸达标性信息（C_{53}）	0.324	0.005
			包装物使用指导信息（C_{54}）	0.102	0.001
			包装技术信息（C_{55}）	0.059	0.001
			包装品牌信息（C_{56}）	0.059	0.001
销售数据库（C_6）	0.297	0.035	拆包装的责任人信息（C_{61}）	0.068	0.002
			装卸货责任人信息（C_{62}）	0.068	0.002
			上下货架责任人信息（C_{63}）	0.095	0.002
			食品库存数量信息（C_{64}）	0.096	0.002
			即将超过保质期食品的批号信息（C_{65}）	0.674	0.015
销售环境管理（C_7）	0.140	0.046	分类陈列标准信息（C_{71}）	0.074	0.004
			温度控制合规信息（C_{72}）	0.121	0.007
			销售环境卫生信息（C_{73}）	0.376	0.022
			湿度控制合规信息（C_{74}）	0.215	0.012
			通风控制合规信息（C_{75}）	0.215	0.012
食品安全事故应急机制（C_8）	0.528	0.214	事故产品的召回机制（C_{81}）	0.250	0.067
			事故责任方的处罚机制（C_{82}）	0.250	0.067
			消费者赔偿机制（C_{83}）	0.125	0.033

续表

二级指标	局部权重	全局权重	三级指标	局部权重	全局权重
食品安全事故应急机制（C_8）	0.528	0.214	不定期抽检机制（C_{84}）	0.125	0.033
			紧急下架机制（C_{85}）	0.250	0.067
员工素质考核标准（C_9）	0.333	0.115	食品销售员工的身体素质状况（C_{91}）	0.400	0.029
			食品销售员工具备食品安全知识状况（C_{92}）	0.200	0.014
			食品销售员工的操作行为规范状况（C_{93}）	0.400	0.029

由表 8-18 可知，一级指标中销售主体信息所占权重最大，为 44.3%，其次是销售管理信息，占 38.7%，所占比重最少的是销售产品信息，只有 16.9%。这反映了每个一级指标对透明度不同的影响程度，同时从另一个角度也说明了如果某类一级指标所占比重越大，对其透明度要求也就越高。

由表 8-19 可知，二级指标中所占比重在前三位的是销售主体资质、食品安全事故应急机制、采购标准，权重分别为 23.1%、21.4%、19.3%，所占权重最小的是包装物信息，比例为 2.2%。从这些二级指标的权重可以得出，资质、标准和机制这些很难被公众所知晓的信息，成为影响透明度的主要因素，而一些已经为公众所熟知的信息如包装物信息等对透明度影响较小。

另外，从表 8-19 呈现出的三级指标权重可知，采购商品检查机制对透明度影响最大，权重为 7.7%，其次是事故产品的召回机制、事故责任方的处罚机制和紧急下架机制，均占 6.7%，再次是食品经营许可证信息、餐饮服务许可证信息、生产厂家的资质状况，都是 4.8%。其中对透明度影响最小的是仓储空间的大小状况、包装物使用指导信息、包装技术信息和包装品牌信息，均为 0.1%。三级指标对透明度影响的分析结果与二级指标分析结果类似，即资质、标准和机制方面对透明度影响更大。

8.3.3 样本数据采集与统计性分析——以乳制品为例

1. 样本选择与调查采样表设计

1）样本选择

基于如下考虑，将乳制品作为销售环节食品安全信息透明的调查采样对象。

第一，乳制品是人们日常生活中的重要营养食品之一，尤其是婴幼儿奶粉，其几乎是婴幼儿的主要食品。然而目前我国乳制品的食品安全不容乐观，尤其是“三聚氰胺”事件以后，消费者对乳制品的食品安全问题关注度愈加高涨，因而乳制品的食品安全信息透明度如何，成为一个迫切需要解答的问题。

第二，目前对乳制品的研究主要偏重质量安全控制方面，忽视了对乳制品销售环节的食品安全信息透明度的研究，而且乳制品的食品安全信息透明度处于何种水平，将直接影响乳制品的食品安全问题的隐患大小。因此，通过此次调查采样研究，可以对乳制品研究做出必要补充，减少乳制品的食品安全隐患。

2）调查采样表设计

结合本节研究主题，课题组设计出初步的调查采样表。调查采样表采用五档打分形式，对乳制品销售环节的食品安全信息透明度进行考量，其中“好”表示 100 分、“较好”表示 75 分、“一般”表示 50 分、“较差”表示 25 分、“差”表示 0 分，调查采样表中的条目依据乳制品销售环节的食品安全信息透明度指标体系进行设计。为更客观地研究乳制品销售环节的食品安全信息透明度，课题组首先开展了乳制品销售环节的食品安全信息透明度调查采样表的预调查采样，通过回收、分析、修正预调查采样表，最终确定出的调查采样表包括销售主体资质、采购标准、仓储环境、食品标签、包装物信息、销售数据库、销售环境管理、食品安全事故应急机制和员工素质考核标准共九个部分。调查采样表中每个条目的五档等分项均有与之对应的准则，作为打分依据。

2. 数据来源

正式调查采样于 2016 年 1~2 月展开。课题组组建了 79 人的食品安全透明度调查采样团队，其中调查员均是有调查经验的大学教授、研究生、本科生及普通消费者。团队共分为两组，一组由 8 名研究生和 16 名本科生组成，主要负责调查采样线上购物网站中销售乳制品的商家；二组由 5 位大学教授及其所联络的 50 位普通消费者组成，主要负责调查采样江苏省、辽宁省、福建省、陕西省、江西省、黑龙江省及山西省线下销售乳制品的大型超市、一般商家及小卖铺[①]。调查采样表的填写由调查员直接负责而非乳制品商家，打分严格依据打分准则执行。

本次调查采样，一份调查采样表代表一个商家，线下共填写 420 份调查采样表，其中，无效调查采样表 18 份，有效调查采样表数 402 份，有效率为 95.71%。线上共填写 1 230 份调查采样表，其中，无效调查采样表 31 份，有效调查采样表 1 199 份，有效率 97.48%。因此，本次调查采样整体共填写调查采样表 1 650 份，其中，无效调查采样表 49 份，有效调查采样表 1 601 份，整体有效率为 97.03%，并且每份调查采样表共有 51 个条目，每个条目对应 5 个等分项，因而本次调查采样共采集到数据总容量为 408 255 个。

3. 样本的统计描述性分析

1）样本特征

线上受到调查采样的购物网站特征和乳制品品牌特征分别如表 8-20 和表 8-21 所示，线下受到调查采样的省份及其城市特征和商家类型特征分别如表 8-22 和表 8-23 所示。

表 8-20 线上受到调查采样的购物网站特征

网站	次数	占比	网站	次数	占比
京东	206	0.172	海带	1	0.001
1 号店	109	0.091	华润万家	1	0.001
E 家网	1	0.001	蜜芽	2	0.002
e 万家	7	0.006	顺丰优选	10	0.008
本来生活网	2	0.002	苏宁易购	71	0.059
当当	1	0.001	淘宝	509	0.425

① 为了便于调查采样的数据收集和分析，在开展针对线下乳制品商家调查采样之前，将线下乳制品商家分为三种类型，分别为小卖铺、一般商家和大型超市。其中小卖铺指小微型个体商家如水果摊等，大型超市指规模大、综合性的商家，如苏果、沃尔玛等，而一般商家则介于小卖铺和大型超市之间。

续表

网站	次数	占比	网站	次数	占比
东方卫视	1	0.001	天猫	210	0.175
飞牛网	30	0.025	亚马逊	19	0.016
国美	1	0.001	中粮我买网	18	0.015

表 8-21　线上受到调查采样的乳制品品牌特征

品牌	次数	占比	品牌	次数	占比	品牌	次数	占比
a2	14	0.012	惠氏	19	0.016	雀巢	104	0.087
Aptamil	15	0.013	君乐宝	23	0.019	三元	23	0.019
Similac	16	0.013	咔哇熊	19	0.016	上质	10	0.008
爱氏晨曦	11	0.009	可瑞康	9	0.008	生机谷	8	0.007
爱他美	16	0.013	莱爱家	3	0.003	圣牧	13	0.011
澳优	16	0.013	兰特	7	0.006	圣元	15	0.013
贝拉米	16	0.013	乐博维	13	0.011	施恩	2	0.002
贝因美	15	0.013	乐天	14	0.012	斯丁格	4	0.003
贝智康	15	0.013	罗兹姑娘	10	0.008	素加	12	0.010
宾格瑞	11	0.009	绿林贝	3	0.003	太子乐	10	0.008
德亚	11	0.009	迈高	12	0.010	特福芬	15	0.013
德运	14	0.012	美捷诚	13	0.011	天赋力	11	0.009
多美鲜	14	0.012	美庐	14	0.012	完达山	30	0.025
多美滋	16	0.013	美素佳儿	16	0.013	旺旺	63	0.053
飞鹤	20	0.017	美赞臣	14	0.012	韦沃	6	0.005
斐婴宝	15	0.013	蒙牛	16	0.013	维维	13	0.011
风车牧场	9	0.008	明一	14	0.012	味全	22	0.018
甘蒂牧场	11	0.009	明治	6	0.005	喜安智	2	0.002
高培	9	0.008	牛栏	31	0.026	喜宝	21	0.018
高原之宝	4	0.003	纽麦福	16	0.013	新希望	3	0.003
光明	17	0.014	纽瑞滋	14	0.012	旭贝尔	12	0.010

续表

品牌	次数	占比	品牌	次数	占比	品牌	次数	占比
合生元	16	0.013	纽仕兰	12	0.010	雅培	12	0.010
荷高	8	0.007	努卡	8	0.007	雅士利	12	0.010
荷兰牛乳	13	0.011	诺优能	14	0.012	伊利	47	0.039
亨氏	16	0.013	欧贝嘉	6	0.005	音苏提	5	0.004
辉山	12	0.010	欧德堡	14	0.012	优比特	1	0.001
惠恩	1	0.001	启赋	12	0.010	有机谷	20	0.017

表 8-22　线下受到调查采样的省份及其城市特征

省份	次数	占比	市	次数
江苏省	359	0.893	常州市	11
			淮安市	31
			泰州市	32
			连云港市	20
			南京市	173
			无锡市	46
			徐州市	16
			扬州市	30
福建省	10	0.025	泉州市	10
黑龙江省	1	0.002	哈尔滨市	1
江西省	3	0.007	南昌市	3
辽宁省	18	0.045	大连市	1
			锦州市	10
			沈阳市	6
			新民市	1
山西省	1	0.002	运城市	1
陕西省	10	0.025	西安市	10

表 8-23　线下受到调查采样的商家类型特征

商家类型	次数	占比
小卖铺	89	0.221
一般商家	184	0.458
大型超市	129	0.321

线上共调查采样国内 18 家主流的购物网站，其中，淘宝受调查采样次数最多，为 509 次，其次依次为天猫、京东、1 号店和苏宁易购，这 5 家大型购物网站也是国内消费者主要线上选购乳制品的渠道。另外，为使调查采样更加全面、最终结果更具说服力，课题组同时对其他 13 家购物网站开展适当调查采样。

线上受到调查采样的乳制品品牌一共 81 种，其中，雀巢受到调查采样次数最多，为 104 次，其次依次为旺旺、伊利、牛栏、完达山、三元、君乐宝和味全，这 8 种品牌基本代表了进口乳制品和国产乳制品不同规模和特点的乳制品商家。另外，为使最终结果更具说服力，课题组同时对其他 73 个品牌开展适当调查采样。

为使线下调查采样能够更好地反映我国乳制品的实际情况，受到调查采样的 7 个省份代表着东、中、西部地区，其中，以东部地区调查采样为主。在受到调查采样的 7 个省份中，江苏省受到调查采样次数最多，为 359 次，其次依次为辽宁省、福建省、陕西省、江西省、黑龙江省和山西省。在江苏省中，受到调查采样次数最多的城市为南京市，为 173 次，江苏省受调查采样的城市涵盖了苏南、苏中和苏北地区。

在线下调研中，一般商家受调查采样次数最多，为 184 次，其次分别为大型超市和小卖铺，这反映了现实生活中乳制品商家的实际数量及分布情况：乳制品的一般商家数量最多且与居民融合度最高，其次为大型超市，最后为小卖铺。

2）信度、效度

为检验调查采样结果的可信性和有效性，进行信度和效度检验，见表 8-24。

表 8-24 调查采样表的信度和效度检验

调查采样区域	Cronbach's α	KMO	Bartlett	df	Sig.
线上	0.957	0.951	92 336.274	1 275	0.000
线下	0.978	0.965	23 171.385	1 275	0.000
整体	0.975	0.972	111 604.472	1 275	0.000

根据表8-24可知，线上、线下及整体的信度指标Cronbach's α 值均在0.9以上，说明线上、线下及整体的测度具有很好的内部一致性和稳定性，信度相当好。另外，线上、线下及整体的构建效度指标 KMO 均在 0.9 以上，说明因素分析适当性比较好，效度比较高。

8.3.4 模型计算与结果分析

1. 模型计算

本节选取的评语集为 V={好，较好，一般，较差，差}，量化评价结果的数值集为 $N=\{100,75,50,25,0\}$。根据 1 601 份调查采样表获取的数据，按照线下、线上及整体三种情况分别进行汇总统计，分别见表 8-25~表 8-27。另外根据线下商铺类型开展统计，线上选取国内具有代表性的三家购物网站进行统计。

表 8-25 乳制品销售环节的食品安全信息透明度指标评价的线下次数统计

指标	线下评价次数统计					评价结果	指标	线下评价次数统计					评价结果
	好	较好	一般	较差	差			好	较好	一般	较差	差	
C_{11}	172	100	49	68	13	较好	C_{25}	122	148	82	49	1	较好
C_{12}	180	81	75	54	12	较好	C_{26}	43	113	143	59	44	一般
C_{13}	143	123	116	19	1	较好	C_{31}	90	81	180	40	11	一般
C_{21}	115	185	72	30	0	较好	C_{32}	72	104	118	89	19	一般
C_{22}	50	161	100	51	40	一般	C_{33}	79	118	96	96	13	一般
C_{23}	47	121	130	64	40	一般	C_{34}	65	124	84	78	51	一般
C_{24}	33	133	110	84	42	一般	C_{35}	96	105	113	57	31	一般

续表

指标	线下评价次数统计					评价结果	指标	线下评价次数统计					评价结果
	好	较好	一般	较差	差			好	较好	一般	较差	差	
C_{36}	66	103	96	93	44	一般	C_{61}	118	2	184	0	98	一般
C_{37}	64	109	121	94	14	一般	C_{62}	109	2	200	1	90	一般
C_{38}	41	113	128	89	31	一般	C_{63}	125	1	194	1	81	一般
C_{41}	195	146	54	6	1	较好	C_{64}	59	90	121	83	49	一般
C_{42}	186	135	58	21	2	较好	C_{65}	128	3	150	3	118	一般
C_{43}	204	3	156	1	38	较好	C_{71}	98	135	76	69	24	较好
C_{44}	328	4	2	0	68	较好	C_{72}	81	140	69	57	55	一般
C_{45}	192	110	51	14	35	较好	C_{73}	90	135	78	43	56	一般
C_{46}	267	95	31	6	3	好	C_{74}	73	122	73	55	79	一般
C_{47}	272	104	21	2	3	好	C_{75}	53	165	54	64	66	一般
C_{48}	157	125	64	10	46	较好	C_{81}	28	108	148	49	69	一般
C_{49}	290	3	88	2	19	较好	C_{82}	36	101	119	93	53	一般
C_{410}	110	129	77	20	66	一般	C_{83}	32	120	98	101	51	一般
C_{51}	327	1	1	0	73	较好	C_{84}	24	111	59	129	79	一般
C_{52}	281	1	2	0	118	较好	C_{85}	64	99	87	88	64	一般
C_{53}	290	1	2	0	109	较好	C_{91}	83	121	85	65	48	一般
C_{54}	159	5	134	1	103	一般	C_{92}	56	86	120	62	78	一般
C_{55}	267	0	2	0	133	较好	C_{93}	72	119	95	43	73	一般
C_{56}	289	2	2	0	109	较好							

表 8-26　乳制品销售环节的食品安全信息透明度指标评价的线上次数统计

指标	线上评价次数统计					评价结果	指标	线上评价次数统计					评价结果
	好	较好	一般	较差	差			好	较好	一般	较差	差	
C_{11}	169	97	177	477	279	较差	C_{22}	20	95	187	191	706	较差
C_{12}	63	99	199	506	332	较差	C_{23}	109	186	135	160	609	较差
C_{13}	491	355	219	40	94	较好	C_{24}	3	189	225	155	627	较差
C_{21}	482	315	60	86	256	较好	C_{25}	469	50	333	93	254	一般

续表

指标	线上评价次数统计					评价结果	指标	线上评价次数统计					评价结果
	好	较好	一般	较差	差			好	较好	一般	较差	差	
C_{26}	2	11	165	346	675	较差	C_{54}	132	1	129	2	935	较差
C_{31}	15	93	138	300	653	较差	C_{55}	340	0	0	0	859	较差
C_{32}	12	91	138	305	653	较差	C_{56}	158	0	0	2	1 039	较差
C_{33}	23	99	138	305	634	较差	C_{61}	5	0	82	2	1 110	差
C_{34}	7	55	135	347	655	较差	C_{62}	110	0	47	2	1 040	差
C_{35}	20	69	168	292	650	较差	C_{63}	14	0	76	2	1 107	差
C_{36}	9	54	57	309	770	较差	C_{64}	466	14	69	164	486	一般
C_{37}	5	71	165	297	661	较差	C_{65}	29	0	238	3	929	差
C_{38}	124	29	30	251	765	较差	C_{71}	119	14	109	301	656	较差
C_{41}	907	18	27	6	241	较好	C_{72}	3	57	124	357	658	较差
C_{42}	987	27	33	4	148	较好	C_{73}	1	59	125	356	658	较差
C_{43}	789	0	92	0	318	较好	C_{74}	2	56	125	356	660	较差
C_{44}	504	3	1	0	691	一般	C_{75}	1	58	124	357	659	较差
C_{45}	609	69	46	158	317	一般	C_{81}	1	69	107	347	675	较差
C_{46}	909	10	2	87	191	较好	C_{82}	1	113	154	253	678	较差
C_{47}	1 160	5	0	1	33	好	C_{83}	113	89	155	237	605	较差
C_{48}	765	88	22	10	314	较好	C_{84}	3	26	129	364	677	较差
C_{49}	414	1	27	0	757	较差	C_{85}	1	59	109	344	686	较差
C_{410}	465	64	20	177	473	一般	C_{91}	0	9	49	299	842	差
C_{51}	253	0	0	0	946	较差	C_{92}	0	10	55	293	841	差
C_{52}	121	0	0	0	1 078	差	C_{93}	41	30	55	292	781	较差
C_{53}	134	0	0	0	1 065	差							

表 8-27 乳制品销售环节的食品安全信息透明度指标评价的整体次数统计

指标	整体评价次数统计					评价结果	指标	整体评价次数统计					评价结果
	好	较好	一般	较差	差			好	较好	一般	较差	差	
C_{11}	341	197	226	545	292	一般	C_{12}	243	180	274	560	344	一般

续表

指标	整体评价次数统计					评价结果	指标	整体评价次数统计					评价结果
	好	较好	一般	较差	差			好	较好	一般	较差	差	
C_{13}	634	478	335	59	95	较好	C_{51}	580	1	1	0	1 019	较差
C_{21}	597	500	132	116	256	较好	C_{52}	402	1	2	0	1 196	较差
C_{22}	70	256	287	242	746	较差	C_{53}	424	1	2	0	1 174	较差
C_{23}	156	307	265	224	649	较差	C_{54}	291	6	263	3	1 038	较差
C_{24}	36	322	335	239	669	较差	C_{55}	607	0	2	0	992	一般
C_{25}	591	198	415	142	255	一般	C_{56}	447	2	2	2	1 148	较差
C_{26}	45	124	308	405	719	较差	C_{61}	123	2	266	2	1 208	较差
C_{31}	105	174	318	340	664	较差	C_{62}	219	2	247	3	1 130	较差
C_{32}	84	195	256	394	672	较差	C_{63}	139	1	270	3	1 188	较差
C_{33}	102	217	234	401	647	较差	C_{64}	525	104	190	247	535	一般
C_{34}	72	179	219	425	706	较差	C_{65}	157	3	388	6	1 047	较差
C_{35}	116	174	281	349	681	较差	C_{71}	217	149	185	370	680	较差
C_{36}	75	157	153	402	814	较差	C_{72}	84	197	193	414	713	较差
C_{37}	69	180	286	391	675	较差	C_{73}	91	194	203	399	714	较差
C_{38}	165	142	158	340	796	较差	C_{74}	75	178	198	411	739	较差
C_{41}	1 102	164	81	12	242	较好	C_{75}	54	223	178	421	725	较差
C_{42}	1 173	162	91	25	150	较好	C_{81}	29	177	255	396	744	较差
C_{43}	993	3	248	1	356	较好	C_{82}	37	214	273	346	731	较差
C_{44}	832	7	3	0	759	一般	C_{83}	145	209	253	338	656	较差
C_{45}	801	179	97	172	352	较好	C_{84}	27	137	188	493	756	较差
C_{46}	1 176	105	33	93	194	较好	C_{85}	65	158	196	432	750	较差
C_{47}	1 432	109	21	3	36	好	C_{91}	83	130	134	364	890	较差
C_{48}	922	213	86	20	360	较好	C_{92}	56	96	175	355	919	较差
C_{49}	704	4	115	2	776	一般	C_{93}	113	149	150	335	854	较差
C_{410}	575	193	97	197	539	一般							

由表 8-19 知，一级指标权重为 $\boldsymbol{W}_A=(0.443\ 0.169\ 0.387)$；二级指标权

重分别为W_{B_1}=（0.540 0.297 0.163），W_{B_2}=（0.540 0.163 0.297），W_{B_3}=（0.140 0.528 0.333）；三级指标权重分别为W_1=（0.333 0.167 0.333 0.167），W_2=（0.201 0.317 0.060 0.133 0.158 0.131），W_3=（0.027 0.037 0.112 0.112 0.203 0.231 0.116 0.163），W_4=（0.319 0.050 0.055 0.019 0.048 0.231 0.244 0.019 0.151 0.044），W_5=（0.151 0.305 0.324 0.102 0.059 0.059），W_6=（0.068 0.068 0.095 0.096 0.674），W_7=（0.074 0.121 0.376 0.215 0.215），W_8=（0.250 0.250 0.125 0.125 0.250），W_9=（0.400 0.200 0.400）。

线下乳制品销售环节的食品安全信息透明度的模糊综合评价过程如下：

销售主体资质对应的三级指标评价矩阵为$R_1=\begin{bmatrix}0.428 & 0.249 & 0.122 & 0.169 & 0.032\\ 0.448 & 0.202 & 0.187 & 0.134 & 0.030\\ 0.356 & 0.306 & 0.289 & 0.047 & 0.003\end{bmatrix}$，其对应的三级指标权重为$W_1$=（0.500 0.250 0.250），由此得销售主体资质的评价向量为

$$C_1=W_1\cdot R_1=\begin{bmatrix}0.415 & 0.251 & 0.180 & 0.130 & 0.024\end{bmatrix}$$

同理，分别得采购标准、仓储环境、食品标签、包装物信息、销售数据库、销售环境管理、食品安全事故应急机制和员工素质考核标准的评价向量为

$$C_2=\begin{bmatrix}0.177 & 0.377 & 0.249 & 0.131 & 0.066\end{bmatrix}$$

$$C_3=\begin{bmatrix}0.174 & 0.272 & 0.272 & 0.205 & 0.078\end{bmatrix}$$

$$C_4=\begin{bmatrix}0.604 & 0.220 & 0.128 & 0.015 & 0.033\end{bmatrix}$$

$$C_5=\begin{bmatrix}0.692 & 0.004 & 0.038 & 0.000 & 0.266\end{bmatrix}$$

$$C_6=\begin{bmatrix}0.297 & 0.027 & 0.391 & 0.025 & 0.260\end{bmatrix}$$

$$C_7=\begin{bmatrix}0.194 & 0.347 & 0.176 & 0.134 & 0.151\end{bmatrix}$$

$$C_8-\begin{bmatrix}0.097 & 0.263 & 0.269 & 0.215 & 0.156\end{bmatrix}$$

$$C_9=\begin{bmatrix}0.182 & 0.282 & 0.239 & 0.138 & 0.159\end{bmatrix}$$

根据销售主体资质、采购标准和仓储环境的评价向量得销售主体信息的评价矩阵：

$$\boldsymbol{B}_1=\begin{bmatrix}\boldsymbol{C}_1\\\boldsymbol{C}_2\\\boldsymbol{C}_3\end{bmatrix}=\begin{bmatrix}0.415 & 0.251 & 0.180 & 0.130 & 0.024\\0.177 & 0.377 & 0.249 & 0.131 & 0.066\\0.174 & 0.272 & 0.272 & 0.205 & 0.078\end{bmatrix}$$

由此得销售主体信息的评价向量为 $\boldsymbol{U}_1=\boldsymbol{W}_{B_1}\bullet\boldsymbol{B}_1=\begin{bmatrix}0.305 & 0.292 & 0.215 & 0.143 & 0.045\end{bmatrix}$。同理，得销售产品信息的评价向量为 $\boldsymbol{U}_2=\boldsymbol{W}_{B_2}\bullet\boldsymbol{B}_2=\begin{bmatrix}0.527 & 0.127 & 0.191 & 0.016 & 0.138\end{bmatrix}$ 和销售管理信息的评价向量为 $\boldsymbol{U}_3=\boldsymbol{W}_{B_3}\bullet\boldsymbol{B}_3=\begin{bmatrix}0.139 & 0.281 & 0.246 & 0.178 & 0.156\end{bmatrix}$。

根据销售主体信息、销售产品信息和销售管理信息的评价向量得线下乳制品销售环节的食品安全信息透明度指标的评价矩阵：

$$\boldsymbol{U}=\begin{bmatrix}0.305 & 0.292 & 0.215 & 0.143 & 0.045\\0.527 & 0.127 & 0.191 & 0.016 & 0.138\\0.139 & 0.281 & 0.246 & 0.178 & 0.156\end{bmatrix}$$

由此得线下乳制品销售环节的食品安全信息透明度的评价向量为

$$\boldsymbol{S}_1=\boldsymbol{W}_A\bullet\boldsymbol{U}=\begin{bmatrix}0.278 & 0.260 & 0.223 & 0.135 & 0.104\end{bmatrix}$$

所以线下乳制品销售环节的食品安全信息透明度最终得分为

$$F_1=0.278\times100+0.260\times75+0.223\times50+0.135\times25+0.104\times0=61.825$$

同理，得线上乳制品销售环节的食品安全信息透明度的评价向量为

$$\boldsymbol{S}_2=\begin{bmatrix}0.143 & 0.070 & 0.108 & 0.216 & 0.464\end{bmatrix}$$

整体乳制品销售环节的食品安全信息透明度的评价向量为

$$\boldsymbol{S}_3=\begin{bmatrix}0.176 & 0.118 & 0.137 & 0.195 & 0.374\end{bmatrix}$$

所以线上乳制品销售环节的食品安全信息透明度最终得分 F_2 为 30.350 分，整体乳制品销售环节的食品安全信息透明度最终得分 F_3 为 38.175 分（表 8-28）。

表 8-28 线下、线上及整体乳制品销售环节的食品安全信息透明度的最终得分

评价目标	好	较好	一般	较差	差	最终得分
线下乳制品销售环节的食品安全信息透明度	0.278	0.260	0.223	0.135	0.104	61.825
线上乳制品销售环节的食品安全信息透明度	0.143	0.070	0.108	0.216	0.464	30.350
整体乳制品销售环节的食品安全信息透明度	0.176	0.118	0.137	0.195	0.374	38.175

同理，线下不同类型商家乳制品的食品安全信息透明度综合评价结果如表 8-29 所示。

表 8-29 线下不同类型商铺销售的乳制品食品安全信息透明度的最终得分

评价目标	好	较好	一般	较差	差	最终得分
大型超市乳制品的食品安全信息透明度	0.458	0.321	0.157	0.081	0.032	79.750
一般商家乳制品的食品安全信息透明度	0.219	0.238	0.253	0.146	0.144	56.050
小卖铺乳制品的食品安全信息透明度	0.190	0.219	0.255	0.213	0.124	53.500

大型超市乳制品的食品安全信息透明度最终得分为

$$F_4 = 0.458\times100 + 0.321\times75 + 0.157\times50 + 0.081\times25 + 0.032\times0 = 79.750$$

一般商家乳制品的食品安全信息透明度最终得分为

$$F_5 = 0.219\times100 + 0.238\times75 + 0.253\times50 + 0.146\times25 + 0.144\times0 = 56.050$$

小卖铺乳制品的食品安全信息透明度最终得分为

$$F_6 = 0.190\times100 + 0.219\times75 + 0.255\times50 + 0.213\times25 + 0.124\times0 = 53.500$$

2. 结果分析

（1）乳制品销售环节的食品安全信息透明度较差，整体存在较高的食品安全隐患。

根据表 8-28 知，整体乳制品销售环节的食品安全信息透明度得分为 38.175 分，处于较差水平；线下乳制品销售环节的食品安全信息透明度得分为 61.825 分，处于一般水平；线上乳制品销售环节的食品安全信息透明度得分为 30.350 分，处于较差水平。

具体分析可以发现：首先，虽然线下乳制品销售环节的食品安全信息透明度得分相较于线上乳制品销售环节的食品安全信息透明度得分高，但仅勉强及格，反映出线下商家在销售乳制品过程中，对信息公开不充分，尤其是在仓储环境、销售环境管理、食品安全事故应急机制和员工素质考核标准四方面对信息公开较差；其次，线上乳制品销售环节的食品安全信息透明度得分相较于线下乳制品销售环节的食品安全信息透明度得分差距过大，反映出目前线上销售乳制品的商家对信息公开严重不足，其中除了食品标签信息较透明以外，其他方面的信息公开情况均十分严峻，导致线上乳制品销售环节的食品安全信息透明度较差，说明线上乳制品销售环节存在巨大的食品安全隐患；最后，由于线上乳制品销售环节的食品安全信息透明度较差，整体乳制品销售环节的食品安全信息透明度较差，说明目前我国乳制品的食品安全信息十分不透明，整体乳制品销售环节存在较高的食品安全问题隐患，所以亟须对乳制品销售环节的食品安全信息公开做出统一规范，并由政府相关部门协同第三方机构及消费者进行严格监督，促使乳制品销售方认真执行规范，并及时、准确公开乳制品的食品安全信息。

（2）线下不同类型商家销售乳制品的食品安全信息透明度参差不齐，食品安全问题隐患集中于一般商家和小卖铺。

根据表 8-29 知，大型超市乳制品的食品安全信息透明度得分为 79.750 分，处于较高水平；一般商家乳制品的食品安全信息透明度得分为 56.050 分，处于一般水平但尚未及格；小卖铺乳制品的食品安全信息透明度得分为 53.500 分，处于一般水平同样尚未及格。

具体分析可以发现：首先，大型超市在销售乳制品时，对信息公开的操作较为规范，所以透明度得分最高，虽然在食品安全事故应急机制方面的信息透明存在欠缺，但其他方面的信息透明均较为乐观；其次，一般商家透明度得分相对于小卖铺透明度得分高，但两者得分均未及格，说明一般商家和小卖铺在实际销售乳制品过程中，对信息公开的操作存在诸多不规范，致使其食品安全信息透明度处于一般水平，而且如果乳制品销售长期处于信息不透明的状态，极易诱发乳制品的食品安全问题；最后，一般商家与小卖铺得分相对于大型超市得分差距大，反映出一般商家和小卖铺对于信息公开的操作需要进一步规范。因此，一般商家和小卖铺对信息公开的操作水平有待提高，这两类商家需要向大型超市学习如何规范乳制品的食品安全信息公开的操作，同时监管部门需要对一般商家和小卖铺开展定期抽检和重点检查，防患于未然。

（3）线上购物网站销售乳制品的食品安全信息透明度过低，食品安全问题隐患最为严重，对线上食品安全信息进行披露的监管亟待强化。

8.4　本章小结

本章基于食品安全监管信息透明度指数，对生产环节、物流环节和销售环节展开了食品安全信息透明度的实证研究，得到如下结论。

（1）我国乳制品企业的食品安全生产环节信息透明度总体较好，乳制品安全隐患处于可控阶段；企业老品牌生产信息公开工作规范有序，成立年限较短的企业对信息公开工作的操作水平略有欠缺；私营企业数量最多且透明度得分最高，中外合资企业亟须加强管理；国内乳制品厂家数目分布较均匀，各地区食品安全生产透明度较好，西部地区透明度相对较差。

（2）食品安全物流环节信息透明度得分为较好，物流环节信息透明状况比较乐观，表明我国食品安全处于可控阶段。结合食品物流市场信息透明现状，提出了以下几点具有针对性且可操作性较高的食品安全物流环节信息透明度提升策略。首先，完善食品物流相关法律法规，使得相关执法部门执法有据；其次，严防政府监管部门缺席、缺位，加强对食品物流的规制力度；再次，社会媒体主动参与食品物流监管，及时披露物流企业违规信息；最后，食品物流行业协会应积极引导，逐步开创信息透明行业自治局面。

（3）乳制品销售环节的食品安全信息透明度较差，整体存在较高的食品安全隐患；线下不同类型商家销售乳制品的食品安全信息透明度参差不齐，食品安全隐患集中于一般商家和小卖铺；线上购物网站销售乳制品的食品安全信息透明度过低，食品安全隐患最为严重，国家对线上食品安全信息披露的监管亟待强化。

第 9 章

食品安全监管绩效指数（FSSPI）的实践应用

第 7 章基于对原国家食药监局、31 个省区市及其地市县的 684 个监管主体进行数据采样，并借助网络层次分析-模糊综合评价模型，研究了食品安全监管绩效水平，进而初步研发出食品安全监管绩效指数（FSSPI）。然而，近年来食品生产、物流和销售环节出现了一系列的食品安全问题，损害着社会对食品的信任，损害着我国食品企业的形象。因此，本章基于食品安全监管绩效指数（FSSPI），开展生产环节、物流环节和销售环节的食品安全监管绩效评价的全面研究，以保障人民群众“舌尖上的安全”。

9.1 基于 FSSPI 的我国食品生产环节安全监管绩效评价研究

食品“从农田到餐桌”要经历一个冗长且复杂的供应链。这条供应链上每个环节都存在不同程度的风险，而生产环节无疑处于供应链的核心环节。要保证食品安全，仅仅依靠监管是不行的，食品安全是生产出来的。所以我们必须建立食品生产环节安全监管指标体系，从而对我国的食品生产环节的安全监管状况进行评价，这对实现我国食品的安全水平的提高，促进食品行业健康发展具有重要的现实意义。本章站在食品生产环节的角度，通过研读、查阅国内外相关文献、法律法规和食品安全事件，并运用德尔菲法等构建出食品生产环节安全监管指标体系。在此基础上，利用网络层次分析法得出各个指标的权重，从而最终得出我国食品生产环节安全监管指数模型。

9.1.1　我国食品生产环节安全监管指标体系构建

1. 指标体系来源

由于对食品安全监管指数的研究不多，加之针对食品生产环节指标体系的研究更是寥若晨星。因此，在构建食品生产环节安全监管指数时，先获取三级指标，然后对三级指标进行分类归纳，进而得出二级指标和一级指标，即采用逆向归纳的方法。本指数的构建遵循一般综合评价指标构建的原则：全面性原则、客观性原则、相关性原则、可比性原则、清晰性原则和简便性原则，指标体系框架如图 9-1 所示。

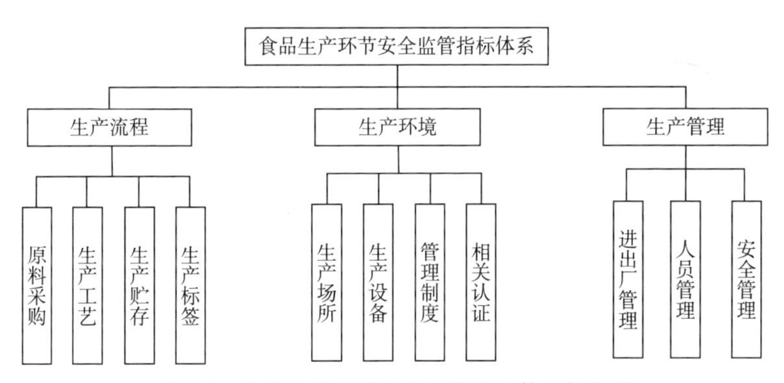

图 9-1　食品生产环节安全监管指标体系框架图

其中三级指标主要有两个来源。

第一个来源，也是最初和最主要的来源，即通过研读国内外的文献，比对我国的法律法规和查找媒体曝光的食品事故案例获得。共总结归纳出 38 个三级指标，并根据相关性原则，分类归纳出 11 个二级指标和三个一级指标。

第二个来源，通过对之前构建的指标体系进行德尔菲法获得。专家组由 11 位专家组成，为遵循全面性原则，11 位专家中高校教授（食品安全学和管理学）占 6 位、政府食品监管部门人员（管理人员和工程师）占 2 位，余下的分别是食品安全媒体记者、消协负责人、食品企业高管各占 1 位。专家组的工作主要涉及两个方面，一方面，根据自己的知识判断由第一个来源获得的 38 个三级指标、11 个二级指标、3 个一级指标的有效性，从而保留、删除、修改这些指标，并进行打分；另一方面，对指标的不足之处进行补充，即添加一些三级指标然后对其评分，最终确定了 39 个三级指标。最终形成的食品生产环节安全监管指标体系如表 9-1 所示。

表 9-1　食品生产环节安全监管指标体系

目标	一级指标	二级指标	三级指标
食品生产环节安全监管状况（A）	生产流程（B_1）	原料采购（C_1）	洗涤剂、消毒剂安全、无害程度（C_{11}）
			采购的原料符合国家标准程度（C_{12}）
			用水符合国家标准程度（C_{13}）
		生产工艺（C_2）	掺杂、掺假、以假充真、以次充好情况（C_{21}）
			食品添加剂的使用符合国家标准程度（C_{22}）
			使用非食品原料进行生产情况（C_{23}）
			添加添加剂以外的有害物质情况（C_{24}）
		生产贮存（C_3）	原料和成品交叉摆放、接触有害物情况（C_{31}）
			贮存设备安全、无害程度（C_{32}）
			贮存条件符合要求程度（C_{33}）
		生产标签（C_4）	伪造、冒用标识情况（C_{41}）
			配料及营养含量符合国家标准程度（C_{42}）
			配料及营养含量与标签指示的含量相符情况（C_{43}）
			标识符合国家标准程度（C_{44}）
			注明转基因食品的情况（C_{45}）
	生产环境（B_2）	生产场所（C_5）	与污染源保持规定距离（C_{51}）
			厂房按生产工艺流程及需求进行布置的合理程度（C_{52}）
			厕所、厨房与生产区域隔离情况（C_{53}）
		生产设备（C_6）	具备辅助设备情况（C_{61}）
			设备卫生整洁，无交叉污染情况（C_{62}）
			包装材料符合国家标准程度（C_{63}）

续表

目标	一级指标	二级指标	三级指标
食品生产环节安全监管状况（A）	生产环境（B_2）	管理制度（C_7）	从业人员健康管理制度构建情况（C_{71}）
			食品安全自查制度构建情况（C_{72}）
			食品召回制度构建情况（C_{73}）
		相关认证（C_8）	管理体系认证率（如 ISO、HACCP）（C_{81}）
			产品认证率（如有机产品）（C_{82}）
			获得食品生产许可证情况（C_{83}）
	生产管理（B_3）	进出厂管理（C_9）	查验供货者的许可证和产品合格证情况（C_{91}）
			进货、出厂查验记录制度构建情况（C_{92}）
			进货、出厂记录和凭证的保存期限（C_{93}）
		人员管理（C_{10}）	食品安全专业技术人员具备情况（C_{101}）
			食品安全管理人员具备情况（C_{102}）
			安全管理人员的培训、考核情况（C_{103}）
			直接生产人员取得食品健康证情况（C_{104}）
		安全管理（C_{11}）	停止生产并追回不安全食品及时性（C_{111}）
			召回记录情况（C_{112}）
			将召回、处理情况向政府报告情况（C_{113}）
			建立食品安全处理方案情况（C_{114}）
			检查安全防范措施的频率（C_{115}）

2. 指标体系说明

食品生产环节安全监管指标体系从生产流程、生产环境、生产管理三个方面评价食品生产环节安全监管状况。生产流程指标根据食品从原料到贮存的过程细分为原料采购、生产工艺、生产贮存、生产标签 4 个二级指标。生产环境指标是考虑到食品生产所处的“硬”环境与“软”环境，划分为生产场所、生产设备、管理制度、相关认证 4 个二级指标。生产管理指标则是根据管理的对象分为进出厂管理、人员管理和安全管理 3 个二级指标。

（1）原料采购。原料采购作为生产环节的第一步，属于保证食品安全的源头阶段，因此必须对其进行严格监管。原料一般包括主原料、辅助性的原料和水三个方面。因此，3 个三级指标根据这三个方面分为洗涤剂、消毒剂安全、无害程度，采购的原料符合国家标准程度、用水符合国家标准程度。这 3 个三级指标主要依据是《食品安全法》和从媒体查找的自 2014 年 11 月至 2016 年 2 月发生的 10 起关于原料的食品事故案例。

（2）生产工艺。采购原料之后便是对原料进行加工，而原料加工也涉及很多危害食品安全的风险因素，因此，也必须对这方面进行监管。主要包括掺杂、掺假、以假充真、以次充好情况，食品添加剂的使用符合国家标准程度，使用非食品原料进行生产情况，添加添加剂以外的有害物质情况 4 个方面。这 4 个指标的主要依据是《食品安全法》、《产品质量法》、相关文献和 4 个食品安全事故案例。

（3）生产贮存。食品加工结束之后就需要对加工完的食品进行贮存，而在对产成品以及半成品贮存时，食品的摆放、贮存设备及贮存条件等三个方面都会涉及风险。因此，生产贮存包括 3 个三级指标：原料和成品交叉摆放、接触有害物情况，贮存设备安全、无害程度，贮存条件符合要求程度。这 3 个指标的主要依据是《食品安全法》、《食品生产许可管理办法》（以下简称《办法》）、相关文献和 3 个食品安全事故案例。

（4）生产标签。很多食品安全问题都是由对食品标签的监管不善导致的。食品标签是消费者获取产品信息的主要来源，如果信息是虚假的就很容易误导消费者，从而导致风险的发生。所以，我们选择伪造、冒用标识情况，配料及营养含量符合国家标准程度，配料及营养含量与标签指示的含量相符情况，标识符合国家标准程度，注明转基因食品的情况等 5 个三级指标来反映安全监管状况。这 5 个指标的主要依据是《食品安全法》、《产品质量法》、《食品标识管理规定》、《办法》、相关文献和 7 个食品安全案例。

（5）生产场所。生产场所主要是指生产所处的外部环境。厂区周边的污染源和厕所、厨房等生活区域等都会导致食品安全问题。另外，工艺流程与厂房布局不合理也会对食品安全造成风险。因此，生产场所由与污染源保持规定距离，厂房按生产工艺流程及需求进行布置的合理程度，厕所、厨房与生产区域隔离情况 3 个三级指标归纳而来。这 3 个指标的主要依据是《食品安全法》、《办法》、《食品用塑料包装、容器、工具等制品生产许可审查细则》（以下简称《细则》）、相关文献和 3 个食品安全事故案例。

（6）生产设备。生产设备表示的是生产的内部环境，与外部环境一样，如果监管不善同样会导致食品安全问题。生产设备具体包括具备辅助设备情况，设备卫生整洁，无交叉污染情况，包装材料符合国家标准程度 3 个三级指标。这 3 个三级指标的主要依据是《食品安全法》、《办法》、《细则》、相关文献和 3 个食品安全案例。

（7）管理制度。管理制度主要涉及企业所处的内部的“软”环境，主要从人员、自查和召回三个方面反映安全监管的状况。具体涉及从业人员健康管理制度构建情况、食品安全自查制度构建情况、食品召回制度构建情况 3 个三级指标。指标的主要依据是《食品安全法》、相关文献和 3 个食品安全案例。

（8）相关认证。相关认证表示的也是企业所处的“软环境”，不过它主要涉及企业外部的，即国际和国内对企业的认可程度。具体包括管理体系认证率（如 ISO、HACCP）、产品认证率（如有机产品）、获得食品生产许可证情况。指标的主要依据是《食品安全法》、相关文献和 3 个食品安全案例。

（9）进出厂管理。对进厂和出厂进行严格的监管可以有效控制有关风险进入企业和流出企业，因此进出厂管理属于承上启下的关键性位置，在食品安全监管中具有重要意义。具体包括查验供货者的许可证和产品合格证情况，进货、出厂查验记录制度构建情况，进货、出厂记录和凭证的保存期限 3 个三级指标。指标的主要依据是《食品安全法》、《办法》、相关文献和 3 个食品安全案例。

（10）人员管理。食品安全问题大多都是由人员的管理和操作不当导致的，如果对企业的工作人员做到严格的风险管控就能很好地控制我国的食品安全问题。此指标包括食品安全专业技术人员具备情况，食品安全管理人员具备情况，安全管理人员的培训、考核情况，直接生产人员取得食品健康证情况 4 个三级指标。指标的主要依据是《食品安全法》、《办法》、相关文献和 3 个食品安全案例。

（11）安全管理。安全管理主要反映的是企业在发生食品突发事件和召回时所做的措施对食品安全监管状况的影响。具体包括停止生产并追回不安全食品及时性，召回记录情况，将召回、处理情况向政府报告情况，建立食品安全处理方案情况，检查安全防范措施的频率 5 个三级指标。指标的主要依据是《食品安全法》、《食品召回管理办法》、相关文献和3个食品安全案例。

9.1.2 网络层次分析–模糊综合评价模型构建

根据上文对网络层次分析–模糊综合评价模型简述，首先构建如图 9-2 所示的评价模型。在评价模型中，第一部分为控制因素层，包含问题目标及决策准则。其中，问题目标为食品生产环节安全监管状况，决策准则为生产流程、生产环境、生产管理。第二部分为网络层，包含的 11 个元素具体为原料采购、生产工艺、生产贮存、生产标签、生产场所、生产设备、管理制度、相关认证、进出厂管理、人员管理、安全管理。每个元素集下面对应各自的元素。元素集内部、元素集之间和元素之间相互影响。借助此模型，可以对对象层中的对象进行食品生产环节安全监管状况评价。

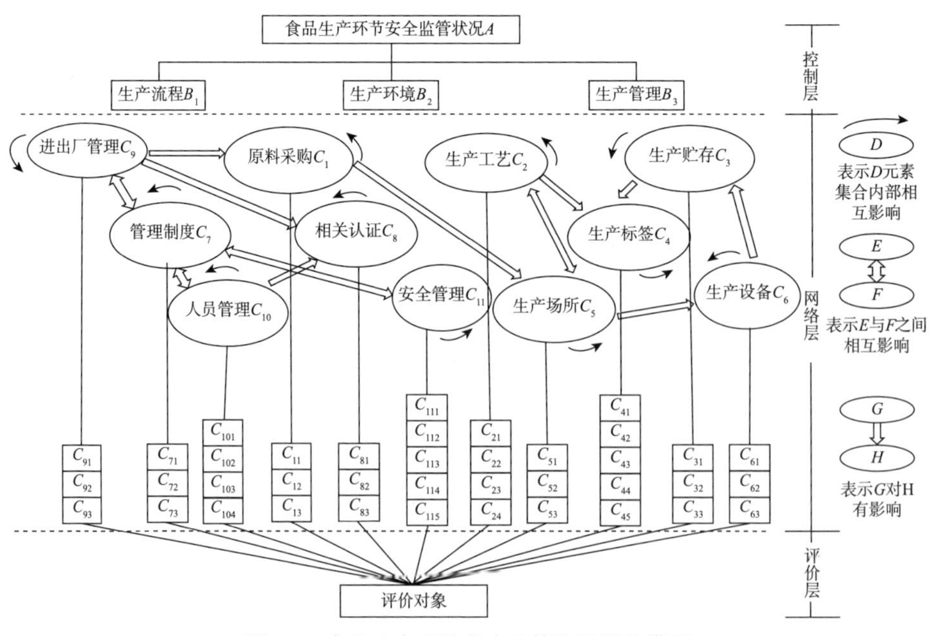

图 9-2 食品生产环节安全监管状况评价模型

基于以上原理及评价模型，利用 Super Decision 软件可获得需要的权重。由于食品生产环节安全监管一级指标之间彼此独立，因此其权重可通过层次分析法获得（表 9-2）。网络层的元素集以及各元素的权重则需要通过 Super Decision 软件获得（表 9-3）。

表 9-2　食品生产环节安全监管状况一级指标权重

一级指标	权重
生产流程（B_1）	0.250
生产环境（B_2）	0.500
生产管理（B_3）	0.250

表 9-3　食品生产环节安全监管状况权重

二级指标	局部权重	全局权重	三级指标	局部权重	全局权重
C_1	0.200	0.041	C_{11}	0.200	0.006
			C_{12}	0.400	0.012
			C_{13}	0.400	0.012
C_2	0.400	0.093	C_{21}	0.250	0.017
			C_{22}	0.250	0.017
			C_{23}	0.250	0.017
			C_{24}	0.250	0.017
C_3	0.200	0.098	C_{31}	0.333	0.024
			C_{32}	0.333	0.024
			C_{33}	0.333	0.024
C_4	0.200	0.204	C_{41}	0.200	0.060
			C_{42}	0.200	0.060
			C_{43}	0.200	0.060
			C_{44}	0.200	0.060
			C_{45}	0.200	0.060
C_5	0.246	0.089	C_{51}	0.333	0.022
			C_{52}	0.333	0.022
			C_{53}	0.333	0.022

续表

二级指标	局部权重	全局权重	三级指标	局部权重	全局权重
C_6	0.297	0.080	C_{61}	0.200	0.012
			C_{62}	0.400	0.024
			C_{63}	0.400	0.024
C_7	0.246	0.096	C_{71}	0.250	0.017
			C_{72}	0.250	0.017
			C_{73}	0.500	0.035
C_8	0.209	0.139	C_{81}	0.333	0.069
			C_{82}	0.333	0.069
			C_{83}	0.333	0.069
C_9	0.333	0.060	C_{91}	0.333	0.014
			C_{92}	0.333	0.015
			C_{93}	0.333	0.014
C_{10}	0.333	0.028	C_{101}	0.250	0.005
			C_{102}	0.250	0.005
			C_{103}	0.250	0.005
			C_{104}	0.250	0.005
C_{11}	0.333	0.068	C_{111}	0.200	0.010
			C_{112}	0.200	0.010
			C_{113}	0.200	0.010
			C_{114}	0.200	0.010
			C_{115}	0.200	0.010

由表 9-2 可知，在食品生产环节安全监管指数一级指标中，生产环境所占的比重最大，为 50%。生产流程和生产管理所占比重一样大，都为 25%。生产环境所占比重为其他两个指标之和可能是因为生产环境所涵盖的范围较广，既涉及企业的所处的“硬”环境又涉及企业所处的“软”环境，并且还涉及企业内环境和外环境。

由表 9-3 可知，生产标签、相关认证、生产贮存在二级指标中所占的权重占前三位，分别为 20.4%、13.9%、9.80%。人员管理所占权重最小为 2.8%。生产标签作为食品企业向消费者传递信息的主要渠道，成为影响安全监管的最重要的因素，而外部的相关认证可以认为第三方监管对食品的安全保证也起着非常重要的作用。人员管理的影响不大，很可能是因为企业对这方面比较注重，不容易引起食品安全问题。

另外，从表 9-3 中的三级指标可知，管理体系认证率、产品认证率与获得食品生产许可证情况三个指标所占权重最大，权重都为 6.9%。食品安全专业技术人员具备情况、食品安全管理人员具备情况、安全管理人员的培训、考核情况以及直接生产人员取得食品健康证情况等三级指标所占权重最大，为 0.5%。三级指标对安全监管状况影响的分析结果与二级指标的结果一致。

9.1.3　样本数据采集与统计性分析——以婴幼儿奶粉企业为例

1. 样本选择与调查采样表设计

1）样本选择

基于以下考虑，将婴幼儿奶粉生产企业作为生产环节的食品安全监管信息的调查采样对象。

第一，我国最新食品分类标准将食品分为 31 类，纵观近期产生的食品安全事故，以奶粉、乳制品事件最为集中、影响力最大，且奶粉、乳制品共同居于食品分类标准的第五类产品，足见奶粉、乳制品的重要性。在奶粉、乳制品中，婴幼儿奶粉以其作为婴幼儿主食、辅食全部营养来源的特点而最受瞩目，因此婴幼儿奶粉企业的生产安全监管状况也备受关注。

第二，食品安全生产环节，原国家食药监局也及时发布了第 64 号抽检文件，对食品生产企业抽检名单进行公布，对于这份重点抽检名单，我们在对 103 家婴幼儿奶粉企业和 100 家乳制品企业进行综合对比和企业排查，发现 103 家婴幼儿奶粉企业在区域范围、母子公司重合度上均优于 100 家乳制品企业，因此选用更加具有代表性的 103 家婴幼儿奶粉企业作为调查样本。

2）调查采样表设计

依据上文的食品生产环节安全监管指标体系设计调查采样表，采用五档打分形式，每个条目均有与之对应的打分准则，其中，“好”表示 100 分、“较好”表示 75 分、“一般”表示 50 分、“较差”表示 25 分、“差”

表示 0 分①。为更客观地研究乳制品生产环节的食品安全信息透明度，课题组开展了预调查采样，通过修正预调查采样表和打分准则，确定了最终的调查采样表。

2. 数据来源

调查团队对截至 2016 年 9 月的数据进行了采集②。本调查采样，一份调查采样表代表一个监管主体。婴幼儿奶粉企业共填写 103 份调查采样表，其中，无效调查采样表 0 份，有效调查采样表 103 份，有效率为 100%；每份调查样表包含 43 个量化数据，因此，最终获得数据总容量为 4 429 个。同时为检验调查采样结果的可信性，本调研运用了信度检验，结果如表 9-4 所示。

表 9-4　受调查采样数据的信度检验

调查主体	Cronbach's α	df	Sig.
婴幼儿奶粉企业	0.746	103	0.000

表 9-4 所示的 Cronbach's α值为 0.746，大于一般意义上的 0.550，说明该测度具有良好的内部一致性和稳定性，信度较好。

3. 样本的统计描述性分析

在本次调研中，婴幼儿奶粉企业的样本省份分布特征如表 9-5 所示。

表 9-5　受调查采样数据对象的省份特征

省份	次数	占比	省份	次数	占比
黑龙江	30	0.291	浙江	3	0.029

① 需要特别说明的是，最终婴幼儿奶粉生产环节安全监管得分的评价判定标准为 100 分为满分，60 分为及格，得分处于[0，30）为差，[30，60）为较差，[60，75）为一般，[75，90）为较好，[90，100]为好。

② 本次调查采样的主要组成人员为 2 名硕士研究生和 2 名本科生，调查员按照调查采样的信息采集程序，依次通过企业官网、原食药监局抽检公告、媒体新闻事件曝光、电话调查实施调查采样对我国原食药监局发布的 103 家婴幼儿奶粉企业和 100 家乳制品企业展开逐层调查采样。

续表

省份	次数	占比	省份	次数	占比
吉林	3	0.291	广东	5	0.049
辽宁	2	0.019	广西	1	0.010
河北	4	0.039	河南	1	0.010
内蒙古	6	0.058	湖北	2	0.019
天津	3	0.029	湖南	3	0.029
安徽	1	0.010	甘肃	3	0.029
福建	3	0.029	宁夏	2	0.019
江苏	1	0.010	陕西	18	0.175
江西	3	0.029	新疆	1	0.010
山东	4	0.039	四川	1	0.010
上海	3	0.029			

本次调研中的 103 家婴幼儿奶粉企业涉及全国的 23 个省区市，其中以黑龙江省、陕西省占比较大，而从我国华北、华中、华东、华南、西南、东北、西北的七大地理区划来看，其生产企业主要集中在东北地区，西北、华东地区紧随其后（表 9-6）。

表 9-6　受调查采样数据对象的区域特征分布

区域	次数	占比	区域	次数	占比
东北	35	0.340	华北	13	0.126
华东	18	0.175	华南	6	0.058
华中	6	0.058	西北	24	0.233
西南	1	0.010			

从企业类型和企业规模来看，分布特征如表 9-7 所示。

表 9-7　受调查采样数据对象的规模与企业类型特征分布

企业类型	数量	占比	企业规模/人	数量	占比
国有	16	0.155	20~300	42	0.412

续表

企业类型	数量	占比	企业规模/人	数量	占比
民营	55	0.534	301~1 000	29	0.284
集体	0	0.000	>1 000	31	0.304
三资	30	0.029	合计	102	1.000
其他	2	0.019			
合计	103	1.000			

9.1.4 模型计算与结果分析

1. 婴幼儿奶粉企业食品安全监管信息透明度得分情况

本节选取的评语集为 V={好，较好，一般，较差，差}，量化评价结果的数值集为 N=｛100，75，50，25，0｝，根据 103 家婴幼儿奶粉企业调查采样表所获取的数据，对数据结果进行汇总统计（表 9-8）。

表 9-8 婴幼儿奶粉企业食品生产环节安全监管指标评价的次数统计

指标	评语集					评价结果
	好	较好	一般	较差	差	
C_{11}	1	102	0	0	0	较好
C_{12}	0	102	1	0	0	较好
C_{13}	0	102	1	0	0	较好
C_{21}	0	103	0	0	0	较好
C_{22}	0	103	0	0	0	较好
C_{23}	0	103	0	0	0	较好
C_{24}	0	103	0	0	0	较好
C_{31}	0	98	4	1	0	较好
C_{32}	0	95	7	1	0	较好
C_{33}	1	94	7	1	0	较好
C_{41}	1	100	1	1	0	较好
C_{42}	94	5	4	0	0	好

续表

指标	评语集					评价结果
	好	较好	一般	较差	差	
C_{43}	94	5	4	0	0	好
C_{44}	0	99	4	0	0	较好
C_{45}	0	102	1	0	0	较好
C_{51}	0	101	2	0	0	较好
C_{52}	0	100	3	0	0	较好
C_{53}	0	92	11	0	0	较好
C_{61}	1	97	5	0	0	较好
C_{62}	1	85	17	0	0	较好
C_{63}	0	100	3	0	0	较好
C_{71}	0	100	3	0	0	较好
C_{72}	1	82	20	0	0	较好
C_{73}	0	100	2	0	1	较好
C_{81}	72	8	15	7	1	好
C_{82}	0	1	0	0	102	差
C_{83}	19	79	1	2	2	较好
C_{91}	0	92	11	0	0	较好
C_{92}	0	87	16	0	0	较好
C_{93}	0	98	4	1	0	较好
C_{101}	0	88	15	0	0	较好
C_{102}	0	96	7	0	0	较好
C_{103}	0	95	8	0	0	较好
C_{104}	0	103	0	0	0	较好
C_{111}	0	102	1	0	0	较好
C_{112}	0	101	2	0	0	较好
C_{113}	0	103	0	0	0	较好
C_{114}	1	99	3	0	0	较好
C_{115}	1	90	12	0	0	较好

婴幼儿奶粉企业食品生产环节监管信息透明度的模糊综合评价过程如下。

由表 9-2 知一级指标权重为$\boldsymbol{W}_A$ =（0.250 0.500 0.250）；二级指标权重为$\boldsymbol{W}_{B_1}$ =（0.200 0.400 0.200 0.200）、$\boldsymbol{W}_{B_2}$ =（0.246 0.297 0.246 0.209）、$\boldsymbol{W}_{B_3}$ =（0.333 0.333 0.333）；三级指标权重分别为$\boldsymbol{W}_1$ =（0.200 0.400 0.400）、$\boldsymbol{W}_2$ =（0.250 0.250 0.250 0.250）、$\boldsymbol{W}_3$ =（0.333 0.333 0.333）、$\boldsymbol{W}_4$ =（0.200 0.200 0.200 0.200 0.200）、$\boldsymbol{W}_5$ =（0.333 0.333 0.334）、$\boldsymbol{W}_6$ =（0.200 0.400 0.400）、$\boldsymbol{W}_7$ =（0.250 0.250 0.500）、$\boldsymbol{W}_8$ =（0.333 0.333 0.333）、$\boldsymbol{W}_9$ =（0.333 0.333 0.333）、$\boldsymbol{W}_{10}$ =（0.250 0.250 0.250 0.250）、$\boldsymbol{W}_{11}$ =（0.200 0.200 0.200 0.200 0.200）。

由于原料采购阶段的三级指标评价矩阵为

$$\boldsymbol{R}_1 = \begin{bmatrix} 0.010 & 1.000 & 0.000 & 0.000 & 0.000 \\ 0.000 & 0.990 & 0.010 & 0.000 & 0.000 \\ 0.000 & 1.000 & 0.000 & 0.000 & 0.000 \end{bmatrix}$$

由此，婴幼儿奶粉企业原料采购信息的评价向量为$\boldsymbol{C}_1 = \boldsymbol{W}_1 \bullet \boldsymbol{R}_1 = \begin{bmatrix} 0.002 & 0.992 & 0.008 & 0.000 & 0.000 \end{bmatrix}$。同理，生产工艺、生产贮存、生产标签、生产场所、生产设备、管理制度、相关认证、进出厂管理、人员管理、安全管理的评价向量分别为

$$\boldsymbol{C}_2 = \begin{bmatrix} 0.000 & 1.000 & 0.000 & 0.000 & 0.000 \end{bmatrix}$$

$$\boldsymbol{C}_3 = \begin{bmatrix} 0.003 & 0.929 & 0.058 & 0.010 & 0.000 \end{bmatrix}$$

$$\boldsymbol{C}_4 = \begin{bmatrix} 0.367 & 0.604 & 0.027 & 0.002 & 0.000 \end{bmatrix}$$

$$\boldsymbol{C}_5 = \begin{bmatrix} 0.000 & 0.948 & 0.052 & 0.000 & 0.000 \end{bmatrix}$$

$$\boldsymbol{C}_6 = \begin{bmatrix} 0.006 & 0.907 & 0.087 & 0.000 & 0.000 \end{bmatrix}$$

$$\boldsymbol{C}_7 = \begin{bmatrix} 0.002 & 0.927 & 0.066 & 0.000 & 0.005 \end{bmatrix}$$

$$\boldsymbol{C}_8 = \begin{bmatrix} 0.294 & 0.285 & 0.052 & 0.029 & 0.340 \end{bmatrix}$$

$$\boldsymbol{C}_9 = \begin{bmatrix} 0.000 & 0.896 & 0.100 & 0.003 & 0.000 \end{bmatrix}$$

$$\boldsymbol{C}_{10} = \begin{bmatrix} 0.000 & 0.927 & 0.073 & 0.000 & 0.000 \end{bmatrix}$$

$$\boldsymbol{C}_{11} = \begin{bmatrix} 0.004 & 0.961 & 0.035 & 0.000 & 0.000 \end{bmatrix}$$

根据原料采购、生产工艺、生产贮存、生产标签的评价向量得生产流程的评价矩阵为

$$\boldsymbol{B}_1 = \begin{bmatrix} 0.002 & 0.992 & 0.008 & 0.000 & 0.000 \\ 0.000 & 1.000 & 0.000 & 0.000 & 0.000 \\ 0.003 & 0.929 & 0.058 & 0.010 & 0.000 \\ 0.367 & 0.604 & 0.027 & 0.002 & 0.000 \end{bmatrix}$$

由此，生产流程的评价向量为 $\boldsymbol{U}_1 = \boldsymbol{W}_{B_1} \bullet \boldsymbol{B}_1 = \begin{bmatrix} 0.074 & 0.905 & 0.019 & 0.002 & 0.000 \end{bmatrix}$，同理，生产环境监管信息的评价向量和生产管理监管信息的评价向量分别为

$$\boldsymbol{U}_2 = \boldsymbol{W}_{B_2} \bullet \boldsymbol{B}_2 = \begin{bmatrix} 0.064 & 0.792 & 0.066 & 0.006 & 0.072 \end{bmatrix}$$

$$\boldsymbol{U}_3 = \boldsymbol{W}_{B_3} \bullet \boldsymbol{B}_3 = \begin{bmatrix} 0.001 & 0.928 & 0.069 & 0.001 & 0.000 \end{bmatrix}$$

根据生产流程安全监管信息、生产环境安全监管信息和生产管理安全监管指数的评价向量的婴幼儿奶粉企业食品安全监管指数的评价矩阵为

$$\boldsymbol{U} = \begin{bmatrix} 0.074 & 0.905 & 0.019 & 0.002 & 0.000 \\ 0.064 & 0.792 & 0.066 & 0.006 & 0.072 \\ 0.001 & 0.928 & 0.069 & 0.001 & 0.000 \end{bmatrix}$$

由此，婴幼儿奶粉企业的食品安全监管指数的评价向量为 $\boldsymbol{S}_1 = \boldsymbol{W}_A \bullet \boldsymbol{U} = \begin{bmatrix} 0.051 \ 0.854 \ 0.055 \ 0.004 \ 0.036 \end{bmatrix}$。
所以，我国婴幼儿奶粉企业食品生产环节安全监管信息指数的得分为

$$F_1 = 0.051 \times 100 + 0.854 \times 75 + 0.055 \times 50 + 0.004 \times 25 + 0.036 \times 0 = 72.000$$

同理可以得到婴幼儿奶粉企业在我国各个地区的得分（表 9-9）、不同类型企业对应食品生产环节安全监管指数得分（表9-10）、不同企业规模对应的食品生产安全监管指数得分（表9-11）。

表 9-9　区域间食品生产环节安全监管指数得分

区域	得分	区域	得分
西北	69.275	华东	72.806
东北	72.214	华南	73.325
华北	68.765	西南	73.753
华中	72.591		

表 9-10　企业类型对应生产安全监管指数得分

企业类型	得分	企业类型	得分
国有	72.016	民营	71.657
三资	72.698	其他	70.260

表 9-11　企业规模对应生产安全监管指数得分

企业规模/人	得分	企业规模/人	得分
20~300	73.269	301~1 000	72.023
>1 000	72.780		

2. 结果分析

第一，婴幼儿奶粉企业整体指标结果一致，部分指标优势鲜明、问题突出。

婴幼儿奶粉企业整体指标结果一致，部分硬性指标问题突出。不管是从生产流程、生产环境还是从生产管理来看，各指标调研数据显示结果较集中，全国的婴幼儿奶粉企业的安全指标状况均处于同一水平。纵向来看，集中的数据使得显示结果差的指标问题突出，如生产环境中的产品认证率，产品有统一的通行于国际或者国内的管理体系，但是对于婴幼儿奶粉企业而言，我国食品安全在标准及体系的架构方面还不够先进完善。

第二，婴幼儿奶粉企业整体上食品生产环节安全监管指数较好，区域间差异较小。

从食品安全监管指数层面来看，食品安全生产企业作为食品安全生产的主体，相对于食品安全的其他环节主体，数量集中且稳定，监管明确易实施，我国婴幼儿奶粉企业整体食品生产环节安全监管指数的得分为 72.000 分，即我国婴幼儿奶粉企业整体食品生产环节安全监管指数处于一般层级的优等水平，但是从食品安全整体流程来看，生产环节作为食品安全的首发环节，婴幼儿奶粉企业食品安全后续环节的发展需要夯实更牢固的基础。

不同区域的婴幼儿奶粉企业食品生产安全监管指数均处于一般层级，食品生产安全监管指数差异不明显。在西南、华南地区，如雅士利、贝因美、美赞臣、施恩等婴幼儿奶粉生产企业，数量较少，生产规模大且管理经验相对完善，食品生产安全监管指数得分分别为 73.753 分和 73.325 分，领跑全国。

第三，三资企业和国有企业食品安全监管指数较好，各类型企业的得分差异不大，其中美赞臣、施恩等三资企业因其先进的全球统一全程质量安全管理体系得分最高，为 72.698 分，国有企业如黑龙江红星集团食品有限公司、内蒙古金海伊利乳业有限责任公司紧随其后，而民营企业如呼伦贝尔阳光乳业、欧比佳乳业因普遍存在能力不足、管理落实不到位等问题，食品安全监管指数排名第三，其他类企业的食品安全监管指数最低，仅为 70.260 分。20~300 人的小规模企业得分最高，其次为大于 1 000 人的大规模企业，301~1 000 人的中型企业的得分最低。

9.2　基于 FSSPI 的我国食品物流环节安全监管绩效评价研究

随着食品安全监管愈来愈重要，食品生产、储存、使用过程中产生的各种问题都有可能影响食品安全，物流监管行为直接影响食品能否安全地从供应源头到达消费者手中。一个完善的食品供应链体系中，质量安全标准和治理机制是食品供应链监管的推动因素。由于监管体制尚不十分完备，必须针对现行的分段监管、多头监管的体制做出改革，以建立一个统一领导、一管到底的监管体制。在流通领域食品安全方面，有关部门必须尽快出台监管食品流通领域的相关法律，以便能全面指导我国流通领域食品安全监管工作。食品在流通过程中，物流仓储就显得尤为重要，由于食品的自身特性，因而食品储藏具有特殊性，对储藏的环境包括温度、湿度、洁净度等因素有着严格的要求。

为了顺应我国当前食品安全监管形势，亟须构建一个科学的、完善的食品物流环节安全监管指数。本章通过大量研读国内外食品安全相关文献、法律法规和食品安全案例，并综合运用德尔菲法对指标进行专家论证，确立了食品物流环节安全监管指标体系。之后根据德尔菲专家的打分和网络层次分析法，得出食品物流环节安全监管各个指标的权重。最终构建出科学全面的食品物流环节安全监管指数模型。

9.2.1　我国食品物流环节安全监管指标体系构建

食品物流环节安全监管指标体系的构建，采用逆向归纳法。首先，通过大量研读国内外相关文献、法律法规、食品安全案例，从中提炼出三级指标。其次，对三级指标进行归纳分类，得出二级指标。再次，对二级指标进行归纳分类，得出一级指标。最后，得出科学的、全面的食品物流环节安全监管指标体系（图 9-3）。

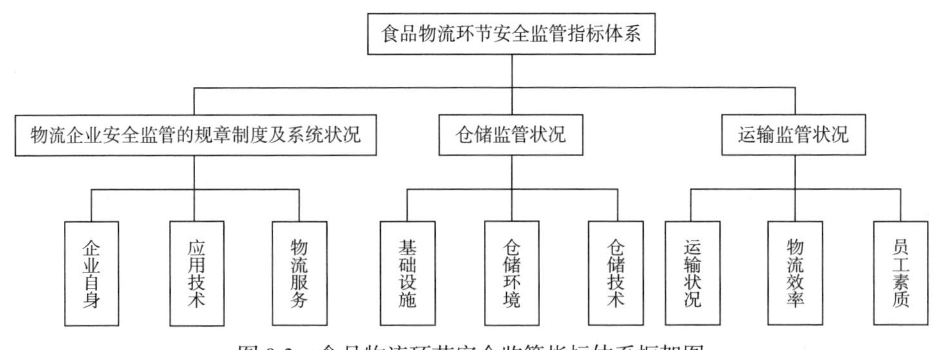

图 9-3　食品物流环节安全监管指标体系框架图

第一部分，通过大量研读国内外相关文献、法律法规、食品安全案例，从中提炼出 40 个三级指标，在此基础上归纳出 9 个二级指标和 3 个一级指标。

第二部分，借助德尔菲法获得。专家组由 11 位专家组成，其中高校食品安全和管理学教授 6 位、政府食品安全监管部门管理人员及工程师 2 位、食品安全媒体记者 1 位、消协负责人 1 位、食品企业高管 1 位。专家组一方面对已获取的 40 个三级指标、9 个二级指标、3 个一级指标进行论证打分，判定需要保留、舍弃和修改的指标；另一方面利用自身的专业知识，提出应该补充进入指标体系的指标。通过三轮专家不断论证打分，最终确定了包含 51 个三级指标、9 个二级指标、3 个一级指标的食品物流环节安全监管指标体系（表 9-12）。

表 9-12　食品物流环节安全监管指标体系

目标	一级指标	二级指标	三级指标
食品物流环节安全监管状况（A）	物流企业安全监管的规章制度及系统状况（B_1）	企业自身（C_1）	物流资金状况（C_{11}）
			区域性全国性冷链网络构建状况（C_{12}）
			企业冷链标准的制定与实施状况（C_{13}）
			食品物流的规模化、集约化状况（C_{14}）
		应用技术（C_2）	物联网信息技术应用状况（C_{21}）
			物流可追溯管理系统建立状况（C_{22}）
			冷链物流系统信息化管理状况（C_{23}）
			不同应用系统的兼容性状况（C_{24}）
			包装和保鲜技术的更新状况（C_{25}）
		物流服务（C_3）	为客户制订个性化方案状况（C_{31}）
			客户满意度反馈状况（C_{32}）
			食品档案完整性状况（C_{33}）
			物流过程中远程监控状况（C_{34}）
			伪劣过期食品处理状况（C_{35}）
			逆向物流状况（C_{36}）
	仓储监管状况（B_2）	基础设施（C_4）	冷藏保鲜库建设状况（C_{41}）
			冷库按冷藏级别分类状况（C_{42}）
			自动化仓储构建状况（C_{43}）

续表

目标	一级指标	二级指标	三级指标
食品物流环节安全监管状况（A）	仓储监管状况（B_2）	基础设施（C_4）	食品物流配送中心建立状况（C_{44}）
			原有陈旧设备更新状况（C_{45}）
		仓储环境（C_5）	湿度控制状况（C_{51}）
			温度控制状况（C_{52}）
			防虫防害状况（C_{53}）
			通风状况（C_{54}）
			消防设施状况（C_{55}）
		仓储技术（C_6）	仓储管理系统技术应用状况（C_{61}）
			摘取式电子标签拣货系统应用状况（C_{62}）
			射频识别技术应用状况（C_{63}）
			电子数据交换系统应用状况（C_{64}）
			自动订货系统技术应用状况（C_{65}）
			自动导引车技术应用状况（C_{66}）
	运输监管状况（B_3）	运输状况（C_7）	冷藏车现运行状况（C_{71}）
			食品运输中温度检测状况（C_{72}）
			食品装卸状况（C_{73}）
			全程无缝冷链状况（C_{74}）
			运输过程中的包装情况（C_{75}）
			违规保鲜剂使用状况（C_{76}）
			食品运输中卫生状况（C_{77}）
			夹运与运输单不符物品状况（C_{78}）
		物流效率（C_8）	冷库利用率状况（C_{81}）
			仓储周转率状况（C_{82}）
			冷链各环节协调联动状况（C_{83}）
			优化运输资源利用率方案状况（C_{84}）
			运输及配送效率状况（C_{85}）
			物流过程中食品腐损率状况（C_{86}）

续表

目标	一级指标	二级指标	三级指标
食品物流环节安全监管状况（A）	运输监管状况（B_3）	物流效率（C_8）	是否采用运输管理系统（C_{87}）
			是否采用 GPS 与 GIS（C_{88}）
		员工素质（C_9）	员工操作的规范性与熟练度（C_{91}）
			运输人员驾龄（C_{92}）
			运输人员驾照级别（C_{93}）
			运输人员交通责任事故记录（C_{94}）

食品物流环节安全监管指标体系从物流企业安全监管的规章制度及系统状况、仓储监管状况和运输监管状况三个方面评价食品安全监管状况。为了更好地反映目前我国食品安全监管的实际状况，需要将 3 个一级指标细分为 9 个二级指标即企业自身、应用技术、物流服务、基础设施、仓储环境、仓储技术、运输状况、物流效率、员工素质进行进一步评价。

（1）企业自身。企业投入物流领域资金对食品物流环节的监管具有较强影响力，企业所处的大环境也会对食品监管产生作用，所以企业自身需要提高对食品安全物流环节的监管意识才能推动食品安全监管事业。为此，将企业自身细分为 4 个三级指标进行探讨，分别为物流资金状况，区域性全国性冷链网络构建状况，企业冷链标准的制定与实施状况，食品物流的规模化、集约化状况。

（2）应用技术。企业物流技术是指在采购、运输、装卸、流通加工和信息处理等物流活动中所使用的各种工具、设备、设施和其他物质手段。技术的作用是把各种物资从生产者一方快速转移给消费者，它是沟通两者的有效桥梁，所以应用技术将其细分为 5 个三级指标：物联网信息技术应用状况、物流可追溯管理系统建立状况、冷链物流系统信息化管理状况、不同应用系统的兼容性状况、包装和保鲜技术的更新状况。

（3）物流服务。企业物流服务旨在物流部门从处理客户订货开始，直至商品送至客户手中，为满足客户需求，有效完成商品供应、减轻客户物流作业负荷所进行的全部活动。企业想要提升自身核心竞争力，必须大大提升核心业务的服务能力。为进一步分析物流服务，划分为6个三级指标：为客户制订个性化方案状况、客户满意度反馈状况、食品档案完整性状况、物流过程中远程监控状况、伪劣过期食品处理状况、逆向物流状况。

（4）基础设施。仓储物流是指以满足供应链上下游的需求为目的，特定的有形或无形的基础设施场所是必不可少的，设施的完善对安全监管起到促进作用。可从冷藏保鲜库建设状况、冷库按冷藏级别分类状况、自动化仓储构建状况、食品物流配送中心建立状况、原有陈旧设备更新状况5个三级指标进行分析。

（5）仓储环境。仓库作为存储货品的地方，只有严格按照我国仓储业政策，注重货品环境卫生，才能保证食品物流环节的安全。仓储环境可细分为5个三级指标，分别为湿度控制状况、温度控制状况、防虫防害状况、通风状况、消防设施状况。

（6）仓储技术。现代化仓库已成为促进各物流环节平衡运转的物流集散中心，提升仓储技术应用能力，能创新性地促进我国食品安全问题的解决。可从以下6个三级指标进行分析：仓储管理系统技术应用状况、摘取式电子标签拣货系统应用状况、射频识别技术应用状况、电子数据交换系统应用状况、自动订货系统技术应用状况、自动导引车技术应用状况。

（7）运输状况。在食品运输过程中，规范的搬运、运送、交付等活动，才能确保食品安全，说明食品运输是食品安全监管的重要环节。应将其细分为8个三级指标进一步分析，具体为冷藏车现运行状况、食品运输中温度检测状况、食品装卸状况、全程无缝冷链状况、运输过程中的包装情况、违规保鲜剂使用状况、食品运输中卫生状况、夹运与运输单不符物品状况。

（8）物流效率。物流系统能否在一定的服务水平下满足客户的要求，衡量物流效率是一件复杂的事情，主要包含经济性、技术性、社会性等方面。只有高速的物流效率可保证食品的有序流动与交付，提升食品安全。将其细分为冷库利用率状况、仓储周转率状况、冷链各环节协调联动状况、优化运输资源利用率方案状况、运输及配送效率状况、物流过程中食品腐损率状况、是否采用运输管理系统、是否采用GPS与GIS共计8个三级指标。

（9）员工素质。随着现代化运输工具朝着多样化、高速化、大型化和专用化方向发展，对于运输人员的素质要求也大大提升，高素质的运输人才才能更好地保证食品运输过程中的安全问题。将员工素质分为 4 个三级指标，分别为员工操作的规范性与熟练度、运输人员驾龄、运输人员驾照级别和运输人员交通责任事故记录。

9.2.2　网络层次分析-模糊综合评价模型构建

依据上节对网络层次分析-模糊综合评价方法的简述，构造评价模型（图 9-4）。在评价模型中，控制层中包含目标和准则，其中，目标为食品物流环节安全监管状况，准则为物流企业安全监管的规章制度及系统状况、仓储监管状况、运输监管状况。网络层中有 9 个元素集，分别为企业自身、应用技术、物流服务、基础设施、仓储环境、仓储技术、运输状况、物流效率、员工素质。每个元素集下面对应各自的元素。元素集内部、元素集之间和元素之间存在相互影响依存关系。借助此模型，可以对对象层中的对象进行食品物流环节安全监管状况评价。

9.2.3　样本数据采集与统计性分析

1. 样本选择与调查采样表设计

1）样本选择

基于以下考虑，将食品物流企业作为食品物流环节监管指标体系调查采样表的样本。

第一，最近几年的食品安全事故都是因为商家为了延长食品保质期，在生产过程中添加有害物质。这些事件都与食品物流环节息息相关。

第二，我国对食品安全越来越重视，但对食品物流环节的监管的调查研究还处于起步阶段，对于食品物流与食品安全之间的关系认识还不全面。所以，通过此次调查研究，可以补充我国食品物流环节的研究，发现

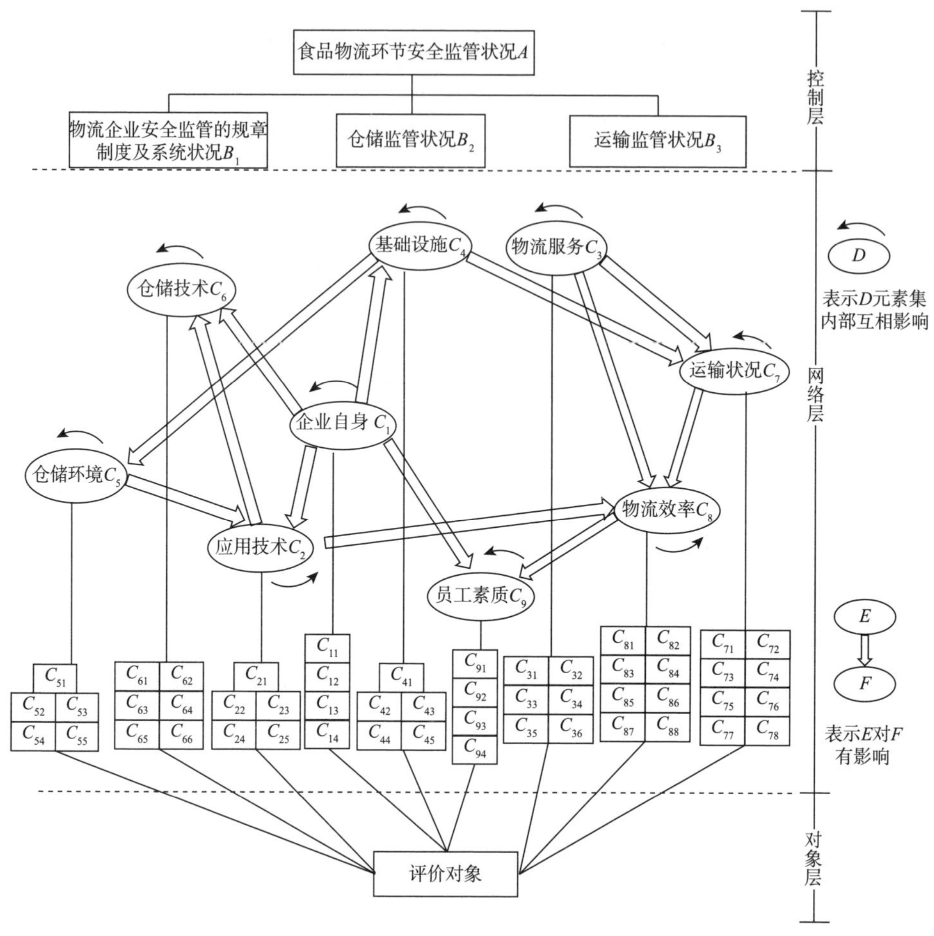

图 9-4　食品物流环节安全监管状况评价模型

食品物流的不足，降低食品物流相关的食品安全隐患。

2）调查采样表设计

根据食品物流环节安全监管指标体系调查采样表，采用五档打分形式，并且每个条目都有与之对应的等级和分数。其中，“好”代表100分、“较好”代表75分、“一般”代表50分、“较差”代表25分、“差”代表0分。

2. 数据来源和信度分析

采集调查采样数据截至 2016 年 9 月底①。调查采样团队由 2 名研究生和 7 名本科生组成，团队成员在各个物流企业的官方网站上进行线上调查采样，并严格按照评分准则打分。本次调查采样中，一份调查采样表代表一个物流企业，共填写了 144 份调查采样表，其中无效调查采样表 3 份，有效调查采样表 141 份，有效率为 97.917%。由于每份调查采样表有 51 个指标，每个条目并对应五档等分项，所以共收集调查采样数据 7 191 个。

在研究中，受到调查采样的省份分布情况和省份特征如表 9-13 所示。

表 9-13　受到调查采样的省份特征

省份	企业个数	占比	省份	企业个数	占比
安徽	1	0.007	宁夏	1	0.007
北京	13	0.092	山东	9	0.064
福建	5	0.035	山西	2	0.014
甘肃	2	0.014	陕西	1	0.007
广东	18	0.128	上海	27	0.191
广西	1	0.007	四川	4	0.028
河北	1	0.007	天津	8	0.057
河南	6	0.043	新疆	1	0.007
黑龙江	2	0.014	云南	3	0.021
湖北	10	0.071	浙江	1	0.007
湖南	2	0.014	重庆	3	0.021
江苏	11	0.078	辽宁	6	0.043
江西	1	0.007	内蒙古	2	0.014

我国物流环节监管情况的信度指标 Cronbach's α值为 0.994，说明物流环节的测度具有很好的内部一致性和稳定性，信度相当好。

① 此次调查采样于 2016 年 6 月至 9 月底展开。

9.2.4 模型计算与结果分析

1. 模糊综合评价法确定食品物流环节监管得分

本节选取的评语集为$V=\{好,较好,一般,较差,差\}$，量化评价结果的数值集为$N=\{100, 75, 50, 25, 0\}$。根据调查采样表所获得的数据，将食品物流环节安全监管的整体统计评价结果[①]整理如表 9-14 所示。

表 9-14 食品物流环节安全监管的整体统计评价结果

指标	整体评价次数统计					指标得分	评价结果
	好	较好	一般	较差	差		
C_{11}	54	66	1	20	0	77.307 5	较好
C_{12}	52	68	20	1	0	80.320 0	较好
C_{13}	57	62	21	1	0	81.030 0	较好
C_{14}	52	68	0	21	0	76.775 0	较好
C_{21}	112	6	22	1	0	90.602 5	好
C_{22}	5	107	7	22	0	66.847 5	一般
C_{23}	110	3	26	2	0	89.182 5	较好
C_{24}	3	110	6	22	0	66.667 5	一般
C_{25}	103	16	21	1	0	89.185 0	较好
C_{31}	117	21	3	0	0	95.212 5	好
C_{32}	117	20	3	1	0	94.857 5	好
C_{33}	4	109	6	22	0	66.845 0	一般
C_{34}	3	113	4	21	0	67.377 5	一般
C_{35}	53	62	23	3	0	79.255 0	较好
C_{36}	51	64	4	22	0	75.532 5	较好
C_{41}	68	52	11	10	0	81.560 3	较好

① 需要特别说明的是，食品物流环节监管得分的评价判定标准为100分为满分，60分为及格，得分处于[0，30）为差，[30，60）为较差，[60，75）为一般，[75，90）为较好，[90，100]为好。

续表

指标	整体评价次数统计					指标得分	评价结果
	好	较好	一般	较差	差		
C_{42}	72	54	9	6	0	84.042 6	较好
C_{43}	65	56	10	11	0	81.383 0	较好
C_{44}	70	52	10	9	0	82.446 8	较好
C_{45}	118	20	3	0	0	95.390 0	好
C_{51}	119	1	21	0	0	92.377 5	好
C_{52}	119	1	21	0	0	92.377 5	好
C_{53}	119	1	21	0	0	92.377 5	好
C_{54}	119	1	21	0	0	92.377 5	好
C_{55}	119	1	21	0	0	92.377 5	好
C_{61}	5	113	1	22	0	67.910 0	一般
C_{62}	5	113	1	22	0	67.910 0	一般
C_{63}	5	113	1	22	0	67.910 0	一般
C_{64}	5	113	1	22	0	67.910 0	一般
C_{65}	5	113	1	22	0	67.910 0	一般
C_{66}	5	113	1	22	0	67.910 0	一般
C_{71}	58	63	20	0	0	81.730 0	较好
C_{72}	55	64	1	21	0	77.130 0	较好
C_{73}	55	64	22	0	0	80.852 5	较好
C_{74}	58	61	22	0	0	81.383 0	较好
C_{75}	57	62	21	1	0	81.030 0	较好
C_{76}	58	61	22	0	0	81.375 0	较好
C_{77}	58	61	21	1	0	81.197 5	较好
C_{78}	58	61	22	0	0	81.375 0	较好
C_{81}	57	63	21	0	0	81.385 0	较好
C_{82}	57	64	20	0	0	81.562 5	较好
C_{83}	57	64	20	0	0	81.562 5	较好
C_{84}	58	61	22	0	0	81.375 0	较好

续表

指标	整体评价次数统计					指标得分	评价结果
	好	较好	一般	较差	差		
C_{85}	58	63	20	0	0	81.730 0	较好
C_{86}	58	61	22	0	0	81.375 0	较好
C_{87}	55	63	22	1	0	80.497 5	较好
C_{88}	58	63	20	0	0	81.730 0	较好
C_{91}	58	82	1	0	0	85.105 0	较好
C_{92}	58	82	1	0	0	85.105 0	较好
C_{93}	58	82	1	0	0	85.105 0	较好
C_{94}	58	82	1	0	0	85.105 0	较好

由表 9-14 可知，一级指标权重为$\boldsymbol{W}_A$ =（0.333 3 0.333 3 0.333 3）；二级指标权重为$\boldsymbol{W}_{B_1}$ =（0.333 3 0.333 3 0.333 3），$\boldsymbol{W}_{B_2}$ =（0.400 0 0.400 0 0.200 0），$\boldsymbol{W}_{B_3}$ =（0.500 0 0.250 0 0.250 0）；三级指标权重分别为$\boldsymbol{W}_1$ =（0.142 9 0.285 7 0.285 7 0.285 7），$\boldsymbol{W}_2$ =（0.125 0 0.250 0 0.250 0 0.125 0 0.250 0），$\boldsymbol{W}_3$ =（0.090 0 0.121 9 0.182 1 0.198 8 0.337 4 0.069 9），$\boldsymbol{W}_4$ =（0.257 5 0.257 5 0.146 8 0.146 8 0.196 9），$\boldsymbol{W}_5$ =（0.349 1 0.184 3 0.184 3 0.184 3 0.098 0），$\boldsymbol{W}_6$ =（0.260 1 0.143 7 0.165 2 0.143 7 0.143 7 0.143 7），$\boldsymbol{W}_7$ =（0.099 2 0.099 2 0.083 0 0.066 9 0.165 9 0.129 8 0.190 1 0.165 9），$\boldsymbol{W}_8$ =（0.134 3 0.118 4 0.134 3 0.084 5 0.118 4 0.270 2 0.069 9 0.069 9），$\boldsymbol{W}_9$ =（0.517 3 0.127 4 0.193 4 0.161 9）。

整体物流环节的食品安全监管情况的模糊综合评价过程如下。

企业自身对应的三级指标评价矩阵为

$$\boldsymbol{R}=\begin{bmatrix}0 & 0.1418 & 0.0071 & 0.4681 & 0.3830\\0 & 0.0071 & 0.1418 & 0.4823 & 0.3688\\0 & 0.0071 & 0.1489 & 0.4397 & 0.4043\\0 & 0.1489 & 0 & 0.4823 & 0.3688\end{bmatrix}$$

其对应的三级权重为$\boldsymbol{W}_1=\left(0.1429\ \ 0.2857\ \ 0.2857\ \ 0.2857\right)$，由此得到的企

业自身的评价向量为$C_1 = W_1 \cdot R_1 = [0\ \ 0.0669\ \ 0.0841\ \ 0.4681\ \ 0.3810]$。

同理，应用技术、物流服务、基础设施、仓储环境、仓储技术、运输状况、物流效率、员工素质的评价向量分别为

$$C_2 = [0\ \ 0.0647\ \ 0.1206\ \ 0.3263\ \ 0.4885]$$

$$C_3 = [0\ \ 0.0770\ \ 0.0749\ \ 0.5108\ \ 0.3373]$$

$$C_4 = [0\ \ 0.0566\ \ 0.0673\ \ 0.3290\ \ 0.5526]$$

$$C_5 = [0\ \ 0\ \ 0.1489\ \ 0.0071\ \ 0.8440]$$

$$C_6 = [0\ \ 0.1560\ \ 0.0071\ \ 0.8014\ \ 0.0355]$$

$$C_7 = [0\ \ 0.0277\ \ 0.1268\ \ 0.4395\ \ 0.4058]$$

$$C_8 = [0\ \ 0.0005\ \ 0.1488\ \ 0.4436\ \ 0.4071]$$

$$C_9 = [0\ \ 0\ \ 0.0071\ \ 0.5816\ \ 0.4113]$$

根据企业自身、物流技术和物流服务的评价向量得物流企业安全监管的规章制度及系统状况的评价矩阵为

$$B_1 = \begin{bmatrix} C_1 \\ C_2 \\ C_3 \end{bmatrix} = \begin{bmatrix} 0 & 0.0669 & 0.0841 & 0.4681 & 0.3810 \\ 0 & 0.0647 & 0.1206 & 0.3263 & 0.4885 \\ 0 & 0.0770 & 0.0749 & 0.5108 & 0.3373 \end{bmatrix}$$

由此，物流企业安全监管的规章制度及系统状况的评价向量为$U_1 = W_{B_1} \cdot B_1 = [0\ \ 0.0695\ \ 0.0932\ \ 0.4351\ \ 0.4022]$，同理，仓储监管状况的评价向量为$U_2 = [0\ \ 0.0538\ \ 0.0879\ \ 0.2947\ \ 0.5657]$，运输监管状况的评价向量为$U_3 = [0\ \ 0.0140\ \ 0.1024\ \ 0.4761\ \ 0.4075]$。

根据物流企业安全监管的规章制度及系统状况、仓储监管状况和运输监管状况得出食品物流环节安全监管状况的评价矩阵为

$$U = \begin{bmatrix} U_1 \\ U_2 \\ U_3 \end{bmatrix} = \begin{bmatrix} 0 & 0.0695 & 0.0932 & 0.4351 & 0.4022 \\ 0 & 0.0538 & 0.0879 & 0.2947 & 0.5657 \\ 0 & 0.0140 & 0.1024 & 0.4761 & 0.4075 \end{bmatrix}$$

由此，得到食品物流环节安全监管状况的评价向量为 $\boldsymbol{S}=\boldsymbol{W}_A\bullet\boldsymbol{U}=$ $[0\ \ 0.045\,8\ \ 0.094\,5\ \ 0.041\,9\ \ 0.458\,5]$。

所以，食品物流环节安全监管状况得分为

$$F=0.458\,5\times100+0.401\,9\times75+0.094\,5\times50+0.045\,8\times25+0\times0=81.862\,5$$

2. 结果分析

食品物流环节安全监管状况的总得分为 81.862 5 分，评价属于较好。说明抽样采样的 141 家物流企业监管整体情况较好，但也暴露了食品物流环节监管的一系列问题，如物流可追溯管理系统建立情况、食品档案完整性状况、物流过程中远程监控状况、自动化仓储构建状况和仓储技术，评价结果为一般。

（1）我国物流信息化水平不高。物流可追溯管理系统建立情况、食品档案完整性状况、物流过程中远程监控状况、自动化仓储构建状况的评价结果为一般。物流可追溯系统是在物流环节中通过登记的识别码，对物件或行为的历史和使用或位置予以追踪的系统。物流可追溯系统和物流过程中远程监控状况都是对物流过程中物件的信息化管理。食品档案完整性状况是物件信息完整性的状况，食品档案完整性体现了食品物流行业的信息化水平。物流信息化是实现物流自动化、网络化、智能化、柔性化发展的基础，是物流业发展的核心。物流信息不完全、失真大大降低了食品供应链的管理效率。

（2）自动化仓储属于仓储技术的一部分，仓储技术还包括仓储管理系统技术、摘取式电子标签拣货系统技术、射频识别技术、电子数据交换系统技术、自动订货系统技术、自动导引车技术。仓储管理技术是通过入库、出库业务，仓库、库存调拨和虚仓管理等功能，有效控制并跟踪仓库业务的物流和成本管理的全过程，从而实现仓储信息管理。摘取式电子标签拣货系统可以快速收集物流物件的信息，实现入库、存货、拣货、出库的全电子化管理。射频识别技术是一种无线通信技术，可以加快流通中衔接环节的速率，大大减少流通时间。电子数据交换系统是将物流信息在计算机系统之间进行数据交换。自动订货系统技术是通过信息化更好地提高仓储效率，让信息在供应链中更好地共享。自动导引车技术是无人驾驶的车辆自动化技术，代替人工上线作业。由调查采样数据可得我国仓储技术评价结果为一般，说明我国物流信息化发展不平衡、信息化状况不乐观。许多企业对仓储技术和仓储信息化了解不足、不重视，且我国物流仓储信息化建设起步晚、推进慢，整体物流仓储技术水平较低，造成食品物流仓储环节比较薄弱。

9.3　基于FSSPI的我国食品销售环节安全监管绩效评价研究

食品安全监管形势日趋复杂，作为从农田到餐桌全链条中的关键一环，食品销售环境更加多元化、多维化，食品销售监管所面临的境况更加堪忧。通过对我国食品销售环节安全现状的深入探查，不难发现在这一领域中存在着诸如无证经营（曾凌，2015）、经营环境达不到经营条件（王常伟和顾海英，2013a）、规范操作能力差（代文彬和慕静，2013）、卫生意识淡薄（王岳和王凯伟，2012）等种种严重问题。究其原因，主要是食品安全监管领域的市场监管失灵、政府监管失灵以及社会监管失灵所致。为了适应新的监管形势和要求，亟须构建一个科学的、全面的食品销售环节安全监管指数。本节通过大量研读国内外食品安全相关文献、法律法规和食品安全案例，并综合运用德尔菲法对指标进行专家论证，确立了食品销售环节安全监管指标体系，之后根据德尔菲专家的打分和网络层次分析法，得出食品销售环节安全监管各个指标的权重，最终构建出科学全面的食品销售环节安全监管指数模型。

9.3.1　我国食品销售环节安全监管指数指标体系构建

1. 指标体系来源

食品销售环节安全监管指标体系的构建，采用逆向归纳法。首先，通过大量研读国内外相关文献、法律法规、食品安全案例，从中提炼出三级指标。其次，对三级指标进行归纳分类，得出二级指标。再次，对二级指标进行归纳分类，得出一级指标。最后，得出科学的、全面的食品销售环节安全监管指标体系（图 9-5）。

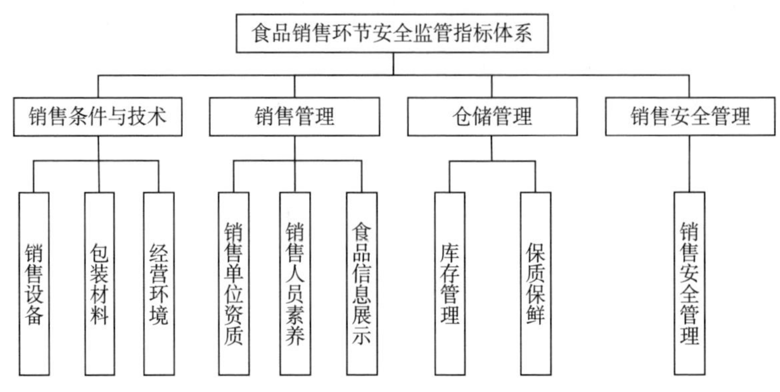

图 9-5　食品销售环节安全监管指标体系框架图

第一部分，通过大量研读国内外相关文献、法律法规、食品安全案例，从中提炼出 40 个三级指标，在此基础上归纳出 9 个二级指标和 4 个一级指标。

第二部分，借助德尔菲法获得。专家组由 11 位专家组成，其中高校食品安全和管理学教授 6 位、政府食品安全监管部门管理人员及工程师 2 位、食品安全媒体记者 1 位、消协负责人 1 位、食品企业高管 1 位。专家组一方面对已获取的 40 个三级指标、9 个二级指标、4 个一级指标进行论证打分，判定需要保留、舍弃和修改的指标；另一方面利用自身的专业知识，提出应该补充进入指标体系的指标。通过三轮专家不断论证打分，最终确定了包含 43 个三级指标、9 个二级指标、4 个一级指标的食品销售环节安全监管指标体系（表 9-15）。

表 9-15　食品销售环节安全监管指标体系

目标	一级指标	二级指标	三级指标
食品销售环节安全监管状况（A）	销售条件与技术（B_1）	销售设备（C_1）	设备可设定温度范围（C_{11}）
			设备定期检查维护频率（C_{12}）
			设备齐全程度（C_{13}）
			设备卫生合格率（C_{14}）

续表

目标	一级指标	二级指标	三级指标
食品销售环节安全监管状况（A）	销售条件与技术（B_1）	包装材料（C_2）	包装材料卫生达标率（C_{21}）
			包装材料质量合格率（C_{22}）
			散装食品独立外包装比率（C_{23}）
		经营环境（C_3）	照明安装覆盖率（C_{31}）
			经营场所布局合理程度（C_{32}）
			经营场所卫生检查清洁频率（C_{33}）
			经营场所消毒设备配备情况（C_{34}）
			经营场所销售条件合格率（C_{35}）
			垃圾处理频率（C_{36}）
	销售管理（B_2）	销售单位资质（C_4）	卫生经营许可证（C_{41}）
			食品流通许可证（C_{42}）
			营业执照（C_{43}）
			酒类零售许可证（C_{44}）
		销售人员素养（C_5）	作业手册完整度（C_{51}）
			作业人员健康证（C_{52}）
			作业人员定期体检频率（C_{53}）
			作业前人员清洁情况（C_{54}）
			食品安全知识技术定期培训频率（C_{55}）
			作业人员引起污染行为情况（C_{56}）
			作业人员的道德水平（C_{57}）
			食品安全管理人员配备情况（C_{58}）
		食品信息展示（C_6）	食品具体信息完整度与真实度（C_{61}）
			特殊食品标识完整度与真实度（C_{62}）
			进口食品中文信息完整度与真实度（C_{63}）
			散装食品相关标识符合标准情况（C_{64}）
			食品警示标志和注意事项符合标准情况（C_{65}）
	仓储管理（B_3）	库存管理（C_7）	先进先出原则满足程度（C_{71}）
			库存食品质量和数量定期检查频率（C_{72}）

续表

目标	一级指标	二级指标	三级指标
食品销售环节安全监管状况（A）	仓储管理（B_3）	库存管理（C_7）	进货档案及查验记录建立情况（C_{73}）
		保质保鲜（C_8）	过期及变质食品处理及时程度（C_{81}）
			不同包装食品储存设备（C_{82}）
			食品储存区分度（C_{83}）
			温度控制范围（C_{84}）
			灯具条件满足程度（C_{85}）
	销售安全管理（B_4）	销售安全管理（C_9）	食品推销广告内容合法性（C_{91}）
			法律禁止经营食品的销售情况（C_{92}）
			主动向消费者提供销售凭证情况（C_{93}）
			销售单位食品召回制度建立情况（C_{94}）
			销售单位食品安全事故处理能力（C_{95}）

2. 指标体系说明

食品销售环节安全监管指标体系从销售条件与技术、销售管理、仓储管理和销售安全管理四个方面评价食品安全监管状况。为了更好地反映目前我国食品安全监管的实际状况，需要将 4 个一级指标细分为 9 个二级指标即销售设备、包装材料、经营环境、销售单位资质、销售人员素养、食品信息展示、库存管理、保质保鲜、销售安全管理进行细致评价。

（1）销售设备。销售设备与食品直接或间接接触，其安全状况对食品安全有较强的影响，所以在食品安全监管过程中应注重对销售设备安全程度的监管，进而减少食品安全隐患的概率。为此应将销售设备细分为 4 个三级指标进行评价，分别为设备可设定温度范围、设备定期检查维护频率、设备齐全程度、设备卫生合格率。

（2）包装材料。包装材料与食品直接接触，是保证食品安全的重要一环，其食品安全状况直接影响着食品安全状况。所以食品安全监管应将包装材料作为食品安全监管的重点对象之一。对包装材料开展食品安全监管状况评价应从包装材料卫生达标率、包装材料质量合格率、散装食品独立外包装比率三个方面进行。

（3）经营环境。经营环境错综复杂，需要监管部门对其制定严格的规范，以避免食品安全问题的发生。在经营环境中，照明安装覆盖率、经营场所布局合理程度、经营场所卫生检查清洁频率、经营场所消毒设备配备情况、经营场所销售条件合格率和垃圾处理频率六个方面对食品安全影响较大，所以应在食品安全监管中加强这些方面的监管。

（4）销售单位资质。一般而言，销售单位资质的健全度反映了其对食品安全操作的重视度，其操作更加规范，食品安全隐患也会随之减弱，所以为了改善食品安全状况，在食品安全监管过程中应加强对卫生经营许可证、食品流通许可证、营业执照和酒类零售许可证四个方面的监管。

（5）销售人员素养。销售人员是食品的直接操作者，其操作的规范程度直接决定着食品的安全状况，所以每个销售单位应加强对自身销售人员素养的管理，在食品安全监管中应注重对作业手册完整度、作业人员健康证、作业人员定期体检频率、作业前人员清洁情况、食品安全知识技术定期培训频率、作业人员引起污染行为情况、作业人员的道德水平和食品安全管理人员配备情况八个方面的监管。

（6）食品信息展示。食品信息展示可以为消费者提供选购食品的直接信息，便于消费者做出判断，所以在食品安全监管过程中，应加强对食品具体信息完整度与真实度、特殊食品标识完整度与真实度、进口食品中文信息完整度与真实度、散装食品相关标识符合标准情况和食品警示标志和注意事项符合标准情况五个方面监管。

（7）库存管理。销售环节的食品很难实现在有限的销售空间和时间内完全售空，而未销售出去的或需要储存的食品需要仓库进行储存，所以库存管理也间接影响着食品安全状况。在食品安全监管中不应忽视对库存管理中先进先出原则满足程度、库存食品质量和数量定期检查频率和进货档案及查验记录建立情况的监管。

（8）保质保鲜。在食品销售过程中，对食品进行保质保鲜处理显得尤为重要，尤其是对一些易腐败易变质的食品更应该加强保质保鲜。因此，进行食品安全监管时，应加强对过期及变质食品处理及时程度、不同包装食品储存设备、食品储存区分度、温度控制范围和灯具条件满足程度五个方面的监管。

（9）销售安全管理。销售安全管理在食品销售环节居于重要地位，对食品销售进行安全管理，应涉及食品推销广告内容合法性、法律禁止经营食品的销售情况、主动向消费者提供销售凭证情况、销售单位食品召回制度建立情况和销售单位食品安全事故处理能力五个方面，同样这五个方面也是食品安全监管重点关注的对象。

9.3.2 网络层次分析-模糊综合评价模型构建

根据以上的步骤，构建评价模型（图 9-6）。在评价模型中，控制层中包含目标和准则，其中，目标为食品销售环节安全监管状况，准则为销售条件与技术、销售管理、仓储管理、销售安全管理。网络层中有九个元素集分别为销售设备、包装材料、经营环境、销售单位资质、销售人员素养、食品信息展示、库存管理、保质保鲜、销售安全管理。每个元素集下面对应各自的元素。元素集内部、元素集之间和元素之间存在相互影响依存关系。借助此模型，可以对对象层中的对象进行食品销售环节安全监管状况评价。

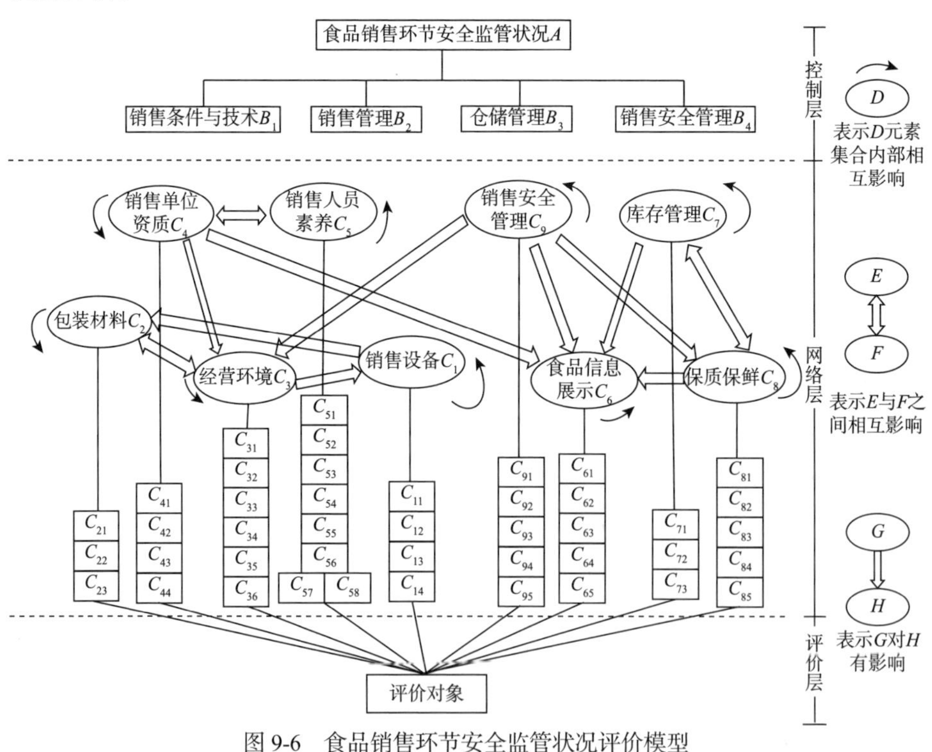

图 9-6 食品销售环节安全监管状况评价模型

9.3.3　样本数据采集与统计性分析——以乳制品为例

1. 样本选择与调查采样表设计

1）样本选择

基于以下考虑，将乳制品作为销售环节安全监管状况的调查采样对象。

2007~2017 年，乳制品产业迅速发展，其年产量的平均增长率达到 9.947%，城镇居民乳制品普及率超过 95%，农村居民人均乳制品消费量以年均 4.4%的速度增长。但乳制品安全事故的发生，反映了目前我国乳制品监管体系的滞后。所以通过本次乳制品销售环节安全监管状况采样研究，可以暴露乳制品销售环节中安全监管存在的隐患，也为相关部门日后规范自身监管行为提供一定的参考。

2）调查采样表设计

依据乳制品销售环节的食品安全信息透明度指标体系设计调查采样表，采用五档打分形式，每个条目均有与之对应的打分准则，其中，“好”表示 100 分、“较好”表示 75 分、“一般”表示 50 分、“较差”表示 25 分、“差”表示 0 分[①]。为更客观地研究制品销售环节的食品安全信息透明度，课题组开展了预调查采样，通过修正预调查采样表和打分准则，确定了最终的调查采样表。

2. 数据来源和统计描述性分析

调查团队[②]对截至 2016 年 9 月的相关数据进行了采集，并分别从线上线下两种渠道展开调研工作，严格依据打分准则进行评分。经过整理，线下共获取 322 份调查采样表，其中，无效采样表 21 份，有效调查采样表 301 份，有效率为 93.478%；线上共获取 1 217 份调查采样表，其中，无效采样表 17 份，有效调查采样表 1 200 份，有效率为 98.603%。本调查采样整体共

① 需要特别说明的是，最终乳制品销售环节安全监管得分的评价判定标准为 100 分为满分，60 分为及格，得分处于[0，30）为差，[30，60）为较差，[60，75）为一般，[75，90）为较好，[90，100]为好。

② 调查采样团队分为两组，一组由 4 位大学教授组成，负责不同省份线下销售乳制品的店铺；二组由 6 位研究生及 2 名本科生组成，负责线上电商平台中销售乳制品的商家。

获取调查采样表1 539份，其中，无效调查采样表38份，有效调查采样表1 501份，整体有效率为97.531%。由于每份调查采样表包含41个条目，每个条目对应五档等分项，因而本次调查采样获取的总数据量达到307 705个。

1）样本特征

本节对线上调查采样获取的数据进行了汇总，并按照电商平台、乳制品品牌及店铺类型三种标准进行分类，得到14家电商平台、87个乳制品品牌以及3种商铺类型的统计数据。线上受调查采样的电商平台特征如表9-16所示，其中淘宝平台受调查次数最多，后面依次为天猫、京东、1号店及苏宁易购。线上受调查采样的店铺类型特征如表9-17所示，代理商接受调查采样的次数最多，占比超过50%，其次是网站自营和官方旗舰店。线上受调查采样的乳制品品牌特征如表9-18所示，在87个国内外乳制品品牌中，国内品牌受调查最多的为伊利，其次为三元、完达山、圣牧及蒙牛；而爱他美、雀巢则是国外品牌中受调查次数的前两名。

表9-16　线上受调查采样的电商平台特征

网站	次数	占比	网站	次数	占比
淘宝	553	0.461	亚马逊	18	0.015
天猫	238	0.198	中粮我买	25	0.021
京东	143	0.119	贝贝	8	0.007
1号店	88	0.073	e万家	7	0.006
苏宁易购	68	0.057	聚美优品	4	0.003
飞牛网	29	0.024	麦乐购	4	0.003
顺丰优选	12	0.010	唯品会	3	0.003

表9-17　线上受调查采样的店铺类型特征

商家类型	次数	占比
网站自营	187	0.156
官方旗舰店	181	0.151
代理商	832	0.693

表 9-18　线上受调查采样的乳制品品牌特征

品牌	次数	占比	品牌	次数	占比	品牌	次数	占比
a2	15	0.013	辉山	10	0.008	雀巢	42	0.035
有机谷	11	0.009	惠恩	3	0.003	三元	25	0.021
cow&gate	16	0.013	惠氏	16	0.013	上质	17	0.014
美素佳儿	20	0.017	君乐宝	14	0.012	生机谷	14	0.012
迈高	10	0.008	咔哇熊	9	0.008	圣牧	21	0.018
similac	10	0.008	可瑞康	18	0.015	圣元	13	0.011
爱氏晨曦	18	0.015	莱爱家	14	0.012	施恩	15	0.013
爱他美	51	0.043	兰特	9	0.008	斯丁格	6	0.005
澳优	11	0.009	乐博维	2	0.002	素加	13	0.011
贝拉米	20	0.017	乐天	11	0.009	太子乐	15	0.013
贝因美	15	0.013	罗兹姑娘	15	0.013	特福芬	15	0.013
贝智康	15	0.013	绿林贝	13	0.011	天赋力	14	0.012
宾格瑞	15	0.013	皇氏乳业	1	0.001	完达山	22	0.018
聪尔壮	15	0.013	美捷诚	3	0.003	旺旺	18	0.015
德亚	16	0.013	美庐	10	0.008	韦沃	15	0.013
德运	13	0.011	启赋	19	0.016	维维	10	0.008
多美鲜	11	0.009	美赞臣	14	0.012	味全	15	0.013
多美滋	17	0.014	蒙牛	20	0.017	喜安	2	0.002
飞鹤	17	0.014	明一	15	0.013	喜安智	7	0.006
斐婴宝	15	0.013	明治	13	0.011	喜宝	15	0.013
风车牧场	4	0.003	牧牌	8	0.007	新希望	16	0.013
甘地牧场	14	0.012	牧羊人	1	0.001	旭贝尔	7	0.006
高培	6	0.005	纽麦福	12	0.010	雅贝氏	2	0.002
高原之宝	16	0.013	纽瑞滋	15	0.013	雅力士	2	0.002
光明	17	0.014	纽仕兰	15	0.013	雅培	18	0.015
合生元	14	0.012	努卡	1	0.001	雅士利	10	0.008
荷高	10	0.008	诺优能	18	0.015	伊利	42	0.035

续表

品牌	次数	占比	品牌	次数	占比	品牌	次数	占比
荷兰乳牛	15	0.013	欧贝嘉	13	0.011	音苏提	9	0.008
亨氏	13	0.011	欧德宝	18	0.015	优比特	10	0.008

同时，对线下调查采样获取的数据进行了汇总，并按照省份标准进行分类，得到7省1区的统计数据。线下受调查采样的省区特征如表9-19所示，包含3个东部省份、2个中部省份以及3个西部省区，其中接受调研最多的为东部省份，占比达到72.1%，其次为中部和西部地区；而江苏省作为接受调查最多的省份，做到了苏南、苏中、苏北三部分全覆盖。

表 9-19　线下受调查采样的省份及地区特征

省份	次数	占比	市	次数	省份	次数	占比	市	次数
江西省	34	0.113	南昌市	19	江苏省	192	0.638	常州市	5
			宜春市	6				淮安市	7
			景德镇市	9				南京市	117
甘肃省	11	0.037	嘉峪关市	7				南通市	10
			敦煌市	4				苏州市	5
安徽省	13	0.043	宿州市	6				泰州市	7
			合肥市	7				无锡市	10
广东省	13	0.043	惠州市	5				徐州市	5
			广州市	8				盐城市	6
浙江省	12	0.040	嘉兴市	3				扬州市	7
			宁波市	9				宜兴市	8
新疆维吾尔自治区	11	0.037	哈密市	11				镇江市	5
					青海省	15	0.050	西宁市	15

2）信度、效度

线上、线下以及整体的信度和效度指标数据如表9-20所示，三者的信度指标Cronbach's α值均在0.9以上，说明线上、线下及整体的测度具有很好的内部一致性和稳定性，信度相当好。同时，三者的建构效度指标KMO

均在 0.9 以上，说明因素分析适切性相当好，效度相当高。

表 9-20　调查采样表的信度和效度检验

调查采样区域	Cronbach's α	KMO	Bartlett	df	Sig.
线下	0.982	0.950	16 021.755	820	0.000
线上	0.971	0.967	48 820.669	820	0.000
整体	0.975	0.969	61 820.150	820	0.000

9.3.4　模型计算与结果分析

1. 模型计算

本节选取的评语集为 V={好，较好，一般，较差，差}，量化评价结果的数值集为 $N=\{100, 75, 50, 25, 0\}$，并依此对 1 501 份调查采样表所获数据进行了汇总，结果如表 9-21 所示。

表 9-21　我国乳制品销售环节安全监管状况指标评价的次数统计

指标	整体评价次数统计					评价结果	指标	整体评价次数统计					评价结果
	好	较好	一般	较差	差			好	较好	一般	较差	差	
C_{11}	431	660	387	20	3	较好	C_{36}	368	590	494	47	2	较好
C_{12}	302	528	613	52	6	较好	C_{41}	938	389	82	2	90	好
C_{13}	405	533	522	39	2	较好	C_{42}	981	329	107	2	82	好
C_{14}	487	567	403	42	2	较好	C_{43}	953	319	118	2	109	好
C_{21}	402	754	322	22	1	较好	C_{44}	957	346	102	2	94	好
C_{22}	406	737	302	56	0	较好	C_{51}	331	639	495	33	3	较好
C_{23}	374	692	411	22	2	较好	C_{52}	496	513	359	18	115	较好
C_{31}	347	652	410	88	4	较好	C_{53}	282	467	507	94	151	一般
C_{32}	298	599	550	50	4	较好	C_{54}	269	662	520	41	9	较好
C_{33}	335	408	681	73	4	较好	C_{55}	247	460	653	60	81	较好
C_{34}	329	482	641	46	3	较好	C_{56}	286	538	469	204	4	较好
C_{35}	337	625	497	41	1	较好	C_{57}	287	794	393	24	3	较好

续表

指标	整体评价次数统计					评价结果	指标	整体评价次数统计					评价结果
	好	较好	一般	较差	差			好	较好	一般	较差	差	
C_{58}	244	703	479	72	3	较好	C_{82}	330	571	520	78	2	较好
C_{61}	474	757	256	13	1	较好	C_{83}	359	520	549	59	14	较好
C_{62}	464	736	286	14	1	较好	C_{84}	345	586	512	57	1	较好
C_{63}	418	657	402	22	2	较好	C_{85}	339	613	470	78	1	较好
C_{64}	437	568	456	39	1	较好	C_{91}	454	873	162	6	6	较好
C_{65}	448	680	350	22	1	较好	C_{92}	363	857	253	21	7	较好
C_{71}	286	844	333	20	18	较好	C_{93}	386	440	596	76	3	较好
C_{72}	361	567	541	31	1	较好	C_{94}	265	454	623	158	1	较好
C_{73}	328	631	514	28	0	较好	C_{95}	164	505	727	98	7	较好
C_{81}	420	599	376	102	4	较好							

整体乳制品销售环节安全监管状况的模糊综合评价过程如下。

利用网络层次分析法算出乳制品销售环节安全监管状况指标体系权重，一级指标权重为$\boldsymbol{W}_A$ =（0.204 0.347 0.204 0.246）；二级指标权重分别为$\boldsymbol{W}_{B_1}$ =（0.240 0.550 0.210）、$\boldsymbol{W}_{B_2}$ =（0.443 0.169 0.387）、$\boldsymbol{W}_{B_3}$ =（0.500 0.500）、$\boldsymbol{W}_{B_4}$ =（1）；三级指标权重分别为$\boldsymbol{W}_1$ =（0.246 0.204 0.204 0.347）、$\boldsymbol{W}_2$ =（0.413 0.327 0.260）、$\boldsymbol{W}_3$ =（0.083 0.083 0.172 0.248 0.193 0.220）、$\boldsymbol{W}_4$ =（0.250 0.250 0.250 0.250）、$\boldsymbol{W}_5$ =（0.124 0.137 0.107 0.124 0.124 0.137 0.124 0.124）、$\boldsymbol{W}_6$ =（0.196 9 0.196 9 0.170 9 0.170 9 0.264 4）、$\boldsymbol{W}_7$ =（0.333 0.333 0.333）、$\boldsymbol{W}_8$ =（0.377 0.160 0.160 0.160 0.142）、$\boldsymbol{W}_9$ =（0.200 0.200 0.200 0.200 0.200）。

销售设备对应的三级指标评价矩阵为

$$\boldsymbol{R}_1 = \begin{bmatrix} 0.287 & 0.440 & 0.258 & 0.013 & 0.002 \\ 0.201 & 0.352 & 0.408 & 0.035 & 0.004 \\ 0.270 & 0.355 & 0.348 & 0.026 & 0.001 \\ 0.325 & 0.378 & 0.269 & 0.028 & 0.001 \end{bmatrix}$$

其对应的三级指标权重为$\boldsymbol{W}_1=$（0.246 0.204 0.204 0.347），由此得销售设备的评价向量为$\boldsymbol{C}_1=\boldsymbol{W}_1\bullet\boldsymbol{R}_1=\begin{bmatrix}0.279 & 0.383 & 0.310 & 0.025 & 0.002\end{bmatrix}$。

同理，包装材料、经营环境、销售单位资质、销售人员素养、食品信息展示、库存管理、保质保鲜、销售安全管理的评价向量分别为

$$\boldsymbol{C}_2=\begin{bmatrix}0.264 & 0.488 & 0.226 & 0.022 & 0.001\end{bmatrix}$$

$$\boldsymbol{C}_3=\begin{bmatrix}0.226 & 0.363 & 0.374 & 0.036 & 0.002\end{bmatrix}$$

$$\boldsymbol{C}_4=\begin{bmatrix}0.638 & 0.230 & 0.068 & 0.001 & 0.062\end{bmatrix}$$

$$\boldsymbol{C}_5=\begin{bmatrix}0.205 & 0.398 & 0.321 & 0.046 & 0.030\end{bmatrix}$$

$$\boldsymbol{C}_6=\begin{bmatrix}0.298 & 0.444 & 0.241 & 0.016 & 0.001\end{bmatrix}$$

$$\boldsymbol{C}_7=\begin{bmatrix}0.217 & 0.453 & 0.308 & 0.018 & 0.004\end{bmatrix}$$

$$\boldsymbol{C}_8=\begin{bmatrix}0.248 & 0.388 & 0.308 & 0.054 & 0.003\end{bmatrix}$$

$$\boldsymbol{C}_9=\begin{bmatrix}0.217 & 0.417 & 0.315 & 0.048 & 0.003\end{bmatrix}$$

根据销售设备、包装材料、经营环境的评价向量得销售条件与技术的评价矩阵为

$$\boldsymbol{B}_1=\begin{bmatrix}\boldsymbol{C}_1\\ \boldsymbol{C}_2\\ \boldsymbol{C}_3\end{bmatrix}=\begin{bmatrix}0.279 & 0.383 & 0.310 & 0.025 & 0.002\\ 0.264 & 0.488 & 0.226 & 0.022 & 0.001\\ 0.226 & 0.363 & 0.374 & 0.036 & 0.002\end{bmatrix}$$

由此得销售条件与技术的评价向量为$\boldsymbol{U}_1=\boldsymbol{W}_{B_1}\bullet\boldsymbol{B}_1=[0.260\quad 0.436\quad 0.277\quad 0.026\quad 0.001]$。同理，销售管理的评价向量为$\boldsymbol{U}_2=\boldsymbol{W}_{B_2}\bullet\boldsymbol{B}_2=\begin{bmatrix}0.433 & 0.342 & 0.178 & 0.015 & 0.033\end{bmatrix}$，仓储管理的评价向量为$\boldsymbol{U}_3=\boldsymbol{W}_{B_3}\bullet\boldsymbol{B}_3=\begin{bmatrix}0.232 & 0.421 & 0.308 & 0.036 & 0.004\end{bmatrix}$，销售安全管理的评价向量为$\boldsymbol{U}_4=\boldsymbol{W}_{B_4}\bullet\boldsymbol{B}_4=\begin{bmatrix}0.217 & 0.417 & 0.315 & 0.048 & 0.003\end{bmatrix}$。

根据销售条件与技术、销售管理、仓储管理、销售安全管理的评价向量，得到乳制品整体销售环节安全监管状况的评价矩阵为

$$
\boldsymbol{U}=\begin{bmatrix}\boldsymbol{U}_1\\\boldsymbol{U}_2\\\boldsymbol{U}_3\\\boldsymbol{U}_4\end{bmatrix}=\begin{bmatrix}0.260 & 0.436 & 0.277 & 0.026 & 0.001\\0.433 & 0.342 & 0.178 & 0.015 & 0.033\\0.232 & 0.421 & 0.308 & 0.036 & 0.004\\0.217 & 0.417 & 0.315 & 0.048 & 0.003\end{bmatrix}
$$

由此得乳制品整体销售环节安全监管状况的评价向量为 $\boldsymbol{S}_1=\boldsymbol{W}_A \cdot \boldsymbol{U}=\begin{bmatrix}0.304 & 0.396 & 0.258 & 0.029 & 0.013\end{bmatrix}$。

所以乳制品整体销售环节安全监管状况得分为

$$
F_1=0.304\times100+0.396\times75+0.258\times50+0.029\times25+0.013\times0=73.725
$$

同理，得线上、线下及整体乳制品销售环节安全监管状况得分（表9-22）；线上不同类型商家乳制品销售环节安全监管状况得分（表9-23）；线上三家电商平台乳制品销售环节安全监管状况得分（表9-24）；线下三省乳制品销售环节安全监管状况得分（表9-25）①。

表9-22　线上、线下及整体乳制品销售环节安全监管状况得分

评价目标	好	较好	一般	较差	差	最终得分	评价结果
线上乳制品销售环节安全监管状况	0.270	0.411	0.275	0.029	0.015	72.276	一般
线下乳制品销售环节安全监管状况	0.439	0.333	0.193	0.030	0.005	79.290	较好
整体乳制品销售环节安全监管状况	0.304	0.396	0.258	0.029	0.013	73.682	一般

表9-23　线上不同类型商家乳制品销售环节安全监管状况得分

评价目标	好	较好	一般	较差	差	最终得分	评价结果
代理商乳制品销售环节安全监管状况	0.281	0.389	0.281	0.032	0.017	72.120	一般
网站自营乳制品销售环节安全监管状况	0.206	0.464	0.300	0.017	0.013	70.829	一般
官方旗舰店乳制品销售环节安全监管状况	0.285	0.459	0.219	0.026	0.012	74.482	一般

① 虽然按照销售渠道、商家类型、电商平台及省份四个标准进行分类，乳制品销售环节安全监管状况得分都达到了及格的标准，但鉴于调研时均采用五项打分准则，以“一般”作为划分发生乳制品安全事故与否的界限，所以导致最终得分较高，实际的安全监管状况仍不容乐观。

表 9-24　线上三家电商平台乳制品销售环节安全监管状况得分

评价目标	好	较好	一般	较差	差	最终得分	评价结果
淘宝乳制品销售环节安全监管状况	0.374	0.347	0.233	0.037	0.009	75.992	较好
天猫乳制品销售环节安全监管状况	0.237	0.444	0.297	0.019	0.004	72.258	一般
京东乳制品销售环节安全监管状况	0.135	0.554	0.232	0.020	0.059	67.134	一般

注：《2015 年乳制品电商大数据报告》显示三家电商平台占据线上渠道乳制品销售份额的 80.6%，所以选择这三家电商平台可以很好地分析线上乳制品销售环节安全监管状况

表 9-25　线下三省乳制品销售环节安全监管状况得分

评价目标	好	较好	一般	较差	差	最终得分	评价结果
江苏省乳制品销售环节安全监管状况	0.423	0.335	0.207	0.031	0.005	78.467	较好
浙江省乳制品销售环节安全监管状况	0.449	0.330	0.156	0.039	0.026	78.476	较好
青海省乳制品销售环节安全监管状况	0.303	0.251	0.375	0.072	0.000	69.609	一般

注：2015 年各省公布的经济数据显示，本年度江苏省、浙江省的 GPD 总量位列全国第二、第五，青海省的 GDP 总量排名全国倒数第二，选择这三个省份可以分析经济强省在乳制品安全监管状况上的不同，以及经济发展状况差距较大的两省在该方面的差异

2. 结果分析

第一，乳制品整体销售环节安全监管状况一般，政府统一监管亟待加强。

整体乳制品销售环节的安全监管状况为处于一般的 73.682 分；线上乳制品销售环节安全监管状况为处于一般的 72.276 分；线下乳制品销售环节安全监管状况为处于较好的 79.290 分。分析发现：首先，线下乳制品销售环节安全监管状况得到较好的评级，但仍有设备定期检查维护频率、经营场所卫生检查清洁频率等近 1/3 的指标得分处在一般的标准；其次，线上乳制品销售环节安全监管状况得分仍然未达到较好的标准，甚至作业人员定期体检频率、销售单位食品安全事故处理能力两项指标处于不及格水平；最后，受到线上乳制品销售环节安全监管状况一般的拖累，我国整体乳制品销售环节安全监管状况一般，说明我国当前的乳制品销售环节监管制度覆盖不全，监管工作不到位，存在一定的乳制品安全隐患。

第二，线上不同类型商家乳制品销售环节安全监管状况不尽如人意，

消费者选购时需打破固有思维。

代理商乳制品销售环节安全监管状况为处于一般的 72.120 分；网站自营乳制品销售环节安全监管状况为处于一般的 70.829 分；官方旗舰店的乳制品销售环节安全监管状况为处于一般的 74.482 分。分析发现：首先，官方旗舰店作为乳制品企业在电商平台上开设的直营店面，与其品牌声誉存在直接联系，所以相较于代理商和网站自营店铺，官方旗舰店在销售环节安全监管的各项内容上都要更加规范，得分更高；其次，网站自营店铺在食品安全知识技术定期培训频率一项指标上处于不及格水平，同时代理商的乳制品销售环节安全监管状况得分高于网站自营店铺，表明自“三聚氰胺”事件后，政府将安全监管重点放至中小型店铺后，其安全状况已有所改善，消费者在选购乳制品时应摒弃固有观念（认为网站自营店一定比代理商安全），慎重理性选择销售商家。

第三，线上不同电商平台乳制品销售环节安全监管状况不容乐观，电商平台需从自身抓起，提高安全监管状况。

淘宝乳制品销售环节安全监管状况为处于较好的 75.992 分；天猫乳制品销售环节安全监管状况为处于一般的 72.258 分；京东乳制品销售环节安全监管状况为处于一般 67.134 分。分析发现：市面上更为大家所认可的天猫和京东电商平台，在乳制品销售环节安全监管状况方面的得分竟然比淘宝平台要低。纵观这两家电商平台，天猫在销售单位资质的 3 项指标上都获得“较好”的评级，揭示出其监管模式重审批、轻监管的弊端；京东在这 3 项指标上获得 2 个“一般”和 1 个“较差”的评级，则反映了平台对乳制品商家的审核与监管上存在漏洞。反观淘宝平台，因假货风波后平台加强了巡查，加上国家加强了对中小型店铺的监管，所以销售商家在乳制品销售环节安全监管上做得更加充分和规范。

第四，线下不同省份商家乳制品销售环节安全监管状况参差不齐，国家亟须制定统一评价体系。

江苏省乳制品销售环节安全监管状况为处于较好的 78.467 分；浙江省乳制品销售环节安全监管状况得分为处于较好的 78.476 分；青海省乳制品销售环节安全监管状况得分为处于一般的 69.609 分。分析发现：首先，在评价乳制品销售环节安全监管状况的 43 个指标中，江苏省有 11 个指标评级为“一般”，而浙江省却达到 20 个，同时还有 2 个指标评级为“好”。同样作为沿海经济发达省份，同样在乳制品销售环节安全监管状况得分上评级为“较好”，但安全监管的侧重点不一样，导致指标得分不一，表明国家对乳制品销售环节安全监管状况缺乏统一评价体系。其次，由于工作重心都放在了城市建设与经济发展之中，在食品安全监管上投入不足，西部的青海省除了在国家严格监管的销售单位资质 3 项指标上取得了较好的评级，其他 38 项乳制品销售环节安全监管指标均只达到一般的水平，与东部沿海发达省份相比，存在着较大差距，根源是国家尚未制定乳制品销售环节安全监管统一监管标准体系。

9.4　本章小结

本章基于食品安全监管绩效指数（FSSPI），对生产环节、物流环节和销售环节展开了食品安全监管指数的实证研究，得到如下结论。

（1）食品生产企业整体指标结果一致，部分指标优势鲜明、问题突出；整体食品生产环节安全监管指数较好，区域间差异较小；三资企业和国有企业食品安全监管指数较好，中型企业食品安全监管指数较差。

（2）食品物流环节安全监管绩效得分为较好，物流环节监管状况比较乐观，表明我国食品安全处于可控阶段。结合食品物流市场监管现状，提出了以下几点对策建议。首先，完善食品物流相关法律法规。其次，政府应加强物流信息化方面的监管。同时，政府应鼓励物流企业提高仓储技术，增加对新技术的使用。此外，政府应引导物流企业冷链物流的建设，加强食物物流环节安全的宣传。

（3）整体乳制品销售环节安全监管状况一般，政府监管亟待加强；线上不同类型商家乳制品销售环节安全监管状况不尽如人意，消费者选购时需打破固有思维；线上不同电商平台乳制品销售环节安全监管状况不容乐观，电商平台需从自身抓起提高安全监管状况；线下不同省份商家乳制品销售环节安全监管状况参差不齐，国家亟须制定统一评价体系。

第 10 章 总结与展望

本书在回顾国内外食品安全监管信息透明度指数和绩效指数历史发展的基础上，针对我国食品安全监管的信息透明与绩效评价，从食品供应链网络的源头出发，探究食品安全风险的产生和传染过程，进而考虑不同市场供需情况下的食品质量变化趋势，并结合“最严格的监管”和“最严厉的处罚”指示，对政府监管部门与食品企业之间的委托代理关系进行剖析。同时，在新的分析方法组合下，构建了我国食品安全监管的信息透明评价模型与绩效评价模型，并进行了相应的实证研究，构建了我国食品安全监管信息透明度指数（FSSITI）和食品安全监管绩效指数（FSSPI），并成功将该指数应用于江苏省首届食品安全示范城市创建活动中，实现了从理论成果到现实成果的成功转化，推动了我国食品安全监管的工作进程。但是，在整个研究中作者也发现了一系列不足及值得进一步完善之处，下面分别对其进行阐述和分析。

10.1 总　结

本书在现有研究的基础上，针对我国食品安全风险传染的非线性本质特征，考虑了食品供应链网络、不同市场供需情况、政府监管部门与食品企业之间的委托代理关系等一系列因素，运用复杂网络、委托代理模型、网络层次分析法和模糊综合评价等相关方法手段，从理论、仿真和实证的角度深入探讨了当前我国食品安全监管的信息透明与绩效评价情况。上述研究主要包含以下六个方面。

第一，从单层和多层的角度构架了食品供应网络，并对其深入剖析。

首先，基于复杂网络理论，结合食品市场的现实状况，描述和刻画了单层食品供应网络的产生机制，构建了适用性较强的单层食品供应网络模型，并对单层食品供应网络结构演化的演化状态进行了动态分析。其次，选取食品企业作为食品供应网络中的节点，节点之间的连边则是食品企业之间建立的商业关系。综合考虑择优连接机制及随机连接机制，利用平均场理论对该演化模型的度分布状况进行理论分析及计算机仿真研究。再次，在单层食品供应网络结构分析的基础之上，同时结合所构建的食品企业竞争力度量模型，构建更具一般性的多层食品供应网络模型，较好地描绘和刻画了不同因素对多层食品供应网络结构演化的影响机制，同时对多层食品供应网络的结构特征进行了分析。

第二，从食品供应网络的视角，构建了食品安全风险传染的网络 SIRS 模型，刻画了食品企业在多层次的食品供应网络中食品安全风险传染的演化动态。

考虑食品企业的进入率、自然退出率、非自然退出率、再违规倾向率、恢复率及食品企业的度等相关因素对食品安全风险传染的影响，基于 SIRS 模型，将食品安全风险在食品供应网络中的易染个体分为三个种群，包括上游企业种群、同类企业种群及下游企业种群。根据不同类型节点状态转换机理及平均场理论，构建既考虑新生节点加入，又兼顾现存节点消亡的用以描绘食品安全风险传染及扩散机理的非封闭性网络 SIRS 模型，并利用仿真实验的技术方法，对食品安全风险传染阈值以及食品安全风险传染规模进行了研究。

第三，考虑消费者食品安全风险辨识能力系数和政府罚款额度，构建了食品企业产品的产量与质量决策模型。

在综合考虑市场供需情况变化对食品企业实现自身利润最大化的差异性影响的基础上，结合食品质量、食品供给量和食品需求量对食品价格的影响以及预防费用和生产成本对成本的影响，构建食品企业的价格成本函数，并将其置于无政府参与和有政府参与两类情况下进行利润分析，综合考虑企业利润最大化的决策目标，进而分析不同情境下的食品质量关于食品产量的变化趋势。

第四，基于委托代理理论分析的视角，构建政府监管部门与食品企业之间的委托代理模型。

通过分析政府监管部门与食品企业之间的委托代理关系，分别建立以政府监管部门为委托方的期望收益模型和以食品企业为代理人的期望收益模型。借助模拟仿真技术，分别讨论了食品企业的最优努力水平和政府监管部门的最优监管强度。

第五，借助网络层次分析法和模糊综合评价理论，构建食品安全监管的信息透明评价模型和绩效评价模型。

充分考虑食品安全监管主体之间的层次结构和关联关系以及我国食品安全的监管层级和监管类型，借助网络层次分析法和模糊综合评价理论，通过大量研读国内外食品安全监管的文献、法律法规，捕获模型所需要的各类指标，并借助逆向归纳，实现对评价模型的逐层构建。

第六，我国食品安全监管信息透明度指数（FSSITI）和食品安全监管绩效指数（FSSPI）的构建及实证研究。

通过数据调查表的形式采集了包括食品安全政府监管部门（原食药监局）、媒体及消协等在内的超过 700 家食品安全相关单位的 120 多万个样本数据。同时，还通过调查问卷的形式，对来自上海、北京、浙江、江苏、山东、安徽、四川、山西、新疆等地的 2 409 位消费者进行了调查，采集了总计超过 150 万个数据，保障了食品安全指数和食品安全透明指数设计的合理性和科学性。利用网络层次分析法和模糊综合评价法等手段构建了我国食品安全监管信息透明度指数（FSSITI）和我国食品安全监管绩效指数（FSSPI），并进行了实证研究。

10.2 研究不足

鉴于各方面条件限制，本书研究尚存在以下几点不足，有待完善。

第一，部分地区政府食品安全监管信息不透明，造成研究数据采集困难。

部分地区政府食品安全监管部门尚未建立官方网站或者已有官方网站但信息不及时更新。虽然本课题组采用了大数据挖掘和爬虫技术，但是鉴于这些特殊情况，仍旧难以有效获取数据。因此，在未来的研究中，应考虑联合社会各方力量，促进各地政府食品安全监管部门均能及时、透明地公开监管信息。

第二，研究仅采集了 2016 年度的原食药监局、消协和媒体的数据，未进行动态对比。

鉴于指数设计需要进行海量的文献阅读、多轮严格的专家论证以及获取海量的调研数据，因此，指数设计历时时间长、工作强度大。另外，为了针对性检验研究的实际应用价值，重点采集了 2016 年原国家食药监局、31 个省区市及其地县的原食药监局、消协、媒体的数据，而且以往年度的数据缺失较为严重，获取的数据容易造成偏差，因此，未采集 2016 年以前的数据。所以，本书研究仅采集了 2016 年度的原食药监局、消协和媒体的数据，未与往年进行动态对比。

第三，研究的指数宣传力度不足，公众知晓率低。

本书主要集中于指数的设计以及实践应用的初步尝试，尚未全面展开指数的社会宣传工作，因此，公众对我国食品安全监管信息透明度指数（FSSITI）和食品安全监管绩效指数（FSSPI）知晓率较低。

10.3　研究展望

为了更好地改善我国食品安全监管工作，促进食品安全问题的解决，未来的食品安全监管研究应主要关注于以下几个方面。

第一，进一步推动食品安全监管部门的信息公开，构建统一、权威的信息发布平台。

未来的研究应关注于如何促进我国各地食品安全监管部门的信息公开，尤其是西部地区和县级监管部门。另外，应借助大数据等互联网技术，着手构建统一、权威的信息发布平台，促使食品安全监管信息发布有序、信息真实、公众获取便捷。

第二，开展食品安全监管信息透明度和监管绩效评价的动态比较。

未来一项重要的研究工作是对食品安全监管部门、消协、媒体等食品安全监管主体进行追踪调查，研究其食品安全监管信息透明度和监管绩效的连续性变化情况，持续促进各类食品安全监管主体改进自身工作、提升公众的食品安全信息知情权。

第三，继续深入开展我国食品安全监管信息透明度指数（FSSITI）和食品安全监管绩效指数（FSSPI）的研究，提高公众的知晓率。

未来力争不断优化评价方法、改进不足，同时更新数据，开展深入的研究。同时，应联合媒体和政府等食品安全监管主体，进行多方合作，共同扩大食品安全监管信息透明度和监管绩效评价的社会影响，提高公众知晓率。

参 考 文 献

白晨，卫晓怡，郭术廷，等. 2014. 探讨提升流通环节食品抽样检验工作成效的有效机制[J]. 食品工业，（6）：218-222.
白茹. 2014. 基于信号分析的食品安全预警研究[J]. 情报杂志，33（9）：13-16，32.
毕井泉. 2015. 落实“四个最严”保障“舌尖上的安全”[J]. 紫光阁，（10）：44-45.
蔡若夫. 2014. 食品安全监管的法理学检视[J]. 求实，（6）：69-71.
曹裕，俞传艳，万光羽. 2017. 政府参与下食品企业监管博弈研究[J]. 系统工程理论与实践，37（1）：140-150.
车文辉. 2011. 发达国家如何求解食品安全之惑[J]. 党政干部参考，（11）：58-59.
车忠强，刘兰涛，关会林. 2014. 影响居民食品安全的相关因素分析[J]. 中国食物与营养，20（7）：12-14.
陈波，于泠，刘君亭，等. 2011. 泛在媒体环境下的网络舆情传播控制模型[J]. 系统工程理论与实践，31（11）：2140-2150.
陈洪根. 2015. 基于故障树分析的食品安全风险评价及监管优化模型[J]. 食品科学，36（7）：177-182.
陈少杰，张亮，王浩. 2014. 大数据背景下食品风险管理的问题与对策[J]. 食品研究与开发，（18）：224-227.
陈素云. 2017. 公司治理、股权性质与食品安全信息披露[J]. 中国农村经济，（3）：86-96.
陈庭强，何建敏. 2014. 基于复杂网络的信用风险传染模型研究[J]. 中国管理科学，（11）：1-10.
陈锡文. 2004. 对卢锋《“松时放，紧时收”——我国粮棉流通改革周期性反复现象研究（1985—2000 年）》的评论[J]. 中国制度变迁的案例研究，（1）：342-343.
陈小军. 2013. 基于 HACCP 的食品物流安全体系的构建与实现[J]. 物流技术，32（13）：67-70.
陈彦丽. 2014. 食品安全协同治理运行机制分析[J]. 商业研究，56（1）：60-65.
储雪玲，刘砚，贺妍. 2015. 食品安全监管国际经验概览[J]. 世界农业，（12）：43-46.
代文彬，慕静. 2013. 食品供应链安全透明演进路径与机理研究[J]. 商业经济与管理，（8）：11-17.
代云云. 2013. 我国蔬菜质量安全管理现状与调控对策分析[J]. 中国人口·资源与环境，

23（S2）：66-69.
邓刚宏. 2015. 构建食品安全社会共治模式的法治逻辑与路径[J]. 南京社会科学，（2）：97-102.
邓瑛，王冀宁. 2016. 消费者对食品安全的担忧源自何处？[J]. 食品工业，37（10）：269-273.
狄琳娜. 2012. 食品安全违法行为的经济学分析与制度建议——基于违法成本视角[J]. 经济问题探索，（12）：36-40.
丁煌，孙文. 2014. 从行政监管到社会共治：食品安全监管的体制突破——基于网络分析的视角[J]. 江苏行政学院学报，（1）：109-115.
董泽华. 2015. 论我国食品安全责任强制保险法律制度的构建[J]. 法学杂志，36（1）：123-132.
范凌霞，王冀宁. 2014. 中国消费者对食品安全社会信任的分析研究[J]. 江苏科技信息，（10）：87-89.
范正轩，李群，李珊. 2009. 论疾病预防控制中心在食品安全工作中的责任[J]. 中国食品卫生杂志，21（6）：517-519.
费威. 2015. 食品供应链回收处理环节安全问题博弈分析——以“弃猪”事件为例[J]. 农业经济问题，（4）：94-101.
封俊丽. 2015. 基于供应链协同管理视角的中国食品安全管理路径选择[J]. 湖北农业科学，54（13）：3289-3293.
冯朝睿. 2016. 我国食品安全监管体制的多维度解析研究——基于整体性治理视角[J]. 管理世界，（4）：174-175.
冯辉. 2011. 问责制、监管绩效与经济国家[J]. 法学评论，（3）：21-28.
冯克宇. 2015. 基于 Fuzzy AHP 的区域型商业地产业态选择决策[J]. 管理评论，27（1）：57.
冯韬，石倩，朱晓峰，等. 2017. 公平关切视角下的微政务信息公开行为研究[J]. 情报理论与实践，40（7）：23-27.
付聪，仝纪龙，袁九毅，等. 2009. 潜在污染源对食品厂区环境空气影响评价[J]. 环境科学与技术，32（7）：175-178.
付文丽，陶婉亭，李宁，等. 2015. 借鉴国际经验完善我国食品安全风险监测制度的探讨[J]. 中国食品卫生杂志，27（3）：271-276.
高秦伟. 2010. 美国食品安全监管中的召回方式及其启示[J]. 国家行政学院学报，（1）：112-115.
高天海. 2007. 我国食品饮料业收入及利润大幅增长[J]. 食品科技，（10）：29.
高新龙，徐能智，刘秀枝，等. 2012. 浅析食品检验机构资质认定的法制化[J]. 中国卫生检验杂志，（3）：619-620.
高岩. 2010. 《食品安全法》对中国食品安全监管的影响[J]. 理论导刊，（5）：56-60.
龚强，雷丽衡，袁燕. 2015. 政策性负担、规制俘获与食品安全[J]. 经济研究，（8）：4-15.
龚强，张一林，余建宇. 2013. 激励、信息与食品安全规制[J]. 经济研究，（3）：135-147.
巩顺龙，白丽，陈晶晶. 2012. 基于结构方程模型的中国消费者食品安全信心研究[J]. 消费经济，（2）：53-57.

巩顺龙，白丽，王向阳，等. 2010. 合作监管视角下的我国食品安全监管策略研究[J]. 消费经济，（2）：79-82.

古桂琴. 2015. 欧美食品安全监管经验及其启示[J]. 食品与机械，（1）：272-274.

古红梅，刘婧娟. 2012. 食品安全问题引发的社会矛盾分析及其法律规制[J]. 河北法学，30（7）：182-187.

顾丹丹. 2015. 依法治国背景下市场监管亟需明确的四个维度——从食品安全事件说起[J]. 中国行政管理，（5）：44-48.

郭伟奇，孙绍荣. 2013. 多环节可变主体行为监管的协调机制研究——以食品安全监管问题为例[J]. 工业工程与管理，18（6）：139-146.

韩国莉. 2014. 我国食品召回制度评析[J]. 兰州大学学报（社会科学版），（1）：106-111.

韩利琳. 2008. 从“卡斯尔伯里食品案”看我国食品召回的法律规制[J]. 河北法学，26（12）：117-120.

韩学平，付忠春. 2014. 我国食品安全问题法制建设对策研究[J]. 黑龙江畜牧兽医，（8）：1-3.

韩占江，王伟华. 2008. 食品安全性评价的关键因素[J]. 广东农业科学，（2）：104-106.

何立胜，杨志强. 2014. 食品安全规制的困境：泛滥与缺失[J]. 河南师范大学学报（哲学社会科学版），（3）：20-25.

何莉. 2015. 论中国食品安全监管机制的完善路径[J]. 食品与机械，（1）：277-280.

何岫芳. 2012. 对食品安全监管体系重构的探究[J]. 食品与机械，28（5）：262-264.

何悦. 2008. 对我国食品召回制度有关问题的立法建议[J]. 河北法学，26（3）：91-95.

贺纯纯，王应明. 2014. 网络层次分析法研究述评[J]. 科技管理研究，（3）：204-208，213.

洪群联. 2011. 食品安全问题的原因审视与安全保障体系的构建[J]. 中国流通经济，25（9）：67-71.

胡求光，黄祖辉，童兰. 2012. 农产品出口企业实施追溯体系的激励与监管机制研究[J]. 农业经济问题，（4）：71-77.

胡瑞发，王青连. 1996. 技术扩散的传染病模型及其应用[J]. 农业技术经济，（6）：52-53.

胡颖廉. 2012. 基于外部信号理论的食品生产经营者行为影响因素研究[J]. 农业经济问题，（12）：84-89.

胡颖廉. 2016. 国家食品安全战略基本框架[J]. 中国软科学，（9）：18-27.

黄大川. 2007. 食品安全监管问题及措施研究[J]. 食品工业科技，（2）：44-46.

黄军英. 2008. 我国食品安全问题探析[J]. 粮油加工，（11）：22-24.

黄琼，潘雪梅，蔡钟贤，等. 2015. 广东省疾控机构食品安全事故流行病学调查能力现况分析[J]. 中国食品卫生杂志，27（4）：417-422.

黄秀香. 2014. 发达国家食品安全监管对我国的启示[J]. 中共福建省委党校学报，（10）：87-92.

霍有光，于慧丽. 2013. 食品召回制度体系构建探析——兼评《食品召回管理规定（征求意见稿）》[J]. 广西社会科学，（12）：153-157.

季任天，赵素华，王明卓. 2008. 食品安全预警系统框架的构建[J]. 中国渔业经济，26（5）：61-65.
冀玮. 2012. 多部门食品安全监管的必要性分析[J]. 中国行政管理，（2）：54-58.
贾淑珍. 1992. 织物染色微机温控系统通过技术鉴定[J]. 纺织导报，（15）：12.
简新华，李路. 2009. 循环经济发展过程中必须重视的一个管理问题[J]. 经济纵横，（3）：9-13.
姜波，张丽珍，上官春霞. 2013. 基于信息熵的食品冷链物流运作模式评估分析[J]. 系统工程，31（11）：60-65.
姜捷. 2015. 食品安全监管过程第三方力量的作用及其培育[J]. 食品与机械，（4）：271-273.
蒋海玲，潘晓晓，王冀宁. 2018. 我国食品生产环节安全监管指数的实证研究——基于全国103家婴幼儿奶粉企业[J]. 南京工业大学学报（社会科学版），17（4）：67-80.
蒋红涛. 2011. 我国地方政府导向型经济发展模式研究[D]. 南京大学硕士学位论文.
焦阳，郑欣. 2006. 我国进出口食品化妆品风险预警概况[J]. 中国标准化，（3）：30-31.
靳祯，孙桂全，刘茂省. 2014. 网络传染病动力学建模与分析[M]. 北京：科学出版社.
孔令兵. 2013. 食品安全监管中政府责任认知[J]. 食品与机械，29（2）：258-260.
孔运生，徐恒秋，彭婧，等. 2016. 依法治国背景下食品药品安全监管的实践与思考[J]. 中国卫生事业管理，33（4）：286-287，291.
雷勋平，邱广华. 2016. 基于前景理论的食品行业行为监管演化博弈分析[J]. 系统工程，34（2）：82-88.
李朝晖. 2014. 食品监管渎职罪司法适用论要[J]. 求是学刊，（3）：109-114.
李翠霞，姜冰. 2015. 情景与品质视角下的乳制品质量安全信任评价——基于 12 个省份消费者乳制品消费调研数据[J]. 农业经济问题，（3）：75-82.
李亘，李向阳，刘昭阁. 2017. 完善中国食品安全风险交流机制的探讨[J]. 管理世界，（1）：184-185.
李海龙，王静，曹维强. 2006. 保健食品的发展及原料安全隐患[J]. 食品科学，（3）：263-266.
李洪峰. 2016a. 试论我国食品安全治理的社会共治原则[J]. 食品工业科技，（7）：26-29.
李洪峰. 2016b. 食品安全社会共治背景下公众参与机制的现状及完善[J]. 食品与机械，32（9）：49-51，83.
李华. 2016. 责任保险的内在逻辑及对食品安全风险之控制[J]. 南京大学学报（哲学·人文科学·社会科学），53（3）：70-77，159.
李辉. 2011. 食品安全事故处置管理工作的探讨[J]. 中国食品卫生杂志，23（5）：446-449.
李辉. 2012. 食品安全危机事件应急处理问题研究[D]. 吉林大学硕士学位论文.
李剑森，张恒，黄琼，等. 2015. 2004—2012 年广东省食物中毒事件调查报告质量评价[J]. 中国食品卫生杂志，27（4）：378-381.
李瑾，杨利琼，秦向阳，等. 2010. 信息不对称与食品安全监管策略分析[J]. 湖北农业科学，49（9）：2296-2300.
李静. 2011. 中国食品安全监管制度有效性分析——基于对中国奶业监管的考察[J]. 武汉大学

学报（哲学社会科学版），（2）：88-91.
李兰英，龙敏. 2013. 也论食品安全监管渎职罪的责任认定[J]. 法学评论，（3）：120-126.
李磊，周昇昇. 2011. 中国食品安全信息交流平台的建立现状分析[J]. 食品工业，（12）：78-82.
李梅，董士昙. 2013. 试论我国食品安全的社会监督[J]. 东岳论丛，34（11）：179-182.
李宁，严卫星. 2011. 国内外食品安全风险评估在风险管理中的应用概况[J]. 中国食品卫生杂志，23（1）：13-17.
李强，刘文，孙爱兰，等. 2015. 欧盟食品企业检查员制度研究和借鉴[J]. 食品研究与开发，36（23）：187-192.
李瑞法，靳帅，张学勤，等. 2014. 我国进口食品不合格情况分析[J]. 食品工业，35（12）：215-217.
李霞. 2014. 基于ANP-模糊综合评判法进行物流企业绩效评价[J]. 数学的实践与认识，（24）：39-48.
李先国. 2011. 发达国家食品安全监管体系及其启示[J]. 财贸经济，（7）：91-96.
李想，石磊. 2014. 行业信任危机的一个经济学解释：以食品安全为例[J]. 经济研究，（1）：169-181.
李新春，陈斌. 2013. 企业群体性败德行为与管制失效——对产品质量安全与监管的制度分析[J]. 经济研究，（10）：98-111.
李友根. 2011. 论产品召回制度的法律责任属性——兼论预防性法律责任的生成[J]. 中国检察官，（6）：78-78.
李中东，张在升. 2015. 食品安全规制效果及其影响因素分析[J]. 中国农村经济，（6）：74-84.
廖卫东，何笑. 2011. 我国食品公共安全规制体系的政策取向[J]. 中国行政管理，（10）：20-24.
廖卫东，汪亚峰. 2015. 对我国食品安全社会治理的探讨[J]. 理论与改革，（2）：185-188.
林鸿潮. 2009. 论应急预案的性质和效力——以国家和省级预案为考察对象[J]. 法学家，（2）：22-30.
林艳. 2014. 我国食品安全问题及其监管方略——基于6σ模式及管理工具的综合应用[J]. 广西社会科学，（10）：146-150.
刘广，王冀宁，陆忠顺. 2015. 基于多环节仓储管理的食品安全评价体系研究[J]. 食品工业，36（12）：241-245.
刘惠萍. 2006. 基于网络层次分析法（ANP）的政府绩效评估研究[J]. 科学学与科学技术管理，（6）：111-115，153.
刘家松. 2015. 中美食品安全信息披露机制的比较研究[J]. 宏观经济研究，（11）：152-159.
刘婕. 2014. 我国食品行业应用HACCP体系管理的现状和对策[J]. 中国食品添加剂，（8）：146-149.
刘毛毛. 2013. 《食品安全法》实施后南昌航空口岸食品安全事件处置工作探讨[J]. 口岸卫生控制，18（2）：1-3.

刘鹏. 2010. 中国食品安全监管——基于体制变迁与绩效评估的实证研究[J]. 公共管理学报，7（2）：63-78.

刘鹏. 2013. 省级食品安全监管绩效评估及其指标体系构建——基于平衡计分卡的分析[J]. 华中师范大学学报（人文社会科学版），52（4）：17-26.

刘鹏，孙燕茹. 2014. 中国食品安全责任强制保险的制度分析与流程设计[J]. 武汉大学学报（哲学社会科学版），67（4）：111-116.

刘瑞新，吴林海. 2013. 影响消费者食品安全信息搜寻行为的因素研究——以猪肉为例[J]. 兰州学刊，（11）：104-110.

刘文. 2013. 我国粮食加工品安全指数评价方法及应用[J]. 农业技术经济，（6）：123-128.

刘文，李强，刘鹏，等. 2015. 食品安全指数的构建研究与实证分析[J]. 食品科学，（11）：191-196.

刘小峰，陈国华，盛昭瀚. 2010. 不同供需关系下的食品安全与政府监管策略分析[J]. 中国管理科学，18（2）：143-150.

刘雪梅，朱丽君，李爱平，等. 2013. 基于遗传算法的生产车间制造单元构建技术研究[J]. 制造技术与机床，（2）：50-54.

刘永胜，王荷丽，徐广姝. 2018. 食品供应链安全风险博弈分析[J]. 经济问题，（1）：57-64，90.

刘贞，李巍. 2014. 引入食品安全责任强制保险[J]. 中国金融，（7）：78-79.

卢凌霄，徐昕. 2012. 日本的食品安全监管体系对中国的借鉴[J]. 世界农业，（10）：4-7.

陆兴松，印文峰，闻骥棠，等. 2012. 建立健全食品安全信用档案 全面推进食品安全长效监管[J]. 档案与建设，（2）：71-72.

陆忠顺，秦艳，王冀宁. 2013. 基于结构方程的食品安全透明度社会信任与预警机制模型及其应用[J]. 江苏科技信息，（4）：51-53.

陆仲寅，须莉燕，嵇羚. 2010. 浅析食品安全事故法律责任的认定[J]. 中国食品卫生杂志，22（6）：536-539.

罗荣桂，江涛. 2006. 基于SIR传染病模型的技术扩散模型的研究[J]. 管理工程学报，20（1）：32-35.

罗亚苍. 2015. 权力清单制度的理论与实践——张力、本质、局限及其克服[J]. 中国行政管理，（6）：29-33，45.

罗勇. 2017. 大数据背景下政府信息公开制度的中日比较——以“知情权”为视角[J]. 重庆大学学报（社会科学版），23（1）：86-93.

马英娟. 2015a. 独立、合作与可问责——探寻中国食品安全监管体制改革之路[J]. 河北大学学报（哲学社会科学版），（1）：38-45.

马英娟. 2015b. 走出多部门监管的困境——论中国食品安全监管部门间的协调合作[J]. 清华法学，9（3）：35-55.

马颖，丁周敏，张园园. 2015. 食品安全突发事件网络舆情演变的模仿传染行为研究[J]. 科研管理，36（6）：168-176.

马颖，张园园，宋文广. 2013. 食品行业突发事件风险感知的传染病模型研究[J]. 科研管理，

34（9）：123-130.
马源源，庄新田，李凌轩. 2013. 股市中危机传播的 SIR 模型及其仿真[J]. 管理科学学报，16（7）：80-94.
毛薇，夏利君，吴画斌. 2017. 食品安全信息需求服务与信息保障对策研究[J]. 情报科学，（4）：133-137.
孟强龙. 2015. 行政约谈法治化研究[J]. 行政法学研究，（6）：99-118.
孟秀丽，王海燕，唐润，等. 2014. 基于协商视角的食品质量链冲突消解策略[J]. 系统工程理论与实践，34（12）：3130-3137.
倪国华，郑风田. 2014. 媒体监管的交易成本对食品安全监管效率的影响——一个制度体系模型及其均衡分析[J]. 经济学（季刊），13（2）：559-582.
倪学志. 2015. 我国食品安全规制工具的实施效果及改进途径分析[J]. 经济研究参考，（27）：22-30.
潘丽霞，徐信贵. 2013. 论食品安全监管中的政府信息公开[J]. 中国行政管理，（4）：29-31，14.
潘晓晓，王冀宁，陈庭强，等. 2018. 基于大数据挖掘的食品安全管理研究[J]. 中国调味品，43（9）：184-188.
浦徐进，吴亚，路璐，等. 2013. 企业生产行为和官员监管行为的演化博弈模型及仿真分析[J]. 中国管理科学，21（S1）：390-396.
戚建刚. 2013. 论基于风险评估的食品安全风险行政调查[J]. 法学家，1（5）：55-69.
戚建刚. 2014. 食品安全风险属性的双重性及对监管法制改革之寓意[J]. 中外法学，26（1）：46-69.
裘炯良，郑剑宁，蒋雯音. 2008. 应用质量控制图分析入境集装箱医学媒介生物疫情截获变化趋势[J]. 中国媒介生物学及控制杂志，（3）：231-234.
全世文，曾寅初. 2016. 我国食品安全监管者的信息瞒报与合谋现象分析——基于委托代理模型的解释与实践验证[J]. 管理评论，28（2）：210-218.
全世文，曾寅初，朱勇. 2015. 我国食品安全监管者激励失灵的原因——基于委托代理理论的解释[J]. 经济管理，37（4）：159-167.
任端平，郗文静，任波. 2015. 新食品安全法的十大亮点（一）[J]. 食品与发酵工业，41（8）：1-6.
任端平，潘思轶，何晖，等. 2006. 食品安全、食品卫生与食品质量概念辨析[J]. 食品科学，（6）：256-259.
任建超，韩青. 2017. 基于食品安全事件异质性的信息扩散过程研究[J]. 系统工程理论与实践，37（11）：2833-2843.
任勇，李晓光. 2007. 委托代理理论：模型、对策及评析[J]. 经济问题，（7）：13-15.
桑秀丽，肖汉杰，王华. 2012. 食品市场诚信缺失问题探究——基于政府、企业和消费者三方博弈关系[J]. 社会科学家，（6）：51-54.
施晟，周洁红. 2012. 食品安全管理的机制设计与相关制度匹配[J]. 改革，（5）：145-149.
舒洪水，李亚梅. 2014. 食品安全犯罪的刑事立法问题——以我国《刑法》与《食品安全法》

的对接为视角[J]. 法学杂志，35（5）：84-98.
宋祺楠，童毛弟，王冀宁. 2018. 基于供应链视角的食品安全风险研究述评[J]. 中国调味品，43（1）：184-188.
宋英华. 2009. 食品安全应急管理体系建设研究[J]. 武汉理工大学学报，（6）：161-164.
隋洪明. 2009. 我国食品安全制度检讨与重构——以《食品安全法》颁布为背景[J]. 法学论坛，24（3）：19-25.
孙宝国，王静，孙金沅. 2013a. 中国食品安全问题与思考[J]. 中国食品学报，13（5）：1-5.
孙宝国，周应恒，温思美，等. 2013b. 我国食品安全的监管与治理政策研究——第 93 期“双清论坛”学术综述[J]. 中国科学基金，（5）：265-270.
孙春伟. 2013. 食品安全指数的理论研究与实践探索及其启示[J]. 食品工业科技，34（6）：389-391.
孙春伟. 2014. 保障民生的食品安全风险控制[J]. 社会科学，（5）：37-43.
孙德超，孔翔玉. 2014. 发达国家食品安全监管的做法及启示[J]. 经济纵横，（7）：109-112.
孙金沅，孙宝国. 2013. 我国食品添加剂与食品安全问题的思考[J]. 中国农业科技导报，15（4）：1-7.
孙晶晶，郑琳琳. 2012. 中国食品安全的现状分析及对策[J]. 食品研究与开发，33（6）：233-235.
孙铭忆. 2014. 层次分析法（AHP）与网络层次分析法（ANP）的比较[J]. 中外企业家，（10）：67-68.
谭德凡. 2011. 论食品安全法之预防性原则[J]. 求索，（10）：174-175.
谭中明，江红莉，张静. 2015. 基于贝叶斯网络的食品生产企业诚信度评估[J]. 统计与决策，（23）：181-183.
檀秀侠. 2014. 西方国家行业自我监管的制度设计及其启示[J]. 新视野，（6）：102-105.
唐晓纯. 2008. 多视角下的食品安全预警体系[J]. 中国软科学，（6）：150-160.
唐晓纯，张吟，齐思媛，等. 2011. 国内外食品召回数据分析与比较研究[J]. 食品科学，（17）：388-395.
陶红茹，孙韶云. 2014. 地方政府与企业对食品安全问题的博弈模型[J]. 统计与决策，（23）：44-47.
田合生，何晓. 2015. 新常态下加强我国食品安全监管的对策[J]. 学习论坛，（10）：56-58.
田玉霞. 2015. 国家食品药品监督管理总局公布 2015 年第三期食用油、油脂及其制品监督抽检合格信息[J]. 中国油脂，（4）：37.
涂永前. 2013. 食品安全的国际规制与法律保障[J]. 中国法学，（4）：135-148.
万贻平，张东戈，任清辉. 2015. 考虑谣言清除过程的网络谣言传播与抑制[J]. 物理学报，64（24）：69-79.
汪鸿昌，肖静华，谢康，等. 2013. 食品安全治理——基于信息技术与制度安排相结合的研究[J]. 中国工业经济，（3）：98-110.
汪全胜，卫学芝. 2017. 治理视野下的食品安全信息公开探讨[J]. 电子政务，（5）：101-109.
汪小帆，李翔，陈关荣. 2006. 复杂网络理论及其应用[M]. 北京：清华大学出版社.

汪小帆，李翔，陈关荣. 2012. 网络科学导论[M]. 北京：高等教育出版社.
王安娜，黄琼，张永慧，等. 2015. "One Health"——解决食品安全问题的有效途径[J]. 中国食品卫生杂志，（2）：155-158.
王彩霞. 2012. 中国食品安全规制的"悖论"及其解读与破解[J]. 宏观经济研究，（11）：11-17.
王常伟，顾海英. 2012. 中国消费者记性差吗？——对中国消费者容忍企业食品安全问题的经济分析[J]. 经济与管理研究，（10）：121-128.
王常伟，顾海英. 2013a. 产业环境、监管力度与我国食品企业的诚信选择——基于激励相容约束的分析[J]. 商业经济与管理，（8）：18-25.
王常伟，顾海英. 2013b. 基于委托代理理论的食品安全激励机制分析[J]. 软科学，27（8）：65-68，74.
王常伟，顾海英. 2014. 我国食品安全保障体系的沿革、现实与趋向[J]. 社会科学，（5）：44-56.
王枎，陈松. 2016. 我国食品安全突发事件应急管理体系研究及环境污染案例分析[J]. 食品科学，（5）：283-289.
王殿华，苏毅清. 2013. 食品安全市场监管效果的检验及分析[J]. 软科学，27（3）：65-69.
王殿华，王蕊. 2015. 国际食品安全监管问题与全球体系构建[J]. 科技管理研究，（11）：169-173.
王殿华，翟璐怡. 2013. 全球化背景下食品供应链管理研究——美国全球供应链的运作及对中国的启示[J]. 苏州大学学报（哲学社会科学版），34（2）：109-114，192.
王二朋，王冀宁. 2014. 中国食品安全监管资源错配问题分析[J]. 中国食物与营养，（9）：5-8.
王二朋，王冀宁，卢凌霄. 2014. 我国食品安全信息指数化研究[J]. 农村经济与科技，25（12）：72-73，24.
王二朋，王冀宁，孙科. 2016. 消费者食品安全安心度指数的编制[J]. 统计与决策，（8）：7-9.
王贵松. 2012. 食品安全约谈制度的问题与出路[J]. 食品工业科技，33（2）：46-47.
王海燕，陈欣，于荣. 2016. 质量链协同视角下的食品安全控制与治理研究[J]. 管理评论，28（11）：228-234.
王华书，韩纪琴. 2012. 食品安全监管体系建设的国际经验及启示[J]. 管理现代化，（6）：112-114.
王辉霞. 2012. 公众参与食品安全治理法治探析[J]. 商业研究，（4）：170-177.
王冀宁. 2011. 食品安全的利益演化、群体信任与管理规制研究[J]. 现代管理科学，（2）：32-33，87.
王冀宁，陈森. 2016. 基于层次分析法的食品供应链安全监管研究[J]. 食品研究与开发，37（5）：162-166.
王冀宁，陈森，陈庭强. 2016a. 基于三方动态博弈的食品安全社会共治研究[J]. 江苏农业科学，44（5）：624-626.

王冀宁，程立，童毛弟，等. 2017a. 基于 ANP 的我国食品销售环节安全监管指数模型[J]. 江苏农业科学，45（22）：334-339.
王冀宁，范凌霞. 2013. 中国消费者食品安全信任状况研究——基于因子分析和 Logit 检验[J]. 求索，（9）：1-4，16.
王冀宁，付晓燕，童毛弟，等. 2017b. 基于 ANP 的我国食品安全监管环节安全指数模型研究[J]. 科技管理研究，37（8）：54-59.
王冀宁，郭冲，陈庭强，等. 2018a. 基于物联网的调味品安全管理研究[J]. 中国调味品，43（8）：185-188.
王冀宁，陆忠顺，季婷婷. 2016b. 面向食品安全的供应链透明度评价体系研究[J]. 食品工业，37（1）：241-245.
王冀宁，马百超，蒋海玲，等. 2017c. 食品安全物流环节信息透明度的国内外研究综述[J]. 中国调味品，42（6）：159-164.
王冀宁，马百超，蒋海玲，等. 2017d. 销售环节食品安全信息透明度的国内外研究进展[J]. 中国调味品，42（4）：163-168.
王冀宁，缪秋莲. 2013. 食品安全中企业和消费者的演化博弈均衡及对策分析[J]. 南京工业大学学报（社会科学版），12（3）：49-53.
王冀宁，缪秋莲. 2014. 食品制造商和销售商供应链定价合作博弈分析[J]. 食品工业，35（7）：215-218.
王冀宁，潘晓晓，熊强，等. 2018b. 基于网络层次分析的我国食品生产环节安全监管指数模型研究[J]. 科技管理研究，38（19）：209-215.
王冀宁，潘志颖. 2011. 利益均衡演化和社会信任视角的食品安全监管研究[J]. 求索，（9）：1-4.
王冀宁，孙翠翠，童毛弟，等. 2017e. 基于 ANP 的我国食品安全生产环节信息透明度指数模型研究[J]. 食品工业，38（7）：249-254.
王冀宁，孙翠翠，王磊，等. 2017f. 中国食品安全指数指标体系的构建[J]. 中国调味品，42（3）：146-151.
王冀宁，孙翠翠，周静，等. 2017g. 食品安全生产环节信息透明度的国内外研究进展[J]. 中国调味品，42（7）：169-173.
王冀宁，孙鑫磊，孙翠翠，等. 2017h. 我国食品安全生产信息透明度实证研究——基于 103 家国内乳制品生产企业的采样调查研究[J]. 情报杂志，36（5）：139-147，117.
王冀宁，孙鑫磊，王磊，等. 2017i. 食品安全信息透明度的国内外研究综述[J]. 中国调味品，42（9）：157-162.
王冀宁，王磊，陈庭强，等. 2016c. 食品安全管理中“互联网+”行为的演化博弈[J]. 科技管理研究，36（21）：211-218.
王冀宁，王磊，陈庭强，等. 2017j. 我国乳制品销售环节的食品安全信息透明度的研究[J]. 情报杂志，36（7）：168-175.
王冀宁，王磊，马百超，等. 2017k. 基于 ANP 的食品安全销售环节透明度指数模型[J]. 统计与决策，（12）：56-59.

王冀宁，王磊，童毛弟，等. 2017l. 基于网络分析方法的我国食品安全监管信息透明度指数模型构建[J]. 科技管理研究，37（7）：191-198.

王冀宁，王帅斌，郭百涛. 2018c. 中国食品安全监管绩效的评价研究——基于全国688个监管主体的调研[J]. 现代经济探讨，（8）：17-24.

王冀宁，王妍雯，陈庭强. 2018d. 基于“互联网+”的食品安全管理研究综述[J]. 中国调味品，43（6）：172-175.

王冀宁，韦浩然，庄雷. 2019.“最严格的监管”和“最严厉的处罚”指示的食品安全治理研究——基于委托代理理论的分析[J]. 南京工业大学学报（社会科学版），18（3）：80-89，112.

王冀宁，吴雪琴，陈庭强. 2018e. 人工智能在食品安全智慧监管中的应用研究[J]. 中国调味品，43（11）：170-173.

王冀宁，吴雪琴，郭冲，等. 2018f. 我国食品安全物流环节透明度实证研究——基于31个省份151家食品物流企业的采样调查[J]. 科技管理研究，38（23）：219-227.

王冀宁，于智明，陈庭强. 2016d. 食品安全政府监管的动态演化分析[J]. 中国调味品，41（5）：156-160.

王冀宁，张敏. 2015. 国内外食品安全监管的多环节信息追溯系统的理论与实践探索[J]. 中国调味品，40（11）：131-135.

王冀宁，周雪. 2014. 转基因食品安全监管的演化博弈分析[J]. 江苏农业科学，20（10）：13-17.

王建华，王方华. 2003. 企业竞争力评价系统及应用研究[J]. 管理科学学报，（2）：47-53.

王敬波. 2014. 政府信息公开中的公共利益衡量[J]. 中国社会科学，（9）：105-124.

王可山. 2012a. 食品安全管理研究：现状述评、关键问题与逻辑框架[J]. 管理世界，（10）：176-177.

王可山. 2012b. 食品安全信息问题研究述评[J]. 经济学动态，（8）：92-96.

王可山，苏昕. 2013. 制度环境、生产经营者利益选择与食品安全信息有效传递[J]. 宏观经济研究，（7）：84-89.

王磊，王冀宁，童毛弟，等. 2017. 食品安全监管信息透明度的国内外研究综述[J]. 中国调味品，42（5）：163-166，170.

王萌萌. 2015. 食品安全保障体系中的检查细节与监管成效[J]. 学海，（6）：30-33.

王明杰. 2016. 基于食品安全危机的食品企业破产风险BP网络评级模型[J]. 统计与决策，（7）：172-174.

王少辉，高业庭. 2014. 论我国政府信息公开期限规定的完善[J]. 图书情报知识，（5）：110-115.

王帅斌，王冀宁，陈庭强，等. 2017a. 基于多环节监管的食品安全现状及其治理[J]. 中国调味品，42（11）：137-142.

王帅斌，王冀宁，马百超，等. 2017b. 江苏省食品安全监管绩效评价研究[J]. 中国调味品，42（12）：166-173.

王帅斌，王冀宁，马百超，等. 2018. 基于ANP-Fuzzy的食品安全监管绩效评价研究——以山东省为例[J]. 中国调味品，43（3）：155-162.

王帅斌，王冀宁，童毛弟，等. 2017c. 关于食品安全中政府监管的国内外研究综述[J]. 中国食物与营养，23（9）：17-21.

王新，李晓萌. 2011. 食以安为先：国外的经验及其借鉴[J]. 中国商贸，（32）：249-251.

王秀珍，裴淑芹. 1996. 综合判断假劣药品的体会[J]. 实用医技杂志，（1）：43-44.

王亚奇，王静，杨海滨. 2014. 基于复杂网络理论的微博用户关系网络演化模型研究[J]. 物理学报，（20）：404-410.

王耀忠. 2006. 外部诱因和制度变迁：食品安全监管的制度解释[J]. 上海经济研究，（7）：62-72.

王逸吟. 2016-03-16. 中国食品安全监管透明度观察报告发布[EB/OL]. http://cen.ce.cn/more/201603/16/t20160316_9523593. shtml.

王永钦，刘思远，杜巨澜. 2014. 信任品市场的竞争效应与传染效应：理论和基于中国食品行业的事件研究[J]. 经济研究，（2）：141-154.

王玉珏. 2008. 新世纪工程机械厂工程设计的与时俱进[C]//安徽省科学技术协会. 2008年安徽省科协年会机械工程分年会论文集. 合肥：安徽省科学技术协会，安徽省机械工程学会.

王玉侠. 2011. 我国农产品冷链物流存在的问题及对策[J]. 物流工程与管理，33（3）：80-82，84.

王岳，王凯伟. 2012. 地方政府食品安全危机善后管理机制研究[J]. 湖南社会科学，（5）：111-113.

王兆丹，魏益民，郭波莉. 2015. 从“农田到餐桌”全程食品追溯体系的建立[J]. 江苏农业科学，（1）：263-266.

王志刚，李腾飞，黄圣男. 2013. 消费者对食品安全的认知程度及其消费信心恢复研究——以“问题奶粉”事件为例[J]. 消费经济，（4）：42-47.

魏益民，魏帅，郭波莉，等. 2014. 食品安全风险交流的主要观点和方法[J]. 中国食品学报，14（12）：1-5.

文晓巍，温思美. 2012. 食品安全信用档案的构建与完善[J]. 管理世界，（7）：174-175.

吴广枫，陈思，郭丽霞，等. 2014. 我国食品安全综合评价及食品安全指数研究[J]. 中国食品学报，14（9）：1-6.

吴林海，王淑娴，徐玲玲. 2013. 可追溯食品市场消费需求研究——以可追溯猪肉为例[J]. 公共管理学报，10（3）：119-128，142-143.

吴林海，吴治海. 2015. 食品可追溯体系快速实施的动态建模与政府决策[J]. 系统管理学报，24（2）：254-259.

吴汶书，陈久梅. 2013. 我国第三方冷链物流发展的现状和对策研究[J]. 物流技术，32（1）：19-21，28.

吴元元. 2012. 信息基础、声誉机制与执法优化——食品安全治理的新视野[J]. 中国社会科学，（6）：115-133.

吴元元. 2013. 食品安全信用档案制度之建构——从信息经济学的角度切入[J]. 法商研究，

30（4）：11-20.
习近平. 2017. 决胜全面建成小康社会　夺取新时代中国特色社会主义伟大胜利——在中国共产党第十九次全国代表大会上的报告[M]. 北京：人民出版社.
夏承遗，刘忠信，陈增强，等. 2009. 复杂网络上的传播动力学及其新进展[J]. 智能系统学报，4（5）：392-397.
肖进中. 2012. 国外食品安全法律监管对中国的借鉴[J]. 世界农业，（6）：12-15.
肖振宇，唐汇龙. 2013. 食品安全责任强制保险设计研究[J]. 保险研究，（4）：83-88.
谢康，赖金天，肖静华，等. 2016. 食品安全、监管有界性与制度安排[J]. 经济研究，（4）：174-187.
谢康，刘意，赵信. 2017. 媒体参与食品安全社会共治的条件与策略[J]. 管理评论，29（5）：192-204.
谢康，肖静华，杨楠堃，等. 2015. 社会震慑信号与价值重构——食品安全社会共治的制度分析[J]. 经济学动态，（10）：4-16.
谢悦英，王冀宁. 2012. 食品安全链中生产商与销售商行为演化博弈分析[J]. 财会通讯，（36）：144-146.
信春鹰. 2009. 中华人民共和国食品安全法解读[M]. 北京：中国法制出版社.
熊先兰，姚良凤. 2015. 食品安全风险生成演化规律及防范机制探析[J]. 湖南师范大学社会科学学报，44（1）：120-125.
徐芬，陈红华. 2014. 基于食品召回成本模型的可追溯体系对食品召回成本的影响[J]. 中国农业大学学报，19（2）：233-237
徐海滨，严卫星. 2004. 保健食品原料安全评价技术与标准的研究简介[J]. 中国食品卫生杂志，（6）：481-484.
徐景和. 2013. 科学把握食品安全法修订中的若干关系[J]. 法学家，（6）：47-51.
徐娟，章德宾. 2012. 生鲜农产品供应链突发事件风险的评估模型[J]. 统计与决策，（12）：41-43.
徐子涵，徐加卫，郑世来，等. 2016. 浅析我国的食品安全标准体系[J]. 食品工业，（1）：269-272.
许建军，周若兰. 2008. 美国食品安全预警体系及其对我国的启示[J]. 世界标准化与质量管理，（3）：47-49.
许民利，王俏，欧阳林寒. 2012. 食品供应链中质量投入的演化博弈分析[J]. 中国管理科学，20（5）：131-141.
许庆瑞，王毅. 1999. 绿色技术创新新探：生命周期观[J]. 科学管理研究，（1）：3-6.
雪玲，刘砚，贺妍. 2015. 食品安全监管国际经验概览[J]. 世界农业，（12）：43-46.
颜海娜，聂勇浩. 2009. 制度选择的逻辑——我国食品安全监管体制的演变[J]. 公共管理学报，6（3）：12-25.
杨富堂. 2012. 基于利益博弈的食品安全治理困境与对策[J]. 商业研究，（5）：194-199.
杨倩. 2013. 探析我国食品安全问题的解决对策[J]. 法制与社会，（36）：173-174.
杨天和，褚保金. 2005. 我国食品安全保障体系中的预警技术与危险性评估技术研究[J]. 食品科学，（5）：260-264.
杨志花. 2008. 食品安全管理中信息不对称的研究[J]. 标准科学，（9）：46-48.
尹红强，廖天虎. 2013. 论做实食品安全行政问责制——以食品安全监管体制改革及职能转变为切入点[J]. 食品科学，34（13）：374-379.
尹世久，王小楠，吕珊珊. 2017. 品牌、认证与消费者信任倾向——以有机牛奶为例[J]. 华中农业大学学报（社会科学版），（4）：45-54.
尹向东，刘敏. 2012. 加快食品安全监管的制度、能力与环境建设[J]. 消费经济，（2）：17-19.
尹艳冰. 2010. 基于 ANP 的绿色产业发展评价模型[J]. 统计与决策，（23）：65-67.
应飞虎. 2013. 食品安全有奖举报制度研究[J]. 社会科学，（3）：81-87.
应瑞瑶，侯博，陈秀娟，等. 2016. 消费者对可追溯食品信息属性的支付意愿分析：猪肉的案例[J]. 中国农村经济，（11）：44-56.
于海纯. 2015. 我国食品安全责任强制保险的法律构造研究[J]. 中国法学，（3）：244-264.
于荣，唐润，孟秀丽，等. 2014. 基于行为博弈的食品安全质量链主体合作机制研究[J]. 预测，（6）：76-80.
于喜繁. 2012. 破解食品安全监管难题的制度经济学思考[J]. 湖北社会科学，（4）：72-75.
余顺坤，周黎莎，李晨. 2013. ANP-Fuzzy 方法在电力企业绩效考核中的应用研究[J]. 中国管理科学，21（1）：165-173.
袁伯华，腾仁明，张炎，等. 2012. 《食品安全事故流行病学调查工作规范》解读[J]. 中国食品卫生杂志，24（1）：55-57.
袁文艺，胡凯. 2014. 食品安全管制的政府间博弈模型及政策启示[J]. 中国行政管理，（7）：101-105.
袁旭梅，张旭，祝雅妹. 2015. 基于 ANP 理论的科技项目绩效评价模型及应用[J]. 科技管理研究，（21）：82-86.
曾凌. 2015. 佛山市南海区餐饮服务环节无证经营现状、原因及对策分析[D]. 华南理工大学硕士学位论文.
曾文革，林婧. 2015. 论食品安全监管国际软法在我国的实施[J]. 中国软科学，（5）：12-20.
詹承豫，顾林生. 2007. 转危为安：应急预案的作用逻辑[J]. 中国行政管理，（5）：89-92.
詹承豫，刘星宇. 2011. 食品安全突发事件预警中的社会参与机制[J]. 山东社会科学，（5）：53-57.
张蓓. 2015. 美国食品召回的现状、特征与机制——以 1995~2014 年 1217 例肉类和家禽产品召回事件为例[J]. 中国农村经济，（11）：85-96.
张登沥，沙德银. 2004. HACCP 与 GMP、SSOP 的相互关系[J]. 上海海洋大学学报，13（3）：261-265.
张发，李璐，宣慧玉. 2011. 传染病传播模型综述[J]. 系统工程理论与实践，31（9）：1736-1744.
张国兴，高晚霞，管欣. 2015. 基于第三方监督的食品安全监管演化博弈模型[J]. 系统工程学报，30（2）：153-164.

张汉江，肖伟，葛伟娜，等. 2008. 有害物质在食品供应链中传播机制的混合策略静态博弈模型[J]. 系统工程，（1）：62-67.
张红凤，吕杰. 2018. 食品安全监管效果评价——基于食品安全满意度的视角[J]. 山东财经大学学报，30（2）：77-85.
张俭波，王华丽. 2016. 食品添加剂食品安全国家标准体系的构成及特点分析[J]. 中国食品卫生杂志，28（3）：279-286.
张建成. 2013. 我国食品安全监管体制的历史演变、现实评价和未来选择[J]. 河南财经政法大学学报，28（4）：90-99.
张洁梅. 2013. 基于政府规制的我国食品安全监管问题研究[J]. 理论月刊，（8）：95-98.
张俊霞，李春娟. 2010.《食品安全法》之食品召回制度适用研究[J]. 法学杂志，31（9）：94-97.
张利国，徐翔. 2006. 美国食品召回制度及对中国的启示[J]. 农村经济，（6）：127-129.
张亮，陈少杰. 2014. 面向智慧型城市的食品安全监管体系[J]. 食品研究与开发，（18）：192-196.
张满林. 2014. 流通领域农产品安全监管制度的优化与创新[J]. 农村经济，（4）：18-21.
张曼，唐晓纯，普莫喆，等. 2014. 食品安全社会共治：企业、政府与第三方监管力量[J]. 食品科学，35（13）：286-292.
张水成，王沂，张世卿. 2006. 食品工厂设备清洗及 CIP 系统[J]. 食品科技，（8）：167-170.
张维迎，杨文. 2016. 法律制度的信誉基础[J]. 中国工商管理研究，（4）：3-13.
张晓文. 2009. 政府信息公开中隐私权与知情权的博弈及平衡[J]. 情报理论与实践，32（8）：36-39.
张彦楠，司林波，孟卫东. 2015. 基于博弈论的我国食品安全监管体制探究[J]. 统计与决策，（20）：61-63.
张永建，刘宁，杨建华. 2005. 建立和完善我国食品安全保障体系研究[J]. 中国工业经济，（2）：14-20.
张玉华，孟一，侯成杰，等. 2010. 我国食品冷链物流安全现状与对策[J]. 食品与药品，12（7）：289-291.
张云. 2014. 我国食品安全信息公布困境之破解——兼评《中华人民共和国食品安全法（修订草案）》相关法条[J]. 政治与法律，（8）：14-21.
张志勋. 2015. 系统论视角下的食品安全法律治理研究[J]. 法学论坛，（1）：99-105.
章剑锋. 2010. 食品安全问题何以无解？——专访国家食品安全风险评估专家委员会主任委员陈君石院士[J]. 南风窗，（17）：30-32.
赵静. 2018. 基于消费者认知的食品安全监管问题研究[J]. 山东社会科学，（12）：171-175.
赵世鹏. 2013. 我国食品安全监管责任追究机制研究[D]. 南京师范大学硕士学位论文.
赵学刚. 2009. 统一食品安全监管：国际比较与我国的选择[J]. 中国行政管理，（3）：103-107.
赵学刚. 2011. 食品安全信息供给的政府义务及其实现路径[J]. 中国行政管理，（7）：38-42.
赵学涛. 2014. 以“社会共治”理念统筹食品安全监管[J]. 食品研究与开发，（14）：

125-128.
赵亚华，潘春生，郑锦绣，等. 2008. 食品安全关键项目监测及预警系统研究[J]. 实用预防医学，（1）：30-33.
郑风田. 2013. 我国《食品安全法》该如何修订[J]. 华中师范大学学报（人文社会科学版），52（6）：46-55.
郑风田，胡文静. 2005. 从多头监管到一个部门说话：我国食品安全监管体制急待重塑[J]. 中国行政管理，（12）：51-54.
郑小伟，王艳林. 2011. 食品安全监管中的第三方力量[J]. 河南省政法管理干部学院学报，26（Z1）：148-151.
郑智航. 2015. 食品安全风险评估法律规制的唯科学主义倾向及其克服——基于风险社会理论的思考[J]. 法学论坛，30（1）：91-98.
钟真，孔祥智. 2012. 产业组织模式对农产品质量安全的影响：来自奶业的例证[J]. 管理世界，（1）：86-99.
周超. 2012. 美国食品安全现代法案对我国食品安全监管的启示[J]. 湖南社会科学，（5）：117-120.
周德翼，杨海娟. 2002. 食物质量安全管理中的信息不对称与政府监管机制[J]. 中国农村经济，（6）：29-35.
周洁红，叶俊焘. 2007. 我国食品安全管理中 HACCP 应用的现状、瓶颈与路径选择——浙江省农产品加工企业的分析[J]. 农业经济问题，（8）：55-61.
周开国，杨海生，伍颖华. 2016. 食品安全监督机制研究——媒体、资本市场与政府协同治理[J]. 经济研究，（9）：58-72.
周立，方平. 2015. 多元理性："一家两制"与食品安全社会自我保护的行为动因[J]. 中国农业大学学报（社会科学版），（3）：76-84.
周小梅. 2010. 我国食品安全管制的供求分析[J]. 农业经济问题，（9）：98-104.
周雪，王冀宁. 2014. 转基因食品安全监管的演化博弈分析[J]. 江苏农业科学，42（10）：463-466.
周应恒，霍丽玥，彭晓佳. 2004. 食品安全：消费者态度、购买意愿及信息的影响——对南京市超市消费者的调查分析[J]. 中国农村经济，（11）：53-59.
周应恒，王二朋. 2013. 中国食品安全监管：一个总体框架[J]. 改革，（4）：19-28.
朱洁，倪卫红，王冀宁. 2014. 中小食品企业产品质量安全监管演化博弈分析[J]. 食品工业，35（4）：170-174.
朱京安，王鸣华. 2011. 中国食品安全法律体系研究——以欧盟食品安全法为鉴[J]. 法学杂志，（S1）：215-218.
朱立龙，孙淑慧. 2019. 消费者反馈机制下食品质量安全监管三方演化博弈及仿真分析[J]. 重庆大学学报（社会科学版），（3）：94-107.
朱艳新，陈春梅. 2013. 我国食品物流安全问题研究——"白酒塑化剂"事件引起的反思[J]. 价格理论与实践，（1）：50-51.
卓杰，鲁倞. 2012. 风险社会下食品企业自主召回制度的完善[J]. 食品工业，33（2）：

125-127.

卓越，于湃. 2013. 构建食品安全监管风险评估体系的思考[J]. 江苏行政学院学报，（2）：109-114.

Akerlof B G A. 2013. The market for "lemons"：quality uncertainty and the market mechanism[J]. Quarterly Journal of Economics，84（3）：488-500.

Allen F. 1984. Reputation and product quality[J]. Rand Journal of Economics，15（3）：311-327.

Alphonce R，Alfnes F. 2012. Consumer willingness to pay for food safety in Tanzania：an incentive-aligned conjoint analysis[J]. International Journal of Consumer Studies，36（4）：394-400.

Alphonce R，Alfnes F，Sharma A. 2014. Consumer vs. citizen willingness to pay for restaurant food safety[J]. Food Policy，（49）：160-166.

Ana M A，José M G，Tamburo L. 2005. Food safety and consumers' willingness to pay for labelled beef in Spain[J]. Journal of Food Products Marketing，11（3）：89-105.

Anderson R M，May R M. 1991. Infectious Diseases of Humans[M]. Oxford：Oxford University Press.

Arthur P J M. 2014. Governing China's food quality through transparency：a review[J]. Food Control，（43）：49-56.

Aung M M，Chang Y S.2014. Traceability in a food supply chain：safety and quality perspectives[J]. Food Control，（39）：172-184.

Bai L，Ma C L，Yang Y S，et al. 2007. Implementation of HACCP system in China：a survey of food enterprises involved[J]. Food Control，18（9）：1108-1112.

Bánáti D. 2003. The EU and candidate countries：how to cope with food safety policies[J]. Food Control，14（2）：89-93.

Barabási A，Albert R. 1999. Emergence of scaling in random networks[J]. Science，286（5439）：509-512.

Begley M，Hill C. 2010. Food safety：what can we learn from genomics? [J]. Review of Food Science & Technology，（1）：341-361.

Benjamin O T，Paulina O A. 2019. Evaluation of the food safety and quality management systems of the cottage food manufacturing industry in Ghana[J]. Food Control，（101）：24-28.

Birol E，Karandikar B，Roy D，et al. 2015. Information，certification and demand for food safety：evidence from an in-store experiment in Mumbai[J]. Journal of Agricultural Economics，66（2）：470-491.

Bishop C，Hilhorst D. 2010. From food aid to food security：the case of the Safety Net policy in Ethiopia[J]. The Journal of Modern African Studies，48（2）：181-202.

Brito B，König G，Cabanne S，et al. 2016. Phylogeographic analysis of the 2000-2002 foot-and-mouth disease epidemic in Argentina[J]. Infection Genetics & Evolution Journal of Molecular Epidemiology & Evolutionary Genetics in Infectious Diseases，（41）：93-99.

Burlingame B，Pineiro M. 2007. The essential balance：risks and benefits in food safety and quality[J]. Journal of Food Composition & Analysis，20（4）：139-146.

Carter R N，Prince S D. 1981. Epidemic models used to explain biogeographical distribution limits[J]. Nature，293（5834）：644-645.

Caswell J A，Mojduszka E M. 1996. Using informational labeling to influence the market for quality in food products[J]. American Journal of Agricultural Economics，78（5）：1248-1253.

Chemweno P，Pintelon L，van Horenbeek A，et al. 2015. Asset maintenance maturity model as a structured guide to maintenance process maturity[J]. International Journal of Strategic Engineering Asset Management，2（2）：119.

Chen T，He J，Li X. 2017a. An evolving network model of credit risk contagion in the financial market[J]. Technological & Economic Development of Economy，23（1）：22-37.

Chen T，Li X，Wang J. 2015. Spatial interaction model of credit risk contagion in the CRT Market[J]. Computational Economics，46（4）：519-537.

Chen T，Ma B，Wang J. 2018a. SIRS contagion model of food safety risk[J]. Journal of Food Safety，38（1）：e12410.

Chen T，Wang L，Wang J. 2017c. Transparent assessment of the supervision information in China's food safety：a fuzzy-ANP comprehensive evaluation method[J]. Journal of Food Quality，（9）：1-14.

Chen T，Wang L，Wang J，et al. 2017b. A network diffusion model of food safety scare behavior considering information transparency[J]. Complexity，（1）：1-16.

Chen T，Wang S，Pei L，et al. 2018b. Assessment of dairy product safety supervision in sales link：a fuzzy-ANP comprehensive evaluation method[J]. Journal of Food Quality，（3）：1-16.

Chen T Q，He J M. 2012. A network model of credit risk contagion[J]. Discrete Dynamics in Nature and Society，（3）：327-337.

Chen Y H，Huang S J，Ashok K. 2018. Effects of input capacity constraints on food quality and regulation mechanism design for food safety management[J]. Ecological Modelling，（385）：89-95.

Cheng J H，Sun D W. 2015. Rapid quantification analysis and visualization of escherichia coli loads in grass carp fish flesh by hyperspectral imaging method[J]. Food and Bioprocess Technology，8（5）：951-959.

Colizza V，Vespignani A. 2007. Epidemic modeling in metapopulation systems with heterogeneous coupling pattern：theory and simulations[J]. Journal of Theoretical Biology，251（3）：450-467.

Cope S. 2010. Consumer perceptions of best practice in food risk communication and management：implications for risk analysis policy[J]. Food Policy，35（4）：349-357.

Cowan C，Mahon D. 2004. Irish consumers' perception of food safety risk in minced beef[J]. British Food Journal，106（4）：301-312.

Crespi J M, Marette S. 2001. How should food safety certification be financed?[J]. American Journal of Agricultural Economics, 83（4）: 852-861.

Dağdeviren M, İhsan Y. 2010. A fuzzy analytic network process（ANP）model for measurement of the sectoral competition level（SCL）[J]. Expert Systems with Applications, 37（2）: 1005-1014.

Darby M R, Karni E. 1973. Free Competition and the optimal amount of fraud[J]. Journal of Law & Economics, 16（1）: 67-88.

Das A, Pagell M, Behm M, et al. 2008. Toward a theory of the linkages between safety and quality[J]. Journal of Operations Management, 26（4）: 521-535.

Davis G F. 2005. Social movements and organization theory[C]//Davis G F, McAdam D, Scott W R. Social Movements and Organization Theory. Cambridge: Cambridge University Press: 222-231.

Derbali A, Hallara S. 2016. Measuring systemic risk of Greek banks: new approach by using the epidemic model "SEIR" [J]. Cogent Business & Management, 3（1）: 1153864.

Doménech E, Escriche I, Martorell S. 2008. Assessing the effectiveness of critical control points to guarantee food safety[J]. Food Control, 19（6）: 557-565.

Dora M, Kumar M, van Goubergen D, et al. 2013. Food quality management system: reviewing assessment strategies and a feasibility study for European food small and medium-sized enterprises[J]. Food Control, 31（2）: 607-616.

Dubois P, Vukina T. 2004. Grower risk aversion and the cost of moral hazard in livestock production contracts[J]. American Journal of Agricultural Economics, 86（3）: 835-841.

Dukes A, Geylani T, Liu Y. 2014. Dominant retailers' incentives for product quality in asymmetric distribution channels[J]. Marketing Letters, 25（1）: 93-107.

Dulleck U, Kerschbamer R, Sutter M. 2009.The economics of credence goods: an experiment on the role of liability, verifiability, reputation, and competition[J]. American Economic Review, 101（2）: 526-555.

Dzwolak W. 2014. HACCP in small food businesses—the polish experience[J]. Food Control, 36（1）: 132-137.

Eijlander P. 2012. Possibilities and constraints in the use of self-regulation and co-regulation in legislative policy: experiences in the Netherlands-lessons to be learned for the EU?[J]. Journal of Applied Sciences Research, 17（4）: 899-902.

Elortondo F J P, Ojeda M, Albisu M, et al. 2007. Food quality certification: an approach for the development of accredited sensory evaluation methods[J]. Food Quality and Preference, 18（2）: 425-439.

Fan H, Ye Z, Zhao W, et al. 2009. Agriculture and food quality and safety certification agencies in four Chinese cities[J]. Food Control, 20（7）: 627-630.

Feng X, Hu H. 2013. Measurement and internalization of systemic risk in a global banking network[J]. International Journal of Modern Physics C, 24（1）: 85-96.

Ferrier P，Lamb R. 2007. Government regulation and quality in the US beef market[J]. Food Policy，32（1）：84-97.

Florini A M. 2007. The Right to Know：Transparency for an Open World[M]. Columbia：Columbia University Press.

Fousekis P，Revell B J. 2000. Meat demand in the UK：a differential approach[J]. Journal of Agricultural & Applied Economics，32（1）：11-19.

Fu X，Liu Z，Small M. 2009. Epidemic propagation dynamics on complex networks[J]. World Scientific，（9）：71-91.

Fu X，Small M，Chen G. 1975. Propagation dynamics on complex networks[C]//Inciardi A J. Emerging Social Issues. San Francisco：Praeger：10-16.

Fulponi L. 2006. Private voluntary standards in the food system：the perspective of major food retailers in OECD countries[J]. Food Policy，31（1）：1-13.

Gang L. 2018. The impact of supply chain relationship on food quality[J]. Procedia Computer Science，（131）：860-865.

Gilpin M E，Ayala F J. 1973. Global models of growth and competition[J]. Proceedings of the National Academy of Sciences，70（12）：3590-3593.

Giorno V，Spina S. 2016. Rumor spreading models with random denials[J]. Physica A：Statistical Mechanics and Its Applications，（461）：569-576.

Gorris L G M. 2005. Food safety objective：an integral part of food chain management[J]. Food Control，16（9）：801-809.

Grace D. 2015. Food safety in low and middle income countries[J]. International Journal of Environmental Research & Public Health，12（9）：10490-10507.

Griffin C，Brooks R. 2006. A note on the spread of worms in scale-free networks[J]. IEEE Transactions on Systems Man and Cybernetics Part B-Cybernetics，36（1）：198-202.

Grunert K G. 2005. Food quality and safety：consumer perception and demand[J]. European Review of Agricultural Economics，32（3）：369-391.

Heinzerling L. 2015. The varieties and limits of transparency in U.S. food law[J]. Food & Drug Law Journal，70（1）：11-24.

Henson S，Caswell J. 1999. Food safety regulation：an overview of contemporary issues[J]. Food Policy，24（6）：589-603.

Herrero S G，Saldaña M A M，Campo M A M D，et al. 2002. From the traditional concept of safety management to safety integrated with quality[J]. Journal of Safety Research，33（1）：1-20.

Herweg F，Müller D，Weinschenk P. 2010. Binary payment schemes：moral hazard and loss aversion[J]. American Economic Review，100（5）：2451-2477.

Hobbs J E，Fearne A，Spriggs J. 2002. Incentive structures for food safety and quality assurance：an international comparison[J]. Food Control，13（2）：77-81.

Holmstrom B. 1981. Contractual models of the labor market[J]. The American Economic Review, 71（2）: 308-313.

Hong I H, Dang J F, Tsai Y H, et al. 2011. An RFID application in the food supply chain: a case study of convenience stores in Taiwan[J]. Journal of Food Engineering, 106（2）: 119-126.

Hornibrook S A, Mccarthy M, Fearne A. 2005. Consumers' perception of risk: the case of beef purchases in Irish supermarkets[J]. International Journal of Retail & Distribution Management, 33（10）: 701-715.

Hosseini S, Azgomi M A. 2016. A model for malware propagation in scale-free networks based on rumor spreading process[J]. Computer Networks, 108（C）: 97-107.

Hussain S. 2006. Co-regulation and voluntarism in the provision of food safety: lessons from institutional economics[R]. Research Papers in Economics.

Jacxsens L, Luning P A, van der Vorst J G, et al. 2010. Simulation modelling and risk assessment as tools to identify the impact of climate change on microbiological food safety—the case study of fresh produce supply chain[J]. Food Research International, 43（7）: 1925-1935.

Jevšnik M, Hlebec V, Raspor P. 2008. Consumers' awareness of food safety from shopping to eating[J]. Food Control, 19（8）: 737-745.

Jiang Q J, Peter J B. 2015. Barriers and benefits to the adoption of a third party certified food safety management system in the food processing sector in Shanghai, China[J].Food Control,（62）: 89-96.

Jonge J D, Frewer L, Trijp H V, et al. 2004. Monitoring consumer confidence in food safety: an exploratory study[J]. British Food Journal, 106（10/11）: 837-849.

Kealesitse B, Kabama I O. 2012. Exploring the influence of quality and safety on consumers' food purchase decisions in Botswana[J]. International Journal of Business Administration, 3（2）: 90-97.

Kermack W O, McKendrick A G. 1937. Contributions to the mathematical theory of epidemics: Ⅳ. analysis of experimental epidemics of the virus disease mouse ectromelia[J]. Epidemiology & Infection, 37（2）: 172-187.

King B G, Bentele K G, Soule S A. 2007. Protest and policymaking: explaining fluctuation in congressional attention to rights issues, 1960-1986[J]. Social Forces, 86（1）: 137-164.

Kinsey J. 2005. Will food safety jeopardize food security[J]. Agricultural Economics, 32（1）: 149-158.

Klein B, Leffler K B. 1981. The role of market forces in assuring contractual performance[J]. Journal of Political Economy, 89（4）: 615-641.

König A, Smith M R. 2010. Environmental risk assessment for food-related substances[J]. Food Control, 21（12）: 1588-1600.

Laffont J J, Martimort D. 1999. Separation of regulators against collusive behavior[J]. The RAND Journal of Economics, 30（2）: 232-262.

Laffont J J, Tirole J. 1988. The politics of government decision-making: a theory of regulatory capture[J]. Quarterly Journal of Economics，106（4）：1089-1127.

Lapan H，Moschini G C. 2007. grading，minimum quality standards，and the labeling of genetically modified products[J]. American Journal of Agricultural Economics，89（12553）：1222-1229.

Levine J M，D'Antonio C M. 2003. Forecasting biological invasions with increasing international trade[J]. Conservation Biology，17（1）：322-326.

Lewis T G. 2009. Network Science：Theory and Applications[M]. New York：Wiley Publishing.

Li Q. 2010. A effective way to improve the performance of food safety governance based on cooperative game[J]. Hydrometallurgy，（1）：423-428.

Li S，Jin Z. 2015. Dynamic modeling and analysis of sexually transmitted diseases on heterogeneous networks[J]. Physica A：Statistical Mechanics and Its Applications，（427）：192-201.

Li T，Bernard J C，Johnston Z A，et al. 2017. Consumer preferences before and after a food safety scare：an experimental analysis of the 2010 egg recall[J]. Food Policy，（66）：25-34.

Loeb M，Magat W A. 1979. A decentralized method for utility regulation[J]. The Journal of Law and Economics，22（2）：399-404.

Lofstedt R E. 2006. How can we make food risk communication better：where are we and where are we going?[J]. Journal of Risk Research，9（8）：869-890.

Long A G，Kastner J J，Kassatly R. 2013. Is food security a new tariff? Explaining changes in sanitary and phytosanitary regulations by World Trade Organization members[J]. Global Economy Journal，13（1）：183-222.

Lori S B，Sheila M O. 2008. The impacts of the "right to know"：information disclosure and the violation of drinking water standards[J]. Journal of Environmental Economics & Management，56（2）：117-130.

Łozowicka B，Rutkowska E，Jankowska M，et al. 2012. Health risk analysis of pesticide residues in berry fruit from north-eastern Poland[J]. Journal of Fruit & Ornamental Plant Research，20（1）：83-95.

Lucinda A，Brooke F L，Yan J. 2012. How audiences seek out crisis information：exploring the social-mediated crisis communication model[J]. Journal of Applied Communication Research，40（2）：188-207.

Luo J，Ma B，Zhao Y，et al. 2018a. Evolution model of health food safety risk based on prospect theory[J]. Journal of Healthcare Engineering，（23）：1-12.

Luo J，Wang J，Zhao Y，et al. 2018b. Scare behavior diffusion model of health food safety based on complex network[J]. Complexity，（6）：1-14.

Marette S. 2007. Minimum safety standard，consumers' information and competition[J]. Journal of Regulatory Economics，32（3）：259-285.

Martinez M G，Fearne A，Caswell J A，et al. 2007. Co-regulation as a possible model for food safety governance：opportunities for public-private partnerships[J]. Food Policy，32（3）：

299-314.

Martinez M G, Verbruggen P, Fearne A. 2013. Risk-based approaches to food safety regulation: what role for co-regulation?[J]. Journal of Risk Research, 16（9）: 1101-1121.

Marucheck A, Greis N, Mena C, et al. 2011. Product safety and security in the global supply chain: issues, challenges and research opportunities[J]. Journal of Operations Management, 29（7/8）: 707-720.

Maskin E, Tirole J. 2004. The politician and the judge: accountability in government[J]. American Economic Review, 94（4）: 1034-1054.

Matthew G, Mikhail D, John W. 2006. Overcoming supply chain failure in the agri-food sector: a case study from Moldova[J]. Food Policy, 31（1）: 90-103.

Mazzocchi M, Lobb A, Traill W B, et al. 2008. Food scares and trust: a European study[J]. Journal of Agricultural Economics, 59（1）: 2-24.

Mceowen R A, Harl N E. 2015. Presence of mad cow disease in U.S. raises significant questions concerning U.S. food safety policies[J]. Science, （86）: 209-216.

Michaud D S, Giovannucci E, Willett W C, et al. 2001. Coffee and alcohol consumption and the risk of pancreatic cancer in two prospective United States cohorts[J]. Cancer Epidemiology, Biomarkers & Prevention: A Publication of the American Association for Cancer Research, Cosponsored by the American Society of Preventive Oncology, 10（5）: 429-437.

Mol A P J. 2014. Governing China's food quality through transparency: a review[J]. Food Control, （43）: 49-56.

Montini M. 2001. The Necessity Principle as an Instrument to Balance Trade and the Environment, Environment, Human Right & International[M]. Oxford: Hart Publishing.

Moreno Y, Nekovee M, Pacheco A F. 2003. Dynamics of rumor spreading in complex networks[J]. Physical Review E: Statistical Nonlinear & Soft Matter Physics, 69（2）: 279-307.

Morris J. 2002. The relationship between risk analysis and the precautionary principle[J]. Toxicology, （181/182）: 127-130.

Newman M E, Watts D J. 2000. Scaling and percolation in the small-world network model[J]. Physical Review E: Statistical Physics Plasmas Fluids & Related Interdisciplinary Topics, 60（6）: 7332-7342.

Ni H G, Zeng H. 2009. Law enforcement is key to China's food safety[J]. Environmental Pollution, 157（7）: 1990-1992.

Noël P A, Davoudi B, Brunham R C, et al. 2008. Time evolution of epidemic disease on finite and infinite networks[J]. Physical Review E, 79（2）: 026101.

Onyango B M, Hallman W K, Bellows A C. 2007. Purchasing organic food in US food systems[J]. British Food Journal, 109（5）: 399-411.

Pastor-Satorras R，Vespignani A. 2001. Epidemic spreading in scale-free networks[J]. Physical Review Letters，86（14）：3200-3203.

Pennings J M E，Wansink B，Meulenberg M T G. 2002. A note on modeling consumer reactions to a crisis：the case of the mad cow disease[J]. International Journal of Research in Marketing，19（1）：91-100.

Pizzuti T，Mirabelli G. 2015. The global track&trace system for food：general framework and functioning principles[J]. Journal of Food Engineering，（159）：16-35.

Polimeni J M，Iorgulescu R I，Bălan M. 2013. Food safety，food security and environmental risks[J]. Internal Auditing & Risk Management，1（29）：53-67.

Pu X J，Lu L，Han X H. 2014. Certification of credence goods with consideration of consumers' learning ability[J]. International Conference on Management Science & Engineering，（3）：596-603.

Ritson C，Mei L W. 1998. The economics of food safety[J]. Nutrition & Food Science，98（5）：253-259.

Rode J，Weber A. 2016. Does localized imitation drive technology adoption? A case study on rooftop photovoltaic systems in Germany[J]. Journal of Environmental Economics & Management，（78）：38-48.

Roehm M L，Tybout A M. 2013. When will a brand scandal spill over，and how should competitors respond?[J]. Journal of Marketing Research，43（3）：366-373.

Röhr A，Lüddecke K，Drusch S，et al. 2005. Food quality and safety—consumer perception and public health concern[J]. Food Control，16（8）：649-655.

Ropkins K，Beck A J. 2000. Evaluation of worldwide approaches to the use of HACCP to control food safety[J]. Trends in Food Science & Technology，11（1）：10-21.

Rosenau J N，Czempiel E O. 1993. Governance without government：order and change in world politics[J]. American Political Science Association，87（2）：311-545.

Rouvière E，Latouche K. 2014. Impact of liability rules on modes of coordination for food safety in supply chains[J]. European Journal of Law and Economics，37（1）：111-130.

Saaty R W. 2003. Decision Making in Complex Environments：The Analytic Hierarchy Process（AHP）for Decision Making and the Analytic Network Process（ANP）for Decision Making with Dependence and Feedback[M]. Pittsburgh：RWS Publications.

Saaty T L. 1996. Decision Making with Dependence and Feedback：The Analytic Network Process[M]. Pittsburgh：RWS Publications.

Saaty T L. 2004. Fundamentals of the analytic network process-dependence and feedback in decision-making with a single network[J]. Journal of Systems Science & Systems Engineering，13（2）：129-157.

Sala A，Guerra T M，Babuška R. 2005. Perspectives of fuzzy systems and control[J]. Fuzzy Sets & Systems，156（3）：432-444.

Scalia G L，Nasca A，Corona O，et al. 2017. An innovative shelf life model based on smart logistic unit for an efficient management of the perishable food supply chain[J]. Journal of Food Process Engineering, 40（1）.

Seuberlich T, Heim D, Zurbriggen A. 2010. Atypical transmissible spongiform encephalopathies in ruminants: a challenge for disease surveillance and control[J]. Journal of Veterinary Diagnostic Investigation Official Publication of the American Association of Veterinary Laboratory Diagnosticians Inc, 22（6）: 823-842.

Seuberlich T, Hofmann M A, Juillerat V, et al. 2009. Continuous monitoring of bovine spongiform encephalopathy rapid test performance by weak positive tissue controls and quality control charts[J]. Veterinary Microbiology, 134（3/4）: 218-226.

Shapiro C. 1983. Premiums for high quality products as returns to reputations[J]. Quarterly Journal of Economics, 98（4）: 659-679.

Shleifer A. 1985. A theory of yardstick competition[J]. The RAND Journal of Economics, 16（3）: 319-327.

Skaza J, Blais B. 2016. Modeling the infectiousness of Twitter hashtags[J]. Physica A: Statistical Mechanics & Its Applications, （465）: 289-296.

Smigic N, Rajkovic A, Djekic I, et al. 2015. Legislation, standards and diagnostics as a backbone of food safety assurance in Serbia[J]. British Food Journal, 117（1）: 94-108.

Smith D, Riethmuller P. 1999. Consumer concerns about food safety in Australia and Japan[J]. International Journal of Social Economics, 102（6）: 838-855.

Stadlmüller L, Matt M, Stüger H P, et al. 2017. An operational hygiene inspection scoring system for Austrian high-risk companies producing food of animal origin[J]. Food Control, （77）: 121-130.

Starbird S A. 2005. Moral hazard, inspection policy, and food safety[J]. American Journal of Agricultural Economics, 87（1）: 15-27.

Stiglitz J E. 2000. The Contributions of the economics of information to twentieth century economics[J]. Quarterly Journal of Economics, 115（4）: 1441-1478.

Stringer M. 2005. Summary report: food safety objectives—role in microbiological food safety management[J]. Food Control, 16（9）: 775-794.

Sven M, Johannes R. 2013. The adoption of photovoltaic systems in Wiesbaden, Germany[J]. Economics of Innovation & New Technology, 22（5）: 1-17.

Swarte C, Donker R A. 2005. Towards an FSO/ALOP based food safety policy[J]. Food Control, 16（9）: 825-830.

Tam W, Yang D. 2005. Food safety and the development of regulatory institutions in China[J]. Asian Perspective, （29）: 5-36.

Taylor J. 2013. Strengthening food control in a multi-cultural society: Abu Dhabi food safety training initiatives[J]. Worldwide Hospitality & Tourism Themes, 3（5）: 422-431.

Tomperi J, Pelo M, Leivisk K. 2013. Predicting the residual aluminum level in water treatment process[J]. Drinking Water Engineering & Science Discussions, 6（1）: 36-46.

Tong Y G，Shi W F，Liu D，et al. 2015. Genetic diversity and evolutionary dynamics of Ebola virus in Sierra Leone[J]. Nature，524（7563）：93-96.

Tonsor G T. 2011. Consumer inferences of food safety and quality[J]. European Review of Agricultural Economics，38（2）：213-235.

Trienekens J，Zuurbier P. 2008. Quality and safety standards in the food industry，developments and challenges[J]. International Journal of Production Economics，113（1）：107-122.

Turku M，Lepistö O，Lundén J. 2018. Differences between official inspections and third-party audits of food establishments[J]. Food Control，（85）：459-465.

Unnevehr L J，Jensen H H. 1999. The economic implications of using HACCP as a food safety regulatory standard[J]. Food Policy，24（6）：625-635.

Vishwanath T，Kaufmann D. 2008. Toward transparency：new approaches and their application to financial markets[J]. World Bank Research Observer，16（1）：41-58.

Wang J，Chen T，Wang J. 2015. Research on cooperation strategy of enterprises' quality and safety in food supply chain[J]. Discrete Dynamics in Nature & Society，（3）：1-15.

Wang J，Chen T. 2016. The spread model of food safety risk under the supply-demand disturbance[J]. Springerplus，5（1）：1765.

Watts D J，Strogatz S H. 1998. Collective dynamics of small-world networks[J]. Nature，393（6684）：440-442.

Whipple J M，Voss M D，Closs D J. 2009. Supply chain security practices in the food industry：do firms operating globally and domestically differ?[J]. International Journal of Physical Distribution & Logistics Management，39（7）：574-594.

Williamson P J. 2010. Sales and service strategy for the single European market[J]. Business Strategy Review，3（2）：17-43.

World Health Organization. 2006. Food safety risk analysis：a guide for national food safety authorities[J]. FAO Food & Nutrition Paper，87（6）：447-464.

World Health Organization. 2015. WHO estimates of the global burden of foodborne diseases：foodborne disease burden epidemiology reference group 2007-2015[R]. Food Technology.

Wu J J，Gao Z Y，Sun H J. 2011. Simulation of traffic congestion with SIR model[J]. Modern Physics Letters B，18（30）：1537-1542.

Yang Y H，Wei L J，Pei J. 2019. Application of Bayesian modelling to assess food quality & safety status and identify risky food in China market[J]. Food Control，（100）：111-116.

Yasuda T. 2010. Food safety regulation in the United States：an empirical and theoretical examination[J]. Independent Review，15（2）：201-226.

Yeung R，Morris J. 2001. Consumer perception of food risk in chicken meat[J]. Nutrition & Food Science，31（6）：270-279.

Zaim S，Sevkli M，Camgöz-Akdağ H，et al. 2014. Use of ANP weighted crisp and fuzzy QFD for product development[J]. Expert Systems with Applications，41（9）：4464-4474.

Zhang F，Lu L I，Yu X H. 2011. Survey of transmission models of infectious diseases[J]. System

Engineering Theory & Practice，31（9）：1736-1744.

Zhang M，Qiao H，Wang X，et al. 2015. The third-party regulation on food safety in China：a review[J].Journal of Integrative Agriculture，14（11）：2176-2188.

Zhang S. 2013. The scientific basis of food safety supervision and typical case analysis[J]. Journal of Chinese Institute of Food Science and Technology，13（2）：1-5.

Zhou L，Yang J. 2011. Risk assessment based on fuzzy network（F-ANP）in new campus construction project[J]. Engineering & Risk Management，1（1）：162-168.

附录1 食品安全监管信息透明度指数（FSSITI）的构建

1.1 三级指标来源及参考依据

三级指标	来源及参考依据
食品安全总体情况信息	孙晶晶和郑琳琳（2012）；潘丽霞和徐信贵（2013）；王辉霞（2012）；张亮和陈少杰（2014）；周应恒和王二朋（2013）
监管信息公开指南信息	赵学刚（2011）；李想和石磊（2014）；王辉霞（2012）；张亮和陈少杰（2014）；周应恒和王二朋（2013）
监管信息公开目录	赵学刚（2011）；李想和石磊（2014）；王辉霞（2012）；张亮和陈少杰（2014）；周应恒和王二朋（2013）
监管重点信息	巩顺龙等（2010）；李想和石磊（2014）；王辉霞（2012）；张亮和陈少杰（2014）；周应恒和王二朋（2013）
食品安全标准信息	徐子涵等（2016）；潘丽霞和徐信贵（2013）；王辉霞（2012）；张亮和陈少杰（2014）；周应恒和王二朋（2013）
食品安全风险警示信息	任端平等（2015）；潘丽霞和徐信贵（2013）；李想和石磊（2014）；王辉霞（2012）；张亮和陈少杰（2014）；周应恒和王二朋（2013）
食品安全问题行政处罚信息	任端平等（2015）；王辉霞（2012）；张亮和陈少杰（2014）；周应恒和王二朋（2013）
食品检验机构资质认定信息	徐景和（2013）；潘丽霞和徐信贵（2013）；王辉霞（2012）；张亮和陈少杰（2014）；周应恒和王二朋（2013）
食品安全复检机构名录信息	储雪玲等（2015）；黄秀香（2014）；王辉霞（2012）；张亮和陈少杰（2014）；周应恒和王二朋（2013）

续表

三级指标	来源及参考依据
生产和经营许可名录信息	潘丽霞和徐信贵（2013）；李辉（2012）；孙春伟（2014）；张亮和陈少杰（2014）；熊先兰和姚良凤（2015）；王辉霞（2012）；张亮和陈少杰（2014）；周应恒和王二朋（2013）
企业质量体系认证制度信息	曾文革和林婧（2015）；潘丽霞和徐信贵（2013）；王辉霞（2012）；张亮和陈少杰（2014）；周应恒和王二朋（2013）
监管组织结构及人员构成信息	高新龙等（2012）；王辉霞（2012）；张亮和陈少杰（2014）；周应恒和王二朋（2013）
食品安全信用档案信息	文晓巍和温思美（2012）；潘丽霞和徐信贵（2013）；王辉霞（2012）；张亮和陈少杰（2014）；周应恒和王二朋（2013）
食品安全事故分级信息	潘丽霞和徐信贵（2013）；李辉（2012）；王辉霞（2012）；张亮和陈少杰（2014）；熊先兰和姚良凤（2015）；周应恒和王二朋（2013）
事故处置组织指挥体系与职责信息	李辉（2011）；潘丽霞和徐信贵（2013）；李辉（2012）；王辉霞（2012）；张亮和陈少杰（2014）；熊先兰和姚良凤（2015）；周应恒和王二朋（2013）
预防预警机制信息	黄军英（2008）；潘丽霞和徐信贵（2013）；李辉（2012）；孙春伟（2014）；王辉霞（2012）；张亮和陈少杰（2014）；熊先兰和姚良凤（2015）；周应恒和王二朋（2013）
处置程序信息	高岩（2010）；潘丽霞和徐信贵（2013）；李辉（2012）；王辉霞（2012）；张亮和陈少杰（2014）；熊先兰和姚良凤（2015）；周应恒和王二朋（2013）
应急保障措施信息	宋英华（2009）；潘丽霞和徐信贵（2013）；李辉（2012）；王辉霞（2012）；张亮和陈少杰（2014）；熊先兰和姚良凤（2015）；周应恒和王二朋（2013）
事故调查处置信息	信春鹰（2009）；潘丽霞和徐信贵（2013）；李辉（2012）；王辉霞（2012）；张亮和陈少杰（2014）；熊先兰和姚良凤（2015）；周应恒和王二朋（2013）
抽检对象信息	白晨等（2014）；潘丽霞和徐信贵（2013）；王辉霞（2012）；周应恒和王二朋（2013）
抽检合格情况信息	张登沥和沙德银（2004）；潘丽霞和徐信贵（2013）；王辉霞（2012）；周应恒和王二朋（2013）
抽检不合格情况信息	田玉霞（2015）；潘丽霞和徐信贵（2013）；王辉霞（2012）；周应恒和王二朋（2013）
监管信息公开管理机制信息	潘丽霞和徐信贵（2013）；封俊丽（2015）；王辉霞（2012）；周应恒和王二朋（2013）
监管信息公开年度报告	潘丽霞和徐信贵（2013）；王辉霞（2012）；周应恒和王二朋（2013）
举报处理信息	李梅和董士昙（2013）；王辉霞（2012）；周应恒和王二朋（2013）
监管责任制信息	隋洪明（2009）；黄秀香（2014）；王辉霞（2012）；周应恒和王二朋（2013）
监管考核制度信息	于喜繁（2012）；龚强等（2015）；王辉霞（2012）；周应恒和王二朋（2013）

续表

三级指标	来源及参考依据
消协监管制度信息	黄秀香（2014）；李想和石磊（2014）；郑小伟和王艳林（2011）；郭伟奇和孙绍荣（2013）；龚强等（2015）；王辉霞（2012）；张亮和陈少杰（2014）；周应恒和王二朋（2013）
消协监管组织结构及人员构成信息	黄秀香（2014）；李想和石磊（2014）；郑小伟和王艳林（2011）；车文辉（2011）；郭伟奇和孙绍荣（2013）；龚强等（2015）；王辉霞（2012）；张亮和陈少杰（2014）；周应恒和王二朋（2013）
消协监管考核信息	黄秀香（2014）；李想和石磊（2014）；郑小伟和王艳林（2011）；胡求光等（2012）；郭伟奇和孙绍荣（2013）；龚强等（2015）；王辉霞（2012）；张亮和陈少杰（2014）；周应恒和王二朋（2013）
诚信建设标准信息	黄秀香（2014）；李想和石磊（2014）；郑小伟和王艳林（2011）；郭伟奇和孙绍荣（2013）；王新和李晓萌（2011）；龚强等（2015）；王辉霞（2012）；张亮和陈少杰（2014）；周应恒和王二朋（2013）
诚信企业或品牌名录信息	黄秀香（2014）；李想和石磊（2014）；郑小伟和王艳林（2011）；郭伟奇和孙绍荣（2013）；尹向东和刘敏（2012）；龚强等（2015）；王辉霞（2012）；张亮和陈少杰（2014）；周应恒和王二朋（2013）
非诚信企业或品牌名录信息	黄秀香（2014）；李想和石磊（2014）；郑小伟和王艳林（2011）；郭伟奇和孙绍荣（2013）；尹向东和刘敏（2012）；龚强等（2015）；王辉霞（2012）；张亮和陈少杰（2014）；周应恒和王二朋（2013）
消协社会监督职能信息	黄秀香（2014）；李想和石磊（2014）；郑小伟和王艳林（2011）；王兆丹等（2015）；郭伟奇和孙绍荣（2013）；龚强等（2015）；王辉霞（2012）；张亮和陈少杰（2014）；周应恒和王二朋（2013）
消协监管信息公开年度报告	黄秀香（2014）；李想和石磊（2014）；郑小伟和王艳林（2011）；詹承豫和刘星宇（2011）；郭伟奇和孙绍荣（2013）；龚强等（2015）；王辉霞（2012）；张亮和陈少杰（2014）；周应恒和王二朋（2013）
消协监管信息公开管理机制信息	黄秀香（2014）；李想和石磊（2014）；郑小伟和王艳林（2011）；詹承豫和刘星宇（2011）；郭伟奇和孙绍荣（2013）；龚强等（2015）；王辉霞（2012）；张亮和陈少杰（2014）；周应恒和王二朋（2013）
消协监管责任制信息	黄秀香（2014）；李想和石磊（2014）；郑小伟和王艳林（2011）；詹承豫和刘星宇（2011）；郭伟奇和孙绍荣（2013）；龚强等（2015）；王辉霞（2012）；张亮和陈少杰（2014）；周应恒和王二朋（2013）
消协食品安全信息平台完善度及运行情况	黄秀香（2014）；李想和石磊（2014）；郑小伟和王艳林（2011）；詹承豫和刘星宇（2011）；郭伟奇和孙绍荣（2013）；龚强等（2015）；王辉霞（2012）；张亮和陈少杰（2014）；周应恒和王二朋（2013）
食品安全事故报道	黄秀香（2014）；李想和石磊（2014）；郑小伟和王艳林（2011）；詹承豫和刘星宇（2011）；李辉（2012）；龚强等（2015）；王辉霞（2012）；张亮和陈少杰（2014）；周应恒和王二朋（2013）

续表

三级指标	来源及参考依据
食品安全事故跟踪报道	黄秀香（2014）；李想和石磊（2014）；郑小伟和王艳林（2011）；尹向东和刘敏（2012）；李辉（2012）；龚强等（2015）；王辉霞（2012）；张亮和陈少杰（2014）；周应恒和王二朋（2013）
食品安全报道的真实性和公正性	黄秀香（2014）；李想和石磊（2014）；郑小伟和王艳林（2011）；古红梅和刘婧娟（2012）；李辉（2012）；龚强等（2015）；王辉霞（2012）；张亮和陈少杰（2014）；周应恒和王二朋（2013）
媒体社会监督职能信息	黄秀香（2014）；李想和石磊（2014）；郑小伟和王艳林（2011）；张曼等（2014）；李辉（2012）；龚强等（2015）；王辉霞（2012）；张亮和陈少杰（2014）；周应恒和王二朋（2013）
食品安全法律法规宣传	黄秀香（2014）；李想和石磊（2014）；郑小伟和王艳林（2011）；尹向东和刘敏（2012）；李辉（2012）；龚强等（2015）；王辉霞（2012）；张亮和陈少杰（2014）；周应恒和王二朋（2013）
食品安全标准和知识宣传	黄秀香（2014）；李想和石磊（2014）；郑小伟和王艳林（2011）；郑风田（2013）；李辉（2012）；龚强等（2015）；王辉霞（2012）；张亮和陈少杰（2014）；周应恒和王二朋（2013）

1.2 三级指标法律法规来源

三级指标	《中华人民共和国食品安全法》	《中华人民共和国政府信息公开条例》	《食品安全抽样检验管理办法》	《中华人民共和国产品质量法》	《食品药品投诉举报管理办法》
食品安全总体情况信息	第一百一十八条	第九条			
监管信息公开指南信息		第四条第三款、第九条、第十九条	第八条、第四十九条		
监管信息公开目录		第四条第三款、第九条、第十九条			
监管重点信息	第七十四条、第一百零九条	第九条	第八条、第十条		
食品安全标准信息	第二十四条、第二十六条、第二十七条、第二十八条、第三十一条	第九条、第十条第一款			
食品安全风险警示信息	第九章	第九条、第三十三条、第三十四条、第三十五条	第六章	第五章	
食品安全问题行政处罚信息	第八十八条	第九条		第十九条	
食品检验机构资质认定信息	第三十五条、第六十二条	第九条			
食品安全复检机构名录信息	第八十六条、第一百零九条、第一百一十条	第九条			
生产和经营许可名录信息	第五十七条、第九十六条、第一百二十二条	第九条			
企业质量体系认证制度信息		第九条		第十四条	
监管组织结构及人员构成信息	第八十四条	第九条		第十九条	

续表

三级指标	《中华人民共和国食品安全法》	《中华人民共和国政府信息公开条例》	《食品安全抽样检验管理办法》	《中华人民共和国产品质量法》	《食品药品投诉举报管理办法》
食品安全信用档案信息	第一百条第四款、第一百一十三条、第一百一十四条	第九条	第四十六条、第四十九条		
食品安全事故分级信息	第一百零一条、第一百零二条	第九条、第十条第十款			
事故处置组织指挥体系与职责信息	第一百零一条、第一百零二条	第九条、第十条第十款			
预防预警机制信息	第一百零一条、第一百零二条	第九条、第十条第十款			
处置程序信息	第一百零一条、第一百零二条、第一百零三条、第一百零五条、第一百零六条	第九条、第十条第十款			
应急保障措施信息	第一百零一条、第一百零二条、第一百零三条、第一百零五条、第一百零六条	第九条、第十条第十款			
事故调查处置信息	第六十三条、第一百零一条、第一百零三条、第一百零五条、第一百零六条、第一百零七条、第一百零八条	第九条、第十条第十款			
抽检对象信息	第六十四条、第八十七条	第九条、第十条第十一款	第二条、第五条、第十二条第一款、第十三条、第十八条、第五十一条	第十五条、第二十四条	
抽检合格情况信息	第八十七条	第九条、第十条第十一款	第二条、第五条、第四十一条	第十五条、第二十四条	
抽检不合格情况信息	第八十七条	第九条、第十条第十一款	第二条、第五条、第四十一条、第四十二条	第七条、第八条、第十五条、第十七条、第二十四条	
监管信息公开管理机制信息		第四条、第九条、第十条第十一款			

续表

三级指标	《中华人民共和国食品安全法》	《中华人民共和国政府信息公开条例》	《食品安全抽样检验管理办法》	《中华人民共和国产品质量法》	《食品药品投诉举报管理办法》
监管信息公开年度报告		第四条第三款、第九条、第三十一条、第三十二条			
举报处理信息	第一百一十五条、第一百一十六条	第九条、第三十三条		第十条、第十八条、第二十二条	第三条、第七条、第十四条、第二十五条、第二十八条
监管责任制信息	第七条、第八十六条	第九条			
监管考核制度信息	第七条、第一百一十六条、第一百一十七条	第九条、第二十九条			
消协监管制度信息	第九条				
消协监管组织结构及人员构成信息	第三条、第四条、第七条、第二十三条、第三十三条、第五十五条、第九十三条				
消协监管考核信息					
诚信建设标准信息					
诚信企业或品牌名录信息					
非诚信企业或品牌名录信息					
消协社会监督职能信息					
消协监管信息公开年度报告					
消协监管信息公开管理机制信息					
消协监管责任制信息					
消协食品安全信息平台完善度及运行情况					
食品安全事故报道	第十条				

续表

三级指标	《中华人民共和国食品安全法》	《中华人民共和国政府信息公开条例》	《食品安全抽样检验管理办法》	《中华人民共和国产品质量法》	《食品药品投诉举报管理办法》
食品安全事故跟踪报道	第十条				
食品安全报道的真实性和公正性	第十条				
媒体社会监督职能信息	第十条				
食品安全法律法规宣传	第十条				
食品安全标准和知识宣传	第十条				

1.3 被调查采样的原食药监局、消协和媒体名录

1.3.1 被调查的原食药监局名录

中央（1家）	国家食品药品监督管理总局		
省级（31家）	北京市食品药品监督管理局	上海市食品药品监督管理局	天津市市场和质量监督管理委员会
重庆市食品药品监督管理局	江苏省食品药品监督管理局	吉林省食品药品监督管理局	山东省食品药品监督管理局
湖北省食品药品监督管理局	新疆维吾尔自治区食品药品监督管理局	宁夏回族自治区食品药品监督管理局	浙江省食品药品监督管理局
贵州省食品药品监督管理局	西藏自治区食品药品监督管理局	青海省食品药品监督管理局	安徽省食品药品监督管理局
海南省食品药品监督管理局	湖南省食品药品监督管理局	陕西省食品药品监督管理局	福建省食品药品监督管理局
江西省食品药品监督管理局	黑龙江省食品药品监督管理局	云南省食品药品监督管理局	辽宁省食品药品监督管理局
山西省食品药品监督管理局	甘肃省食品药品监督管理局	广西壮族自治区食品药品监督管理局	内蒙古自治区食品药品监督管理局
河北省食品药品监督管理局	四川省食品药品监督管理局	广东省食品药品监督管理局	河南省食品药品监督管理局
地级（323家）	安徽省（16家）	铜陵市食品药品监督管理局	阜阳市食品药品监督管理局
合肥市食品药品监督管理局	淮南市食品药品监督管理局	安庆市食品药品监督管理局	宿州市食品药品监督管理局
芜湖市食品药品监督管理局	马鞍山市食品药品监督管理局	黄山市食品药品监督管理局	六安市食品药品监督管理局
蚌埠市食品药品监督管理局	淮北市食品药品监督管理局	滁州市食品药品监督管理局	亳州市食品药品监督管理局
池州市食品药品监督管理局	宣城市食品药品监督管理局	福建省（9家）	南平市食品药品监督管理局
福州市食品药品监督管理局	三明市食品药品监督管理局	莆田市食品药品监督管理局	漳州市食品药品监督管理局
厦门市食品药品监督管理局	泉州市食品药品监督管理局	龙岩市食品药品监督管理局	宁德市食品药品监督管理局
甘肃省（14家）	甘南藏族自治州食品药品监督管理局	酒泉市食品药品监督管理局	陇南市食品药品监督管理局
白银市食品药品监督管理局	嘉峪关市食品药品监督管理局	兰州市食品药品监督管理局	平凉市食品药品监督管理局

续表

定西市食品药品监督管理局	金昌市食品药品监督管理局	临夏回族自治州食品药品监督管理局	庆阳市食品药品监督管理局
天水市食品药品监督管理局	武威市食品药品监督管理局	张掖市食品药品监督管理局	广东省（21家）
潮州市食品药品监督管理局	惠州市食品药品监督管理局	清远市食品药品监督管理局	阳江市食品药品监督管理局
东莞市食品药品监督管理局	江门市食品药品监督管理局	汕头市食品药品监督管理局	云浮市食品药品监督管理局
佛山市食品药品监督管理局	揭阳市食品药品监督管理局	汕尾市食品药品监督管理局	湛江市食品药品监督管理局
广州市食品药品监督管理局	茂名市食品药品监督管理局	韶关市食品药品监督管理局	肇庆市食品药品监督管理局
河源市食品药品监督管理局	梅州市食品药品监督管理局	深圳市食品药品监督管理局	中山市食品药品监督管理局
珠海市食品药品监督管理局	广西壮族自治区（14家）	玉林市食品药品监督管理局	来宾市食品药品监督管理局
南宁市食品药品监督管理局	梧州市食品药品监督管理局	百色市食品药品监督管理局	崇左市食品药品监督管理局
柳州市食品药品监督管理局	北海市食品药品监督管理局	贺州市食品药品监督管理局	防城港市食品药品监督管理局
桂林市食品药品监督管理局	钦州市食品药品监督管理局	河池市食品药品监督管理局	贵港市食品药品监督管理局
贵州省（9家）	黔南布依族苗族自治州食品药品监督管理局	六盘水市食品药品监督管理局	黔西南州食品药品监督管理局
安顺市食品药品监督管理局	贵阳市食品药品监督管理局	铜仁市食品药品监督管理局	遵义市食品药品监督管理局
毕节市食品药品监督管理局	黔东南州食品药品监督管理局	海南省（3家）	海口市食品药品监督管理局
三沙市食品药品监督管理局	三亚市食品药品监督管理局	河北省（11家）	保定市食品药品监督管理局
沧州市食品药品监督管理局	衡水市食品药品监督管理局	石家庄市食品药品监督管理局	邢台市食品药品监督管理局
承德市食品药品监督管理局	廊坊市食品药品监督管理局	唐山市食品药品监督管理局	张家口市食品药品监督管理局
邯郸市食品药品监督管理局	秦皇岛市食品药品监督管理局	河南省（18家）	南阳市食品药品监督管理局
省直辖行政单位食品药品监督管理局	安阳市食品药品监督管理局	濮阳市食品药品监督管理局	商丘市食品药品监督管理局
开封市食品药品监督管理局	鹤壁市食品药品监督管理局	许昌市食品药品监督管理局	信阳市食品药品监督管理局
洛阳市食品药品监督管理局	新乡市食品药品监督管理局	漯河市食品药品监督管理局	周口市食品药品监督管理局
平顶山市食品药品监督管理局	焦作市食品药品监督管理局	三门峡市食品药品监督管理局	驻马店市食品药品监督管理局

续表

郑州市食品药品监督管理局	黑龙江省（13家）	佳木斯市食品药品监督管理局	双鸭山市食品药品监督管理局
大庆市食品药品监督管理局	鹤岗市食品药品监督管理局	牡丹江市食品药品监督管理局	绥化市食品药品监督管理局
大兴安岭地区行政公署食品药品监督管理局	黑河市食品药品监督管理局	七台河市食品药品监督管理局	伊春食品药品监督管理局
哈尔滨市食品药品监督管理局	鸡西市食品药品监督管理局	齐齐哈尔市食品药品监督管理局	湖北省（11家）
鄂州市食品药品监督管理局	荆门市食品药品监督管理局	随州市食品药品监督管理局	孝感市食品药品监督管理局
黄冈市食品药品监督管理局	荆州市食品药品监督管理局	咸宁市食品药品监督管理局	宜昌市食品药品监督管理局
黄石市食品药品监督管理局	十堰市食品药品监督管理局	襄阳市食品药品监督管理局	湖南省（14家）
常德市食品药品监督管理局	怀化市食品药品监督管理局	湘潭市食品药品监督管理局	永州市食品药品监督管理局
郴州市食品药品监督管理局	娄底市食品药品监督管理局	湘西土家族苗族自治州食品药品监督管理局	岳阳市食品药品监督管理局
衡阳市食品药品监督管理局	邵阳市食品药品监督管理局	益阳市食品药品监督管理局	张家界市食品药品监督管理局
长沙市食品药品监督管理局	株洲市食品药品监督管理局	吉林省（9家）	通化市食品药品监督管理局
白城市食品药品监督管理局	吉林市食品药品监督管理局	松原市食品药品监督管理局	延边朝鲜族自治州食品药品监督管理局
白山市食品药品监督管理局	辽源市食品药品监督管理局	四平市食品药品监督管理局	长春市食品药品监督管理局
江苏省（13家）	常州市食品药品监督管理局	连云港市食品药品监督管理局	扬州市食品药品监督管理局
南京市食品药品监督管理局	苏州市食品药品监督管理局	淮安市食品药品监督管理局	镇江市食品药品监督管理局
无锡市食品药品监督管理局	南通市食品药品监督管理局	盐城市食品药品监督管理局	泰州市食品药品监督管理局
徐州市食品药品监督管理局	宿迁市食品药品监督管理局	江西省（11家）	宜春市食品药品监督管理局
抚州市食品药品监督管理局	景德镇市食品药品监督管理局	萍乡市食品药品监督管理局	鹰潭市食品药品监督管理局
赣州市食品药品监督管理局	九江市食品药品监督管理局	上饶市食品药品监督管理局	南昌市食品药品监督管理局
吉安市食品药品监督管理局	新余市食品药品监督管理局	辽宁省（14家）	盘锦市食品药品监督管理局
沈阳市食品药品监督管理局	本溪市食品药品监督管理局	营口市食品药品监督管理局	铁岭市食品药品监督管理局
大连市食品药品监督管理局	丹东市食品药品监督管理局	阜新市食品药品监督管理局	朝阳市食品药品监督管理局

续表

鞍山市食品药品监督管理局	锦州市食品药品监督管理局	辽阳市食品药品监督管理局	葫芦岛市食品药品监督管理局
抚顺市食品药品监督管理局	内蒙古自治区（12家）	通辽市食品药品监督管理局	巴彦淖尔市食品药品监督管理局
呼和浩特市食品药品监督管理局	乌海市食品药品监督管理局	鄂尔多斯市食品药品监督管理局	乌兰察布市食品药品监督管理局
包头市食品药品监督和工商行政管理局	赤峰市食品药品监督管理局	呼伦贝尔市食品药品监督管理局	兴安盟食品药品监督管理局
锡林浩特市食品药品监督管理局	阿拉善盟食品药品监督管理局阿拉善左旗分局	宁夏回族自治区（5家）	银川市食品药品监督管理局
固原市食品药品监督管理局	石嘴山市食品药品监督管理局	吴忠市食品药品监督管理局	中卫市食品药品监督管理局
青海省（8家）	海东市食品药品监督管理局	海西蒙古族藏族自治州食品药品监督管理局	西宁市食品药品监督管理局
果洛藏族自治州食品药品监督管理局	海南藏族自治州食品药品监督管理局	黄南藏族自治州食品药品监督管理局	玉树藏族自治州食品药品监督管理局
海北藏族自治州食品药品监督管理局	山东省（17家）	威海市食品药品监督管理局	聊城市食品药品监督管理局
青岛市食品药品监督管理局	烟台市食品药品监督管理局	日照市食品药品监督管理局	滨州市食品药品监督管理局
淄博市食品药品监督管理局	潍坊市食品药品监督管理局	莱芜区食品药品监督管理局	菏泽市食品药品监督管理局
枣庄市食品药品监督管理局	济宁市食品药品监督管理局	临沂市食品药品监督管理局	济南市食品药品监督管理局
东营市食品药品监督管理局	泰安市食品药品监督管理局	德州市食品药品监督管理局	山西省（11家）
大同市食品药品监督管理局	临汾市食品药品监督管理局	太原市食品药品监督管理局	运城市食品药品监督管理局
晋城市食品药品监督管理局	吕梁市食品药品监督管理局	忻州市食品药品监督管理局	长治市食品药品监督管理局
晋中市食品药品监督管理局	朔州市食品药品监督管理局	阳泉市食品药品监督管理局	陕西省（10家）
安康市食品药品监督管理局	商洛市食品药品监督管理局	咸阳市食品药品监督管理局	榆林市食品药品监督管理局
宝鸡市食品药品监督管理局	铜川市食品药品监督管理局	延安市食品药品监督管理局	渭南市食品药品监督管理局
汉中市食品药品监督管理局	西安市食品药品监督管理局	四川省（21家）	攀枝花市食品药品监督管理局
阿坝藏族羌族自治州食品药品监督管理局	甘孜藏族自治州食品药品监督管理局	泸州市食品药品监督管理局	遂宁市食品药品监督管理局
巴中市食品药品监督管理局	广安市食品药品监督管理局	眉山市食品药品监督管理局	雅安市食品药品监督管理局

续表

成都市食品药品监督管理局	广元市食品药品监督管理局	绵阳市食品药品监督管理局	宜宾市食品药品监督管理局
达州市食品药品监督管理局	乐山市食品药品监督管理局	南充市食品药品监督管理局	资阳市食品药品监督管理局
德阳市食品药品监督管理局	凉山彝族自治州食品药品监督管理局	内江市食品药品监督管理局	自贡市食品药品监督管理局
新疆维吾尔自治区（15家）	昌吉回族自治州食品药品监督管理局	克拉玛依市食品药品监督管理局	吐鲁番市食品药品监督管理局
阿克苏市食品药品监督管理局	哈密地区食品药品监督管理局	克孜勒苏柯尔克孜自治州食品药品监督管理局	乌鲁木齐市食品药品监督管理局
阿勒泰地区食品药品监督管理局	和田地区食品药品监督管理局	巴音郭楞蒙古自治州食品药品监督管理局	伊犁哈萨克自治州食品药品监督管理局
博尔塔拉蒙古自治州食品药品监督管理局	喀什地区食品药品监督管理局	塔城地区食品药品监督管理局	自治区直辖县级行政区食品药品监督管理局
云南省（16家）	德宏傣族景颇族自治州食品药品监督管理局	丽江市食品药品监督管理局	西双版纳傣族自治州食品药品监督管理局
保山市食品药品监督管理局	迪庆藏族自治州食品药品监督管理局	怒江傈僳族自治州食品药品监督管理局	玉溪市食品药品监督管理局
楚雄彝族自治州食品药品监督管理局	红河哈尼族彝族自治州食品药品监督管理局	普洱市食品药品监督管理局	昭通市食品药品监督管理局
大理白族自治州食品药品监督管理局	昆明市食品药品监督管理局	文山壮族苗族自治州食品药品监督管理局	曲靖市食品药品监督管理局
临沧市食品药品监督管理局	浙江省（11家）	金华市市场监督管理局	台州市市场监督管理局
宁波市市场监督管理局	湖州市市场监督管理局	衢州市市场监督管理局	丽水市食品药品监督管理局
温州市食品药品监督管理局	绍兴市市场监督管理局	舟山市市场监督管理局	杭州市市场监督管理局
嘉兴市市场监督管理局	西藏自治区（7家）	拉萨市（城关区）食品药品监督管理局	山南地区（乃东县）食品药品监督管理局
阿里地区（噶尔县）食品药品监督管理局	林芝地区（林芝县）食品药品监督管理局	日喀则市（桑珠孜区）食品药品监督管理局	那曲地区（那曲县）食品药品监督管理局
昌都市（卡若区）食品药品监督管理局			
县级（330家）	安徽省（6家）	界首市食品药品监督管理局	桐城市食品药品监督管理局
宁国市食品药品监督管理局	明光市食品药品监督管理局	天长市食品药品监督管理局	巢湖市食品药品监督管理局
福建省（13家）	建瓯市食品药品监督管理局	南安市食品药品监督管理局	永安市食品药品监督管理局

续表

福鼎市食品药品监督管理局	武夷山市食品药品监督管理局	晋江市食品药品监督管理局	长乐区食品药品监督管理局
福安市食品药品监督管理局	邵武市食品药品监督管理局	石狮市食品药品监督管理局	福清市食品药品监督管理局
漳平市食品药品监督管理局	龙海市食品药品监督管理局	甘肃省（2 家）	敦煌市食品药品监督管理局
玉门市食品药品监督管理局	广东省（19 家）	罗定市食品药品监督管理局	吴川市食品药品监督管理局
恩平市食品药品监督管理局	乐昌市食品药品监督管理局	南雄市食品药品监督管理局	信宜市食品药品监督管理局
高州市食品药品监督管理局	雷州市食品药品监督管理局	普宁市食品药品监督管理局	兴宁市食品药品监督管理局
鹤山市食品药品监督管理局	连州市食品药品监督管理局	四会市食品药品监督管理局	阳春市食品药品监督管理局
化州市食品药品监督管理局	廉江市食品药品监督管理局	台山市食品药品监督管理局	英德市食品药品监督管理局
开平市食品药品监督管理局	广西壮族自治区（8 家）	靖西市食品药品监督管理局	合山市食品药品监督管理局
岑溪市食品药品监督管理局	桂平市食品药品监督管理局	宜州市食品药品监督管理局	凭祥市食品药品监督管理局
东兴市食品药品监督管理局	北流市食品药品监督管理局	贵州省（3 家）	赤水市食品药品监督管理局
清镇市食品药品监督管理局	仁怀市食品药品监督管理局	海南省（6 家）	文昌市食品药品监督管理局
儋州市食品药品监督管理局	琼海市食品药品监督管理局	五指山市食品药品监督管理局	万宁市食品药品监督管理局
东方市食品药品监督管理局	河北省（20 家）	任丘市食品药品监督管理局	新乐市食品药品监督管理局
安国市食品药品监督管理局	河间市食品药品监督管理局	迁安市食品药品监督管理局	辛集市食品药品监督管理局
霸州市食品药品监督管理局	黄骅市食品药品监督管理局	三河市食品药品监督管理局	武安市食品药品监督管理局
泊头市食品药品监督管理局	冀州市食品药品监督管理局	沙河市食品药品监督管理局	涿州市食品药品监督管理局
定州市食品药品监督管理局	晋州市食品药品监督管理局	深州市食品药品监督管理局	遵化市食品药品监督管理局
高碑店市食品药品监督管理局	南宫市食品药品监督管理局	河南省（21 家）	义马市食品药品监督管理局
巩义市食品药品监督管理局	偃师市食品药品监督管理局	辉县市食品药品监督管理局	灵宝市食品药品监督管理局
新密市食品药品监督管理局	舞钢市食品药品监督管理局	沁阳市食品药品监督管理局	邓州市食品药品监督管理局
荥阳市食品药品监督管理局	汝州市食品药品监督管理局	孟州市食品药品监督管理局	永城市食品药品监督管理局
新郑市食品药品监督管理局	林州市食品药品监督管理局	禹州市食品药品监督管理局	项城市食品药品监督管理局
登封市食品药品监督管理局	卫辉市食品药品监督管理局	长葛市食品药品监督管理局	济源市食品药品监督管理局
黑龙江省（18 家）	海林市食品药品监督管理局	讷河市食品药品监督管理局	同江市食品药品监督管理局
安达市食品药品监督管理局	海伦市食品药品监督管理局	宁安市食品药品监督管理局	五常市食品药品监督管理局

续表

北安市食品药品监督管理局	虎林市食品药品监督管理局	尚志市食品药品监督管理局	五大连池市食品药品监督管理局
东宁市食品药品监督管理局	密山市食品药品监督管理局	绥芬河市食品药品监督管理局	肇东市食品药品监督管理局
富锦市食品药品监督管理局	穆棱市食品药品监督管理局	铁力市食品药品监督管理局	湖北省（22家）
安陆市食品药品监督管理局	广水市食品药品监督管理局	松滋市食品药品监督管理局	宜都市食品药品监督管理局
大冶市食品药品监督管理局	洪湖市食品药品监督管理局	武穴市食品药品监督管理局	枣阳市食品药品监督管理局
赤壁市食品药品监督管理局	汉川市食品药品监督管理局	天门市食品药品监督管理局	应城市食品药品监督管理局
丹江口市食品药品监督管理局	老河口市食品药品监督管理局	仙桃市食品药品监督管理局	枝江市食品药品监督管理局
当阳市食品药品安全网	潜江市食品药品监督管理局	宜城市食品药品监督管理局	钟祥市食品药品监督管理局
恩施市食品药品监督管理局	石首市食品药品监督管理局	湖南省（16家）	武冈市食品药品监督管理局
常宁市食品药品监督管理局	耒阳市食品药品监督管理局	临湘市食品药品监督管理局	湘乡市食品药品监督管理局
洪江市食品药品监督管理局	冷水江市食品药品监督管理局	浏阳市食品药品监督管理局	沅江市食品药品监督管理局
吉首市食品药品监督管理局	醴陵市食品药品监督管理局	汨罗市食品药品监督管理局	资兴市食品药品监督管理局
津市市食品药品监督管理局	涟源市食品药品监督管理局	韶山市食品药品监督管理局	吉林省（15家）
大安市食品药品监督管理局	桦甸市食品药品监督管理局	梅河口市食品药品监督管理局	双辽市食品药品监督管理局
德惠市食品药品监督管理局	集安市食品药品监督管理局	磐石市食品药品监督管理局	洮南市食品药品监督管理局
扶余市食品药品监督管理局	蛟河市食品药品监督管理局	舒兰市食品药品监督管理局	榆树市食品药品监督管理局
公主岭市食品药品监督管理局	临江市食品药品监督管理局	孟州市食品药品监督管理局	江苏省（21家）
无锡市江阴食品药品监督管理局	扬中市食品药品监督管理局	海门市食品药品监督管理局	苏州市张家港食品药品监督管理局
邳州市食品药品监督管理局	丹阳市食品药品监督管理局	如皋市食品药品监督管理局	常熟市食品药品监督管理局
泰兴市食品药品监督管理局	高邮市食品药品监督管理局	启东市食品药品监督管理局	溧阳市食品药品监督管理局
靖江市食品药品监督管理局	仪征市食品药品监督管理局	太仓市食品药品监督管理局	新沂市市场监督管理局
兴化市食品药品监督管理局	东台市食品药品监督管理局	昆山市食品药品监督管理局	宜兴市食品药品监督管理局
句容市食品药品监督管理局	江西省（10家）	瑞昌市食品药品监督管理局	丰城市食品药品监督管理局

续表

共青城市食品药品监督管理局	井冈山市食品药品监督管理局	瑞金市食品药品监督管理局	高安市食品药品监督管理局
贵溪市食品药品监督管理局	乐平市食品药品监督管理局	德兴市食品药品监督管理局	樟树市食品药品监督管理局
辽宁省（16家）	调兵山市食品药品监督管理局	北镇市食品药品监督管理局	海城市食品药品监督管理局
兴城市食品药品监督管理局	灯塔市食品药品监督管理局	凌海市食品药品监督管理局	庄河市食品药品监督管理局
凌源市食品药品监督管理局	大石桥市食品药品监督管理局	凤城市食品药品监督管理局	瓦房店市食品药品监督管理局
北票市食品药品监督管理局	盖州市食品药品监督管理局	东港市食品药品监督管理局	新民市食品药品监督管理局
开原市食品药品监督管理局	内蒙古自治区（7家）	扎兰屯市食品药品监督管理局	满洲里市食品药品监督管理局
丰镇市食品药品监督管理局	额尔古纳市食品药品监督管理局	牙克石市食品药品监督管理局	霍林郭勒市食品药品监督管理局
根河市食品药品监督管理局	宁夏回族自治区（2家）	灵武市食品药品监督管理局	青铜峡市食品药品监督管理局
青海省（3家）	德令哈市食品药品监督管理局	格尔木市食品药品监督管理局	玉树市食品药品监督管理局
山东省（28家）	莱阳市食品药品监督管理局	诸城市食品药品监督管理局	新泰市食品药品监督管理局
章丘区食品药品监督管理局	莱州市食品药品监督管理局	寿光市食品药品监督管理局	肥城市食品药品监督管理局
胶州市食品药品监督管理局	蓬莱市食品药品监督管理局	安丘市食品药品监督管理局	荣成市食品药品监督管理局
即墨区食品药品监督管理局	招远市食品药品监督管理局	高密市食品药品监督管理局	乳山市食品药品监督管理局
平度市食品药品监督管理局	栖霞市食品药品监督管理局	昌邑市食品药品监督管理局	乐陵市食品药品监督管理局
莱西市食品药品监督管理局	海阳市食品药品监督管理局	曲阜市食品药品监督管理局	禹城市食品药品监督管理局
滕州市食品药品监督管理局	青州市市场监督管理局	邹城市食品药品监督管理局	临清市食品药品监督管理局
龙口市食品药品监督管理局	山西省（11家）	霍州市食品药品监督管理局	孝义市食品药品监督管理局
汾阳市食品药品监督管理局	河津市食品药品监督管理局	介休市食品药品监督管理局	永济市食品药品监督管理局
高平市食品药品监督管理局	侯马市食品药品监督管理局	潞城区食品药品监督管理局	原平市食品药品监督管理局
古交市食品药品监督管理局	陕西省（3家）	韩城区食品药品监督管理局	华阴市食品药品监督管理局
兴平市食品药品监督管理局	四川省（13家）	江油市食品药品监督管理局	邛崃市食品药品监督管理局
崇州市食品药品监督管理局	广汉市食品药品监督管理局	阆中市食品药品监督管理局	什邡市食品药品监督管理局

续表

都江堰市食品药品监督管理局	华蓥市食品药品监督管理局	绵竹市食品药品监督管理局	万源市食品药品监督管理局
峨眉山市食品药品监督管理局	简阳市食品药品监督管理局	彭州市食品药品监督管理局	新疆维吾尔自治区（24）
阿克苏市食品药品监督管理局	博乐市食品药品监督管理局	可克达拉市食品药品监督管理局	塔城市食品药品监督管理局
阿拉尔市食品药品监督管理局	昌吉市食品药品监督管理局	库尔勒市食品药品监督管理局	铁门关市食品药品监督管理局
阿拉山口市食品药品监督管理局	阜康市食品药品监督管理局	奎屯市食品药品监督管理局	图木舒克市食品药品监督管理局
阿勒泰市食品药品监督管理局	和田市食品药品监督管理局	昆玉市食品药品监督管理局	乌苏市食品药品监督管理局
阿图什市食品药品监督管理局	霍尔果斯市食品药品监督管理局	石河子市食品药品监督管理局	六师五家渠市食品药品监督管理局
北屯市食品药品监督管理局	喀什市食品药品监督管理局	双河市食品药品监督管理局	伊宁市食品药品监督管理局
云南省（3 家）	安宁市食品药品监督管理局	腾冲市食品药品监督管理局	宣威市食品药品监督管理局
浙江省（20 家）	乐清市食品药品监督管理局	嵊州市食品药品监督管理局	江山市食品药品监督管理局
建德市食品药品监督管理局	海宁市食品药品监督管理局	兰溪市食品药品监督管理局	温岭市食品药品监督管理局
余姚市食品药品监督管理局	平湖市市场监督管理局	义乌市食品药品监督管理局	临海市市场监督管理局
慈溪市市场监督管理局	桐乡市食品药品监督管理局	东阳市食品药品监督管理局	龙泉市食品药品监督管理局
奉化区市场监督管理局	诸暨市食品药品监督管理局	永康市食品药品监督管理局	临安区食品药品监督管理局
瑞安市食品药品监督管理局			
共调查 685 家原食药监局，其中中央 1 家，省级 31 家，地级 323 家，县级 330 家			

1.3.2　被调查的消协名录

中央（1家）	中国消费者协会		
省级（31家）	北京市消费者协会	上海市消费者权益保护委员会	天津市消费者协会
重庆市消费者协会（重庆315消费维权网）	广东省消费者协会	山东省消费者协会	内蒙古消费者协会
江苏省消费者协会	吉林省消费者协会	浙江省消费者权益保护委员会	安徽省消费者权益保护委员会
贵州省消费者协会	宁夏回族自治区消费者协会	河北省消费维权网	辽宁省消费者协会（辽宁省消费者协会信息网）
海南省消费者委员会	青海省消费者协会	黑龙江省消费者协会	福建省消费者权益保护委员会
江西省消费者协会	陕西省消费者协会	湖南省消费者委员会（湖南省消费投诉网）	甘肃省消费者协会
山西省消费者协会	云南省消费者协会	西藏自治区消费者协会	广西壮族自治区消费者权益保护委员会
四川省保护消费者权益委员会	河南省消费者协会	新疆维吾尔自治区消费者协会（新疆维吾尔自治区消费维权网络服务平台）	湖北省消费者委员会
地级（322家）	安徽省（16家）	滁州市消费者权益保护委员会	亳州市消费者权益保护委员会
芜湖市消费者权益保护委员会	淮北市消费者权益保护委员会	阜阳市消费者权益保护委员会	池州市消费者权益保护委员会
蚌埠市消费者权益保护委员会	铜陵市消费者权益保护委员会	宿州市消费者权益保护委员会	宣城市消费者权益保护委员会
淮南市消费者权益保护委员会	安庆市消费者权益保护委员会	六安市消费者权益保护委员会	合肥市消费者协会
马鞍山市消费者权益保护委员会	黄山市消费者权益保护委员会	福建省（9家）	福州市消费者权益保护委员会
厦门市消费者权益保护委员会	三明市消费者协会	漳州市消费者协会	龙岩市消费者协会
莆田市消费者协会	泉州市消费者协会	南平市消费者协会	宁德市消费者委员会

续表

甘肃省（14家）	甘南藏族自治州消费者协会	酒泉市消费者协会	陇南市消费者协会
白银市消费者协会	嘉峪关市消费者协会	兰州市消费者协会	平凉市消费者协会
定西市消费者协会	金昌市消费者协会	临夏回族自治州消费者协会	庆阳市消费者协会
张掖市消费者协会	天水市消费者协会	武威市消费者协会	广东省（21家）
潮州市消费者协会	惠州市消费者协会	清远市消费者协会	云浮市消费者协会
东莞市消费者协会	江门市消费者协会	汕头市消费者协会	湛江市消费者协会
佛山市消费者协会	揭阳市消费者协会	汕尾市消费者协会	肇庆市消费者协会
广州市消费者协会	茂名市消费者协会	韶关市消费者协会	中山市消费者协会
河源市消费者协会	梅州市消费者协会	深圳市消费者协会	珠海市消费者协会
阳江市消费者协会	广西壮族自治区（14家）	贵港市消费者协会	河池市消费者协会
柳州市消费者协会	北海市消费者协会	玉林市消费者协会	来宾市消费者协会
桂林市消费者协会	防城港市消费者协会	百色市消费者协会	崇左市消费者协会
梧州市消费者协会	钦州市消费者协会	贺州市消费者协会	南宁市消费者协会
贵州省（8家）	贵阳市消费者协会	遵义地区消费者协会	都匀市消费者协会
安顺地区消费者协会	凯里市消费者协会	遵义地区消费者协会	六盘水市消费者协会
毕节市消费者协会	海南省（3家）	海口市消费者协会	三沙市消费者协会
三亚市消费者协会	河北省（11家）	唐山市消费者协会	廊坊市消费者协会
保定市消费者协会	张家口市消费者协会	石家庄市消费者协会	衡水市消费者协会
沧州市消费者协会	邢台市消费者协会	秦皇岛市消费者协会	邯郸市消费者协会
承德市消费者协会	河南省（17家）	许昌市消费者协会	商丘市消费者协会
开封市消费者协会	鹤壁市消费者协会	漯河市消费者协会	信阳市消费者协会
洛阳市消费者协会	新乡市消费者协会	三门峡市消费者协会	周口市消费者协会
平顶山市消费者协会	焦作市消费者协会	南阳市消费者协会	驻马店市消费者协会
安阳市消费者协会	濮阳市消费者协会	郑州市消费者协会	黑龙江省（13家）
伊春市消费者协会	齐齐哈尔市消费者协会	佳木斯市消费者协会	鹤岗市消费者协会
绥化市消费者协会	七台河市消费者协会	鸡西市消费者协会	大兴安岭地区（加格达奇）消费者协会
双鸭山市消费者协会	牡丹江市消费者协会	黑河市消费者协会	哈尔滨消费者维权网
大庆市消费者协会	湖北省（12家）	十堰消费者委员会	宜昌市消费者协会

续表

荆州市消费者委员会	鄂州市消费者委员会	随州市消费者协会	恩施市消费者协会
咸宁市消费者协会	黄冈市消费者协会（黄冈市消费维权网）	襄阳市消费者协会（襄阳消费者网）	孝感市消费者委员会
荆门市消费者委员会	黄石市消费者权益保护委员会	湖南省（14 家）	株洲市消费者协会
娄底市消费者协会	益阳市消费者协会	郴州市消费者协会（郴州市消费维权网）	长沙市消费者协会
邵阳市消费者协会	湘西土家族苗族自治州消费者协会	湘潭市消费者协会（湘潭红盾网）	张家界市消费者协会
衡阳市消费者协会	常德市消费者协会	永州消费者协会（红网永州站）	怀化市消费者协会
岳阳市消费者委员会（岳阳红盾信息网）	吉林省（9 家）	白城市消费者协会	辽源市消费者协会
松原市消费者协会	长春市消费者协会	白山市消费者协会	四平市消费者协会
通化市消费者协会	延边朝鲜族自治州	吉林市消费者协会	江苏省（13 家）
南京市消费者协会（掌上消协）	苏州市消费者权益保护委员会（苏州消费者网）	淮安市消费者协会	镇江市消费者协会
无锡市消费者委员会（放心消费）	南通市消费者协会	盐城市消费者协会	泰州市消费者协会
徐州市消费者协会	连云港市消费者协会（连云港消费维权网）	扬州市消费者协会	宿迁市消费者协会（宿迁消费维权网）
常州市消费者协会	江西省（11 家）	抚州市消费者协会	景德镇市消费者协会
南昌市消费者协会	上饶市消费者协会	赣州市消费者协会	九江市消费者协会
萍乡市消费者协会	新余市消费者协会	吉安市消费者协会	宜春市消费者协会
鹰潭市消费者协会	辽宁省（14 家）	沈阳市消费者协会	本溪市消费者协会
阜新市消费者协会	铁岭市消费者协会	大连市消费指导促进会	丹东市消费者协会
辽阳市消费者协会	朝阳市消费者协会	鞍山消费者协会	锦州市消费者协会
盘锦市消费者协会	葫芦岛市消费者协会	抚顺市消费者协会	营口市消费者协会
内蒙古自治区（12 家）	呼和浩特市消费者协会	赤峰市消费者协会	呼伦贝尔市消费者协会
兴安盟消费者协会	包头市消费者协会	通辽市消费者协会	巴彦淖尔市消费者协会
锡林郭勒盟消费者协会	乌海市消费者协会	鄂尔多斯市消费者协会	乌兰察布市消费者协会

续表

阿拉善左旗消费者协会	宁夏回族自治区（5家）	固原市消费者协会	吴忠市消费者协会
银川市消费者协会	中卫市消费者协会	石嘴山市消费者协会	青海省（8家）
果洛藏族自治州消费者协会	海东市消费者协会	海西蒙古族藏族自治州消费者协会	西宁市消费者协会
海北藏族自治州消费者协会	海南藏族自治州消费者协会	黄南藏族自治州消费者协会	玉树藏族自治州消费者协会
山东省（17家）	青岛市消费者权益保护委员会	烟台市消费者协会	威海市消费者协会
德州市消费者协会	淄博市消费者协会	潍坊市消费者协会	日照市消费者协会
聊城市消费者协会	枣庄市消费者协会	济宁市消费者协会	莱芜区消费者权益保护委员会
滨州市消费者协会	东营市消费者协会	泰安市消费者协会	临沂市消费者协会
菏泽市消费者协会	济南市消费者协会	山西省（10家）	大同市消费者协会
临汾市消费者协会	太原市消费者协会	阳泉市消费者协会	晋城市消费者协会
朔州市消费者协会	忻州市消费者协会	运城市消费者协会	晋中市消费者协会
长治市消费者协会	陕西省（10家）	安康市消费者协会	汉中市消费者协会
铜川市消费者协会	西安市消费者协会	宝鸡市消费者协会	商洛市消费者协会
渭南市消费者协会	咸阳市消费者协会	延安市消费者协会	榆林市消费者协会
四川省（21家）	阿坝州消费者协会	德阳市消费者协会	乐山市消费者协会
绵阳市消费者协会	巴中市消费者协会	甘孜藏族自治州保护消费者合法权益委员会	凉山州消费者委员会
南充市消费者协会	成都市消费者协会	广安市保护消费者权益委员会	泸州市消费者协会
内江市消费者协会	达州市保护消费者权益委员会	广元市保护消费者权益委员会	眉山市保护消费者权益委员会
攀枝花市消费者协会	遂宁市消费者协会	雅安市消费者协会	宜宾市消费者协会
资阳市消费者协会	自贡市消费者协会	新疆维吾尔自治区（15家）	自治区直辖县级行政区消费者协会
克孜勒苏柯尔克孜自治州（阿图什市）消费者协会	和田地区（和田市）消费者协会	博尔塔拉蒙古自治州（博乐市）消费者协会	伊犁哈萨克自治州（伊宁市）消费者协会

续表

克拉玛依市（克拉玛依区）消费者协会	哈密市（伊州区）消费者协会	巴音郭楞蒙古自治州（库尔勒市）消费者协会	乌鲁木齐市（天山区）消费者协会
喀什地区（喀什市）消费者协会	昌吉回族自治州（昌吉市）消费者协会	阿勒泰地区（阿勒泰市）消费者协会	吐鲁番市（高昌区）消费者协会
阿克苏地区（阿克苏市）消费者协会	塔城地区（塔城市）消费者协会	云南省（14 家）	楚雄彝族自治州消费者协会
德宏傣族景颇族自治州消费者协会	昆明市消费者协会	怒江傈僳族自治州消费者协会	大理白族自治州消费者协会
迪庆藏族自治州（香格里拉市）消费者协会	丽江市消费者协会	普洱市消费者协会	文山壮族苗族自治州消费者协会
红河哈尼族彝族自治州消费者协会	临沧市消费者协会	曲靖市消费者协会	玉溪市消费者协会
昭通市消费者协会	浙江省（11 家）	杭州市消费者权益保护委员会	舟山市消费者权益保护委员会
嘉兴市消费者权益保护委员会	绍兴市消费者权益保护委员会	丽水市消费者权益保护委员会	宁波市消费者权益保护委员会
湖州市消费者权益保护委员会	金华市消费者权益保护委员会	台州市消费者权益保护委员会	温州市消费者权益保护委员会
衢州市消费者权益保护委员会			
县级（329 家）	安徽省（6 家）	宁国市消费者协会	明光市消费者协会
桐城市消费者协会	巢湖市消费者协会	界首市消费者协会	天长市消费者协会
福建省（13 家）	福鼎市消费者协会	建瓯市消费者协会	龙海市消费者协会
福清市消费者权益保护委员会	福安市消费者协会	武夷山市消费者协会	南安市消费者协会
长乐区消费者委员会	漳平市消费者协会	邵武市消费者协会	晋江市消费者协会
石狮市消费者协会	永安市消费者委员会	甘肃省（2 家）	玉门市消费者协会
敦煌市消费者协会	广东省（19 家）	恩平市消费者协会	廉江市消费者协会
化州市消费者协会	吴川市消费者协会	开平市消费者协会	罗定市消费者协会
高州市消费者协会	信宜市消费者协会	乐昌市消费者协会	南雄市消费者协会
四会市消费者协会	兴宁市消费者协会	雷州市消费者协会	普宁市消费者协会
台山市消费者协会	阳春市消费者协会	连州市消费者协会	鹤山市消费者协会

续表

英德市消费者协会	广西壮族自治区（8家）	岑溪市消费者协会	桂平市消费者协会
靖西市消费者协会	台山市消费者协会	东兴市消费者协会	北流市消费者协会
宜州市消费者协会	凭祥市消费者协会	贵州省（3家）	赤水市消费者协会
清镇市消费者协会	仁怀市消费者协会	海南省（6家）	儋州市消费者协会
琼海市消费者协会	万宁市消费者协会	文昌市消费者协会	东方市消费者协会
五指山市消费者协会	河北省（19家）	南宫市消费者协会	河间市消费者协会
安国市消费者协会	辛集市消费者协会	晋州市消费者协会	高碑店市消费者协会
遵化市消费者协会	武安市消费者协会	冀州市消费者协会	定州市消费者协会
涿州市消费者协会	深州市消费者协会	黄骅市消费者协会	泊头市消费者协会
新乐市消费者协会	沙河市消费者协会	三河市消费者协会	任丘市消费者协会
迁安市消费者协会	河南省（21家）	济源市消费者协会	偃师市消费者协会
辉县市消费者协会	长葛市消费者协会	巩义市消费者协会	舞钢市消费者协会
沁阳市消费者协会	义马市消费者协会	新密市消费者协会	汝州市消费者协会
孟州市消费者协会	灵宝市消费者协会	新郑市消费者协会	林州市消费者协会
禹州市消费者协会	邓州市消费者协会	登封市消费者协会	卫辉市消费者协会
永城市消费者协会	项城市消费者协会	荥阳市消费者协会	黑龙江省（18家）
肇东市消费者协会	绥芬河市消费者协会	密山市消费者协会	富锦市消费者协会
五大连池市消费者协会	尚志市消费者协会	虎林市消费者协会	北安市消费者协会
五常市消费者协会	宁安市消费者协会	海伦市消费者协会	安达市消费者协会
同江市消费者协会	讷河市消费者协会	海林市消费者协会	东宁县消费者协会
铁力市消费者协会	穆棱市消费者协会	湖北省（22家）	当阳市消费者协会
汉川市消费者协会	老河口市消费者委员会	宜城消费者协会	丹江口市消费者协会
洪湖市消费者委员会	麻城市消费者协会	宜城消费者协会	大冶市消费者协会
武穴市消费者委员会	潜江市消费者委员会	应城市消费者协会	赤壁市消费者委员会
天门市消费者委员会	石首市消费者委员会	枝江市消费者协会	钟祥市消费者委员会
松滋市消费者委员会	仙桃消费者协会	枣阳市消费者委员会	安陆市消费者委员会
广水市消费者委员会	湖南省（16家）	资兴市消费者协会	津市市消费者协会
临湘市消费者协会	耒阳市消费者协会	沅江市消费者协会	韶山市消费者协会
涟源市消费者协会	吉首市消费者协会	湘乡市消费者协会	汨罗市消费者协会

续表

醴陵市消费者协会	洪江市消费者协会	武冈市消费者协会	浏阳市消费者协会
冷水江市消费者协会	常宁市消费者协会	吉林省（14 家）	大安市消费者协会
桦甸市消费者协会	临江市消费者协会	舒兰市消费者协会	德惠市消费者协会
集安市消费者协会	梅河口市消费者协会	双辽市消费者协会	扶余市消费者协会
蛟河市消费者协会	磐石市消费者协会	洮南市消费者协会	公主岭市消费者协会
榆树市消费者协会	江苏省（21 家）	泰兴市消费者协会	丹阳市消费者协会
如皋市消费者协会	常熟市市消费者协会	靖江市消费者协会	高邮市消费者协会
启东市消费者协会	溧阳市消费者协会	兴化市消费者协会	仪征市消费者协会
太仓市消费者协会	邳州市消费者协会	句容市消费者协会	东台市消费者协会
昆山市消费者协会	新沂市消费者协会	扬中市消费者协会	海门市消费者协会（海门市放心消费网）
张家港市消费者协会	宜兴市消费者协会	江阴市消费者协会	江西省（6 家）
共青城市消费者协会	贵溪市消费者协会	井冈山市消费者协会	乐平市消费者协会
瑞昌市消费者协会	瑞金市消费者协会	辽宁省（16 家）	兴城市消费者协会
调兵山市消费者协会	北镇市消费者协会	海城市消费者协会	凌源市消费者协会
灯塔市消费者协会	凌海市消费者协会	庄河市消费者协会	北票市消费者协会
大石桥市消费者协会	凤城市消费者协会	瓦房店市消费者协会	开原市消费者协会
盖州市消费者协会	东港市消费者协会	新民市消费者协会	内蒙古自治区（7 家）
丰镇市消费者协会	额尔古纳市消费者协会	牙克石市消费者协会	霍林郭勒市消费者协会
根河市消费者协会	扎兰屯市消费者协会	满洲里市消费者协会	宁夏回族自治区（2 家）
灵武市消费者协会	青铜峡市消费者协会	青海省（3 家）	德令哈市消费者协会
格尔木市消费者协会	玉树市消费者协会	山东省（28 家）	章丘区消费者协会
莱州市消费者协会	新泰市消费者协会	肥城市消费者协会	即墨区消费者协会
蓬莱市消费者协会	文登市消费者协会	荣成市消费者协会	平度市消费者协会
招远市消费者协会	寿光市消费者协会	乳山市消费者协会	莱西市消费者协会
栖霞市消费者协会	高密市消费者协会	乐陵市消费者协会	滕州市消费者协会
海阳市消费者协会	昌邑市消费者协会	禹城市消费者协会	龙口市消费者协会
青州市消费者协会	曲阜市消费者协会	临清市消费者协会	莱阳市消费者协会
诸城市消费者协会	兖州市消费者协会	胶州市消费者协会	山西省（11 家）

续表

汾阳市消费者协会	河津市消费者协会	介休市消费者协会	永济市消费者协会
高平市消费者协会	侯马市消费者协会	潞城区消费者协会	原平市消费者协会
古交市消费者协会	霍州市消费者协会	孝义市消费者协会	陕西省（3家）
韩城市消费者协会	华阴市消费者协会	兴平市消费者协会	四川省（12家）
崇州市食品药品监督管理局	华蓥市消费者协会	阆中市消费者协会	邛崃市消费者协会
都江堰市消费者协会	简阳市消费者协会	绵竹市消费者协会	什邡市消费者协会
峨眉山市消费者协会	江油市消费者协会	彭州市消费者协会	万源市消费者协会
新疆维吾尔自治区（24家）	图木舒克市消费者协会	石河子市消费者协会	阿图什市消费者协会
可克达拉市消费者协会	乌苏市消费者协会	双河市消费者协会	北屯市消费者协会
阿勒泰市消费者协会	五家渠市消费者协会	塔城市消费者协会	博乐市消费者协会
阿克苏市消费者协会	库尔勒市消费者协会	铁门关市消费者协会	昌吉市消费者协会
阿拉尔市消费者协会	奎屯市消费者协会	和田市消费者协会	阜康市消费者协会
阿拉山口市消费者协会	昆玉市消费者协会	霍尔果斯市消费者协会	喀什市消费者协会
伊宁市消费者协会	云南省（2家）	腾冲市消费者协会	宣威市消费者协会
浙江省（20家）	建德市消费者协会	乐清市消费者协会	临安区消费者协会
永康市消费者协会	慈溪市消费者权益保护委员会	海宁市消费者协会	兰溪市消费者协会
临海市消费者协会	奉化区消费者协会	平湖市消费者协会	嵊州市消费者协会
龙泉市消费者协会	余姚市消费者协会	桐乡市消费者协会	义乌市消费者协会
温岭市消费者权益保护委员会	瑞安市消费者协会	诸暨市消费者协会	东阳市消费者协会
江山市消费者权益保护委员会	西藏自治区（7家）	山南地区（乃东县）消费者协会	那曲地区（那曲县）消费者协会
拉萨市（城关区）消费者协会	昌都市（卡若区）消费者协会	日喀则市（桑珠孜区）消费者协会	林芝地区（林芝县）消费者协会
阿里地区（噶尔县）消费者协会			
共调查683家消协，其中中央1家，省级31家，地级322家，县级329家			

1.3.3 被调查的媒体名录

中央（24家）	新华社-新华网	央视网	中国新闻网
国际广播电台	中国新闻报	澎湃新闻	网易新闻
光明日报	环球时报	人民法院报	人民网
人民日报（海外版）	法制日报-法制网	经济日报	人民日报
中国日报	检察日报	华夏经纬网	
中国农业新闻网	人民公安报-中国警察网	新浪网新闻中心	
中国青年报	科技日报-中国科技网	搜狐新闻	
省级（248家）	北京市（10家）	北京晚报	北京青年报
京华时报-京华网	千龙新闻网	北京日报	北京晨报
中国食品报	华夏时报	京报网	北京周报
上海市（6家）	东方网	解放日报	新民晚报
上海青年报	上海日报	文汇报	天津市（7家）
今晚报	每日新报	每日新报	天津日报
中国技术市场报	城市快报	滨海时报	重庆市（5家）
重庆晨报	重庆晚报	重庆法制报	重庆日报
重庆商报	安徽省（8家）	中安网	合肥报业网
新安晚报	安徽法制报	安徽日报	蚌埠新闻网
安徽商报	江淮时报	福建省（10家）	海峡都市报
泉州晚报	福建侨报	石狮日报	莆田晚报
闽西新闻网	东南早报	厦门日报	闽东日报
三明日报	甘肃省（8家）	甘肃法制报	甘肃农民报
科技鑫报	兰州晚报	甘肃经济日报	甘肃日报
兰州晨报	西部商报	广东省（18家）	21世纪经济报道
惠州日报	南方都市报	深圳特区报	大华网
金羊网	南方日报	深圳新闻网	大洋网
理财周报	南方周末	新快报	广州日报
南方报业网	南通日报	羊城晚报	中山日报
珠江晚报	广西壮族自治区（8家）	新桂网	南国今报

续表

南宁晚报	柳州晚报	南国早报	当代生活报
桂林晚报	广西日报	贵州省（2家）	贵州都市报
金黔在线	海南省（2家）	海口晚报	海南日报
河北省（7家）	河北经济日报	河北日报	邢台日报
燕赵晚报	河北青年报	石家庄日报	燕赵都市报
河南省（10家）	河南日报	郑州晚报	大河报
河南农村报	开封日报	洛阳日报	焦作日报
东方今报	洛阳晚报	河南日报周末版	黑龙江省（10家）
哈尔滨日报	黑龙江农村报	佳木斯日报	生活报
鹤城晚报	黑龙江日报	齐齐哈尔日报	绥化日报
黑龙江晨报	黑龙江新闻网	湖北省（6家）	楚天都市报
湖北日报	武汉晨报	武汉晚报	楚天金报
长江日报	湖南省（9家）	大众卫生报	三湘都市报
东方新报	今日女报	文萃报	常德日报
湖南日报	潇湘晨报	长沙晚报	吉林省（5家）
城市晚报	新文化报	长春日报	中国吉林网
吉林日报	江苏省（12家）	扬子晚报	无锡日报
连云港日报	泰州日报	徐州日报	镇江日报
宿迁日报	新华日报	龙虎网	江南晚报
南通日报	扬州晚报网	江西省（4家）	江南都市报
江西新闻	江西邮电报	南昌晚报	辽宁省（11家）
东北新闻网	大连日报	沈阳晚报	时代商报
辽宁日报	大连晚报	半岛晨报	千华网
辽沈晚报	沈阳日报	北方晨报	内蒙古自治区（6家）
呼市晚报	包头新闻网	内蒙古晨报	北方经济报
北方新报	内蒙古日报	宁夏回族自治区（8家）	法治新报
宁夏日报	新消息报	银川晚报	华兴时报
宁夏新闻网	新知讯报	银川新闻网	青海省（3家）
青海法制报	青海新闻网	西宁晚报	山东省（17家）

续表

大众网	报道都市报	当代健康报	滕州日报
齐鲁晚报	济南日报	人口导报	经济导报
生活日报	济南时报	生活周刊	青岛晚报
鲁中晨报	都市女报	胶东在线	青岛日报
农村大众报	山西省（6家）	大同日报	山西新闻网
山西日报	朝夕新闻	山西农民报	中国山西网
陕西省（8家）	华商报	三秦都市报	西安晚报
西部网	华商网	陕西日报	西安新闻网
阳光报	四川省（10家）	成都电视台	华西都市报
四川日报	四川在线	成都商报	四川画报
四川新闻网	天府早报	中国西部网	自贡日报
西藏自治区（3家）	拉萨晚报	西藏日报	西藏商报
新疆维吾尔自治区（7家）	阿克苏日报	都市消费晨报	新疆都市报
新疆经济报	兵团日报	库尔勒晚报	新疆日报
云南省（7家）	春城晚报	昆明日报	云南日报
云南新闻网	都市时报	生活新报	云南网
浙江省（15家）	浙江日报	之江晨报	宁波网
义乌商报	钱塘周末报	温州都市报	杭州日报
宁波晚报	绍兴县报	黄岩报	都市快报
钱江晚报	萧山县报	温州网	温州晚报
共调查272家媒体，其中中央24家，省级248家			

1.4　数据采集的来源网站

1.4.1　数据采集的原食药监局网站

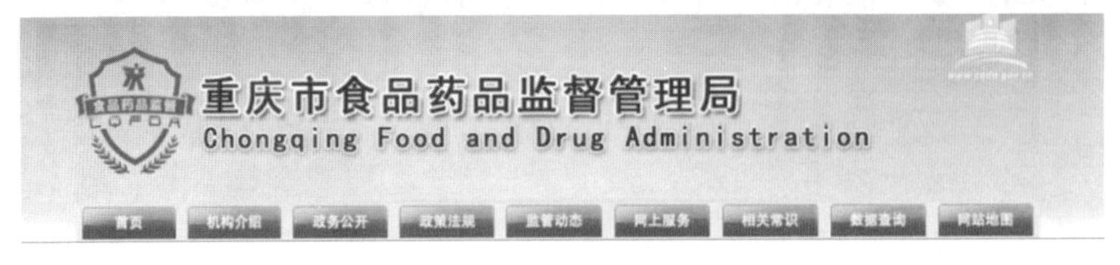

JSFDA
江苏食品药品监管
JIANGSU FOOD AND DRUG ADMINISTRATION

JLFDA
吉林省食品药品监督管理局
Jilin Food And Drug Administration
网站首页
资讯服务
信息公开
公众服务
行政许可
专题专栏

山东省食品药品监督管理局
山东省食品安全委员会办公室

湖北省食品药品监督管理局
Hubei Food and Drug Administration

新疆维吾尔自治区食品药品监督管理局
Xinjiang Uygur Autonomous Region Food and Drug Administration

宁夏食品药品监督管理局
Ningxia Food and Drug Administration

ZJFDA
浙江省食品药品监督管理局
ZHEJIANG FOOD AND DRUG ADMINISTRATION
政务信息版
公众服务版
内部办公版

贵州省食品药品监督管理局
Food And Drug Administration Of GuiZhou Province

西藏自治区食品药品监督管理局
Xizang Food and Drug Administration

青海省食品药品监督管理局
Qinghai Food and Drug Administration
网站首页
政府信息公开
公众服务大厅
专题专栏
数据查询
互动交流

安徽省食品药品监督管理局
安徽省食品安全委员会办公室
全省食品药品监管精神
-站内搜索-
标题
高级搜索

海南省食品药品监督管理局
Food and Drug Administration of Hainan
首页
资讯动态
政务公开
办事服务
公众互动
数据查询
应用系统
专题专栏

湖南省食品药品监督管理局
HUNAN FOOD AND DRUG ADMINISTRATION

陕西省食品药品监督管理局
Shaanxi Food And Drug Administration

FJFDA
福建省食品药品监督管理局
FUJIAN FOOD AND DRUG ADMINISTRATION

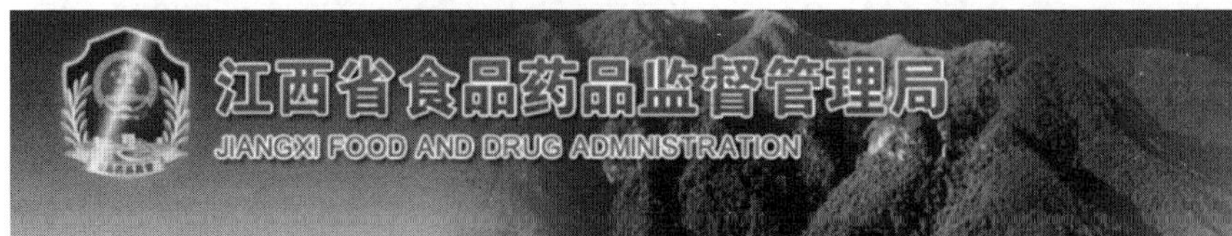
江西省食品药品监督管理局
JIANGXI FOOD AND DRUG ADMINISTRATION

黑龙江省食品药品监督管理局
HEILONGJIANG FOOD AND DRUG ADMINISTRATION

云南省食品药品监管政务网
Yunnan Food And Drug Administration YNFDA
首 页
机构设置
动态新闻
政策法规
政务公开
公众服务
专题专栏
公众互动

LNFDA 辽宁省食品药品监督管理局
Liaoning Food and Drug Administration

山西省食品药品监督管理局
Shan Xi Food And Drug Administration

甘肃省食品药品监督管理局
Gansu Food and Drug Administration
网站首页
信息公开
公众服务
网上办事
专题专栏
数据查询

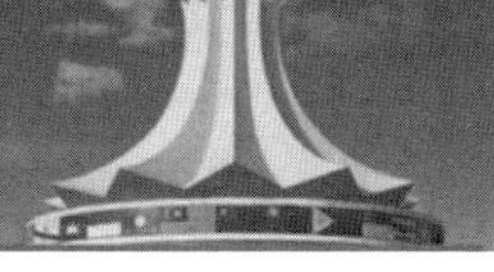
广西壮族自治区食品药品监督管理局
Guangxi Food and Drug Administration

内蒙古自治区食品药品监督管理局

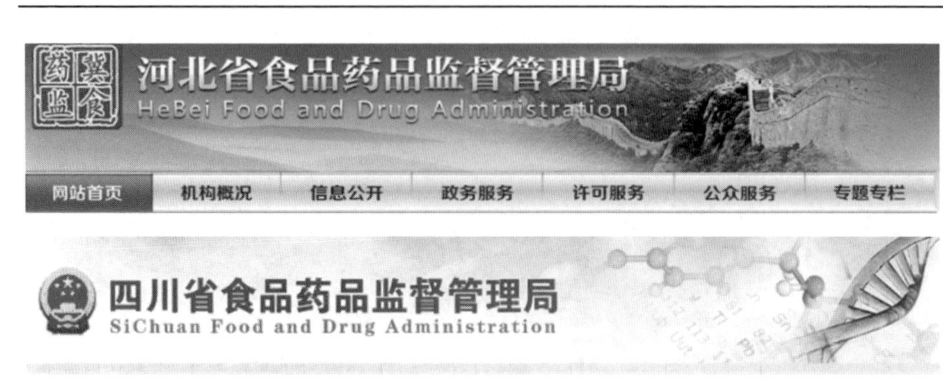

说明：受篇幅限制，仅展示了中央和省级的原食药监局的受调查网站截屏。

1.4.2 数据采集的消协网站

上海市消费者权益保护委员会
SHAGNHAI CONSUMER COUNCIL

首页　走进我们　维权新闻　消保委帮您找　专业维权

天津市消费者协会
TIANJIN CONSUMERS'ASSOCIATION

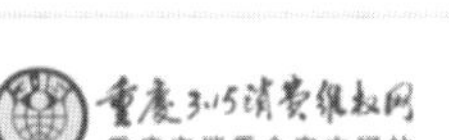

新消费 我做主
2016年消费维权年主题

网站首页　消费教育　红黑榜　行业资讯　投诉中心　咨询中心　微博广场　商企大全　我要投诉　我要咨询

江苏省消费者协会
JIANGSU CONSUMERS' ASSOCIATION

网站首页　消费新闻　维权动态　消费指导　投诉之窗　维权法规　企业红黑榜　教育与研究　省公益维权律师团　关于我们

www.ji315.org

首页 | 消费新闻 | 工作动态 | 消费提示 | 消费调查 | 比较试验 | 消费观点 | 消费资讯 | 投诉与咨询 | 维权案例 | 法律法规 | 维权活动

保护消费者的合法权益
是全社会共同的责任

新疆维吾尔自治区消费维权网络服务平台

解决消费纠纷 促进和谐消费

安徽省消费者权益保护委员会

www.ah315.cn 官方网站

最新消息：旅游局发布国庆节旅游服务警示 用户： 密码： 登录 注册 忘记密码 收藏本站

首页 在线投诉 网上咨询 法律顾问 江淮维权 消费指导 诚信承诺联盟 诚信示范 理事风采

合肥 芜湖 蚌埠 淮南 马鞍山 淮北 铜陵 安庆 黄山 滁州 阜阳 宿州 六安 亳州 池州 宣城

福建省消费者权益保护委员会

Fu jian sheng xiao fei zhe quan yi bao hu wei yuan hui

保护消费者的合法权益是全社会的共同责任

说明：受篇幅限制，仅展示了中央和部分省级的消协的受调查网站截屏。

1.5 食品安全监管信息透明度调查采样表

1.5.1 食品安全监管信息透明度调查采样表（原食药监局）

调　　查　　员：＿＿＿＿＿＿＿　　　　日　　期：＿＿＿＿＿＿

所属省份或城市名称：＿＿＿＿＿＿＿　　　　对象名称：＿＿＿＿＿＿

尊敬的先生、女士：

您好！我们是国家社会科学基金重大项目“中国食品安全指数和食品安全透明指数研究”课题组，目前正在进行一项关于食品安全监管信息透明度的调查。此调查旨在为解决中国食品安全问题的研究服务，不针对任何食品药品监管部门，调查数据只会用于课题研究，不会用于任何商业目的。感谢您的理解和支持！

指标		好	较好	一般	较差	差
政府食品安全信息平台	食品安全总体情况信息					
	监管信息公开指南信息					
	监管信息公开目录					
	监管重点信息					
	食品安全标准信息					
	食品安全风险警示信息					
	食品安全问题行政处罚信息					
	食品检验机构资质认定信息					
	食品安全复检机构名录信息					
	生产和经营许可名录信息					
	企业质量体系认证制度信息					
	监管组织结构及人员构成信息					
	食品安全信用档案信息					

指标		好	较好	一般	较差	差
政府食品安全事故应急信息	食品安全事故分级信息					
	事故处置组织指挥体系与职责信息					
	预防预警机制信息					
	处置程序信息					
	应急保障措施信息					
	事故调查处置信息					

指标		好	较好	一般	较差	差
政府食品安全抽检信息	抽检对象信息					
	抽检合格情况信息					
	抽检不合格情况信息					

指标		好	较好	一般	较差	差
保障政府监管机制信息	监管信息公开管理机制信息					
	监管信息公开年度报告					
	举报处理信息					
	监管责任制信息					
	监管考核制度信息					

最后再次感谢您的理解与支持！

1.5.2　食品安全监管信息透明度调查采样表（消协）

调　　查　　员：＿＿＿＿＿＿＿＿　　　　日　　期：＿＿＿＿＿＿＿＿

所属省份或城市名称：＿＿＿＿＿＿＿＿　　　　对象名称：＿＿＿＿＿＿＿＿

尊敬的先生、女士：

您好！我们是国家社会科学基金重大项目“中国食品安全指数和食品安全透明指数研究”课题组，目前正在进行一项关于食品安全监管信息透明度的调查。此调查旨在为解决中国食品安全问题的研究服务，不针对任何消费者协会，调查数据只会用于课题研究，不会用于任何商业目的。感谢您的理解和支持！

指标		好	较好	一般	较差	差
消协监管信息	消协监管制度信息					
	消协监管组织结构及人员构成信息					
	消协监管考核信息					

指标		好	较好	一般	较差	差
消协诚信建设信息	诚信建设标准信息					
	诚信企业或品牌名录信息					
	非诚信企业或品牌名录信息					

指标		好	较好	一般	较差	差
保障消协监管机制信息	消协社会监督职能信息					
	消协监管信息公开年度报告					
	消协监管信息公开管理机制信息					
	消协监管责任制信息					
	消协食品安全信息平台完善度及运行情况					

最后再次感谢您的理解与支持！

1.5.3 食品安全监管信息透明度调查采样表（媒体）

调　　查　　员：＿＿＿＿＿＿＿　　　　日　　期：＿＿＿＿＿＿＿

所属省份或城市名称：＿＿＿＿＿＿＿　　　　对象名称：＿＿＿＿＿＿＿

尊敬的先生、女士：

您好！我们是国家社会科学基金重大项目“中国食品安全指数和食品安全透明指数研究”课题组，目前正在进行一项关于食品安全监管信息透明度的调查。此调查旨在为解决中国食品安全问题的研究服务，不针对任何媒体，调查数据只会用于课题研究，不会用于任何商业目的。感谢您的理解和支持！

指标		好	较好	一般	较差	差
媒体监管信息	食品安全事故报道					
	食品安全事故跟踪报道					
	食品安全报道的真实性和公正性					
	媒体社会监督职能信息					

指标		好	较好	一般	较差	差
媒体食品安全宣传	食品安全法律法规宣传					
	食品安全标准和知识宣传					

最后再次感谢您的理解与支持！

1.6 打分准则

三级指标	透明度状况	说明	备注
食品安全总体情况信息	好	在平台中有专门的栏目且信息全面、详细	食品安全监管信息平台既可理解为官方网站也可理解为其他社交平台（如微信公众号等）；全面和详细可以理解为内容涉及方方面面、按照年份划分、条理清晰
	较好	在平台中有专门的栏目且信息较全面、较详细	
	一般	在平台中有专门的栏目但信息不全面、不详细	
	较差	在平台中无专门的栏目且信息不全面、不详细	
	差	无平台	
监管信息公开指南信息	好	在平台中有专门的栏目且信息全面、详细	食品安全监管信息平台既可理解为官方网站也可理解为其他社交平台（如微信公众号等）；全面和详细可以理解为内容涉及方方面面、按照年份划分、条理清晰
	较好	在平台中有专门的栏目且信息较全面、较详细	
	一般	在平台中有专门的栏目但信息不全面、不详细	
	较差	在平台中无专门的栏目且信息不全面、不详细	
	差	无平台	
监管信息公开目录	好	在平台中有专门的栏目且信息全面、详细	食品安全监管信息平台既可理解为官方网站也可理解为其他社交平台（如微信公众号等）；全面和详细可以理解为内容涉及方方面面、按照年份划分、条理清晰
	较好	在平台中有专门的栏目且信息较全面、较详细	
	一般	在平台中有专门的栏目但信息不全面、不详细	
	较差	在平台中无专门的栏目且信息不全面、不详细	
	差	无平台	
监管重点信息	好	在平台中有专门的栏目且信息全面、详细	食品安全监管信息平台既可理解为官方网站也可理解为其他社交平台（如微信公众号等）；全面和详细可以理解为内容涉及方方面面、按照年份划分、条理清晰
	较好	在平台中有专门的栏目且信息较全面、较详细	
	一般	在平台中有专门的栏目但信息不全面、不详细	
	较差	在平台中无专门的栏目且信息不全面、不详细	
	差	无平台	

续表

三级指标	透明度状况	说明	备注
食品安全标准信息	好	在平台中有专门的栏目且信息全面、详细	食品安全监管信息平台既可理解为官方网站也可理解为其他社交平台（如微信公众号等）；全面和详细可以理解为内容涉及方方面面、按照年份划分、条理清晰
	较好	在平台中有专门的栏目且信息较全面、较详细	
	一般	在平台中有专门的栏目但信息不全面、不详细	
	较差	在平台中无专门的栏目且信息不全面、不详细	
	差	无平台	
食品安全风险警示信息	好	在平台中有专门的栏目且信息全面、详细	食品安全监管信息平台既可理解为官方网站也可理解为其他社交平台（如微信公众号等）；全面和详细可以理解为内容涉及方方面面、按照年份划分、条理清晰
	较好	在平台中有专门的栏目且信息较全面、较详细	
	一般	在平台中有专门的栏目但信息不全面、不详细	
	较差	在平台中无专门的栏目且信息不全面、不详细	
	差	无平台	
食品安全问题行政处罚信息	好	在平台中有专门的栏目且信息全面、详细	食品安全监管信息平台既可理解为官方网站也可理解为其他社交平台（如微信公众号等）；全面和详细可以理解为内容涉及方方面面、按照年份划分、条理清晰
	较好	在平台中有专门的栏目且信息较全面、较详细	
	一般	在平台中有专门的栏目但信息不全面、不详细	
	较差	在平台中无专门的栏目且信息不全面、不详细	
	差	无平台	
食品检验机构资质认定信息	好	在平台中有专门的栏目且信息全面、详细	食品安全监管信息平台既可理解为官方网站也可理解为其他社交平台（如微信公众号等）；全面和详细可以理解为内容涉及方方面面、按照年份划分、条理清晰
	较好	在平台中有专门的栏目且信息较全面、较详细	
	一般	在平台中有专门的栏目但信息不全面、不详细	
	较差	在平台中无专门的栏目且信息不全面、不详细	
	差	无平台	
食品安全复检机构名录信息	好	在平台中有专门的栏目且信息全面、详细	食品安全监管信息平台既可理解为官方网站也可理解为其他社交平台（如微信公众号等）；全面和详细可以理解为内容涉及方方面面、按照年份划分、条理清晰
	较好	在平台中有专门的栏目且信息较全面、较详细	
	一般	在平台中有专门的栏目但信息不全面、不详细	
	较差	在平台中无专门的栏目且信息不全面、不详细	
	差	无平台	

续表

三级指标	透明度状况	说明	备注
生产和经营许可名录信息	好	在平台中有专门的栏目且信息全面、详细	食品安全监管信息平台既可理解为官方网站也可理解为其他社交平台（如微信公众号等）；全面和详细可以理解为内容涉及方方面面、按照年份划分、条理清晰
	较好	在平台中有专门的栏目且信息较全面、较详细	
	一般	在平台中有专门的栏目但信息不全面、不详细	
	较差	在平台中无专门的栏目且信息不全面、不详细	
	差	无平台	
企业质量体系认证制度信息	好	在平台中有专门的栏目且信息全面、详细	食品安全监管信息平台既可理解为官方网站也可理解为其他社交平台（如微信公众号等）；全面和详细可以理解为内容涉及方方面面、按照年份划分、条理清晰
	较好	在平台中有专门的栏目且信息较全面、较详细	
	一般	在平台中有专门的栏目但信息不全面、不详细	
	较差	在平台中无专门的栏目且信息不全面、不详细	
	差	无平台	
监管组织结构及人员构成信息	好	在平台中有专门的栏目且信息全面、详细	食品安全监管信息平台既可理解为官方网站也可理解为其他社交平台（如微信公众号等）；全面和详细可以理解为内容涉及方方面面、按照年份划分、条理清晰
	较好	在平台中有专门的栏目且信息较全面、较详细	
	一般	在平台中有专门的栏目但信息不全面、不详细	
	较差	在平台中无专门的栏目且信息不全面、不详细	
	差	无平台	
食品安全信用档案信息	好	在平台中有专门的栏目且信息全面、详细	食品安全监管信息平台既可理解为官方网站也可理解为其他社交平台（如微信公众号等）；全面和详细可以理解为内容涉及方方面面、按照年份划分、条理清晰
	较好	在平台中有专门的栏目且信息较全面、较详细	
	一般	在平台中有专门的栏目但信息不全面、不详细	
	较差	在平台中无专门的栏目且信息不全面、不详细	
	差	无平台	
食品安全事故分级信息	好	信息发布于官方网站或其他社交平台（如微信公众号等）且全面、详细	
	较好	信息发布于官方网站或其他社交平台（如微信公众号等）且较全面、较详细	
	一般	信息发布于官方网站或其他社交平台（如微信公众号等）但不全面、不详细	
	较差	信息未通过官方网站或其他社交平台发布（如微信公众号等）但可以通过电话咨询等形式获取	
	差	信息未通过官方网站或其他社交平台发布（如微信公众号等）且通过电话咨询等形式也难以获取	

续表

三级指标	透明度状况	说明	备注
事故处置组织指挥体系与职责信息	好	信息发布于官方网站或其他社交平台（如微信公众号等）且全面、详细	
	较好	信息发布于官方网站或其他社交平台（如微信公众号等）且较全面、较详细	
	一般	信息发布于官方网站或其他社交平台（如微信公众号等）但不全面、不详细	
	较差	信息未通过官方网站或其他社交平台发布（如微信公众号等）但可以通过电话咨询等形式获取	
	差	信息未通过官方网站或其他社交平台发布（如微信公众号等）且通过电话咨询等形式也难以获取	
预防预警机制信息	好	信息发布于官方网站或其他社交平台（如微信公众号等）且全面、详细	
	较好	信息发布于官方网站或其他社交平台（如微信公众号等）且较全面、较详细	
	一般	信息发布于官方网站或其他社交平台（如微信公众号等）但不全面、不详细	
	较差	信息未通过官方网站或其他社交平台发布（如微信公众号等）但可以通过电话咨询等形式获取	
	差	信息未通过官方网站或其他社交平台发布（如微信公众号等）且通过电话咨询等形式也难以获取	
处置程序信息	好	信息发布于官方网站或其他社交平台（如微信公众号等）且全面、详细	
	较好	信息发布于官方网站或其他社交平台（如微信公众号等）且较全面、较详细	
	一般	信息发布于官方网站或其他社交平台（如微信公众号等）但不全面、不详细	
	较差	信息未通过官方网站或其他社交平台发布（如微信公众号等）但可以通过电话咨询等形式获取	
	差	信息未通过官方网站或其他社交平台发布（如微信公众号等）且通过电话咨询等形式也难以获取	

续表

三级指标	透明度状况	说明	备注
应急保障措施信息	好	信息发布于官方网站或其他社交平台（如微信公众号等）且全面、详细	
	较好	信息发布于官方网站或其他社交平台（如微信公众号等）且较全面、较详细	
	一般	信息发布于官方网站或其他社交平台（如微信公众号等）但不全面、不详细	
	较差	信息未通过官方网站或其他社交平台发布（如微信公众号等）但可以通过电话咨询等形式获取	
	差	信息未通过官方网站或其他社交平台发布（如微信公众号等）且通过电话咨询等形式也难以获取	
事故调查处置信息	好	信息发布于官方网站或其他社交平台（如微信公众号等）且全面、详细	
	较好	信息发布于官方网站或其他社交平台（如微信公众号等）且较全面、较详细	
	一般	信息发布于官方网站或其他社交平台（如微信公众号等）但不全面、不详细	
	较差	信息未通过官方网站或其他社交平台发布（如微信公众号等）但可以通过电话咨询等形式获取	
	差	信息未通过官方网站或其他社交平台发布（如微信公众号等）且通过电话咨询等形式也难以获取	
抽检对象信息	好	信息发布于官方网站或其他社交平台（如微信公众号等）且全面、详细	
	较好	信息发布于官方网站或其他社交平台（如微信公众号等）且较全面、较详细	
	一般	信息发布于官方网站或其他社交平台（如微信公众号等）但不全面、不详细	
	较差	信息未通过官方网站或其他社交平台发布（如微信公众号等）但可以通过电话咨询等形式获取	
	差	信息未通过官方网站或其他社交平台发布（如微信公众号等）且通过电话咨询等形式也难以获取	

续表

三级指标	透明度状况	说明	备注
抽检合格情况信息	好	信息发布于官方网站或其他社交平台（如微信公众号等）且全面、详细	
	较好	信息发布于官方网站或其他社交平台（如微信公众号等）且较全面、较详细	
	一般	信息发布于官方网站或其他社交平台（如微信公众号等）但不全面、不详细	
	较差	信息未通过官方网站或其他社交平台发布（如微信公众号等）但可以通过电话咨询等形式获取	
	差	信息未通过官方网站或其他社交平台发布（如微信公众号等）且通过电话咨询等形式也难以获取	
抽检不合格情况信息	好	信息发布于官方网站或其他社交平台（如微信公众号等）且全面、详细	
	较好	信息发布于官方网站或其他社交平台（如微信公众号等）且较全面、较详细	
	一般	信息发布于官方网站或其他社交平台（如微信公众号等）但不全面、不详细	
	较差	信息未通过官方网站或其他社交平台发布（如微信公众号等）但可以通过电话咨询等形式获取	
	差	信息未通过官方网站或其他社交平台发布（如微信公众号等）且通过电话咨询等形式也难以获取	
监管信息公开管理机制信息	好	信息发布于官方网站或其他社交平台（如微信公众号等）且全面、详细	
	较好	信息发布于官方网站或其他社交平台（如微信公众号等）且较全面、较详细	
	一般	信息发布于官方网站或其他社交平台（如微信公众号等）但不全面、不详细	
	较差	信息未通过官方网站或其他社交平台发布（如微信公众号等）但可以通过电话咨询等形式获取	
	差	信息未通过官方网站或其他社交平台发布（如微信公众号等）且通过电话咨询等形式也难以获取	

续表

三级指标	透明度状况	说明	备注
监管信息公开年度报告	好	信息发布于官方网站或其他社交平台（如微信公众号等）且全面、详细	
	较好	信息发布于官方网站或其他社交平台（如微信公众号等）且较全面、较详细	
	一般	信息发布于官方网站或其他社交平台（如微信公众号等）但不全面、不详细	
	较差	信息未通过官方网站或其他社交平台发布（如微信公众号等）但可以通过电话咨询等形式获取	
	差	信息未通过官方网站或其他社交平台发布（如微信公众号等）且通过电话咨询等形式也难以获取	
举报处理信息	好	信息发布于官方网站或其他社交平台（如微信公众号等）且全面、详细	
	较好	信息发布于官方网站或其他社交平台（如微信公众号等）且较全面、较详细	
	一般	信息发布于官方网站或其他社交平台（如微信公众号等）但不全面、不详细	
	较差	信息未通过官方网站或其他社交平台发布（如微信公众号等）但可以通过电话咨询等形式获取	
	差	信息未通过官方网站或其他社交平台发布（如微信公众号等）且通过电话咨询等形式也难以获取	
监管责任制信息	好	信息发布于官方网站或其他社交平台（如微信公众号等）且全面、详细	
	较好	信息发布于官方网站或其他社交平台（如微信公众号等）且较全面、较详细	
	一般	信息发布于官方网站或其他社交平台（如微信公众号等）但不全面、不详细	
	较差	信息未通过官方网站或其他社交平台发布（如微信公众号等）但可以通过电话咨询等形式获取	
	差	信息未通过官方网站或其他社交平台发布（如微信公众号等）且通过电话咨询等形式也难以获取	

续表

三级指标	透明度状况	说明	备注
监管考核制度信息	好	信息发布于官方网站或其他社交平台（如微信公众号等）且全面、详细	
	较好	信息发布于官方网站或其他社交平台（如微信公众号等）且较全面、较详细	
	一般	信息发布于官方网站或其他社交平台（如微信公众号等）但不全面、不详细	
	较差	信息未通过官方网站或其他社交平台发布（如微信公众号等）但可以通过电话咨询等形式获取	
	差	信息未通过官方网站或其他社交平台发布（如微信公众号等）且通过电话咨询等形式也难以获取	
消协监管制度信息	好	信息发布于官方网站或其他社交平台（如微信公众号等）且全面、详细	
	较好	信息发布于官方网站或其他社交平台（如微信公众号等）且较全面、较详细	
	一般	信息发布于官方网站或其他社交平台（如微信公众号等）但不全面、不详细	
	较差	信息未通过官方网站或其他社交平台发布（如微信公众号等）但可以通过电话咨询等形式获取	
	差	信息未通过官方网站或其他社交平台发布（如微信公众号等）且通过电话咨询等形式也难以获取	
消协监管组织结构及人员构成信息	好	信息发布于官方网站或其他社交平台（如微信公众号等）且全面、详细	
	较好	信息发布于官方网站或其他社交平台（如微信公众号等）且较全面、较详细	
	一般	信息发布于官方网站或其他社交平台（如微信公众号等）但不全面、不详细	
	较差	信息未通过官方网站或其他社交平台发布（如微信公众号等）但可以通过电话咨询等形式获取	
	差	信息未通过官方网站或其他社交平台发布（如微信公众号等）且通过电话咨询等形式也难以获取	

续表

三级指标	透明度状况	说明	备注
消协监管考核信息	好	信息发布于官方网站或其他社交平台（如微信公众号等）且全面、详细	
	较好	信息发布于官方网站或其他社交平台（如微信公众号等）且较全面、较详细	
	一般	信息发布于官方网站或其他社交平台（如微信公众号等）但不全面、不详细	
	较差	信息未通过官方网站或其他社交平台发布（如微信公众号等）但可以通过电话咨询等形式获取	
	差	信息未通过官方网站或其他社交平台发布（如微信公众号等）且通过电话咨询等形式也难以获取	
诚信建设标准信息	好	信息发布于官方网站或其他社交平台（如微信公众号等）且全面、详细	
	较好	信息发布于官方网站或其他社交平台（如微信公众号等）且较全面、较详细	
	一般	信息发布于官方网站或其他社交平台（如微信公众号等）但不全面、不详细	
	较差	信息未通过官方网站或其他社交平台发布（如微信公众号等）但可以通过电话咨询等形式获取	
	差	信息未通过官方网站或其他社交平台发布（如微信公众号等）且通过电话咨询等形式也难以获取	
诚信企业或品牌名录信息	好	信息发布于官方网站或其他社交平台（如微信公众号等）且全面、详细	
	较好	信息发布于官方网站或其他社交平台（如微信公众号等）且较全面、较详细	
	一般	信息发布于官方网站或其他社交平台（如微信公众号等）但不全面、不详细	
	较差	信息未通过官方网站或其他社交平台发布（如微信公众号等）但可以通过电话咨询等形式获取	
	差	信息未通过官方网站或其他社交平台发布（如微信公众号等）且通过电话咨询等形式也难以获取	

续表

三级指标	透明度状况	说明	备注
非诚信企业或品牌名录信息	好	信息发布于官方网站或其他社交平台（如微信公众号等）且全面、详细	
	较好	信息发布于官方网站或其他社交平台（如微信公众号等）且较全面、较详细	
	一般	信息发布于官方网站或其他社交平台（如微信公众号等）但不全面、不详细	
	较差	信息未通过官方网站或其他社交平台发布（如微信公众号等）但可以通过电话咨询等形式获取	
	差	信息未通过官方网站或其他社交平台发布（如微信公众号等）且通过电话咨询等形式也难以获取	
消协社会监督职能信息	好	信息发布于官方网站或其他社交平台（如微信公众号等）且全面、详细	
	较好	信息发布于官方网站或其他社交平台（如微信公众号等）且较全面、较详细	
	一般	信息发布于官方网站或其他社交平台（如微信公众号等）但不全面、不详细	
	较差	信息未通过官方网站或其他社交平台发布（如微信公众号等）但可以通过电话咨询等形式获取	
	差	信息未通过官方网站或其他社交平台发布（如微信公众号等）且通过电话咨询等形式也难以获取	
消协监管信息公开年度报告	好	信息发布于官方网站或其他社交平台（如微信公众号等）且全面、详细	
	较好	信息发布于官方网站或其他社交平台（如微信公众号等）且较全面、较详细	
	一般	信息发布于官方网站或其他社交平台（如微信公众号等）但不全面、不详细	
	较差	信息未通过官方网站或其他社交平台发布（如微信公众号等）但可以通过电话咨询等形式获取	
	差	信息未通过官方网站或其他社交平台发布（如微信公众号等）且通过电话咨询等形式也难以获取	

续表

三级指标	透明度状况	说明	备注
消协监管信息公开管理机制信息	好	信息发布于官方网站或其他社交平台（如微信公众号等）且全面、较详细	
	较好	信息发布于官方网站或其他社交平台（如微信公众号等）且较全面、详细	
	一般	信息发布于官方网站或其他社交平台（如微信公众号等）但不全面、不详细	
	较差	信息未通过官方网站或其他社交平台发布（如微信公众号等）但可以通过电话咨询等形式获取	
	差	信息未通过官方网站或其他社交平台发布（如微信公众号等）且通过电话咨询等形式也难以获取	
消协监管责任制信息	好	信息发布于官方网站或其他社交平台（如微信公众号等）且全面、详细	
	较好	信息发布于官方网站或其他社交平台（如微信公众号等）且较全面、较详细	
	一般	信息发布于官方网站或其他社交平台（如微信公众号等）但不全面、不详细	
	较差	信息未通过官方网站或其他社交平台发布（如微信公众号等）但可以通过电话咨询等形式获取	
	差	信息未通过官方网站或其他社交平台发布（如微信公众号等）且通过电话咨询等形式也难以获取	
消协食品安全信息平台完善度及运行情况	好	平台运营正常且信息发布及时、全面	
	较好	平台运营正常且信息发布较及时、较全面	
	一般	平台运营正常且信息发布不及时、不全面	
	较差	平台运营不正常且信息发布不及时、不全面	
	差	无平台	
食品安全事故报道	好	对食品安全事故进行第一时间准确、全面报道（食品安全事故第一揭露方）	
	较好	对食品安全事故进行准确、全面报道（食品安全事故跟随报道者）	
	一般	对食品安全事故进行第一时间报道但不全面和不准确（食品安全事故第一揭露方）	

续表

三级指标	透明度状况	说明	备注
食品安全事故报道	较差	对食品安全事故进报道但不全面和不准确（食品安全事故跟随报道者）	
	差	没有对食品安全事故进行报道或报道十分迟延	
食品安全事故跟踪报道	好	第一时间跟踪食品安全事故的进展并及时报道相关信息	
	较好	稍延后跟踪食品安全事故的进展但及时报道相关信息	
	一般	第一时间跟踪食品安全事故的进展但未及时报道相关信息	
	较差	稍延后跟踪食品安全事故的进展且未及时报道相关信息	
	差	未进行跟踪报道或跟踪报道十分迟延	
食品安全报道的真实性和公正性	好	报道得到各方全面认可，未出现不良的社会影响或错误的引导	
	较好	报道基本上得到各方认可，未出现不良的社会影响或错误的引导	
	一般	报道得到各方一定认可但出现一些不良的社会影响或错误的引导	
	较差	报道各方认可度低且出现一些不良的社会影响或错误的引导	
	差	报道难以得到各方认可且出现严重的不良社会影响或严重的错误引导	
媒体社会监督职能信息	好	信息发布于官方网站或其他社交平台（如微信公众号等）且全面、详细	
	较好	信息发布于官方网站或其他社交平台（如微信公众号等）且较全面、较详细	
	一般	信息发布于官方网站或其他社交平台（如微信公众号等）但不全面、不详细	
	较差	信息未通过官方网站或其他社交平台发布（如微信公众号等）但可以通过电话咨询等形式获取	
	差	信息未通过官方网站或其他社交平台发布（如微信公众号等）且通过电话咨询等形式也难以获取	

续表

三级指标	透明度状况	说明	备注
食品安全法律法规宣传	好	定期宣传、形式多样	定期宣传可以持续提高公众对食品安全法律法规的认知；形式多样则可以使公众在喜闻乐见的形式中了解到或学习到食品安全法律法规
	较好	定期宣传但形式固定	
	一般	形式多样但宣传不定期	
	较差	宣传不定期且形式固定	
	差	没有宣传	
食品安全标准和知识宣传	好	定期宣传、形式多样	定期宣传可以持续提高公众对食品安全标准和知识的认知；形式多样则可以使公众在喜闻乐见的形式中了解到或学习到相关标准和知识
	较好	定期宣传但形式固定	
	一般	形式多样但宣传不定期	
	较差	宣传不定期且形式固定	
	差	没有宣传	

附录 2　食品安全监管绩效指数（FSSPI）的构建

2.1　三级指标来源及参考依据

三级指标	来源及参考依据
食品安全公益宣传情况	韩学平和付忠春（2014）；廖卫东和汪亚峰（2015）；李洪峰（2016a）；张云（2014）；任端平等（2015）；何岫芳（2012）
食品安全责任强制保险投保情况	于海纯（2015）；李华（2016）；刘贞和李巍（2014）；董泽华（2015）；刘鹏和孙燕茹（2014）；肖振宇和唐汇龙（2013）
食品安全国家标准公布情况	韩学平和付忠春（2014）；廖卫东和汪亚峰（2015）；孙金沅和孙宝国（2013）；张俭波和王华丽（2016）；尹红强和廖天虎（2013）；陆仲寅等（2010）
食品安全风险监测制度建立情况	于海纯（2015）；李宁和严卫星（2011）；魏益民等（2014）；何岫芳（2012）；尹红强和廖天虎（2013）；张满林（2014）
食品安全风险评估制度建立情况	于海纯（2015）；李华（2016）；李宁和严卫星（2011）；郑智航（2015）；魏益民等（2014）；冀玮（2012）
食品安全风险交流制度建立情况	于海纯（2015）；李宁和严卫星（2011）；郑智航（2015）；魏益民等（2014）；冀玮（2012）
每年食品安全品种覆盖情况与抽检次数	韩学平和付忠春（2014）；廖卫东和汪亚峰（2015）；李洪峰（2016a）；任端平等（2015）；张满林（2014）；倪学志（2015）
食品召回制度建立情况	周应恒和王二朋（2013）；韩学平和付忠春（2014）；任端平等（2015）；张俊霞和李春娟（2010）；张蓓（2015）；卓杰和鲁倞（2012）
食品召回及时性	任端平等（2015）；张俊霞和李春娟（2010）；张蓓（2015）；卓杰和鲁倞（2012）；韩国莉（2014）；高秦伟（2010）
食品召回说明信息可得性	任端平等（2015）；张俊霞和李春娟（2010）；张蓓（2015）；卓杰和鲁倞（2012）；韩国莉（2014）；高秦伟（2010）

续表

三级指标	来源及参考依据
食品召回说明信息易理解性	张俊霞和李春娟（2010）；张蓓（2015）；卓杰和鲁倞（2012）；韩国莉（2014）；高秦伟（2010）
召回的不安全食品名称、规格等记录情况	任端平等（2015）；张俊霞和李春娟（2010）；张蓓（2015）；卓杰和鲁倞（2012）；韩国莉（2014）；高秦伟（2010）
对召回的不安全食品补救或销毁情况	任端平等（2015）；张俊霞和李春娟（2010）；张蓓（2015）；卓杰和鲁倞（2012）；韩国莉（2014）；高秦伟（2010）
食品安全事故处置指挥机构成立情况	何岫芳（2012）；李辉（2011）；陆仲寅等（2010）；张满林（2014）
食品安全事故应急处置相关人员专业性	韩学平和付忠春（2014）；何岫芳（2012）；李辉（2011）；陆仲寅等（2010）
食品安全事故处置工作及时性	任端平等（2015）；李辉（2011）；张满林（2014）
食品安全事故警示信息公布及时性	廖卫东和汪亚峰（2015）；张云（2014）；任端平等（2015）；潘丽霞和徐信贵（2013）
食品安全事故警示信息公布准确性	张云（2014）；任端平等（2015）；潘丽霞和徐信贵（2013）
食品安全事故有关因素流行病学调查开展情况	袁伯华等（2012）；孙金沅和孙宝国（2013）；李剑森等（2015）；黄琼等（2015）
食品安全事故及其处理信息公布情况	韩学平和付忠春（2014）；任端平等（2015）；李辉（2011）；孙金沅和孙宝国（2013）；尹红强和廖天虎（2013）
企业食品安全信用档案记录情况	周应恒和王二朋（2013）；韩学平和付忠春（2014）；张云（2014）；何岫芳（2012）；陆兴松等（2012）；文晓巍和温思美（2012）；吴元元（2012）
对食品生产经营者检查频率调整情况	周超（2012）；代云云（2013）；李强等（2015）；王殿华和翟璐怡（2013）
与存在隐患的企业责任人责任约谈情况	任端平等（2015）；孔运生等（2016）；孟强龙（2015）；顾丹丹（2015）；王贵松（2012）
食品安全事故溯源调查情况	周应恒和王二朋（2013）；韩学平和付忠春（2014）；任端平等（2015）；文晓巍和温思美（2012）；张满林（2014）；肖进中（2012）
事后监管制度优化情况	周应恒和王二朋（2013）；廖卫东和汪亚峰（2015）；张满林（2014）；肖进中（2012）；陈洪根（2015）
事故单位责任调查情况	韩学平和付忠春（2014）；任端平等（2015）；袁伯华等（2012）；尹红强和廖天虎（2013）；张满林（2014）
相关监管部门、认证机构工作人员失职、渎职调查情况	韩学平和付忠春（2014）；廖卫东和汪亚峰（2015）；李洪峰（2016b）；张云（2014）；任端平等（2015）；檀秀侠（2014）；张满林（2014）

续表

三级指标	来源及参考依据
食品安全事故责任调查公正性	李辉（2011）；袁伯华等（2012）；尹红强和廖天虎（2013）；李剑森等（2015）
食品安全事故责任调查全面性	李辉（2011）；袁伯华等（2012）；尹红强和廖天虎（2013）；李剑森等（2015）

2.2 三级指标法律法规来源

三级指标	《中华人民共和国食品安全法》	《中华人民共和国产品质量法》	《食品安全抽样检验管理办法》	《食品召回管理办法》
食品安全公益宣传情况	第十条			
食品安全责任强制保险投保情况	第四十三条			
食品安全国家标准公布情况	第二十四条、第二十五条、第二十六条、第二十八条、第三十一条			
食品安全风险监测制度建立情况	第十四条、第十五条、第十六条		第六条、第十三条	
食品安全风险评估制度建立情况	第十七条、第十八条、第十九条			
食品安全风险交流制度建立情况	第二十条、第二十一条			
每年食品安全品种覆盖情况与抽检次数	第六十四条、第八十七条	第十五条	第十二条、第十三条、第二十一条	
食品召回制度建立情况	第六十三条			第四条、第五条、第六条、第七条
食品召回及时性	第六十三条		第四十条	第十三条、第十八条
食品召回说明信息可得性	第六十三条			第十五条、第十六条
食品召回说明信息易理解性	第六十三条			第十五条、第十六条
召回的不安全食品名称、规格等记录情况	第六十三条		第四十条、第四十一条	第十五条、第十六条
对召回的不安全食品补救或销毁情况	第六十三条		第四十条、第四十一条	第四章

续表

三级指标	《中华人民共和国食品安全法》	《中华人民共和国产品质量法》	《食品安全抽样检验管理办法》	《食品召回管理办法》
食品安全事故处置指挥机构成立情况	第一百零二条、第一百零六条			
食品安全事故应急处置相关人员专业性	第一百零五条			
食品安全事故处置工作及时性	第一百零五条			
食品安全事故警示信息公布及时性	第一百零七条			
食品安全事故警示信息公布准确性	第一百零七条			
食品安全事故有关因素流行病学调查开展情况	第一百零五条			
食品安全事故及其处理信息公布情况	第一百一十八条			
企业食品安全信用档案记录情况	第一百条、第一百一十三、第一百一十四条		第四十六条	
对食品生产经营者检查频率调整情况				
与存在隐患的企业责任人责任约谈情况	第一百一十四条、第一百一十七条			
食品安全事故溯源调查情况				
食品安全事后监管制度优化情况				
事故单位责任调查情况	第一百四十条			
相关监管部门、认证机构工作人员失职、渎职调查情况	第一百四十二条、第一百四十三条、第一百四十四条、第一百四十五条	第六十六条、第六十七条、第六十八条	第五条	第四十四条
食品安全事故责任调查公正性	第一百一十八条			
食品安全事故责任调查全面性	第一百一十八条			

2.3 采样主体名录

中央（1家）	国家食品药品监督管理总局		
省级（31家）	北京市食品药品监督管理局	上海市食品药品监督管理局	天津市市场和质量监督管理委员会
重庆市食品药品监督管理局	江苏省食品药品监督管理局	吉林省食品药品监督管理局	山东省食品药品监督管理局
湖北省食品药品监督管理局	新疆维吾尔自治区食品药品监督管理局	宁夏回族自治区食品药品监督管理局	浙江省食品药品监督管理局
贵州省食品药品监督管理局	西藏自治区食品药品监督管理局	青海省食品药品监督管理局	安徽省食品药品监督管理局
海南省食品药品监督管理局	湖南省食品药品监督管理局	陕西省食品药品监督管理局	福建省食品药品监督管理局
江西省食品药品监督管理局	黑龙江省食品药品监督管理局	云南省食品药品监督管理局	辽宁省食品药品监督管理局
山西省食品药品监督管理局	甘肃省食品药品监督管理局	广西壮族自治区食品药品监督管理局	内蒙古自治区食品药品监督管理局
河北省食品药品监督管理局	四川省食品药品监督管理局	广东省食品药品监督管理局	河南省食品药品监督管理局
地级（326家）	安徽省（16家）	铜陵市食品药品监督管理局	阜阳市食品药品监督管理局
合肥市食品药品监督管理局	淮南市食品药品监督管理局	安庆市食品药品监督管理局	宿州市食品药品监督管理局
芜湖市食品药品监督管理局	马鞍山市食品药品监督管理局	黄山市食品药品监督管理局	六安市食品药品监督管理局
蚌埠市食品药品监督管理局	淮北市食品药品监督管理局	滁州市食品药品监督管理局	亳州市食品药品监督管理局
池州市食品药品监督管理局	宣城市食品药品监督管理局	福建省（9家）	南平市食品约品监督管理局

续表

福州市食品药品监督管理局	三明市食品药品监督管理局	莆田市食品药品监督管理局	漳州市食品药品监督管理局
厦门市食品药品监督管理局	泉州市食品药品监督管理局	龙岩市食品药品监督管理局	宁德市食品药品监督管理局
甘肃省（14 家）	甘南藏族自治州食品药品监督管理局	酒泉市食品药品监督管理局	陇南市食品药品监督管理局
白银市食品药品监督管理局	嘉峪关市食品药品监督管理局	兰州市食品药品监督管理局	平凉市食品药品监督管理局
定西市食品药品监督管理局	金昌市食品药品监督管理局	临夏回族自治州食品药品监督管理局	庆阳市食品药品监督管理局
天水市食品药品监督管理局	武威市食品药品监督管理局	张掖市食品药品监督管理局	广东省（21 家）
潮州市食品药品监督管理局	惠州市食品药品监督管理局	清远市食品药品监督管理局	阳江市食品药品监督管理局
东莞市食品药品监督管理局	江门市食品药品监督管理局	汕头市食品药品监督管理局	云浮市食品药品监督管理局
佛山市食品药品监督管理局	揭阳市食品药品监督管理局	汕尾市食品药品监督管理局	湛江市食品药品监督管理局
广州市食品药品监督管理局	茂名市食品药品监督管理局	韶关市食品药品监督管理局	肇庆市食品药品监督管理局
河源市食品药品监督管理局	梅州市食品药品监督管理局	深圳市食品药品监督管理局	中山市食品药品监督管理局
珠海市食品药品监督管理局	广西壮族自治区（14 家）	玉林市食品药品监督管理局	来宾市食品药品监督管理局
南宁市食品药品监督管理局	梧州市食品药品监督管理局	百色市食品药品监督管理局	崇左市食品药品监督管理局
柳州市食品药品监督管理局	北海市食品药品监督管理局	贺州市食品药品监督管理局	防城港市食品药品监督管理局
桂林市食品药品监督管理局	钦州市食品药品监督管理局	河池市食品药品监督管理局	贵港市食品药品监督管理局
贵州省（9 家）	黔南布依族苗族自治州食品药品监督管理局	六盘水市食品药品监督管理局	黔西南州食品药品监督管理局

续表

安顺市食品药品监督管理局	贵阳市食品药品监督管理局	铜仁市食品药品监督管理局	遵义市食品药品监督管理局
毕节市食品药品监督管理局	黔东南州食品药品监督管理局	海南省（3家）	海口市食品药品监督管理局
三沙市食品药品监督管理局	三亚市食品药品监督管理局	河北省（11家）	保定市食品药品监督管理局
沧州市食品药品监督管理局	衡水市食品药品监督管理局	石家庄市食品药品监督管理局	邢台市食品药品监督管理局
承德市食品药品监督管理局	廊坊市食品药品监督管理局	唐山市食品药品监督管理局	张家口市食品药品监督管理局
邯郸市食品药品监督管理局	秦皇岛市食品药品监督管理局	河南省（18家）	南阳市食品药品监督管理局
省直辖行政单位食品药品监督管理局	安阳市食品药品监督管理局	濮阳市食品药品监督管理局	商丘市食品药品监督管理局
开封市食品药品监督管理局	鹤壁市食品药品监督管理局	许昌市食品药品监督管理局	信阳市食品药品监督管理局
洛阳市食品药品监督管理局	新乡市食品药品监督管理局	漯河市食品药品监督管理局	周口市食品药品监督管理局
平顶山市食品药品监督管理局	焦作市食品药品监督管理局	三门峡市食品药品监督管理局	驻马店市食品药品监督管理局
郑州市食品药品监督管理局	黑龙江省（13家）	佳木斯市食品药品监督管理局	双鸭山市食品药品监督管理局
大庆市食品药品监督管理局	鹤岗市食品药品监督管理局	牡丹江市食品药品监督管理局	绥化市食品药品监督管理局
大兴安岭地区行政公署食品药品监督管理局	黑河市食品药品监督管理局	七台河市食品药品监督管理局	伊春食品药品监督管理局
哈尔滨市食品药品监督管理局	鸡西市食品药品监督管理局	齐齐哈尔市食品药品监督管理局	湖北省（11家）
鄂州市食品药品监督管理局	荆门市食品药品监督管理局	随州市食品药品监督管理局	孝感市食品药品监督管理局
黄冈市食品药品监督管理局	荆州市食品药品监督管理局	咸宁市食品药品监督管理局	宜昌市食品药品监督管理局

续表

黄石市食品药品监督管理局	十堰市食品药品监督管理局	襄阳市食品药品监督管理局	湖南省（14 家）
常德市食品药品监督管理局	怀化市食品药品监督管理局	湘潭市食品药品监督管理局	永州市食品药品监督管理局
郴州市食品药品监督管理局	娄底市食品药品监督管理局	湘西土家族苗族自治州食品药品监督管理局	岳阳市食品药品监督管理局
衡阳市食品药品监督管理局	邵阳市食品药品监督管理局	益阳市食品药品监督管理局	张家界市食品药品监督管理局
长沙市食品药品监督管理局	株洲市食品药品监督管理局	吉林省（9 家）	通化市食品药品监督管理局
白城市食品药品监督管理局	吉林市食品药品监督管理局	松原市食品药品监督管理局	延边朝鲜族自治州食品药品监督管理局
白山市食品药品监督管理局	辽源市食品药品监督管理局	四平市食品药品监督管理局	长春市食品药品监督管理局
江苏省（13 家）	常州市食品药品监督管理局	连云港市食品药品监督管理局	扬州市食品药品监督管理局
南京市食品药品监督管理局	苏州市食品药品监督管理局	淮安市食品药品监督管理局	镇江市食品药品监督管理局
无锡市食品药品监督管理局	南通市食品药品监督管理局	盐城市食品药品监督管理局	泰州市食品药品监督管理局
徐州市食品药品监督管理局	宿迁市食品药品监督管理局	江西省（11 家）	宜春市食品药品监督管理局
抚州市食品药品监督管理局	景德镇市食品药品监督管理局	萍乡市食品药品监督管理局	鹰潭市食品药品监督管理局
赣州市食品药品监督管理局	九江市食品药品监督管理局	上饶市食品药品监督管理局	南昌市食品药品监督管理局
吉安市食品药品监督管理局	新余市食品药品监督管理局	辽宁省（14 家）	盘锦市食品药品监督管理局
沈阳市食品药品监督管理局	本溪市食品药品监督管理局	营口市食品药品监督管理局	铁岭市食品药品监督管理局
大连市食品药品监督管理局	丹东市食品药品监督管理局	阜新市食品药品监督管理局	朝阳市食品药品监督管理局

续表

鞍山市食品药品监督管理局	锦州市食品药品监督管理局	辽阳市食品药品监督管理局	葫芦岛市食品药品监督管理局
抚顺市食品药品监督管理局	内蒙古自治区（12家）	通辽市食品药品监督管理局	巴彦淖尔市食品药品监督管理局
呼和浩特市食品药品监督管理局	乌海市食品药品监督管理局	鄂尔多斯市食品药品监督管理局	乌兰察布市食品药品监督管理局
包头市食品药品监督和工商行政管理局	赤峰市食品药品监督管理局	呼伦贝尔市食品药品监督管理局	兴安盟食品药品监督管理局
锡林浩特市食品药品监督管理局	阿拉善盟食品药品监督管理局阿拉善左旗分局	宁夏回族自治区（5家）	银川市食品药品监督管理局
固原市食品药品监督管理局	石嘴山市食品药品监督管理局	吴忠市食品药品监督管理局	中卫市食品药品监督管理局
青海省（8家）	海东市食品药品监督管理局	海西蒙古族藏族自治州食品药品监督管理局	西宁市食品药品监督管理局
果洛藏族自治州食品药品监督管理局	海南藏族自治州食品药品监督管理局	黄南藏族自治州食品药品监督管理局	玉树藏族自治州食品药品监督管理局
海北藏族自治州食品药品监督管理局	山东省（17家）	威海市食品药品监督管理局	聊城市食品药品监督管理局
青岛市食品药品监督管理局	烟台市食品药品监督管理局	日照市食品药品监督管理局	滨州市食品药品监督管理局
淄博市食品药品监督管理局	潍坊市食品药品监督管理局	莱芜区食品药品监督管理局	菏泽市食品药品监督管理局
枣庄市食品药品监督管理局	济宁市食品药品监督管理局	临沂市食品药品监督管理局	济南市食品药品监督管理局
东营市食品药品监督管理局	泰安市食品药品监督管理局	德州市食品药品监督管理局	山西省（11家）
大同市食品药品监督管理局	临汾市食品药品监督管理局	太原市食品药品监督管理局	运城市食品药品监督管理局
晋城市食品药品监督管理局	吕梁市食品药品监督管理局	忻州市食品药品监督管理局	长治市食品药品监督管理局
晋中市食品药品监督管理局	朔州市食品药品监督管理局	阳泉市食品药品监督管理局	陕西省（10家）

续表

安康市食品药品监督管理局	商洛市食品药品监督管理局	咸阳市食品药品监督管理局	榆林市食品药品监督管理局
宝鸡市食品药品监督管理局	铜川市食品药品监督管理局	延安市食品药品监督管理局	渭南市食品药品监督管理局
汉中市食品药品监督管理局	西安市食品药品监督管理局	四川省（21家）	攀枝花市食品药品监督管理局
阿坝州食品药品监督管理局	甘孜州食品药品监督管理局	泸州市食品药品监督管理局	遂宁市食品药品监督管理局
巴中市食品药品监督管理局	广安市食品药品监督管理局	眉山市食品药品监督管理局	雅安市食品药品监督管理局
成都市食品药品监督管理局	广元市食品药品监督管理局	绵阳市食品药品监督管理局	宜宾市食品药品监督管理局
达州市食品药品监督管理局	乐山市食品药品监督管理局	南充市食品药品监督管理局	资阳市食品药品监督管理局
德阳市食品药品监督管理局	凉山彝族自治州食品药品监督管理局	内江市食品药品监督管理局	自贡市食品药品监督管理局
新疆维吾尔自治区（15家）	昌吉回族自治州食品药品监督管理局	克拉玛依市食品药品监督管理局	吐鲁番市食品药品监督管理局
阿克苏市食品药品监督管理局	哈密地区食品药品监督管理局	克孜勒苏柯尔克孜自治州食品药品监督管理局	乌鲁木齐市食品药品监督管理局
阿勒泰地区食品药品监督管理局	和田地区食品药品监督管理局	巴音郭楞蒙古自治州食品药品监督管理局	伊犁哈萨克自治州食品药品监督管理局
博尔塔拉蒙古自治州食品药品监督管理局	喀什地区食品药品监督管理局	塔城地区食品药品监督管理局	自治区直辖县级行政区食品药品监督管理局
云南省（16家）	德宏傣族景颇族自治州食品药品监督管理局	丽江市食品药品监督管理局	西双版纳傣族自治州食品药品监督管理局
保山市食品药品监督管理局	迪庆藏族自治州食品药品监督管理局	怒江傈僳族自治州食品药品监督管理局	玉溪市食品药品监督管理局
楚雄彝族自治州食品药品监督管理局	红河哈尼族彝族自治州食品药品监督管理局	普洱市食品药品监督管理局	昭通市食品药品监督管理局
大理白族自治州食品药品监督管理局	昆明市食品药品监督管理局	文山壮族苗族自治州食品药品监督管理局	曲靖市食品药品监督管理局

续表

临沧市食品药品监督管理局	浙江省（11家）	金华市市场监督管理局	台州市市场监督管理局
宁波市市场监督管理局	湖州市市场监督管理局	衢州市市场监督管理局	丽水市食品药品监督管理局
温州市食品药品监督管理局	绍兴市市场监督管理局	舟山市市场监督管理局	杭州市市场监督管理局
嘉兴市市场监督管理局			
县级（326家）	安徽省（6家）	界首市食品药品监督管理局	桐城市食品药品监督管理局
宁国市食品药品监督管理局	明光市食品药品监督管理局	天长市食品药品监督管理局	巢湖市食品药品监督管理局
福建省（13家）	建瓯市食品药品监督管理局	南安市食品药品监督管理局	永安市食品药品监督管理局
福鼎市食品药品监督管理局	武夷山市食品药品监督管理局	晋江市食品药品监督管理局	长乐区食品药品监督管理局
福安市食品药品监督管理局	邵武市食品药品监督管理局	石狮市食品药品监督管理局	福清市食品药品监督管理局
漳平市食品药品监督管理局	龙海市食品药品监督管理局	甘肃省（2家）	敦煌市食品药品监督管理局
玉门市食品药品监督管理局	广东省（19家）	罗定市食品药品监督管理局	吴川市食品药品监督管理局
恩平市食品药品监督管理局	乐昌市食品药品监督管理局	南雄市食品药品监督管理局	信宜市食品药品监督管理局
高州市食品药品监督管理局	雷州市食品药品监督管理局	普宁市食品药品监督管理局	兴宁市食品药品监督管理局
鹤山市食品药品监督管理局	连州市食品药品监督管理局	四会市食品药品监督管理局	阳春市食品药品监督管理局
化州市食品药品监督管理局	廉江市食品药品监督管理局	台山市食品药品监督管理局	英德市食品药品监督管理局
开平市食品药品监督管理局	广西壮族自治区（8家）	靖西市食品药品监督管理局	合山市食品药品监督管理局
岑溪市食品药品监督管理局	桂平市食品药品监督管理局	宜州市食品药品监督管理局	凭祥市食品药品监督管理局

续表

东兴市食品药品监督管理局	北流市食品药品监督管理局	贵州省（3 家）	赤水市食品药品监督管理局
清镇市食品药品监督管理局	仁怀市食品药品监督管理局	海南省（6 家）	文昌市食品药品监督管理局
儋州市食品药品监督管理局	琼海市食品药品监督管理局	五指山市食品药品监督管理局	万宁市食品药品监督管理局
东方市食品药品监督管理局	河北省（20 家）	任丘市食品药品监督管理局	新乐市食品药品监督管理局
安国市食品药品监督管理局	河间市食品药品监督管理局	迁安市食品药品监督管理局	辛集市食品药品监督管理局
霸州市食品药品监督管理局	黄骅市食品药品监督管理局	三河市食品药品监督管理局	武安市食品药品监督管理局
泊头市食品药品监督管理局	冀州市食品药品监督管理局	沙河市食品药品监督管理局	涿州市食品药品监督管理局
定州市食品药品监督管理局	晋州市食品药品监督管理局	深州市食品药品监督管理局	遵化市食品药品监督管理局
高碑店市食品药品监督管理局	南宫市食品药品监督管理局	河南省（21 家）	义马市食品药品监督管理局
巩义市食品药品监督管理局	偃师市食品药品监督管理局	辉县市食品药品监督管理局	灵宝市食品药品监督管理局
新密市食品药品监督管理局	舞钢市食品药品监督管理局	沁阳市食品药品监督管理局	邓州市食品药品监督管理局
荥阳市食品药品监督管理局	汝州市食品药品监督管理局	孟州市食品药品监督管理局	永城市食品药品监督管理局
新郑市食品药品监督管理局	林州市食品药品监督管理局	禹州市食品药品监督管理局	项城市食品药品监督管理局
登封市食品药品监督管理局	卫辉市食品药品监督管理局	长葛市食品药品监督管理局	济源市食品药品监督管理局
黑龙江省（18 家）	海林市食品药品监督管理局	讷河市食品药品监督管理局	同江市食品药品监督管理局
安达市食品药品监督管理局	海伦市食品药品监督管理局	宁安市食品药品监督管理局	五常市食品药品监督管理局

续表

北安市食品药品监督管理局	虎林市食品药品监督管理局	尚志市食品药品监督管理局	五大连池市食品药品监督管理局
东宁市食品药品监督管理局	密山市食品药品监督管理局	绥芬河市食品药品监督管理局	肇东市食品药品监督管理局
富锦市食品药品监督管理局	穆棱市食品药品监督管理局	铁力市食品药品监督管理局	湖北省（22 家）
安陆市食品药品监督管理局	广水市食品药品监督管理局	松滋市食品药品监督管理局	宜都市食品药品监督管理局
赤壁市食品药品监督管理局	汉川市食品药品监督管理局	天门市食品药品监督管理局	应城市食品药品监督管理局
大冶市食品药品监督管理局	洪湖市食品药品监督管理局	武穴市食品药品监督管理局	枣阳市食品药品监督管理局
丹江口市食品药品监督管理局	老河口市食品药品监督管理局	仙桃市食品药品监督管理局	枝江市食品药品监督管理局
当阳市食品药品安全网	潜江市食品药品监督管理局	宜城市食品药品监督管理局	钟祥市食品药品监督管理局
恩施市食品药品监督管理局	石首市食品药品监督管理局	湖南省（16 家）	武冈市食品药品监督管理局
常宁市食品药品监督管理局	耒阳市食品药品监督管理局	临湘市食品药品监督管理局	湘乡市食品药品监督管理局
洪江市食品药品监督管理局	冷水江市食品药品监督管理局	浏阳市食品药品监督管理局	沅江市食品药品监督管理局
吉首市食品药品监督管理局	醴陵市食品药品监督管理局	汨罗市食品药品监督管理局	资兴市食品药品监督管理局
津市市食品药品监督管理局	涟源市食品药品监督管理局	韶山市食品药品监督管理局	吉林省（15 家）
大安市食品药品监督管理局	桦甸市食品药品监督管理局	梅河口市食品药品监督管理局	双辽市食品药品监督管理局
德惠市食品药品监督管理局	集安市食品药品监督管理局	磐石市食品药品监督管理局	洮南市食品药品监督管理局
扶余市食品药品监督管理局	蛟河市食品药品监督管理局	舒兰市食品药品监督管理局	榆树市食品药品监督管理局

续表

公主岭市食品药品监督管理局	临江市食品药品监督管理局	孟州市食品药品监督管理局	江苏省（21 家）
无锡市江阴食品药品监督管理局	扬中市食品药品监督管理局	海门市食品药品监督管理局	苏州市张家港食品药品监督管理局
邳州市食品药品监督管理局	丹阳市食品药品监督管理局	如皋市食品药品监督管理局	常熟市食品药品监督管理局
泰兴市食品药品监督管理局	高邮市食品药品监督管理局	启东市食品药品监督管理局	溧阳市食品药品监督管理局
靖江市食品药品监督管理局	仪征市食品药品监督管理局	太仓市食品药品监督管理局	新沂市市场监督管理局
兴化市食品药品监督管理局	东台市食品药品监督管理局	昆山市食品药品监督管理局	宜兴市食品药品监督管理局
句容市食品药品监督管理局	江西省（6 家）	瑞昌市食品药品监督管理局	贵溪市食品药品监督管理局
共青城市食品药品监督管理局	井冈山市食品药品监督管理局	瑞金市食品药品监督管理局	乐平市食品药品监督管理局
辽宁省（16 家）	调兵山市食品药品监督管理局	北镇市食品药品监督管理局	海城市食品药品监督管理局
兴城市食品药品监督管理局	灯塔市食品药品监督管理局	凌海市食品药品监督管理局	庄河市食品药品监督管理局
凌源市食品药品监督管理局	大石桥市食品药品监督管理局	凤城市食品药品监督管理局	瓦房店市食品药品监督管理局
北票市食品药品监督管理局	盖州市食品药品监督管理局	东港市食品药品监督管理局	新民市食品药品监督管理局
开原市食品药品监督管理局	内蒙古自治区（7 家）	扎兰屯市食品药品监督管理局	满洲里市食品药品监督管理局
丰镇市食品药品监督管理局	额尔古纳市食品药品监督管理局	牙克石市食品药品监督管理局	霍林郭勒市食品药品监督管理局
根河市食品药品监督管理局	宁夏回族自治区（2 家）	灵武市食品药品监督管理局	青铜峡市食品药品监督管理局
青海省（3 家）	德令哈市食品药品监督管理局	格尔木市食品药品监督管理局	玉树市食品药品监督管理局

续表

山东省（28家）	莱阳市食品药品监督管理局	诸城市食品药品监督管理局	新泰市食品药品监督管理局
章丘区食品药品监督管理局	莱州市食品药品监督管理局	寿光市食品药品监督管理局	肥城市食品药品监督管理局
胶州市食品药品监督管理局	蓬莱市食品药品监督管理局	安丘市食品药品监督管理局	荣成市食品药品监督管理局
即墨区食品药品监督管理局	招远市食品药品监督管理局	高密市食品药品监督管理局	乳山市食品药品监督管理局
平度市食品药品监督管理局	栖霞市食品药品监督管理局	昌邑市食品药品监督管理局	乐陵市食品药品监督管理局
莱西市食品药品监督管理局	海阳市食品药品监督管理局	曲阜市食品药品监督管理局	禹城市食品药品监督管理局
滕州市食品药品监督管理局	青州市市场监督管理局	邹城市食品药品监督管理局	临清市食品药品监督管理局
龙口市食品药品监督管理局	山西省（11家）	霍州市食品药品监督管理局	孝义市食品药品监督管理局
汾阳市食品药品监督管理局	河津市食品药品监督管理局	介休市食品药品监督管理局	永济市食品药品监督管理局
高平市食品药品监督管理局	侯马市食品药品监督管理局	潞城区食品药品监督管理局	原平市食品药品监督管理局
古交市食品药品监督管理局	陕西省（3家）	韩城市食品药品监督管理局	华阴市食品药品监督管理局
兴平市食品药品监督管理局	四川省（13家）	江油市食品药品监督管理局	邛崃市食品药品监督管理局
崇州市食品药品监督管理局	广汉市食品药品监督管理局	阆中市食品药品监督管理局	什邡市食品药品监督管理局
都江堰市食品药品监督管理局	华蓥市食品药品监督管理局	绵竹市食品药品监督管理局	万源市食品药品监督管理局
峨眉山市食品药品监督管理局	简阳市食品药品监督管理局	彭州市食品药品监督管理局	新疆维吾尔自治区（24家）
阿克苏市食品药品监督管理局	博乐市食品药品监督管理局	可克达拉市食品药品监督管理局	塔城市食品药品监督管理局

续表

阿拉尔市食品药品监督管理局	昌吉市食品药品监督管理局	库尔勒市食品药品监督管理局	铁门关市食品药品监督管理局
阿拉山口市食品药品监督管理局	阜康市食品药品监督管理局	奎屯市食品药品监督管理局	图木舒克市食品药品监督管理局
阿勒泰市食品药品监督管理局	和田市食品药品监督管理局	昆玉市食品药品监督管理局	乌苏市食品药品监督管理局
阿图什市食品药品监督管理局	霍尔果斯市食品药品监督管理局	石河子市食品药品监督管理局	六师五家渠市食品药品监督管理局
北屯市食品药品监督管理局	喀什市食品药品监督管理局	双河市食品药品监督管理局	伊宁市食品药品监督管理局
云南省（3家）	安宁市食品药品监督管理局	腾冲市食品药品监督管理局	宣威市食品药品监督管理局
浙江省（20家）	乐清市食品药品监督管理局	嵊州市食品药品监督管理局	江山市食品药品监督管理局
建德市食品药品监督管理局	海宁市食品药品监督管理局	兰溪市食品药品监督管理局	温岭市食品药品监督管理局
余姚市食品药品监督管理局	平湖市市场监督管理局	义乌市食品药品监督管理局	临海市市场监督管理局
慈溪市市场监督管理局	桐乡市食品药品监督管理局	东阳市食品药品监督管理局	龙泉市食品药品监督管理局
奉化区市场监督管理局	诸暨市食品药品监督管理局	永康市食品药品监督管理局	临安区食品药品监督管理局
瑞安市食品药品监督管理局			
共调查684家原食药监局，其中中央1家，省级31家，地级326家，县级326家			

2.4　数据采集的来源网站

上海市食品药品监督管理局

SHANGHAI MUNICIPAL FOOD AND DRUG ADMINISTRATION

上海城市精神：海纳百川 追求卓越 开明睿智 大气谦和

JSFDA 江苏食品药品监管

JIANGSU FOOD AND DRUG ADMINISTRATION

JLFDA
吉林省食品药品监督管理局
Jilin Food And Drug Administration
网站首页
资讯服务
信息公开
公众服务
行政许可
专题专栏

山东省食品药品监督管理局
山东省食品安全委员会办公室

湖北省食品药品监督管理局
Hubei Food and Drug Administration

新疆维吾尔自治区食品药品监督管理局
Xinjiang Uygur Autonomous Region Food and Drug Administration

宁夏食品药品监督管理局
Ningxia Food and Drug Administration

ZJFDA
浙江省食品药品监督管理局
ZHEJIANG FOOD AND DRUG ADMINISTRATION
政务信息版
公众服务版
内部办公版

GZFDA
贵州省食品药品监督管理局
Food And Drug Administration Of GuiZhou Province

西藏自治区食品药品监督管理局
Xizang Food and Drug Administration
青海省食品药品监督管理局
Qinghai Food and Drug Administration
网站首页
政府信息公开
公众服务大厅
专题专栏
数据查询
互动交流
安徽省食品药品监督管理局
安徽省食品安全委员会办公室
全省食品药品监管精神
-站内搜索-
标题
高级搜索

海南省食品药品监督管理局
Food and Drug Administration of Hainan
首页
资讯动态
政务公开
办事服务
公众互动
数据查询
应用系统
专题专栏

湖南省食品药品监督管理局
HUNAN FOOD AND DRUG ADMINISTRATION

陕西省食品药品监督管理局
Shaanxi Food And Drug Administration

FJFDA
福建省食品药品监督管理局
FUJIAN FOOD AND DRUG ADMINISTRATION
保障百姓用药安全
促进医药经济发展

江西省食品药品监督管理局
JIANGXI FOOD AND DRUG ADMINISTRATION

LNFDA 辽宁省食品药品监督管理局
Liaoning Food and Drug Administration

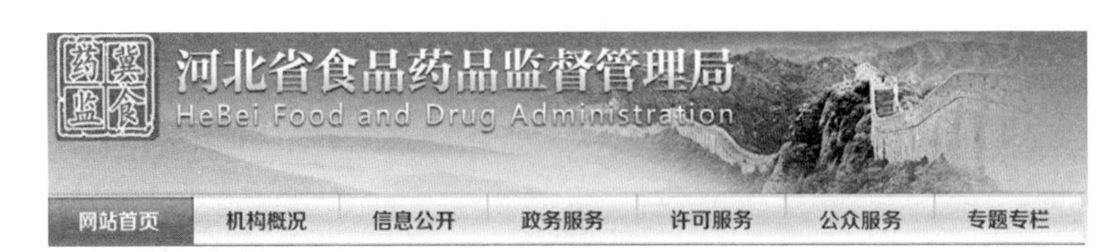
河北省食品药品监督管理局
HeBei Food and Drug Administration
网站首页
机构概况
信息公开
政务服务
许可服务
公众服务
专题专栏

四川省食品药品监督管理局
SiChuan Food and Drug Administration

GDFDA
广东省食品药品监督管理局
GUANGDONG FOOD AND DRUG ADMINISTRATION
简体版
繁体版
英文版
无障碍版
首 页
政务公开
网上办事
专题专栏
公众互动
场景式服务
站内搜索
搜索

HFDA
河南省食品药品监督管理局
首 页
政务公开
办事服务
公众参与
专题专栏
搜索

2.5　食品安全监管绩效调查采样表

调　　查　　员：＿＿＿＿＿＿　　日　　期：＿＿＿＿＿＿

所属省份或城市名称：＿＿＿＿＿＿　　对象名称：＿＿＿＿＿＿

尊敬的先生、女士：

您好！我们是国家社会科学基金重大项目“中国食品安全指数和食品安全透明指数研究”课题组，目前正在进行一项关于食品安全监管绩效的调查。此调查旨在为解决中国食品安全问题的研究服务，不针对任何政府监管部门，调查数据只会用于课题研究，不会用于任何商业目的。感谢您的理解和支持！

指标		好	较好	一般	较差	差
食品安全常规监管	食品安全公益宣传情况					
	食品安全责任强制保险投保情况					
	食品安全国家标准公布情况					

指标		好	较好	一般	较差	差
食品安全风险监管	食品安全风险监测制度建立情况					
	食品安全风险评估制度建立情况					
	食品安全风险交流制度建立情况					
	每年食品安全品种覆盖情况与抽检次数					

指标		好	较好	一般	较差	差
食品召回监管	食品召回制度建立情况					
	食品召回及时性					

续表

指标		好	较好	一般	较差	差
食品召回监管	食品召回说明信息可得性					
	食品召回说明信息易理解性					
	召回的不安全食品名称、规格等记录情况					
	对召回的不安全食品补救或销毁情况					

指标		好	较好	一般	较差	差
事故控制监管	食品安全事故处置指挥机构成立情况					
	食品安全事故应急处置相关人员专业性					
	食品安全事故处置工作及时性					
	食品安全事故警示信息公布及时性					
	食品安全事故警示信息公布准确性					

指标		好	较好	一般	较差	差
事故总结监管	食品安全事故有关因素流行病学调查开展情况					
	食品安全事故及其处理信息公布情况					
	企业食品安全信用档案记录情况					
	对食品生产经营者检查频率调整情况					
	与存在隐患的企业责任人责任约谈情况					
	食品安全事故溯源调查情况					
	事后监管制度优化情况					

指标		好	较好	一般	较差	差
事故调查监管	事故单位责任调查情况					
	相关监管部门、认证机构工作人员失职、渎职调查情况					

续表

指标		好	较好	一般	较差	差
事故调查监管	食品安全事故责任调查公正性					
	食品安全事故责任调查全面性					

最后再次感谢您的理解与支持！

2.6 打分准则

三级指标	监管状况	说明
食品安全公益宣传情况	好	有具体制度，且得到较好的贯彻执行
	较好	有具体制度，但偶有监管缺席现象
	一般	有具体制度，但未得到执行
	较差	制度零散化，且不具体
	差	无具体制度
食品安全责任强制保险投保情况	好	有具体制度，且得到较好的贯彻执行
	较好	有具体制度，但偶有监管缺席现象
	一般	有具体制度，但未得到执行
	较差	制度零散化，且不具体
	差	无具体制度
食品安全国家标准公布情况	好	有具体制度，且得到较好的贯彻执行
	较好	有具体制度，但偶有监管缺席现象
	一般	有具体制度，但未得到执行
	较差	制度零散化，且不具体
	差	无具体制度
食品安全风险监测制度建立情况	好	有具体制度，且得到较好的贯彻执行
	较好	有具体制度，但偶有监管缺席现象
	一般	有具体制度，但未得到执行
	较差	制度零散化，且不具体
	差	无具体制度
食品安全风险评估制度建立情况	好	有具体制度，且得到较好的贯彻执行
	较好	有具体制度，但偶有监管缺席现象
	一般	有具体制度，但未得到执行
	较差	制度零散化，且不具体

续表

三级指标	监管状况	说明
食品安全风险评估制度建立情况	差	无具体制度
食品安全风险交流制度建立情况	好	有具体制度，且得到较好的贯彻执行
	较好	有具体制度，但偶有监管缺席现象
	一般	有具体制度，但未得到执行
	较差	制度零散化，且不具体
	差	无具体制度
每年食品安全品种覆盖情况与抽检次数	好	有具体制度，且得到较好的贯彻执行
	较好	有具体制度，但偶有监管缺席现象
	一般	有具体制度，但未得到执行
	较差	制度零散化，且不具体
	差	无具体制度
食品召回制度建立情况	好	有具体制度，且得到较好的贯彻执行
	较好	有具体制度，但偶有监管缺席现象
	一般	有具体制度，但未得到执行
	较差	制度零散化，且不具体
	差	无具体制度
食品召回及时性	好	有具体制度，且食品召回非常及时
	较好	有具体制度，且食品召回比较及时
	一般	有具体制度，且执行力度较差
	较差	制度零散化，且不执行
	差	无具体制度
食品召回说明信息可得性	好	有具体制度，且食品召回说明信息非常容易获取
	较好	有具体制度，且食品召回说明信息比较容易获取
	一般	有具体制度，且食品召回说明信息不容易获取
	较差	食品召回说明信息很难获取
	差	无食品召回说明信息

续表

三级指标	监管状况	说明
食品召回说明信息易理解性	好	有具体制度，且食品召回说明信息非常容易理解
	较好	有具体制度，且食品召回说明信息比较容易理解
	一般	有具体制度，且食品召回说明信息不容易理解
	较差	食品召回说明信息很难理解
	差	无食品召回说明信息
召回的不安全食品名称、规格等记录情况	好	记录的信息非常详尽
	较好	记录的信息比较详尽
	一般	记录的信息不太详尽
	较差	记录的信息很零散
	差	无记录信息
对召回的不安全食品补救或销毁情况	好	有具体制度，且得到较好的贯彻执行
	较好	有具体制度，但偶有补救或销毁不及时
	一般	有具体制度，但未得到执行
	较差	制度零散化，且不具体
	差	无具体制度
食品安全事故处置指挥机构成立情况	好	有指挥机构，且执行力度很强
	较好	有指挥机构，且执行力度比较强
	一般	有指挥机构，且执行力度不太强
	较差	指挥机构零散化，且执行力度较弱
	差	无指挥机构
食品安全事故应急处置相关人员专业性	好	相关人员专业性非常强
	较好	相关人员专业性比较强
	一般	相关人员专业性不太强
	较差	相关人员专业性很弱
	差	无相关人员

续表

三级指标	监管状况	说明
食品安全事故处置工作及时性	好	处置工作非常及时
	较好	处置工作比较及时
	一般	处置工作不太及时
	较差	处置工作很落后
	差	无处置工作
食品安全事故警示信息公布及时性	好	有警示信息，且信息公布非常及时
	较好	有警示信息，且信息公布比较及时
	一般	有警示信息，且信息公布不太及时
	较差	有警示信息，且信息公布非常滞后
	差	无警示信息
食品安全事故警示信息公布准确性	好	有警示信息，且信息公布非常准确
	较好	有警示信息，且信息公布比较准确
	一般	有警示信息，且信息公布不太准确
	较差	有警示信息，且信息公布有错误
	差	无警示信息
食品安全事故有关因素流行病学调查开展情况	好	调查开展力度非常强
	较好	调查开展力度比较强
	一般	调查开展力度较弱
	较差	调查开展很零散
	差	未开展调查
食品安全事故及其处理信息公布情况	好	有公布信息，且信息公布非常准确
	较好	有公布信息，且信息公布比较准确
	一般	有公布信息，且信息公布不太准确
	较差	有公布信息，且信息公布有错误
	差	无公布信息

续表

三级指标	监管状况	说明
企业食品安全信用档案记录情况	好	有信用档案，且记录非常详尽
	较好	有信用档案，且记录比较详尽
	一般	有信用档案，且记录不太详尽
	较差	有信用档案，且记录非常零散
	差	无信用档案
对食品生产经营者检查频率调整情况	好	有具体制度，且得到较好的贯彻执行
	较好	有具体制度，但偶有监管缺席现象
	一般	有具体制度，但未得到执行
	较差	制度零散化，且不具体
	差	无具体制度
与存在隐患的企业责任人责任约谈情况	好	有具体制度，且得到较好的贯彻执行
	较好	有具体制度，但偶有监管缺席现象
	一般	有具体制度，但未得到执行
	较差	制度零散化，且不具体
	差	无责任约谈制度
食品安全事故溯源调查情况	好	调查开展力度非常强
	较好	调查开展力度比较强
	一般	调查开展力度较弱
	较差	调查开展很零散
	差	未开展调查
事后监管制度优化	好	有具体制度，且得到较好的贯彻执行
	较好	有具体制度，但偶有监管缺席现象
	一般	有具体制度，但未得到执行
	较差	制度零散化，且不具体
	差	无具体制度
事故单位责任调查情况	好	调查开展力度非常强
	较好	调查开展力度比较强
	一般	调查开展力度较弱

续表

三级指标	监管状况	说明
事故单位责任调查情况	较差	调查开展很零散
	差	未开展调查
相关监管部门、认证机构工作人员失职、渎职调查情况	好	调查开展力度非常强
	较好	调查开展力度比较强
	一般	调查开展力度较弱
	较差	调查开展很零散
	差	未开展调查
食品安全事故责任调查公正性	好	事故责任调查非常公正
	较好	事故责任调查比较公正
	一般	事故责任调查不太公正
	较差	事故责任调查非常不公正
	差	无事故责任调查
食品安全事故责任调查全面性	好	事故责任调查非常全面
	较好	事故责任调查比较全面
	一般	事故责任调查不太全面
	较差	事故责任调查很片面
	差	无事故责任调查

附录 3　相关支撑成果目录

3.1　科研项目支撑情况

[1] 国家社科基金重大项目（12&ZD204）“我国食品安全指数和食品安全透明指数研究：基于‘政产学研用’协同创新视角”（结项证书号：2017&J126），2013-2017，已结题.

[2] 国家自然科学基金面上项目（71971111）“互联网与大数据环境下非常规突发食药品安全事件的涌现、演化及控制研究”，2020/01-2023/12，50 万元，未结题.

[3] 国家自然科学基金面上项目（71173103）“基于利益演化和社会信任视角的食品安全监管绩效评估及风险预警研究”，2012/01-2015/12，42 万元，已结题（后评估“优秀”）.

[4] 国家自然科学基金青年项目（71903088）“食品标签欺诈的消费者感知、福利损失及治理政策——以有机食品为例”，2020/01-2022/12，19 万元，在研.

[5] 教育部人文社会科学研究一般项目（19YJAZH086）“药品安全的信息透明、智慧监管与公众健康保障机制研究”，2019/01-2021/12，8 万元，在研.

[6] 江苏高校哲学社会科学研究重点项目（2018SJZDI063）“基于大数据挖掘的食品安全智慧监管和精准评价研究”，2018/06-2020/12，8 万元，已结题.

[7] 江苏高校哲学社会科学研究重点项目（2017ZDIXM074）“基于大数据挖掘的江苏省食品安全监管指数研究”，2017/06-2018/12，8 万元，已结题（评估“优秀”）.

[8] 江苏高校哲学社会科学优秀创新团队（2017ZSTD005）“中国食品安全监管指数及评价研究”，2017/06-2021/06，30 万元，在研.

[9] 教育部人文社会科学研究青年项目（19YJC630113）“基于大数据挖掘的我国食品安全风险测度与预警研究”，2019/01-2021/12，8 万元，在研.

[10] 江苏省社会科学基金青年项目（18GLC011）“基于大数据的食品安全监管绩效研究”，2018/01-2021/12，5 万元，在研.

[11] 国家自然科学基金面上项目（71871115）“基于大数据与超网络融合的交易对手信用风险传染模型研究”，2019/01-2022/12，58 万元，在研.

3.2　成果批示、采纳及应用情况

[1] 《关于进一步强化国家食品安全监管的对策建议》，2018 年获江苏省副省长马秋林亲笔批示.

[2] 《关于克服安全生产中“人因风险”的建议》，2020 年 11 月被民革江苏省委采纳.

[3] 《打好产业基础高级化和产业链现代化攻坚战》，2020 年 12 月被民革江苏省委采纳，作为省政协十二届三次会议书面发言.

[4] 《参评城市食品安全事故及事件发生情况筛查报告》，2017 年获江苏省食品药品监督管理局采纳应用.

[5] 《参评城市创建活动关注程度情况调查报告》，2017 年获江苏省食品药品监督管理局采纳应用.

[6] 《参评城市食品安全监管信息透明度评价报告》，2017 年获江苏省食品药品监督管理局采纳应用.

[7] 《参评城市食品安全监管绩效评价报告》，2017 年获江苏省食品药品监督管理局采纳应用.

[8] 《完善宏观调控跨周期设计和调节的对策建议》，2020 年 9 月被民革中央采纳.

[9] 《推动全产业链联动复工和国际供应链畅通的建议》，2020 年 5 月被民革中央采纳.

[10] 《江苏省化工转型的六大行动方案》，2019 年获江苏省副省长马秋林亲笔批示.

[11] 《“关于建设具有全球影响力创新名城的若干政策措施”的实施绩效评估》，2018 年获时任南京市市长蓝绍敏、南京市副市长蒋跃建等领导亲笔批示.

3.3 成果获奖情况

[1] 王冀宁，陈庭强，“食品安全监管的理论与实践”，入选 2019 年国家哲学社会科学成果文库，全国哲学社会科学工作办公室，2020.

[2] 王冀宁，陈庭强，蒋海玲，周治，杨琦，“中国食品安全监管的理论与实践——监管信息透明度指数（FSSITI）与监管绩效指数（FSSPI）的探索”，江苏省第十六届哲学社会科学优秀成果三等奖，江苏省人民政府，2020.

[3] 王冀宁，陈庭强，罗珺，杨琦，蒋海玲，“中国食品安全监管信息透明度指数和食品安全监管绩效指数研究”，江苏高校哲学社会科学类成果一等奖，江苏省教育厅，2018.

[4] 陈庭强，王冀宁，陈红喜，“江苏省食品安全监管的信息透明及绩效评价研究”，江苏省社科应用研究精品工程一等奖，江苏省哲学社会科学界联合会，2017.

[5] 陈庭强，周文静，罗珺，“基于江苏省 109 个市（县、区）的食品安全监管绩效评价研究”，江苏省哲学社会科学界第十三届学术大会优秀论文二等奖，江苏省哲学社会科学界联合会，2019.

3.4　发表科研论文情况

[1] 王冀宁，张宇昊，王雨桐，等. 经济利益驱动下食品企业安全风险演化动态研究[J]. 中国管理科学，2019，27（12）：213-226.（国家自然科学基金委员会管理科学 A 级重要学术期刊；CSSCI 源刊）

[2] Wang J N. Chen T Q. The spread model of food safety risk under the supply-demand disturbance[J]. SpringerPlus，2016，5（1）：1-12.（SSCI/SCI，二区，IF 1.13）

[3] Wang J N，Chen T Q，Wang J Y. Research on cooperation strategy of enterprises' quality and safety in food supply chain[J]. Discrete Dynamics in Nature and Society，2015，Article ID 301245，15 pages.（SSCI/SCI，IF 0.973）

[4] Chen T Q，Pan J N，He Y P，et al. Evolutionary game model of integrating health and care services for elder people[J]. Complexity，2020，vol. 2020，Article ID 5846794，13 pages. https://doi.org/10.1155/2020/5846794.（SSCI，一区，IF 4.621）

[5] Chen T Q，Ma B C，Wang J N. SIRS contagion model of food safety risk[J]. Journal of Food Safety，2018，38（1）：e12410.（SSCI，IF 1.665）

[6] Chen T Q，Wang S B，Pei L，et al. Assessment of dairy product safety supervision in sales link: a fuzzy-ANP comprehensive evaluation method[J]. Journal of Food Quality，2018，vol. 2018，Article ID 1389879，16 pages.（SSCI，IF 1.36）

[7] Chen T Q，Wang L，Wang J N，et al. A network diffusion model of food safety scare behavior considering information transparency[J]. Complexity，2017，vol. 2017，Article ID 5724925，16 pages.（SSCI，一区，IF 4.621）

[8] Chen T Q，Wang L，Wang J N. Transparent assessment of the supervision information in China's food safety：a fuzzy-ANP comprehensive evaluation method[J]. Journal of Food Quality，2017，（2017）：1-14.（SSCI，IF 1.36）

[9] Wang J N，Guo C，Chen T Q. Empirical study on the transparency of security risk information in Chinese listed pharmaceutical enterprises based on the ANP-DS method[J]. Journal of Healthcare Engineering，2020，vol. 2020，Article ID 4109354，15 pages.（SSCI/SCI，IF 1.295）

[10] Luo J，Ma B C，Zhao Y L，et al. Evolution model of health food safety risk based on prospect theory[J]. Journal of Healthcare Engineering，2018，vol. 2018，Article ID 8769563，12 pages.（SSCI/SCI，IF 1.295）

[11] Luo J，Wang J P，Zhao Y L，et al. Scare behavior diffusion model of health food safety based on complex network[J]. Complexity，2018，vol. 2018，Article ID 5902105，14 pages.（SSCI/SCI，一区，IF 4.621）

[12] 王冀宁，王倩，陈庭强. 供应链网络视角下食品安全风险管理研究[J]. 中国调味品，

2019，44（12）：167-171，175.

[13] 王冀宁，韦浩然，庄雷. “最严格的监管”和“最严厉的处罚”指示的食品安全治理研究——基于委托代理理论的分析[J]. 南京工业大学学报（社会科学版），2019，18（3）：80-89，112.

[14] 王冀宁，吴雪琴，郭冲，等. 我国食品安全物流环节透明度实证研究——基于31个省份151家食品物流企业的采样调查[J]. 科技管理研究，2018，38（23）：219-227.

[15] 王冀宁，潘晓晓，熊强，等. 基于网络层次分析的我国食品生产环节安全监管指数模型研究[J]. 科技管理研究，2018，38（19）：209-215.

[16] 潘晓晓，王冀宁，陈庭强，等. 基于大数据挖掘的食品安全管理研究[J]. 中国调味品，2018，43（9）：184-188.

[17] 王冀宁，王帅斌，郭百涛. 中国食品安全监管绩效的评价研究——基于全国 688 个监管主体的调研[J]. 现代经济探讨，2018，（8）：17-24.

[18] 王冀宁，郭冲，陈庭强，等. 基于物联网的调味品安全管理研究[J]. 中国调味品，2018，43（8）：185-188.

[19] 蒋海玲，潘晓晓，王冀宁. 我国食品生产环节安全监管指数的实证研究——基于全国103家婴幼儿奶粉企业[J]. 南京工业大学学报（社会科学版），2018，17（4）：67-80.

[20] 王冀宁，王妍雯，陈庭强. 基于“互联网+”的食品安全管理研究综述[J]. 中国调味品，2018，43（6）：172-175.

[21] 王帅斌，王冀宁，马百超，等. 基于 ANP-Fuzzy 的食品安全监管绩效评价研究——以山东省为例[J]. 中国调味品，2018，43（3）：155-162.

[22] 宋祺楠，童毛弟，王冀宁. 基于供应链视角的食品安全风险研究述评[J]. 中国调味品，2018，43（1）：184-188.

[23] 王帅斌，王冀宁，马百超，等. 江苏省食品安全监管绩效评价研究[J]. 中国调味品，2017，42（12）：166-173.

[24] 王冀宁，程立，童毛弟，等. 基于 ANP 的我国食品销售环节安全监管指数模型[J]. 江苏农业科学，2017，45（22）：334-339.

[25] 王帅斌，王冀宁，陈庭强，等. 基于多环节监管的食品安全现状及其治理[J]. 中国调味品，2017，42（11）：137-142.

[26] 王帅斌，王冀宁，童毛弟，等. 关于食品安全中政府监管的国内外研究综述[J]. 中国食物与营养，2017，23（9）：17-21.

[27] 王冀宁，孙鑫磊，王磊，等. 食品安全信息透明度的国内外研究综述[J]. 中国调味品，2017，42（9）：157-162.

[28] 王冀宁，孙翠翠，童毛弟，等. 基于ANP的我国食品安全生产环节信息透明度指数模型研究[J]. 食品工业，2017，38（7）：249-254.

[29] 王冀宁，王磊，陈庭强，等. 我国乳制品销售环节的食品安全信息透明度的研究[J]. 情报杂志，2017，36（7）：168-175.

[30] 王冀宁，孙翠翠，周静，等. 食品安全生产环节信息透明度的国内外研究进展[J]. 中国调味品，2017，42（7）：169-173.

[31] 王冀宁，王磊，马百超，等. 基于 ANP 的食品安全销售环节透明度指数模型[J]. 统计与

决策，2017，（12）：56-59.
[32] 王冀宁，马百超，蒋海玲，等. 食品安全物流环节信息透明度的国内外研究综述[J]. 中国调味品，2017，42（6）：159-164.
[33] 王冀宁，孙鑫磊，孙翠翠，等. 我国食品安全生产信息透明度实证研究——基于 103 家国内乳制品生产企业的采样调查研究[J]. 情报杂志，2017，36（5）：139-147，117.
[34] 王磊，王冀宁，童毛弟，等. 食品安全监管信息透明度的国内外研究综述[J]. 中国调味品，2017，42（5）：163-166，170.
[35] 王冀宁，付晓燕，童毛弟，等. 基于 ANP 的我国食品安全监管环节安全指数模型研究[J]. 科技管理研究，2017，37（8）：54-59.
[36] 王冀宁，马百超，蒋海玲，等. 销售环节食品安全信息透明度的国内外研究进展[J]. 中国调味品，2017，42（4）：163-168.
[37] 王冀宁，王磊，童毛弟，等. 基于网络分析方法的我国食品安全监管信息透明度指数模型构建[J]. 科技管理研究，2017，37（7）：191-198.
[38] 王冀宁，孙翠翠，王磊，等. 中国食品安全指数指标体系的构建[J]. 中国调味品，2017，42（3）：146-151.
[39] 王冀宁，王磊，陈庭强，等. 食品安全管理中“互联网+”行为的演化博弈[J]. 科技管理研究，2016，36（21）：211-218.
[40] 邓瑛，王冀宁. 消费者对食品安全的担忧源自何处？[J]. 食品工业，2016，37（10）：269-273.
[41] 王冀宁，陈森，陈庭强. 基于三方动态博弈的食品安全社会共治研究[J]. 江苏农业科学，2016，44（5）：624-626.
[42] 王冀宁，于智明，陈庭强. 食品安全政府监管的动态演化分析[J]. 中国调味品，2016，41（5）：156-160.
[43] 王二朋，王冀宁，孙科. 消费者食品安全安心度指数的编制[J]. 统计与决策，2016，（8）：7-9.
[44] 王冀宁，陈森. 基于层次分析法的食品供应链安全监管研究[J]. 食品研究与开发，2016，37（5）：162-166.
[45] 王冀宁，陆忠顺，季婷婷. 面向食品安全的供应链透明度评价体系研究[J]. 食品工业，2016，37（1）：241-245.
[46] 刘广，王冀宁，陆忠顺. 基于多环节仓储管理的食品安全评价体系研究[J]. 食品工业，2015，36（12）：241-245.
[47] 王冀宁，张敏. 国内外食品安全监管的多环节信息追溯系统的理论与实践探索[J]. 中国调味品，2015，40（11）：131-135.
[48] 王二朋，王冀宁，卢凌霄. 我国食品安全信息指数化研究[J]. 农村经济与科技，2014，25（12）：24，72-73.
[49] 周雪，王冀宁. 转基因食品安全监管的演化博弈分析[J]. 江苏农业科学，2014，42（10）：463-466.
[50] 王二朋，王冀宁. 中国食品安全监管资源错配问题分析[J]. 中国食物与营养，2014，20（9）：5-8.

[51] 范凌霞，王冀宁. 中国消费者对食品安全社会信任的分析研究[J]. 江苏科技信息，2014，（10）：87-89.
[52] 朱洁，倪卫红，王冀宁. 中小食品企业产品质量安全监管演化博弈分析[J]. 食品工业，2014，35（4）：170-174.
[53] 王冀宁，周雪. 转基因食品安全监管的演化博弈分析[J]. 中国食物与营养，2014，20（1）：13-17.
[54] 王冀宁，范凌霞. 中国消费者食品安全信任状况研究——基于因子分析和 Logit 检验[J]. 求索，2013（9）：1-4，16.
[55] 王冀宁，缪秋莲. 食品安全中企业和消费者的演化博弈均衡及对策分析[J]. 南京工业大学学报（社会科学版），2013，12（3）：49-53.
[56] 陆忠顺，秦艳，王冀宁. 基于结构方程的食品安全透明度社会信任与预警机制模型及其应用[J]. 江苏科技信息，2013，（4）：51-53.
[57] 谢悦英，王冀宁. 食品安全链中生产商与销售商行为演化博弈分析[J]. 财会通讯，2012，（36）：144-146.
[58] 王冀宁，潘志颖. 利益均衡演化和社会信任视角的食品安全监管研究[J]. 求索，2011，（9）：1-4.
[59] 王冀宁. 食品安全的利益演化、群体信任与管理规制研究[J]. 现代管理科学，2011，（2）：32-33，87.

索　引

K

M

P

Q

R

S

W

X

Y

Z